109~112 年 生物學歷屆試題真詳

目 錄

學士後中醫

學士後西醫

序

睽違四年，接續前作 99～104 學年度後中（西）醫生物學歷屆試題真詳解的備考聖經—109～112 後中（西）醫生物學歷屆試題真詳解 3.0，終於完稿。秉持著盡善盡美的高標準，在每一題每一個選項的解釋都盡可能的詳盡，除了能讓同學於閱讀中瞭解答題內容外，也將課堂上未能完善之補充，盡數放入詳解中。相信能讓熟讀的知音獲得預期以上的收穫，也能減少查找資料所虛擲的時間與心力，達到事半功倍的加成效果。

考古題是考前必需滾瓜爛熟且具有校方認定標準答案的題庫，它有已經過出題校方認證的標準答案，它能指出實際考題的章節分佈、深度、廣度，甚至趨勢，所以考古題是絕對需要且值得投資的練習。基於上述理由，這本真詳解 3.0 絕對是各位有志參加這場考試的考生不容錯過的著作。坊間相關的書籍不少，但多半太過簡略，尤有甚者更只是將標準答案再複述一次而已，不但不能使考生在練習之餘得到詳盡解答，更別說會有什麼額外的啟示或收穫了。本書收錄並剖析 109～112 年學士後中（西）醫各校歷屆生物試題，幫助考生瞭解考情趨勢，洞悉考題核心，以便在準備這場考試的過程中能不走冤枉路，以最有效率的方式，到達理想的目標。

在編撰的過程中發現，考古題的考點及出處重複率甚高，所以考生們在閱讀時請從頭到尾依序練習。因為已經在前面出現過的整理內容，就不再重複出現在後面的篇幅中。也正因為由這樣的趨勢，我深信，只要能好好掌握本書內容，踏實演練，考試答題時必定所向披靡。

感謝高元智庫出版工作同仁鼎力幫忙，得以讓此書順利出版。也希冀此拙作能成為幫助各位同學他日登科時的一塊小小墊腳石。若有未盡之處也請各位多包涵並不吝給予指教與回饋。預祝各位都能心想事成，盡一分努力，得幾分收穫。

黃彪 2024/04/25

中國醫藥大學 112 學年度學士後中醫招生考試試題暨詳解

科目：普通生物學 **黃彪 老師解析**

單選題，共 50 題，每題題分 2 分，每題答錯倒扣 0.7 分，不作答不計分。

1. 工業革命後大量使用化石燃料，導致溫室氣體大量排放進入大氣中，致使溫室效應加劇而導致氣候變遷，有關造成溫室效應的氣體種類，除二氧化碳外，有其他不同的氣體分子同樣會造成溫室效應，下列何者在過去一世紀中，其濃度在大氣組成中大幅上升，科學研究評估此種氣體對溫室效應的總貢獻僅約為二氧化碳的30%，但是在分子層次上，其貢獻度比二氧化碳更高？
(A) SO_2
(B) CH_4
(C) N_2O
(D) CO

詳解: B

甲烷是僅次於二氧化碳，第二大的溫室氣體，捕捉熱能的能力是二氧化碳的 24 倍，所幸在大氣中只能維持較短的年份，大約是 12 年左右，這也是甲烷造成全球暖化只有佔 20%的原因。另外像是二氧化氮和一氧化碳這種有害氣體，在大氣中會和氫氧根結合而轉換成其它的分子。這個時候如果有大量的甲烷氣體，氫氧根就會轉而和甲烷結合，增加了二氧化氮和一氧化碳的濃度，後果就是減低大氣原本自行清除污染物的能力。「第三冊第 207 頁、第六冊第 472 頁」

2. 病毒其表面蛋白，可用來接合宿主細胞上的受體，進而進行接合，有關病毒與其表面蛋白的組合，下列何者皆為最正確的組合？
I：Human immunodeficiency virus - gp120
II：Influenza A virus - VP7
III：Adenovirus - Fiber protein
IV：Measles virus - gp350 和 gp220
(A) I 和 II
(B) II 和 III
(C) III 和 IV
(D) I 和 III

詳解: D

HIV 以 gp120 與宿主受器結合「第五冊第 337、338 頁」；A 型流感病毒以血液凝集素（hemagglutinin）與宿主受器結合「第二冊第 448 頁」；腺病毒以纖維蛋白與宿主受器結合「第二冊第 419 頁」；麻疹病毒以血液凝集素（hemagglutinin）與宿主受器結合。

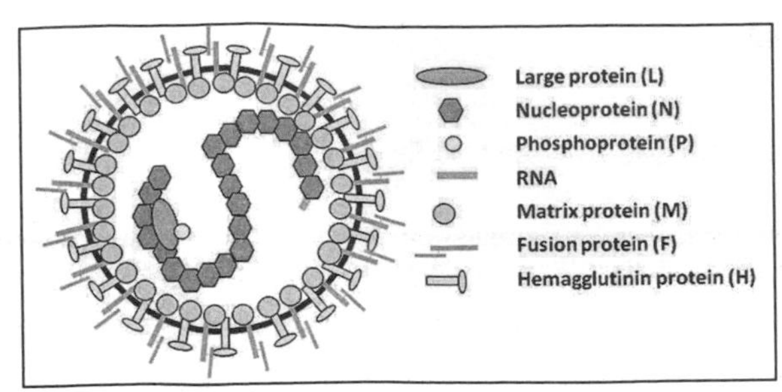

3. 假設北方森林生態系的淨生態系交換量（Net Ecosystem Exchange, NEE）為每月90個單位，自營生物的呼吸作用耗損為每月40個單位，異營生物的呼吸作用耗損為每月20個單位，依據上述資料評估此北方森林生態系的總初級生產力（Gross primary productivity, GPP），下列何者最正確？
(A) 每月 60 個單位
(B) 每月 130 個單位
(C) 每月 150 個單位
(D) 每月 210 個單位

詳解： C

陸地與大氣系統間的淨生態系統碳交換量（net ecosystem exchanw, NEE）可用下列方程描述：

NEE=FC+FSTORAGE=-PG+(RLEAF+RWOOD+RROOT)+RMICROBE

FC 為大氣和生態系統界面的淨二氧化碳通量，FSTORAGE，為群落內的碳儲存通量，PG 為光合作用碳固定的碳通量（GPP），RLEAF+RWOOD+RROOT，分別為植物的葉片、莖（木材）和根系的呼吸通量，三者的總和為植物的自養呼吸 Ra。RMICROBE 為土壤微生物分解土壤有機質和凋落物的呼吸通量，可以進一步分解為土壤呼吸凋落物呼吸兩部分。

Net ecosystem exchange (NEE) measured during the daylight hours includes gross photosynthesis (Pg or GPP), photorespiration (Rp), maintenance respiration (Rm), and synthesis (growth) respiration (Rs) of autotrophic plants, as well as heterotrophic respiration (Rh) by animals and microbes:

Day NEE=Pg−Rp−Rm−RS−Rh.

按照題目給的有限條件 90＝GPP－40－20，所以 GPP＝150。

4. 右圖是生物群落中，物種的相對生物量與物種總影響的相關圖，物種在群落中，其對群落有重大影響的物種，可能會或可能不會因其巨大的生物量和豐富度而產生此影響。依據物種在此圖中位置，推測關鍵物種（Keystone species）和基礎物種（Foundation species）最可能依序位於圖中的哪個位置？

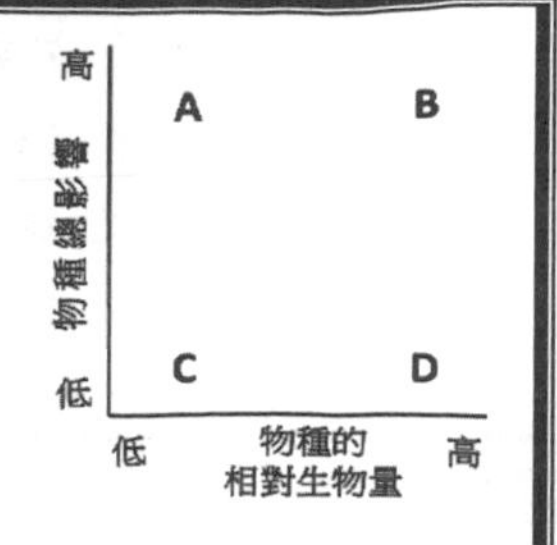

(A) 位置 A 和位置 B
(B) 位置 C 和位置 D
(C) 位置 A 和位置 D
(D) 位置 B 和位置 C

詳解： A

所謂基石物種即指在一個生態系中，一種物種的存在與否，會影響群集中其他相關物種的存活與多樣性，有此現象則稱該物種可被視為基石物種。Power 等（1996）認為基石物種應具有『對所存在的生態系中相關群集生物的高度影響性，但該物種相對的生物量（Biomass）比例卻很小』的特性，因此，掠食者可為基石物種，或其他動物或植物，只要符合上述之特性者即可是基石物種。 Mills , Soule 及 Doak (1993)曾將不同屬性的基石物種分成五大類：包括（1）掠食者基石物種—如在潮間帶環境中海星存在與否影響到貽貝類的種類與數量。（2）被掠食者基石物種—如在北美之雪鞋兔（snowshoe hare）存在數量多寡會直接影響共域的山貓（lynx）族群數量以及獵食另一種兔子（極地兔，arctic hare）的程度。（3）植物基石物種（plant keystone species）—有些植物種類會在食物缺乏期開花結果，以供給動物當作渡過艱困時期的食物來源。（4）相連性基石物種（link keystone species）—某些植物物種亦要靠某類動物幫助其傳花授粉，否則無法結果繁衍。（5）變更者基石物種（modifer keystone species）—如河狸（beaver）因為構築巢穴，阻斷了河川流水量而影響了當地水域生物的生存繁衍，這一種基石物種與上述幾種不同，因為並不牽涉誰吃誰的營養層次食物鏈相關性，而是藉由改變環境的結構來影響其他物種。

基石物種和基礎物種之間的關鍵區別在於基石物種是在生態系統中對所有其它物種具有更大影響的物種，而基礎物種是在創造或維持生境中起主要作用的物種，以支持生態系統中的其他物種。此外，基石物種的作用方式是營養的，而基礎物種的作用方式是非營養的。基石物種是生態系統中至關重要的物種。它們對生態系統中群落的組成有很大的影響。相反，基礎物種是生態系統中最豐富的物種。它們在物理上改變環境，產生和維持有益於生態系統中其他生物的棲息地。因此，這是總結重點物種和基礎物種之間的差異。「第六冊第 369～371、460 頁」

5. 疱疹病毒科中，下列何種病毒擁有最大基因組（Genome）？
(A) 巨細胞病毒（Cytomegalovirus）
(B) 愛潑斯坦-巴爾病毒（Epstein-Barr virus）
(C) 水痘帶狀病毒（Varicella-Zoster virus）
(D) 單純疱疹病毒（Herpes simplex virus）

詳解: A

人巨細胞病毒（Human cytomegalovirus，HCMV）或稱人類疱疹病毒第五型（Human beta-herpesvirus 5，HHV-5），屬於β疱疹病毒亞科，是巨細胞病毒（CMV）中以人類為宿主的一種 DNA 病毒。HCMV 因其細胞病變效應而得名，感染後可引發核周和細胞質包涵體的產生以及細胞腫脹。在人類疱疹病毒（HHV）中，HCMV 具有最大的基因組長度，約 240 kbp。

6. 假設一株小型植物經由光合作用產生12兆個葡萄糖分子，依據光合作用的淨反應為原則，有關此細胞分解的水分子與產生的氧分子依序分別為下列何者？
(A) 6 兆水分子與 12 兆氧分子
(B) 24 兆水分子與 24 兆氧分子
(C) 36 兆水分子與 72 兆氧分子
(D) 72 兆水分子與 72 兆氧分子

詳解: D

根據光合作用反應式 $6CO_{2(g)}+12H_2O_{(l)}+$光能$\rightarrow C_6H_{12}O_{6(s)}+6O_{2(g)}+6H_2O_{(l)}$，葡萄糖：淨消耗的水：氧＝1：6：6。「第一冊第 323 頁」

7. 聖嬰─南方振盪現象（El Niño Southern Oscillation, ENSO）為發生在赤道附近太平洋的一種準週期性氣候現象，涉及熱帶太平洋上大氣與海洋之間的交互作用變化，雖起源於熱帶，卻能夠影響全球的大氣環流，更進一步影響各地的氣溫和降雨，此聖嬰─南方振盪現象一般與下列何種現象有關？
(A) 東太平洋地區的上升流大幅增強
(B) 東太平洋地區的上升流大幅減少或消失
(C) 西太平洋的低海面氣壓
(D) 印尼和澳大利亞部分地區洪水的發生

詳解: B

「聖嬰」一詞源自西班牙文 El Niño，英文翻譯為 Christ Child，意為上帝之子。此詞乃南美秘魯漁民用以稱呼發生於聖誕節時期，其鄰近熱帶太平洋海域海溫及洋流異常變化之現象。一般正常氣候下，熱帶太平洋東部之氣壓場高於西部，此一東西壓力差異，產生熱帶東風帶，並帶動東太平洋之洋流西行，西行洋流受日曬加溫後，聚集於中、西太平洋。於東太平洋，海洋深處之低溫海水上湧補充西行之洋流，此一上湧洋流含豐富養分，遂吸引大批魚群聚集，造就了秘魯及鄰近諸國漁業之發達，而海鳥亦隨魚群湧現而聚集，其排泄物則成為當地農業的主要肥料來源。在「聖嬰」現象出現期間，東太平洋之氣壓場降低，而西太平洋之氣壓場卻增高，此氣壓場的改變使熱帶東風帶減弱，甚至轉為西風帶，於是東太平洋之洋流不再西行，甚者中、西太平洋之海水東流，受熱增溫後聚於東太平洋海域，熱帶太平洋海溫呈現出東高西低之變化。聚於東太平洋的高溫海水，抑制該區深處低溫海水上湧，於是魚群聚集數量減少，海鳥出現之數量亦銳減，使該區域的漁、農業均蒙受相當程度的損失。「第六冊第 175～176 頁」

8. 在生物體的細胞中，一個特定的生物代謝反應具有負的ΔG值。在缺乏酵素的情況下，此反應需要許多年才得以進行。有關此現象的敘述，下列何者最正確？
(A) 此反應不會自發進行
(B) 此反應需要一定量的活化能才能進行
(C) 此反應不遵循熱力學第二定律
(D) 此反應物的初始自由能遠小於產物的最終自由能

詳解：B

有一個負的ΔG 釋放自由能的反應稱為放能反應。一個負的ΔG 意味著反應物（或初始狀態）比產物（或最終狀態）有更多的自由能。放能反應也稱為自發反應，因為它們可以在不增加能量的情 況下發生。

另一方面，如果反應的ΔG 為正（$\Delta G > 0$），則需要輸入能量，稱為吸能反應。在這種情況下，生成物（或最終態）比反應物（或初始態），有更多的自由能。吸能反應是非自發的，這意味著在它們進行之前必須添加能量。你可以把吸能反應想像成把一些額外的能量儲存在高能量的產物中。

需要注意的是，自發性 這個詞在這裡有一個非常特殊的含義：它的意思是反應在沒有額外能量的情況下發生，但是它並沒有說明反應發生的速度有多快。一個自發的反應可能需要幾秒鐘，但也可能需要幾天、幾年甚至更長的時間。反應的速率取決於它在起始狀態和最終狀態之間的路徑，而自發性只取決於起始狀態和最終狀態本身。

$\Delta G<0$；釋能（exergonic）＋自發性的。「第一冊第 242 頁」

9. 全球肺癌發生率，台灣位居世界第15名與亞洲第2名，開發新的肺腫瘤抗癌藥物是研究人員一直努力的方向，假設一位研究人員發現一種化合物，可以有效減小肺腫瘤大小，然而，此化合物在後續研究發現其發揮作用時，肺腫瘤必須很小且此腫瘤不能轉移，進一步的研究發現，此化合物的作用是禁止腫瘤細胞之間的信號傳遞，依據上述信息，這種化合物抑制機制的敘述，下列何者最正確？

(A) 腫瘤細胞之間的突觸信號（Synaptic signaling）
(B) 腫瘤細胞之間的內分泌信號（Endocrine signaling）
(C) 腫瘤細胞之間的旁分泌信號（Paracrine signaling）
(D) 腫瘤細胞之間的神經內分泌信號（Neuroendocrine signaling）

詳解: C

旁分泌（paracrine）是指細胞分泌物不進入血液循環，而是通過擴散作用作用於鄰近的標的細胞，進行細胞間信號傳遞的分泌方式，這種信號傳遞方式可以控制標的細胞的生長和功能。例如，腫瘤細胞會產生某種激素或調節因子（血管內皮生長因子），通過細胞間隙對鄰近的其他種類細胞起到促進的作用。這種功能活動是通過局部體液因素進行的，可以認為是局部性體液調節。

根據題目條件，小範圍癌細胞之間的訊號傳遞被該化合物所禁止，鄰近相同細胞間的溝通應該是「自泌現象」。「第一冊第 371 頁、第四冊第 289 頁」

10. 細胞生物學家進行核型分析，在一假設哺乳動物中發現其正常體細胞中有32個姊妹染色質絲（Sister chromatids），則此細胞的單倍體染色體數目是多少？此細胞有多少條染色體？
(A) 8 和 8
(B) 8 和 16
(C) 16 和 16
(D) 16 和 32

詳解: B

32 條染色分體應該就有 16 條染色體，加上此細胞是哺乳類細胞，應該是二倍體。所以此細胞單倍體應該是 8 條染色體，此細胞是二倍體有 16 條染色體。「第一冊第 422、423 頁」

11. 下列何種病毒其遺傳物質可以是單股正股去氧核糖核酸（DNA）或單股負股DNA？
(A) 單純疱疹病毒（Herpes simplex virus）
(B) B19 病毒
(C) 腺病毒（Adenovirus）
(D) 小兒麻痺病毒（Poliovirus）

詳解: B

單純疱疹病毒是雙股 DNA 病毒、B19 病毒是單股 DNA 病毒、腺病毒是雙股 DNA 病毒、小兒麻痺病毒是＋單股 RNA 病毒。「第二冊第 421、422 頁」

12. 人類遺傳研究的結果，已知有兩種類型的血友病（Hemophilia）是由人類X染色體上的基因缺失所導致，假設一位患有上述類型血友病的父親，其外表型正常的女兒，嫁給了一位外表型正常的男性，此對夫妻的第一個女兒和第一個兒子患有血友病的機率分別是多少？

(A) 0%和 0%

(B) 0%和 25%

(C) 0%和 50%

(D) 0%和 100%

詳解: C

血友病是 X 性聯隱性遺傳疾病，據題目條件此外表正常的女兒的那一條源自父親的 X 染色體應帶有血友病基因，外表正常的男性配偶的 X 染色體上應該沒有血友病基因。因此，此對夫妻的女兒不可能有血友病，但是兒子有 1/2 的機率罹患血友病。「第二冊第 107、108 頁」

13. 某病毒其遺傳物質是單股正股RNA且其最適合複製繁殖的溫度和一般病毒不相似，為較低溫的33℃，下列何者為此種病毒？

(A) 腺病毒（Adenovirus）

(B) 諾瓦克病毒（Norwalk virus）

(C) 痘病毒（Poxvirus）

(D) 鼻病毒（Rhinovirus）

詳解: D

鼻病毒是會引發感冒症狀的多種病毒之一。耶魯大學免疫生物學教授岩崎明子指出，過去多認為鼻病毒在鼻腔中複製的速度比在肺部快，是因為鼻病毒在略低於體溫的環境下複製能力較強，但研究人員破壞實驗鼠的免疫系統後發現，鼻病毒在體內複製的速度與在鼻腔中一樣快，代表病毒的複製能力或致病力並未因溫度改變，而是呼吸道上皮細胞抵抗病毒的能力因溫度下降而減弱。

14. 生物同源異質基因（*Hox* genes）的研究結果顯示，以最簡單的假說推測兩側對稱動物的共同祖先擁有*Hox*基因，而這些基因在兩側對稱動物發育過程的敘述，下列何者最正確？

(A) 會在其附肢（Appendages）的發育中表現

(B) 此類基因分散在整個基因組中

(C) 依據規範的空間模式（Canonical spatial pattern）表現

(D) 對其消化系統（Digestive system）的發育至關重要

詳解: C

Hox 基因在兩側對稱動物發育過程的功能在於規範身體藍圖的基本架構。「第三冊第 166～168、372、426 頁」

Hox 基因是一系列「基因群」的代稱，負責調控體節和附肢的發育。在這些 Hox 基因的開頭皆有一段相似性極高的保守序列，此段序列稱為 Homeobox，其長度約為 180 個核苷酸，會在轉錄出的蛋白質上形成一個由 60 個胺基酸組成的構型區，這個區域稱為 homeodomain，以讀取並調控下游一連串的生長發育相關基因。

Hox 基因屬於總開關基因（master control gene）的一種。總開關基因可以控制一系列器官組織發育的連鎖機制，例如控制眼睛發育的 PAX-6 基因。總開關基因在跨物種之間的序列排列有時也相當類似，像是將小鼠控管眼睛的 PAX-6 基因轉殖到果蠅基因裡，那麼果蠅甚至會在特殊部位多長出一對複眼來。

而 Hox 基因產生的蛋白質則是調控體節和身體其他體制的形成，例如：果蠅中名為 lab 的基因負責控制唇的發育，Antp 基因則是影響觸足的發育。這些基因在染色體上的排列，恰巧與被影響的體節在身體上的頭尾順序一致。同時，身體重複的部位會出現相同的 Hox 蛋白質，像是蜈蚣的體節；而在相似的體節構造中所出現的 Hox 蛋白往往也都相近（好比蝦子的步足與泳足）。這些看似不同的部位，其實調控的基因序列相似性都很高，所以反過來說：一個小地方突變很可能會導致非常不同的突變結果，甚至可以由外鰓轉化成類似翅膀的構造。

Hox 基因可在動物界中許多類別找到，包括節肢動物門、環節動物門和脊索動物門等（甚至在菌類和植物界也可找到 Hox 基因！），因此追本溯源起來，代表這些動物開始大量分化前，它們的共祖就已經擁有了 Hox 基因，經過長時間下來的突變、複製等等，分別產生了很多基本型的變異和堆疊，使生物產生了不同的外貌。也因為產生了如此多樣化的體制，才能夠因應不同的環境，使生物得以繁衍。科學家們相信，寒武紀大爆發之所以能快速產生如此多體制不同的物種，便是因為 Hox 基因快速的變化所造成的。

校方釋疑：

題幹中已說明以最簡單的假說推測兩側對稱動物的共同祖先擁有 *Hox* 基因，這些基因在兩側對稱動物發育過程的敘述之最正確性。*Hox* 基因依據現今研究證據顯示，是同源異源轉錄因子家族的成員，主要功能在控制沿頭尾軸之前後軸的体軀計劃方面具有決定性關鍵作用，並因為表現狀況而為指定胚胎內組織的節段結構，此部分為 *Hox* 基因主要功能。

而釋疑提及

Hox 基因簇包含 *Ubx* 基因，此基因表現之轉錄因子的作用為 RNA 聚合酶 II 順式調節區序列特異性 DNA 結合活性和蛋白質結構域特異性結合活性，參與多項發育過程，現階段證據已知包括動物器官發育，細胞命運規範，和節段身份的規範等。以多種結構表達，包含生物體的前後軀體細分作用，循環系統、胚層、內臟部分。*Ubx* 的目標範圍從轉錄因子和信號成分等調節基因到影響廣泛的細胞行

為和代謝反應的終末分化基因。*Ubx* 在每個階段上調和下調數百個下游基因，因此功能廣泛，主體仍以(C)依據規範的空間模式(Canonical spatial pattern)表現。

此題最正確答案為(C)依據規範的空間模式(Canonical spatial pattern)表現，此題維持正確答案。

15. CD4⁺T 細胞影響人體免疫的趨向，經由外界環境刺激後，誘發 T 細胞內訊息傳導及誘發轉錄因子（Transcription factor）進入細胞核，有關轉錄因子和主要誘導 CD4⁺T 細胞配對組合，下列何者最正確？

I：FoxP3–Treg 細胞　　II：T-bet–TH2 細胞

III：GATA-3–TH1 細胞　　IV：RoRγT–TH17 細胞

(A) I 和 II
(B) II 和 IV
(C) I 和 III
(D) I 和 IV

詳解：D

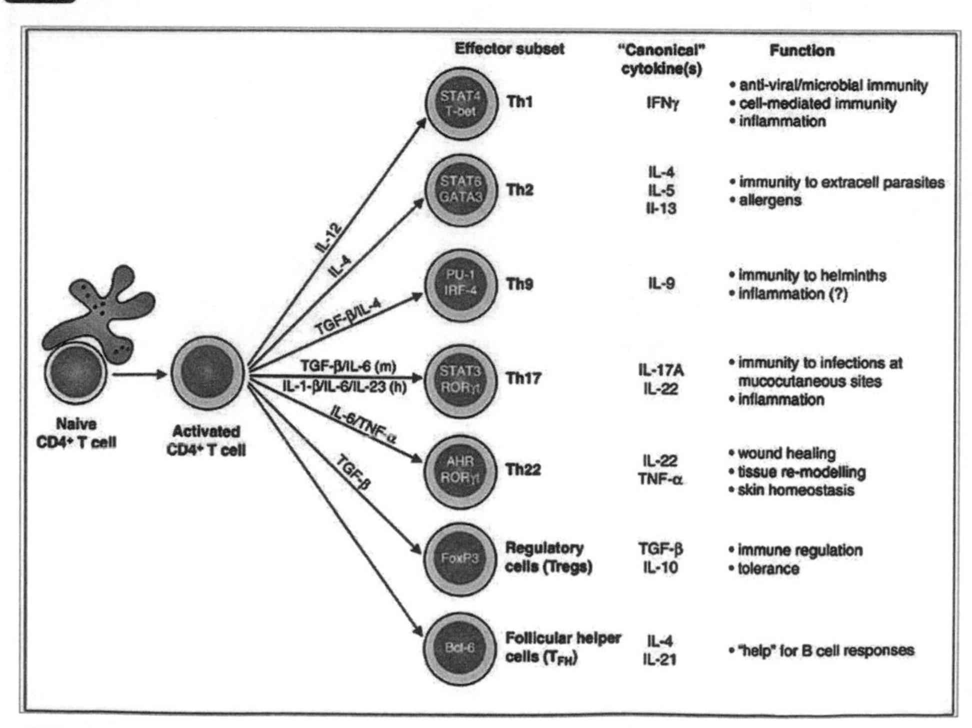

「上課投影片，仔細看細胞內部之標示！」。

16. 真核生物在轉錄後需要經由RNA加工（RNA processing）後才會形成成熟的mRNA，有關RNA加工可以分為多個過程，各選項中的三種在真核生物mRNA成熟過程中出現轉錄後修飾（Posttranscriptional modifications），下列何者皆正確？
(A) 5'-端 capping、3'-端 poly(A) tail 添加、剪接
(B) 3'-端 capping、5'-端 poly(A) tail 添加、剪接
(C) 剪接外顯子、插入內含子、capping
(D) 5'-端 capping、3'-端 capping、剪接

詳解： A

真核細胞 pre mRNA 常見的三種轉錄後修飾：5'端加帽、3'端加尾、剪除 introns 接合 exons。「第二冊第 241、262～265 頁」

17. 原本世界衛生組織在牛痘疫苗普遍施打後導致天花滅絕，於是想利用疫苗來滅絕另一個病毒所造成的世界性疾病：小兒麻痺，但並未成功，其中與小兒麻痺病毒疫苗有很大的相關性，有關小兒麻痺病毒疫苗的敘述，下列何者最正確？
(A) 沙克疫苗是活減毒病毒疫苗
(B) 沙賓疫苗是死病毒疫苗
(C) 接種沙克疫苗有機會造成小兒麻痺病毒感染，而具致病性
(D) 沙賓疫苗可誘發腸道抗體

詳解： D

沙克疫苗是失活疫苗、沙賓疫苗是減毒疫苗。「第五冊第 318 頁」

沙克疫苗：是採注射方式的非活性疫苗，優點是注射後不會引起麻痺症狀，缺點為需採注射式，且無群體免疫效果。

沙賓疫苗：是採口服式的活性減毒疫苗，沙賓疫苗只要口服，使用方便，容易推行，預防效果也很好且持久，最大的優點在於可以經由糞便排出，使得接觸者也可以間接得到免疫的效果，同時可造成黏膜免疫力，預防野生株病毒的繁殖及排泄，這種效果是沙克疫苗無法達到的。

※18-19 題組題

研究顯示，雞的雞冠形狀屬於基因交互作用的經典例子之一。兩個基因座交互作用來影響雞冠的形狀。玫瑰型雞冠（Rose comb）（R）和豌豆型雞冠（Pea comb）（P）的基因一起時會產生胡桃型雞冠（Walnut comb）。完全隱性同型合子（rrpp）的外表型為單型雞冠（Single comb）。假設一隻具有玫瑰型雞冠與一隻具有胡桃型雞冠的親本進行雜交，產生下列後代分布情形：17 隻胡桃型雞冠、16 隻玫瑰型雞冠、7 隻豌豆型雞冠、6 隻單型雞冠。

18. 依據上述資料，推測可能的親本基因型組合，下列何者最正確？
(A) Rrpp × RrPp
(B) Rrpp × Rrpp
(C) rrPp × rrPP
(D) rrPp × rrPp

詳解：A

第 18 跟 19 題雞冠基因交互作用內容在「第二冊第 64 頁」有清楚的圖文敘述。根據題目條件胡桃型：玫瑰型：豆型：單型約為 3：3：1：1，因此可知道基因型 R_P_：R_pp：rrP_：rrpp 約為 3：3：1：1。只有 A 選項之親代配對能符合上述要求。

19. 依據上述資料，依序推測上述後代之胡桃型雞冠和玫瑰型雞冠的基因型，下列何者最正確？
(A) R_Pp 和 rrPp
(B) R_Pp 和 R_pp
(C) rrPp 和 R_Pp
(D) R_pp 和 R_Pp

詳解：B

Rrpp×RrPp 所得到胡桃型子代應為 R_Pp，而玫瑰型子代應為 R_pp。「第二冊第 64 頁」

20. 疱疹病毒（Herpesviruses）在我們生活環境中無所不在，也造成人類生活上許多不便，所以我們需要對疱疹病毒有更深入的了解，下列哪些特徵皆是疱疹病毒的特徵？
I：疱疹病毒是單股 DNA 病毒
II：疱疹病毒不含有外套膜（Envelope）
III：疱疹病毒的遺傳物質於細胞核內複製
IV：疱疹病毒可經由細胞和細胞間傳播，不須離開原本感染的細胞
(A) I 和 II
(B) II 和 III
(C) III 和 IV
(D) II 和 IV

詳解：C

疱疹病毒是具有外套膜的雙股 DNA 病毒，其外套膜於 DNA 在宿主細胞核中複製後就可由核膜獲得。「第二冊第 421、442 頁」

人類皰疹病毒（HHV）是一種球形有外膜包被（envelope）病毒體，直徑為 120 至 260 nm（通常約為 150 nm），遺傳物質由雙股 DNA 基因組構成，該基因

組編碼包裹在二十面體衣殼（capsid）中的 100～200 個基因，周圍被無定形蛋白質皮套（tugument）包裹，其外膜包被的脂質雙層膜含有不同的糖蛋白（glycoprotein）。皰疹病毒在其宿主細胞核內複製，有 DNA 的順序轉錄及前期（immediately early），早期（early）和晚期（late）基因的分別表現，由較早期的基因調節後期基因的轉錄。

HHV 的生命週期可以分為溶解性路徑（lytic pathway）和潛溶性路徑（lysogenic pathway）兩種。在溶解性路徑中，感染性病毒附著在有特定接受體的宿主細胞後啟動感染的過程，病毒的外膜包被糖蛋白與宿主的細胞膜受體結合後，通過受體介導的內吞作用（receptor mediated endocytosis）或膜融合（membrane fusion）進入宿主細胞。病毒衣殼分解後釋出基因組 DNA，入侵的 DNA 接管宿主細胞並操縱其酵素合成新的病毒 DNA 和蛋白質，再組裝形成新的病毒顆粒（virion），最後新病毒顆粒溶解原宿主細胞，並釋出尋找新的宿主細胞。但是，在潛溶性路徑中，少數病毒基因可能會在一些宿主細胞中轉錄潛伏相關轉錄體（latency associated transcript, LAT），以這種方式，病毒可以無限期地存在而不溶解宿主細胞，長期潛伏不引起宿主任何症狀及疾病。

有兩種病毒潛伏方式：前病毒潛伏（proviral latency）和游離體潛伏（episomal latency）。在前病毒潛伏的方式中，原病毒進入宿主細胞後，病毒基因組 DNA 嵌入宿主基因組內，病毒 DNA 與宿主 DNA 同步複製，如人類免疫缺陷病毒（human immunodeficiency virus, HIV）；在游離體潛伏的方式中，病毒 DNA 不會整合到宿主基因組內，病毒 DNA 以線性或套索結構存在於宿主的細胞質或細胞核中，因此病毒在潛伏期仍可以利用自身遺傳物質，如 HHV。潛伏性 HHV 被重新激活（reactivation）後，基因的轉錄從 LAT 基因轉變為溶解性基因而增強病毒 DNA 複製和病毒粒子增殖，臨床上常引發非特異性的初期症狀，如發燒、頭痛、喉嚨痛、全身不適和皮疹等，接著便引起病人典型症狀及疾病，在某些嚴重的情況下甚至導致死亡。

21. 去氧核糖核酸（DNA）是一種生物大分子聚合物，可組成遺傳指令來引導生物發育與生命功能運作。有關DNA結構的敘述，下列何者最正確？
(A) 每一股以 3.4 埃旋轉一圈
(B) 以離子鍵將雙股連結在一起
(C) 雙股結構是呈現反向平行的
(D) 成對的鹼基相互垂直並平行於螺旋的長軸

詳解：C

DNA 為反平行排列的雙股螺旋，單股以 34 Å 轉一圈，雙股間以鹼基對間的氫鍵相連。「第二冊第 171 頁」

J.Watson 和 F.Crick 提出的 DNA 雙螺旋結構具有下列特徵：

1. DNA 由兩條多聚脫氧核苷酸鏈組成：兩條多聚脫氧核苷酸鏈圍繞著同一個螺旋軸形成反平行的右手螺旋（right-handed helix）的結構。兩條鏈中一條鏈的

5'→3'方向是自上而下，而另一條鏈的5'→3'方向是自下而上，呈現出反向平行(anti-parallel)的特徵。DNA雙螺旋結構的直徑為2.37 nm，螺距為3.54 nm。

2. DNA的兩條多聚脫氧核苷酸鏈之間形成了互補鹼基對：鹼基的化學結構特徵決定了兩條鏈之間的特有相互作用方式：一條鏈上的腺嘌呤與另一條鏈上的胸腺嘧啶形成了兩對氫鍵；一條鏈上的鳥嘌呤與另一條鏈上的胞嘧啶形成了三對氫鍵。這種特定的鹼基之間的作用關係稱為互補鹼基對（complementary base pair），DNA的兩條鏈則稱為互補鏈（complementary strand）。鹼基對平面與雙螺旋結構的螺旋軸近乎垂直。平均而言，每一個螺旋有10.5個鹼基對，鹼基對平面之間的垂直距離為0.34 nm。

3. 兩條多聚脫氧核苷酸鏈的親水性骨架將互補鹼基對包埋在DNA雙螺旋結構內部：多聚脫氧核苷酸鏈的脫氧核糖和磷酸基團構成了親水性骨架(backbone)，該骨架位於雙螺旋結構的外側，而疏水性的鹼基對包埋在雙螺旋結構的內側。DNA雙鏈的反向平行走向使得鹼基對與磷酸骨架的連接呈現非對稱性，從而在DNA雙螺旋結構的表面上產生一個大溝(major groove)和一個小溝(minor groove)。

4. 兩個鹼基對平面重疊產生了鹼基堆積作用：在DNA雙螺旋結構的旋進過程中，相鄰的兩個鹼基對平面彼此重疊（overlapping），由此產生了疏水性的鹼基堆疊力（base stacking force）。這種鹼基堆積作用十分重要，它和互補鏈之間鹼基對的氫鍵共同維繫著DNA雙螺旋結構的穩定。

22. 植物進行光合作用合成有機質，所需要的能量來自太陽輻射，然而，此太陽輻射過強時，會過度激發電子而將電子由其軌域中移出，並且產生自由基。自由基是具有高度反應性的原子或分子，具有未配對電子，因此會降解並破壞其附近的其他有機質，而植物細胞內的類胡蘿蔔素是大多數葉綠體中存在的色素之一，具有穩定自由基的能力，有關植物細胞中產生的自由基和類胡蘿蔔素的敘述，下列何者最正確？

(A) 若葉綠體遭到破壞，自由基將會破壞細胞
(B) 類胡蘿蔔素具防止強光下ROS形成來提供保護作用
(C) 自由基誘導葉綠體中類胡蘿蔔素的合成
(D) 類胡蘿蔔素直接與植物免疫系統交流

詳解: B

類胡蘿蔔素會消除葉綠素的激化狀態及照光後產生之O_2^-，免除脂質的過氧化作用；激化之carotene則將能量傳遞至其他的天線色素或以熱的型式消散而回到穩定的基態。類胡蘿蔔素存在於葉綠體內，一方面阻止激發態葉綠素分子的激發能從反應中心向外傳遞；另一方面，它也保護葉綠素分子免於遭受光氧化傷害。類胡蘿蔔素共有α-carotene、β-carotene及葉黃素三種形式，以β-carotene含量最高，為最有效的O_2^-淬滅劑。但β-carotene 的抗氧化作用受氧濃度的影響，低氧

下有良好的抗氧化作用，高氧下則會轉化成自由基的形式，加速氧化的進程。「第一冊第 85、329 頁」

23. 植物賀爾蒙Auxin對植物胚胎的影響和果蠅中的Bicoid蛋白之作用相似，如果將Auxin添加到胚根細胞的培養液，下列何者是最有可能的結果？
(A) 根細胞將停止發育
(B) 根細胞會伸長並成熟
(C) 根細胞會轉化為分生組織細胞
(D) 根細胞不會對 Auxin 做出反應

詳解: B

Bicoid 蛋白之作用在決定細胞發育時初步極性與細胞命運的界定，若 Auxin 有類似功能，則在加入胚根細胞的培養液後應該會促進其發運成特定命運之細胞。實際上，在植物組織培養時，Auxin 確實有促進癒傷組織發根的功能。「第二冊第 393、396 頁、第四冊第 180 頁」

在植物組織培養上，所謂的器官發生（分化）為植物組織經由逆分化作用（Redifferentiation）誘導出去分化（Dedifferentiation）細胞後，在經由這些去分化細胞分化出器官。誘導去分化作用在於獲得分器官性細胞，並促使此種細胞大量生長，如此即可發育成分生組織逢機分佈的癒合組織，多數的分生組織若給於適當的環境，將會分化成芽體或根。多數經由培養細胞方式所獲得之組織培養苗為利用芽體分化或體胚發生之技術。此即植物體細胞具細胞全能性之證據。

培養的組織分化成芽體主由培養基內之 Auxin/Cytokinin 比率所影響，培養基內之 Cytokinin 促使芽體分化及發育，而芽體之外表型態（高、矮、胖、細）則由 Auxin 所控制。若培養基內 Auxin 相對濃度較 Cytokinin 高，則會壓抑芽體分化，高濃度 Auxin 會促進細胞增殖但不進行芽體分化，而高濃度之 Cytokinin 則有利於芽體分化。

增加培養基之磷會使 Auxin 抑制芽體分化之作用無效，在某一些植物試驗中，增加磷濃度，即使培養基未添加 Cytokinin 亦促使芽體發生。Casein hydrolysate 或 Tyrosine 亦具有促進芽體發生之功用，即使培養基內具有高濃度之 IAA。

24. 真菌、植物細胞的細胞壁以及動物細胞的細胞外基質（Extracellular matrix）都是細胞質膜外的外部結構，這些結構的構成成分和具體功能因生物種類而異，有關所有細胞外結構共同具有的特徵之敘述，下列何者最正確？
(A) 必須允許細胞質和細胞核之間的訊息傳遞
(B) 由在細胞質中合成並被運輸出細胞的聚合物構成
(C) 必須提供維持細胞表面積與體積比例的剛性結構
(D) 必須阻塞水和小分子以調節與環境的物質和能量交換

詳解: B

這些胞外基質都含有來自細胞內合成的物質，但是並非所有胞外基質都來自胞內合成物質的釋出，例如植物細胞壁裡的纖維素成分。「第一冊第 187、191～194 頁」

25. 「無種子維管束植物（Seedless vascular plants）」是指一群具有維管束但不具有種子特徵的陸地植物，此類群植物的繁殖方式主要以孢子進行，而非以種子進行繁殖。代表性的種類包括蕨類植物、石松類植物等。在植物演化歷史相關證據推論，有關無種子維管束植物被認為是平行系群（Paraphyletic）而不是單系群（Monophyletic）的原因，下列何者最正確？
(A) 無種子維管束植物內的類群，彼此間的關係比和種子植物群更為密切
(B) 無種子維管束植物與種子植物相比，與無維管植物有更近緣的共同祖先
(C) 所有類群的無種子維管植物並不具有相同的祖先
(D) 此類群包含他們的共同祖先，同時也包含此共同祖先的具有種子的後裔

詳解：D

平行系群是親緣關係學上常用的概念，指某一生物類群包含了一個共同祖先及其部分後代，但未包含其所有後代。因為無種子維管束植物與種子植物擁有共同的祖先，所以在分類時無種子維管束植物才會被認為是平行系群（paraphyletic group）。「第三冊第 51～52 頁」

26. 奧司他韋（Oseltamivir）商品名稱為克流感（Tamiflu），是一種抗病毒藥物，可以治療或預防流感病毒，主要是抑制下列何種分子？
(A) 血球凝集素（Hemagglutinin）
(B) 神經胺酸酶（Neuraminidase）
(C) 唾液酸（Sialic acid）
(D) 乙醯膽鹼受體（Acetylcholine receptor）

詳解：B

目前政府採購之克流感®及瑞樂沙®等流感藥劑，均為新成分之神經胺酸酶抑制劑，可有效抑制流感病毒的擴散，並可同時治療 A 及 B 型流感，副作用輕微（少數噁心、嘔吐）且較不易產生抗藥性。「平時測驗第七回第 108 題」

27. 某些生物感染狂犬病病毒（Rabies virus），經由咬傷人類，造成人類感染狂犬病毒，病毒感染時大部分需要和細胞表面的受體結合，下列何種細胞受體，為狂犬病病毒最主要感染細胞所接合的受體？
(A) Sialic acid
(B) Erythrocyte P antigen
(C) Acetylcholine receptor
(D) CD4

詳解: C

狂犬病毒感染時需與宿主細胞表面的乙醯膽鹼受體結合才能進入宿主。「第二冊第 424 頁」

狂犬病病毒進入人體後首先侵染肌細胞或者皮膚細胞，並在其中渡過潛伏期，而後通過肌細胞、皮膚細胞和神經細胞之間的乙醯膽鹼受體進入神經細胞，沿神經細胞的軸突緩慢上行，上行到脊髓，進而入腦，並不沿血液擴散。病毒在腦內感染海馬區、小腦、腦幹乃至整個中樞神經系統，並在灰質大量複製，沿周圍神經下行到達唾液腺、角膜、鼻黏膜、肺、皮膚等部位。狂犬病病毒對宿主主要的損害來自內基氏體（Negri bodies），即為其廢棄的蛋白質外殼在細胞內聚集形成的嗜酸性顆粒，內基氏體廣泛分布在患者的中樞神經細胞中，也是本疾病實驗室診斷的一個指標。

狂犬病病毒在周圍神經組織里的平均移動速率是 3 mm/h，上行到中樞神經系統後可在一天內繁殖擴散到整個中樞神經系統內。因此，傷口離腦和脊髓越遠，潛伏期就越長，疫苗就越有可能及時生效從而有效預防狂犬病發作。

28. 工業革命後大量使用化石燃料，導致大氣中二氧化碳濃度由1960年代的280 ppm上升至超過400 ppm，因此大氣中的二氧化碳擴散至海洋中導致海洋酸化現象發生，對珊瑚和其他物種造成嚴重的負面影響，然而，對於某些海洋物種而言，海洋酸化卻幾乎沒有任何影響。因此，下列何者最能描述海洋酸化對海洋生物整體影響的科學專有名詞？
(A) 棲地的衰退（Degradation）
(B) 棲地的破碎化（Fragmentation）
(C) 棲地的喪失（Loss）
(D) 棲地的同質化（Homogenization）

詳解: A

「棲地退化」是指生態系統因干擾而長期喪失生態功能和服務，它影響大片的土地表層和全球 1/3 的人口，窮人和貧困國家受到的影響更大。證據顯示，土地退化與生物多樣性喪失和氣候變化有關，這兩者都是直接原因。

整體而言，海洋酸化會讓棲地衰退就是棲地能提供的族群負載量會下降。

29. 在椎實螺屬（Limnaea）中，母系遺傳效應顯示，卵子的基因型決定其外殼捲曲的方向，而不受後代基因型的影響，有關此種母系遺傳效應原因的敘述，下列何者最正確？
(A) 早期分裂時紡錘體的定向（Orientation）
(B) 卵細胞質中存在的基因帶（Genophores）
(C) *F* 因子（F factor）對中心體的作用
(D) 從 RNA 灌注實驗證明的對偶基因置換

詳解：A

母系效應是由母親的「基因產物」於未受精卵中影響子代發育的效應。選項中 genophore 是細菌的基因組、F 質體也是細菌的 DNA 組成而 RNA 並不是構成對偶基因的成分。所以，A 中的紡錘體是最符合條件的答案。「第二冊第 152～153 頁、第三冊第 182～183 頁」

30. 病毒因結構及核酸的不同，可用於病毒的分類，有關含有外套膜（Envelope）的病毒種類，下列何者最正確？
I：黃熱病毒（Yellow fever virus） II：流感病毒（Influenza virus）
III：小兒麻痺病毒（Poliovirus） IV：諾瓦克病毒（Norwalk virus）
(A) I 和 II
(B) II 和 III
(C) III 和 IV
(D) II 和 IV

詳解：A

黃熱病毒是有外套膜的單股＋RNA 病毒、流感病毒是有外套膜的單股－RNA 病毒、小兒麻痺病毒是沒有外套膜的單股＋RNA 病毒、諾瓦克病毒又稱諾羅病毒是沒有外套膜的單股 RNA 病毒。「第二冊第 152～153 頁」

31. 在野外，模里西斯果蠅（*Drosophila mauritiana*）在環境資源充足狀況下，假設當地一個族群每一世代會在離散的（Discrete）時間段內同步繁殖，且每兩週會有一世代產生，初期族群大小為1,000隻，其幾何族群成長率為每代3.0，經過六週後，此果蠅族群預期的大小，下列何者最正確？
(A) 3,000
(B) 18,000
(C) 27,000
(D) 81,000

詳解：C

每兩週一世代，成長率為 3.0，經過六週就是 3 個世代的更迭：1000→3000→9000→27000。「平時測驗第二十一回第 30 題：族群成長率 R=N(t+1)/N(t)」

校方釋疑：

此題幹已說明為此果蠅在時間段內同步繁殖，且每兩週會有一世代產生，初期族群大小為 1,000 隻，以幾何成長模式族群進行成長，幾何族群成長率為每代 3.0 的基礎條件，因此，此族群成長依據下列公式計算。

$N_{t+1}=\lambda N_t$

六週時間段可完成三週期：

第一週期：N(1)=3*1000=3000

第二週期：N(2)=3*3000=9000

第三週期：N(3)=3*9000=27000

此題正確答案為(C) 27000，此題維持正確答案。

32. 考德里小體（Cowdry bodies）出現於受病毒感染細胞，細胞核內出現一種嗜酸性顆粒，顆粒內主要成分為核酸及病毒性蛋白，屬於病理特徵，有關會造成考德里小體的病毒，下列何種最正確？

I：感冒病毒（Influenza virus）　II：狂犬病病毒（Rabies virus）

III：單純疱疹病毒（Herpes simplex virus）　IV：巨細胞病毒（Cytomegalovirus）

(A) I和II

(B) II和III

(C) III和IV

(D) II和IV

詳解：C

考德里小體（Cowdry bodies）為出現於受感染細胞細胞核內的一種嗜酸性顆粒，顆粒內主要成分為核酸及病毒性蛋白，屬於病理特徵。會造成此類病理特徵包含單純疱疹病毒以及巨細胞病毒等。此小體得名於艾德蒙德·考德里（Edmund Cowdry）。

33. 病毒感染細胞會於受感染細胞中複製繁殖，下列何種病毒為DNA病毒且在感染細胞的細胞質中複製繁殖而無須進入細胞核？

(A) 感冒病毒（Influenza virus）

(B) 單純疱疹病毒（Herpes simplex virus）

(C) 黃熱病毒（Yellow fever virus）

(D) 痘病毒（Poxvirus）

詳解：D

所有的痘病毒都於細胞質內增生，造成嗜酸性質內包涵體。

34. 在多細胞生物的基因組中可發現大量的複製基因（Duplicated gene），之後此類複製基因的命運可能會在功能上產生分歧，例如亞洲長尾猴基因組中的 RNASE1 和 RNASE1B 基因。而在亞洲長尾猴基因組中存在的 RNASE1 基因，同樣可以在人類基因組中發現相近的 RNASE1 基因，此被認為是由共同祖先基因經由種化事件分歧而來。在亞洲長尾猴基因組中的 RNASE1 和 RNASE1B 基因與亞洲長尾猴和人類基因組中的 RNASE1 基因，依序分別屬於下列何種基因類型？

(A) Paralogous genes 和 Orthologous genes
(B) Derived genes 和 Homologous genes
(C) Paralogous genes 和 Homologous genes
(D) Derived genes 和 Orthologous genes

詳解: A

演化同源基因(homologous genes)分兩種:同種同源基因(paralogous genes)與異種同源基因(orthologous)。「總複習第二講第 67 題」

校方釋疑:

此題幹中已清楚描述,以在亞洲長尾猴基因組中的 RNASE1 和 RNASE1B 基因而言,此二基因為 Paralogous genes,即起源於同一物種基因組內的複製事件時,它們被指定為 Paralogous genes,因此在同一基因組中的不同位置形成二個基因座現象,因此,Paralogous genes 具有共同的祖先,但它們具有不同的功能。而亞洲長尾猴和人類基因組中的 RNASE1 基因,屬於 Orthologous genes 形成的原因為基因因物種形成事件分開時,它們被稱為 Orthologous genes,而是被分配在兩個不同的物種基因組中,Orthologous genes 來自共同的祖先並具有相同的功能。

Homologous genes 的定義是指當兩個基因的 DNA 序列來自共同起源時,可能具有或可能不具有相同的功能。而 Homologous genes 可以通過三個不同的事件產生,包含物種形成事件,產生 Orthologous genes;遺傳複製事件,產生 Paralogous genes;水平基因轉移事件,產生 Xenologous genes。

因此,此題幹中已經清楚說明,亞洲長尾猴基因組中的 RNASE1 和 RNASE1B 基因代表 Paralogous genes,亞洲長尾猴和人類基因組中的 RNASE1 基因,代表 Orthologous genes。

此題最正確答案為(A) Paralogous genes 和 Orthologous genes,此題維持正確答案。

35. 許多病毒希望藉由減少病毒本身的抗原被細胞呈現,以減少被$CD8^+$ T細胞的毒殺作用,下列何種病毒表現E19蛋白阻止MHC class I表達於細胞表面以逃避免疫攻擊?
(A) 腺病毒(Adenovirus)
(B) 單純疱疹病毒(Herpes simplex virus)
(C) 黃熱病毒(Yellow fever virus)
(D) 痘病毒(Poxvirus)

詳解: A

瑞典當地時間 2022 年 10 月 3 日 11 時 30 分,諾貝爾獎委員會宣佈將 2022 年生理學或醫學獎頒發給瑞典生物學家、演化遺傳學家 Svante Pääbo,以表彰他發現了與已滅絕古人類和人類進化相關的基因組。Svante Pääbo 於 1986 年在烏普薩拉大學獲得博士學位,研究腺病毒的 E19 蛋白如何調節免疫系統。

36. 現今的研究顯示，在使用基因組定序資料進行DNA親緣關係分析，可將人類和黑猩猩（Chimpanzees）與倭黑猩猩（Bonobos）彼此視為最近緣的姊妹物種，但部分研究顯示猩猩（Gorillas）和黑猩猩共享一個不是人類祖先的共同祖先（Common ancestor），此現象推測為不完整的譜系排序（Incomplete lineage sorting），有關此現象的敘述，下列何者最正確？
(A) 所有大型類人猿（Great apes）的祖先物種在某些位點具有遺傳變異性，導致每個後代物種失去不同的隨機組合之祖先對偶基因
(B) 粒線體基因可以變得不連鎖並經由獨立分配而遺傳
(C) 靈長類譜系（Primate lineages）不完全隔離而可以雜交導致
(D) 靈長類基因組的編碼區比 SINE 等非編碼區更容易產生錯誤而導致

詳解： A

此共同祖先基因組演化進而產生生殖隔離而形成人類、黑猩猩、倭黑猩猩等現存不同物種，此為演化基本觀念。「第三冊第 113～114 頁」

37. 類鐸受體（Toll-like receptor, TLR）在先天性免疫反應（Innate immunity）中扮演辨認外來微生物的重要功能，也會誘發一系列的訊息傳導，活化免疫反應，下列何種類鐸受體主要在細胞的內涵體（Endosome）中？
(A) TLR2
(B) TLR4
(C) TLR5
(D) TLR9

詳解： D

免疫細胞上有一群受體，用來偵測各種外來物質，稱做「類鐸受體」（toll-like receptor, TLR），主要參與未引發專一性抗體的「非特異性免疫反應」。不同的類鐸受體各有負責偵測的對象，例如 TLR3 負責偵測外來的雙股 RNA 病毒，而 TLR4 負責搜尋細菌的內毒素脂多醣，而 Trif 即是這類受體所共用的傳訊分子。

TLR3、TLR9 位於細胞的內涵體中。「第三冊第 239～240 頁」

38. 懷孕時，母親與胎兒緊密相連，胎兒在母親體內彼此間的交流，可以透過臍帶來交換進行，有關臍帶的敘述，下列何者最正確？
(A) 臍帶血管由 1 條較小的臍動脈與 2 條較大的臍靜脈所組成
(B) 臍動脈負責供應胎兒氧氣與營養
(C) 臍帶與胎兒相連，直接與母親的肚臍連接
(D) 臍帶是由羊膜包裹擠壓卵黃囊和尿囊所構成

詳解： D

臍帶中有兩條臍動脈與一條臍靜脈，前者負責將胎兒的缺氧血帶至胎盤，後者負責將完成交換的充氧血帶回胎兒體內。臍帶並不與母體肚臍相連。「第六冊第 68 頁」

39. 現代社會的生活及科技檢測之發展，發現有些婦女因為子宮肌瘤的困擾及造成長期的疼痛，在不得以的情況及專業醫師考量下而切除子宮，對於這些婦女，下列敘述何者最正確？
(A) 不能排卵，第二性徵正常
(B) 正常排卵，第二性徵正常
(C) 不能排卵，第二性徵不正常
(D) 正常排卵，第二性徵不正常

詳解: B

子宮並非性腺，並不分泌激素，所以即便切除也不影響該婦女的排卵與第二性徵。「第六冊第 43～44 頁」

40. 在韓劇《黑暗榮耀》中，霸凌者全宰寯有色覺辨識障礙（色盲）的表現，文同珢對於遺傳學有深入的研究，文同珢心想：涎鎮（朴涎鎮）啊！妳的女兒河睿帥也有色覺辨識障礙（色盲），所以她的生父應該是全宰寯，而不是妳的丈夫河度領吧！有關黑暗榮耀中和色覺辨識障礙（色盲）相關的敘述，下列何者最正確？
(A) 現實世界上，男性有色覺辨識障礙（色盲）的機率比女性低
(B) 假設河睿帥是男生，就完全不可能是色盲
(C) 朴涎鎮是帶因者
(D) 色盲是屬於顯性遺傳

詳解: C

視覺基因位於和性別有關的X染色體上，而且是隱性遺傳。因男性的性染色體為XY，故只要X染色體有問題，就會出現異常；而女生的染色體為XX，必須兩個X都有問題，才會出現異常，若只有一個X有問題，則稱為帶因者。按照題目條件朴涎鎮必為帶因者。「第二冊第 107～108 頁」

41. 丹麥科學家漢斯·克里斯蒂安·格蘭（Hans Christian Gram），他於西元1882年開發了格蘭氏染色（Gram stain）技術，也對於細菌分類及治療策略給予了很大的幫助，有關格蘭氏染色，下列何者<u>不正確？</u>
(A) 格蘭氏陽性菌經由格蘭氏染色後呈現粉紅色
(B) 格蘭氏染色可利用酒精來去染
(C) 格蘭氏染色可用丙酮去染
(D) 格蘭氏染色可利用結晶紫來染色

詳解: A

革藍氏陽性菌染色後應呈「紫色」。「第三冊第 179～180 頁」

一八八四年，丹麥籍細菌學家，格蘭（Hans Christian Joachim Gram）在德國柏林一家醫院的停屍間工作時，研究如何讓肺臟組織裡的細菌更容易在顯微鏡下觀察，因此開發出利用染色的方式使其呈現得更完美。不過格蘭是個謙遜的人，當年在發表他的發現時也聲明染色的方法不是完美的，還是有些細菌無法被成功染色。幾年後，德國病理學家維格（Carl Weigert）用另外一種紅色染劑去染無法被格蘭的方法染色的細菌，才塑造出今天格蘭氏染色兩種顏色指示的模式。

格蘭氏染色把細菌粗略分成格蘭氏陰性與格蘭氏陽性兩種，陽性菌的細胞壁比較厚，在細胞膜上有一層厚度約莫 20～80 nm 的肽聚糖，會保留住結晶紫與碘化鉀的複合物而呈現紫色；而陰性菌的細胞壁因為肽聚醣較薄（10 nm），在酒精沖洗脫色後會失去結晶紫，而被番紅花染成紅色。此方法被廣泛運用在細菌顯微鏡觀察，是所有細菌學者與生醫產業相關人員必備的技術。

42. 聽覺對於動物生理有很大的影響，亦使動物對於環境的變化有所反應，有關不同動物的聽覺敘述，下列何者最正確？
(A) 海豚的超音波自額隆（Melon）發出，由上頜接受
(B) 蝙蝠可以發出 20 到 120 千赫的頻率音波
(C) 一般人類聽覺受器可接受 100 千赫的音波
(D) 蝙蝠發出音波時，中耳內的聽骨肌會放鬆，期待能收到更多回音

詳解: B

齒鯨類就發展出特殊的回音定位系統，用來偵測四周環境及覓食。由鼻道附近發出聲音，經過有如透鏡聚焦功能的額隆後，發射至目標物上形成反射，再經由充滿脂肪的下顎接收回聲，傳到鼓膜以判斷方位。「平時測驗第十八回第 46 題」。一般正常年輕人能聽到的音調範圍為 20～20000 Hz，蝙蝠可以發出並聽到頻率高於 100000 Hz 的聲波，利用聲納系統來判定獵物的位置。「第五冊第 37 頁」

鯨豚皆沒有聲帶。所有鯨豚可分為齒鯨類及鬚鯨類，齒鯨類利用噴氣孔下方一個叫做「猴唇」的構造震動發聲，經過頭頂前方由脂肪構成的「額隆」來調整音波的方向，音波碰觸物體後回音反彈回來，齒鯨類再利用含有多量油脂的下頷骨將回聲的聲波傳到聽骨及耳蝸繼而辨識聲音，分析出物體及周圍環境，發展出一套極佳的回聲定位系統；而鬚鯨類沒有「猴唇」結構，又缺少聲帶，學者目前仍然不確定其發聲方式。

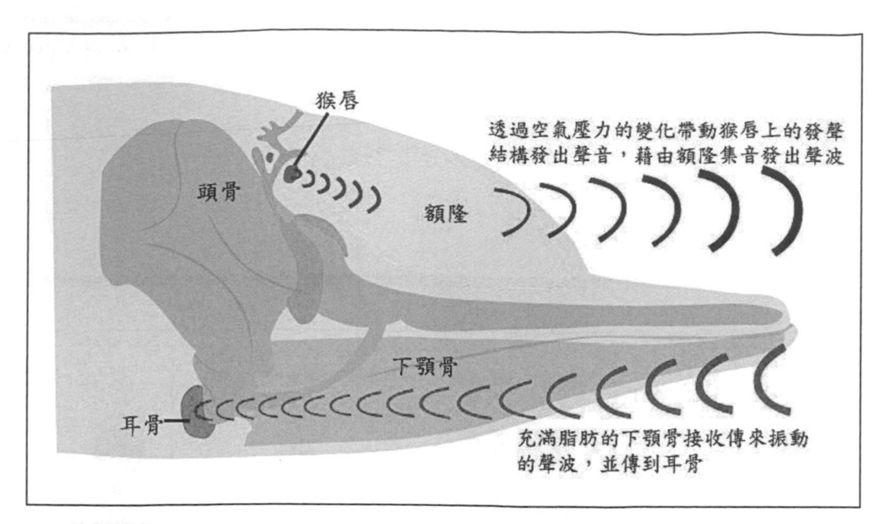

鯨類動物可以發出三大類聲音：喀答聲（click）、哨聲（whistle）、脈衝聲（burst pulse）。喀答聲是長度極短的寬頻聲音，用來進行回聲定位，透過發出聲波及接收反射訊號來導航和偵測物體；哨聲是長度較長，窄頻且頻率會隨時間有所變化的訊號，這類聲音可能作為個體之間的溝通，且哨聲類型或頻率使用的特徵可能會隨著各個不同區域及族群而有所不同；脈衝聲則為一連串寬頻的脈衝，脈衝和脈衝之間的時間間距非常短暫，也被認為有溝通的功能，但也有可能是回聲定位。

43. 動物行為學研究的發現，小鵝有印痕行為，下列哪些動物的組合皆沒有印痕行為？

I：山椒魚　　II：帝雉　　III：櫻花鉤吻鮭　　IV：山羊

(A) I 和 II
(B) II 和 IV
(C) I 和 III
(D) III 和 IV

詳解： C

類似小鵝認親的印痕行為只發生在有育幼行為的動物身上，但櫻花鉤吻鮭和山椒魚分別為魚類跟兩棲類，為體外受精，沒有育幼行為，故不可能發生類似的印痕行為。「第六冊第 247～248 頁」

44. B細胞於骨髓中發育成熟，B細胞於發育過程中其細胞表面有表現VpreB及$\lambda 5$時，是屬於下列B細胞發育過程的何種時期？

(A) Early pro-B cell

(B) Late pro-B cell

(C) Small pre-B cell

(D) Large pre-B cell

詳解: D

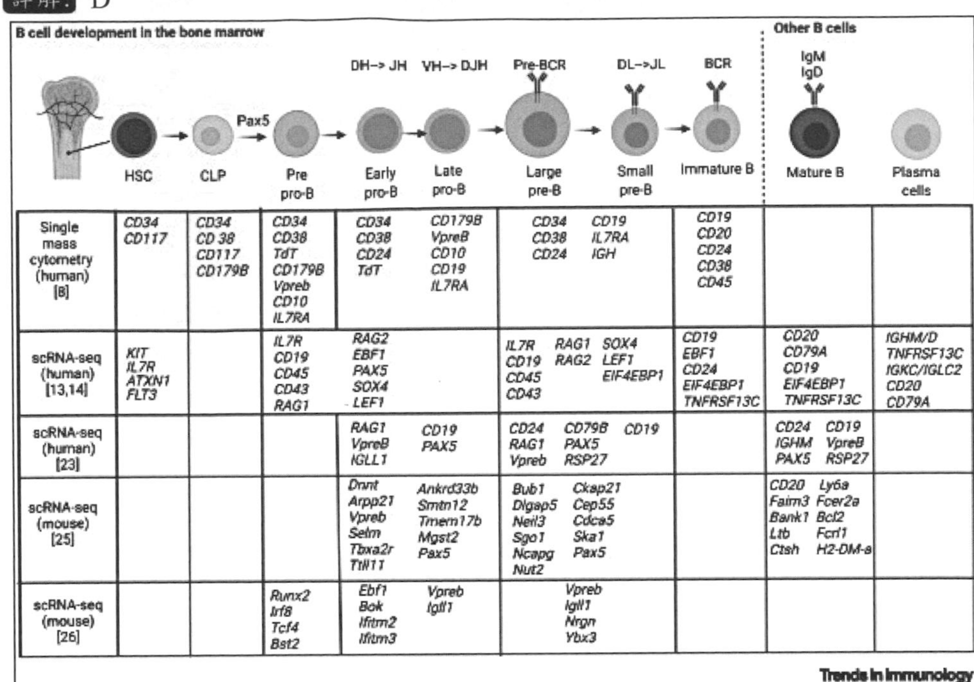

	HSC	CLP	Pre pro-B	Early pro-B / Late pro-B	Large pre-B / Small pre-B	Immature B	Mature B	Plasma cells
Single mass cytometry (human) [8]	CD34 CD117	CD34 CD 38 CD117 CD179B	CD34 CD38 TdT CD179B Vpreb CD10 IL7RA	CD34 CD179B CD38 VpreB CD24 CD10 TdT CD19 IL7RA	CD34 CD19 CD38 IL7RA CD24 IGH	CD19 CD20 CD24 CD38 CD45		
scRNA-seq (human) [13,14]	KIT IL7R ATXN1 FLT3		IL7R CD19 CD45 CD43 RAG1	RAG2 EBF1 PAX5 SOX4 LEF1	IL7R RAG1 SOX4 CD19 RAG2 LEF1 CD45 EIF4EBP1 CD43	CD19 EBF1 CD24 EIF4EBP1 TNFRSF13C	CD20 CD79A CD19 EIF4EBP1 TNFRSF13C	IGHM/D TNFRSF13C IGKC/IGLC2 CD20 CD79A
scRNA-seq (human) [23]				RAG1 CD19 VpreB PAX5 IGLL1	CD24 CD79B CD19 RAG1 PAX5 Vpreb RSP27		CD24 CD19 IGHM VpreB PAX5 RSP27	
scRNA-seq (mouse) [25]				Dnnt Ankrd33b Arpp21 Smtn12 Vpreb Tmem17b Selm Mgst2 Tbxa2r Pax5 Ttll11	Bub1 Ckap21 Dlgap5 Cep55 Neil3 Cdca5 Sgo1 Ska1 Ncapg Pax5 Nut2		CD20 Ly6a Faim3 Fcer2a Bank1 Bcl2 Ltb Fcrl1 Ctsh H2-DM-a	
scRNA-seq (mouse) [26]			Runx2 Irf8 Tcf4 Bst2	Ebf1 Vpreb Bok Igll1 Ifitm2 Ifitm3	Vpreb Igll1 Nrgn Ybx3			

45. 互利共生是一種生態學中常見的生物交互作用，在生物界中某兩物種間的一種互相依賴、雙方獲利的共生關係。下面哪些組合，其中生物間的交互作用屬於互利共生？

I：白蟻與白蟻腸內的鞭毛蟲

II：人類與其腸內的絛蟲

III：真菌與植物根部形成的菌根

IV：菟絲子與被菟絲子附著的植物

(A) I和II

(B) I和III

(C) II和IV

(D) II和III

詳解: B

人類與其腸內的絛蟲以及菟絲子與被菟絲子附著的植物各屬於內寄生與外寄生的關係。「總複習第六講第139題、第六冊第344頁」

46. 補體系統於先天性免疫反應中對於入侵的細菌有很大的防禦作用，其中補體系統對於直接攻擊細菌，會形成攻膜複合物(Membrane-attack complex)，下列何種補體蛋白不是組成攻膜複合物的蛋白？
(A) C3
(B) C9
(C) C6
(D) C8

詳解: A

膜攻擊複合物由 C5b、C6、C7、C8 以及 C9 組成，其中形成孔洞的是 C9。「第五冊第 245 頁」

47. 電子傳遞鏈是光合作用光依賴反應中的重要步驟，也是光反應能量轉化的關鍵。研究光合作用的電子傳遞鏈，發現其中有多種特定的蛋白在光依賴反應中活躍，有關此類多種特定的蛋白的敘述，下列何者最正確？
(A) 是屬於存在於類囊體內的膜蛋白
(B) 是屬於存在於類囊體腔的自由蛋白
(C) 是屬於光反應系統 I 之反應中心的一部分
(D) 具有吸收其相關葉綠素吸收波長的能力

詳解: A

真核光合作用中的電子傳遞鏈位於葉綠體的類囊膜上介於光系統 I 與 II 之間。「第一冊第 337 頁」

48. 細胞與細胞或細胞外基質，藉由不同分子彼此連接亦提供生理功能，下列何種分子是提供細胞連接細胞的屏障，讓葡萄醣不能輕易通過細胞與細胞間的間隙？
(A) 半胞橋小體（Hcmidesmosome）
(B) 鈣粘蛋白（Cadherins）
(C) 上皮鈣離子依賴性之黏合蛋白（E-cadherin）
(D) 緊密連接蛋白（Tight junction）

詳解: D

緊密連結是用以形成屏障，阻止物質由細胞間穿越的細胞間連結型式。「第一冊第 198～199 頁」

49. 在病人急救過程中，恢復心跳及循環系統是關鍵的急救目標，血液循環與身體健康息息相關，有關血液循環的敘述，下列何者最正確？
(A) 冠狀循環主要提供肝臟養分和氧氣
(B) 肺循環由左心室到肺動脈，再到肺微血管，肺靜脈最後到左心房
(C) 體循環由右心室動脈，再到全身靜脈網，大靜脈最後到右心房
(D) 肝門循環將消化器官收集來的大量養分送到肝細胞處理

詳解: D

肺循環：右心室→肺動脈→肺泡微血管→肺靜脈→左心房。

體循環：左心室→大動脈→小動脈→全身各組織微血管→小靜脈→上或下大靜脈→右心房。

冠狀循環：體循環之一，提供心肌氧氣及養分，並將代謝廢物帶離。主要途徑：左心室→左右冠狀動脈→微血管→冠狀靜脈→右心房。

門脈循環：

1. 肝門脈：（水溶性養分）小腸絨毛微血管→腸靜脈→肝門靜脈→肝微血管→肝靜脈→下大靜脈→右心房。
2. 腎門脈：腎動脈→入球小動脈→絲球體（微血管）→出球小動脈→腎小管周圍微血管→腎靜脈。

「第五冊第 136～140 頁」

50. 假設一先驅者族群（Founder population），在其棲地發展出一種與原始族群不同的對偶基因，且此對偶基因頻率在先驅者族群已經和原始族群形成分化，假設經歷數百年後的研究資料卻顯示，先驅者族群和原始族群形成遺傳同質化，推測最有可能由下列何種現象所導致？
(A) 先驅者族群內的遺傳漂變造成
(B) 先驅者族群內的隨機交配造成
(C) 先驅者和原始族群內皆沒有突變造成
(D) 先驅者族群和原始族群間的遷移造成

詳解: D

兩個本已隔離的族群會遺傳同質化，有基因流是最可能的答案。「第三冊第 92 頁」

考取學長姐心目中的彪哥
後醫生物王牌

高元師資

黃彪

黃凱彬

教學特色

1. 台大分醫所，成大生物系
2. 講解深入淺出，精準掌握考題趨勢
3. 善用圖表將龐雜資料化繁為簡，將繁瑣的文字轉為精簡的圖像記憶

連中雙榜

程名豪 /嘉藥藥學

慈濟.義守/後中醫

很幸運的遇到講義的大改版，內容更為扎實及易讀，從講義可以感受到老師十分用心，在生物幾乎無範圍的情況下，讀熟講義一定有基本分以上，隨著各家生物考試越來越浮誇的情況下，也很推薦跟同學組團一起寫老師發的生物題目本（雖然邊寫邊懷疑真的會考嗎？），結果今年還真的考了不少題相似的，很慶幸自己有堅持寫下去。

徐聖涵 /高師大化學

中國醫/後中醫

黃彪老師是一個真的懂生物又會教書的人，因為老師的筆記邏輯跟解釋概念的流暢度，會讓非本科系如我期待每週生物課。現在的考試已經不像早期的考古題都是一個蘿蔔一個坑，非常多敘述型考題，但黃彪老師有系統地教學，很多邏輯敘述題都比較好上手。老師有出歷屆詳解寫得詳盡，有的會補述老師的思考邏輯，詳解如果有看完，功力也會提升。老師的講義一套六冊非常完整精美，網路上很多人求售，但我要留下來傳家。

一年考取

蘇毓鈞 /高醫藥學

中國醫/後中醫

生物：黃彪老師教學認真，幽默有趣，常會加入一些電影和動漫梗，除了讓學生放鬆外，也能加深上課的印象。老師的課程不會教的太複雜，簡單且扼要，讓生物變有趣外同時也成為我能穩穩拿分的項目。

連中雙榜

洪懿君 /政大新聞

中國醫.義守.慈濟/後中醫

黃彪老師的生物課，開門見山，堂堂都是重點，深度和廣度都精準配合考試；老師上課整理的筆記，都是各章節務必把握的重點，考前可以針對這些精華，再次複習；針對歷屆考點，黃彪老師也會反覆提示，只要認真上課，課後精讀課本、熟練考古題，這一科即十拿九穩。

連中雙榜

吳佳蓁 /慈濟物治

慈濟.義守/後中醫

黃彪老師的好口條加上全彩生物講義，把複雜艱澀的生物觀念和作用機制變得清晰易懂，奪標3.0題庫也網羅各個面向的題目，練習完會學得很踏實。

謝礎安 /中國醫藥學

義守/後中醫

黃彪老師的講解和板書清楚明瞭，整套講義都是彩色的，可以很好地理解老師的上課內容，老師也會在上課時提醒我們哪些是重點，哪些是補充，讓我可以循序漸進地讀好生物。

考取學長姐心目中的彪哥

蔡佳恩 錄取 中國醫/後中醫

(長庚呼治系)

黃彪老師精美編排的彩色講義，加上完整的上課補充資料，能讓我們透過心智圖的方式，有系統的學習。老師上課會根據同學當天的狀態來安排課程，不會一味的趕課，所以我認為黃彪老師絕對比「網路活躍」的生物老師好！

藍威策 錄取 慈濟/後中醫

(南大生科系)

黃彪老師上課的內容非常多，融合了各版本的精華，考試當下看到題目，發現都是老師上課提過的重點，所以把上課內容做成自己的筆記並熟讀，基本上都能應付大部分的題目。老師上課時也強調聽他說故事，把老師講課時的邏輯重覆思考並融會貫通就不用死背硬記，而且遇到需要思考轉彎的題目也能提高答對率。

葉子瑄 錄取 中國醫/後中醫 慈濟/後中醫 義守/後中醫 連中三榜

(中國醫運醫)

生物近年來命題偏頗，涵蓋範圍無邊際但是有黃彪老師在就不用擔心，課本全彩精美方便理解與記憶，上課板書更是重點濃縮再濃縮的精華，也有各式各樣補充給有餘力的學生，只要基本功打得穩在考場上遇到不會的也能用刪去法找出答案，所以不要對非普生內容專牛角尖而錯失了基本盤，老師也會提供很棒的唸書方式還有記憶口訣，讓學生物的過程加倍快樂！

林偉翔 錄取 慈濟/後中醫 義守/後中醫 連中雙榜

(高師生科)

普生：彪哥的好我無需多言，彩色的課本搭配精華的板書，我自己是題目跟筆記搭配，一直刷題，不會的觀念就回去翻筆記，事半功倍。

林建華 錄取 義守/後中醫

(北醫/牙體技術)

我很喜歡黃彪老師的課程安排，一開始的時候先放最需要花時間也難懂的生化單元，能在一開始課程還沒很緊湊時就可以慢慢消化。老師都能把許多觀念，從頭到尾解釋得很清楚，搭配精美的彩色課本，讓自己複習時能快速記憶圖像，更有效率！

沈玥頤 錄取 義守/後中醫 慈濟/後中醫

(中國醫/藥妝)

生物：黃彪老師上課很用心也很關心同學的狀況，雖然中國醫的考題新穎變化多端，老師都會另外補充很多新的資料，再加上全彩的課本及整理過的表格讓同學準備考試更能夠事半功倍！

義守大學 112 學年度學士後中醫招生考試試題暨詳解

科目：普通生物學 **黃彪 老師解析**

選擇題（單選題，共 50 題，每題 2 分，共 100 分，答錯 1 題倒扣 0.5 分，扣至本大題零分為止，未作答時，不給分亦不扣分）

1. 出生時耳朵裡沒有耳石（otolith）的人，主要會有下列哪種問題？
   (A) 無法將動作電位從耳朵發送到大腦
   (B) 無法確定頭部相對位置
   (C) 聽力受損，但並非完全失聰
   (D) 完全失聰

詳解: B

位於人類內耳的耳石主要功能在於參與平衡覺，與聽覺無關。耳石是黏著在內耳控制平衡的「碳酸鈣結晶」組織，這些結晶細小如砂粒且非常多，通常在內耳的橢圓囊與球狀囊中，且通常是被緊閉包覆在裡面，但遇到如感染、外傷等狀況的時候，就會造成耳石脫落。橢圓囊與水平直線加速度有關；球狀囊與垂直加速度有關，均屬於靜態平衡。在耳石膜中的耳石晶體附著在膠質覆膜上，比周圍組織重，因此在定向加速度時會發生位移，導致毛細胞的纖毛束轉向，產生感覺訊號。大部份橢圓囊產生的訊號是由眼球運動所觸發，而大部份球狀囊所產生的訊號則是反應出控制人體姿勢的肌肉運動。

校方釋疑：

1. 在 Vanders Human Physiology: The Mechanisms of Body Function, 2008 第 7 章，提到耳石是掌管感覺靜態平衡，負責人體的感知平衡與直線加速功能，故缺少耳石的人，會因感覺靜態平衡的缺失而無法正確判斷頭部相對位置，造成暈眩。
2. 若缺乏耳石，動作電位不是無法傳送至大腦，因為耳朵裡動作電位從耳朵發送到大腦，還有其他部位可以進行，不會無法傳送。
3. 基於以上說明，最佳答案仍維持為(B)。

2. 車禍造成枕葉損傷，最有可能導致______。
   (A) 聽覺障礙
   (B) 視力障礙
   (C) 言語障礙
   (D) 四肢麻木

詳解: B

枕葉之所以會被稱為枕葉，是因為它位於枕骨（頭部後方睡覺時會接觸枕頭的那片骨頭）下方。腦區當時似乎是根據對應的頭骨來命名，所以額骨、頂骨、顳骨和枕骨下方的大腦皮質，就分別被稱為額葉、頂葉、顳葉和枕葉。枕葉的功能，基本上就是視覺訊息處理；它接收來自視網膜的視覺訊息，把訊息傳至其他腦區，做出進一步的處理和訊息整合。

3. 除了輔助性 T 細胞之外，HIV 還會感染的其他兩種細胞是什麼？
(A) 巨噬細胞和腦細胞
(B) B 細胞和肝細胞
(C) 毒殺型 T 細胞和腦細胞
(D) 漿細胞和嗜中性細胞

詳解: A

HIV 會感染具有 CD4 和輔受器（CCR5、CXCR4）的細胞，例如：輔助型 T 細胞、巨噬細胞和腦細胞。

4. 下列何者是導致淋巴液在淋巴管流動的主要因素？
(A) 滲透壓
(B) 血壓
(C) 擴散
(D) 靠近淋巴管附近的骨骼肌肉收縮

詳解: D

淋巴循環（lymphcirculation）是循環系統的重要輔助部分，可以把它看作血管系統的補充。人體除腦、軟骨、角膜、晶狀體、內耳、胎盤外，都有毛細淋巴管分布，數目與毛細血管相近。低等脊椎動物中，有些硬骨魚和兩棲動物的淋巴系統有搏動的淋巴心，可以作為淋巴流動的動力之一。高等動物如哺乳動物的淋巴心退化，而且除較大淋巴管外其餘淋巴管無平滑肌層，不能收縮，因此，淋巴流動主要依靠外力的推動，其主要動力為淋巴管所在部位的骨骼肌的收縮活動和淋巴管不同部位之間的靜水壓梯度，此外，還有一些次要的輔助動力。

5. 下列哪種有關循環系統的特性是人類與兩生類所共有的？
(A) 心臟房室的數量
(B) 循環迴路的完全分離
(C) 循環迴路的數目
(D) 體循環血壓通常較低

詳解: C

人類與兩生類均為具有雙循環的閉鎖式循環系統。

6. 下列哪種結締組織含有膠原蛋白和鈣鹽的基質？
   (A) 脂肪組織
   (B) 疏鬆結締組織
   (C) 纖維結締組織
   (D) 硬骨

詳解：D

硬骨的胞外基質為由膠原蛋白與磷酸鈣組成的羥基磷灰石。骨骼中的鈣就像是磚塊，而膠原蛋白如同水泥的角色，磚塊需要水泥才能將磚塊與磚塊間加以密合。而膠原蛋白除了可將骨骼中的鈣質留住外，還可以增加骨骼的柔軟度及彈性。

7. 下列哪項敘述是神經系統的特徵，而非內分泌系統的特徵？
   (A) 訊息傳遞緩慢，通常需要很多秒才能產生效果
   (B) 訊息通常是持久的
   (C) 訊息會傳送到全身各處
   (D) 訊息聯絡通常涉及不止一種類型的訊息

詳解：D

相較於內分泌系統，神經系統的作用較迅速、不持久且多為全身性的反應。

8. 下列哪種生物會引起"赤潮（red tide）"？
   (A) 渦鞭藻（dinoflagellates）
   (B) 矽藻（diatoms）
   (C) 眼蟲（euglenids）
   (D) 放線蟲（radiolarians）

詳解：A

赤潮發生的原因有很多，但主要的因素有：(1)水流停滯或流速極緩。(2)水中富營養鹽。(3)水溫高、且日照量大；因上述的原因使水中的浮游生物如渦鞭藻/雙鞭甲藻（dinoflagellate）異常的大量發生所致。

校方釋疑：

1. 根據考生所提出的資料顯示部分矽藻(diatoms)也可以引起赤潮，但根據賓州州立大學教材說明顯示，世界上大部分的赤潮還是由渦鞭藻引起為主，極微少數由矽藻引起。

" Red tides occur when dinoflagellates, and rarely diatoms, grow in massive quantities in surface waters (https://www.e-education.psu.edu/earth103/node/689)."

2. 此外，在 Campbell Biology 12th edition 第 28 章也僅提到「引起赤潮的生物種類就是渦鞭藻(dinoflagellates)」。
3. 基於以上說明，最佳答案仍維持為(A)。

9. 下列哪項包含了原核細胞間的代謝協作（metabolic cooperation）？
(A) 二分裂
(B) 形成內孢子
(C) 形成生物膜
(D) 光合自營性

詳解: C

生物膜或稱為菌膜是由許多不同種類的細菌及其分泌物共同形成的構造。生物膜是微生物藉著附著而固定於某特定載體上的微生物共生體，它的結構複雜且同時受細菌自身分泌的聚多醣類黏液膜保護，在水中環境下，幾乎任何物體表面上都能夠形成生物膜。生物膜的生成是從初始附著➔不可逆菌落生成（生物膜）➔成熟➔分離➔再附著，一再循環，但從細菌附著到生物膜生成，往往只需幾分鐘的時間！且肉眼是看不見的。

10. 如果現存飛鳥的羽毛最初是因作為祖先爬行動物的體溫調節裝置而出現的，那飛行羽毛可以稱為______。
(A) 擴展適應（exaptation）
(B) 退化構造（degenerate structures）
(C) 痕跡構造（vestigial structures）
(D) 適應性輻射（adaptive radiation）

詳解: A

擴展適應（Exaptation）指在演化過程中一種特徵的功能發生了變化，鳥類羽毛的演化便是一個經典的例子，羽毛最初是為了保溫而演化出來的，但在後來羽毛變得開始適應於飛翔。

11. 關於合子前屏障的敘述，下列何者正確？
(A) 只發生在無性生殖生物中
(B) 防止近親物種成員的配子受精成功
(C) 防止雜交受精卵發育成可存活、可發育的成體
(D) 防止驢馬交配屬之

詳解: B

兩個物種之間有天生的屏障，阻礙他們的基因彼此流動，而這種阻礙還有分兩大類：合子前屏障和合子後屏障。

合子前屏障是防止受精卵出現，也就是讓配子無法融合。合子前屏障包括：

1. 棲地隔離：兩物種住的地方不同，那自然就不太有機會交配了。
2. 時間隔離：兩物種交配的時間不一樣（比如說一個是在夏天一個在冬天交配），那也比較沒有機會交配。
3. 行為隔離：有些物種在交配前會有一些特定的動作（例如求偶舞），而不同物種的舞蹈動作就不一樣，如果沒看到那支特定的舞，那個物種可能就不想交配了，這樣兩物種也不會交配。
4. 機械隔離：有些物種他們交配的構造對不上，就像有兩種蝸牛他們一個殼是順時針轉一個殼是逆時針轉，所以就無法交配。
5. 配子隔離：兩物種彼此的精卵無法結合，例如精子沒辦法在另一物種的雌性的卵道中生存下來，或是精卵彼此的表面蛋白質沒辦法結合，那他們就沒辦法形成合子了，這就代表受精作用失敗。

校方釋疑：

1. 在 Campbell Biology 12th edition 第 24 章提到，合子前屏障的定義為在物種間防止交配或受精成功。防止交配可利用棲地、時間、行為、物理等隔離方式完成屏障。而如果已交配時，則是利用防止受精成功之配子隔離方式完成屏障。
2. 驢馬二物種無法利用以上方式進行屏障，只能靠雜交後代為不孕的方式進行屏障，稱之為合子後屏障。
3. 基於以上說明，最佳答案仍維持為(B)。

12. 植物病毒藉由下列哪種構造或方式在整個植物中傳播？
   (A) 液泡（vacuoles）
   (B) 垂直傳輸（vertical transfusion）
   (C) 胞間連絲（plasmodesmata）
   (D) 葉綠體（chloroplasts）

詳解： C

植物病毒在自然界中大多以動物媒介、花粉或種子傳播，較少如動物病毒般以直接接觸傳染，動物媒介包括昆蟲、線蟲與蜘蛛等，其中以昆蟲居多（特別是半翅目昆蟲），有些病毒可進入昆蟲的血腔中，使其終生具備散播病毒的能力，有些病毒並可影響宿主花朵的特性以吸引或阻止昆蟲前來。植物可以植物激素（水楊酸、茉莉酸與離層素等）啟動抗病毒反應，並以 RNA 干擾等機制清除病毒 RNA，而病毒也有許多機制對抗宿主免疫反應，例如形成膜結構以避免被宿主核酸酶切割，並可利用植物透過原生質絲在細胞間傳遞 mRNA 的機制傳播自己的 RNA。

13. 血凝素在流感病毒中的作用是什麼？
(A) 是流感病毒蛋白質衣殼的一部分
(B) 參與組裝病毒離開受感染細胞時所需要之外套膜
(C) 幫助流感病毒附著在宿主細胞上的蛋白質
(D) 有助於從受感染的細胞中釋放新病毒

詳解: C

流感病毒分 A、B、C 三型，A 型可感染人、豬、馬、禽鳥、哺乳動物，此型病毒較容易發生變異，會造成大流行。B 型及 C 型僅感染人，只會發生微變，B 型會造成地區性流行，而 C 型較不會使人類產生症狀。

A 型流感病毒外表上有兩種醣蛋白：血球凝集素（Hemagglutinin; 簡寫 HA）及神經氨酸酶（Neuraminidase; 簡寫 NA）。血球凝集素共有 17 種（H1～H17）及神經氨酸酶共有 9 種（N1～N9）。A 型流感病毒具有多種不同的亞型。這些亞型係依據 A 型流感病毒表面的 HA 蛋白以及 NA 蛋白配對而成，例如：H1N1、H5N1、H7N9 都是 A 型流感病毒的亞型。B 型及 C 型流感病毒則不區分亞型。

血凝素是流感病毒膜封套上的蛋白質，用以與宿主細胞膜上的受器蛋白結合以使病毒進入宿主細胞中。附著的原因，在於 HA 醣蛋白會和細胞表面的醣發生作用，以科學的講法，就是與細胞上的受體結合。

14. 使 tRNA 分子保持正確三維結構的主要鍵結是______。
(A) 共價鍵
(B) 疏水性相互作用
(C) 氫鍵
(D) 胜肽鍵

詳解: C

tRNA 是單股 RNA，可利用鹼基間氫鍵來形成更高級的立體結構。三級氫鍵（tertiary hydrogen bond）指在 tRNA 摺疊成倒 L 字母形結構中，各種不同的氫鍵供體與接納體基團之間所形成的氫鍵。三級氫鍵並非普通雙螺旋 RNA 片段中鹼基對間的氫鍵，而是用來維繫 tRNA 三級摺疊結構的氫鍵。

15. 在複製泡（replication bubbles）形成後，下列何者是用來合成延遲股 DNA（lagging DNA strand）所需酶的正確順序？
(A) 引發酶（primase）、DNA 聚合酶（polymerase）III、DNA 聚合酶（polymerase）I、連接酶（ligase）
(B) 連接酶、引發酶、DNA 聚合酶 I、DNA 聚合酶 III
(C) DNA 聚合酶 I、引發酶、DNA 聚合酶 III、連接酶
(D) DNA 聚合酶 I、引發酶、連接酶、DNA 聚合酶 III

詳解: A

在複製啟動時，尚未解開螺旋的親代雙鏈 DNA 同新合成的兩條子代雙鏈 DNA 的交界處，稱為複製叉（replication fork）。複製泡（replication bubble）指兩個靠得很近的複製叉之間形成的空間。DNA 複製時延遲股的生成需利用下列酵素依序作用：引發酶—形成 RNA 引子，DNA 聚合酶 III—聚合岡崎片段，DNA 聚合酶 I—移除 RNA 引子並聚合單股 DNA，連接酶—形成磷酸酯鍵連接 DNA 片段。

16. 人類捲舌屬顯性，非捲舌屬隱性。有一家庭，父為捲舌者而母非，他們有兩個捲舌的孩子和一個非捲舌的孩子，請問第四名孩子是男生且捲舌者的機會是多少？
(A) 1/2
(B) 1/4
(C) 1/8
(D) 1/16

詳解： B

令控制捲舌的基因為 A，依題意父：Aa，母：aa。他們第四名孩子是男生(1/2)且（×）捲舌者（1/2）的機會是：1/4。

17. 二磷酸核酮糖羧化酶（rubisco）是______。
(A) 在植物裡捕獲二氧化碳以開始卡爾文循環（Calvin cycle）的酶
(B) 與二氧化碳反應以開始卡爾文循環的五碳糖分子
(C) 在光合作用中負責分裂 H_2O 以產生 O_2 的酶
(D) 在 CAM 光合作用中形成四碳化合物的酶

詳解： A

1, 5- 二磷酸核酮糖羧化酶 / 氧化酶（Ribulose-1,5-bisphosphate carboxylase/oxygenase，通常簡寫為 Rubisco）是一種酶（EC 4.1.1.39），它在光合作用中卡爾文循環裡催化第一個主要的碳固定反應，將大氣中游離的二氧化碳轉化為生物體內儲能分子，比如蔗糖分子。Rubisco 可以催化 1,5-二磷酸核酮糖與二氧化碳的羧化反應或與氧氣的氧化反應。同時 Rubisco 也能使 RuBP 進入光呼吸途徑。

18. 膽固醇含量高被認為是心臟病的主要危險因素。請問身體會優先製造膽固醇的主要原因是？
(A) 膽固醇是一種重要的能量儲存分子
(B) 膽固醇有助於形成用於構建蛋白質的胺基酸
(C) 膽固醇是許多重要分子（如性激素）的前驅物
(D) 膽固醇是核苷酸的重要組成部分

詳解：C

膽固醇是人類腎上腺皮質以及性腺形成內分泌激素的基本原料。

19. 海膽精子穿透卵的膠質外鞘，並粘附在卵表面的受體蛋白上，是藉由______。
(A) 頂體反應（acrosomal reaction）
(B) 皮層反應（cortical reaction）
(C) 卵裂作用（cleavage）
(D) 去極化作用（depolarization）

詳解：A

海膽精子頂體（acrosome）於受精時會釋出水解酶用以分解卵子外的膠質外鞘，此稱為穿孔體反應（acrosomal reaction）。

20. 如將細胞打破，取細胞內含物以離心機分離，隨著離心機轉速增加，沉澱物（pellet）中依序出現：
(A) 核糖體，細胞核，粒線體
(B) 細胞核，粒線體，核糖體
(C) 葉綠體，核糖體，液泡
(D) 液泡，核糖體，細胞核

詳解：B

利用差異離心法依照密度來分離胞器，隨著轉速的增加胞器會從大型到小型依序出現於沈澱物中。

21. 人類乳突病毒（HPV）疫苗已廣為使用，關於該疫苗的敘述，下列何者錯誤？
(A) 該疫苗可以視為一種癌症疫苗
(B) 該疫苗為次單位蛋白質疫苗
(C) 該疫苗通常以多價方式施用
(D) 該疫苗只能施用於女性身上

詳解：D

HPV 是人類乳突病毒（Human Papillomavirus）的簡稱，主要是在性行為的過程中，透過皮膚、黏膜、體液的接觸傳染，屬於一種會導致子宮頸癌前病變、子宮頸癌、外生殖器癌的 DNA 病毒。不論男女，每個人從有性行為開始，感染機會就大增，若自身長期免疫力低落，或伴侶性經驗複雜，感染風險又更高。

22. 族群的瓶頸效應（bottleneck effect）可用以探討某族群因天災等原因，而造成族群數目嚴重減少的現象。關於此效應的解釋，下列何者不適當？
(A) 族群瓶頸效應發生後，可能造成族群滅絕
(B) 經過族群瓶頸效應的物種，遺傳多樣性會減少
(C) 族群瓶頸效應可以減少遺傳漂變程度
(D) 族群瓶頸效應可能會讓族群中某些基因型在後代出現比率顯著變高

詳解：C

等位基因頻率的隨機改變，稱為遺傳漂變（genetic drift）。在小型的族群中，遺傳漂變的影響較大。造成遺傳漂變的原因包括瓶頸效應（bottleneck effect）及創始者效應（founder effect），瓶頸效應及創始者效應皆會使遺傳多樣性降低。受到瓶頸效應的族群基因池大小以及多樣性都會變小，因此會增加遺傳漂變的程度。

23. 下列哪種敘述最適宜解釋 DNA 突變所造成生物個體的新性狀？
(A) 全新型態的蛋白質產生所造成的作用
(B) 因為突變影響 tRNA 的密碼子組成，導致基因轉譯結果異常
(C) 基因啟動子異常，造成生化反應的差異
(D) 核糖體蛋白的變異，造成轉譯功能的差異

詳解：A

DNA 突變有可能讓編碼序列產生變化而導致基因產物與原來的不一樣，進而影響突變個體的性狀。

24. 次世代定序（next generation sequencing）技術有非常廣泛的應用，下列何者非其主要適用的範圍？
(A) 非侵入性胎兒基因檢測（NIPD）
(B) 腸道菌叢多樣性分析
(C) 臨床病原菌快速鑑定
(D) 轉錄體（transcriptome）分析

詳解：C

次世代定序是種高通量定序的技術，通常用以廣泛篩檢大量種類的核酸序列。若已有臨床想要找的病原菌種類，通常不需要使用到高通量定序的技術。

校方釋疑：

1. 目前國內各大教學醫院對於鑑定病原菌種的需求，如需要達到快速的時效性目的，臨床上已經廣泛使用的方式是蛋白質質譜儀、專一性抗體 ELISA 檢測等方法，這幾種方法都可以在幾分鐘內「快速」鑑定出病原菌種。

2. 雖然考生舉證的資料列舉許多國內外說法，說明次世代定序可以作為有效而靈敏的病原菌鑑種工具，也對於未來該技術不斷升級，可應用的方向有更多的展望，但是次世代定序目前在臨床實務上仍無法達到題目所敘述的「快速鑑定」之目的，也就是臨床上不會選擇此種方式。
3. 基於以上說明，最佳答案仍維持為(C)。

25. 針對 COVID-19 唾液快篩檢測試劑而言，關於該試劑特性的敘述，下列何者為非？
(A) 靈敏度（sensitivity）可以反應檢測後的偽陽性比率
(B) 特異性（specificity）可以反應檢測後的真陰性比率
(C) 盛行率高低會影響檢測的陽性預測率
(D) 特異性越高，表示誤將非染病者判定為染病者的比率越低

詳解: A

靈敏度（sensitivity）也稱為真陽性率是指實際為陽性的樣本中，判斷為陽性的比例（例如真正有生病的人中，被判斷為有生病者的比例），計算方式是真陽性除以真陽性＋假陰性（實際為陽性，但判斷為陰性）的比值。特異性（specificity）也稱為真陰性率是指實際為陰性的樣本中，判斷為陰性的比例（例如真正未生病的人中，被醫院判斷為未生病者的比例），計算方式是真陰性除以真陰性＋假陽性（實際為陰性，但判斷為陽性）的比值。

26. 新冠肺炎病毒的棘蛋白在被感染的宿主細胞中，是如何被製造出來？
(A) 用宿主細胞的 DNA、酵素與原料，配合病毒 RNA 的指令製造
(B) 用宿主細胞的酵素、宿主細胞的原料與病毒的 RNA 製造
(C) 用病毒的 RNA 與酵素，再配合宿主細胞的原料製造
(D) 用病毒 RNA 反轉錄成的 cDNA 與病毒的酵素，加上宿主細胞的原料製造

詳解: B

所有病毒的棘蛋白都是由病毒基因組編碼，利用宿主細胞工具與材料合成的。

校方釋疑：

1. 本題問的是「棘蛋白」被製造出來的步驟，由分子生物學的角度看來，是利用宿主的核糖體以及相關的酵素、原料，將病毒提供的 RNA 作為「轉譯」模板，製造出棘蛋白。
2. 基於以上說明，最佳答案仍維持為(B)。

27. 下列何者並非屬於哺乳類動物生理系統的內恆定性（homeostatic）？

(A) 體溫

(B) 血液酸鹼值

(C) 代謝速率

(D) 血糖濃度

詳解： C

代謝速率會因生理需求而變化，不需維持恆定。

28. 通常生物化學家會將生物體內的有機分子歸納為四大類，是下列哪四大類？

(A) 羥基、羧基、胺基、磷酸根

(B) DNA、RNA、胺基酸、醣類

(C) 蛋白質、碳水化合物、脂質、核酸

(D) 碳、氫、氧、氮

詳解： C

生物體內四大類有機分子為：核酸、蛋白質、糖類與脂質。

29. 當基因開始被轉錄時，DNA 雙螺旋必須被打開，然而隨著 RNA 聚合酶開始參與合成，DNA 雙螺旋結構也會因為應力而在轉錄起始處兩旁旋得更緊，反而會阻礙轉錄持續進行，這時候主要靠下列何種蛋白質處理這樣的生物物理問題？

(A) 解旋酶（helicase）

(B) DNA 接合酶（DNA ligase）

(C) 轉錄因子（transcription factor）

(D) DNA 拓樸異構酶（DNA topoisomerase）

詳解： D

DNA 拓樸異構酶可藉由打斷並重接股上的磷酸雙酯鍵來改變因解旋時產生的拓樸變化。

DNA 拓樸異構酶在各類生物體都廣泛存在，功能卻又獨特奇妙，隨著演化長河的蛻變，負責起解決伴隨 DNA 複製、轉錄、重組、修復時應運而生的各式拓樸問題。它們能舒展 DNA 超螺旋體的緊密結構，也能拆解 DNA 鎖鏈。作用機制是利用酵素活性中心區域的酪氨酸，與 DNA 的磷酸根之間形成的磷酸酪胺酸鍵結（phosphotyrosyl bond），來切割繼而黏合 DNA 組成份的磷酸二酯鍵（phosphodiester bond）。人類細胞中，至今發現一共有六種 DNA 拓樸異構酶，分別為核內的第一型拓樸異構酶、第二型拓樸異構酶 α 及 β 同質異構體、第三型拓樸異構酶 α 及 β 同質異構體，另外還有粒線體拓樸異構酶。這些成員生物功能仍未盡知悉，例如最新發現的第三型拓樸異構酶，就還未知功能。另一方面，基於第一型和第二型拓樸異構酶的「DNA 剪裁特性」，已經使它們成功被開發為癌症治療藥物的分子標靶。

30. DNA 損害修復機制有很多種，下列哪種修復機制被認為是精確率最差的？
(A) 非同源末端接合修復（non-homologous end-joining repair）
(B) 配錯修復（mismatch repair）
(C) 鹼基切除修復（base excision repair）
(D) 同源重組修復（homologous recombination repair）

詳解：A

非同源性末端接合（Non-homologous end joining, NHEJ）是一種修復雙股 DNA 斷裂的方法。之所以是非同源性，是因為斷裂的兩段是被直接接上，而非使用一個同源的模板，屬於錯誤傾向（error prone）的修補機制。

31. 根據目前分子證據顯示，跟真菌親緣關係最接近的生物是下列何者？
(A) 綠藻
(B) 苔類
(C) 粘菌
(D) 海綿

詳解：D

根據目前分子證據顯示，跟真菌親緣關係最接近的生物是動物。

32. 海葵是刺胞動物的一種，這類動物有獨特的刺細胞（cnidocytes），關於刺細胞特性的敘述，下列何者有誤？
(A) 刺細胞具有防衛與獵食功能
(B) 刺細胞的絲狀體，是細胞質中的某種多醣類聚合物
(C) 絲狀體有黏附小獵物的能力
(D) 絲狀體通常具毒性

詳解：B

刺細胞刺絲胞動物所特有的微細構造，大量藏於體表（特別是觸手）、胃腔內面(特別是胃絲和隔膜絲)的上皮中。管狀的刺絲從球形或卵形等中空胞體(刺絲囊）的一端向胞內腔延伸，在其中呈渦狀捲曲，有的在口周圍具刺細胞蓋（operculum)。此刺絲的瞬間外翻，射出過程，稱為刺細胞的發射(discharge)，通過各種實驗作用因子可觸發，其中胞內壓和胞壁彈性之作用受到重視。刺絲囊是刺細胞內形成的非生命的構造部分，主要由含硫性膠原形成。刺細胞起著一個獨立的效應器的作用，它對特定的脂質成分的接觸化學反應常被看作為原有的興奮形式。刺細胞之外表面所具的毛樣突起稱為刺針，有時亦稱刺激感受器。無刺針的種類大多也具有類似的纖毛樣構造。刺絲囊從功能上可分為穿刺刺絲囊、卷

纏刺絲囊和粘性刺絲囊等，其生物學的作用也是多種多樣的。由穿刺刺絲囊的刺絲前端射出的胞內液中含有屬胺類或肽類的刺細胞毒素，對人體也有毒效。除上述的功能型分類外，還可根據刺絲的形狀約分為 20 種類型，兩者配合作為有刺胞動物分類上的重要標誌。除原有的刺細胞外還有一種稱為螺旋刺細胞的特殊類型。與刺細胞類似的構造也可見於紐蟲類的吻中；原生動物的毛囊內也有與刺細胞極為相似的構造。但櫛水母類無刺細胞，代替的是粘細胞（膠胞）。

33. 依照科學證據顯示，目前的脊椎動物可以分成兩個主要的演化分支，下列哪兩種是合乎這樣的分類？
(A) 真獸類與有袋類
(B) 硬骨魚類與軟骨魚類
(C) 脊索動物與脊椎動物
(D) 爬蟲類與哺乳類

詳解: B

脊椎動物可分為無頜與有頜類，而有頜類又可分成軟骨魚與硬骨魚兩類。

校方釋疑：

1. 在 Campbell Biology 10th edition 中文教科書第 870-882 頁提到，脊椎動物可大分為原口類(cyclostomes)和有頜類(gnathostome)動物兩種。其中盲鰻、八目鰻是原口類代表，都具備大量軟骨，八目鰻甚至只有軟骨；有頜類多為硬骨魚。這邊並未使用分類學的綱(class)來形容，以避免混淆。所以如知道教科書這樣內容者，可以推論出 B 為最適合的答案，其餘三個解答無法區分出題目所述的演化特徵。
2. 基於以上說明，最佳答案仍維持為(B)。

34. 對於人體而言，微量元素（trace element）所指稱的概念是？
(A) 該元素的需求極微量
(B) 該元素在自然界的含量極少
(C) 該元素透過食物吸收的能力極差
(D) 該元素雖可促進健康，但並非維持生命現象所必要

詳解: A

對於人體而言，微量元素指的是該元素需求極少。

35. 有關於動物的胞外基質(extracellular matrix, ECM)的敘述，下列何者為非？
(A) 其成份為蛋白質與醣類
(B) ECM 可以保護細胞免於凋亡
(C) ECM 可以促進細胞間的粘附、聚集和信號傳遞
(D) 它是由細胞合成並分泌至胞外的網狀結構

詳解：B

ECM 對於避免細胞凋亡的相關內容，普生課本幾乎沒有討論。Anoikis（失巢凋亡）意指當細胞剝離或與貼附表面的交互作用不再穩定時，所產生的細胞凋亡。具有 anoikis 抗性的癌細胞較有潛力由原位轉移至其他組織，且此現象和 FAK 與 Src 的活性相關。

36. 下列何種反應在檸檬酸循環中沒有發生？
(A) NADH 被氧化
(B) 產生 GTP
(C) 排出兩個 CO_2 分子
(D) 草醯乙酸（Oxaloacetate）再生

詳解：A

檸檬酸循環中，NAD^+被還原成 NADH。

37. 在自然狀況下，細菌無法透過下列哪種方式獲得外來 DNA，以達到不同物種間水平基因轉移？
(A) 轉型（transformation）
(B) 轉導（transduction）
(C) 接合（conjugation）
(D) 融合（fusion）

詳解：D

自然狀況下，細菌能透過轉型、轉導以及接合作用來進行水平基因轉移。

38. 有性生命週期中所產生的遺傳變異，有助於增加族群的遺傳變異程度，有幫助該族群演化。下列何者並非有性生殖過程中特別能增加此種變異的因素？
(A) 減數分裂時的獨立分配
(B) 減數分裂第一階段時的互換
(C) 卵細胞跟精子細胞的隨機受精
(D) 細胞分裂過程中遺傳物質產生的隨機突變

詳解：D

遺傳物質產生的隨機突變是隨機的，並非是有絲分裂或減數分裂的特色。

39. 哺乳動物中，少數基因的表型會取決於該基因是遺傳自父親或母親來決定。這種現象稱之為？
(A) 基因體印記
(B) 基因上位性

(C) 基因多效性
(D) 胞器基因遺傳

詳解: A

基因體印記（Genomic Imprinting）是一種遺傳學現象，意指只有來自特定親代的基因得以表達。基因體印記失調，可造成重大發育疾病。此一遺傳學性狀，主要是由對偶基因專一性之基因體印記控制區（Imprinting Control Region, ICR）甲基化控制。基因體印記控制區甲基化，乃是由第三型 DNA 甲基轉化酶（DNA Methyltransferasc 3, DNMT3）在生殖細胞分化成熟過程中所建立。早期胚胎發育過程中，基因體印記控制區甲基化由第一型 DNA 甲基化轉化酶（DNA Methyltransferase 1, DNMT1）負責維持，並且在原始生殖細胞中由甲基胞嘧啶雙加氧酶（Methylcytocine Dioxygenase, Tet1）去除，以利基因體印記控制區甲基化重建。雖然少數幾個分子已經被報導在胚胎發育早期扮演維持基因體印記的重要功能，直至今日，對於此一現象的背後機制依然不完全清楚。

40. 歷史上利用實驗證明 DNA 是遺傳物質的科學家是下列哪些人？
(A) Watson and Crick
(B) Avery、MacLeod、McCarty
(C) Hershey and Chase
(D) Franklin and Wilkins

詳解: C

歷史上利用實驗證明 DNA 是遺傳物質的科學家是 B 與 C。二十世紀初，科學家普遍認為遺傳物質為蛋白質而非 DNA。奧斯華・艾佛瑞（Oswald Avery）的研究團隊利用酵素與免疫學方法，於 1944 年證明遺傳物質為 DNA，但一直到 1952 年，阿佛雷德・第・赫雪（Alfred Day Hershey）與瑪莎・考爾斯・蔡斯（Martha Cowles Chase）利用同位素與噬菌體，再度得到相同的結論，科學界才逐漸接受。

校方釋疑：

1. 一般人都誤會 Avery、MacLeod、McCarty 的實驗「證實」遺傳物質是 DNA，但有鑒於當時的生化技術，他們的實驗結果一直無法徹底釐清其純化過的 DNA 是否完全沒有蛋白質污染，所以發表結論只能說造成肺炎球菌轉型的化學物質「應為」核酸。該結果直到 1952 年的 Hershey - Chase experiment 才利用 S-35 標定蛋白質、P-32 標定去氧核糖核酸的方式，漂亮證明只有含 P-32 的 DNA 能成為遺傳物質，該實驗也就此平息 DNA 是否為遺傳物質的議論。該研究甚至也幫助 Chase 得到 1969 年諾貝爾生理或醫學獎的肯定。故考慮科學歷史與研究精確性，毫無懸念「真正證明」DNA 是遺傳物質的為 Hershey and Chase。
2. 基於以上說明，最佳答案仍維持為(C)。

41. 下列生化分析方法中，哪些可用於評估蛋白質的表現量？
甲、免疫組織化學染色（immunohistochemical staining）
乙、西方墨漬法（western blot）
丙、北方墨漬法（northern blot）
丁、酵素結合免疫吸附分析法（enzyme-linked immunosorbent assay）
戊、即時聚合酶鏈式反應（real-time polymerase chain reaction）
(A) 甲、乙、丁
(B) 乙、丙、丁
(C) 乙、丙、戊
(D) 乙、丙、丁、戊

詳解: A

甲、乙、丁能直接測量蛋白質的量與種類，丙、戊能偵測 RNA 所以應該能間接測量蛋白的量與種類。

校方釋疑：

1. 在 Campbell Biology 12th edition 第 17 章_基因表現，提到基因會經過轉錄作用，製造出 mRNA；新生成的 mRNA 會再經過轉譯作用，製造出蛋白質。mRNA 與蛋白質雖屬基因表現的產物，但為不同階段作用產生的形式，可用特定分析方法偵測各自表現。
2. 北方墨漬法與即時聚合酶鏈式反應等二方法為用於 mRNA 表現之偵測，而非用於蛋白質表現之偵測。
3. 本題問題為下列生化分析方法中，哪些可用於評估「蛋白質」的表現量？基於以上說明，最佳答案仍維持為(A)。

42. 下列何種工具可用來進行蛋白質與代謝體學分析？
(A) 北方墨漬法（northern blot）
(B) 核糖核酸定序（RNA-seq）
(C) 即時聚合酶鏈式反應（real-time polymerase chain reaction）
(D) 質譜分析（mass spectrometry）

詳解: D

代謝體學（Metabolomics）是指在特定的時間點下，對生物體內（細胞、組織、生物體液）的小分子代謝物進行定性和定量。而代謝物（metabolic）泛指分子量小於 1500 M.W.的物質，例如：葡萄糖，脂質，胺基酸...等。在代謝體學的研究當中，液相層析質譜儀（LC-MS/MS）是重要與便利的檢測工具之一，其最大優勢在於能計算出個人化醫療（personalized medicine）研究中之代謝狀態、年齡老化程度、飲食與藥物攝取、生活型態等狀態。質譜分析能幫助蛋白質定序而且能鑑定代謝物的種類，所以符合題目要求的用以進行蛋白質與代謝體學分析。

校方釋疑：

1. 在「質譜分析技術原理與應用」一書中，已知質譜分析法為可用於分析蛋白質體與代謝體學的工具。
2. 在 Campbell Biology 12th edition 第 17 章_基因表現，提到基因會經過轉錄作用，製造出 mRNA；新生成的 mRNA 會再經過轉譯作用，製造出蛋白質。mRNA 與蛋白質雖屬基因表現的產物，但為不同階段作用產生的形式，可用特定分析方法偵測各自表現。
3. 北方墨漬法、核糖核酸定序、即時聚合酶鏈式反應等三方法為用於 mRNA 表現之偵測，而非用於蛋白質表現之偵測。
4. 本題問題為下列何種工具可用來進行「蛋白質與代謝體學」分析？基於以上說明，最佳答案仍維持為(D)。

43. 下列何者不屬於免疫檢查點（immune checkpoint）蛋白？
(A) PD-L1
(B) CTLA4
(C) CD27
(D) CD133

詳解：D

Prominin-1，又稱為 CD133，是一種五次跨膜（five transmembrane）的醣蛋白，通常位於細胞膜突起（membrane protrusions）。CD133 被廣泛作為表面分子標記以分離癌幹細胞。CD133 位於細胞膜富含膽固醇的脂筏（lipid raft）之微域（microdomain）中並調控訊號傳導（signaling cascades），但 CD133 在癌症中所扮演的角色所知有限。

T 細胞上有許多類似煞車器的分子可調控自身免疫反應的強弱。當這種分子被活化，就會使 T 細胞產生自我抑制的作用。這種分子就是所謂的「免疫檢查點」，最主要是避免身體在啟動免疫反應時，因作用太過強烈而超出負荷或攻擊到正常的組織。不過，在免疫系統對抗癌細胞的過程中，如果這些「煞車器」被過度活化，反而會削弱 T 細胞對腫瘤的偵測與攻擊能力。而更令人驚訝的是，癌細胞身上有一種分子，可直接結合 T 細胞上稱為「PD-1」的免疫檢查點，抑制了 T 細胞的攻擊力。而癌細胞也能促使另一個免疫檢查點「CTLA-4」活化，進而阻斷來自樹突細胞的訊號。

校方釋疑：

1. 免疫檢查點是正常生物體內的保護機制之一，在平常免疫系統啟動下，T 細胞可以執行抗原專一性的細胞毒殺作用及引導其他免疫反應，對抗外來具不同於宿主本身抗原之生物體，而這樣的功能須有一套調節的功能，以避免引起自體免疫反應或在對抗外來細胞時傷及自身細胞或組織。這套調節的功能，我們稱為免疫檢查點的機制，包含不同組的配體及受體反應。

以此題為例，癌細胞分泌之 PD-L1(配體)結合到免疫細胞上 PD-1(受體)後產生之反應，配體及受體蛋白皆可泛稱免疫檢查點蛋白。

2. 另外，根據 Pardoll, D. The blockade of immune checkpoints in cancer immunotherapy. Nat Rev Cancer 12, 252 - 264 (2012).中描述，以 T 細胞為例，可參與共同刺激或抑制 T 細胞接受體(TCR)活性訊息之分子稱為免疫檢查點。"In the case of T cells, the ultimate amplitude and quality of the response, which is initiated through antigen recognition by the T cell receptor (TCR), is regulated by a balance between co-stimulatory and inhibitory signals (that is, immune checkpoints)." PD-L1 經由與 PD-1 結合而抑制 TCR 活性功能，因此仍屬於免疫檢查點分子。
3. 本題所指免疫檢查點蛋白，並非僅指位於免疫細胞上的蛋白，基於以上說明，最佳答案仍維持為(D)。

44. 組蛋白（histone）的轉譯後修飾為表觀遺傳學中關鍵的基因調控機制之一，下列何種胺基酸不參與其中？
(A) 絲胺酸（serine）
(B) 離胺酸（lysine）
(C) 精胺酸（arginine）
(D) 組胺酸（histidine）

詳解: D

組蛋白甲基化與去甲基化可發生在組蛋白的離胺酸（K）和精胺酸（R）殘基上；組蛋白磷酸化與去磷酸化發生在絲胺酸（S）和蘇胺酸（T）殘基上；組蛋白乙醯化與去乙醯化發生在離胺酸（K）殘基上。

校方釋疑：

1. 雖然目前有少數文獻指出組蛋白上的 histidine 可能被磷酸化，但在表觀遺傳學的範疇中，可辨識 histidine 磷酸化的結合蛋白尚未被找出，且於基因表現調控中所扮演的功能仍不清楚。
2. 在 Molecular Cell Biology 9th edition 第 7 章_基因轉錄調控，內容並未將 histidine 磷酸化列入參與基因調控之組蛋白後轉譯修飾列表。
3. 本問題核心在探討組蛋白上的哪些胺基酸之後轉譯修飾為基因表現「關鍵」調控機制？基於以上說明，最佳答案仍維持為(D)。

45. 細胞自噬作用（autophagy）為細胞在飢餓時（如缺乏營養），透過吞噬胞器來產生能量而存活，此作用主要在下列何種胞器中進行？
(A) 過氧化體（peroxisome）
(B) 醣氧化體（glyoxysome）
(C) 溶體（lysosome）
(D) 高基氏體（Golgi apparatus）

詳解: C

自噬作用（Autophagy）是細胞自然的，受調控的破壞機制。此作用是為了應付壓力如飢餓或入侵的微生物，細胞以有次序的降解作用和再循環利用的方式，分解自身不必要或功能異常的結構組件，如內質網（endoplasmic reticulum）、粒線體（mitochondria）、細胞核（nucleus）和核醣體（ribosomes）等，而且這過程能夠裂解大量的胞器，讓細胞獲得足夠的養分，以度過壓力的傷害。

自噬作用更是重要的蛋白質降解途徑，其機制是不同於泛素蛋白酶體系統（Ubiquitin Proteasome System，UPS；此課題相關的研究獲頒 2004 年諾貝爾化學獎）。UPS 是許多細胞的生理過程中所必需的，包括細胞週期、基因表達調控和細胞對氧化壓力反應；其主要的功能是把不需要或損傷的蛋白質，經由蛋白水解破壞肽鍵的化學反應降解，降解過程產生大約七到八個胺基酸長度的肽，再進一步降解成較短的胺基酸序列，並用於合成新的蛋白質；用此機制以達成調節特定蛋白質濃度，與移除折疊錯誤蛋白質的功能。

自噬現象首次是在 1962 年由 Keith R. Porter 和 Thomas Ashford 觀察到的。1963 年研究人員研究認知隔離細胞質成為溶酶體（lysosome）的連續三個階段，發現該過程不限於生理損傷情況下，作為細胞材料的再利用，也在細胞分化期間作為處置細胞器的方法，這是第一次建立溶酶體當成細胞內自噬位點的事實。而「自噬」的名稱就是由比利時的 Christian de Duve 在 1963 年創造的。

1990 年代研究人員由酵母中自噬相關基因的鑑定，找出自噬的機制；Yoshinori Ohsumi 和 Michael Thumm 研究飢餓誘導的非選擇性自噬；Daniel J Klionsky 發現了細胞質到真菌細胞質到液泡的靶向選擇性自噬，發現路徑的基因，並統一使用 ATG 來命名自噬基因，日本的 Yoshinori Ohsumi 博士因對自噬研究的貢獻，於 2016 年被授予諾貝爾生理醫學獎。

46. 下列何者為微型 RNA（microRNA, miRNA）與小干擾 RNA（small interfering RNA, siRNA）間的最主要區別？
(A) miRNA 不參與 RNA 干擾作用，siRNA 參與
(B) miRNA 為單股結構，siRNA 為雙股結構
(C) miRNA 源自於基因體，siRNA 為外源性
(D) miRNA 是由其前驅物經由 Dicer 酵素切割產生，siRNA 是由核酸內切酶（endonuclease）切割產生

詳解: C

最早的 siRNA 是實驗室裡用來進行 RNA 干擾技術的外源性單股 RNA。

miRNA(微核糖核酸)與 siRNA(小干擾核糖核酸)廣泛存在於細菌、植物、動物體中，它們的功能不同於 mRNA，自身沒有最終的蛋白質產物，卻能決定其他基因的表現。

史上第一個被發現的微核醣核酸是線蟲的 lin-4 miRNA，來自線蟲發育早期被活化的 lin-4 基因，轉錄出的 RNA 僅有 22 個核苷酸；lin-4 miRNA 本身無法轉譯產生蛋白質，卻能影響另一基因 lin-14 的表現。lin-4 不抑制 lin-14 基因的轉錄功能，卻能壓抑下一步的轉譯階段，使 lin-14 的蛋白產物大幅減少。此機制在 1993 年開始揭露，當時被視為線蟲特有的發育調節機制，並未引起廣大注意。

miRNA 的生成包含兩種核醣核酸內切酶：Drosha 與 Dicer，接著和 Argonaute 蛋白質組成「核醣核酸沉默複合體」（RNA-induced silencing complex, RISC）抑制 mRNA 的轉譯作用或促使其降解。siRNA 則來自生物體外的長段 DNA，經 Dicer 切割而來，siRNA 亦可組成 RISC 引發目標 mRNA 降解。

校方釋疑：

1. 目前已知 siRNA 的作用機制與 miRNA 相似，但不同的是 miRNA 是內源性的(endogenous，細胞內自有基因自行生成的)，而 siRNA 一般是泛指外來的(exogenous)，可能來自病毒感染，或是實驗室合成的。
2. 雖然目前有少數文獻指出 siRNA 可為內源性，但這些研究主要是在 Arabidopsis 中探討，並無法廣泛應用於不同生物細胞。
3. 另外，在 Molecular Cell Biology 9th edition 第 7 章_基因轉錄調控，提到 siRNA 系統中負責產生 dsRNA 之 RNA-dependent RNA polymerase 目前主要發現於植物中，其在多數哺乳細胞中的表現與功能尚未確認。
4. 本題問題為下列何者為 miRNA 與 siRNA 間的「最主要」區別？基於以上說明，最佳答案仍維持為(C)。

47. 關於受體酪胺酸激酶（receptor tyrosine kinase）的敘述，下列何者正確？
(A) 酪胺酸激酶（tyrosine kinase）為受體的一部分
(B) 酪胺酸激酶區塊（domain）多位於細胞外，可與配體（ligand）結合
(C) 酪胺酸激酶可催化磷酸根的去除
(D) 受體酪胺酸激酶與配體結合後，多以單體（monomer）的型式向胞內傳遞訊息

詳解: A

酪胺酸激酶受體是於細胞質側帶有酪胺酸激酶的細胞膜受體，與配體結合被活化後多半形成二聚體，將鄰近酪胺酸激酶受體上的酪胺酸磷酸化後啟動多條胞內傳訊路徑，通常與細胞的生長與分裂有關。

48. 同一個人的神經細胞和胰腺細胞所表達的蛋白質組不同的原因，最可能是因為神經和胰腺細胞含有不同的______。
(A) 基因（genes）
(B) 調節蛋白集（sets of regulatory proteins）
(C) 調控序列（regulatory sequences）
(D) 啟動子（promoters）

詳解：B

同一個人身上的細胞具有基因組等價現象，身上各式不同類型的細胞是因為基因差別性表現所造成的分化結果。

49. 具細胞壁的生物從細胞外運送物質到細胞內，下列何種方式最不可能？
(A) 滲透作用（osmosis）
(B) 吞噬作用（phagocytosis）
(C) 主動運輸（active transport）
(D) 促進性擴散（facilitated diffusion）

詳解：B

具有細胞壁的生物難以形成偽足，所以最不可能以吞噬作用將胞外物質送入細胞。

50. 當病原真菌入侵植物時，下列何者是被感染的植物細胞最有可能產生與釋放的物質？
(A) 反義股 RNA（antisense RNA）
(B) 植物防禦素（phytoalexins）
(C) 光敏色素（phytochrome）
(D) 甲殼素（chitin）

詳解：B

植物防禦素是一種富含半胱胺酸的小分子蛋白質，參與多種生物功能。其中，較多的研究是關於對抗植物病原菌，尤其是對於真菌類的病原菌。而對於細菌性病原菌之防禦機制的了解則相對較為稀少。

慈濟大學 112 學年度學士後中醫招生考試試題暨詳解

科目：普通生物學 **黃彪 老師解析**

選擇題（下列為單選題，共 50 題，每題 2 分，共 100 分，答錯 1 題倒扣 0.7 分，倒扣至本大題零分為止，未作答時，不給分亦不扣分，請選擇最合適的答案）

1. 同型合子紅花與白花金草雜交後，第子代（F_1）全部產生粉紅花，將第一子代個體自花授粉後，產生的第二子代（F_2）外表型有紅花、花和粉紅色的花，有關此種花色的遺傳型態，下列何者最正確？
(A) 共顯性
(B) 不完全顯性
(C) 完全顯性
(D) 顯性

詳解：B

顯性作用一般又有完全顯性（complete dominance）、半顯性（partial dominance）和等顯性（co-dominance）三種。孟德爾的豌豆實驗就是一種完全顯性，當只要有 1 個顯性基因出現時，此性狀將表現出顯性性狀。半顯性是指雜合子的性狀表現介於顯性及隱性同型合子表現的性狀之間。等顯性是指兩基因之間沒有顯、隱性之分，因此雜合子基因型的兩個基因都會表現各自的性狀出來。

2. 抗體又稱免疫球蛋白（Immunoglobulin, Ig），不同種類的抗體有不同作用。能刺激mast cell釋放組織胺的主要免疫球蛋白類型，下列何者最正確？
(A) IgA
(B) IgE
(C) IgG
(D) IgM

詳解：B

近來，科學家們將過敏反應是因體液性（即抗體）引起而分類為三種，分別是第一型（Type I）又稱為即發性過敏反應（immediate hypersensitivity）為 IgE 誘發型（IgE-mediated）過敏、第二型（Type II）為抗體誘發型（antibody-mediated）的細胞毒殺性過敏及第三型（Type III）免疫複合物誘發型（immune complex-mediated）過敏；因細胞性（TDTH 細胞）引起的過敏反應則只有一種，稱之遲發性過敏（delayed-typed hypersensitivity, DTH），即所謂的第四型（Type IV）過敏反應。

即發性（急性的）過敏反應是指抗體（IgE）與抗原結合，並刺激肥大細胞（mast cell）釋放出組織胺（histamine），於是身出體出現與組織胺作用相關的反應，例如唇舌腫脹、打噴嚏、流鼻水、眼睛癢、皮膚紅疹、蕁麻疹、腹痛等。通常急性過敏反應的發生多半與先天體質有關，若父母一方有過敏體質者，則子女有 40～70%也會呈現過敏傾向。

3. 魚類的鱗片、鳥類的羽毛、哺乳類的毛髮皆是由表皮組織的細胞分化而來。此外，有一群細胞可分化為能表現色素的細胞，這群細胞在分化前的統稱，下列何者最正確？
(A) 神經嵴細胞（neural crest cell）
(B) 表皮細胞（epithelial cell）
(C) 色素細胞（pigment cell）
(D) 胚胎幹細胞（embryonic stem cell）

詳解：A

神經嵴是一群特化細胞的總稱，出現在脊索動物胚胎發育的階段，源於外胚層，能分化成許多不同種細胞，在胚胎的發育過程扮演重要角色。

神經嵴可以分化成的細胞非常多樣，且遍佈全身各處，主要可以分成四大類群：

1. 頭部神經嵴：構成整個顱顏面骨的結構（軟骨、硬骨、牙胞、結締組織）；形成眼睛的角膜、鞏膜、睫狀肌等構造；有些神經嵴細胞在未來會發展成一部分的腦神經細胞、神經膠細胞；偏後段的神經嵴細胞會進到鰓弓的構造去，協助鰓弓未來進一步發展成下顎骨（含牙胞）、三小聽骨、舌骨、甲狀腺軟骨以及氣管軟骨，還會誘發甲狀腺、副甲狀腺還有胸腺的生成。
2. 體幹神經嵴：主要可以分為兩大群，比較早分化的體幹神經嵴細胞會進到生骨節（sclerotome）裡，發展成背根神經節（dorsal root ganglion），之後再繼續發展出交感神經還有腎上腺髓質；另外一群較晚分化的體幹神經嵴細胞會從背部沿著表面向兩側逐漸往前包覆，再深入到形成皮膚的外胚層，在裡頭分化成黑色素細胞。
3. 迷走神經與薦椎神經嵴：在靠緊部頸部的神經嵴細胞會分化成迷走神經叢，支配許多臟器（心肺、消化道等）的感覺與運動；接近薦椎部位的神經嵴細胞則會構成腸胃副交感神經，深入腸道構成腸神經系統，負責調節消化功能。
4. 心臟神經嵴：心臟神經嵴可以視為迷走神經嵴的延伸，這一支神經嵴細胞是構成主動脈的關鍵，會分化成為主動脈平滑肌—結締組織，包含了整個主動脈與其周遭組織（像是主動脈—肺動脈中隔），還衍生出四組前主動脈神經節，可隨時偵測血流的變化量。

神經嵴細胞除了變異多樣化之外，還會和其它不同胚層的組織共組同個器官，例如腎上腺的髓質細胞分化自神經嵴細胞，但是皮質部分則是由來自中胚層的部分所構成。神經嵴在胚胎發育扮演了非常重要的角色，因為其重要性，所以有時也被稱為「第四胚層」。

4. 人類傳疾病之一的囊狀纖維化（Cystic fibrosis）因囊性纖維化穿膜節蛋白基因（*cystic fibrosis transmembrane regulator, CFTR*）發生突變所造成，其遺傳型式體染色體隱性遺傳，其中點突變 G542X 屬於下列何種突變形式？
(A) 移碼突變（frameshift mutation）
(B) 沉默突變（silent mutation）
(C) 無義突變（nonsense mutation）
(D) 錯義突變（missense mutation）

詳解：C

纖維性囊腫是一種遺傳性的疾病，該疾病病患的祖先是來自北歐，白人的發生率大約是每 2,000 位活嬰中有一名。纖維性囊腫的特徵是外分泌腺功能不良。其所分泌的濃稠分泌亦可能會阻塞通氣管道及胰臟分泌的管道，以及其它許多器官系統的管道。但是纖維性囊腫通常都同時伴有肺部、胃腸道症狀以及汗中的鈉及氯濃度升高現象。

1989 年學者發現囊腫纖維症病患之基因突變有 68%是在 codon 508(ΔF508)的位置減少一個胺基酸，此位置同時也是世界上第一個被報導的基因突變位置。在猶太人族群突變位於 ΔF508 的位置僅佔 30%，丹麥人高達 88%，然而在亞洲人當中 ΔF508 並非主要突變位置之所在。

除ΔF508 外，其他最常發生的突變分別為 G542X、G551D、N1303K 與 W1282X。其中 G551D、N1303K 造成誤義突變（missense mutation），G542X、W1282X 造成成熟前終止密碼（premature stop codon），因而造成轉譯未完全的蛋白質。一般而言，此四種突變約佔基因突變的 1%～2.5%。

5. 假設您在一家化學公司工作，負責培養酵母菌用來生產乙醇（ethanol）。當您使用麥芽糖培養基培養酵母菌時，酵母菌生長良好但不產生酒精，此現象最可能原因的敘述，下列何者最正確？
(A) 培養環境含有氧
(B) 麥芽糖抑制酒精生產
(C) 培養基中沒有提供足夠的醣類及蛋白質讓酵母菌產生酒精
(D) 生長培養箱溫度不穩定，可能需要檢查並校正

詳解：A

酵母菌裡面有個機制，稱為「葡萄糖抑制作用（glucose repression）」。這個機制，使得酵母菌在有葡萄糖存在的時候，只會利用葡萄糖；而在只有葡萄糖的狀況下，又不提供氧氣時，酵母菌為了生存下去，便會將丙酮酸（pyruvate）還原，產生乙醇（ethanol）與二氧化碳，也就是所謂的發酵作用（fermentation）。

6. 下列何種脊椎動物是血液直接從呼吸器官流向身體組織而不先返回心臟？
(A) 鳥類
(B) 魚類
(C) 哺乳動物
(D) 爬行動物

詳解：B

早期的脊椎動物其循環是由一心房一心室的心臟完成，過程分為鰓循環與體循環：鰓循環的過程為心室收縮使血液由動脈送出，送到鰓後動脈分支成為微血管，進行氣體交換；獲得氧氣的補充後，血液再匯集至另一動脈血管繼續進行體循環，到了全身組織處，再分支成為微血管進行氣體與物質交換，最後來自組織的血液匯集至靜脈，回到心臟。此段過程稱為單循環，因為只會經過心臟一次，所以在體循環時，血壓明顯較低，流速較慢，須靠魚體游泳擺動身體，協助血液的流動。但是唯一的缺點是心室的收縮力量不足，血液流動的速度緩慢，造成氧氣運送效率不佳，這也是魚類之所以為冷血動物的原因之一。

7. 有關胚層（germ layers）發育的敘述，下列何者最正確？
(A) 中胚層（mesoderm）可產生脊索（notochord）
(B) 內胚層（endoderm）可產生毛囊（hair follicles）
(C) 外胚層（ectoderm）可產生肝臟（liver）
(D) 中胚層（mesoderm）可產生肺（lung）

詳解：A

中胚層（mesoderm）指在三胚層動物的胚胎發育過程中，原腸胚末期，處在外胚層和內胚層之間的細胞層。中胚層發育為軀體的真皮、肌肉、骨骼及其他結締組織和循環系統，包括心臟、血管、骨髓、淋巴結、淋巴管等；體腔末、內臟的漿膜和系膜，以及內臟中結締組織、血管和平滑肌等；腎臟、輸尿道、生殖腺（不包括生殖細胞）、生殖管和腎上腺的皮質部。

脊索（notochord）是身體背部起支援作用的棒狀結構，位於消化道背面、背神經管腹面。在發生上來自胚胎的原腸背壁(屬於中胚層)之後與原腸脫離形成。

8. 來自腸道的富含營之血液經由特定管道輸送到肝臟，下列何者最正確？
(A) 肝門靜脈（hepatic portal vein）
(B) 肝門動脈（hepatic portal artery）
(C) 乳糜管（lacteal）
(D) 肝淋巴結（hepatic lymph nodes）

詳解：A

肝門靜脈（hepatic portal vein）的作用是主要是將小腸吸收的營養物質運送到肝臟進行解毒。肝門靜脈是肝門靜脈系的主幹，長 6～8 cm，直徑 1.0～1.2 cm。

主要由腸繫膜上靜脈與脾靜脈在胰頭和胰體交界處的後方匯合而成，相當於第2腰椎的高度。向右上斜行進入肝十二指腸韌帶內，經肝固有動脈和膽總管的後方上行至肝門，入肝門前左、右葉，在肝內反覆分支，最後匯入肝血竇，與肝固有動脈的分支流入肝血竇的血，共同經過肝細胞後又匯合成小靜脈，然後逐級匯入肝靜脈。

9. 下列何者不屬於表觀遺傳（Epigenetics）的改變？
(A) 組蛋白乙醯化（Histone acetylation）
(B) DNA 甲基化（DNA methylation）
(C) 染色質構型重塑（Chromatin remodeling）
(D) 蛋白質醣基化（Protein glycosylation）

詳解：D

因表觀遺傳模式調控基因功能不透過序列的改變，參與其中之分子皆作用於DNA之外的基因訊息表達過程，包括下面三個主要層面：

1. DNA 修飾：DNA 共價結合一個修飾基團，例如：甲基基團；
2. 蛋白修飾：透過對組蛋白（histones）或染色質結合蛋白進行修飾，或者透過能量來改變或重組染色質空間結構；
3. 非編碼 RNA 的調控：由非編碼的 RNA 透過不同機制對基因轉錄或轉錄後步驟進行調控，例如 RNA 干擾（RNA interference）。

由上列單種或多種分子要素搭配組合，勾勒出基因組染色質上不同功能性的區塊，幫助細胞有效並正確地讀取與調控基因中的資訊，更重要的是提供原本單面向的DNA序列一個在表達與功能上的可塑性。以所列之標誌模式為基礎，表觀遺傳學研究的內容非常廣泛，涉及染色質結構重組、DNA 甲基化、基因組印記（imprinting）、X 染色體失活（inactivation）、非編碼 RNA 調控和幹細胞生理等。

10. 阿斯匹靈（Aspirin）和布洛芬（Ibuprofen）等藥物的抗發炎效果，主要經由抑制人體激素的合成，下列何者是此激素？
(A) 前列腺素（Prostaglandin）
(B) 褪皮激素（Juvenile hormone, JH）
(C) 腎上腺素（Epinephrine）
(D) 副甲狀腺素（Para-thyroid hormone, PTH）

詳解：A

我國常見的市售止痛藥主要有兩種，一是中樞止痛藥（乙醯胺酚類，Acetaminophen），另一為非類固醇類消炎止痛藥（Nonsteroidal Anti-Inflammatory Drug, NSAIDs），包含阿斯匹靈（Aspirin）及布洛芬（Ibuprofen）等。

1. 中樞止痛藥（乙醯胺酚類）：大部分的綜合感冒藥、感冒藥水及退燒藥含有此成分，主要會抑制中樞神經系統中前列腺素合成，具有退燒、止痛作用，但服用時要小心過量問題，可能會對肝臟造成損傷。
2. 非類固醇類消炎止痛藥：非類固醇類消炎止痛藥則是透過抑制體內的環氧化酶（Cyclooxygenase），進而導致前列腺素之合成降低，達到消炎止痛的作用，不過該類藥品可能有腸胃道的副作用，所以本身有腸胃道問題，或是想服用止痛藥來治療胃痛的民眾，應避免使用這類型的止痛藥。

11. 有關胸腺嘧啶二聚體（Thymine dimer）形成的最主要原因，下列何者最正確？
(A) DNA 受到紫外線的照射
(B) DNA 受到可見光的照射
(C) 染色體進行複製時形成
(D) DNA 受到硫化物汙染導致

詳解: A

紫外線可以造成 DNA 的損傷，將 DNA 分子中的胸腺嘧啶以環丁基環形成二聚體，稱為胸腺嘧啶二聚體。是 DNA 損害的例子之一，DNA 修復系統中負責刪除修復的酶可將這些損害辨認出來，並將其修補。對許多生物而言，光裂合酶能直接將二聚體分離，進而完成修復。

12. 有關動物腸細胞中，葡萄糖—鈉離子共運輸蛋白質（Na^+-glucose cotransporter）的敘述，下列何者最正確？
(A) 此共輸蛋白質也可以運輸鉀離子
(B) 葡萄糖沿著其濃度梯度進入細胞，為鈉離子逆著電化學梯度攜帶提供能量
(C) 無論在細胞外是否存在葡萄糖，鈉離子皆可經由共輸蛋白質沿其電化學梯度移動
(D) 一種阻止鈉離子與共運輸蛋白質結合的物質也會阻止葡萄糖的運輸

詳解: D

次級主動運輸的能量來源為跨越細胞膜的離子梯度（如質子梯度或鈉離子梯度），離子梯度可儲存能量，當離子由高濃度處流向低濃度處時，釋出的能量可用於將物質由低濃度處往高濃度處輸送。次級主動運輸中，如輸送的物質為單一種類者，稱為單向運輸（uniport），例如：細胞膜上的鈉離子通道、鉀離子通道與鈣離子通道。如輸送的物質為兩種以上，且各物質輸送的方向相同者，稱為同向運輸（symport），例如：腸道的鈉離子－葡萄糖運輸系統（Na^+-glucose cotransport system）及鈉離子－胺基酸運輸系統（Na^+-amino acid cotransport system）；若各物質的輸送方向相反者，稱為反向運輸（antiport），例如：鈉離子－鈣離子交

換系統（Na^+-Ca^{2+} exchanger）。無論是同向或反向運輸都屬於協同運輸（cotransport），運輸物質必須同時存在才能作動。

13. 有關metagenomics的敘述，下列何者最正確？
(A) 應用於最具代表性且屬於平均表型的物種基因組學
(B) 來自同一生態系統中，一組物種的 DNA 序列
(C) 僅在一個譜系中高度保守的基因的定序
(D) 幾個物種的一兩個代表基因的序列

詳解：B

總體基因體學（Metagenomics，或稱宏基因體學）是由 Handelsman 等人於 1998 年提出的新名詞，指環境中所有生物遺傳物質的總和。近二十年來，總體基因體學逐漸成為一個特別工具，用於研究環境中、人體內等的微生物多樣性和其功能分析，特別是來自於土壤、海洋、空氣、植物和動物腸胃道共生菌等樣品。

總體基因體學的定序策略分成兩大類：

1. 全基因體霰彈槍法（whole genome shotgun sequencing）：可對特定環境中存在的微生物種類進行全面性分析，但由於目前可用的參考數據庫還很有限，想要分析讀取序列通常仍有困難。適用研究目的：研究環境微生物之代謝特性與路徑與其種類。
2. 16S 目標區間定序（16S targeted sequencing）：是針對特定高變區（Highly Variable Region）的序列進行定序，執行上相對較容易、快速；但由於只有拿目標區段去做定序，物種分類的解析度也會因此受到限制。適用研究目的：想要了解物種的分布與多樣性。

14. 轉錄作用可透過不同層次的調控來控制mRNA的表現，有關於轉錄調控的敘述，下列何者最正確？
(A) 在染色體中，組蛋白（histones）的乙醯化（acetylation）和 DNA 的甲基化（methylation）均對於轉錄作用具有促進效果
(B) 轉錄調控因子若結合於離啟動子（promoter）遠端的特定 DNA 序列，則無法產生調控的作用
(C) ncRNA（noncoding RNA）能調控 mRNA，但不影響染色絲重新修飾（chromatin remodeling）
(D) 細菌通常講功能相關的基因組成操縱子（operon），透過單一啟動子來控制這些基因的表現

詳解：D

操縱組（operon，又稱操縱子或操縱元）是一組關鍵的核苷酸序列，包括一個操縱基因（operator），及一個或以上的結構基因被用作生產信使 RNA（mRNA）的單元，受一個單一的啟動子控制之下。首個被發現操縱子是乳糖操縱子，由方斯華·賈克柏及賈克·莫諾於 1961 年發現。

校方釋疑：

原核生物的細菌可以利用operon，透過單一啟動子來調控複數基因的表現。本題答案無誤，維持原答案D。

15. 有關基因表現的敘述，下列何者最正確？
(A) 有 tRNA 合成酶（Synthetase）合成 tRNA 需要消耗 GTP
(B) mRNA 有 61 種密碼子（codons）可編碼 20 種胺基酸，每一種胺基酸皆有至少兩種以上的密碼子對應
(C) 轉譯（translation）的延長（elongation）作用中需要消耗 GTP
(D) 鐮刀型紅血球症（Sickle cell disease）是編碼錯誤導致轉錄（transcription）產生問題的疾病

詳解：C

原核生物轉譯（Prokaryotic Translation）是指原核生物細胞中 mRNA 被 70S 核糖體轉譯為蛋白質的過程。該過程可分為起始、延伸、終止與再循環四個主要步驟。

1. 起始（initiation）：尋找 mRNA 上啟始密碼 AUG（原核生物中，在啟始密碼 AUG 的上游有一個 A/G rich 的區域稱為 SD sequence（Shine-Dalgarno sequence），這個區域可以讓核糖體小次單元的 16S rRNA 辨識，進而讓核糖體接到 mRNA），讓核糖體接到 mRNA 上，所需起始因子：IF-1、IF-2、IF-3，使用 GTP 作為能量來源。
2. 延伸（elongation）：胜肽鍵的接合，需要起始複合物（70S 的 ribosome）、延長因子（EF-Tu、EF-Ts、EF-G），也是使用 GTP 作為能量來源。
3. 終止（termination）：遇到終止密碼 UAG、UGA、UAA，終止因子（RF1、RF2、RF3），使用 ATP 作為能量來源。

16. 下列有關DNA複製相關的敘述，哪些正確？
甲、需要引子酶（primase）合成 DNA 引子（primer）
乙、需要 DNA 聚合酶 I 和 III（DNA pol I/III），其中 DNA pol I 主要功能為合成新的 DNA
丙、解旋酶（Helicase）是一種解開氫鍵的酶，需要由水解 ATP 供給能量來解開 DNA
丁、DNA 合成只能從 5’端往 3’方向複製
戊、端粒（telomere）序列在每次DNA複製後序列會變長一些，推測和老化有關。
(A) 僅甲、乙、丙
(B) 僅丁、戊
(C) 僅丙
(D) 僅丙、丁

詳解: D

甲、需要引子酶（primase）合成「RNA」引子（primer）；乙、需要 DNA 聚合酶 I 和 III（DNA pol I/III），其中 DNA pol「III」主要功能為合成新的 DNA；戊、端粒（telomere）序列在每次 DNA 複製後序列會變「短」一些，推測和老化有關。

17. 胺基酸X的生成調控是透過前驅物（precursor）和異位酶A（allosteric enzyme A）的活化位（active site）結合後，將前驅物轉換成胺基酸X。當細胞內的胺基酸X累積時會開始抑制本身胺基酸的合成，而調控的方式是透過胺基酸X結合於異位酶A的allosteric site，有關對於胺基酸X的生合成調控的敘述，下列何者錯誤？
(A) 屬於異位調節（allosteric regulation）
(B) 屬於負回饋調節（negative feedback regulation）
(C) 屬於協同調節（cooperative regulation）
(D) ATP 的生合成調控方式和胺基酸 X 具有相似性

詳解: C

異位效應（Allosteric effect）：異位效應物（allosteric effectors；modulators）的附著位置（allosteric sites）與受質附著位置（substrate-binding sites）不同。易位效應物的連接，會使酵素產生構型的變化，讓受質或其他配基（ligands）對酵素的親和力（affinity）改變，參與許多負回饋調節（negative feedback regulation）機制的進行。

協同作用（cooperativity）發生在多個單體構成的蛋白（oligomeric protein）。協同效應就是一個次單元的易位效應物結合會影響其他次單元的構型改變。

18. 官能基（functional group）可進行不同的反應，此特性對於生命的進程（the process life）扮演重要的角色。下圖所示的性荷爾蒙雌性素（Estradiol）和睪固酮（Testosterone）有相似的化學結構式，卻能決定不同的性特徵。有關在兩種荷爾蒙的官能基中，下列何者通常不會直接參與化學反應？

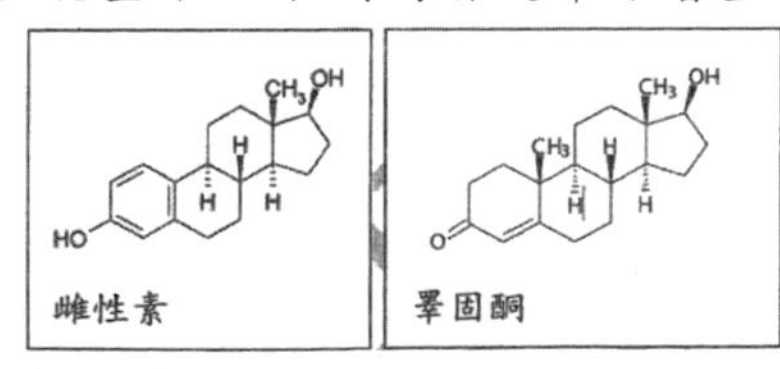

(A) 氫鍵（hydrogen bond）
(B) 氫氧基（hydroxyl group）
(C) 酮基（ketone group）
(D) 甲基（methyl group）

詳解: D

甲基相較於其他生物中常見官能基而言，是反應性最低的一種。

校方釋疑：

本題問兩種賀爾蒙的「官能基」中，何者「通常不會」直接參與化學反應。本題答案無誤，維持原答案D。

19. 黑色狗的毛色不僅由色素生成基因 *B* 來決定，同時須要看色素沉澱基因 *C* 是否為顯性的外表型。若 *C* 為隱性時，就算有 *B* 的顯性對偶基因，因為色素在毛髮中無法沈澱，毛色還是金黃色。若黑色的父本狗為 *BbCc*，金黃色的母本狗為 *Bbcc*，下列何者敘述錯誤？
(A) 生出的咖啡色小狗其基因型只可能是 *bbCc* 基因型
(B) 由於 *C* 基因對 *B* 基因的表現與否具有決定性的影響，即表示 *C* 基因的位高過 *B* 基因，為上位基因（Epistatic gene）
(C) 生出的金黃色小狗只可能是 *Bbcc* 和 *bbcc* 兩種基因型
(D) 生出的黑色小狗其基因型只可能是 *BbCc* 或 *BBCc*

詳解： C

按題目條件，生出的金黃色小狗可能是 *BBcc*、*Bbcc* 和 *bbcc* 三種基因型。

20. “哈迪—溫伯格定律”（The Hardy-Weinberg Equation）指在理想狀態下，各對偶基因的頻率和基因型頻率在遺傳中是穩定不變的，即保持平衡狀態。人類能嚐出苯硫脲（PTC）苦味者為顯性（*T*），不能者為隱性（調查1000人，其中4%嚐不出苦味。假設*T*的基因頻率=*P*，*t*的基因頻率=*q*。依據 ”哈迪—溫伯格定律”，下列何者最正確？
(A) $q = 0.04$
(B) *TT* 基因型有 640 人
(C) $p = 0.2$
(D) *Tt* 基因型有 360 人

詳解： B

q = 0.2；p = 0.8；Tt 基因型有 1000×2×0.2×0.8＝320 人

21. 有關近15年的新興傳染病（Emerging infectious disease）之敘述，下列哪些不是事實？
甲. 感染發生率有快速增加的趨勢，且在地理分佈上有迅速擴張的情形，甚至發展出新的抗藥性機制
乙. 新冠肺炎病毒和茲卡病毒都是新興病毒
丙. 大多屬於 DNA 病毒
丁. 主要以蚊子傳播

(A) 僅甲、乙
(B) 僅乙、丙、丁
(C) 僅丙、丁
(D) 僅甲、丁

詳解: C

新興傳染病（Emerging infectious diseases）的一般定義是近二十年來，新出現在人類身上的傳染病，該傳染病的發生率除有快速增加的趨勢，且在地理分布上有擴張的情形，甚至發展出新的抗藥性機制等，都可以算是新興傳染病。

1973 年至今國際上所發現的新興傳染病約有三十多種，而近年來在台灣地區曾引起衛生單位及學者專家重視的新興及再浮現傳染病的例子有：O157 型大腸桿菌感染症（Escherichia coli O157 infection）、類鼻疽（Melioidosis）、炭疽病（Anthrax）、萊姆病（Lyme Disease）、鉤端螺旋體病（Leptospirosis）、新型流感、新冠肺炎等。

22. 針對動物X和Y進行身體溫度的觀察得到的結果如右圖，下列何者推論最有可能？

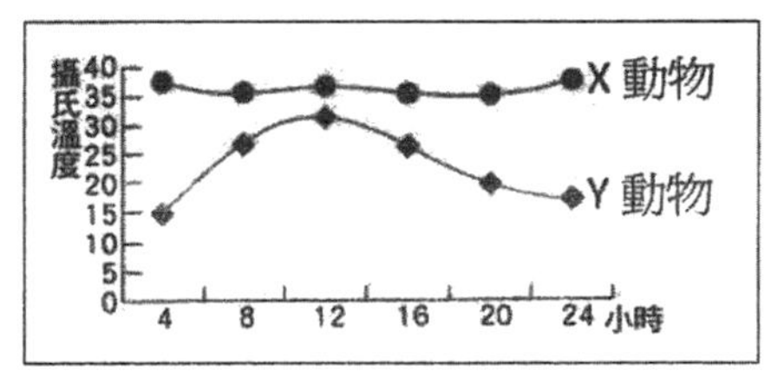

(A) Y 主要靠代謝產生熱來調節體溫
(B) X 靠皮膚中的血管和汗腺來調節體溫
(C) Y 動物主要是藉由腦部體溫調節中樞節體溫
(D) X 可能是蜥蜴

詳解: B

X 動物為定溫動物，Y 動物為變溫動物。內溫動物多為定溫動物而外溫動物常為變溫動物。依上述邏輯 B 是最有可能的正確選項。

23. 高血鈣症（hypercalcemia）在急診或住院患者中都有可能遇到，下列有關高血鈣症的敘述何者最正確？
(A) 血液鈣離子由甲狀腺（thyroid gland）釋放副甲狀腺素調控（parathyroid hormone：PTH）
(B) 補充維他命 E 可以促進血液鈣離子上升
(C) PTH 可刺激腸道對鈣離子的吸收
(D) 當血液濃度太高時，甲狀腺則會分泌抑鈣素（calcitonin）促進血液中過多的鈣儲存於骨骼

詳解： D

身體的血鈣大約有 99%存在骨頭中，只有小於 1%是存在血液中。血鈣除了和神經傳導有關係，也包括肌肉的收縮：心臟的跳動及許多腺體的分泌和荷爾蒙的分泌有關。血鈣過高產生的症狀為無力、多尿、脫水、便秘、噁心、嘔吐、高血壓，厲害的話會心律不整，甚至抽筋、昏迷。引起高血鈣的原因有：一般民眾常因是維生素 D 服用過量，結果造成血鈣的異常升高，此外，維生素 A 服用過量也可能會高血鈣。

在疾病方面則以副甲狀腺功能亢進或甲狀腺功能亢進二者為最常見，另外，癌症也會引起高血鈣，包括了：肺癌、頭頸部癌、腎癌，此外因為腎臟是排除鈣質的重要器官；如果腎臟功能不正常，卻又補充太多的鈣質，就會引起血鈣的升高。

校方釋疑：

本題是問高血鈣症下的狀況，故本題答案無誤，維持原答案 D。

24. 某公司宣稱新開發的益生菌S具有減肥功效，下列何者最有可能是該益生菌S的作用機制？
(A) S 可有效抑制胰臟所分泌飢餓素（Ghrelin）
(B) S 可有效促進小腸釋放多肽 YY（Peptide YY，PYY）
(C) S 可有效促進肝臟細胞釋放瘦素（Leptin）
(D) S 可有效阻抗胰島素（Insulin）

詳解： B

多肽 YY（Peptide YY，PYY）是由 36 個胺基酸所組成的荷爾蒙，主要從結腸和直腸分泌，在生理上主要是提供大腦飽足的訊號。經過一個晚上沒有吃東西，體內的 PYY 含量很低，在開始用餐的第 2 個小時，PYY 的含量會到達高峰，在 6 小時內又逐漸下降。研究發現，肥胖者體內的 PYY 普遍低落。另外，也有實驗顯示，對人體注入 PYY 兩小時後，就會降低食物的熱量攝取，幅度達 30%，甚至更高。在 24 小時內，食物的攝取量會減少 33%，至於餐後 PYY 分泌量的起伏，跟飲食內容有關，40%蛋白質、25%脂肪的飲食，會比 25%蛋白質，40%脂肪的飲食，刺激更多的 PYY，帶來更多飽足感。

25. 不同的 T 細胞表面標誌物（cluster of differentiation：CD）與其功能性可以用於分離與鑒定不同亞群的 T 細胞，下列有關對細胞毒殺型 T 細胞（cytotoxic T cell）特性的敘述，何者最正確？
(A) 主要識別標示為 $CD8^+$，可殺死被病原感染的目標細胞，但對癌細胞沒有殺死的功能
(B) 執行清除被感染細胞，分泌補體（complement）使被感染細胞穿孔

(C) 細胞毒殺型 T 細胞屬於先天免疫（innate immunity）系統的成員
(D) 和第一型 MHC 分子結合的 $CD8^+$ T 細胞會發育為細胞毒殺型 T 細胞

詳解：D

毒殺型T細胞又稱作毒殺型T淋巴細胞(Cytotoxic T lymphocyte，簡稱CTL)，表面分子特徵為 $CD3^+/CD8^+$，其功能就像一個「殺手」，透過毒殺型 T 細胞表面抗原接受器（TCR）辨識主要組織相容性複合體第一型（MHC class I）內的抗原，可找出外來病原或癌細胞，分泌穿孔素（Perforin），使目標細胞膜破洞並形成一管道，再注入一種蛋白酶（Granzyme），使目標細胞內部發生溶解，或者藉由 Fas-FasL 死亡訊號機制造成細胞凋亡（Apoptosis）。輔助型 T 細胞其表面分子特徵為 $CD3^+/CD4^+$，其細胞表面也有抗原接受器（TCR），不過主要是辨識抗原呈現細胞的主要組織相容性複合體第二型（MHC class II）的抗原片段，一旦輔助型T細胞受到抗原刺激，就會大量增生和分化成作用型 Th 細胞（Effector Th cell）和記憶型 Th 細胞（Memory Th cell），因此當患者再度感染相同病原或癌細胞時，此時記憶型 Th 細胞將會快速啟動全面性免疫反應，針對疾病快速進行攻擊清除的動作。

26. 工業革命以來大量使用化石燃料，導致二氧化碳由280 ppm，急速上升至超過400 ppm，人類活動產生的二氧化碳（CO_2）有25%是由海洋吸收，此過程稱為海洋酸化（ocean acidification）。有關上訴影響珊瑚鈣化（calcification），導致海洋生態失衡原因的敘述，下列何者最正確？
(A) 減少鈣離子（Ca^{2+}）濃度
(B) 減少氫離子（H^+）濃度
(C) 減少碳酸氫離子（HCO_3^-）濃度
(D) 減少碳酸離子（CO_3^{2-}）濃度

詳解：D

二氧化碳溶解後形成碳酸（H_2CO_3），接著分解為碳酸氫根（HCO_3^-），或進一步解離為碳酸根（CO_3^{2-}）。過程中釋出的氫離子（H^+）使得海水 pH 值下降，接著影響整體的化學平衡，稱為「海洋酸化（Ocean acidification）」。

高濃度 CO_2 所引起的水質酸化，可能改變海洋生物的體液酸鹼值，而導致所謂高碳酸血症（Hypercapnia），因為碳酸對細胞原本便具有毒性，將直接影響生物生存。同時貝類和海膽等生物的繁殖成功率也會受影響，幼體尺寸較小，發育速率也較慢。再者，海洋整體化學性質的變化，也可能影響生物在地理上的分佈，進而改變生態系的組成。

此外，碳酸鈣（$CaCO_3$）的飽和度受到酸鹼值、溫度、水深（壓力）等條件的影響，pH 值的降低將使碳酸鈣傾向於溶解而難以形成，首當其衝的自然便是珊瑚、貝類及海膽等需透過鈣化作用（Calcification）來形成骨骼或外殼的生物。

27. 細胞連接（cell junction）是細胞間的聯繫結構，由細胞質膜（plasma membrane）局部區域特化形成的，在結構上包括膜特化部分、膜內的細胞質部分及膜外的細胞間質部分。動物細胞和植物細胞之間都有此結構存在，是多細胞生物體中相鄰細胞之間通過細胞質膜相互聯繫協同作用的重要基礎。有關細胞連接的敘述，下列何者最正確？
(A) 動物細胞的細胞連接主要類型有二種
(B) 將肌肉細胞連接一起的是錨定連接（anchoring junctions），稱為橋粒連接（desmosomes）
(C) 細胞壁連接（cell wall junction）是植物的細胞連接
(D) 緊密連接（tight junction）是一 6 聚體，中間有 1.5 奈米的孔洞，兩細胞物質可以相互交流，也可讓細胞基質流通

詳解：B

細胞連接是維繫細胞間相對穩定的特化連接結構，也是相鄰細胞之間協同作用的重要結構基礎。細胞連接有多種類型，根據其結構和功能特點可分為三大類，即封閉連接（occluding junction）、錨定連接（anchoring junction）和通訊連接（communicating junction）。

錨定連接是一類由細胞骨架纖維參與、存在於細胞間或細胞與細胞外基質之間的連接結構。其主要作用是形成能夠抵抗機械張力的牢固黏合。錨定連接廣泛分布於動物各種組織中，在上皮、心肌和子宮頸等需要承受機械力的組織中分布尤為豐富。其重要功能是參與組織器官形態和功能的維持、細胞的遷移運動以及發育和分化等多種過程。

根據參與連接的細胞骨架纖維類型不同，錨定連接可分為兩大類：一類是肌動蛋白絲參與的錨定連接，稱為黏著連接（adhering junction），黏著連接又可分為兩類：細胞與細胞之間的黏著連接稱為黏著帶（adhesion belt）；細胞與細胞外基質間的黏著連接稱為黏著斑（focal adhesion）。另一類是中間纖維參與的錨定連接，稱為橋粒連接（desmosome junction），橋粒連接也分為兩類：細胞與細胞之間的連接稱為橋粒（desmosome）；細胞與細胞外基質間的連接稱為半橋粒（hemidesmosome）。

間隙連接部位相鄰細胞膜之間有 2～3 nm 的縫隙，因而間隙連接也稱縫隙連接。間隙連接的基本結構單位是連接子（connexon）。每個連接子長 7.5 nm，外徑 6 nm，由 6 個相同或相似的穿膜連接蛋白—連接子蛋白（connexin, Cx）環繞而成，中央形成 1.5～2 nm 的親水性通道。相鄰質膜上的兩個連接子相對接而連在一起，通過中央通道使相鄰細胞質連通。冷凍蝕刻技術顯示，許多間隙連接單位往往集結在一起呈斑塊狀，不同細胞、不同區域內單位面積內的數顯不等，可含有幾個到數百個連接子。通過密度梯度離心技術可將質膜上的間隙連接區域的膜片分離出來。

人和脊椎動物體內的封閉連接只有一種，稱為緊密連接（tight junction）。廣泛分布於各種上皮細胞，如消化道上皮、膀胱上皮、睪丸曲細精管生精上皮的

支持細胞基部和腺體的上皮細胞管腔面的頂端側面區域；此外，腦部毛細血管內皮細胞之間也存在緊密連接結構。現已證明有 40 餘種蛋白質參與了緊密連接的形成與功能。這些蛋白質主要是穿膜蛋白和胞質外周蛋白（cytoplasmic peripheral protein）。從緊密連接皓線中至少確定了兩類穿膜蛋白：一類稱為閉合蛋白（occludin），是一種表觀分子量為 65 kD 的 4 次穿膜蛋白；另一類稱為密封蛋白（claudin），也是一種 4 次穿膜的蛋白，表觀分子量較小，為 20～27 kD，是形成嵴線的主要成分。

28. 有關細胞訊息傳遞（signal transduction pathway）中第二傳訊者（second messenger）的敘述下列何者最正確？
(A) 是胞外因子（extracellular factor），可透過和細胞膜結合啟動訊息傳遞
(B) 是水溶性的小分子，可藉由擴散（diffusion）在細胞區域傳遞
(C) 環腺苷酸（cAMP）會抑制蛋白激酶 A（Protein kinase A）的活性
(D) 環腺苷酸（cAMP）是由磷酸二酯酶（Phosphodiesterase）催化生成

詳解: B

第二信使（Second messenger）在生物學裡是細胞內、小型、水溶性、非蛋白質信號分子，負責細胞內的信號轉導以觸發生理變化，如增殖（Cell growth）、細胞分化、遷移、存活和細胞凋亡。因此第二信使是細胞內的信號轉導的啟動組成部件之一。第二信使分子的例子包括：環腺苷酸（cAMP）、環磷酸鳥苷（cGMP）、肌醇三磷酸（IP3）、甘油二酯（DAG）和鈣離子（Ca^{2+}）。細胞釋放第二信使分子是響應於暴露在細胞外的信號分子—第一信使。第一信使是細胞外因子，通常是激素或神經遞質，如腎上腺素、生長激素和血清素。

蛋白激酶 A（Protein kinase A, PKA），也稱為環磷酸腺苷依賴蛋白激酶（cAMP-dependent protein kinase, cAPK）。是一種酵素，其活性依賴於細胞中環磷酸腺苷（cAMP）的含量。PKA 是一個全酵素（holoenzyme，由許多次單位組成，是完整的且有作用的酵素），它包含了兩個調控次單位以及兩個代謝次單位。當細胞中的 cAMP 較少時，PKA 雖然會暫時失去活性，但仍然可以保持結構完整。當 cAMP 濃度增加，cAMP 會接上位於兩個調控次單位上的活性區，並使蛋白激酶 A 的構形改變，進而將兩個代謝次單位釋放。自由的代謝次單位，則可以參與一些化學反應。

29. 有關支架蛋白（scaffolding protein）在細胞的訊息傳遞的多重角色的敘述，下列何者錯誤？
(A) 是許多關鍵信號通路中的重要調控因子
(B) 提供一個共用位置給不同的信號蛋白（signaling pathway proteins）結合，並將其定位在細胞的特定區域中
(C) 有些支架蛋白可以直接活化（activate）連結蛋白（relay proteins）
(D) 可以增進訊息傳遞的速度和正確性

詳解: C

支架蛋白至少通過以下四種方式發揮作用：束縛信號組成分，將組成分定位在細胞的特定區域中，通過協助正反饋或負反饋信號來調控信號轉導，以及將正確的信號蛋白與和它競爭的蛋白隔離。

校方釋疑：

題幹中已清楚說明此題為負向題，選擇錯誤的答案。關支架蛋白（scaffolding protein）在細胞的訊息傳遞的多重角色的敘述。支架蛋白是許多關鍵號通路的重要調節因子，已知此類蛋白會與訊號傳遞路徑中的多個組成相互作用或結合，進而形成多蛋白複合物中。

(A) 是許多關鍵信號通路中的重要調控因子，此選項無誤。

(B) 提供多個共用位置給不同的信號蛋白(signaling pathway proteins)結合，並將其定位在細胞的特定區域中，此即為支架蛋白專對於不同的信號蛋白(signaling pathway proteins)個別提供一特定位置給予結合，並將其定位在細胞特定區域，此選項錯誤。

(C) 有些支架蛋白可以直接活化（activate）連結蛋白，此部分在選項中已說明為有些(即部分的意思)支架蛋白，支架蛋白在細胞的訊息傳遞的多重角色，顯示功能廣，已知酵母菌在MAPK Pathway之有效激活激酶。另外，依據Campbell Biology 12th ed. P230 課文說明，支架蛋白(scaffolding protein)可直接活化relay protein，此選項無誤。

(D) 可以增進訊息傳遞的速度和正確性，此選項無誤。

此題標準答案為(B)，維持原答案。

30. 科學家常利用分子時鐘（molecular clock）研究整個基因組的變異與演化，下列敘述哪些正確？

甲. 可能受到定向天擇（directional selection）影響基因片段無法成為可信的分子時鐘

乙. 分子時鐘的可信度主要取決於中性突變（neutral mutation）的速率

丙. 在親緣關係樹（phylogenetic trees）和化石證據進行相關分析後，化石證據的定年結果與分子證據的分支長度具正相關性，可以推斷各分類群親緣關係分支與物種演化時間的關係

丁. 允許一個基因作為分子鐘最重要的特徵是可信賴的突變平均速率

(A) 甲、乙、丙、丁

(B) 僅乙、丙

(C) 僅甲、丁

(D) 僅甲、丙

詳解: A

1962 年，祖卡坎德爾（Zuckerkandl）和鮑林（Pauling）在對比了來源於不同生物系統的同一血紅蛋白分子的胺基酸排列順序之後，發現其中的胺基酸隨著時間的推移而以幾乎一定的比例相互量換著，即胺基酸在單位時間以同樣的速度進行置換。後來，許多學者對若干代表性蛋白質的分析，以及近年來又通過直接對比基因的鹼基排列順序，證實了分子進化速度的恆定性大致成立，並由中立說在理論上奠定了基礎。這便是"分子時鐘（Molecular clock）"名稱的由來。

DNA 分子時鐘的觀念很簡單：比較兩個物種基因序列上鹼基的差異，就可以推演出他們共同祖先生存的時代，距今有多久。一般情況下，蛋白質進化緩慢，因而適於研究遠緣種間的系統關係，而 DNA 的分子時鐘速度快，適宜分析近緣種間的進化。DNA 分子時鐘研究速度均一，不因基因而異，所以只要知道平均值就可以適用於任何基因；另外還可以疊合由不同基因獲得的結果。因此，為了繪出正確的生物進化系統樹，還需要在大量數據的基礎上進行考察。由於種種原因，進化速度會有波動，僅由一種數據得出的結果有可能導致局部錯誤的結論。

31. 有關真核生物的起源和演化，依據四個上群（supergroups）的假說，現代分子生物學支持分為四個單系群：原始色素體生物（Archaeplastida）、SAR 生物（Strammenopiles，Alveoltes 和 Rhizarians）、古蟲生物（Excavata）單鞭毛生物（Unikonta）。有關此四個上群假說的敘述,下列何者最正確？
(A) 絲足蟲 *Paulinella*（Cercozons）屬 SAR 上群，可產生次級內共生（secondary endosymbiosis），屬於自營性（autotroph）生物
(B) 原生的真核生物大部分為單細胞生物，這群生物具有相似的生殖與生命週期
(C) 真菌是屬於古蟲生物上群，親緣關係和離植物較近，離動物較遠
(D) 可進行光合作用的原生生物只能在原始色素體生物（Archaeplastida）找到

詳解：A

原生真核生物們的生殖與生命週期非常多樣化，並非一致或相似。真菌是屬於單鞭毛生物上群，親緣關係離動物較近，離植物較遠。可進行光合作用的原生生物也可以在古蟲生物上群、SAR 生物內找到。

校方釋疑：

題幹已清楚說明關於真核生物的四個上群假說之原始色素體生物（Archaeplastida）、SAR 生物 [包括不等鞭毛生物、囊泡蟲和有孔蟲]、古蟲生物（Excavata）、單鞭毛生物（Unikonta）的敘述。

(A) 絲足蟲Paulinella是屬於SAR上群，大多數的Cercozoan屬於真核異營生物，已經完成第一次內共生獲得粒線體的真核原生生物，絲足蟲Paulinella的光合作用裝置(photosynthetic apparatus)在演化上被認為是獨立由藍綠菌經由次級內共生(secondary endosymbiosis)獲得葉綠體的演化共過程，屬

於自營性，此選項正確。

(B) 原生物屬於真核，大部分為單細胞生物，其生殖生命週期有相當大的變異，有的甚至沒有發現有性生殖。此選項錯誤。

(C) 真菌是屬於古蟲生物上群，親緣關係和離植較遠離動物較近。此選項錯誤。

(D) 可進行光合作用的原生生物能在原始色素體生物和SAR生物找到。此選項錯誤。

此題標準答案為(A)，維持原答案。

32. 有關無維管束植物與無種子維管束植物特徵的敘述，下列何者最正確？
(A) 配子的結合不需要水，是無種子維管束植物演化成陸生植物的重要依據
(B) 孢粉質（Sporopollenin）的保護讓一些藻類如輪藻（Charophytes）可耐短暫性的乾燥
(C) 苔蘚植物（Bryophytes）和無種子維管束植物在演化上呈現同一分支（clade）
(D) 無維管束植物石松類（Lycophyte）及蕨類植物（Monilophyta）是最早長高大的植物

詳解: B

(A) 種子植物因為花粉管的出現，其受精作用不需要以水作媒介；
(C) 苔蘚植物是無維管束植物與無種子維管束植物在演化上呈現不同分支；
(D) 在各種植物當中，*維管束植物*具有特化的維管束，是植物體輸送物質的主要管道，也具有支持的功能，故個體相對較為高大。

33. 有關種子植物的描述，下列哪些正確？
甲. 種子植物比孢子植物具更好的生存能力
乙. 被子植物繁殖上的適應主要是花，裸子植物則是果實
丙. 裸子植物的雌配子體簡化，但較被子植物雌配子體的體積大，不能自營（autotroph）
丁. 被子植物的種子主要靠水進行遠距離傳播
(A) 僅甲、乙
(B) 僅丙、丁
(C) 僅甲、丙
(D) 僅丙

詳解: C

裸子植物和被子植物皆產生種子而繁殖。裸子植物的種子裸露，而被子植物的種子則包藏於果實中。乾燥的種子不但可以長期保存，抵抗乾燥，而且在適宜環境下萌芽時，種子內儲藏的養分可以供給其內的胚發育，增加種子植物繁殖和擴張生長範圍的能力，因此種子植物在現今地球陸地上占了大部分的生長面積。

開花植物和裸子植物一起被合稱為種子植物，因為花粉管的出現，其受精作用不需要以水作媒介。

34. 有關真菌的演化和特徵敘述，下列哪些正確？
甲. 大多的真菌無鞭毛，但真菌和原生生物（protists）的共同祖先是有鞭毛的單細胞生物
乙. 依演化的證據，真菌比植物更早定殖於陸地
丙. 菌根真菌（mycorrhizal fungi）屬於共生真菌，依靠植物供給碳水化合物
丁. 菌絲的構造因種類而異，分有隔壁菌絲（septate hypha）和無隔壁菌絲（coenocytic hypha）
(A) 甲、乙、丙、丁
(B) 僅乙、丁
(C) 僅甲
(D) 僅甲、丙

詳解: A

敘述甲～丁均為正確敘述。

35. 甲、乙、丙分別代表後生動物（Metazoa）、真後生動物（Eumetazoa）、兩側對稱動物（Bilateria），下列敘述何者最正確？
(A) 演化的時間由先到後排序為乙→甲→丙
(B) 甲、乙、丙者皆有都有組織
(C) 海綿是乙的代表之一
(D) 兩側對稱和三胚層是丙的主要特徵

詳解: D

(A) 演化的時間由先到後排序為甲→乙→丙；
(B) 後生動物（Metazoa）中的多孔動物（porifera）並不具有真正的組織；
(C) 海綿屬於多孔動物（porifera），並不是真後生動物（Eumetazoa）。

36. ABC model 主要解釋花部發育的基因調控模式，根據此假說，不同的基因表現可決定花朵形態的發育。A 類基因：萼片（Sepals）和花瓣（Petals）。B 類基因：花瓣（Petals）和雄蕊（Stamens）。C 類基因：雄蕊（Stamens）和雌蕊（Carpels）。此假說包含另一原則，即 A 類基因活化時，會抑制 C 類基因表現，反之亦然，且若 A 類或 C 類基因有一個不見了，另一類基因會取代之。根據下表的野生型外型特徵基因表現情形和突變型的外型特徵來推測此突變的可能原因，下列何者最正確？

外 → 內 ← 外

野生型	外型特徵	萼片	花瓣	雄蕊	雌蕊	雌蕊	雄蕊	花瓣	萼片
	基因表現	A	A	C	C	C	C	A	A
			B	B			B	B	
突變型	外型特徵	萼片	花瓣	花瓣	萼片	萼片	花瓣	花瓣	萼片

(A) A 類基因失去功能
(B) B 類基因失去功能
(C) C 類基因失去功能
(D) A 類和 B 類基因均失去功能

詳解： C

當 C 類基因失去功能時，基因表現情況由外到內分別為：A、A/B、A/B、A，外型特徵應為：萼片、花瓣、花瓣、萼片。

37. 有關開花植物繁殖的敘述，下列哪些正確？
甲. 若此植物的體細胞中含有 12 對染色體，胚乳細胞（endosperm）含有 24 條染色體
乙. 開花植物能完全適應陸地，是由於有花粉管的構造
丙. 無性生殖變異性小，可保留優良品種；有性生殖變異性大，可適應外界環境的改變
丁. 果實具有 30 種子，此果實在結實前，至少由 60 個大孢子母細胞（megasporocyte）參與形成
(A) 僅甲、乙、丙
(B) 僅甲、丁
(C) 僅乙、丙
(D) 僅乙

詳解： C

甲. 若此植物的體細胞中含有 12 對染色體，胚乳細胞（endosperm）含有 36 條染色體。
丁. 果實具有 30 種子，此果實在結實前，至少由 30 個大孢子母細胞參與形成。

38. 右圖是三種生物生存類型的存活曲線，有關 Type I、Type II 和 Type III 與生物群的配對下列何者最正確？

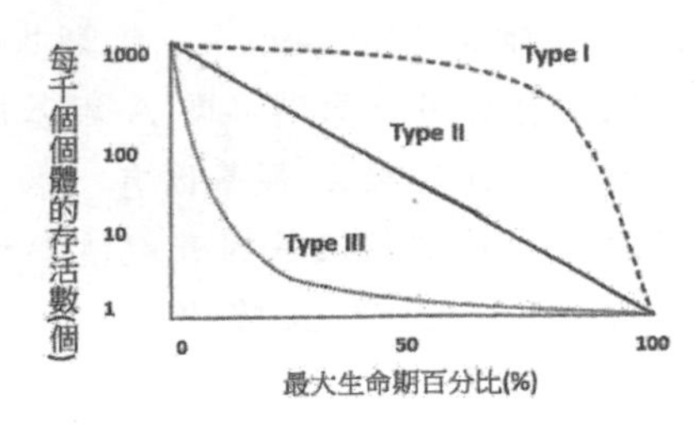

(A) 第 I 型：大型哺乳類動物；第 II 型：軟體動物；第 III 型：無脊椎動物
(B) 第 I 型：軟體動物；第 II 型：大型哺乳類動物；第 III 型：無脊椎動物
(C) 第 I 型：無脊椎動物；第 II 型：軟體動物；第 III 型：大型哺乳類動物
(D) 第 I 型：大型哺乳類動物；第 II 型：無脊椎動物；第 III 型：軟體動物

詳解: A

存活曲線又稱：「生存曲線」、「生長曲線」。將某一動物的族群分成數個年齡階段，分別求出每個年齡階段的存活率，再按年齡百分比畫成的曲線。

類型：第 I 型（凸型）：子代數量不多，但對幼體有良好照顧者，例：人類。第 II 型（對角線型）：各年齡的個體死亡率相當，例：海鷗。第 III 型（凹型）：產生大量子代，但只提供少許或不提供子代任何照顧者，例：知更鳥、牡蠣。

重要性與應用：生存曲線可顯示出該物種生活史中不同階段的相關訊息，對物種保育或資源利用與管理上都非常重要。

校方釋疑：

題幹已清楚說明圖型為三種生物生存類型的存活曲線，此為族群生物學中生物存活與年齡的相關聯圖，此題目主要以通則為主，已經清楚說明為以生物群為題幹，Type I在Ecology 5th by Dowman and Hacker. P259-261 已清楚說明為許多大型哺乳動物，包含人和山羊，僅繁殖少數後代而給予良好的育幼，因此屬於Type I，Type III在Ecology 5th by Dowman and Hacker. P259-261以說明此現象在自然界中常見，如真菌、一些植物、多數昆蟲、海洋無脊椎動物皆屬於此型別，Type II是指整個預期壽命期間死亡率或存活率相對恆定的生物體，主要包含有鳥類、小鼠、松鼠、和軟體動物等如Gyraulus deflectus、Valzjata humeralis等。此題標準答案為(A)第I型：大型哺乳類動物、第II型：軟體動物、第III型：無脊椎動物，維持原答案。

39. 在某個山區中有啄木鳥 G1 和啄木鳥 G2 二物種，型態相似，經調查發現啄木鳥 G1 和 G2 的鳥喙長度在各自族群中分佈如下圖，造成此鳥喙長度差異可能的原因，下列何者正確？

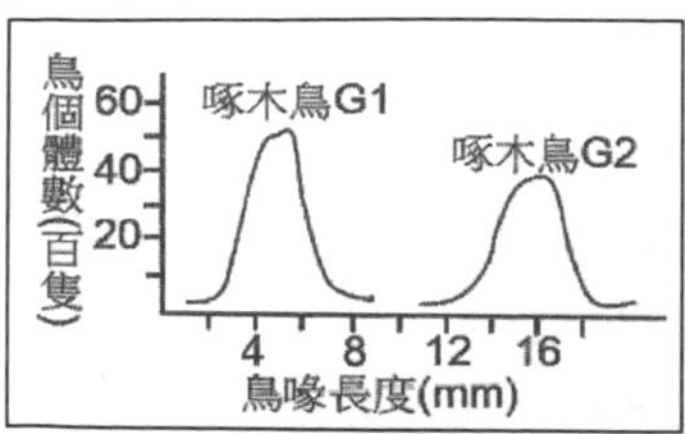

甲. 性狀置換（Character displacement）

乙. 同域種化（Sympatric speciation）

丙. 異域種化（Allopatric speciation）

丁. 島嶼生物地理

(A) 僅甲、乙、丁

(B) 僅甲、丙、丁

(C) 僅甲、乙

(D) 僅乙

詳解: C

1889 年，華萊士出版了《達爾文主義》，介紹達爾文在 30 年前提出的天擇演化論並為之辯護。在書中他提到天擇可能偏好避免雜交的機制，而產生生殖隔離。他的解釋如下：當兩個類型的生物各自適應特定的環境，因而分化到一定程度時，雜交後代會比任一親代都不適應環境。在這種情況下，天擇會去除雜交後代。如此一來，天擇也會偏好避免雜交的機制，因為不去雜交的個體可以產生更多適應環境的後代。於是兩個類型之間就會進一步演化出生殖隔離。

華萊士效應是演化生物學的研究主題之一，在物種形成（特別是同域種化）的研究中有其重要性。華萊士現象的一個影響是生殖性狀的置換（reproductive character displacement）。兩個分佈領域有部份重疊的族群，他們的生殖性狀在共域區會比在異域區有更高的差異，因為共域區的個體有雜交的機會，因此再加強會發生，讓當地的生物有更高程度的種化。若再加強沒有發生，雜交會產生性狀介於兩個族群之間的過渡樣態，而產生相反的結果。

40. 生物中所具有的所有化學元素都是生物地球化學循環（Biogeochemical cycles）的一部分，下列某生的推論哪些正確？

甲. 生態系中的能量流是一個開放的系統

乙. 碳、氮、氧、磷存在於生態系中生物體的封閉系統

丙. 生物體與開放系統相互循環使化學物質保持平衡

丁. 生態系的能量由開放系統提供

戊. 整個循環只有生物因子參與

(A) 僅、戊
(B) 僅甲、丙
(C) 僅丁、戊
(D) 僅甲、乙、丙、丁

詳解: D

生物地質化學循環（biogeochemical cycle）為各個元素在大氣層（氣圈）、海洋（水圈）、地殼（岩石圈）以及生物體（生物圈）這四個「庫（pool）」之間的循環。依照貯存後參與循環的程度可將「庫」區分成「貯藏庫（reservoir）」和「交換庫（exchangeable pool）」。保留在貯藏庫的物質，通常以不能被生物直接利用的型式存在，而須藉由某些化學作用才能進入交換庫被生物利用，例如碳以碳酸鈣形式貯存在海底泥層或岩層中，岩石圈是碳的貯藏庫。碳酸鈣被溶解後轉成二氧化碳才能被生物利用，所以水圈和大氣圈才是碳的交換庫。

41. 昆蟲類的物種豐富，下列為昆蟲常見的六個目：半翅目（Hemiptera）、膜翅目（Hymenoptera）、鞘翅目（Coleoptera）、直翅目（Orthoptera）、鱗翅目（Lepidoptera）、雙翅目（Diptera）。其中屬於不完全變態（incomplete metamorphosis）的分類群，下列何者最正確？
(A) 半翅目、膜翅目、鞘翅目、直翅目
(B) 鱗翅目、雙翅目
(C) 鞘翅目、直翅目、雙翅目
(D) 半翅目、直翅目

詳解: D

完全變態即昆蟲一生的生活史，包括卵、幼蟲 、蛹、成蟲四個階段。如：鱗翅目（蝶、蛾），鞘翅目（甲蟲類）、膜翅目（蜂、蟻類）、雙翅目（蚊、蠅類）、毛翅目（石蠶蛾）、脈翅目（草蛉、蛟蛉類）、蚤目（跳蚤）等。

不完全變態其生活史僅有卵、幼蟲、成蟲三個階段。如： 蜉蝣目（蜉蝣類）、蜻蛉目（蜻蜓及豆娘）、直翅目（蟋蟀及蝗蟲）、脩目（竹節蟲）、蜚蠊目（蟑螂）、半翅目（椿象、蟬、蚜蟲）。

42-43 為題組

1	分生孢子（Conidiospore）	5	節生孢子（Arthroconidia）
2	擔孢子（Basidiospore）	6	接合孢子（Zygospore）
3	子囊孢子（Ascospore）	7	芽生孢子（Blastoconidia）
4	孢囊孢子（Sporangiospore）		

42. 在上表列出的孢子種類中，屬於無性孢子的類型，下列何者最正確？
(A) 1、4、5、7
(B) 2、3、4、6
(C) 2、4、5、7
(D) 1、2、4、5、7

詳解: A

分生孢子是子囊菌與擔子菌的無性孢子，孢囊孢子是接合菌的無性孢子，節生孢子是牛樟芝等真菌的無性孢子，芽生孢子是某些酵母菌的無性孢子。

43. 在上表列出的孢子種類，在青黴菌（*Penicillium*）生活史中出現的特徵，下列何者最正確？
(A) 1、2
(B) 4、6
(C) 1、3
(D) 3、5

詳解: C

青黴菌屬於子囊菌，常生長於土壤、皮革、果皮和衣類，約有 150 多種。由於分生孢子大都是青綠色，所以稱青黴菌。

子囊孢子（ascospore）為子囊菌門真菌的有性孢子，在子囊中產生。典型的一個子囊中有八個子囊孢子，此八個孢子是在減數分裂後再透過一次有絲分裂產生，減數分裂使雙倍體的細胞核分裂為四個單倍體的細胞核，這四個細胞核再各自有絲分裂形成八核，並為子囊中的分泌物所包覆，因此一個子囊通常有八個子囊孢子，但數目仍有例外，如冬蟲夏草的子囊可有多達 20～60 枚子囊孢子，酵母菌的子囊通常只有 1～4 枚子囊孢子，塊菌的子囊也通常只有四枚子囊孢子。

44. 有關光合作用電子傳遞途徑之敘述，下列何者最正確？
(A) 非環式電子傳遞鏈（Noncyclic electron transport chain）只發生在光系統 I
(B) 環式電子流（Cyclic electron flow）只發生在光系統 I 和光系統 II
(C) 非環式電子傳遞鏈只會生成 NADPH，不會生成 ATP
(D) 環式電子流不會生成 NADPH，但是會生成 ATP

詳解: D

電子由 PSII 轉送給 PSI 的過程中，因傳遞蛋白對電子的親和力不同，電子會先後傳給：pheophytin (pheo)→ plastoquinone (PQ)→ cytochrome b_6f (Cyt b_6f)→ plastocyanin (PC)，在 PQ 與 Cyt b_6f 間可以產生質子濃度梯度，使質子在囊狀膜中累積高濃度，高濃度質子通過膜上質子通道由囊中往外運送時，經酵素 ATPase

的催化作用而產生能量 ATP。在非循環式的電子傳遞過程中，一對電子的傳遞可以產生一個 ATP 及一個 NADPH。

另一類電子可以重複使用的稱為循環式電子傳遞鏈，其傳遞的電子是光系統 I 吸光後，能量傳遞給 P700 由其釋放出電子來；此電子經由電子傳遞產生 ATP 後，又轉給氧化型的 P700，使其恢復為還原態，以進行下一次電子循環。此電子傳遞的過程：P700→ PQ→ cytochrome b_6f (Cyt b_6f)→ PC→ P700，在 PQ 與 Cyt b_6f 間也可以產生質子濃度梯度，經酵素 ATPase 的催化作用也可產生能量 ATP。此過程電子不是來自於水的光解，因此也沒有氧氣的釋放；且電子也不會傳遞到 $NADP^+$，所以也沒有 NADPH 形成。因固定一個二氧化碳需消耗三個 ATP 及二個 NADPH，所以在一般狀態下，非循環式電子傳遞與循環式電子傳遞是並行的。

45. 假設一個葉綠體內的類囊體（thylakoid）被刺破，使得類囊體的內腔（thylakoid space）不再與基質（stroma）隔離。這個損壞會對下列哪個過程產生最直接的影響？
(A) 水分子的裂解
(B) 葉綠素吸收光能
(C) 從光系統 II 到光系統 I 的電子流動
(D) ATP 的合成

詳解：D

類囊體的內腔（thylakoid space）不再與基質（stroma）隔離會影響到質子梯度的累積，進而使 ATP 的合成受到阻礙。

46. 在細胞分裂過程中，為了開始進行 anaphase，下列何者必須發生？
(A) 染色質絲（Chromatids）必須失去其著絲點（kinetochores）
(B) Cohesin 必須將姊妹染色質絲（sister chromatid）互相連接
(C) Cohesin 裂解
(D) 著絲點（Kinetochores）必須附著於中期板（metaphase plate）上

詳解：C

細胞分裂是一個很重要的生命現象，在細胞分裂的過程中，為了確保染色體能正確的複製和分離，黏連蛋白（cohesion）在 S phase 連結姊妹染色體，一直到後期（anaphase）才消失。

在有絲分裂（mitosis）中期（metaphase），黏連蛋白複合物抵抗著將染色單體在其著絲粒處向極性拉的力，從而在染色體上產生張力。細胞姐妹染色分體的分離標誌著分裂期後期（anaphase）的開始。這一過程伴隨著黏連蛋白複合體中單體之間的連接的斷裂。

黏連蛋白的斷開由分離酶（separase，一種蛋白水解酶）引起。有絲分裂後期開始之前，分離酶抑制蛋白（securin）將分離酶保持在非活躍狀態。後期開始時，後期促進複合物（APC）催化分離酶抑制蛋白的泛素化過程，為其加上降解標籤促進其降解，從而使分離酶獲得酶活性。分離酶切下 Scc1 單體，從而鬆開黏連蛋白複合體對姐妹染色分體的束縛，使黏連蛋白複合體掉落，姐妹染色分體被紡錘絲拉開，均分到兩個子細胞中。

47. 由於早期的陸地植物可能與綠藻有最近的共同祖先，有關最早陸地植物的敘述，下列何者最正確？
(A) 無維管束植物生活在淺淡水區域，上方長出無葉的光合枝（photosynthetic shoots）
(B) 沒有世代交替（alteration of generations）的物種
(C) 有明確根系的維管束植物
(D) 植物具有完善發育的葉子

詳解：A

最早陸地植物的特徵應該與苔蘚類類似，具有世代交替生活史、多細胞胚胎、多細胞孢子囊與配子囊、頂端分生組織、角質層等衍徵。維管束、根、莖、葉、種子、花、果實等特色是之後才慢慢於演化歷史中出現的。

48. 當葡萄糖（glucose）要由細胞外進入細胞內時，需要有特殊的機制來進入細胞，有關此機制的類型，下列何者最正確？
(A) Facilitated transport
(B) Ion pump
(C) Endocytosis
(D) Electrogenic pump

詳解：A

葡萄糖是具極性的小分子，要由細胞外進入細胞內時，需要有特定的細胞膜上運輸蛋白來協助進入細胞，可能經由促進性擴散或共同運輸等方式完成。

49. 生物維持生命的各種過程都需要能量，植物藉光合作用產生能量，動物藉由呼吸作用獲得能量，當 ATP 釋出一個分子的磷成為 ADP 或由 ADP 得到磷而成為 ATP 時，就會釋放或吸收能量，請問此每一個磷分子的變化可產生多少小卡（calories）的熱量？
(A) 9.0
(B) 7.3
(C) 4.0
(D) 5.6

詳解：B

ATP 的磷酸根之間以共價鍵結合，一個 ATP 分子內具有 4 個負電，且負電間距離又近，故彼此相斥，可以想像若是要將 ADP 加上磷酸，應該要消耗很多的能量，此能以化學能的形式儲存在 ATP 分子內。當帶有高能量的 ATP，磷酸根之間的鍵結被打斷時，就變成帶有低能量的 ADP 和磷酸，於是 ATP 和 ADP 的能量差就被釋放出來，一莫耳（mol）的 ATP 水解所釋放的能量為 7.3 千卡。

50. 太陽下山後，光合作用停止，CO_2 不再被利用，保衛細胞內的某種離子移出，則水份因滲透作用而移出，導致葉子保衛細胞的膨壓下降而關閉，氣孔也跟著關閉。當乾旱發生時保衛細胞的氣孔會關閉，那是因為離層酸（abscisic acid）產生加速合成，其快速累積會導致該離子的含量下降。在題目中敘述的離子，下列何者最正確？
(A) Na^{2+}
(B) $C1^{-}$
(C) K^{+}
(D) Mg^{2+}

詳解: C

氣孔是水分蒸散的主要途徑，保衛細胞可依植物的需求來調整氣孔的開閉，當氣孔打開時，將有較多水分從氣孔散失。保衛細胞的脹縮直接控制氣孔的開閉，而細胞內鉀離子（K^{+}）濃度及水的移動方向則會影響保衛細胞的脹縮。植物於白天進行光合作用時，鉀離子進入保衛細胞，使細胞內溶質濃度增加，水隨之進入，以達滲透平衡，因此使保衛細胞膨大，造成氣孔張開。太陽下山後，鉀離子離開保衛細胞，水隨之流出細胞，使保衛細胞萎縮，造成氣孔閉合。

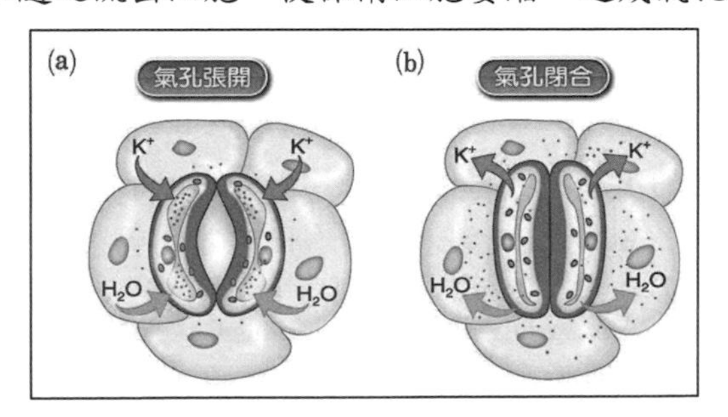

校方釋疑：

依據Campbell Biology 12th ed. P851-P852 課文說明，植物氣孔的關閉主要受到K^{+}流出保衛細胞所導致。題幹中已清楚說明植物之光合作用停止後CO_2不再被利用，保衛細胞內的某種離子移出導致葉子保衛細胞的膨壓下降而關閉，而乾旱發生之離層酸(abscisic acid)機制導致該離子的含量下降。P851的Figure 36.14清楚繪製K^{+}請說明其機制。另Biology by Robert Brooker et al. 6th edition在其P847的Figure 39-17圖中說明亦清楚指出K^{+}的流出造成為主因，此題標準答案為(C)K^{+}，維持原答案。

考取學長姐心目中的彪哥

潘柏諺
（大仁藥學）

錄取 中國醫/後中醫
義守/後中醫
慈濟/後中醫

連中三榜

生物：黃彪老師改變了我對於生物這科的印象，過去總認為把觀念背下來就能應付考題，但死記的結果不只是容易忘記，也不懂得融會貫通，題目一變就不會答了，死背對於後中考試是幫助不大的。黃彪老師常常提醒不要讀死書，教學方面每個單元都找了很多彩色圖片和補充資料解釋，在了解來龍去脈以後就順理成章的記憶下來了，也不會覺得背誦如此包山包海的內容是困難的事情。我認為有認真聽懂老師上課教授的內容要對付大部分的考題是絕對可以的。除此之外，老師用心編排的全彩講義看了也很舒服，按單元分類好的歷屆後中西私醫試題也能夠快速了解各單元重點。我個人讀生物的習慣是在進入一個新單元的時候先把題目全部都先做過一遍（沒讀過看不懂也要做做看），如此一來能夠快速進入狀況抓到重點，並且在聽完課、複習之後再做一次，加深印象。

張巧蘋
（成大資工）

錄取 中國醫/後中醫
義守/後中醫
慈濟/後中醫

連中三榜

【生物】個人是會先讀一次課文內容加做章節後的考古題，上課時就專心聽黃彪老師講一些比較細節的部分，下課後再讀一次當天教學內容，並再寫一次後面的題目。如果題目寫錯的話，我會在旁邊做正字記號，以此檢驗自己是否一直錯在同一個觀念上。

林友元
（台師大生科）

錄取 中國醫/後中醫

生物黃彪老師上的很紮實完整，不論有沒有生物基底都會受益良多，沒接觸過普生的人，老師會從基本的內容上起，同時也會補充很多東西，大學修過普生的人也能有很多新東西學習。

葉昶宏
（大仁科大/藥學）

錄取 中國醫/後中醫

生物–黃彪老師的精美全彩印刷講義是業界的口碑保證，不論是內容編排的順序或者圖片的挑選都是首屈一指，這六冊講義涵括了所有備考需要的內容及延伸，再透過彪哥的用心講解，讓考生能在最短時間內學習到最大量的知識。

陳怡婷
（中國醫中資）

錄取 中國醫/後中醫

◎黃彪老師的周密筆記及耐心解題

→老師的一針見血解題常常讓我恍然大悟！

考取學長姐心目中的彪哥

李妍儀

錄取 中國醫/後中醫
義守/後中醫
連中雙榜

(中興獸醫)

生物-黃彪老師的全彩課本，對生物這樣很需要看圖理解的科目非常有幫助。老師上課講解很清楚，也很努力補充資料，很用心找適合的影片幫助大家理解觀念，生物是活的，有影片真的會印象深刻。老師的題庫班很用心找了非常多的題目，也帶大家靈活思考。

陳柔丞

錄取 中國醫/後中醫
義守/後中醫
慈濟/後中醫
連中三榜

(長庚醫技)

全彩且有豐富表格的生物講義，用各式各樣的字體與顏色分辨重點，加上黃彪老師會將重點中的重點整理成筆記，用簡單易懂的方式讓我們可以快速抓到考點。生物就是把核心概念理解，再反覆練習歷屆考古題，即可以拿下大部分的分數。

林敬祥

錄取 義守/後中醫

(嘉藥藥學)

生物-黃彪老師的生物很有脈絡，彩色的圖片及紅色標記的課文重點讓我讀起來不那麼吃力。老師上課會搭配他整理的簡報，我們只要用心聽，把補充的資料拍下或是寫下，並且在課後內化成自己的知識，生物這一科其實是很好把握的。我在考前的做法是把老師六本薄薄的複習班講義當作考前筆記大綱，把刷考古題時遇到的錯誤或是不熟的觀念直接謄寫到複習班講義中。一來省下從頭到尾都自己整理的時間，二來考前熟讀這些內容可以把握住大部分的基本分。至於刁鑽的題目平時可以寫正課的題目本去增加廣度，但考前我會選擇先把握住基本，行有餘力再複習平時寫到的難題。

陳繪竹

錄取 慈濟/後中醫

(成大會計)

生物:黃彪老師教學邏輯清晰，架構明確，教材精美，教學用心，回答學生問題很有耐心，非常感謝老師讓我一直問問題，生物準備方面，建議大家課前一定要先預習，上課時才能快速進入狀況，把上課當作再一次複習，我會利用筆記軟體，把相關的考古題或重要課文拍照放在同一個頁面，並且在標題打關鍵字，方便未來索引查找並同時複習相關題目。生物是龐大的一科，我的準備方向是抓穩考古題、固守基本盤，近幾年生物考科時常劍走偏鋒，剩下的就是運氣了。

葉冠宏

錄取 慈濟/後中醫
義守/後中醫

(中山醫/語聽)

高元的師資在各科目都非常強悍，而生物黃彪老師更是讓我慶幸當初有選擇高元。報名後一拿到生物課本就令人嘆為觀止，裡面的文字條理分明，彩圖精美細緻，各章節都還附有心智圖解說大綱。章節後緊接著歷屆考古題，不多但都是該章節的考點，作?觀念的收尾非常適合。而老師面對年趨瘋狂的考試範圍也都會進行增補及改版，雖然老師說過好好掌握原本的8成就能考上了，但也是提供給想更精進自己的同學另一個選擇。整體來說，老師的六本講義內容鉅細靡遺，是我上榜後還捨不得賣掉的用心之作!

中國醫藥大學 111 學年度學士後中醫招生考試試題暨詳解

科目：普通生物學 **黃彪 老師解析**

選擇題為單選題，共 50 題、答案 4 選 1、每題題分 2 分，每題答錯倒扣 0.7 分，不作答不計分，請選擇最合適的答案。

1. 幽門螺旋桿菌會造成人體胃潰瘍及胃癌，所以提早發現感染與及早治療，對健康有極大的幫助。下列何種診斷工具是目前臨床常用來判定人體有幽門螺旋桿菌感染的依據？
 (A) 碳13尿素呼吸檢查(^{13}C-urea breath test)
 (B) 經上消化道內視鏡胃黏膜切片之快速尿素酶檢查（rapid urease test）
 (C) 血清學檢查抗幽門螺旋桿菌抗體
 (D) 經上消化道內視鏡胃黏膜切片之病理檢查

詳解：A

幽門螺旋桿菌是一種帶有螺旋彎曲的桿狀菌，大小約 $0.5 \times 0.3\ \mu m^2$，屬革蘭氏陰性菌，帶有 4～6 條鞭毛，最大的特徵是擁有分子量 600,000 的 Urease，它可將尿素分解成氨和二氧化碳，在胃中可產生鹼性的效果，能保護它在胃酸環境下不受侵害。幽門螺旋桿菌在臨床上主要可導致 B 型胃炎（Type B gastritis），造成發炎（Inflammation）、胃潰瘍、十二指腸潰瘍。近年來研究發現幽門螺旋桿菌的感染，可能是發生胃癌的危險因子。

檢驗幽門螺旋桿菌的方法可大分為二大類：

一、「侵襲性」的檢查法

是經由胃鏡取胃粘膜檢體做尿素檢測，病理組織學檢查及細菌培養。這種方法最大的好處是可以做種種檢測確認培養出來的細菌就是幽門螺旋桿菌，而且可以分析各別菌株毒性強弱及對抗生素抗藥性的有無，對選擇使用那一種殺菌藥物的組合有所幫忙。另外也可以在胃鏡檢查時，查看胃內是否有其他的病變如胃癌，胃淋巴瘤等。

然而侵襲性檢查最大的缺點是侵襲性檢驗由於需要使用胃鏡，對病人較有不適反應，有些病人有胃鏡恐懼症而無法接受這樣的檢查，而且幽門螺旋桿菌常以斑塊狀（patchy）分散於胃竇或胃體部的黏膜中，容易有檢體採樣失誤，造成偽陰性結果。另外此菌的培養條件嚴格，操作難度高、培養時間長，也易有培養失敗的情形；不過一旦可培養出此菌，可視為真陽性（特異性百分之百），為診斷幽門螺旋桿菌感染的重要依據。而病理組織切片染色法，其敏感度常受到檢體中菌量的限制，若菌體數量太少，常會有染不到的情況，造成偽陰性。

二、「非侵襲性」的檢查法

不用胃鏡檢查就可測出幽門螺旋桿菌，包括尿素呼氣法、血清檢查、大便中幽門螺旋桿菌抗原的檢測及尿液檢查。而目前有愈來愈多的人，包括醫師及患者對非侵襲性的幽門螺旋桿菌檢查法有興趣。

非侵襲性檢驗中的血清學檢查法，主要以 ELISA 的方法偵測感染幽門螺旋桿菌後所產生的 IgG、IgA 或 IgM 抗體，但在菌體被消除後，患者體內之 IgG 抗體通常需經六個月或一年的時間方能消失，故此法不適於作治療追蹤之工具。尿素呼氣試驗法（Urea Breath Test）目前主要以碳-13 同位素標幟於尿素分子中，令病人口服後，若其胃中有幽門螺旋桿菌，便可分解尿素，並產生帶有碳-13 同位素之二氧化碳，再呼出體外。因此只要收集病人呼出的氣體，並測定含碳-13 同位素之二氧化碳含量，便可由碳-13 同位素的增加情況來判斷病人是否有幽門螺旋桿菌的感染。

由於碳十三同位素為一種天然存在，不具放射性的穩定同位素，對人體無不良影響，可普遍用於各個年齡層，而且由於不需使用胃鏡，檢驗過程中受檢者無不舒服的感覺，因此臨床使用上頗為安全與方便。更由於試劑口服入胃後，可以直接與整個胃壁接觸，不論幽門螺旋桿菌存在胃壁的部位為何，或細菌數目多寡，均可能驗出，無取樣失誤的問題，其敏感性與特異性皆可達百分九十五以上，近年來已成為診斷幽門螺旋桿菌感染及治療除菌後的最佳追蹤指標。

碳十三尿素呼氣法檢驗的步驟非常簡單，在測試前受檢者必須至少空腹四小時，受檢者於喝下試劑前與三十分鐘後，分別呼氣入二支試管，收集後送檢，檢查儀器是以氣體色層分析同位素比值質譜儀來測定。若測定值差異高出 3.5 個單位以上，即判定為陽性，否則為陰性。此法經與培養法、組織切片染色法及尿素酵素試驗法三者對照比較後，其敏感性與特異性，皆在 95～98%之範圍。

校方釋疑：

釋疑提到中國醫藥大學附設醫院院內工作手冊與馬偕紀念醫院、臺中榮民總醫院嘉義分院等醫療院所之資訊所有選項皆為可以偵測或是間接可能有感染過幽門螺旋桿菌。釋疑提出方法如下

幽門螺旋桿菌感染的診斷方法如下：

1. 快速尿素試驗（rapid urease test）：執行胃鏡時，將生檢的胃黏膜組織置入含尿素及酸鹼呈色劑之培養基中，利用幽門螺旋桿菌可分泌尿素?可使尿素水解成氨的特性，將使含酸鹼色劑之培養基由黃變紅，判讀結果需時在24小時以內。
2. 組織學檢查：即將胃黏膜檢體，依正常切片檢查之步驟，最後由病理科醫師經特殊染色在顯微鏡下尋找幽門螺旋桿菌之有無。
3. 細菌培養：生檢後，立即將胃黏膜檢體置入特殊之培養液中，送至細菌科以適當之溫度及氧氣狀況行細菌培養，而視有無菌落之長成來決定胃黏膜檢體有否細菌之存在，一般約需時3-5天。此方法因為難度較高，一般僅適用於醫學研究。
4. 聚合?鏈鎖反應：萃取胃黏膜檢體之去氧核醣核酸，再以幽門螺旋桿菌基因特異之引子，以聚合鏈鎖反應加以放大來偵測微量的幽門螺旋桿菌。此法目前在臨床上並不常用。
5. 血清學檢查：基本上人體得到任何感染都會誘發本身免疫機轉抵抗這些入侵者，其中一方法就是由B細胞產生抗體，一般而言，幽門螺旋桿菌一旦感染胃部，幽門螺旋桿菌會持續存在，因此，藉由測定血清中是否含有抗幽門螺旋桿菌之抗體，即可知道是否有幽門螺旋桿菌之感染。
6. 碳13尿素呼吸試驗（C13 urea breath test）：含同位素碳13的尿素喝下去，若胃內有幽門螺旋桿菌，則其分泌之尿素?會把含碳13的尿素分解成氨及含碳13的二氧化碳，只要收集服用碳13尿素後20-30分鐘呼出之氣體並測定其中同位素碳13之含量，即可間接偵測胃內幽門螺旋桿菌之存在與否。
7. 糞便抗原反應。

其中碳 13 尿素呼吸檢查（13C-urea breath test）所需時間最短，也非侵入性診斷方法，題目有提到提早發現感染與及早治療，其他方法需要侵入式檢查，

所需時間也較長，判讀結果可能還需耗時。所以最符合題目敘述，是（A）碳 13 尿素呼吸檢查（13C-urea breath test）。維持原答案

2. 人體的呼吸運動牽扯著複雜的生理機制，其中有關呼吸運動的敘述，下列何者**錯誤**？
(A) 肺本身缺乏肌肉，無法自行收縮
(B) 呼氣時橫膈膜下降
(C) 呼氣時肋間肌舒張
(D) 吸氣時橫膈肌收縮，使胸腔擴大

詳解: B

吸氣是一種主動過程，其須要靠主動收縮使胸腔擴大，使肺內壓力降低；當肺內壓力低於大氣壓時，空氣便會吸入肺中。正常時的吸氣（quiet inspiration）由橫膈膜和外肋間肌負責，當橫膈膜收縮和外肋間肌收縮時，橫膈膜位置向下且胸腔同時向外和向上運動。胸腔體積變大，相對地，壓力變小，大氣的空氣就被吸進肺中。

在用力吸氣或深呼吸（forced inspiration）時，除了橫膈膜收縮外，還需吸氣輔助肌一胸索乳突肌、斜方肌、斜角肌和外肋間肌的協助。胸索乳突肌的收縮使得胸骨往上提，斜角肌的收縮使得上位肋骨往上提；這些肌肉收縮的結果使得胸闊上舉，胸腔空間擴大到極限。

呼氣同樣是因為壓力差的緣故，但呼氣是因為肺內壓力大過大氣壓。正常時的呼氣（passive expiration），並沒有肌肉的收縮，當橫膈膜和外肋間肌鬆弛時，胸腔變小，肺內壓力變大，因而空氣由體內吐出。

當用力呼氣（active expiration）或氣流受到阻礙時，負責呼氣的內肋間肌和腹肌開始收縮；內肋間肌收縮使肋骨往下移，而腹肌收縮也使肋骨往下移壓迫腹腔內臟，迫使橫膈膜往上凸，而使得胸腔體積縮到最小，肺內壓增至最大，體內氣體大量呼出。

3. 細菌孢子（spore）是細菌用來抵抗惡劣環境所衍生出來的構造，也可能造成動物體誤食而感染。下列何者是<u>不</u>產生細菌孢子之病原菌？
(A) 炭疽桿菌（*Bacillus anthracis*）
(B) 破傷風桿菌（*Clostridium tetanus*）
(C) 綠膿桿菌（*Pseudomonas aeruginosa*）
(D) 產氣莢膜桿菌（*Clostridium perfringens*）

詳解: C

「細菌內孢子（Endospore）」又稱為「芽孢」，是某些細菌特有的一種構造，是對惡劣環境具有高度抗性的特殊休眠體，類似種子的狀態，卻沒有繁殖功能。會產生內孢子的細菌多是革蘭氏陽性菌，通常會在缺乏養份的時候開始進入此休

眠狀態，對抗生素、熱、酸鹼、輻射等具有強耐受性，待環境變成適合生存時，細菌內孢子會打破睡眠狀態甦醒發芽繁殖。

最常見會產生芽孢的細菌是芽孢桿菌屬（*Bacillus*）和梭菌屬（*Clostridium*）。芽孢桿菌屬這個家族有許多著名的細菌，例如：益生菌枯草芽孢桿菌（*Bacillus subtilis*）和致病菌炭疽芽孢桿菌（*Bacillus anthracis*）。枯草芽孢桿菌時常簡稱為枯草桿菌，已經廣泛運用在食品和飼料添加劑，枯草芽孢桿菌的亞種納豆菌（var.natto）被日本人長久使用在發酵黃豆上。炭疽芽孢桿菌則時常被簡稱為炭疽菌，曾被做為恐怖攻擊使用的生物武器，感染會嚴重致死。梭菌屬家族也有許多著名的細菌，大部分都是致病菌，例如：肉毒桿菌（*Clostridium botulinum*）、破傷風梭菌（*Clostridium tetani*）、產氣莢膜梭菌（*Clostridium perfringens*），平時畜產界所談論的「梭菌感染」大部份為產氣芽孢梭菌（*Clostridium perfringens* type C）引起的腸道感染。此家族也有好菌，例如：丁酸梭菌（*Clostridium butyricum*）時常被簡稱為丁酸菌或酪酸梭菌，顧名思義會分泌丁酸等短鏈脂肪酸幫助消化道健康，是腸道中的常在菌。

內孢子的形成既不是細菌生活週期必經階段，也不是細菌繁殖的一種形式，是一種對抗環境因應生成的休眠構造。一隻細菌只會形成一顆內孢子，可抵抗大部份的消毒劑、抗乾燥、抗熱，耐酸鹼、對抗生素具有強耐受性，普通的巴斯德消毒法（加熱 60～90℃短暫加熱）是無法殺滅細菌內孢子，必須要高溫高壓滅菌法才可殺滅細菌內孢子。內孢子強悍的抗逆性是因為其精巧且奧妙的結構特性，內孢子為多層結構，核心外有許多「層」：外壁、外套、外膜、外殼、內膜，層層含有各種不同的特殊物質，保護內孢子。核心內的重要遺傳物質 DNA 和蛋白質形成複合體，保護 DNA。

4. 組織相容性複合體（MHC）於健康人體的免疫系統中具有很重要的角色，下列何種細胞可表達高量第二型主要組織相容性複合體（MHC class II）分子？
(A) 神經細胞
(B) 肝細胞
(C) B 細胞
(D) 紅血球

詳解：C

能表現 MHC class II 分子的細胞為：巨噬細胞、樹突細胞、B 細胞。

抗原呈現是將抗原透過呈現在細胞膜上，藉以引起免疫反應的機制。免疫細胞會透過和 MHC 分子上的抗原結合，以辨識抗原序列並活化後天性免疫反應。廣義而言，所有具有核的細胞皆是抗原呈現細胞，他們透過第一型 MHC（MHC class I）來呈現抗原，而巨噬細胞、樹突細胞以及 B 細胞則是狹義的抗原呈現細胞，只有他們會透過呈現第二型 MHC（MHC class II）。一般來說，被感染的細胞難以自行消滅內生性的抗原，此時被感染的細胞會呈現特殊的第一型 MHC 分子，而毒殺型 T 細胞（Cytotoxic T cell）藉由辨識第一型 MHC 分子以殺死被感染細胞；如果是細菌入侵，也就是外源性的抗原，那麼細胞巨噬細胞、樹突細胞以及 B 細胞則能透過吞噬作用消滅細菌，並呈現出第二型 MHC 分子，告訴周遭的細胞有病原入侵以增強免疫反應。

5. 淋巴細胞包括 B 和 T 細胞，有關健康人體的 B 和 T 細胞的敘述，下列何者是 B 細胞所特有而 T 細胞中則沒有發生？
(A) 在細胞表面表現特定的抗原受體（antigen-specific receptor）
(B) 在細胞分化過程會進行類型轉換（isotype switching）
(C) 在細胞發育過程會進行基因重組
(D) 辨識與自身主要組織相容性複合體（self MHC）結合的抗原分子

詳解：B

抗體類型轉換（class switch）簡稱轉類或同種型轉換（isotype switch），是指一個 B 淋巴細胞株在分化過程中，V 基因片段保持不變而發生 C 基因片段的重排，即抗體的 V（VDJ）區基因可分別和 Cα、Cμ、或 Cδ 等基因相連，形成不同類或不同亞類的重鏈基因，最終產生不同類或不同亞類的抗體分子。

6. 下列為病毒生活史的基本步驟，請依照感染步驟依序加以排列：
I：釋放　II：穿透　III：基因體的複製及蛋白質的產生
IV：組裝　V：吸附　VI：去蛋白衣
(A) V→VI→II→IV→I→III
(B) VI→II→III→IV→I→V
(C) II→VI→V→III→IV→I
(D) V→II→VI→III→IV

詳解：D

病毒基本生活史為：附著、穿透、（嵌入）、合成、組裝、釋出，但各種病毒略有不同，以較為複雜的 HIV 為例，步驟如下：

1. 附著：病毒附著在細胞上
2. 融合：病毒與細胞膜融合
3. 脫殼：核殼破裂，釋出病毒基因與酵素
4. 反轉錄：HIV 的反轉錄酶把病毒的 RNA 反轉錄成 DNA
5. 基因組嵌入：病毒的嵌入酶把病毒 DNA 嵌入細胞的 DNA 中
6. 複製基因組：細胞把病毒的 DNA 當成模板，複製 HIV 的 RNA 基因組
7. 合成蛋白質：細胞用 HIV 的 RNA 作為模板來合成病毒的蛋白質
8. 裁剪蛋白質：蛋白酶把長鏈的蛋白質剪短成個別的蛋白質
9. 組裝病毒並散播：新的病毒顆粒自細胞生長出來，並繼續感染其他細胞

藉由基因組的分析解讀，可看出 HIV 生活週期的細節極為複雜，但每種病毒都透過相同的基本步驟，才有辦法感染細胞並繁殖。病毒先是侵入細胞（與細胞結合，並將基因注入細胞內），接下來複製自己的基因與蛋白質（利用細胞的設備與原料），再把新出爐的複製品包裝成新的病毒顆粒，以利傳播並感染其他的細胞。

7. 人類糖尿病患者的血糖調控非常重要，有關胰島素和昇糖素的敘述，下列何者**錯誤**？
(A) 胰島素可以促進組織細胞吸收血液中的葡萄糖
(B) 肌肉和肝臟細胞將吸收的葡萄糖轉化為肝醣
(C) 當血糖低時，胰島的 β 細胞可分泌昇糖素促進肝醣分解為葡萄糖
(D) 胰島素分泌不足時，會導致血糖升高

詳解: C

胰島素是體內調控血液中葡萄糖濃度最重要的荷爾蒙，它能將葡萄糖帶進細胞，使血糖濃度降低、為身體提供能量。如果缺乏胰島素，或胰島素無法發揮作用，患者的血糖濃度就會高於正常人，導致糖尿病。

急性低血糖，反調節賀爾蒙（counterregulatory hormone），主要是升糖素（glucagon）和腎上腺素（epinephrine），所釋放的量足以引起血糖增加的話，那麼低血糖的症狀就會改善。當低血糖的持續時間較長時，生長激素（GH）和腎皮素（cortisol）的分泌也可以幫忙病人從低血糖中恢復過來。胰島的α細胞分泌的升糖素會造成肝臟葡萄糖釋放增加，隨後使得血糖升高。在第 1 型糖尿病的早期，大約是 2～5 年以後，此種升糖素分泌的能力，可能會受損。當升糖素分泌受損的時候，腎上腺髓素就扮演了主要的角色。腎上腺素不只是增加葡萄糖的製造，同時也減少了末梢組織對於葡萄糖的利用，所以它是經由兩個不同的機轉，來促進低血糖的恢復。腎上腺髓素的分泌減少（可能是由於糖尿病自律神經病變的結果，或者是與低血糖有關的自律神經衰竭），在糖尿病病程中，通常比升糖素缺乏較晚發生。當升糖素和腎上腺髓素缺乏的時候，要從胰島素造成的低血糖中恢復過來就會有所困難。這種情形就被稱為葡萄糖反調節作用障礙。處於這種情形的病人，發生復發性嚴重低血糖危險性的機會就大為增加，尤其是在接受胰島素強化治療的病人。所以在第 1 型的病人，如果出現了葡萄糖反調節作用障礙或和低血糖有關的自律神經衰竭的情形，將會對他們企圖達成接近正常的血糖控制造成阻礙。這類病人需要更頻繁的監測他們的血糖值，以防止任何會增加低血糖危險性的情形。

8. 病毒造成的疾病和其所感染的細胞非常有相關性，有關病毒和其主要感染人體細胞的配對，下列何者**錯誤**？
(A) 狂犬病毒；神經細胞

(B) B19病毒；血小板母細胞
(C) EBV；B細胞
(D) HIV；T細胞

詳解: B

狂犬病（Rabies）是全球性的人畜共通疾病，動物宿主範圍十分廣泛。狂犬病病毒引起的急性腦脊髓炎，主要藉由被受到感染的動物咬傷的唾液而傳染的，經過數週或更長時間的潛伏期後，可能會出現各種前驅症狀，通常在神經症狀出現後幾乎必然死亡，死因都是由於中樞神經（腦、脊髓）遭到病毒破壞。

B19 微小病毒主要生長在骨髓及血中的紅血球母細胞中，造成紅血球造血障礙，最後產生貧血。

感染後EBV可在人體B淋巴細胞及口咽部上皮細胞內形成持久的潛伏感染，並不斷通過唾液排出體外，感染健康的人。

愛帕斯坦-巴爾病毒（Epstein-Barr virus，EBV）是一種感染人類的γ皰疹病毒。其生命週期包括潛伏期和裂解期。EBV 主要感染標的是 B 細胞，也可感染上皮細胞、T 細胞和自然殺手細胞。感染宿主後，EBV 在淋巴細胞或上皮細胞中潛伏，同時產生多種潛伏感染相關蛋白，以協助免疫逃逸，參與多種惡性腫瘤及非感染性的淋巴增殖性疾病的發生。

HIV 是一個反應慢的反轉錄病毒，在初次感染後會維持好多年的潛伏期。此病毒感染 $CD4^+$ T 細胞、巨噬細胞及樹突細胞，這些細胞都有 CD4 分子，此分子為病毒感染細胞時的受體。$CD4^+$ T 細胞在正常情況下，因刺激活化而不斷分裂，增生與分化；此特性反而幫助 HIV 可以長期感染，但感染的人可以維持健康多年。HIV 的主要作用是逐漸顯著的破壞 $CD4^+$ T 細胞最後造成顯著的 T 細胞缺乏，影響到對外來抗原的免疫反應，感染的人對其他感染（例如：真菌、寄生蟲、細菌及病毒）變得異常敏感；HIV 感染後期，AIDS 病人對感染的易受攻擊性如同 SCID 小孩一樣。

校方釋疑：

MB-02, from a patient with megakaryocytic leukemia, which is dependent on the growth factor granulocyte-macrophage colony-stimulating factor but can be induced to undergo erythroid differentiation following treatment with erythropoietin (Epo). 釋疑提出這篇文章提到 這一細胞需要有 Epo 存在才能看到病毒複製，且需要連續三天以上的處理，這方法還是讓細胞分化趨向紅血球母細胞的方式，讓 B19 病毒能感染複製。

至於另一篇 Case study: A Case of Severe Thrombocytopenia Due to Parvovirus B19 Virus. 文章內容給予抗體治療 thrombocytopenia 和 anemia 就恢復正常，其實並沒有證明 B19 病毒感染血小板母細胞，這是一病毒感染後的全身病徵。題目提到病毒和其主要感染人體細胞的配對，故答案還是(B) B19 病毒；血小板母細胞，因為還不是最主要的。維持原答案

9. 麗莎不曾被B型肝炎病毒（hepatitis B virus）感染，因為要從印尼到台灣擔任看護工作，所以依照規定，接種了三次B型肝炎疫苗。請問以下何種血清學檢驗結果可能是麗莎接種後半年的檢驗結果？
(A) HBcAg(-); anti-HBc(-); anti-HBs(+)
(B) HBcAg(+); anti-HBc(-); anti-HBs(+)
(C) HBsAg(+); anti-HBc(+); anti-HBs(-)
(D) HBsAg(-); anti-HBc(+); anti-HBs(-)

詳解：A

Anti-HBc 只有在B型肝炎病毒表面抗原（HBsAg）出現後之短暫時間內被偵測。由於 anti-HBs 於體內常延遲至 HBsAg 清除後才出現，anti-HBc 有時為B型肝炎病毒感染或疑具感染力之血液的唯一血清指標。

急性或慢B型性肝炎患者體內可發現 anti-HBc，且其亦為過去曾感染之指標。B型肝炎表面抗體（Anti-HBs）為B型肝炎痊癒的指標，也代表對B肝產生免疫能力。本抗體具有保護作用，可防止再次感染，它產生的方式大致有二種：(1) 感染痊癒後自然產生 (2) 疫苗注射後產生。

anti-HBc Ab 只要是有B型肝炎病毒感染的人，就會終身陽性。因此如果有人因為注射B肝疫苗而有 anti-HBsAb（表面抗體）時，是不會有 anti-HBc Ab 的出現。只有曾經被B型肝炎病毒感染的人，才會同時出現 anti-HBc Ab，和 anti-HBs Ab。

10. 學校賣場的大門及電梯皆放置乾洗手（內含70%酒精）讓大家使用，請問乾洗手對於下列何種病毒的抑制效果不佳？
(A) 腺病毒（adenovirus）
(B) 流行性感冒病毒（influenza virus）
(C) 麻疹病毒（measles virus）
(D) 冠狀病毒（coronavirus）

詳解：A

病毒的外套膜來自宿主細胞膜，成分主要為磷脂質。乙醇（酒精）是一種有機溶劑，能溶解細胞膜中的脂類成分，破壞細胞膜使細胞膜失去選透性。當細胞膜碰到高濃度（90～95%）的酒精時，會產生凝固作用而變質；而 75%的酒精不會使細胞膜凝固，卻可以讓細胞膜的脂質溶解。因此使用 75%酒精可以有效的讓具有外套膜的病毒失去活性，達到消滅病毒的功效。

11. 健康人體的大腦皮層分為四大葉，主管感覺、聽覺及觸覺等刺激，請問下列哪一部分主要負責聽覺？
(A) 額葉
(B) 頂葉

(C) 顳葉

(D) 枕葉

詳解： C

顳葉和耳朵位置在同個高度，有聽覺區，處理我們聽到的聲音和語言。顳葉能處理記憶，並和其他感覺整合，保留視覺記憶、語言理解、和情感關聯，將這些感覺輸入處理成有衍生意義的資訊。顳葉也和了解語言有很大的關係，我們下面再一起解釋。海馬迴也在顳葉這個區塊，與記憶的形成很有關係，受到破壞的話會影響記憶和語言技能。

12. 在人類先天性免疫反應中有所謂補體系統，其發生反應時需有很多酵素反應，下列何種組合全是 C5 轉換酶（C5 convertase），讓補體可以形成攻膜複合物，進而殺死細菌？

I：C4b2a3b　　II：C3bBb　　III：C3b2Bb　　IV：C4b2a

(A) I、II

(B) II、III

(C) II、IV

(D) I、III

詳解： D

C5 convertase 是補體激活過程中形成的關鍵轉化酶，經典（傳統）激活途徑中的 C5 轉化酶為：C4b2a3b、旁路（替代）激活途徑中的 C5 轉化酶為：C3bBb3b。C5 轉化酶可將 C5 裂解為 C5a 和 C5b 片段。C5b 在液相中與 C6、C7 結合形成 C5b67，嵌入細胞膜疏水脂質層中，進而與 C8、若干 C9 分子聚合，形成 C5b6789n 複合物，即膜攻擊複合物。

IV：C4B2a 是 C3 convertase，所以這題應該送分！

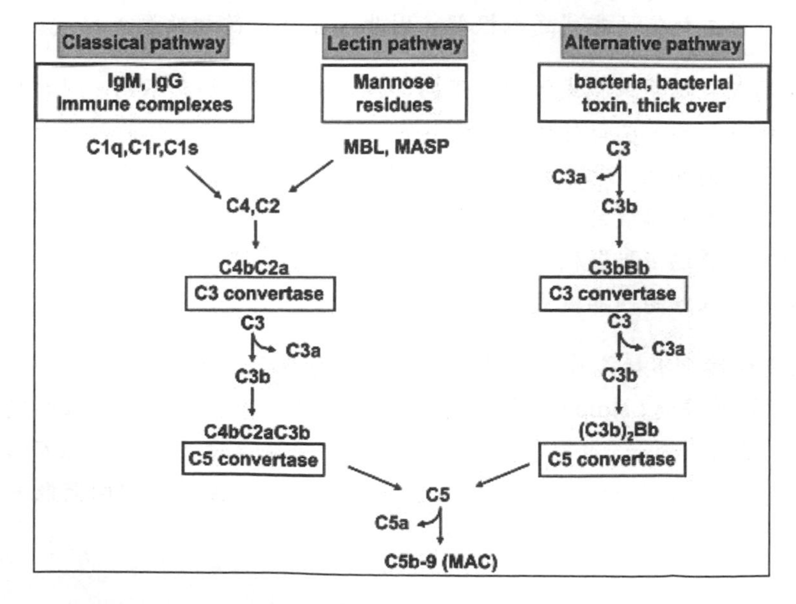

13. 細胞膜上的膜與孔徑蛋白和生物體傳送物質息息相關，有關細胞膜運輸的敘述，下列何者最正確？
(A) 海帶可以藉擴散作用自海洋中將碘吸收入體內
(B) 植物根細胞從土壤中吸收無機鹽為主動運輸
(C) 動物小腸吸收葡萄糖是利用滲透壓差異
(D) 水通過細胞膜是被動運輸

詳解: B→ 更改答案為B、D

（A）細胞膜對物質通透的選擇需要消耗 ATP，此種藉消耗 ATP 來控制物質出入細胞的方式，稱為主動運輸。主動運輸是攜載蛋白（幫浦蛋白）需要消耗能量才能運輸物質的現象。主動運輸物質的方向通常是由低濃度處往高濃度處輸送，主動運輸的特性，就是細胞以耗費能量來加速或對抗物質的自然擴散。

(1) 海藻中的昆布，其體內的含碘量雖已高達海水中含量的百萬倍，但海水中的碘仍可進入昆布體內，這就是靠主動運輸的功能來完成。
(2) 耐鹽植物或蓄鹽性植物，例如沼澤草及某些藜科植物，利用主運輸輸將鈉離子累積於細胞中，促使細胞維持於高滲透壓狀態，才能從環境中吸取水分。
(3) 構成紅樹林的水筆仔等，則以主動運輸方式盡量把細胞中的鹽分排出體外，以免鹽分累積在細胞內造成危害。

（B）礦物質一般會溶解於水中，以離子的形式隨著水分運送，但是離子在經過細胞膜時，會受到細胞膜選擇性的控制，因此根部吸收離子的數量並不會與溶液中的離子數量成比例，科學家的實驗發現，菜豆吸水量增加一倍時，所吸收的鉀、磷與鈣只增加了 0.1～0.7 倍。主要原因便是水分完全是藉由被動的壓力進入根部，但是其他的離子則須透過細胞膜上的不同蛋白質，經篩選或耗能的方式送入根部，因此可能具有飽和效應。

（C）葡萄糖在不同細胞或細胞的不同部位，運輸方式都有不同。例如在小腸上皮絨毛細胞，在面對腸腔的絨毛面，通過主動運輸吸收葡萄糖；在細胞基底和側面部位，通過協助擴散方式將葡萄糖分子輸送到血管；在血液中也是通過協助擴散的方式將葡萄糖分子送到紅血球。小腸上皮細胞吸收葡萄糖時，通過主動運輸的 ATP 間接提供能量的方式進行，伴隨著 Na^+從細胞外流入細胞內而完成。

（D）被動運輸：不耗能量，利用物質濃度梯度擴散原理，又區分如下：

(1) 簡單擴散（simple diffusion）：只要大小能直接通過親脂性脂雙層細胞膜的小分子、不帶電、非極性物質，即可由濃度高往濃度低方向移動，直到系統呈現擴散平衡後，物質仍保持動態性雙向均衡擴散。例如氧氣、二氧化碳、氮氣、水、尿素、酒精、甘油、有機溶劑苯（benzene，C_6H_6） 和脂溶性激素如性荷爾蒙等。

(2) 促進擴散（facilitated diffusion）：必須藉由膜上之通道蛋白或載體蛋白完成擴散作用，也是不耗能，但速度比簡單擴散更快（註：在運輸蛋白未飽和的情況下）。例如較大分子葡萄糖、胺基酸利用載體蛋白運輸，帶電鉀離子、鈉離子、鈣離子利用離子通道蛋白運輸，水分子也可利用水通道蛋白快速滲透通過細胞膜。（註：滲透作用 osmosis—是指水分子以擴散方式通過半透膜的作用。）

爭取 B、D 都正確。

校方釋疑：

水通過細胞膜也是被動運輸的一種，主因是水經由水通道蛋白，是屬於一種促進擴散（facilitated diffusion），屬於被動運輸的一種。此題增加答案，填選 B 或 D 皆給分。

14. 原生動物與我們生活的環境息息相關，下列何種組合都是原生動物？
I：變形蟲　II：蟯蟲　III：滴蟲　IV：錐蟲
(A) I、II
(B) II、III
(C) II、IV
(D) I、IV

詳解： D

蟯蟲，別名：針狀蟲、坐蟲，線蟲動物門中的一類腸道寄生蟲，是蟯蟲病的病因。

15. 淋病雙球菌（*Neisseria gonorrhoeae*）是一廣泛造成全世界人類感染的細菌，並擁有多重抗藥的特性，是非常棘手的病原菌，所以了解其致病因子是非常重要的工作，目前為止發現下列何種淋病雙球菌致病因子，最有可能幫助淋病雙球菌附著到黏膜上？
(A) 鞭毛（flagella）
(B) 外毒素及腸毒素（enterotoxin）
(C) Opa 蛋白質（Opa protein）
(D) 觸酶（catalase）

詳解： C

淋病雙球菌（Neisseria gonorrhoeae）細胞表面重要蛋白質：（1）Pili 幫助菌體附著在細胞表面、（2）Opa protein（Opacity protein）混濁蛋白：使淋病奈瑟氏菌間互相附著，並附著於人細胞上、（3）Rmp protein（Reduction-modifiable protein）可抑制宿主產生抗體反應、（4）Porin 孔蛋白：形成外膜的孔或通道。

16. 人類由於染色體異常會造成遺傳的疾病，有關人類常見遺傳疾病的敘述，下列何者最正確？
(A) 唐氏症患者只有 44 條染色體
(B) 白化症是缺乏黑色素的顯性遺傳疾病
(C) 唐氏症患者在第 21 對染色體缺一條
(D) 克萊恩斐特氏症候群有兩條 X 染色體

詳解: D

唐氏症俗稱蒙古症，是一種染色體數目異常的疾病。患者身上比正常人多了一條第 21 號染色體。因此身體上會有一部分異常的發育，除了外觀上的變化，例如：兩眼距離較寬、鼻梁扁平、舌頭外露之外，也可能合併器官的病變，如先天性心臟病、腸胃道閉鎖、智力發育 緩慢等。

白化症是一種體染色體隱性遺傳疾病，主因是人體色素細胞因為基因變異，無法將酪胺酸順利轉化成黑色素，導致黑色素不足或完全缺乏。白化症的症狀以眼睛和皮膚為主，包括視力模糊、畏光、視神經纖維走向異常、皮膚白以及免疫異常等症狀。

克萊恩斐特氏症肇因於在形成精子或卵子的減數分裂過程中，精、卵母細胞內的性染色體發生沒分離的情形而形成染色體含有 24,XX 的卵或 24,XY 的精子。當這些數目異常的精子或卵對與正常的精子或卵結合後，便形成 47,XXY 的受精卵。50%患者為精子減數分裂第一期錯誤所引起；其他為卵子減數分裂錯誤引起；極少數是正常受精卵分裂型成胚胎時，染色體發生沒分離形成嵌合型，如 46,XY/47,XXY，這種染色體型的患者，睪丸功能會較好。

17. 動物為增加競爭力需繁衍後代，有關人類生殖的敘述，下列何者**錯誤**？
(A) 卵巢週期包括濾泡期、排卵期和黃體期
(B) 月經週期包括行經期、增生期和分泌期
(C) 胎盤是由子宮內膜和卵黃囊所構成
(D) 卵巢可產生黃體素和動情激素

詳解: C

胎盤（placenta）胎盤是後獸類和真獸類哺乳動物妊娠期間由胚胎的絨毛膜和母體子宮內膜聯合長成的母子間交換物質的過渡性器官。胎兒在子宮中發育，依靠胎盤從母體取得營養，而雙方保持相當的獨立性。胎盤還產生多種維持妊娠的激素，是一個重要的內分泌器官。

18. 在人體的免疫系統，B 細胞為淋巴細胞中的一種，其中 B 細胞在周邊淋巴結進行類型轉換（class switching）及體超突變（somatic hypermutation）時，主要需要下列哪種細胞的協助？
(A) 樹突細胞（dendritic cells）

(B) TH1 細胞（type I helper T cells）
(C) TFH 細胞（follicular helper T）
(D) 巨噬細胞（macrophage）

詳解: C

初始 $CD4^+$T 細胞經特異性抗原刺激後活化，進而分化為 Th1、Th2、Th17 和 Tfh 等效應 Th 細胞。這些效應 Th 細胞分別產生不同的細胞因子，從而發揮不同的免疫效應。其中，Th1 和 Th2 細胞分別在細胞免疫應答和體液免疫應答中發揮重要作用。Th17 細胞是最近研究的效應 T 細胞，因其主要通過分泌細胞因子 IL-17 發揮免疫效應而命名。濾泡輔助性 T 細胞（T follicular helper cell, Tfh）是最近發現的可輔助 B 細胞產生抗體的 T 細胞亞群，其表面高表達 CXCR5，在體液免疫中扮演關鍵角色。Tfh 分泌 IL-21，在 B 細胞的增殖、分化及 Ig 類別轉換中發揮重要作用。

校方釋疑：

B 細胞在周邊淋巴結進行類型轉換(class switching)及體超突變(somatic hypermutation)時，主要需要下列哪種細胞的協助，題目提到 B 細胞主要在周邊淋巴結中進行類型轉換及體超突變，當然樹突細胞有這能力幫忙類型轉換，在體超突變並沒有很直接的影響，TFH 細胞 follicular helper T，則幫忙 B 細胞於淋巴結中的 germinal center 進行 affinity maturation，也就造成體超突變，所以要在周邊淋巴結可以幫助 B 細胞進行類型轉換及體超突變，最主要需要的細胞是 TFH 細胞 follicular helper T 樹突細胞在 germinal center 的數量很少。題目有提到主要需要下列哪種細胞當然就是最重要的 TFH 細胞 follicular helper T。故答案維持(C) TFH 細胞（follicular helper T）。維持原答案

19. 在生物技術操作上抗體的使用非常廣泛，抗體與抗原結合所使用的交互作用力有許多種，下列何者沒有參與其中？
(A) 共價鍵
(B) 氫鍵
(C) 凡德瓦爾力
(D) 疏水親水性作用力

詳解: A

抗體和抗原的結合完全依靠「非」共價鍵的交互作用，這些非共價鍵的交互作用包括：靜電力、氫鍵、疏水效應、凡得瓦力。這些交互作用可以發生在側鏈或者多肽主幹之間；這些力量雖然不比共價鍵強，但此多個非共價鍵加成的結果，能讓抗原與抗體緊密結合，卻又具可逆性。

20. 披衣菌從中文名稱看似是一種細菌，但早期一度認為是屬於病毒，後來仍歸類為細菌的主要原因是？
(A) 感染方式異於病毒而與細菌雷同
(B) 菌體大於病毒
(C) 不能通過 0.45 微米孔徑的過濾器
(D) 可以合成自身的蛋白質、核酸、脂質，因此與細菌類似

詳解: D

披衣菌是一種介於細菌及病毒間的微生物。它像病毒需要寄生在人體細胞內才能生存，但又具備自己的遺傳物質 DNA、RNA 以供自我複製；又可以用抗生素將之消滅，所以還是稱它為「菌」類。僅能生存於細胞內，所以是一種絕對細胞內寄生的細菌。

校方釋疑：

以下是披衣菌感染的生活史，請比較病毒及細菌之間差異

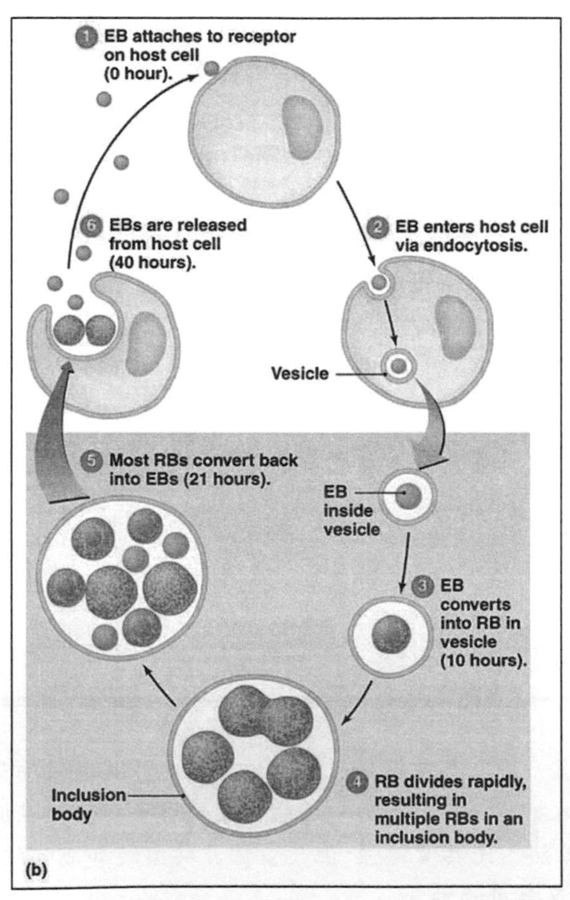

病毒不能敘述其自行合成蛋白質、核酸。這樣的論述就不對了，故答案維持(D)可以合成自身的蛋白質、核酸、脂質，因此與細菌類似。維持原答案

21. 在顯微鏡下觀察到金黃色葡萄球菌與鏈球菌同為外型相似的球菌，利用革蘭氏染色也皆為陽性，所以常以何種檢驗方法可快速且正確地區分這兩種菌？
(A) 葡萄糖及蔗糖發酵試驗
(B) 觸酶（catalase）試驗
(C) 凝固酶（coagulase）試驗
(D) 接種於血液瓊脂平板上觀察其溶血性

詳解：B

鏈球菌和葡萄球菌是兩個具有相似球形的細菌屬。鏈球菌和葡萄球菌均為革蘭氏陽性菌。儘管兩個細菌屬具有相同的細胞形狀，但根據二分裂的不同樣式，它們具有不同的排列。鏈球菌由於沿一個線性方向發生的二分裂而形成了細菌細胞鏈，而葡萄球菌由於沿各個方向發生的二分裂而形成了葡萄狀結構。鏈球菌和葡萄球菌之間的主要區別在於，鏈球菌主要是兼性厭氧菌，而葡萄球菌主要是需氧菌。

鏈球菌是指革蘭氏陽性細菌屬，其仍附著在生長的珠狀鏈上。許多鏈球菌是非致病性的。它們是過氧化氫酶（peroxidase）及觸酶（catalase）陰性的。過氧化氫酶是細菌用來將過氧化氫轉化為氧氣和水的酶。大多數鏈球菌是兼性厭氧菌。有些是專性厭氧菌。鏈球菌的生長需要豐富的培養基，例如：血液瓊脂。它們通常在喉嚨中發現。

葡萄球菌是指革蘭氏陽性細菌屬，可產生一串葡萄狀細菌簇。它主要作為天然菌群存在於健康個體的皮膚和粘膜上。通常，除金黃色葡萄球菌外，葡萄球菌均為過氧化氫酶陽性，大多數葡萄球菌為需氧菌，而某些如金黃色葡萄球菌為兼性厭氧菌。

Gram positive Cocci

➢ **Classification**

Family	Bacteria	(B) Catalase	(C) Coagulase	(D) 溶血	PYR	Optochin Bile soluable Quellung reaction
Staphylococcaceae 葡萄球菌	Staphylococcus aureus	+	+	β		
	Staphylococcus epidermidis	+	-	-		
Streptococcaceae 鏈球菌	Streptococcus pyrogens (Gr.A)	-		β	+	
	Streptococcus agalactiae (Gr.B)	-		β	-	
	Streptococcus pneumoniae	-		α	-	+
	Viridian Streptococci	-		α or γ	-	-
	Enterococcus spp. (Gr.D)	-		γ	+	-

爭取 B、C 都可以。

校方釋疑：

Staphylococcus aureus 會產生 coagulase，故可以利用凝固酶(coagulase)試驗，但 coagulase-negative *Staphylococci* 亦存在。要區分 *Staphylococcus* 與 *Streptococcus*，應使用觸酶（catalase）試驗。題目提到何種檢驗方法可快速且正確地區分，利用凝固酶（coagulase）試驗沒辦法一步就區分出葡萄球菌與鏈球菌。所以答案依然是（B）觸酶（catalase）試驗。維持原答案

22. 細菌因為抗生素藥物的濫用，造成許多抗藥性的細菌，其中細菌產生 β-lactamase 可以分解下列那些抗生素，來抵抗這些抗生素的抑制作用？
I：頭孢素（cephalosporin）　　II：青黴素（penicillin）
III：鏈黴素（streptomycin）　　IV：多黏桿菌素（polymyxin）
(A) I、II
(B) II、III
(C) III、IV
(D) I、IV

詳解: A

β-內醯胺酶（β-lactamases），又稱為盤尼西林酶（Penicillinase）、頭孢菌素酶（Cephalosporinase），是一類由某些細菌生成來提供多重抗藥性，對抗 β-內醯胺類抗生素（比如青黴素、頭孢菌素、單醯胺環類、碳青黴烯等）的酶。

主要區分為三大類

1. 第一類 β-lactamases：cephalosporinases（以 AmpC enzymes 為典型），主要水解對象為 Cephalosporins；clavulanic acid 所產生的抑制活性並不高
2. 第二類 β-lactamases：涵蓋的範圍較為廣泛，以 penicillinases, cephalosporinases, 和廣效型 β-lactamases 為主，且可被 clavulanic acid 抑制活性
3. 第三類 β-lactamases：metallob-lactamases 以 penicillins, cephalosporins, 和 carbapenems 為水解對象。這些 β-lactamases 的機能特色和胺基酸排列順序不同而產生分子結構差異互相關聯。其中又以 TEM、SHV 與 OXA 是 ESBLs 最常見的基因型態，分別歸類在 classA 與 classD。

23. 族群生態學屬於生態學的子領域，研究物種族群的動態和這些族群與環境間相互作用關係，例如出生率和死亡率、遷出率與遷入率，有關族群生態學的敘述，下列何者最正確？
(A) 量化蝴蝶族群密度的最佳方法，是使用穿越線調查法
(B) 寄生現象通常是影響族群的密度依賴性因子
(C) 在族群過渡階段，通常出生率下降較早於死亡率
(D) 乾旱和洪水是可能影響族群規模的密度依賴因子

詳解: B

穿越線法是在調查區內選定一條以上固定方向的穿越線，以穩定的速度沿著穿越線前進，記錄沿途兩邊所發現的生物種類及數量，同時記錄或估計生物出現位置與穿越線的垂直距離。一般而言，棲地開闊且面積大的區域比較適合採用穿越線法來進行生物資源調查。在族群過度階段，通常死亡率下降早於出生率。乾旱和洪水屬於非密度依賴因子。

人口轉型（英語：Demographic transition）是指一個國家或地區從工業化前的經濟體制向工業化經濟體制過渡，往往伴隨著從高出生率和高死亡率過渡到低出生率和低死亡率的現象。這個理論是由美國人口學家沃倫湯普森在 1929 年提出的，他觀察和研究過在過去兩個世紀裡工業化社會的出生率和死亡率的變化或轉變。大多數發達國家已完成人口結構轉型，出生率較低；而大多數發展中國家正處於這一轉型過程中。按此模型。在族群過渡階段，通常出生率下降較晚於死亡率。

環境阻力的因子依其性質可分為兩大類：「密度依賴因子」與「密度非依賴因子」，兩者會交互影響著族群的成長。

1. 密度依賴因子（Density-dependent factors）（亦稱「生物性的限制因子」）：當族群密度增加時，此因子的效應增加，最後使族群平穩接近負荷量，可造成族群成長率下降。例如：食物、生長空間、掠食者、競爭者、寄生者、其他生物的活動、病害、毒素、代謝廢物等等。
2. 密度非依賴因子（Density-independent factors）（亦稱「非生物性的限制因子」）：此因子與族群密度無關。又可再細分成自然因子與人為因子。自然因子中較典型的是氣候因子，如：溫度、雨量；以及地震、火山爆發、海嘯、颱風等等其他非生物因子。人為因素則例如，殺蟲劑、伐林等等。

校方釋疑：

選項「(A) 量化蝴蝶族群密度的最佳方法，是使用穿越線調查法」，依循現階段蝴蝶調查法，主要包含穿越線法與標記釋放重新捕獲的抓放法，依循 Piotr Nowicki 等人針對方法論研究報告與 William D. Bowman, Sally D. Hacker 編撰 Ecology International Edition Fifth Edition (2020)，此類量化動物族群密度方法以標記釋放重新捕獲的抓放法為佳，穿越線法則為物種多樣性調查為主，因此此選項錯誤。維持原答案

Piotr Nowicki, Josef Settele, Pierre-Yves Henry, and Michal Woyciechowskia. 2008. Butterfly monitoring methods: the ideal and the real world. ISRAEL JOURNAL OF ECOLOGY & EVOLUTION, Vol. 54, 2008, pp. 69 - 88

24. 反轉錄酶的發現顛覆了原本自然界的法則，也促進生物產業的進步。下列哪兩個病毒複製皆需要反轉錄酶？

I：慢病毒（lentivirus）　　II：腸病毒（enteric virus）

III：B型肝炎病毒（hepatitis B virus）　　IV：痘病毒（pox virus）

(A) I、II

(B) I、III

(C) III、IV

(D) I、IV

詳解：B

慢病毒屬於反轉錄病毒，而B型肝炎病毒雖然為DNA病毒，但並不直接由DNA進行複製，而是以RNA為模板，透過反轉錄酶（reverse transcriptase）的作用，再反轉錄出DNA，以形成新的病毒。

慢病毒屬（學名：Lentivirus）是反轉錄病毒科下的一個屬，此屬病毒的特徵是有較長的時間的潛伏期，例如人類免疫缺陷病毒(HIV)、猴免疫缺陷病毒(SIV)、馬傳染性貧血（EIA）、貓免疫缺陷病毒（FIV）都是慢病毒屬，學名中「Lenti-」在拉丁文中有慢的意思。其共同特點為在其基因組的3’和5’有高度保守的LTR序列，其R區域用以整合酶（integrase）的識別。

慢病毒載體是藉由對哺乳動物細胞的多質體轉染（multi-plasmid transfection）在體外產生的逆轉錄（又稱反轉錄）病毒。逆轉錄病毒顆粒從培養基中收穫，用於將轉基因穩定插入到目標細胞的基因組（genome）中。這些載體已經設計成能夠感染目標細胞，但在感染後不能複製。然而，由於大多數慢病毒載體來自人類免疫缺乏病毒（HIV），仍存在載體可能恢復到複製狀態 有關的疑慮仍然，也存在轉基因和插入性誘變（insertional mutagenesis）（例如：導致基因活化或去活化）有關之風險。

校方釋疑：

Replication of hepatitis B virus (HBV).

Transcription of the genome produces messenger RNAs. The mRNA then moves to the cytoplasm and is translated into protein. Core proteins assemble around the mRNA, and negative-sense DNA is synthesized by a reverse transcriptase activity in the core. The RNA is then degraded while a positive-sense DNA is synthesized.

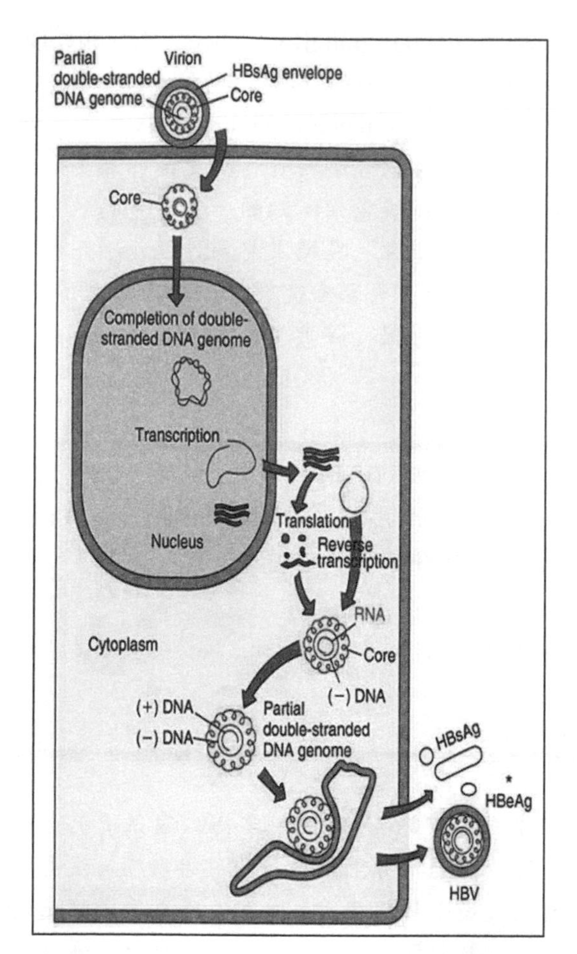

Chapter 55 Hepatitis viruses. Medical Microbiology (8th ed.) 2016. Murray, P.R., Rosenthal, K.S., Kobayashi, G.S., and Pfaller, M.A. Mosby-Elsevier Book, Inc.

HBV 複製時有用到反轉錄酶，另外慢病毒屬於反轉錄病毒，亦有使用反轉錄酵素，腸病毒複製並不會使用反轉錄酵素，故此一答案維持 (B)。維持原答案

25. 傳染性蛋白（prion）無法利用消毒滅菌的方式消滅，也沒有疫苗可以防治，下列何種疾病不是由傳染性蛋白(prion)引起？
(A) 狂牛病（mad cow disease）
(B) 庫賈氏病（Creutzfeldt-Jakob Disease）
(C) 克魯症（kuru）
(D) 亞急性硬化性全腦炎（subacute sclerosing panencephalitis）

詳解: D

普恩蛋白（prion）是 1982 年由美國的神經科學家 Prusiner S. B 博士發表命名，其全名是傳染性蛋白顆粒（proteinaceous infectious only, 簡稱為 prion），是一種不具核酸僅具蛋白質的粒子，目前已知是引起羊搔癢症（scrapie）、狂牛

症（mad cow disease）即牛海綿狀腦病變（bovine spongiform encephalopathy, BSE）以及人類庫賈氏症（Creutzfekdt-Jakob disease, CJD）等的元兇。

亞急性硬化性全腦炎（subacute sclerosing panencephalitis，SSPE）又稱為Dawson病、亞急性硬化性白質腦炎，是一種以大腦白質和灰質損害為主的全腦炎。本病的發生是由於缺損型麻疹病毒慢性持續感染所致的一種罕見的致命性中樞神經系統退變性疾病。早期以炎症性病變為主，晚期主要為神經元壞死和膠質增生，核內包涵體是本病的特徵性改變之一。患麻疹後數月至數年（通常數年）發生進行性，常為致命性神經系統（大腦）紊亂，伴典型的智力損害、陣發性肌痙攣和癲癇。

26. 小吳到高雄壽山遊玩時，不小心被蝙蝠咬到，回到家後，出現不適、意識不清、口水變多、吞嚥時喉嚨劇烈疼痛的現象，腦部病理切片可見嗜酸性質內包涵體。請問小吳可能罹患下列何種疾病？
(A) 狂犬病（rabies）
(B) 疱疹性腦炎（herpes encephalitis）
(C) 脊髓灰質炎（poliomyelitis）
(D) 狂牛病（mad cow disease）

詳解: A

狂犬病（俗稱：瘋狗症；字根來自拉丁語：rabies，意為「瘋狂」）是一種由病毒引起之人畜共患傳染病，可於恆溫動物身上造成嚴重腦部發炎。沒有接受疫苗免疫的感染者，當神經症狀出現後幾乎必然死亡，通常的死亡原因都是由於中樞神經（腦、脊髓）被病毒破壞，病毒大量存在於發病者的腦脊液、唾液和體液中，絕大部份通過咬傷傳播，很多時令染病的人或動物特別活躍，在沒有激怒的情況下發起攻擊，展現其他不尋常的行為。狂犬病亦可以以麻痺方式出現，令患者顯得沉默內向。亦有未經確認的實例表明病毒可經飛沫由黏膜或呼吸道傳染，在探索有狂犬病蝙蝠的洞穴時被含有蝙蝠糞便的飛沫感染。最終死於自主神經系統受損導致的臟器衰竭、呼吸衰竭。

狂犬病病毒進入人體後首先侵染肌細胞或者皮膚細胞，並在其中渡過潛伏期，而後通過肌細胞、皮膚細胞和神經細胞之間的乙醯膽鹼受體進入神經細胞，沿神經細胞的軸突緩慢上行，上行到脊髓，進而入腦，並不沿血液擴散。病毒在腦內感染海馬區、小腦、腦幹乃至整個中樞神經系統，並在灰質大量複製，沿周圍神經下行到達唾液腺、角膜、鼻黏膜、肺、皮膚等部位。狂犬病病毒對宿主主要的損害來自內基氏體（Negri bodies），即為其廢棄的蛋白質外殼在細胞內聚集形成的嗜酸性顆粒，內基氏體廣泛分布在患者的中樞神經細胞中，也是本疾病實驗室診斷的一個指標。

27. 在早期的人類胚胎中，基因*HoxB7*表現後，生產出同源盒蛋白（homeobox protein）HoxB7，此蛋白參與中樞神經系統的發育，持續發育的人類胚胎中，HoxB7亦在腎臟的生長和發育中起關鍵作用，此種同一基因表現在不同時間和發育區域具有不同功能的現象，是屬於下列何種現象？
(A) 多效性（pleiotropy）
(B) 同源性（homology）
(C) 不整合（unconformity）
(D) 約束（constraint）

詳解: A

一個基因基本上控制一個性狀，然而若一個基因的突變可使多種性狀同時改變，則稱此狀況為基因多效性（gene pleiotropy），此基因則為多效性基因（pleiotropic gene）。

28. 假設在地質變動的過程，導致地層抬升與切割後，發現了一脊椎動物的骨骼化石，經由地層的定年結果為距今約3.6億至3.8億年前的晚泥盆紀，古生物學者研究後，依據下列何種構造特徵，推斷此種化石生物屬於一種四足類動物（tetrapod）？
(A) 一個具有背對眼眶（dorsally facing orbits）的扁平狀頭骨
(B) 鰓的骨骼支撐（skeletal support）消失
(C) 椎骨（vertebrae）間以及椎骨與骨盆（pelvis）間的關節發育完全
(D) 肺臟能夠呼吸大氣中的氧氣

詳解: C

四足類（學名：Tetrapoda）是一類主要用肺呼吸的脊椎動物，包含兩棲動物、羊膜動物和它們的史前親族，大部分擁有四肢（包括鰭肢和翅膀等特化的肢體）。它們由泥盆紀晚期的肉鰭魚類演化而來，為肉鰭魚的主要後裔，在生物分類學上被表述為四足總綱（四足超綱）。四肢能藉由骨骼與脊椎骨相連是四足類的重要特徵。

29. 有關測量個體之間的變異如何受遺傳差異的影響，而這些遺傳差異則由父母親平均傳給子代，即累加性遺傳變異所導致的外表型變異比例，此敘述與下列何者最接近？
(A) 外表型變異（phenotypic variation）
(B) 遺傳變異（genetic variation）
(C) 廣義遺傳率（broad-sense heritability）
(D) 狹義遺傳率（narrow-sense heritability）

詳解: D

遺傳力又稱遺傳率，指遺傳方差在總方差（表型方差）中所占的比值，可以作為雜種後代進行選擇的一個指標。遺傳率表明某一性狀受到遺傳控制的程度。它介於 0 與+1 之間，當等於 1 時表明表型變異完全是由遺傳的因素決定的，當等於 0 時表型變異由環境所造成。

遺傳率分為廣義遺傳率和狹義遺傳率，廣義遺傳率是指表型方差（Vp=Va+Vd+Vi+Ve+Vge）中遺傳方差（Vg=Va+Vd+Vi）所佔的比率，狹義遺傳率是指加性方差占表型方差的比率，或者遺傳方差占表型方差的比率。

30. 在植物細胞中，除了細胞質游離的核醣體或附著在內質網的核醣體會進行轉譯作用而生合成蛋白質，下列何種細胞構造中可以發現蛋白質的生合成？
(A) 細胞間基質（extracellular matrix）
(B) 高爾基氏體（Golgi apparatus）
(C) 有色體（chromoplast）
(D) 核仁（nucleolus）

詳解: C

色素體（Plastid），廣義來說是光合生物所具有的，一種光合性囊泡這些色素體和光合作用有著密切的關係，也許是行光合作用，也可能是輔助光合作用的進行，或是儲存光合作用的養分等等。色素體算是一個大家族，它的旗下大致上可以再分三類：葉綠體（Chloroplast）、雜色體（Chromoplast）、白色體（Leucoplast）。

31. 藻類與植物的生活史類型，依據染色體套數來劃分，可以區分為單倍體時期和二倍體時期，不同分類群因生活史而區分為合子生活史（zygotic life cycle）、配子生活史（gametic life cycle）和孢子生活史（sporic life cycle）。有關藻類與植物生活史的敘述，下列何者最正確？
(A) 合子生活史的物種以孢子體世代為主
(B) 配子生活史的物種只在合子時短暫的具有二倍體階段
(C) 配子生活史的物種產生配子前行減數分裂
(D) 合子生活史的物種具明顯的世代交替

詳解: C

Zygotic life cycle 即為一種單倍體優勢生活史，不以孢子體（二倍體）世代為主；gameic life cycle 在合子形成後會經有絲分裂產生孢子體（二倍體）；zygotic life cycle 的物種主要以單倍體存在，沒有明顯的世代交替。

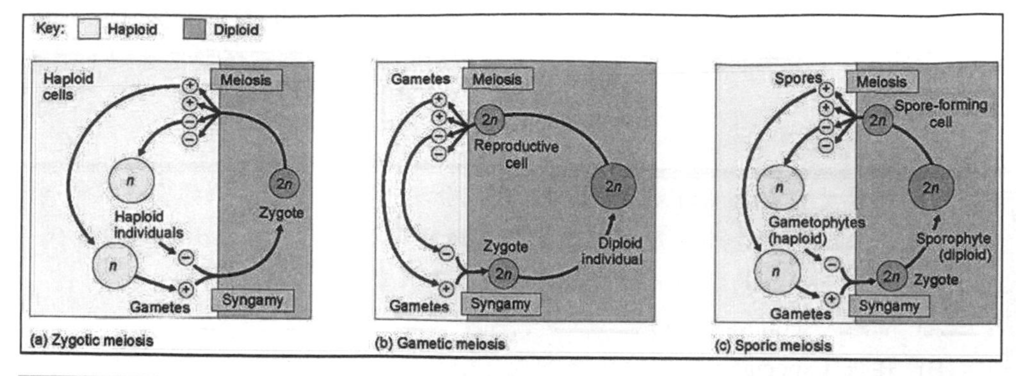

校方釋疑：

依 Thomas L. Rost, Michael G. Barbour, C. Ralph Stocking, Terence M. Murphy 在 2015 編著 Plant Biology (with InfoTrac)之 Chapter 12 Life Cycles: Meiosis and the Alternation of Generations 已清楚提出相關解說如下。

就生活史而言，若依據染色體套數來劃分，主要可以區分為合子生活史（zygotic life cycle)、配子生活史(gametic life cycle)和孢子生活史(sporic life cycle）。此種生活史的差異取決於減數分裂時期和單倍體時期和二倍體時期。

合子生活史（zygotic life cycle)

mitosis　受精　meiosis　mitosis

1n 配子體 → 1n 配子 → 2n 合子 → 1n 孢子 → 1n 配子體

1n 配子 →

配子生活史（gametic life cycle)

meiosis　受精　mitosis

2n 孢子體 → 1n 配子 → 2n 合子 → 2n 孢子體

1n 配子 →

孢子生活史（sporic life cycle)

meiosis　受精　mitosis

2n 孢子體 → 1n 孢子 → 1n 配子體 → 1n 配子 → 2n 孢子體

1n 配子 →

選項「(A) 合子生活史的物種以孢子體世代為主」，依循上述資料，合子生活史物種主要生活史為單倍體細胞或單倍體多細胞，而不是以二倍體孢子體為主要生活史，此選項錯誤。

選項「(B) 配子生活史的物種只在合子時短暫的具有二倍體階段」，依循上述資料，配子生活史的物種生活史主要以二倍體孢子體為主，此選項錯誤。

選項「(C) 配子生活史的物種產生配子前行減數分裂」依循上述資料為正確選項。

選項「(D) 合子生活史的物種具明顯的世代交替」，合子生活史物種主要生活史為單倍體細胞或單倍體多細胞，無二倍體孢子體世代，此選項錯誤。

另外，釋疑所附 Campbell Biology 11th Edition P258 頁已經清楚說明 PLANT AND SOME ALGAE，與此處題幹不互相衝突，題幹清楚說明有三類型生活史。維持原答案

32. 有關達爾文雀（Darwin's finches）的研究發現，在其分布島嶼的獨立族群，因乾旱來臨導致食物不足，致使此種鳥類族群之平均鳥喙大小在連續幾代間產生變化，此種變化的情形最符合下列何種現象？
(A) 隔離（sequestration）
(B) 種化（speciation）
(C) 溯祖理論（coalescence）
(D) 微演化（microevolution）

詳解：D

微演化（Microevolution）是指一個族群經過少許幾個世代之後，產生的小尺度等位基因頻率改變，其變異程度為物種或物種以下，可能會經過下列過程：突變、天擇、基因交流、基因漂變及非隨機交配等。同一基因池，在連續幾代間經天擇造成的改變較符合微演化的現象。

※33-34 題組題

33. 如右圖，此為被子植物根的縱切片，依據根部區域的特性與構造，區分為下圖 I 至 IV 的四個區域，有關此四個區域的敘述，下列何者最正確？
(A) I 區具有共質體運輸與質外體運輸
(B) II 區的細胞與感應重力方向有關，使根向下生長
(C) III 區的細胞較小且細胞質濃厚而可持續減數分裂
(D) IV 區功能為保護生長點，且富含生長素可延長

詳解：A

根尖分為：根冠，分生區，延長區，成熟區。根冠細胞內部排列緊密，外面排列疏鬆，其作用是保護分生區以及決定根的向地性生長；分生區細胞較小，排列緊密，細胞質濃，具有較強分裂的能力，其作用是補充根冠和延長區細胞，是根伸長的因素之一；延長區細胞較長，細胞不再分裂，是根尖伸長的直接因素；成熟區細胞具有大液泡，外表皮細胞具有根毛，是根吸收水分和無機鹽的主要部位。

與重力有關的是 IV 根冠；III 具有分生組織，可持續進行有絲分裂；II 才是延長區。

34. 有關根部內具有一層排列緊密的細胞所形成的內皮，在徑向壁和橫向壁形成木栓化和木質化的帶狀增厚現象來阻止水份向組織滲透，管制水份和無機鹽進入維管束的功能，此構造會在下列哪一區域中發現？
(A) I 區
(B) II 區
(C) III 區
(D) IV 區

詳解: A

I 稱為成熟區或分化區，其中的細胞有特化現象，此處才有內皮細胞以及卡氏帶的存在。

35. 人體的肝臟參與許多毒物和藥物的解毒作用，能夠保護個體免受潛在的有毒化學物質傷害，主要是它能夠將親脂性物質轉化為水溶性的代謝物質，此類代謝物可以經由尿液有效地從體內排出，主要可能的解毒機制是由下列何種細胞構造主要參與，而在肝細胞中具有高度的數量？
(A) 粗糙內質網（rough ER）
(B) 平滑內質網（smooth ER）
(C) 高爾基氏體（Golgi apparatus）
(D) 運輸囊泡（transport vesicles）

詳解: B

平滑內質網（SER）中的 P450 酶系屬於單加氧酶（monooxygenase），又稱為多功能氧化酶（mixedfunctionoxidase）、羥化酶（hydroxylase），因其還原態的吸收峰在 450 nm 處，故名。主要分佈在 SER 中，但也存在於質膜、線粒體、高爾基體、過氧化物酶體、核膜等細胞器的膜中，具有解毒作用，通常可將脂溶性有毒物質，代謝為水溶性物質，使有毒物質排出體外。有時也會將致癌物代謝為活性致癌物。P450 種類繁多，但都是與其他輔助成分組成一個呼吸鏈來實現其功能，呼吸鏈中的 P450 還原酶實際就是一種黃素蛋白。P450 催化 O_2 分子中的一個原子加到受質分子上使之羥化，另一個氧原子被 NADH 或 NADPH 提供的氫還原生成水，在此氧化過程中無高能磷酸化合物生成。平滑內質網能藉由羥基（—OH）化增加毒物的水溶性，而增加毒物被排除的效率。

36. 在族群的發展過程，會因為各種可能的因素促進種化（speciation）發生，有關各種影響族群的因素中，下列何者最<u>不</u>可能導致種化（speciation）發生？
(A) 先驅者效應（founder effect）
(B) 穩定天擇（stabilizing selection）
(C) 分歧性天擇（disruptive selection）

(D) 多倍化（polyploidy）

詳解：B

現代生物學關於種形成的研究對象大都是進行有性生殖的動植物，因而種形成的研究多集中於“生殖隔離”的起源問題上，即研究在一個種的族群內如何產生或分化出與原族群生殖上隔離的亞群體，後者就是一個新種的開始。穩定天擇（stabilizing selection）會減少基因池多樣性，進而減少族群內個體間的表型多樣性。因此，是不容易造成新種形成發生的。

37. 在細胞構造的研究結果顯示，溶酶體（lysosomes）被認為是屬於內膜系統（endomembrane system）一部分的原因，下列何者最正確？

(A) 在內質網中沉積消化的終產物

(B) 由內質網合成並經高爾基氏體加工的產物所形成

(C) 促進高爾基氏體之間的移動

(D) 可以儲存作為蛋白質合成抑製劑的鈣離子

詳解：B

內膜系統包括：核膜(nuclear envelope)、內質網(endoplasmic reticulum, ER)、高基氏體（Golgi apparatus）、溶體（lysosome）、各種液泡（vacuole）和細胞膜（plasma membrane）。這些膜都是由磷脂雙層（phospholipid bilayer），加上各式各樣附著或包埋膜中的蛋白質組成。

內膜系統成員之間有些是直接相連的，例如核膜和內質網，有些是藉由膜片段包圍的囊泡（vesicles）傳遞或接收的過程而相關連，例如內質網與高基氏體之間。

內膜系統中的胞器在細胞中分佈在專屬的空間，並各具獨特的酵素系統，負責各自的代謝功能，但是它們的膜可以互相轉換，藉由分泌各式的小囊泡，穿梭不同種類的膜間，將彼此的構造和功能串連成一個動態的、整體性的物質生產與運輸網絡。

高基氏體加工後的產物在包裝之後，也可以分泌到細胞質中，形成溶體或液泡。溶體內的水解酵素可以發揮胞內消化（intracellular digestion）的功能，消化細胞的吞噬物，或是執行細胞內物質更新的任務。而液泡則是具有多重功能的隔間，尤其在植物細胞中，由許多小液泡合併形成的中央大液泡（central vacuole）不僅可維持細胞的形狀，還是儲存花青素、無機鹽甚至是代謝廢物等物質的倉庫。

內膜系統間成分多可交流，這也是將溶酶體視為內膜系統成員的主要原因。

38. 在1977年，由卡爾烏斯（Carl Richard Woese）和喬治福克斯（George Edward Fox）依據相關生物學證據，提出了「古細菌」概念，進而將原核生物區分為細菌和古細菌，形成細菌、古細菌和真核生物的三域系統。有關細菌、古細菌的敘述，下列何者最正確？

(A) 二者細胞壁皆含有肽聚糖，細菌細胞膜的脂類主要為甘油酯，古細菌為甘油醚

(B) 二者的基因組皆為環狀 DNA 且與組蛋白結合

(C) 二者的基因表達皆為多順反子 mRNA，且沒有轉錄後修飾作用

(D) 二者的轉譯過程中皆會使用 TATA 結合蛋白（TATA-binding protein）和轉錄因子 IIB（TFIIB）

詳解：C

古細菌細胞壁不含肽聚糖；真細菌環狀 DNA 並未與組蛋白結合；真細菌轉錄不需要轉錄因子的協助。

39. 陸地植物進行光合作用，將光能轉換成為化學能儲存，在光線照射下，經由葉綠素a（chlorophyll a）、葉綠素b（chlorophyll b）、類胡蘿蔔素（carotenoids）等組成的光系統吸收光能，由反應中心的葉綠素a激發出一個電子而進入電子傳遞鏈。有關電子傳遞鏈的敘述，下列何者最正確？

(A) 由光系統 I 的水分解複合體（oxygen-evolving complex）分解水釋放氧氣

(B) 非循環電子傳遞鏈由光系統 II 開始進行，由 NAD^+還原酶（NAD^+ reductase）與 ATP 合成酶生成 NADH 和 ATP

(C) 非循環電子傳遞鏈中，質體醌（Pq）會將氫離子打到類囊體（thylakoid）

(D) 類囊體中累積的氫離子須經由 ATP 合成酶做為通道流至基質

詳解：D

裂解水的是光系統 II 中的錳複合體；非循環電子流可藉由 $NADP^+$還原酶產生 NADPH；將氫離子打到類囊體的是細胞色素複合體。

高等植物進行光反應的過程中，天線色素吸收光能後將能量傳遞給光系統（PSI、PSII）的反應中心 P700 或 P680 的葉綠素 a 分子，葉綠素 a 分子吸收能量後會轉變為高能量的激動態(excited state)，以致其分子上的電子被擊發出來。

被擊發出來的高能電子會被囊狀膜上的電子傳遞鏈蛋白接收；其中電子不再重覆使用的稱為非循環式電子傳遞鏈，其過程為 PSII 吸收光能後，促進水的光解（$2H_2O \rightarrow O_2 + 4H^+ + 4e^-$）釋放電子，此電子經由 PSII 轉送給 PSI，再由 PSI 傳遞給 $NADP^+$而形成 $NADPH + H^+$。而 $NADPH + H^+$中的電子最後則作為二氧化碳轉換為碳水化合物的還原劑。電子由 PSII 轉送給 PSI 的過程中，因傳遞蛋白對電子的親和力不同，電子會先後傳給：pheophytin(pheo) →plastoquinone(PQ) →cytochrome f(Cyt f) →plastocyanin(PC)，在 PQ 與 Cytf 間可以產生質子濃度梯

度，使質子在囊狀膜中累積高濃度，高濃度質子通過膜上質子通道由囊中往外運送時，經酵素 ATPase 的催化作用而產生能量 ATP。在非循環式的電子傳遞過程中，一對電子的傳遞可以產生一個 ATP 及一個 NADPH。

另一類電子可以重複使用的稱為循環式電子傳遞鏈，其傳遞的電子是光系統 I 吸光後，能量傳遞給 P700 由其釋放出電子來；此電子經由電子傳遞產生 ATP 後，又轉給氧化型的 P700，使其恢復為還原態，以進行下一次電子循環。此電子傳遞的過程：P700→cytochrome b6(Cyt b6)→PQ→Cyt f→PC→P700，在 PQ 與 Cytf 間也可以產生質子濃度梯度，經酵素 ATPase 的催化作用也可產生能量 ATP。此過程電子不是來自於水的光解，因此也沒有氧氣的釋放；且電子也不會傳遞到 $NADP^+$，所以也沒有 NADPH 形成。因固定一個二氧化碳需消耗三個 ATP 及二個 NADPH，所以在一般狀態下，非循環式電子傳遞與循環式電子傳遞是並行的。

40. 動物細胞的部分蛋白質會依其功能而進行添加多醣修飾，來提高其生物活性或是產生新的生物活性，在動物細胞階層篩選突變時，有一突變細胞株呈現蛋白質添加多醣修飾能力喪失的現象，依據細胞構造的功能，推測此突變細胞株可能會導致某些細胞構造功能的缺陷，下列何者是最可能發生缺陷的細胞構造？
(A) 核蛋白片層（nuclear lamina）和核基質（nuclear matrix）
(B) 核基質（nuclear matrix）和細胞間基質（extracellular matrix）
(C) 粒線體（mitochondria）和高爾基氏體（Golgi apparatus）
(D) 高爾基氏體（Golgi apparatus）和細胞間基質（extracellular matrix）

詳解：D

高基氏體（Golgi bodies）：功能主要是負責粗糙內質網合成出來的胜肽和蛋白，將其修飾（加上醣類、或是磷酸等等）有更完整的功能、分類、運輸，偶爾糖類、脂質也會在這進行修飾。

細胞間基質（extracellular matrix，ECM）是由動物細胞合成並分泌至胞外的大分子醣蛋白，和其所組成的複雜網狀結構；細胞間基質的成分決定結締組織的特性，常見的成分有 collagen、fibronectin 及 laminin 等等。細胞間基質有多方面的功能，例如支持細胞生長、分化及貼附、作為組織間的區隔、調節細胞間的溝通與遷移。

因此題目中所提之蛋白質添加多醣修飾能力喪失的突變細胞很可能是負責醣化作用的胞器有缺陷並有缺乏醣蛋白的現象。

校方釋疑：

題幹已說明「動物細胞的部分蛋白質會依其功能而進行添加多醣修飾，來提高其生物活性或是產生新的生物活性，在動物細胞階層篩選突變時，有一突變細胞株呈現蛋白質添加多醣修飾能力喪失的現象，依據細胞構造的功能，推測此突變細胞株可能會導致某些細胞構造功能的缺陷，…」，在細胞間基質

（extracellular matrix）主要為醣蛋白，為由細胞內向外分泌，形成過程為由高爾基氏體（Golgi apparatus）添加多醣類成分，移至細胞膜向外建構以維持細胞形狀，主要成分為膠原（collagen），此細胞外基質可為周圍細胞提供結構和生化支持，為形成複雜的網絡，而由一系列以細胞和組織特異性方式組織的多域大分子組成，屬於細胞構造，依循 Campbell biology 12th edition(2021) P118，很清楚說明「…, where there are additional structures with important functions. …」，此題正確答案為D。維持原答案

41. 石蓴（*Ulva lactuca*）屬於綠藻門石蓴科石蓴屬物種，藻體外型為片狀，似卵形的葉狀體由兩層細胞構成，廣泛分布於世界各地海岸礁石，其生活史中具有二倍體的孢子體和單倍體的配子體之世代交替現象。有關石蓴形態與構造，下列何者最正確？
(A) 屬於同形配子（isogametes）
(B) 會形成芽胞（gonidium）
(C) 外型為擬分枝（false branching）
(D) 會進行接合繁殖（conjugation）

詳解：A

石蓴（*Ulva lactuca*）藻體草綠色，薄葉狀，由兩層細胞構成，形狀多變，有圓形、卵形、長橢圓形。邊緣波狀有缺刻或不規則裂開，但不縱裂至基部。基部由兩層細胞間向下延伸出許多假根狀細胞絲組成盤狀附著器。藻體厚度約 30～50μm，高可達 30 公分。藻體細胞表面觀為多角形，單核，具有片狀葉綠體及一個澱粉核。

石蓴為具有同形配子且具有同形世代交替生活史的綠藻。

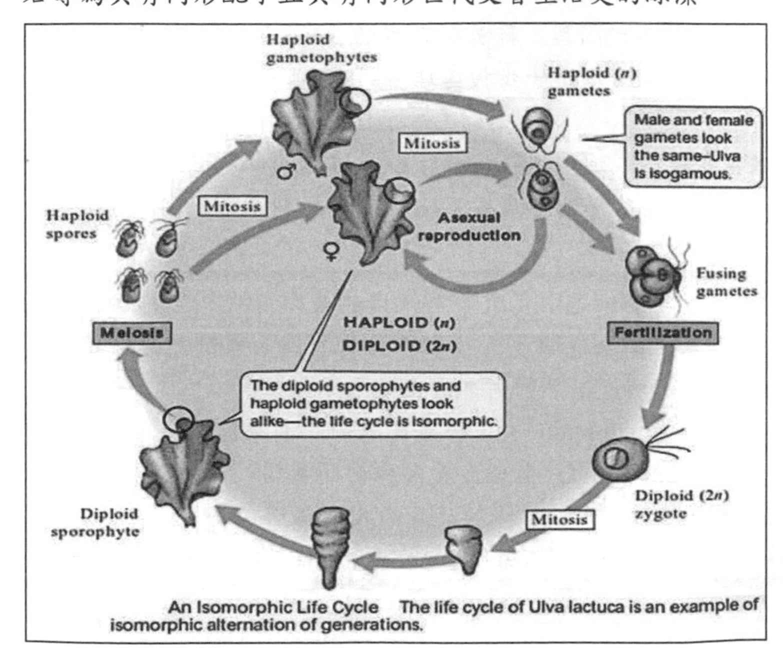

An Isomorphic Life Cycle The life cycle of Ulva lactuca is an example of isomorphic alternation of generations.

42. 有關真核細胞的基因表達過程，其轉錄（transcription）的啟動到結束可以分為下列步驟，有關轉錄的步驟按時間順序排列，下列何者最正確？

I：打開雙股 DNA 鏈形成兩條分離單股 DNA，RNA 聚合酶定位到模板鏈作用位點

II：被推進的 RNA 聚合酶將二股的每個 DNA 鹼基對分離，而立即形成 RNA：DNA 混和鹼基對

III：RNA 聚合酶與一般轉錄因子結合到基因的啟動子區域，形成一個封閉的複合物

IV：若是 mRNA 的生合成，從 RNA 聚合酶的出口通道中出現 RNA 就立刻被加蓋（capped）

V：兩股 DNA 鏈在轉錄泡（transcription bubble）尾端重聚，單鏈 RNA 獨立移出

(A) III→I→II→V→IV
(B) I→II→III→IV→V
(C) II→IV→V→I→III
(D) III→IV→I→V→II

詳解: A

轉錄通常按以下步驟進行：

1. RNA 聚合酶與一種或多種通用轉錄因子一起結合 DNA 上的啟動子。
2. RNA 聚合酶產生一個轉錄泡泡，並通過打開互補 DNA 核苷酸之間的氫鍵分離 DNA 雙螺旋的兩條鏈。
3. RNA 聚合酶催化聚合核糖核苷酸(與模板 DNA 鏈的去氧核糖核苷酸互補)。
4. 在 RNA 聚合酶的作用下形成 RNA 糖—磷酸骨架，進而形成 RNA 鏈。
5. RNA—DNA 螺旋的氫鍵斷裂，釋放新合成的 RNA 鏈。
6. 如果細胞有核，RNA 可以進一步被處理。 這可能包括聚腺苷酸化，加帽和剪接等。
7. RNA 可以保留在核內或通過核孔複合物離開核進入細胞質。

此題中，真核細胞轉錄由啟動到結束最正確的時間序事件為（A）。

43. 一般而言，真核生物的細胞中，大多數基因的表現皆受到嚴格調控，但在細胞中仍有一些基因的表現速度大致維持恆定狀態，有關此類維持恆定表現狀態的基因推測其功能，下列何者最正確？

(A) 參與甲硫胺酸（methionine）生合成反應的相關基因
(B) 參與干擾素（interferon）生合成反應的相關基因
(C) 參與阿拉伯糖（arabinose）降解反應的相關基因
(D) 屬於編碼表達調節蛋白（regulation protein）的相關基因

詳解: D

管家基因又稱持家基因（house-keeping genes），是指所有細胞中均要表達的一類基因，其產物是對維持細胞基本生命活動所必需的。如微管蛋白基因、糖解酶系基因與核糖體蛋白基因等。

具有相同遺傳信息的同一個體細胞間其所利用的基因並不相同，管家基因活動是維持細胞基本代謝所必須的，這正是細胞分化、生物發育的基礎。

人類基因組中到底有多少管家基因呢？2013年研究者利用RNA-seq對16種正常人類組織中的基因表達進行分析。根據定義，管家基因需要在所有的組織/細胞中表達基本一致，研究者一共鑑定了3804個管家基因。負責調節基因表現的調節基因（Regulatory genes）多為持續表現的管家基因。

校方釋疑：

在基因表現部分，編碼調節蛋白相關基因如轉錄因子（Transcription factors）等，在細胞中需要維持一定量，其基因表達多為穩定狀態 ，因此標準答案為D無誤。維持原答案

而選項「(A) 參與甲硫胺酸（methionine）生合成反應的相關基因」此甲硫胺酸（methionine）生合成代謝路經，不論在動物或是植物都是屬於具調控式代謝路徑，其中包含酵素種類多，主要有 methionine synthase, methionine adenosyltransferase, cystathionine beta-synthase, methionine adenosyltransferase I/III, glycine N-methyltransferase, numerous methyltransferases, S-adenosylhomocysteine hydrolase, betaine-homocysteine methyltransferase, Serine hydroxymethyltransferase, methylenetetrahydrofolate reductase, cystathionine gammalyase 等，以進行下列生合成代謝路徑：

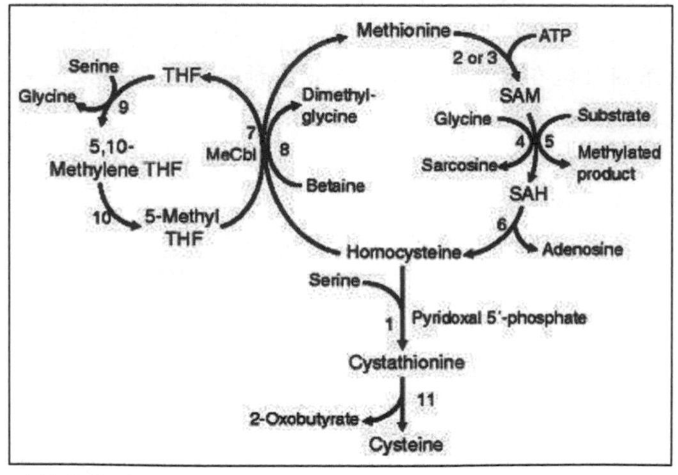

以植物為例，methionine synthase, SAM synthase and ACC oxidase 在不同的構造與發育時期的基因表現量呈現大幅度差異，如下圖，顯示此甲硫胺酸生合成代謝路徑相關酵素的基因表現不是呈現穩定狀態，而是隨著構造與發育階段呈現差異性，因此此選項錯誤。

Susanna Roeder, Katharina Dreschler, Markus Wirtz, Simona M. Cristescu, Frans J. M. van Harren, Ru¨diger Hell, and Birgit Piechulla. 2009. SAM levels, gene expression of SAM synthetase, methionine synthase and ACC oxidase, and ethylene emission from N. suaveolens flowers. Plant Molecular Biology 70(5): 535 - 546.

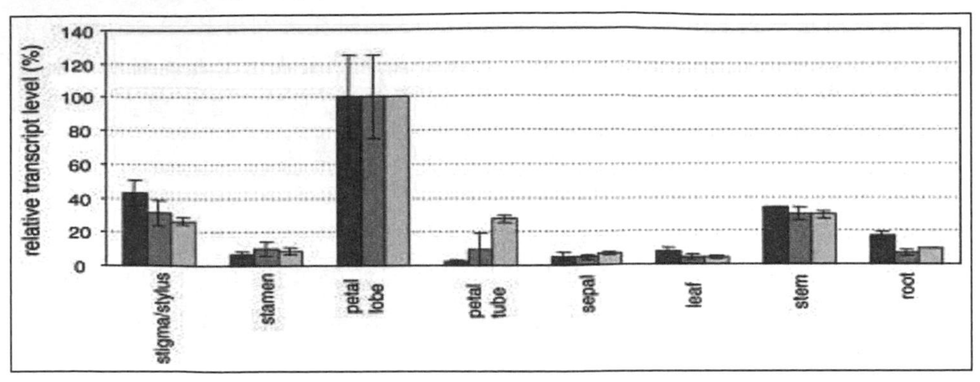

44. 在哺乳動物的基因組中，存在基因序列相近但其蛋白質產物不同的各基因而形成基因家族，例如人類的血紅蛋白亞單位基因就是此類基因家族，人類血紅蛋白亞單位的基因共計 10 個基因，分別在不同染色體上形成 α-球蛋白和 β-球蛋白基因座之兩個基因群簇。而在哺乳動物的嗅覺相關受體蛋白，由 500 和 1000 個基因組成的基因家族，其基因多編碼氣味受體神經元表面的受體蛋白，然而，不同哺乳動物的嗅覺在物種間存在極大的差異性，有關此差異性產生原因的敘述，下列何者最具可能性？

(A) 在哺乳動物物種間，主動進行轉錄受體蛋白的某些基因在其他物種中完全不存在

(B) 部分受體蛋白基因可能在其中一些哺乳動物物種發生突變導致失去活性，而在其他物種中則無此現象

(C) 部分物種如人類，因較少依賴嗅覺生存，而導致此類基因突變，來編碼有助於其他感官如視覺的受體蛋白

(D) 部分哺乳動物物種受體蛋白基因甲基化導致基因不表現

詳解: B

當比較兩個或多個基因時，若這些基因有共同的祖先，我們稱之為同源基因（homologous genes/homologs）。當兩同源基因存在單一物種中，也就是同源的原因是來自基因重製（gene duplication）又各自累積變異，則稱此兩基因為旁系同源基因（paralogous genes/paralogs）；若兩基因存在於不同物種，也就是同源的原因來自於種化（speciation），則稱此兩基因為直系同源基因（orthologous genes/orthologs）。

若以演化的角度來看，旁系同源基因經過基因重製後即各自演化，有些可保有相同的功能，但是有些可演化為不同的功能，也就是旁系同源基因在同一物種

（或不同物種）內負責類似功能；而直系同源基因來自於種化，這些基因在不同種間負責相同功能，因此直系同源基因可以反映物種演化的歷史。

不同哺乳動物的嗅覺在物種間存在極大的差異性，有關此差異性產生原因就是因為直系同原基因各自獨立演化後所造成的結果。

45. 在自然環境下，細菌會發生一種特殊遺傳現象，稱為轉型（transformation）。有關轉型的敘述，下列何者最正確？
(A) 是指從 DNA 分子來產生 RNA 鏈
(B) 是指噬菌體 DNA 分子感染細胞而進入細菌中
(C) 是指細菌的 DNA 半保留複製現象
(D) 是指細菌將外部 DNA 片段同化到細胞基因組

詳解: D

轉型作用（也稱轉化作用）是從細胞膜直接將異源 DNA 分子納入細胞內，使受體細胞獲得新的遺傳性狀的方法之一，以細菌而言，另外兩個常見的方法分別是接合作用（conjugation）與轉導作用（transduction）。

在自然情況下，極少種類的細菌會發生轉型作用。現在以人工的方法也能達成轉型作用，首先是將細菌製作成勝任細胞（competent cell），經過一些特殊方法，像是電擊、$CaCl_2$、RuCl 等化學試劑的處理後，細胞膜的通透性發生變化，成為能容許外源 DNA 通過的勝任細胞。在一定條件下，將外源 DNA 與勝任細胞混合保溫，使外源 DNA 分子進入受體細胞。進入細胞的 DNA 分子經過複製、轉錄、轉譯等生化過程，使受體細胞出現新的遺傳性狀。經過轉型後的細胞，亦即帶有異源 DNA 的受體細胞，以重組作用將之併入其本身的染色體中，又稱為重組細胞（recombinant cell）。

46. 在英國維多利亞時代，人工選取與繁育各種外部形態具有差異的鴿子和其他純種動物是非常狂熱的活動，而達爾文（Charles Darwin）在1856年開始研究和育種鴿子時，同樣對於此種人工篩選的育種行為非常的狂熱，在此時期產生的各種特殊差異外形的鴿子品種，不同品種需要獨立培育來保持各品種的特殊差異性，有關這種作法與下列何種生殖隔離機制最為相近？
(A) 棲地隔離（habitat isolation）
(B) 行為隔離（behavioral isolation）
(C) 機械隔離（mechanical isolation）
(D) 時間隔離（temporal isolation）

詳解: A

生殖隔離，又稱生殖屏障，在生物學上通常指由於生殖方面的原因，即使地緣關係相近，但物種不同的類群之間不能互相交配，或不易交配成功的隔離機制。一般來講生殖隔離用以定義物種，不具有生殖隔離的兩個個體則以最多以亞種加以區分，生殖隔離的演化即是物種形成。

生殖隔離可以依其機制發生的時間點在交配之前或之後，或形成配子之前或之後，分為交配前隔離、交配後隔離，或合子前隔離、合子後隔離。

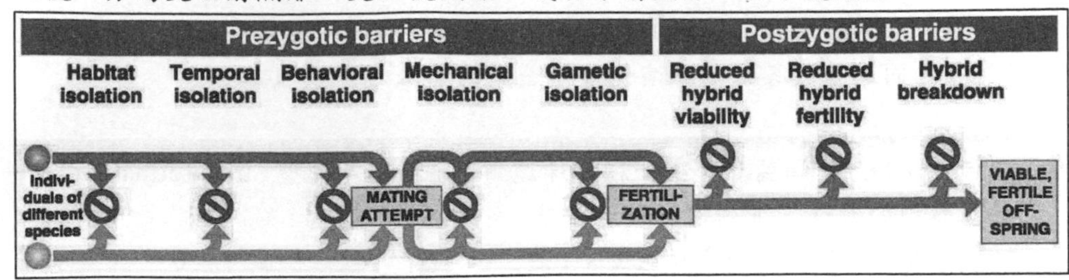

Coyne 和 Orr 的研究指出，合子前隔離可以在兩個族群差異不大時就演化出來，合子後隔離則隨基因差異增加而增加；除此之外，交配前隔離在同域種化時較快演化出來。

因為題目裡有「獨立培育」，所以應該是（A）棲地隔離。

※47-48 題組題

47. 囊狀纖維化（cystic fibrosis）是一種人體罕見遺傳性疾病，造成此遺傳性疾病的原因為人類第 7 號染色體上的囊狀纖維化跨膜電導調節子（cystic fibrosis transmembrane conductance regulator, CFTR）基因有缺陷所導致，屬於隱性同型合子之遺傳疾病，多在青少年時期會導致死亡，假設在政府健保資料庫中獲得資訊，每 1,000,000 名新生兒中有 81 名患有此遺傳疾病，依據 Hardy-Weinberg 模型推估，其顯性（A1）和隱性（A2）對偶基因的預期頻度分別為多少？
(A) f(A1) = 0.99910, f(A2) = 0.00090
(B) f(A1) = 0.99900, f(A2) = 0.00100
(C) f(A1) = 0.99100, f(A2) = 0.00900
(D) f(A1) = 0.99000, f(A2) = 0.01000

詳解：C

A2 頻度＝（81/1000000）$^{1/2}$＝0.009，所以 A1 頻度＝1—0.009＝0.991。

48. 承上題，因為此遺傳疾病的個體多在青少年時期死亡，此階段通常還未繁殖產生下一世代， 依據此條件推測此下一世代的基因庫，其顯性（A1）和隱性（A2）對偶基因的頻度分別為多少？
(A) f(A1) = 0.99991, f(A2) = 0.00009
(B) f(A1) = 0.99910, f(A2) = 0.00090
(C) f(A1) = 0.99808, f(A2) = 0.00192
(D) f(A1) = 0.99108, f(A2) = 0.00892

詳解：D

當同型隱性個體不產生下一代的情況下，由於 A2 頻度只有 0.009，所以 A1 頻度應該會增加一點點而 A2 頻度應該會減少一點點。

校方釋疑：

第 48 題題幹已經清楚說明「因為此遺傳疾病的個體多在青少年時期死亡，此階段通常還未繁殖產生下一世代依據此條件推測此下一世代的基因庫，…」，假設在政府健保資料庫中獲得資訊，每 1,000,000 名新生兒中有 81 名患有此遺傳疾病，依據依據 Hardy-Weinberg 模型推估，其顯性(A1)和隱性(A2)對偶基因的預期頻度分別 A1 頻度 f(A1) = 0.99100 和 A2 頻度 f(A2) = 0.00900，此世代的 A1A1、A1A2、A2A2 頻度分別為，0.982081、0.17838、0.000081，而 A2A2 多在青少年時期會導致死亡，即 0.000081 會在成長期死亡移除而不進入下一世代基因庫中，因此，下一世代的基因庫的 A1 和 A2 頻度需下重新計算如下：

f´(A1)=(0.982081+0.5*0.017838)/(0.982081+0.017838)=0.99108

f´(A2)=(0.5*0.017838)/(0.982081+0.017838)=0.00892

因此正確答案為（D）。維持原答案

49. 化石是研究古生物的重要依據，隨著地層的發展，堆疊著各種不同地質年代的生物發展歷史，假設下列的各種物質都可持續存在於化石中，則從古代地層沉積物到最近的地層沉積物，推測出由古到今最有可能的發現順序？

I：幾丁質與蛋白質偶聯　　II：葉綠素　　III：骨頭　　IV：纖維素

(A) I→II→III→IV

(B) II→IV→I→III

(C) III→II→IV→I

(D) IV→II→I→III

詳解： B

由古到今最有可能的發現順序：II 葉綠素（光合性原核）→IV 纖維素（光合性真核）→I 幾丁質與蛋白質偶聯（真菌與節肢動物）→III 骨頭（脊椎動物）。

50. 石炭紀（Carboniferous）屬於地質歷史的一階段，依據地質歷史資料得知，石炭紀從 3.59 億年前開始，延續到 2.99 億年前結束，在地層中留下了大量的植物化石，假設人類若回溯到石炭紀時期生存，依據現有的化石資料推測，此階段最適合做為建造建築物或器具的材料來源，下列何者最正確？

(A) 輪藻（stoneworts）、苔蘚類（bryophytes）和裸子植物（gymnosperms）

(B) 蕨類（ferns）、木賊類（horsetails）和石松類（lycophytes）

(C) 木賊類（horsetails）和苔蘚類（bryophytes）

(D) 石松類（lycophytes）和松葉蕨類（whisk ferns）

詳解：B

石炭紀的命名是由於優勢化石多以早期維管束植物為主。於石炭紀時期生存，且適合做為建築材料的來源者，以（B）最為合適。

校方釋疑：

石炭紀從 3.59 億年前開始，延續到 2.99 億年前結束，石松、木賊、科達樹、厚囊蕨類和蕨類等植物為主體組成植物群落，種子植物包含裸子植物和被子植物剛演化起源，但不是主要植物物種，此階段的石松類如 Lepidodendron 可長到超過 30 米高，喜歡沼澤中較潮濕但不是最潮濕的區域。木賊類在化石紀錄，古生代物種長到 60 英尺高。而蕨類在此階段如 Psaronius，屬於樹蕨，可以長到 30 英尺高。松葉蕨屬於小型蕨類，化石證據最近緣應為 Rhynie Chert，屬於小型植物此類古老物種具有獨特的均勻分叉的 Y 形分枝，地下根莖發達但無根，化石物種小於 30 公分。輪藻（stoneworts）水生無維管束無法具支持力，苔蘚類（bryophytes）溼地陸生但無維管束無法具支持力，由上述資料，可得知：

選項「(A) 輪藻、苔蘚類和裸子植物」的輪藻和苔蘚類無維管束而無支持力，裸子植物 不是主要物種，此選項錯誤。

選項「(B) 蕨類、木賊類和石松類」皆屬大型具維管束植物，此選項 正確。

選項「(C) 木賊類和苔蘚類」之苔蘚類無維管束而無支持力，此選項錯誤。

選項「(D) 石松類和松葉蕨類」 之松葉蕨類莖細小無根不具支持力，此選項錯誤。

此題正確答案為 B。維持原答案

義守大學111學年度學士後中醫招生考試試題暨詳解

科目：普通生物學 **黃彪 老師解析**

選擇題（單選題，共50題，每題2分，共100分，答錯1題倒扣0.5分，扣至本大題零分為止，未作答時，不給分亦不扣分）

1. 真菌界在生物演化樹（tree of life）中最接近下列那一類生物類群？
   (A) 古細菌
   (B) 植物
   (C) 動物
   (D) 原生生物

詳解: C

分子種系發生學顯示真菌在演化上是一個單系群，由一個共祖演化而來。黏菌與卵菌（水黴菌）在歷史上曾因形態相似而歸屬真菌界，但分子支序顯示它們與真菌的親緣關係甚遠，是趨同演化的結果。研究真菌的學科稱為真菌學，通常被視為植物學的一個分支。但分子證據顯示，真菌和動物之間的關係要比和植物之間更加親近，真菌與動物同屬後鞭毛生物，兩者在演化上的關係也是分類學的研究熱點之一。

2. 下列何種COVID-19疫苗為腺病毒載體疫苗？
   (A) Moderna
   (B) AZ
   (C) BNT
   (D) 高端

詳解: B

COVID-19疫苗中，Moderna、BNT為mRNA疫苗、AZ是以腺病毒為載體的疫苗，而國產高端新冠肺炎疫苗為含SARS-CoV-2重組棘蛋白之蛋白質次單位疫苗。

Moderna COVID-19疫苗（Spikevax）屬於mRNA疫苗，其特色為疫苗含有一段可轉譯成SARS-CoV-2病毒棘蛋白(病毒結構蛋白之一，為目前SARS-CoV-2疫苗選定之疫苗抗原）的mRNA，接種後在人體細胞質內製造棘蛋白，並將抗原釋出細胞外，進而刺激免疫系統產生對抗SARS-CoV-2棘蛋白的細胞免疫力與體液免疫力。

AstraZeneca疫苗是利用帶有SARS-CoV-2棘蛋白核酸序列(DNA核酸序列）的腺病毒，接種後在人體細胞內製造SARS-CoV-2棘蛋白，並將抗原自人體細胞釋出，誘發人體免疫系統產生保護力對抗病毒入侵。

Pfizer-BioNTech COVID-19 疫苗是含有 SARS-CoV-2 病毒棘蛋白(S protein)之 mRNA 疫苗，用於預防 COVID-19。本疫苗已通過 WHO、歐盟等其他先進國家及我國緊急授權使用。

高端新冠肺炎疫苗（MVC COVID-19 Vaccine）是含 SARS-CoV-2 重組棘蛋白的疫苗之蛋白質次單元疫苗，用於預防 COVID-19。本疫苗已通過我國核准專案製造。此種疫苗是以基因重組技術所製成之 SARS-CoV-2 棘蛋白作為疫苗抗原，接種後引起抗體免疫反應，並藉由佐劑加強免疫反應，產生人體之免疫保護力。

3. 睡前喝牛奶有鎮靜催眠的作用是因為牛奶富含下列何種合成血清張力素所必須的胺基酸？
(A) 色胺酸（tryptophan）
(B) 組胺酸（histidine）
(C) 丙胺酸（alanine）
(D) 甘胺酸（glycine）

詳解: A

色胺酸被視為天然安眠藥，是一種必須胺基酸，也是大腦製造血清素的原料，具有讓人放鬆、心情愉悅、減緩神經活動，刺激想睡的生理反應。它無法經由人體自行而合，必須從食物中獲得。含色胺酸的常見食物包括：牛奶、優酪乳、大豆、堅果、核桃、蛋、肉類、海藻、香蕉、全麥製品、豆腐、馬鈴薯等。

研究發現，吃富含大量色胺酸（tryptophan）的碳水化合物食物，反而會更容易促使色胺酸穿過血腦屏障。研究人員仔細研究後發現：攝入富含碳水化合物的食物，會刺激胰島素大量的釋放，而胰島素有一個作用，就是幫助色胺酸之外的胺基酸，收進入肌肉組織。這樣一來，在大腦屏障通道的競爭者少了，進入大腦的色胺酸，也就就增多了。

這個也解釋了我們平常吃（飯、麵）碳水化合物太多了會容易犯睏，也跟這個原理是有關的。富含蛋白質的食物（牛奶、蛋），睡前牛奶喝很多了，你牛奶中的助眠物質色胺酸，在血中濃度上升卻不太高，又沒有刺激胰島素大量的釋放，當然更沒有機會穿越血腦屏障，給你助眠的。

事實上，即使沒有其他胺基酸的競爭，一杯牛奶中的色氨酸含量也不足以對睡眠產生什麼實質性的影響。牛奶中的那點色氨酸含量，對於普通人來說並不高，更不要說它間接合成的褪黑素含量了，這對睡眠根本不會有什麼幫助。

4. 次世代定序（next generation sequencing）技術的發展使得利用少量的樣本，即可進行快速完整的核酸序列分析。下列何者最不可能是直接應用的領域？
(A) 根據個人基因客製化的醫療

(B) 蛋白質修飾對蛋白質活性影響的研究
(C) 對不易培養的微生物是否存在進行鑑定
(D) 搜尋新的 RNA 剪接（splicing）產物

詳解：B

次世代定序是批次高通量定序核酸序列的方式，並不適用於針對蛋白質修飾對蛋白質活性影響的研究。

自從 2005 年 Roche 公司推出首台次世代定序儀 Roche/454，各家廠商百花齊放，陸續推出各種不同的平台，如 Illumina 的 Solexa、MiSeq 與 NextSeq、Life technologies 的 SOLiD、Ion Torrent 與 Ion Proton，各以不同的技術與原理來進行次世代定序；亦有各家廠商推出不同的試劑組，可應用於基因體學（Genomics）、轉錄體學（Transcriptomics）等。除學術研究領域外，在臨床檢測（Clinical test）、癌症篩檢（cancer screening）、藥物研發（Drug development ）、遺傳性基因檢測、微生物鑑定、法醫鑑定、農產品物種鑑定與非侵入性胎兒產前診斷等也扮演重要的角色。

5. 人體體內的前列腺素（prostaglandins）是經由下列何種化合物所衍生出來的產物？
(A) 嘌呤類（purine）
(B) 類固醇類（steroids）
(C) 嘧啶類（pyrimidine）
(D) 脂肪酸類（fatty acids）

詳解：D

人體內數種長鏈不飽和脂肪酸為油酸（oleic acid）、棕櫚油酸（palmitoleic acid）、亞麻油酸（linoleic acid）、亞麻脂酸（linolenic acid）和花生四烯酸（arachidonic acid）等，花生四烯酸除由日常食物取得外，亦可由亞麻油酸轉變形成。

花生四烯酸（arachidonic acid）是前列腺素生成的前驅物，花生四烯酸是細胞膜磷脂質（phospholipid）經磷脂水解酶 A2（phospholipase-A2）作用所產生，花生四烯酸經過環氧化酶（cyclooxygenase）和脂氧化酶（lipoxygenase）的作用之後，會分別合成前列腺素（prostaglandins）及血栓素（thromboxane），和白三烯素（leukotriene）等物質，並進而影響細胞內基因調控及訊息傳遞，或細胞間的交互作用。

6. 下列何種胃腺細胞的主要分泌物是組織胺（histamine）？
(A) 類腸嗜鉻細胞（enterochromaffin-like cell, ECL cell）
(B) 主細胞（chief cell）
(C) D 細胞（D cell）
(D) 杯狀細胞（goblet cell）

詳解: A

類腸嗜鉻細胞（Enterochromaffin-like cells），常簡稱 ECL 細胞（ECL cells）是一種胃黏膜上的神經分泌細胞，常分佈於胃壁細胞附近。ECL 細胞能分泌組織胺，輔助胃酸的分泌。

胃部的主細胞（chief cell）又稱胃酶細胞（zymogenic cell），分佈在胃底腺的下半部。細胞呈柱狀，核圓形，位於基底部。細胞基部呈強嗜鹼性，頂部充滿酶原顆粒。顆粒內含胃蛋白酶原（pepsinogen），以胞吐方式釋放出後，被鹽酸啟動成具有活性的胃蛋白酶，參與對蛋白質的初步消化。

胃中的 D 細胞含有能響應促胃液素(gastrin)信號的膽囊縮素 B 受體(CCKBR)以及能響應乙醯膽鹼(Ach)信號的 M3 受體(Muscarinic acetylcholine receptor M3)。這些受體能調控 D 細胞分泌的體抑素的水平。另外，舒血管腸肽（vasoactive intestinal peptide, VIP）可以刺激 D 細胞分泌體抑素。D 細胞分泌的體抑素能通過 G 蛋白偶聯受體刺激胃部的壁細胞（parietal cells），抑制腺苷酸環化酶的活性，使得組織胺的作用效果減弱，進而抑制胃酸的分泌。另外，D 細胞還可以通過抑制促胃液素、促胰液素（secretin）、組織胺等激素的分泌間接減少胃酸的分泌。體抑素的最終生理效果是大幅減慢消化的速度。

杯狀細胞（goblet cell），是一種分布於黏膜柱狀上皮細胞之間的黏液分泌細胞。細胞呈上大下小的形態，宛如高腳杯，故有此名。杯狀細胞是一種單細胞腺體，其主要功能是合成並分泌黏蛋白，形成黏膜屏障以保護上皮細胞。

7. 下列何專有名詞是用來解釋單一受精卵來源，卻有多種不同遺傳性徵的細胞族群？
(A) Chimerism
(B) Mosaicism
(C) Polygen
(D) Genetic blending

詳解: B

嵌合體（chimera）或遺傳嵌合性（genetic chimerism）又稱喀邁拉現象，是含有兩種以上基因型的細胞（或組織）的單一生物體。其發生原因可能有：由來自不同基因型合子的胚胎嵌合而來的個體、基因突變、染色體分離（Chromosome segregation）異常，甚或人為移植的結果。

同一個生物體身上，同時擁有兩種或更多具有不同基因型細胞的現像，被稱為「鑲嵌現象」（mosaicism）。在人類，當鑲嵌現象發生在本身具有染色體數目異常或其他遺傳疾病時，可能會使症狀較輕微，因為鑲嵌現象意味著身體裡有一部分的細胞是帶有未突變基因的。例如：性染色體缺少一個 X 的女性透納氏症（Turner's syndrome），若是在鑲嵌染色體的病人身上，病人可能症狀不明顯、或仍擁有正常的女性生理週期（因為身體裡有的細胞是 XO、有的是 XX）。

嵌合體是含有兩種以上基因型細胞的單一生物體。在自然界，動物嵌合體通常是由於兩個或以上的受精卵嵌合在一起並成長為一個體。與由單一受精卵來源，確有多種不同遺傳性徵的細胞族群之鑲嵌現象（mosaicism）不同。

單個作用極其微弱的多數同義互補的基因組成的基因群，這些基因與數量性狀表現有關，這種基因群稱為多基因系（polygenic system），基因群中的各個基因稱為多基因（或小基因）。

混合理論（Blending theory）認為生物的特徵是可以遺傳的，但在親子之間的關係就像是台灣流行的木瓜牛奶，木瓜與牛奶是由果汁機打碎後混成一氣的，所以子女是又像爸來有像媽。混合遺傳特徵的觀念在生物學生物特徵遺傳的觀察中曾長期的被視為真理，並用來解釋他們所觀察到的事實。事實上，此混合理論一直到二十世紀的初期才真正的被遺傳學家們所否定。

8. 下列何種工具對轉錄質體學很重要？
(A) 連鎖分析（linkage analysis）
(B) 核糖核酸定序（RNA-seq）
(C) 二維電泳
(D) 質譜分析

詳解：B

轉錄組（Transcriptome）包含在特定組織或細胞類型，於特定發育階段和特定生理或病理條件下，由基因組轉錄的所有 RNA 所包含之所有信息。而轉錄組學（Transcriptomic）則是使用高通量技術大規模的研究 RNA 分子，而此透過高通量技術檢查細胞中轉錄組的組成與豐度的過程，便是轉錄組分析（Transcriptome profiling）。轉錄組分析能夠用於找出特定細胞狀態下的表現量模式，或是找出關鍵的基因。DNA 微陣列分析（DNA microarray analysis）與次世代定序（next-generation sequencing, NGS）技術的 RNA 測序（RNA-Sequencing, RNA-Seq）在近年已被廣泛運用於轉錄組分析研究的領域。

常見的兩種廣泛使用的統計致病基因定位法的概念。第一種方法稱為連鎖分析（linkage analysis），利用這樣方法所得的分析結果，可以提供致病基因大致的方位。連鎖分析的主要概念是透過觀察細胞減數分裂（meiosis）過程中，染色體的某些染色分體發生交換（crossover）後重新組合的現象。一般而言，同一染色分體上，相隔愈近的兩個位點間的重組率（recombination fraction）通常愈低。我們可透過收集罹病家族成員的罹病狀態資料與標誌基因資料，觀察標誌基因的基因型（genotype）由前代傳遞到下一代的模式，然後用統計方法推估出致病基因與每個標誌基因間的重組率，低重組率表示致病基因與標誌基因有連鎖，亦即致病基因就在該標誌基因附近。這樣的方法對於定位孟德爾型疾病（Mendelian disorder）（這類的疾病的發生通常由一個或少數幾個基因的變異所控制）的致病基因非常有效，過去已經協助找到舞蹈症、囊腫纖維症（cystic fibrosis）等遺傳疾病的致病基因。但連鎖分析有兩個主要缺點，第一點是，對於複雜型疾病

（complex disorder）的致病基因定位成效不彰，這類疾病的特色是，該疾病的發生是由很多基因變異所共同決定，但由於大多數基因的貢獻都不大，因此不容易被偵測到。第二點是，由於染色分體間發生交換通常約要 0.01 摩根（Morgan）以上的距離，因此連鎖分析的解析度受限，難以進一步縮短致病基因所隱藏的區間，這時就有賴下面介紹的第二種方法的協助。

第二種方法為關聯分析（association analysis），分析結果可以提供致病基因明確的位點。關聯分析的主要概念是透過觀察連鎖不平衡（linkage disequilibrium）現象來定位致病基因。在逢機交配族群中，突變發生之始，存在祖先染色體中的標誌基因與致病基因間的完全連鎖不平衡，在每經過一代繁衍後，就被重組現象逐漸削弱，多代之後，達到連鎖平衡。因此，現今的連鎖不平衡只會在極短的距離內被觀察到，換言之，若觀察到某標誌基因與致病基因間存在連鎖不平衡，這表示致病基因應該就在該標誌基因附近。關聯分析可以透過收集病例對照型或是家族型個體樣本來進行，利用所收集到的個體樣本的罹病狀態資料與標誌基因的基因型資料，分別計算每個標誌基因與致病基因間的連鎖不平衡或是傳遞不平衡（transmission disequilibrium），顯著的不平衡現象表示致病基因就在該標誌基因附近。這樣的方法過去已成功地協助找到一些複雜疾病的致病基因，例如，阿茲海默症的重要致病基因 APOE 和克隆氏症的重要致病基因 NOD2。近年來，隨著生物科技的快速發展，愈來愈多的標誌基因被發現，特別是單一核苷酸多態性標誌基因（single nucleotide polymorphism, SNP），現已發現超過三百萬個以上，這樣稠密且廣佈於人類基因體上的基因地標，正好可與關聯分析相輔相成，為關聯分析致病基因定位提供更高的解析度與統計檢定力。這樣的方法正大量地被應用於定位各種疾病的致病基因。

質譜儀在生命科學上的應用，特別是對蛋白質的分析，被許多人認為是質譜儀近 10~15 年中最重要的發展。質譜蛋白質分析最主要的動力來自約翰芬恩及田中耕一兩位科學家所發明的新離子化法。在此之前的離子化方法皆不能有效的產生帶電荷的蛋白質。蛋白質是基因轉譯後的產物，它可說是生命科學中最重要的分子。當細胞產生變化，例如由正常細胞轉變成癌細胞時，細胞內某些蛋白質的濃度或種類會和正常細胞不同。科學家希望藉由比較正常與疾病狀態下之細胞而找到和疾病相關的蛋白質（生物指標）以利疾病（例如癌症）的早期診斷與監測。可是細胞中所含有的蛋白質種類多達數百甚至上千，而且濃度差異超過百萬倍。要在這麼多不同蛋白質且濃度差異甚大的樣品中找到那些和癌症相關的蛋白質，是一種複雜且困難的工作。質譜儀因其高靈敏度，分析速度，分析複雜樣品的解析能力而成為此一領域最重要的技術。許多人認為沒有質譜儀即沒有蛋白質體學。

9. 下列何者是 RNA 干擾（RNA interference）用來抑制基因表現的機制？
(A) 抑制基因的轉錄作用
(B) 抑制基因的轉譯後修飾作用
(C) 抑制 mRNA 的剪接作用
(D) 促進 mRNA 的降解

詳解： D

核糖核酸干擾（RNA interference, RNAi）是生物體內協助控制基因表現的一套系統，在早期研究中被稱為基因後轉錄的沈默作用（post transcriptional gene silencing），目前在許多真核生物中皆有發現，包含：酵母菌、果蠅、線蟲、哺乳動物等。

RNAi 以微型核糖核酸（microRNA, miRNA）和小干擾核糖核酸（small interfering RNA, siRNA）這兩種小片段 RNA 為最主要的干擾形式，主要是干擾蛋白質的表現，以達到抑制基因表現的結果，稱為基因沈默（gene silencing）。

RNA 干擾可藉由影響染色質的結構變化或轉錄狀態，降解 mRNA 或抑制轉譯起始，來抑制基因表現。

校方釋疑：

1. 在 Campbell Biology 12th edition 第 380 頁及 Becker’s World of the Cell 9th edition 第 630 頁皆提到「The blocking of gene expression by siRNA, referred to as RNA interference, is used in the laboratory as a means of disabling specific genes to investigate their function」。因此，本題目主要聚焦在 siRNA 作用機制上。
2. 在 Becker’s World of the Cell 9th edition 第 630 頁提到 siRNA 的作用機制，可以促進 mRNA 的降解、抑制轉譯作用及抑制轉錄作用。但在抑制轉錄作用的描述為「in some cases, the siRISC may enter the nucleus....」，可知此作用**只在某些案例情況發生**，所以抑制轉錄作用並非 siRNA 主要已知機制。
3. 另外，在 Biology 5th edition 第 270 頁的表 13.1 在描述 siRNA 的作用機制，也只提及可以促進 mRNA 的降解及抑制轉譯作用；在 Campbell Biology 9th global edition 之 GLOSSARY 附錄，也只說明「RNA interference (RNAi): a biotechnology technique used to silence the expression of specific genes. Synthetic RNA molecules with sequences that correspond to particular genes trigger the breakdown of the gene’s mRNA」。
4. 基於以上說明可知，促進 mRNA 降解為 RNA interference 主要機制，故本題維持原公告之答案。維持原答案(D)

10. 下列何者參與在外因性凝血活化路徑中？
(A) 第 4 因子
(B) 第 7 因子
(C) 第 11 因子
(D) 第 12 因子

詳解: B → 更改答案為 A、B

外在凝血路徑或稱組織因子（tissue factor）依賴型路徑，在血管損傷後，形成第 7 凝血因子、鈣與組織因子的複合物，接著在第 7 與 10 凝血因子之間，形成鈣與脂質複合物，這一坨複合物再把凝血酶原轉化為凝血酶。

校方釋疑：

在血管損傷後，會啟動外在凝血路徑。鈣離子即第 4 凝血因子，會以輔因子作用與第 7 凝血因子及組織因子形成複合物。故本題答案(A)(B)皆可。

11. 下列由細胞核基因所表現的蛋白質中，何者最不需要信號肽（targeting signal peptide）？
(A) 細胞質蛋白質
(B) 粒線體蛋白質
(C) 膜蛋白質
(D) 分泌性蛋白質

詳解: A

蛋白質在細胞內剛開始合成時，其胺基酸序列的前端（即 N 端）會帶有特定的訊號序列，約由 3～60 個胺基酸構成。以分泌性蛋白或膜蛋白為例，在合成之初，核糖體會先轉譯出訊號序列，細胞質中有一種核蛋白，稱為 SRP（signal recognition particle），能辨識該訊息序列並與此序列結合，此時核糖體合成蛋白質的工作會暫停，隨後 SRP 會與內質網上的 SRP 受體結合。SRP 受體其實是內質網上一個跨膜蛋白質的一部份，此跨膜蛋白質尚具有通道的功能，且能與核糖體結合。所以，當 SRP 與受體結合時，核糖體也會被帶至內質網表面附著，而已合成的蛋白質片段（包括訊號序列）則經由通道，進入內質網的囊腔中。接著核糖體會恢復合成蛋白質的工作，越來越長的胺基酸多肽鏈被推入內質網的囊腔中，而訊號序列則被內質網囊腔中的酵素切除。待蛋白質合成完畢，經修飾作用後，會被送至高基氏體，再利用囊泡送至細胞表面或分泌至細胞外。

蛋白質的訊號序列，有如信件的郵遞區號，能讓蛋白質準確的運送到該去的地方。除了上述的例子外，目前已知尚有其他的訊號序列是將蛋白質送至細胞核、粒線體、葉綠體等胞器中。轉譯後直接留在細胞質液裡執行功能的蛋白質，最不需要信號肽。

12. 下列何種為不具有任何類型消化道的生物？
(A) 條蟲
(B) 渦蟲
(C) 線蟲
(D) 以上皆是

詳解： A

條蟲，是一種巨大的腸道寄生蟲，普通成蟲的體長可以達 72 英尺（21.9456 米）。扁形動物門的 1 綱。全部營寄生生活。成蟲寄生於脊椎動物，幼蟲主要寄生於無脊椎動物或以脊椎動物為中間宿主。

條蟲（tapeworm）屬于扁形動物門的條蟲綱（Class Cestoda）。該綱成蟲體背腹扁平、左右對稱、大多分節，長如帶狀，無口和消化道，缺體腔，除極少數外，均為雌雄同體。條蟲全部營寄生生活，成蟲絕大多數寄生在脊椎動物的消化道中，生活史中需 1～2 個中間宿主，在中間宿主體內發育的時期被稱為中條期（metacestode），各種條蟲的中條期幼蟲的形態結構和名稱不同。

13. 下列何者最不可能發生於饑餓或患有糖尿病之狀況？
(A) 乙醯乙醯輔酶 A（acetoacetyl-CoA）濃度升高
(B) 丙二醯輔酶 A（malonyl-CoA）濃度升高
(C) 酮體（ketone body）濃度升高
(D) 脂肪酸（fatty acid）濃度升高

詳解： B

脂肪酸合成是指利用乙醯輔酶 A（acetyl-coA）以及丙二醯輔酶 A（malonyl-coA）經過脂肪酸合酶的催化，反應合成脂肪酸的過程。這對細胞和生物體內的脂肪生成（Lipogenesis）作用與糖解作用是相當重要的一項流程。該過程發生在細胞的細胞質中。轉化為脂肪酸的大部分乙醯輔酶 A 通過糖解途徑來源於糖類。

丙二醯輔酶 A 是合成脂肪酸的原料，濃度升高時應為積極同化的狀態。所以最不可能發生於飢餓或需要異化脂肪酸為燃料的糖尿病患者身上。

14. 何種作用可將氮氣轉變成氨？
(A) 轉胺作用
(B) 氧化去胺作用
(C) 固氮作用
(D) 水和作用

詳解： C

大氣成分中有80%為氮氣，但游離的氮氣無法被植物直接吸收，需將其轉化為含氮化合物，如銨鹽（NH_4^+）或硝酸鹽（NO_3^-）等，才能被植物利用。將氮氣轉變為含氮化合物的過程稱為固氮作用。

自然固氮是指在自然狀態下，將空氣中游離的氮元素轉化為含氮化合物的過程，包括：「高能固氮」和「生物固氮」兩種途徑；「高能固氮」是指藉由雷電所提供的能量，促進硝酸等含氮化合物的產生，此種方式所固定之氮氣約佔自然固氮的10%；「生物固氮」是指藉由自然界中特定的微生物（固氮菌），將空氣中的氮氣經由細胞中酵素的催化，轉化為氨（NH_3）等含氮化合物，此種方式約佔自然固氮的90%。

土壤中的固氮菌種類甚多，包括：化學自營菌、光合硫化菌、根瘤菌、放線菌和藍綠菌等；有些為分布於陸地及水體中的游離性固氮菌，如：固氮螺旋藻及光合固氮菌等；有些為分布在根部或葉部附近的協同性固氮菌，利用植物所分泌的物質存活及固氮，如與分布於禾木科植物根部附近的的螺旋狀固氮菌；而固氮總量最多的則是共生於高等植物（如豆科、蘇鐵、赤楊等植物）體內的共生性固氮菌，如根瘤菌、放射菌及共生型藍綠菌等。 根瘤菌是土壤中常見的桿菌，最早於1888年從豆科植物的根瘤中分離而得，因此命名為根瘤菌（rhizobium）。

胺基酸（amino acid）中的氮會經由脫氨反應（deaminatuon reaction），除去胺基酸的α-胺基（α-amino group–NH_2），轉成氨（ammonia）。過程中包含兩種生化反應：轉胺作用（transamination）—胺基酸上的α-胺基經酵素催化轉給α-keto acid形成glutamate，以及氧化去胺作用（oxidative deamination）—L-glutamate上的amino group經由氧化作用而除去，並產生ammonium。

分子或離子與水結合而形成水合化合物或水合離子的過程稱為水合作用（hydration）。

15. 就讀小學三年級的小花每天早上起床之後，都會將房間的燈打開然後去餵水族箱中的魚。經過三個月後，她發現只要將房間的燈打開時，不論有無食物，魚都會游到水面。下列何名詞可以描述這種現象？
(A) 習慣性學習
(B) 頓悟性學習
(C) 觀察性學習
(D) 關聯性學習

詳解: D

學習可分為：

（一）非聯結學習（non-associative learning）—個體因應單一環境事件刺激，而在行為反應的強度上發生變化。包含習慣化（habituation）：個體多次暴露於無傷害性的刺激，而對該刺激的反應減弱的現象；以及敏感化（sensitization）：個體暴露於有傷害性的刺激， 而對環境的反應增加。

（二）聯結學習（associative learning）—將一事物與另一事物產生聯繫的學習。包含古典制約（classical conditioning）和操作制約（operant conditioning）。

（三）認知學習（cognitive model of learning）一個體通過思考，以了解事物的意義、關聯或價值，從而造成信念或知識上的長久改變。諸如頓悟學習（insight learning）：突然了解環境眾多刺激的彼此關聯，從而採取一有效的行動；以及觀察學習（observational learning）：指個體通過觀察他人而進行學習的歷程。

題目中此種因持續重複刺激使個體將開燈及餵食連結而產生的後天學習行為，屬於關連性學習。

16. 下列何者能進入細胞核並調節基因的表現？
(A) 乙醯膽鹼受體（acetylcholine receptor）
(B) 磷脂酶 C（phospholipase C）
(C) 皮質醇受體（cortisol receptor）
(D) 腺苷酸環化酶（adenyl cyclase）

詳解：C

固醇類激素受體是屬於配體刺激的轉錄活化因子（ligand-stimulated transcription factors），它的活化需要招募一些轉錄的輔因子（coregulators）蛋白質到調控的基因的啟動區（promoter），進一步調節基因的轉錄活性。

皮質醇受體是一種固醇類激素受體，當其與皮質醇結合後，能扮演轉錄因子的功能，於細胞核內影響轉錄狀況。

17. 幾丁質（chitin）是昆蟲外骨骼主要的結構，它是由下列何者聚合而成的多醣體？
(A) N-乙醯葡萄糖胺（N-acetylglucosamine）
(B) 半乳糖胺（galactosamine）及葡萄糖胺（glucosamine）
(C) 半乳糖胺（galactosamine）
(D) N-乙醯半乳糖胺（N-acetylgalactosamine）

詳解：A

幾丁質（chitin）是世界含量次高之天然聚合物，係以 N-乙醯葡萄糖胺（N-acetyl-D-glucosamine）為單元體的鏈狀多醣聚合物，幾丁聚醣（chitosan）則是幾丁質經去乙醯基反應後所得之部分或完全去乙醯基的產物。幾丁質和幾丁聚醣及其衍生物的用途十分廣泛，食品加工、保健食品、醫藥用品、紡織、生物技術及廢水處理等皆為其應用範圍。

18. 下列何者是用來描述同源染色體發生融合情形？
(A) 複合染色體（compound chromosome）
(B) 羅伯遜染色體（robertsonian chromosome）
(C) 附加染色體（attached chromosome）
(D) 連鎖染色體（linkage chromosome）

詳解： A

兩個同源染色體或同源的片段可以融合，形成一條染色體，稱為複合染色體。最早發現的複合染色體：果蠅的兩條 X 染色體可以融合在一起。

羅伯遜易位為兩條 acrocentric 染色體的長臂在著絲點附近結合並失去某條染色體的短臂，也可說 acrocentric 染色體的排列組合稱為羅伯遜易位。人類擁有的 acrocentric 染色體為 13 號、14 號、15 號、21 號和 22 號染色體。因為兩條染色體的組合，而使擁有羅伯遜易位的人類只剩 45 條染色體。人類最常見的羅伯遜易位為 13 號和 14 號染色體的易位，每 1300 人就有 1 位發生。與相互易位相同，帶有羅伯遜易位所產生的影響通常沒有不正常，但仍有不平衡易位的風險導致流產或生出異常的後代。 例如：帶有 21 號染色體易位的人有較高的機會生出患有唐氏症（Down syndrome）的後代。

校方釋疑：

1. 在 Genetics 6th edition 第 128 頁提到複合染色體(compound chromosome)指的是同源染色體、姊妹分體、同源染色體片段發生融合情形。如果此情形發生在 X 染色體，則稱之為 attached-X chromosome。非所有 attached chromosome 皆可稱為複合染色體(compound chromosome)。
2. 考生提供的網頁亦在進行「An introduction to attached-X chromosomes」說明。
3. 基於以上說明，本題維持原公告之答案。維持原答案(A)

19. 下列關於血管（動脈、靜脈、微血管）的敘述何者錯誤？
(A) 動脈管血液流速最快
(B) 微血管血壓最低
(C) 微血管總截面積最大
(D) 動脈管血壓最高

詳解： B

血液的流速快慢和血管的總截面積大小有關，動脈的血流速度大於靜脈，靜脈的流速大於微血管；微血管的管徑最小總截面積最大，因此微血管的流速最慢。

血壓（blood pressure）是指血液在血管內對管壁構成的壓力，在診斷上這通常是指動脈管壁的壓力。血液會從高壓處流向低壓處。動脈的血壓高於靜脈的血壓（血壓會隨著血液流經動脈、微血管、靜脈而遞減，到達右心房時，差不多已降至 0 毫米水銀柱）。

20. 芳化酶抑制劑（aromatase inhibitor）藉由抑制芳香轉化作用（aromatization），使睪固酮（testosterone）無法轉換為下列何種物質？
(A) 雄酮（androsterone）
(B) 皮質醇（cortisol）
(C) 黃體酮（progesterone）
(D) 雌二醇（estradiol）

詳解：D

芳香化酶（aromatase, CYP19）是細胞色素 P450 酶系中的一種，可以催化雄烯二酮、睪固酮脫去 19 位碳並使 A 環芳香化，分別形成雌酮和雌二醇，它是雌激素生物合成的限速酶。芳香化酶作用於雌激素生物合成的最後一步，因此抑制芳香化酶的活性並不會干擾其他甾體的合成過程。高選擇性的芳香化酶抑制劑（aromataseinhibitors, Ais）在提高療效的同時又可以減少不良反應的發生，同時還能增強患者的耐受性。芳香化酶作為一個極好的藥物作用靶標，其抑制劑在治療停經後婦女常見疾病方面越來越受到人們的重視，已有多個 AIs 作為乳腺癌的輔助治療劑進入臨床研究階段。

21. 珊瑚白化（coral bleaching）是因為海水溫度上升至過高時，發生下列何種現象所導致？
(A) 珊瑚蟲釋放水分
(B) 珊瑚蟲遭受病害
(C) 珊瑚蟲的共生藻離開或死亡
(D) 珊瑚蟲無法累積鈣質

詳解：C

珊瑚白化（coral bleaching）是指珊瑚失去共生藻，而顏色變白的現象。在正常的環境中，珊瑚組織內含有許多共生藻，因而呈現綠、藍、褐、黃、紅等各種不同的色彩，共生藻也對珊瑚的營養、代謝和生長有密切的關係。當珊瑚遭受環境改變的壓力時，這種共生關係就會被破壞，導致珊瑚失去共生藻而白化。引起珊瑚白化的因子包括：水溫、鹽度、光度的改變和氣候變遷等。造礁珊瑚通常生長在水溫 20～28℃的海域，水溫高於 28℃或低於 20℃，以及聖嬰效應（El Nino effect）導致水溫升高的現象，都可能引起珊瑚白化；長期處於光度不足或黑暗環境中、紫外線太強，也會引起珊瑚白化。大量降雨或淡水流入珊瑚礁區，使海水鹽度迅速降低，則可能造成大範圍的珊瑚白化。珊瑚白化是海洋污染的一個例子，它會減低珊瑚礁的生產力，破壞珊瑚礁生態系的平衡，並且危及珊瑚礁生物的生存。

22. 哺乳類胚胎發育的各階段，下列順序排列何者正確？
(A) 桑椹胚形成優先於囊胚
(B) 桑椹胚形成優先於囊胚
(C) 原腸胚形成優先於囊胚
(D) 原腸胚形成優先於桑椹胚

詳解: A

哺乳類胚胎發育時，發育順序應為：桑椹胚→囊胚→原腸胚。個體發育可因種屬不同而在出生前或出生後的具體發育細節中互有區別，然而在發育程序上則遵循共同的規律，即都經過卵裂、桑椹胚、囊胚、原腸胚、神經軸胚、體節期、胎兒期和出生後各期的相同發育階段。而且從單細胞受精卵演變的多細胞生物體及其以後進一步發育為具有複雜器官個體的過程中，也都同樣要通過細胞增殖、細胞分化、形態形成、新陳代謝和生長等幾種基本發育方式。

23. 接觸到過敏原（allergen）產生的過敏性休克（anaphylactic shock）跟下列何種細胞的活性最為相關？
(A) 巨噬細胞
(B) 肥大細胞
(C) T 細胞
(D) B 細胞

詳解: B

過敏性休克是由於過敏反應，所導致昏迷甚至死亡的疾病。原因可能是食物、藥物、昆蟲毒液、乳膠造成的過敏，患者會在接觸過敏原後的數秒或幾分鐘內，血壓突然急遽下降或呼吸道堵塞，並無法正常呼吸，患者會需要立刻送醫急救，或施打腎上腺素（Epinephrine）。

當全身性過敏反應由免疫反應引起時，IgE 與啟動全身性過敏反應的異物結合。然後，與 IgE 結合的抗原所形成的複合體激活了肥大細胞和嗜鹼性粒細胞上的 FcεRI 受體。所以，肥大細胞和嗜鹼性粒細胞釋放炎症介質如組織胺而產生反應。這些介質增強了支氣管平滑肌的收縮，使血管擴張及增加血管中的液體滲漏，最後抑制心肌作用。

24. 下列何種藥物主要機轉為抑制血管新生作用？
(A) 賀癌平（Herceptin）
(B) 順鉑（Cisplatin）
(C) 紫杉醇（Taxol）
(D) 癌思停（Avastin）

詳解: D

順-二胺二氯鉑（簡稱 CDDP），商業名稱為順鉑，是一種化療藥物。順鉑為第一種含鉑抗癌藥物，此類藥物還包括卡鉑(carboplatin)及草酸鉑(oxaliplatin)。這些鉑的錯合物在活體內參與反應與鍵結，造成 DNA 交聯(corsslinking of DNA)，最後引發細胞凋亡（apoptosis）。標靶治療藥物癌思停（Avastin）是一種抑制血管新生（angiogenesis）的單株抗體（monocolonal antibody），可以和血管內皮生長因子（vascular endothelial growth factor, VEGF）結合。癌思停是藉由抑制腫瘤血管的新生作用，使腫瘤無法得到營養的供應，進而抑制癌腫瘤細胞生長。

25. 表觀遺傳學（epigenetics）對生命科學基礎知識及應用均有著重大的影響，下列何者最不易受影響？
(A) 哺乳類的基因印痕（imprinting）
(B) 酵母菌核小體（nucleosome）的蛋白質修飾
(C) 人類某些原致癌基因（proto-oncogene）的表現
(D) 美國短吻鱷之性別決定

詳解：D

與鳥類、靈長類等動物不同，鱷類、龜類等爬行動物的性別決定方式屬於溫度依賴型（Temperature-dependent sex determination，TSD），也就是說，它們的後代性別是由非遺傳因素—溫度來決定的。以美國短吻鱷為例，如果孵化溫度低於 30℃，卵就會孵化出更多雌性鱷魚，溫度高於 33℃，則孵化出更多雄性鱷魚。近日，一支美、日合作研究團隊在短吻鱷的卵中發現了一種名為 TRPV4 的熱敏性蛋白質，這種蛋白質正是決定短吻鱷 TSD 行為的真正原因。TPRV4 蛋白不但決定卵中的鈣離子數量，其特定的藥理抑制性還會對決定性別的荷爾蒙分泌機制產生影響，造成不同溫度下的性別分化現象。

26. 為研究病毒造成粒線體構造及功能的改變，應使用下列何種顯微鏡觀察？
(A) 相位差顯微鏡（phase contrast microscope）
(B) 分散干擾位差顯微鏡（differential-interference-contrast microscope）
(C) 螢光顯微鏡（fluorescence microscope）
(D) 穿透式電子顯微鏡（transmission electron microscope）

詳解：D

要觀察到細胞內超顯微結構，使用 TEM 會是較適合的工具。

校方釋疑：

考題是設計在是否瞭解各種顯微鏡的應用與限制，題目中包含「構造及功能的改變」，唯有選項(D)才有足夠的解析度。維持原答案(D)
資料參考生物學 Campbell, Chapter 6: a tour of the cell.

27. 毒素與毒化物通常是不可逆的酵素抑制物。下列何者是沙林（sarin）會共價結合至乙醯膽鹼脂酶活性位點？
(A) 絲胺酸（serine）
(B) 離胺酸（lysine）
(C) 精胺酸（arginine）
(D) 酪胺酸（tyrosine）

詳解: A

沙林是膽鹼酯酶（cholinesterase）的有效抑制劑。沙林的氟會以離子的形式脫離，它所連結的磷酸官能基就在膽鹼酯酶的絲胺酸（serine）上的羥基形成共價鍵，這將導致膽鹼酯酶失去活性。當乙醯膽鹼酯酶遭到抑制的時候，乙醯膽鹼無法被分解，便會堆積過多的乙醯膽鹼，使得神經衝動不斷地傳遞，而肌肉和器官就無法進行正常的作用。因此，當人體由皮膚或呼吸道吸入高劑量的沙林毒氣後，肺部周圍的肌肉就會被癱瘓，致使肺部充滿黏液與唾液，受害者便會窒息死亡。

28. 傳訊分子與 G 蛋白偶聯受體結合，活化 G 蛋白產生第二傳訊者（second messenger），進而引起一連串的細胞回應。其中常見的 G 蛋白偶聯受體之第二傳訊者不包括下列何者？
(A) 磷脂酶 C（phospholipase C）
(B) 環腺核苷單磷酸（cyclic AMP; cAMP）
(C) 肌醇三磷酸（inositol triphosphate; IP_3）
(D) 鈣離子（Ca^{++}）

詳解: A

第二傳訊者（second messengers）在生物學裡是胞內信號分子，負責細胞內的信號轉導，是第一訊息分子與細胞表面受體結合後，在細胞內產生或釋放到細胞內的小分子物質，有助於訊號向胞內進行傳遞。第二傳訊者是沙士倫於 1965 年首先提出。第二傳訊者包括環磷腺苷（cAMP）、環磷鳥苷（cGMP）、1,2-二醯甘油（diacylglycerol, DAG）、1,4,5-三磷酸肌醇（inosositol 1,4,5-trisphosphate, IP_3）、Ca^{2+}等。磷脂酶 C（phospholipase C）是蛋白質，不屬於第二傳訊者。

第二傳訊者的作用方式 一般有兩種：①直接作用。如 Ca^{2+}能直接與骨骼肌的肌鈣蛋白結合引起肌肉收縮；②間接作用。這是主要的方式，第二信使通過活化蛋白激酶（protein kinase），誘導一系列蛋白質磷酸化，最後引起細胞效應。

29. 組蛋白（histone）是讓核酸緊密纏繞的關鍵蛋白，調控細胞的生長。其組成富含下列何種胺基酸？
(A) 絲胺酸（serine）
(B) 離胺酸（lysine）

(C) 酪胺酸（tyrosine）

(D) 鈣離子（Ca^{++}）

詳解: B

組蛋白(histones)真核生物體細胞染色質中的鹼性蛋白質，含精胺酸(Arginine)和離胺酸(Lysine)等鹼性胺基酸特別多，二者加起來約為所有胺基酸殘基的1/4。組蛋白與帶負電荷的雙螺旋DNA結合成DNA—組蛋白複合物。組蛋白是真核生物染色體的基本結構蛋白，是一類小分子鹼性蛋白質，有五種類型：H1、H2A、H2B、H3、H4，它們富含帶正電荷的鹼性胺基酸，能夠同DNA中帶負電荷的磷酸基團相互作用。

組蛋白的甲基化修飾主要是由一類含有SET結構域的蛋白來執行的，組蛋白甲基化修飾參與異染色質形成、基因印記、X染色體失活和轉錄調控等多種主要生理功能，組蛋白的修飾作用是表觀遺傳學研究的一個重要領域。組蛋白甲基化的異常與腫瘤發生等多種人類疾病相關，可以特異性地激活或者抑制基因的轉錄活性。研究發現，組蛋白甲基轉移酶的作用對象不僅僅限於組蛋白，某些非組蛋白也可以被組蛋白甲基轉移酶甲基化。

30. 下列何種狀況不會改變等位基因的頻率？

(A) 天擇（natural selection）

(B) 哈溫氏平衡（Hardy-Weinberg equilibrium）

(C) 遺傳漂變（genetic drift）

(D) 基因流動（gene flow）

詳解: B

哈溫平衡或稱哈溫定律（Hardy-Weinberg law），是以數學代數式來描述一個人類或動物族群的遺傳平衡狀態。

公式：$(p+q)^2=1$ or $p^2+2pq+q^2=1$，p表顯性基因、q表隱性基因。若考慮三個基因的狀態，則式子變成：$(p+q+r)^2=1$。

這是由英國數學家哈代（Geoffrey Hardy）、美國科學家William W.Castle及德國物理學家溫伯格（Wilhelm Weinberg）各自獨立發現的現象：在一個隨機交配的大族群中，除非有外力的介入，否則基因出現的頻率將維持一個常數，且不同基因之間的出現比例也是固定的。據此，即使是最稀有、有消失可能的基因形式也能保存下去。

這個定律必須符合五個前提條件：

(1) 沒有突變發生。

(2) 沒有個體的移入或移出。

(3) 族群必須夠大。

(4) 族群內隨機交配。

(5) 不受天擇。

31. 下列何者可以和植物細胞一樣發生可釋放 O_2 的光合作用？
(A) 古菌
(B) 披衣菌
(C) 化學自營細菌
(D) 藍綠菌

詳解: D

藍綠藻是光合自營生物，被認為是葉綠體的來源，能行光作用並釋出氧氣。這種細菌漂浮在海面下附近，因為含有葉綠素和其他色素而呈現藍綠色。這些色素能吸收含有太陽能量的光子。藍綠菌用這些能量把水分解成氫和氧，產生電子，製造 ATP。然後它們就和化學自營生物一樣，利用 ATP 合成有機化合物，這個過程稱為光合作用。藍綠菌把氧氣當成廢棄物排出，因此這過程稱為產氧型光合作用（oxygenic photosynthesis）。

32. 下列何種物質可幫助強化真菌細胞壁？
(A) 纖維素（cellulose）
(B) 木質素（lignin）
(C) 幾丁質（chitin）
(D) 肽聚醣（peptidoglycan）

詳解: C

細胞壁的組成隨著不同物種而變化，並可能取決於細胞的類型和發展階段。陸生植物的初生細胞壁（primary cell wall）的組成是多醣類的纖維素，半纖維素和果膠。在細菌中，細胞壁的組成是肽聚醣。古菌細胞壁有各種組分物組成，並可能由醣蛋白的 S 層，假肽聚醣或多醣組成的。真菌具有 N-乙醯葡糖胺的聚合物幾丁質（chitin）組成的細胞壁，和藻類通常具有醣蛋白和多醣組成的細胞壁。與眾不同的是，矽藻具有一個由生物矽組成的細胞壁。

33. 壺菌（chytrids）被認為自真菌演化的極早期分歧而來，最主要的證據為下列何者？
(A) 酵素代謝途徑方式
(B) 能形成菌絲
(C) 具有寄生性的生活史
(D) 具有鞭毛的孢子

詳解: D

真菌在地球上存在了多長時間還不清楚，對真菌的起源也沒有確切的結論。真菌的有些特點和植物相似，然而在某些方面又和動物有相似之處。二十世紀 80～90 年代，根據營養方式的比較研究，真菌不是植物也不是動物，而是一個獨 立的生物類群—真菌界。

（1） 起源多元論：根據性器官的形態及交配方式，認為真菌來自藻類。壺菌目自原藻演化而來，水黴目演自無隔藻，毛黴演化自接合藻，子囊菌和擔子菌由紅藻演化而來，這些藻類因喪失色素而從自營變成異營，生理的變化引起了形態的改變。這就是真菌起源的多元論觀點。

（2） 鞭毛生物起源論：認為絕大多數真菌是起源於一種原始水生生物—鞭毛生物，單細胞，具一至數根鞭毛，有的有葉綠素和其他色素，有的無色素，具色素的演化為藻類，無色素的演化為菌類。真菌和藻類都起源於鞭毛生物。

根據鞭毛生物起源論，壺菌是真菌中仍保有鞭毛特徵的代表，也被視為是較原始的真菌，與兩生類的滅絕有關。

34. 下列冠輪動物門中何者具有特殊之孤雌生殖方式？
(A) 輪蟲（rotifers）
(B) 絛蟲（tapeworms）
(C) 吸蟲（trematodes）
(D) 扁蟲（flatworms）

詳解: A

輪蟲為最簡單的多細胞動物，具有輪狀排列之纖毛，可用以捕食及運動。主要食物為細菌及細小之有機物顆粒。輪蟲具有完備的消化道及咀嚼器、假體腔，以及排泄用的焰細胞，神經系統也發達。輪蟲體細胞不會分裂增殖，為細胞恆定動物之一，即構成器官之細胞數維持一定數目。細胞分裂現象於胚胎時期即已停止，任何誘導細胞分裂的方法都不使它分裂，生長及受損後之修補皆無可能。輪蟲的生殖為孤雌生殖，雌雄異體，雌蟲和雄蟲之外形及內部構造皆不相同，但雄蟲甚難見到。雌蟲的卵與卵黃顆粒相聯接，無需受精便可發育。由於代謝習性，因此僅可在低有機物含量之水中發現，是一種低污染水體的良好指標。

35. 水管系統（water vascular system）為下列何種動物特有之構造？
(A) 海葵（sea anemones）
(B) 珊瑚（corals）
(C) 海膽（sea urchin）
(D) 海綿（sponge）

詳解: C

棘皮動物門特點是輻射對稱，具獨特的水管系統。體中有與消化道分離的真體腔，體壁有來源於中胚層的內骨骼，幼體兩側對稱，發育經過複雜的變態；口從胚孔的相對端發生，屬後口動物，包括海星、海膽、海蔘和海百合等。因表皮一般具棘而得名，全為海生。

36. 在食道、陰道與肛門主要由何種上皮組成，最能適應磨損？
(A) 立方上皮（cuboidal epithelium）
(B) 多層鱗狀上皮（stratified squamous epithelium）
(C) 偽多層柱狀上皮（pseudostratified columnar epithelium）
(D) 單層鱗狀上皮（simple squamous epithelium）

詳解: B

上皮組織（epithelial tissue）是由密集排列的上皮細胞和極少量細胞間質構成的動物的基本組織。一般彼此相聯成膜片狀，被覆在生物體體表，或襯於生物體內中空器官的腔面，以及體腔腔面。其排列方式有單層和多層之分。依功能和結構的特點可將上皮組織分為被覆上皮、腺上皮、感覺上皮等三類。其中被覆上皮為一般泛稱的上皮組織，分布最廣。上皮組織細胞排列緊密，單層或多層，細胞間質少。覆蓋在體表或體內各器官的表面和管腔的內表面，具有保護、分泌、吸收等功能。上皮組織是個體發生中最先形成的一種組織，由內、中、外三個胚層分化形成。但主要來自外胚層和內胚層。外胚層分化的上皮主要有：表皮及其衍生物（毛髮、腺體等），身體上所有的開口（口腔、鼻腔、肛門）的被覆上皮以及神經管壁的上皮等。內胚層分化的上皮有：消化道、呼吸道的上皮、消化腺腺泡和導管；膀胱以及甲狀腺、甲狀旁腺的上皮等。中胚層分化的上皮有；心血管循環系統的內皮；襯於腹腔、胸腔、心包腔以及某些器官表面的間皮，以及腎、腎上腺皮質和生殖腺的上皮等。具有保護、分泌等功能。

多層鱗狀上皮，由十餘層或數十層細胞組成。在上皮的垂直切面上，細胞形狀不一。緊靠基底膜的一層基底細胞為矮柱狀，為具有增殖分化能力的幹細胞，部分子細胞向淺層移動。基底層以上是數層多邊形細胞，再上為幾層梭形或扁平細胞。

僅靠近表面幾層細胞為扁平狀（鱗狀），基底層細胞能不斷分裂增生，以補充表層衰老或損傷脫落的細胞。多層鱗狀上皮深層的結締組織內有豐富的毛細血管，有利於多層鱗狀上皮的營養。這種上皮分布於皮膚表面、口腔、食管、陰道等器官的腔面，具有耐摩擦和防止異物侵入等保護作用，受損傷後，上皮有很強的修復能力。

37. 下列何種疾病是由顯性等位基因所引起的？
(A) 軟骨發育不全症（achondroplasia）
(B) 鐮型血球貧血症（sickle-cell disease）
(C) 囊腫纖化症（cystic fibrosis）
(D) 白化症（albinism）

詳解: A

「軟骨發育不全症」是因骨骼異常而導致生長矮小的疾病，此症是最常見的遺傳性短肢侏儒症，其發生率約兩萬五千分之一，是屬於體染色體顯性遺傳疾病。

其致病原因為「纖維芽細胞接受體-3」(FGFR-3)基因產生缺陷，導致骨骼生長發育不良，長骨的生長受到抑制，所以患者的身材平均約為 130 公分。

鐮刀型貧血是一種遺傳性隱性疾病，控制的基因位在人類第 11 條染色體上，需由父母雙方皆有隱性基因，才會產生導致鐮刀型貧血。若是僅得到一個隱性基因則不會產生明顯的症狀。這個隱性基因主要影響到是血紅素（hemoglobin），它是紅血球顏色的主要來源，同時擔任輸送氧氣的工作。正常人的血紅素上有 4 個血紅蛋白鏈（globin chain），包含兩個 α 鏈結構與兩個 β 鏈結構，鐮刀型貧血的主要影響在 β 鏈結構上。這個隱性基因會改變正常血紅素的外型，連帶拉扯紅血球成為鐮刀型或新月型。鐮刀型紅血球很容易破裂，進而在血管中出現凝聚阻塞的情況，也造成紅血球壽命縮短，造成周邊組織的氧氣供應明顯不足，引起很多相關的併發症。

囊腫性纖維化的遺傳型式是體染色體隱性，囊腫性纖維化的基因 CFTR 位置在第七對染色體長臂 7q31.2 的區域，有 27 個表現子（exons），突變會造成呼吸道黏膜的氯離子通道發生問題，連帶使得水份積存在呼吸道內造成支氣管和肺部的分泌物過度堆積，導致感染甚至造成呼吸衰竭而死亡，平均存活年齡是二十五歲。除了呼吸道的問題最嚴重之外，患者還會有胰臟分泌酵素不足所造成的營養吸收不良、直腸疝脫、男性不孕、胎便導致的腹膜炎，以及肝硬化。

白化症（Albinism）是一類和遺傳性黑色素合成異常有關的疾病，其特徵是黑色素減少或缺失。有數種類型的白化病，其中一種稱為眼睛皮膚白化症（Oculocutaneous Albinism，俗稱 OCA）。OCA 是黑色素生物合成的體染色體隱性基因的遺傳疾病，會導致皮膚、毛囊和眼睛中黑色素的完全或部分喪失。又稱作「酪胺酸酵素陰性之眼睛皮膚白化症」，遺傳方式為自體隱性，也就是說父母均為無症狀的隱性帶因者，而患兒的皮膚及毛髮卻極為白皙，怎麼曬都不會變黑，頭髮倒是可能逐漸變成淺黃色，眼珠呈紅色，會懼光且常有眼球震顫的現象，眼底亦缺乏色素。

38. 下列關於女性月經週期的描述，何者正確？
(A) 黃體酮（progesterone）濃度在濾泡期時達到高峰
(B) 濾泡刺激素（follicle-stimulating hormone）濃度達到尖峰量時，促進濾泡和相鄰卵巢壁破裂，釋出次級卵母細胞
(C) 子宮內膜增生發生於黃體期
(D) 子宮內膜腺體生長與分泌發生於黃體期

詳解: D

黃體酮濃度在黃體期達到高峰；刺激排卵者為 LH；子宮內膜增生發生於濾泡期。

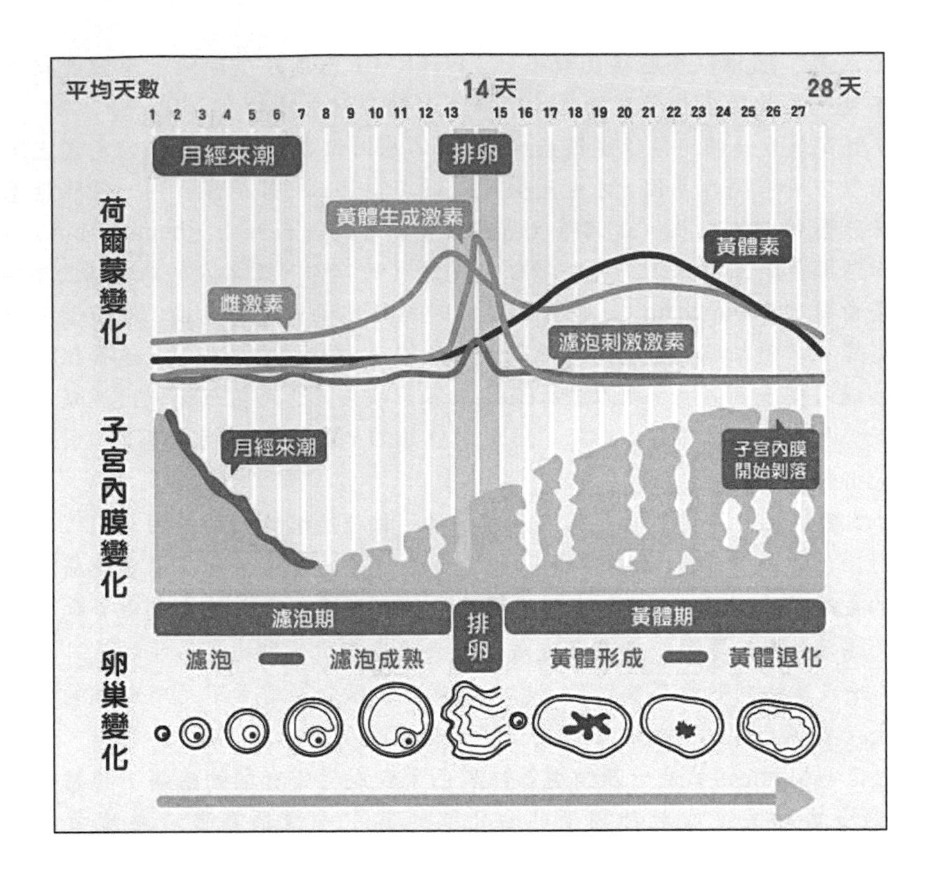

校方釋疑：

子宮內膜增生受到濾泡所分泌雌二醇（Estradiol）刺激，此激素於增生期（proliferative phase）達到高峰。因此子宮內膜增生最主要發生於增生期。排卵後，黃體所分泌的雌二醇與黃體酮（progesterone）刺激子宮內膜持續發育和維持，這其中包括動脈擴增，和子宮內膜腺體的生長(建議參考 Campnell Reece 生物學，第八版，下冊）。

根據生物學 Campbell，子宮內膜大量增生主要是發生在增生期，而在黃體期，最主要的子宮內膜變化為腺體的生長，因此本題維持原公告之答案。維持原答案(D)

39. 下列何處是調控人類清醒的中心構造？
(A) 中腦
(B) 延腦
(C) 間腦
(D) 橋腦

詳解: A

橋腦及延腦中含有一些神經核，當受到刺激時會引起睡眠；中腦則含有一引發覺醒的中心。

在大腦中與清醒警覺相關的位置在腦幹，叫做網狀結構(reticular formation)，其中藍斑核是大腦分泌正腎上腺素的主要神經核，而縫核是大腦分泌血清素的主要神經核，意思就是這些胺類（amines）神經傳遞物質主要會影響我們的清醒與警覺。

腦幹神經傳導物質

神經傳導物質	神經元位置	代表性構造	投射	功能
血清素 Serotonin	腦幹中線區	縫核 (Raphe nuclei)	CNS 各部位	下行的痛覺控制、睡眠
正腎上腺素 Norepinephrine	橋腦及延腦的外側區	藍斑核 (Locus ceruleus) 孤立核 迷走神經背核	上行：大腦皮質及間腦 下行：腦幹、脊髓及小腦	注意和警戒
多巴胺 Dopamine	中腦	黑質緻密部 腹側頂蓋區	紋狀體 大腦皮質 邊緣結構	開始運動 積極認知作用
乙醯膽鹼 Acetylcholine	網狀形成及部分基底核	Meynert 基底核	皮質、下丘腦及杏仁體	睡眠-清醒周期、記憶學習

校方釋疑：

根據生物學 Campbell 及許多研究說明 ventrolateral preoptic nucleus of the hypothalamus (VLPO) 是促進“睡眠”，而非調控“清醒”，建議參考以下資料 *Neuron*. 2010 Dec 22; 68(6): 1023 - 1042. 或者 *Proc Natl Acad Sci* U S A. 1998 Jun 23; 95(13):7754-9.

根據上述之理由，本題維持原公告之答案。維持原答案(A)

40. 在視覺資訊的傳遞過程中，下列敘述何者錯誤？
   (A) 視覺資訊傳遞開始於視網膜之視桿與視錐
   (B) 黑暗中，視桿被去極化，導致視桿細胞釋出神經傳導物質麩胺酸
   (C) 光照下，cGMP 水解成 GMP，使 cGMP 自細胞膜鈉離子通道脫離，降低鈉離子通透性，視桿細胞因此去極化
   (D) 吸收光線能量後，視黃醛（retinal）轉為反式異構物，導致視紫質（rhodopsin）的活化，調控對光線的回應

詳解: C

光照下，cGMP 被 PDE 水解成 GMP，降低鈉離子通透性，視桿細胞因此過極化。

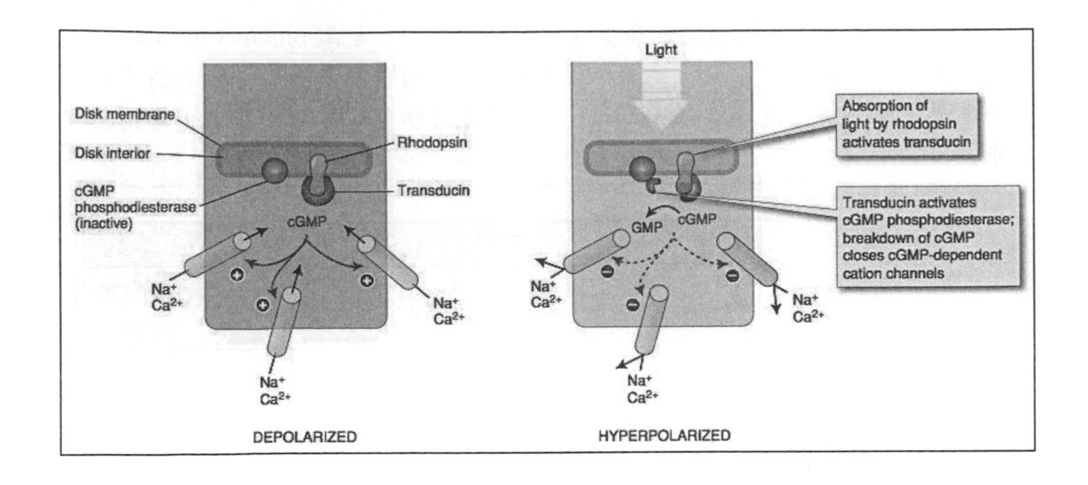

41. 下列何者參與在蛋白酶體（proteasome）破壞分子的機制中？
(A) 泛素（ubiquitin）
(B) 分子伴侶（chaperone）
(C) 小分子核醣核酸（microRNA）
(D) 周期素（cyclin）

詳解: A

細胞內的蛋白質零件如有損壞，就需要分解與回收，主要依靠各有所長、也能互補的兩套回收系統：一套是「泛素—蛋白酶體系統」（ubiquitin-proteasome system，簡稱 UPS），另一套是「細胞自噬—溶酶體系統」（autophagy-lysosome system）。

42. 在脂肪酸代謝（fatty acid metabolism）中，其中間產物主要以下列何種成分進入檸檬酸循環（citric acid cycle）？
(A) 酮酸（keto acid）
(B) 丙酮酸（pyruvic acid）
(C) 乙醯輔酶 A（acetyl CoA）
(D) 乳酸（lactic acid）

詳解: C

人體內的葡萄糖、胺基酸、脂肪酸，經過氧化分解後，以生成乙醯輔酶 A（Acetyl-CoA）的形式便可進入檸檬酸循環系統。

人類日常食物中攝取的營養素，經過消化後，碳水化合物被分解成單醣而轉變為葡萄糖，蛋白質成為氨基酸，脂肪為脂肪酸。隨即被小腸吸收，藉血液輸送到身體各組織，供細胞使用。

細胞中有一種極小的物質叫粒腺體（Mitochondria）負責檸檬酸循環（Citric Acid Cycle）的氧化分解作用與呼吸鏈（Respiratory Chain）的氧化性磷酸化作用。

前者將營養素完全分解，藉燃燒產生能量供身體使用。後者則將未被使用的能量以生成腺嘌呤核苺三磷酸（Adenosine Triphosphate）儲存在身體內備用。由此可見兩者均負有對人體健康的重要角色。

人體內的葡萄糖、氨基酸、脂肪酸，經過氧化分解後，以生成乙醯輔酶 A（Acetyl-Coengyme A）的形式便可進入檸檬酸循環系統。即是乙醯輔酶 A 與草醋酸作用生成檸檬酸。其間經過十個步驟的變化後檸檬酸又行分解重生成草醋酸。此十步驟的變化是一種週而復始的循環作用，稱之為檸檬酸循環，此循環中的一連串化學反應是食物營養素代謝中的最關鍵的作用。

43. 楊桃（*Averhoa carambola*）是常綠灌木，其果實含有會引起腎結石（renal calculi）之重要成分為下列何者？
(A) 醋酸
(B) 鞣酸（單寧酸）
(C) 草酸
(D) 丙酮酸

詳解: C

未成熟的楊桃含有比較多的草酸，容易與人體中的鈣形成草酸鈣，進而很有可能形成結石。再者，楊桃中還含有一種苯丙氨酸類的神經毒素 Caramboxin，2013 年由巴西科學家首次分離，會損害到腦與腎功能。腎病患者若食用，可能會造成嘔吐等中毒症狀，嚴重者還會陷入昏迷，甚至死亡。

44. 動物細胞膜（cell membrane）為分隔細胞質與間質液之間的一層薄膜，其厚度約為多少？
(A) 100 Å
(B) 10 Å
(C) 1 m
(D) 1 mm

詳解: A

細胞膜（cell membrane），包圍細胞質的一套薄膜，又稱細胞質膜或外周膜，是生物膜的一種，它是由蛋白質、脂質、多糖等分子有序排列組成的動態薄層結構，平均厚度約 10 奈米。有人將細胞膜外一層含多糖的物質稱為外被，細胞膜和外被合稱為細胞表面。

脂質中大部分是磷脂，其次是膽固醇，還有少量糖脂，有些細胞膜（如嗜鹽菌膜）還含有硫脂，它們都是雙性分子。磷脂的親水端含有磷酸和其他親水基團（如膽鹼、絲氨酸或乙醇氨等）；疏水端大多是脂醯基（一般有 16～18 個碳原子）。細胞膜中磷脂分子的親水端向外，疏水端向內排成脂質雙分子層。膽固醇以其第三個碳原子上的羥基為親水端，以芳香環作為疏水端與磷脂的相應部分並列在脂雙層中。脂雙層的內外兩層中的脂質分子分布是不對稱的。糖脂都在外層，糖殘基位於脂雙層的表面。磷脂在內外二層中的分布是不相等的。

細胞中大約有 20～25%左右的蛋白質分子是與膜結構結合的。根據這些蛋白質與膜脂的相互作用方式及其在膜中分布部位的不同，粗略地可分為兩大類：周邊蛋白和內部蛋白。①周邊蛋白分布於膜的外表面，約佔膜蛋白的 20～30%。它們通過離子鍵或其他的非共價鍵與膜脂相連，結合力較弱，只需用比較溫和的方法，如改變介質的離子強度、pH 或加入螯合劑等即可把外周蛋白分離下來，它們都為水溶性蛋白質。②內部蛋白約佔膜蛋白的 70～80%，它們有的部分嵌入雙分子脂質層中，有的跨膜分布，還有的則全部埋藏在雙分子層的疏水區內部。由於內部蛋白主要靠疏水鍵與膜脂相互結合，因而只有在較為劇烈的條件下（如超音波、加入去垢劑或有機溶劑等）才能把它們從膜上溶解下來。

45. 下列何者是兩個細菌間發生單向的 DNA 轉移？
(A) 接合（Conjugation）
(B) 重組（Recombination）
(C) 轉型（Transformation）
(D) 轉導（Transduction）

詳解: A

細菌的接合作用是細菌間傳遞遺傳物質的方法之一，它必須由兩細菌建立實體的連結，像是運輸孔道的功能，再把 DNA 由一方傳送到對方菌體內。接合作用最早於 1946 年由列德伯格（Joshua Lederberg）和塔圖姆（Edward Tatum）發現。進行接合的兩細菌，除了必須有直接接觸之外，還須具備另一特性：兩者是不同的交配型（mating type），供體細胞（donor cell）必須攜有質體，而受體細胞(recipient)通常則否。在革蘭氏陰性菌中，質體 DNA 帶有合成性線毛(sex pili)的基因，性線毛突出於供體細胞表面，當它與受體細胞靠近時，能拉近兩細胞的距離以便直接接觸；革蘭氏陽性菌則是靠細胞表面分泌的黏性物質，讓細胞直接接觸。

大腸桿菌 *E.coli* 的 F 因子（fertility factor, F-factor, F-plasmid），即 F 質體，是最先被發現可於細菌接合作用時被轉移的質體（plasmid）。F 質體既可以獨立存在於細胞質中，也可以嵌入細菌的染色體，長度約 10 萬個鹼基對，擁有自己的複製起點。擁有 F 質體的供體細胞(donor)簡稱為 F^+，反之，受體細胞(recipient)稱為 F^-。接合作用發生前，F^+細胞會利用性線毛（pilus）"辨別"F^-細胞，性線毛前端的蛋白可以將自己固定在 F^-細胞的表面，並且拉近 F^+與 F^-細胞的距離。性線毛基部的酵素，能啟動細胞膜的融合，因此 F 質體的傳輸並非靠性線毛做傳遞，性線毛只是幫助 F^+與 F^-細胞拉近距離並開始接合作用。接下來就是 F 質體如何由 F^+細胞傳給 F^-細胞，F 質體是環形的雙股 DNA，在傳輸之前，其中一股會被切出一個切口，由切口為傳輸的起點，只將這單股（T-strand）傳至 F^-細胞，留在 F^+細胞的另一個環形單股 DNA，會被視為複製模板再合成完整的 F 質體，而

原本的 F^-細胞在接受 T-strand 之後，隨即也會合成其互補股，轉變成擁有 F 質體的新的 F^+細胞。

受體細胞因接合作用能獲得原來沒有的能力，例如：對抗生素的抗藥性；或是新的新陳代謝功能，讓其能使用不同的營養來源或代謝物。整體而言，對多數的有害細菌來說，接合作用更有益其族群的擴張。

F 質體嵌入細菌的染色體後，可能成為高頻重組（high frequency of recombination, Hfr）細胞。當 Hfr 細胞與 F^-細胞發生接合作用時，Hfr 細胞會先複製 F 因子，其複製起點在 F 因子的中間，所以也會接續著複製連繫在旁邊的染色體 DNA，一同傳輸至 F^-細胞內。傳至 F^-細胞之染色體 DNA 的量，和接合作用的時間長短有關，只要孔道仍維持連接，DNA 會持續傳輸，不過通常在整個染色體都傳輸完畢之前，這脆弱的連結就會中斷。一旦進入 F^-細胞中，供體細胞的 DNA 便會與受體細胞之 DNA 產生重組，F^-細胞有可能獲得新的染色體基因版本。不過 F^-細胞仍是 F^-細胞，因為其並未獲得完整的 F 因子。

校方釋疑：

考題是設計在「兩個細菌間」的「單向」DNA 轉移，並非病毒（含噬菌體）與細菌或細胞的轉型（Transformation）及轉導（Transduction）。根據上述之理由，本題維持原公告之答案。維持原答案(A)

46. 在電子顯微鏡下所看到的骨骼肌或心肌細胞之三合體（triad），是如何組成的？
 (A) 由細胞膜和終池（terminal cisternae）所組成
 (B) 由一個橫小管（transverse tubule）和兩旁肌漿網的終池所組成
 (C) 由一個橫小管和兩旁的肌漿所組成
 (D) 由粒線體（mitochondria）和終池所組成

詳解: B

肌細胞膜（sarcolemma）有一特殊的構造 transverse tubules（T-tubules），發源自細胞膜，並向內穿透。T-tubules 和位於其兩側的 cisterna（就是 SR 的 terminal cicterna）合稱為 Triad（三合體），T-tubules 可以傳遞來肌細胞膜表面的興奮，並傳至鄰近的 cisterna 使其釋放出 Ca^{2+}。

47. 下列何顱神經控制咀嚼肌（chewing muscles）的運動？
 (A) 外展神經（abducens nerve）
 (B) 三叉神經（trigeminal nerve）
 (C) 顏面神經（facial nerve）
 (D) 迷走神經（vagal nerve）

詳解: B

外展神經（abducens nerve），或外旋神經，是十二對腦神經中的第六對，支配外直肌，使眼球向外瞄準，是一條純粹的運動神經。

三叉神經主要有兩項功能：一個是運動功能。臉部肌肉可分為表情肌以及咀嚼肌，表情肌是顏面神經管理，三叉神經負責的是咀嚼相關的肌肉。第二個是感覺功能，也是三叉神經最主要的功能，包括臉部肌肉的本體感覺、觸覺、溫度覺以及痛覺等臉部所有感覺，都由三叉神經管理。

顏面神經具多種功能：傳遞感覺—三分之二舌頭所接收的味覺，均由它傳往腦部。操控不同的臉肌：例如額頭肌、臉頰肌、眼輪匝肌（負責眼瞼開合），以及口輪匝肌（負責口部及唇部活動）等，做出不同的表情；操控淚腺及唾液腺：促使淚液及唾液的分泌；操控耳內的鐙骨肌：穩定內耳的鐙骨，不致於把聲音放得太大，協助聽力發揮正常。

迷走神經亦稱第十對腦神經（tenth cranial nerve）。迷走神經屬混合性神經，是人的腦神經中最長和分佈範圍最廣的一組神經，含有感覺、運動和副交感神經纖維。迷走神經出延髓，從顱頂穿出後，沿著食道兩旁，縱貫頸部和胸腔，經位於橫膈上 T10 高度的食道裂孔入腹部；支配呼吸系統、消化系統的絕大部分和心臟等器官的感覺、運動和腺體的分泌；因此迷走神經損傷會引起循環、呼吸、消化等功能失調。

48. 心臟構造中傳導速度最慢的地方是位於下列何處？

(A) 浦金氏纖維（Purkinje fiber）

(B) 心房（atrium）

(C) 心室（ventricle）

(D) 房室結（atrioventricular node）

詳解：D

在動作電位傳導的過程中，科學家由實驗中發現，竇房結發出的神經衝動只需要 0.03 秒即可通過心房肌肉到達房室結。但是到達房室結之後卻要 0.13 秒的時間才能自房室結中傳出。這是因為（1）連接心房纖維和房室結纖維的接合纖維（transitional fibers）的纖維直徑較小，造成電阻變大、（2）此處心肌肌間盤（intercalated disk）上的間隙連接（gap junction）數目較少，使得離子通過的時間增加、（3）同時此處的心肌膜電位較一般心肌細胞更為負電性，故達到去極化的時間增長。因為以上三項因素，造成神經衝動經過房室結時，傳導的速率變慢，此現象稱為房室結延遲（A-V nodal delay）。此現象在生理上有重要意義。因為藉著心房和心室之間神經衝動些微的延遲，使得心房能夠在心室收縮前將其中的血液擠到心室中，使心室輸出血量增加。（其實血液自靜脈流回心臟時，有70%的血液是直接流入心室的，心房的收縮只是使剩下 20～30%的血液迅速而盡可能地流入心室中。）

49. 下列何種物質在體內是由膽固醇（cholesterol）所產生？
(A) 泌乳激素（prolactin）
(B) 醛固酮（aldosterone）
(C) 甲狀腺素（thyroxine）
(D) 腎上腺素（epinephrine）

詳解: B

膽固醇乃是存在於人體細胞中的複合脂質，其產生主要有兩個來源，其中三分之一是由食物獲得，經腸胃道吸收進入血液中；另外三分之二是在肝臟合成。膽固醇是組成細胞膜的主要成分，在維持細胞膜功能運作上扮演重要的角色。另外，膽固醇也是合成重要荷爾蒙的原料，包括腎皮質荷爾蒙(如醛固酮及可體松)、性荷爾蒙（如雄性激素及雌性激素）以及合成維他命 D 及膽酸的重要元素。

50. 下列有關肺臟內肺泡（alveoli）的遲滯現象（hysteresis），何者錯誤？
(A) 該現象與肺泡內表面張力素（surfactant）的存在有關
(B) 該現象的發生，會使吸氣與呼氣時肺泡內壓力的改變會不一致
(C) 該現象與肺泡的回縮（recoiling）現象或順應性（compliance）有關
(D) 該現象會使得肺部壓力體積曲線的變化在吸氣與呼氣並無明顯改變

詳解: D

吸氣時，表面張力素隨著肺泡壁擴張而被拉開，變得較稀薄；呼氣時，表面張力素隨著肺泡壁回縮而再度變厚。呼吸過程中，因為表面張力素變薄又再變厚，所以每瞬間所降低的表面張力幅度不同，造成吸、呼的斜率不同，此即為遲滯現象（hysteresis）。

校方釋疑：

因為肺泡遲滯現象（hysteresis）的發生，一定會使吸氣與呼氣時肺泡內壓力的改變會「不一致」的。維持原答案(D)

慈濟大學111學年度學士後中醫招生考試試題暨詳解

科目：普通生物學 **黃彪 老師解析**

選擇題（下列為單選題，共50題，每題2分，共100分，答錯1題倒扣0.7分，倒扣至本大題零分為止，未作答時，不給分亦不扣分，請選擇最合適的答案）

1. 基因突變有可能是少了或多了一段基因片段，而造成框移突變（frameshift mutation），若有終止密碼子（stop codon）形成則轉譯會提早結束而形成較短之多胜肽鏈。下列基因突變何者最不可能造成框移突變？
(A) 少了一段4個鹼基基因片段
(B) 少了一段17個鹼基基因片段
(C) 多了一段7個鹼基基因片段
(D) 多了一段 18個鹼基基因片段

詳解： D

框移突變（Frameshift Mutation）：DNA分子經嵌入或缺失一個或多個（非三之倍數）鹼基，導致多肽鏈中胺基酸轉錄及轉譯全部發生錯誤。選項(D)中18是三之倍數，所以最不可能造成框移突變。

2. 細胞訊息傳遞放大主要是藉由酵素催化產生許多下列何種物質來引發下游反應？
(A) 一級傳訊者（first messenger）
(B) 二級傳訊者（second messenger）
(C) 三級傳訊者（third messenger）
(D) 四級傳訊者（fourth messenger）

詳解： B

第二信使學說是E.W.沙士倫於1965年首先提出。他認為人體內各種含氮激素（蛋白質、多肽和胺基酸衍生物）都是通過細胞內的環磷酸腺苷（cAMP）而發揮作用的。首次把 cAMP 叫做第二信使，激素等為第一信使。第二信使是指在胞內產生的非蛋白類小分子，通過其濃度變化（增加或者減少）應答胞外信號與細胞表面受體的結合，調節胞內酶的活性和非酶蛋白的活性，從而在細胞信號轉導途徑中行使攜帶和放大信號的功能。

第二信使至少有兩個基本特性：①是第一信使同其膜受體結合後最早在細胞膜內側或胞漿中出現、僅在細胞內部起作用的信號分子；②能啟動或調節細胞內稍晚出現的反應信號應答。

第二信使都是小的分子或離子。細胞內有五種最重要的第二信使：cAMP、cGMP、1,2-二醯甘油（diacylglycerol, DAG）、1,4,5-三磷酸肌醇（inositol 1,4,5-trisphosphate, IP_3）、Ca^{2+}（植物中主要的第二信使）等。

第二信使在細胞信號轉導中起重要作用，它們能夠激活級聯繫統中酶的活性，以及非酶蛋白的活性。第二信使在細胞內的濃度受第一信使的調節，它可以瞬間升高、且能快速降低，並由此調節細胞內代謝系統的酶活性，控制細胞的生命活動，包括：葡萄糖的攝取和利用、脂肪的儲存和移動以及細胞產物的分泌。第二信使也控制著細胞的增殖、分化和生存，並參與基因轉錄的調節。

3. 十八世紀初，煤氣是街燈的主要燃料，然而人們卻發現街燈周圍的路樹會出現提早落葉的現象，推測可能是煤氣中某種成分會導致此現象，下列何者最有可能是此成份？
(A) 乙烯（ethylene）
(B) 乙醇（ethanol）
(C) 蟻酸（formic acid）
(D) 丙酮（acetone）

詳解：A

19 世紀 50 年代。那個時代，還沒有電，而煤氣燈卻被廣泛地安裝在大街小巷，道路兩旁。1858 年，美國人 Fahnestock 發現，盛夏之際，煤氣燈旁邊的樹葉卻大量地枯萎脫落，而不遠處其他的樹卻仍是一派欣欣向榮的景象。1864 年法國人 Girardin 的實驗結果證明，乙烯是煤氣的組成成分。隨後，大量學者都認為煤氣燈旁樹葉脫落的現象由乙烯導致，卻一直沒有找到直接的證據，直到前蘇聯的 Neljubov 意外發現乙烯是一種具有生物活性的物質。

在所有的植物激素中，乙烯是最簡單的一種。乙烯由兩個碳原子和四個氫原子組成，兩個碳原子之間以雙鍵結合，結構式為 $CH_2=CH_2$。多年來的科學研究發現，作為一種特殊的氣態植物激素，乙烯在植物生長發育以及適應環境的過程中，都發揮著重要的作用。

4. 下列何種動物沒有組織與器官？
(A) 海膽
(B) 玉蛀蟲
(C) 海綿
(D) 水母

詳解：C

海綿動物為最原始、最簡單的無脊椎動物，僅由細胞疏鬆的連接在一起，構成簡單的細胞層，大多棲息於海水中，少部分為淡水種類。海綿個體細胞獨立性高，可各自進行攝食、呼吸、排泄等生理功能，且因細胞無明顯特化，所以沒有真正的組織分化。

5. 真核細胞之細胞週期，主要由一群調節蛋白組成之細胞週期時鐘控制系統所調控。在細胞週期的各個階段各有其特定的檢查點（checkpoint），而細胞週期之進行最主要是由下列何種蛋白的降解及合成所調控？

(A) 肌動蛋白（actin）

(B) 肌凝蛋白（myosin）

(C) 週期素依賴激酶（cyclin-dependent kinase）

(D) 週期素（cyclin）

詳解: D

細胞週期是受到嚴格調控的，利蘭・哈特威爾（Leland Hartwell）提出「檢查點（check point）」的觀念，他認為細胞週期中有一些特定的關鍵時期（檢查點），當檢查點滿足某些條件，細胞週期才會繼續進行，如此可確保細胞週期是正確地進行。在真核細胞的細胞週期中，有三個檢查點，第一個在 G1 phase 晚期，就是進入 S phase 前，稱為 G1 checkpoint，主要檢查細胞的大小、營養、生長因子、和 DNA 是否有受損；第二個在 G2 phase 晚期，就是進入 M phase 前，稱之為 G2 checkpoint，主要檢查細胞的大小和 DNA 是否完全複製；第三個在 M phase 的過程中，稱為 Spindle assembly checkpoint，主要檢查染色體是否附著在紡錘體上。

2001 年諾貝爾生理醫學獎得主利蘭・哈特威爾（Leland Hartwell）、保羅・納斯（Paul Nurse）和蒂莫・漢特（Timothy Hunt）的研究發現，在細胞週期中有兩個關鍵因素，週期素（Cyclin）和週期素依賴激酶（cyclin dependent kinase，Cdk）。Cyclin 是細胞生長分裂過程中必需的蛋白，其含量會隨週期中不同階段而有所不同，並影響 Cdk 的作用；Cdk 則是影響細胞週期中由一個階段進入另一個階段，是由 start 基因所調控。Cdk 平時便存在但是沒有活性，到 S phase 晚期至 G2 phase 時，細胞開始產生 Cyclin，Cyclin 與 Cdk 結合形成 MPF（Maturation-Promoting Factor）。當 MPF 濃度升高使細胞由 G2 期進入 M 期；細胞分裂結束後，Cyclin 便會被分解，Cdk 又恢復成無活性狀態，則促使分裂完的細胞進入 G1 期。所以科學家形容 Cdk 就像汽車引擎，沒有它細胞分裂就不會發生；而 Cyclin 就像變速箱，控制著引擎的馬力。研究發現，細胞內存在不同類型的 Cdk 及 Cyclin，細胞藉著這些 Cdk 及 Cyclin 的組合，掌握細胞週期的進行；因此，從分子生物學的觀點來看，細胞週期的過程，相當是 Cdk 和 Cyclin 複合體酵素活性的交替循環週期。

6. 下列何種胞器具雙層膜構造？

(A) 內質網

(B) 粒線體

(C) 高基氏體

(D) 細胞膜

詳解: B

真核細胞常見的胞器包含：葉綠體、粒線體（雙層膜），內質網、高基氏體、溶體、液胞（單層膜）。

葉綠體：

1. 含雙層膜的胞器，內外膜皆平滑；為藻類和植物細胞行光合作用的構造
2. 葉綠餅：基質內含有許多類囊體（葉綠囊）相疊而成，類囊體的膜上有葉綠素等光合色素，能吸收光能。
3. 基質：內膜以內的膠狀物質稱為膠質，含光合作用的暗反應所需的酵素。
4. 光合作用的光反應在葉綠餅進行，暗反應在基質進行。

粒線體：

1. 雙層膜胞器，外膜平滑，緊鄰細胞質，內膜凹陷成許多皺褶，以光學顯微鏡觀察時，多呈線狀或粒狀，因此稱為粒線體。
2. 為細胞內進行有氧呼吸，製造 ATP，產生能量的主要場所，因此又稱為細胞的『能量工廠』。
3. 含有自己的 DNA、RNA 和核糖體，能自行合成部分自身所需的蛋白質。
4. 萌芽的種子、肌肉細胞及神經細胞等代謝旺盛的細胞內，粒線體的數量較多。

7. 神經傳遞物質（neurotransmitter）負責神經元間的突觸信號傳送（synaptic signaling），其合成部位主要在下列何者？
(A) 突觸前神經元（presynaptic neuron）
(B) 突觸小泡（synaptic vesicle）
(C) 突觸間隙（synaptic cleft）
(D) 突觸後神經元（postsynaptic neuron）

詳解: A

神經訊號由一神經元傳導至另一神經元係經由神經元間交接處，名為突觸（synapse）。中樞神經系統內的突觸幾乎都是化學性突觸，突觸前的神經元能分泌一種化學物質，稱為神經傳導物質，而突觸後神經元的細胞膜上則具有該種神經傳導物質的接受體蛋白質。當神經傳導物質與接受體結合時，就會使突觸後神經元產生興奮或抑制作用，或以其他的方式改變其敏感度。目前所發現的神經傳導物質已有三十多種，大致可分為乙醯膽鹼、胺類、氨基酸及多肽類，一般認為每一個神經元只分泌一種傳導物質。化學性突觸具有一項非常重要的性質，即它只能單向傳導，也就是將神經衝動由分泌神經傳導物質的突觸前神經元，傳至接受傳遞物質作用的突觸後神經元。

由電子顯微鏡觀察突觸前的神經元末梢，發現其具有許多不同的解剖形態，但多數都像一個圓形或橢圓形的小結，故常被稱為末梢小結（terminal button）。突觸前末梢具有持續合成傳遞物質的能力，這新合成的傳遞物質會立刻被吸收到囊泡中儲存，以備使用。突觸前末梢與突觸後神經細胞間以寬約 200 Å 至 300 Å

（Å=10^{-8} cm）的突觸間隙隔開。當神經的動作電位傳達經過突觸前神經末梢時，該處的細胞膜便產生去極化，使得一部分的囊泡將其內的傳導物質釋放到突觸間隙中，改變突觸後細胞膜的離子通透性，結果產生興奮或抑制作用。當傳遞物質被釋放到突觸間隙時，立刻與特定的接受體結合而活化離子通道，使之打開，這些離子通道打開一至二毫秒後通常很快就關閉，因傳遞物質在間隙中會經由擴散、被酵素分解及再回收到突觸前末梢循環使用而被快速的移除。一種神經傳導物質究竟是造成興奮或抑制，不單是依傳導物質本身的特性來決定，還受突觸後細胞膜上接受體性質的影響。

藥物可透過許多方式影響突觸的傳導，例如倘若藥物的化學結構與神經傳導物質非常類似，藥物就會與接受體結合，產生與神經傳導物質刺激神經相同的作用。此外，藥物影響神經傳導物質的機轉尚包括影響神經傳導物質的合成、運輸、儲存、釋放、酵素分解、再回收、活化或抑制接受體等作用。

8. 鳥類排泄尿酸（uric acid）作為含氮廢棄物的原因，下列何者最有可能？
(A) 可快速溶解於水中
(B) 代謝合成成本相較其他含氮化合物低
(C) 需較少的水排泄此含氮廢棄物
(D) 尿酸毒性較大但鳥類生理能耐受

詳解: C

動物攝食植物，將植物蛋白質分解為胺基酸，胺基酸可以組成動物本身所特有的蛋白質。部分胺基酸則可分解而釋出能量以供身體活動，於是便產生含氮廢物。蛋白質和核酸代謝後的含氮廢物，有三種不同的排除型式：氨、尿素、尿酸。動物產生含氮廢物的形式取決於演化來源及所屬棲息環境這兩個因素。

與氨和尿素比較，尿酸的毒性最低，尿酸難溶於水。昆蟲、鳥類、爬蟲類，以尿酸的形式排除含氮廢物，可以讓排泄時水分的流失達到最少，但形成尿酸需消耗更多的能量。鳥類和爬蟲類均為卵生，卵中胚胎所產生的含氮廢物一直累積在卵殼內，因此鳥類和爬蟲類利用毒性最低的尿酸形式排除，讓含氮廢物對胚胎的傷害減到最低。

9. 胚孔（blastopore）的結構於下列哪一個發育階段會變的比較明顯？
(A) 囊胚形成（blastulation）
(B) 原腸胚形成（gastrulation）
(C) 神經管形成（neurulation）
(D) 體腔形成（coelom formation）

詳解: B

以青蛙原腸化過程為例：

1. 兩棲類動物的囊胚含有相當多的卵黃，且不只一層細胞厚。因此原腸胚形成比海膽更複雜。而原腸胚形成，始於灰月區的細胞改變形狀，和細胞吸附的特性，皆與海膽相同。
   甲、這些細胞會向囊胚腔凹陷，且仍然吸附於囊胚的外層—瓶狀細胞（bottle cell），而這些瓶狀細胞標記了胚孔（blastopore）形成背唇（dorsal lip）的地方。
   乙、當瓶狀細胞向內移動、背唇形成、一層細胞移至囊胚腔裡時，這過程稱為內捲（involution）。其中一組內捲細胞是未來的內胚層，會形成原腸。
   丙、其他組的細胞會移到內胚層和外層細胞的中間，形成內胚看這些細胞移動的過程稱為匯集延伸（convergent extension），細胞沿著運動方向延伸，但同時會移到彼此中間。如果細胞只是不停的延伸，那細胞會變得非常窄；藉由內插（intercalate），細胞會維持一定的寬度。
2. 當原腸胚形成持續進行時，動物極半球的細胞會變平，且移向內捲的地方，此過程稱為外包（epiboly）。胚唇（blastopore lip）會持續擴大，最後形成一個完整的圓圈，圍繞著堵住有豐富卵黃細胞的拴板。當細胞不斷的向囊胚腔移動時，原腸漸漸擴大，逐漸取代囊胚腔。
3. 原腸胚形成的最後，兩棲類的胚胎已經有三個胚層和腹—背軸（ventral-dorsal axis）、前—後軸（anterior-posterior axis）的組成，內胚層、外胚層特定區域細胞的命運也已經被決定。

10. 含高油質的蓖麻種子發芽時，其脂質被分解及再生形成糖類的過程（gluconeogenesis）與下列何種胞器的功能最無相關？
   (A) 葉綠體（chloroplast）
   (B) 油質體（oleosome）
   (C) 粒線體（mitochondria）
   (D) 乙醛小體（glyoxysome）

詳解：A

乙醛酸循環（Glyoxylate cycle）又稱乙醛酸途徑、乙醛酸旁路，其名稱來自於此路徑經由產生乙醛酸來節省檸檬酸循環所會損失的兩個二氧化碳。此路徑只存在於植物和微生物中。其與檸檬酸循環的差異在於以透過乙醛酸途徑使異檸檬酸轉為琥珀酸、乙醛酸和蘋果酸。

乙醛酸循環體（Glyoxysome）是在植物中發現的特殊過氧化物酶體（特別是在發芽種子的脂肪儲存組織中，如油質體（oleosome）），也能在絲狀真菌中發現。含有脂肪和油的種子包括玉米，大豆，向日葵，花生和南瓜。

乙醛酸循環體是只存在於植物細胞中的一種微體（microbody）。該微體含有與乙醛酸循環有關的酶系，如檸檬酸裂合酶，蘋果酸合成酶等。主要出現在油料種子萌生成幼苗的細胞中，它與粒線體（mitochondria）相配合使醣質新生得以進行。

11. C3 植物的光呼吸作用（photorespiration）會顯著降低光合作用效率及作物產量，最可能是因為下列何種化合物的生合成受抑制？
(A) 2-磷酸乙醇酸（2-phosphoglycolate）
(B) ATP 及 NADPH
(C) 3-磷酸甘油酸（3-phosphoglycerate）
(D) 氧分子

詳解: C

氧氣會抑制暗反應中固定二氧化碳的酵素活性。該酵素簡稱為 rubisco，其功能是催化 RuBP 與 CO_2 結合，產生兩分子磷酸甘油酸（3-PGA），也就是催化暗反應中卡爾文循環的第一階段：固碳作用。

rubisco 尚具有氧化酶的活性，能催化 RuBP 與 O_2 結合，產生一分子磷酸甘油酸（3-PGA）及一分子磷酸羥基乙酸，之後磷酸羥基乙酸會進入過氧化氫體（peroxisome），經氧化作用後，其產物再進入粒線體內經代謝作用，最後釋出一分子 CO_2。由於上述氧化過程是將氧氣消耗產生二氧化碳，在氣體交換上與呼吸作用相同，而且只在有光的狀況下才進行(因為 rubisco 在光照下才具活性)，故此代謝途徑被稱為「光呼吸作用」。但是此作用不同於細胞的呼吸作用，因為它使有機物分解為二氧化碳，並不會有 ATP 產生，只是徒然的消耗光合作用暗反應中所需要的有機化合物而已。

對 C3 植物而言，光呼吸作用是必然發生的作用，理由很簡單：因為大氣中 O_2 濃度（20.9%）比 CO_2 濃度（0.0352%）高很多！C3 植物的葉肉中所有海綿組織細胞和柵狀組織細胞都利用 rubisco 來固定二氧化碳，空氣由氣孔進入後直接接觸葉肉細胞，氧氣和二氧化碳會競爭 rubisco 和 RuBP，雖然 rubisco 對二氧化碳的結合力較氧氣強，但懸殊的濃度差異使得光呼吸作用旺盛而暗反應的固碳作用下降，且光呼吸作用還會消耗 RuBP 轉變為 CO_2 而流失，更不利於卡爾文循環的進行。換言之，光呼吸作用愈強，愈不利於光合作用的進行。

12. 分析 DNA 中 4 種核苷酸的相對含量歸納結論出查格夫法則（Chargaff's rules），下列何項敘述最正確？
(A) 同一物種不同個體的 4 種核苷酸相對含量是不同的
(B) 不同物種的個體其 4 種核苷酸相對含量是相同的
(C) 不同核苷酸間的相對含量總是 A 與 G 相同而 T 與 C 相同
(D) 嘌呤（purine）的總含量與嘧啶（pyrimidine）的總含量相等

詳解: D

查加夫一生中曾提出兩條法則，後來都被稱為查加夫法則。最為人知的第一法則顯示 DNA 中的腺嘌呤與胸腺嘧啶數量幾乎完全一樣，鳥嘌呤與胞嘧啶的數量也是一樣。第二法則則表示不同物種之間的 DNA 組合是不同的，特別是 A、G、T 及 C 之間的相對數量。

13. 有關染色質（chromatin）的敘述，下列何者最正確？
(A) 異染色質是高度緊密纏繞而真染色質則是較不緊密纏繞
(B) 異染色質的 DNA 甲基化（methylation）程度低而真染色質則相反
(C) 真染色質（euchromatin）結構緊密而異染色質（heterochromatin）則為基因存在的位置
(D) 異染色質是基因轉錄活化區域而真染色質則是基因轉錄不活化區域

詳解：A

真染色質是基因密度較低的染色質，多在細胞周期的 S 期進行複製，且通常具有轉錄活性，能夠生產蛋白質。真染色質在真核生物與原核生物的細胞中皆存在。與其相對而言，另一類通常無法轉譯成為蛋白質的染色質，則稱為異染色質。在細胞中，92%的人類基因體是真染色質，剩餘部分是異染色質。

異染色質大多是由不具遺傳活性的衛星序列（satellite sequences）所構成。其中的基因皆受到不同程度抑制，常與 DNA 甲基化或組蛋白共價修飾情形有關。在細胞週期的 S 期中，異染色質比真染色質更晚進行複製，且只在真核生物中存在，著絲點及端粒 DNA 皆屬於異染色質，雌性體內去活化的 X 染色體（也就是巴爾氏體）也是。

14. 有關病毒（virus）與類病毒（viroid）的差異之敘述，下列何者最正確？
(A) 病毒具有蛋白衣（capsid）但類病毒則無蛋白衣
(B) 使用抗生素控制病毒的感染但無法抑制類病毒的感染
(C) 病毒較小能通過原生質絲（plasmodesmata）但類病毒較大則無法通過
(D) 病毒通常具有 RNA 基因組但類病毒則為 DNA 基因組

詳解：A

類病毒與病毒不同的是，類病毒沒有蛋白質外殼，為共價閉合的單鏈 RNA 分子，呈棒狀結構，由一些鹼基配對的雙鏈區和不配對的單鏈環狀區相間排列而成。1971 由美國植物病理學家 Dienc 及其同事在研究馬鈴薯紡錘塊莖病（potato spindle tuber disease）病原時發現。能侵染高等植物，利用宿主細胞中的酶類進行 RNA 的自我複製，引起特定症狀或引起植株死亡。類病毒的分子量在 0.5～1.2×10^5 左右。

15. 呼吸作用過程氧分子是用於下列何種反應？
(A) 醣解作用（glycolysis）
(B) 三羧酸循環（tricarboxylic acid cycle）
(C) 電子傳遞鏈（electron transport chain）結束時的電子接收
(D) 氧化磷酸化（oxidative phosphorylation）形成 ATP

詳解：C

細胞在呼吸的最後階段，也就是氧化磷酸化的過程中需要用到氧分子。氧化磷酸化由兩個密切相關的部分組成：電子傳遞鏈與化學滲透。在電子傳遞鏈中，電子從一個分子傳遞到下一個 分子，在轉移過程中釋放的能量會形成一個電化學梯度。在化學滲透中，梯度中存儲的能量被用於製造三磷酸腺苷（ATP）。

氧分子處於電子傳遞鏈的末端，它接受電子，吸引質子，生成水分子。如果沒有氧分子接受電子（比方說，假如有人吸入的氧氣量不足），電子傳遞鏈就會停止運行，細胞就不能通過化學滲透製造 ATP。沒有足夠的 ATP，細胞正常工作時需要的化學反應就不能進行，這種情形如果持續一定時間，細胞甚至會死亡。

16. 有關種子植物授粉受精過程，部份物種會進行辨識，有關自交不親合（self-incompatibility）的敘述，下列何者最正確？
(A) 排斥非自己的花粉粒
(B) 排斥過程發生在雄蕊花藥
(C) 排斥過程發生在雌蕊柱頭或花柱
(D) 排斥過程發生在精子及卵結合時

詳解：C

自交不親和性（self-incompatibility），指某一植物的雌雄兩性機能正常，但不能進行自花受精或同一品系內異株花粉受精的現象。廣泛存在於十字花科、禾本科、豆科、茄科、菊科、薔薇科、石蒜科、罌粟科等 80 多個科的 3000 多種植物，其中以十字花科植物最為普遍。自交不親和性是植物在長期進化過程中形成的有利於異花授粉，從而保持高度雜合性的一種生殖機制。在植物育種中，特別是在十字花科蔬菜作物中，可利用這種特性選育遺傳上穩定的自交不親和系，從而不用去雄就能生產雜交種子，以利用雜種優勢。

一般可分為 2 類：

1. 配子體型自交不親和性。即花粉在柱頭上發芽後可侵入柱頭，並能在花柱組織中延伸一段，此後就受到抑制。花粉管與雌性因素的抑制關係發生在單倍體配子體（即卵細胞與精細胞）之間。常見於豆科、茄科和禾本科的一些植物。這種抑制關係的發生可以在花柱組織內，也可以在花粉管與胚囊組織之間；有的甚至是花粉管釋放的精子已達胚囊內，但仍不能與卵細胞結合。
2. 孢子體型自交不親和性。即花粉落在柱頭上不能正常發芽，或發芽後在柱頭乳突細胞上纏繞而無法侵入柱頭。由於這種不親和關係發生在花粉管與柱頭乳突細胞的孢子體之間，花粉的行為決定於二倍體親本的基因型，因而稱為孢子體型自交不親和性，多見於十字花科和菊科植物。

17. 有關被子植物與哺乳動物的有絲分裂及細胞質分裂的敘述，下列何者最正確？
(A) 植物細胞及動物細胞的紡錘體皆由微絲（microfilament）組成
(B) 植物細胞及動物細胞的同源染色體皆會分離及獨立分配至子細胞中
(C) 植物細胞於末期形成細胞板（cell plate）但動物細胞則形成分裂溝（cleavage furrow）
(D) 植物細胞紡錘體具有中心體（centrosome）及中心粒（centriole）但動物細胞則無

詳解：C

胞質分裂（cytokinesis）發生在細胞分裂（cell division）末期時，通常於核分裂之後接著發生的胞質體（cytoplast）之分裂。由於生物種類的不同，胞質分裂有兩個基本類型。一是在高等植物細胞中，於細胞分裂的後期，姐妹染色體群移到兩極之後，紡錘體的中間區域分化為成膜體，在末期，從紡錘體中部形成細胞板（cell plate）。另一是在動物細胞中，於細胞分裂的末期，赤道板上的表層細胞質部位向中間凹陷縊縮，形成分裂溝（cleavage furrow）。在一部分植物細胞中，以及在酵母出芽和粘菌的孢子形成時等，可以看到有介於這兩種類型之間的中間型。縊縮的產生是由於這部分沿細胞膜下出現環狀的肌動蛋白（收縮環）的緣故。雖然胞質分裂通常是繼核分裂之後進行的，但兩者不一定是不可分割的連貫過程。有的例子是核分裂後只繼續進行核分裂，形成多核體。還有像某種胚乳細胞那樣，胞質分裂是在核分裂後很晚才發生。

18. 當葉綠體的類囊體膜（thylakoid membrane）受損穿孔無法與基質（stroma）有效區隔時，下列何種反應最易受到影響？
(A) 水的光分解及氧的生成
(B) 葉綠素的光能吸收及電子激發
(C) 電子傳遞鏈的功能及 NADPH 生合成
(D) 質子驅動力（proton motive force）的建立及 ATP 的生合成

詳解：D

類囊體是片狀的膜結合結構，是葉綠體和藍細菌中光依賴性光合作用反應的部位。它是含有用於吸收光並用於生化反應的葉綠素的部位。在類囊體中進行的反應包括水光解，電子傳遞鏈和 ATP 合成。類囊體腔用於光合作用過程中的光合磷酸化。膜上的光依賴性反應使質子進入內腔，將其 pH 降低至 5，形成推動 ATP 生成酶的質子驅動力。若類囊膜受損穿孔，則上述質子梯度無法有效建立，必定會直接影響 ATP 的生合成。

19. 當種子植物的葉片缺乏足夠的水分而形成逆境時，有關植物會產生相關生理作用來快速降低水分散失與恢復其水勢（water potential），下列敘述何者正確？
(A) 將更多的生長素（auxin）分布到根部來促進根伸長，以吸收水分
(B) 會在葉片中累積離層酸（abscisic acid），以幫助誘導氣孔快速閉合
(C) 葉片會產生更多的細胞分裂素（cytokinin），以保留所需的物質避免衰老
(D) 會大量生合成乙烯（ethylene），進而促進葉片衰老掉落

詳解: B

植物遇到乾旱逆境時，葉肉細胞產生離層酸（abscisic acid），促使氣孔關閉、葉片捲曲、加速老葉的老化與掉落、減緩枝條生長。改變植株形態、發展出深且廣的根系。液泡內儲存胺基酸和其他溶質，以提高細胞內的溶質濃度，促使植物從土壤中吸收更多的水分。

植物遇到淹水逆境時，皮層細胞產生乙烯，乙烯可作為植物體內的訊息因子，促使植物產生不定根和通氣通道，或形成呼吸根和皮孔。部分皮層細胞死亡，形成空氣通道，以利空氣運送至根部。增加不定根的生長、發展出呼吸根的構造、加速莖部產生皮孔。

20. 當對作物噴灑殺真菌劑（fungicide）時會導致植株礦物元素缺乏，下列何者最正確？
(A) 植物根部表面的菌根真菌（mycorrhizal fungi）被殺死
(B) 植物細胞膜上礦物元素主動運輸功能受抑制
(C) 植物細胞膜上礦物元素受體（receptor）功能受抑制
(D) 植物根部的根瘤菌（rhizobium）被殺死

詳解: A

殺真菌劑（fungicide）是指用來殺死或抑制真菌或真菌孢子的化合物或者生物體。真菌能夠對農業產生嚴重的危害，例如嚴重減產，質量降低等。

菌根菌為一類獨特存在於陸地生態系扮演著重要角色的土壤真菌，功能包括增進植物 吸收土壤內的水分和養分特別是磷、氮和無機化合物、分解有機物質和天然礦物、促進宿主植物的營養攝取能力，同時可幫助植物抵抗重金屬毒害及病蟲害等逆境。宿主植物則透過與菌根菌所形成的共生器官，提供光合作用產物給予菌根菌利用。

對作物噴灑殺真菌劑時會導致植株礦物元素缺乏，可能是殺死了有益的共生菌根真菌所導致的。

21. 紫茉莉（*Mirabilis jalapa*）斑駁的葉片（variegated leaves）是因為隨機具有白色突變及綠色正常的葉綠體，有關此性狀遺傳型式，下列何者最正確？
(A) 父系遺傳（paternal inheritance）
(B) 母系遺傳（maternal inheritance）
(C) 數量遺傳（quantitative inheritance）
(D) 性聯遺傳（sex-linked inheritance）

詳解: B

德國植物學家 Carl Correns 和 Erwin Baur 首先對葉子花斑遺傳進行了研究，科學家 Carl Correns 在 1909 年用紫茉莉（Four'clock，*Mirabilis jalapa*）進行了系統的雜交實驗，發現雜交後代的表現型總是與產生雌配子的個體相同。

Carl Correns 發現，對於紫茉莉來說，一株植株上有些枝條葉片全部為綠色，有些枝條葉片全部為白色，還有部分枝條的葉片顏色是花斑的。他用這種茉莉進行系統的雜交實驗，在不同枝條所開出的花上分別授以來自不同枝條的花粉，最終結果顯示子代的表現型與母本完全相同，因此該實驗的結論是：後代的表型取決於種子所在的枝條，而與提供花粉的枝條無關，遺傳方式呈現出細胞質遺傳，即子代紫茉莉葉片的表現型完全由母本決定，而不是由父本決定。

母本植株在進行減數分裂時，細胞質中的質粒體（是一種細胞器，包括白色體和有色體，葉綠體屬於有色體）進行隨機分離，最終如果是花斑個體，最終產生的卵細胞就有三種可能：只含有葉綠體、只含有白色體、白色體和葉綠體均有；只具有白色體的母本細胞進行減數分裂時卵細胞中只有白色體，只含葉綠體的情況也是如此，因此會 出現上述的雜交實驗結果。

上述細胞質遺傳的規律並不遵循孟德爾的遺傳定律（Non-Mendelian inheritance），也稱為母系遺傳（maternal inheritance）。

22. 黑麴菌（*Aspergillus niger*）菌絲的生長主要位於尖端，並形成多孔隔膜（porous septum）造成許多分區及分區間的細胞質流（cytoplasmic streaming），此多孔隔膜功能與下列何種細胞結構最相似（動物：植物）？
(A) 胞橋小體：原生質絲（desmosomes : plasmodesmata）
(B) 縫隙連接：液泡膜（gap junctions : tonoplasts）
(C) 緊密連接：液泡膜（tight junctions : tonoplasts）
(D) 縫隙連接：原生質絲（gap junctions : plasmodesmata）

詳解: D

菌絲中有横隔膜將菌絲分隔成多個細胞，在菌絲生長過程中，細胞核的分裂伴隨著細胞的分裂，每個細胞含有 1 至多個細胞核。不同黴菌菌絲中的横隔膜的結構不一樣，有的為單孔式，有的為多孔式，還有的為複式。但無論那種類型的横隔膜，都能讓相鄰兩細胞內的物質相互溝通。

縫隙連接：是動物相互接觸的細胞之間建立的有孔道的、由連接蛋白形成的親水性跨膜通道，允許無機離子、第二信使及水溶性小分子量的代謝物質從中通過，從而溝通細胞達到代謝與功能的統一。在細胞生長、細胞增殖與分化、組織穩態、腫瘤發生、傷口癒合等生理和病理生理過程中具有重要作用。

原生質絲（Plasmodesmata）為植物細胞和部分藻類細胞壁間貫穿細胞壁的特有孔道，可以讓相鄰細胞的細胞質相互流通。有微小孔道，為細胞間物質運輸與信息傳遞的重要通道，通道中有一連接兩細胞內質網的連絲微管，細胞質可經由原生質絲交流及運輸，此過程稱為共質體運輸。目前已知擁有原生質絲的包含植物界的所有物種，以及藻類中輪藻綱、輪藻目、褐藻綱和鞘毛藻目。

植物細胞擁有動物細胞所沒有的細胞壁，鄰近的細胞藉由薄板相互分隔。雖然細胞壁對於部分蛋白質及溶質具有穿透性，但原生質絲對於共質體內的胞內運輸更可以控制原生質流的流向以及穿透的物質。

原生質絲有分兩種：初生原生質絲（primary plasmodesmata）及次生原生質絲（secondary plasmodesmata）。初生原生質絲在細胞分裂期間出現，而次生原生質絲是真正溝通成熟植物細胞的通道。動物也有類似的構造，允許動物細胞間的物質交流，包含縫隙連接（gap junctions）和膜奈米管（membrane nanotubes）。

23. 有關維管束植物根毛細胞膜上質子泵（proton pump）的生理功能之敘述，下列何者最正確？
(A) 建立 ATP 梯度
(B) 幫助從土壤中吸收獲得礦物元素
(C) 移除質子以合成 ATP
(D) 移除過量的電子以降低膜電位差

詳解: B

植物通過根部從土壤中吸收礦物質，並通過葉子從空氣中吸收（主要包括氮和氧）。土壤中的養分吸收通過陽離子交換實現，其中根毛通過質子泵將氫離子（H^+）泵入土壤。這些氫離子取代了附著在帶負電荷的土壤顆粒上的陽離子，從而使陽離子可被根部吸收。在葉子裡，氣孔打開，吸入二氧化碳並排出氧氣。二氧化碳分子被用作光合作用的碳源。

植物通過根部攝取養分有三種基本方式：

1. 簡單擴散發生在非極性分子，如 O_2、CO_2 和 NH_3 遵循濃度梯度，被動地在細胞脂質雙層膜上移動而不使用運輸蛋白。
2. 促進擴散是溶質或離子在濃度梯度下的快速移動，由運輸蛋白促進。
3. 主動運輸是指細胞逆濃度梯度吸收離子或分子；這需要一個能量來源，通常是 ATP，為分子泵提供動力，使離子或分子通過膜。

24. 被子植物韌皮部的篩管內糖分子之運輸驅動力量主要來源的敘述，下列何者最正確？
(A) 水分子對韌皮部篩管的附著力
(B) 供源（sources）及積貯（sink）間水勢差造成的正壓
(C) 氣孔蒸散作用所產生的負壓
(D) 根部吸收的離子累積於中柱內產生的根壓

詳解：B

根據壓力流假說，韌皮部內部的運輸是受積貯到供源間的壓力梯度所驅使。被動轉運的學說包括擴散及壓力流假說，其中擴散的速度是 1m/8 年，而轉運的速度是每小時 1m。所以植物光靠擴散在韌皮部中運移物質是不夠的。

壓力流是由供源到積貯間的壓力差來造成韌皮部中溶質的流動。此壓力差來自於供源中的韌皮部裝載（Phloem loading）和積貯中韌皮部卸載，亦即 Phloem loading 產生供源組織中篩管的高滲透壓使水勢大幅下降，於是水進入篩管中使膨壓增加。在轉運路徑末端的積貯細胞中，Phloem unloading 造成積貯組織篩管滲透壓下降。韌皮部的水勢高於木質部，而因為水勢梯度使得水有離開韌皮部的趨勢，造成篩管膨壓下降。

篩板的存在會大大的增加此路徑的阻力，且產生及維持篩管在供源和積貯間的溶質壓力差。水分在韌皮部中滿足物理性的移動是藉由質流，會在蒸散作用（木質部）和轉運（韌皮部）路徑之中循環。水在轉運路徑中的移動主要是靠壓力差，而非水勢差。而在篩管由壓力所造成的被動長距離轉運（Long-distance transport）是由主動短距離轉運（short-distance transport）所帶動包含 Phloem loading 和 Phloem unloading。

25. 在陸地環境中，對植物進入陸地成功的演化適應，包括種子、維管束組織（vascular tissue）、角質層（cuticle）和花朵，有關這些適應性的構造之出現的先後順序，下列何者最正確？
(A) 種子、維管束組織、花朵、角質層
(B) 角質層、種子、花朵、維管束組織
(C) 角質層、維管束組織、種子、花朵
(D) 維管束組織、角質層、種子、花朵

詳解：C

植物雖然是由綠藻類演化而來，但他和藻類最大的不同是，他外露在空氣中的部分被有一層臘狀的角質層（cuticle），以防止植物在陸地因水分散失而枯萎。植物不像動物，他有根植入土壤，因此不能在乾燥季節像動物一樣移居較潮溼的場所，因此角質層成為陸生植物存活的重要構造。植物的莖和葉既被有角質層，無法透氣和透水，植物就在莖和葉的表面發展出氣孔（stoma），以利氣體的進出，如光合作用所需的 CO_2 即由氣孔擴散進入葉肉細胞的葉綠體內。

植物界包含四大群現生植物：蘚苔植物、蕨類植物、裸子植物和被子植物（或稱開花植物，flowering Plant）。蘚苔植物因缺乏輸送水分和無機鹽類的組織，因此只能靠擴散和滲透以獲得所需的水分和無機鹽類；但若長得太高大，則無法使整株植株獲得養分和無機鹽類，因此蘚苔植物個體大多都很小，不超過 20 公分高。

蕨類植物、裸子植物和被子植物合稱維管束植物，他們具有木質部和韌皮部，分別輸送水分和無機鹽類及有機分子如醣類。維管束植物最重要的演化階段即是產生木質素（lignin）—它是一種存在細胞壁內的強力堅固的聚合物，提供了植物體支持和輸導。木質的堅硬性質使得植物體可以長得高大，而造成陸地景觀上優勢的生物。另一方面，植物成功的登上陸地，而使得陸生動物因得到食物和棲所而得以演化。

蕨類植物是不產生種子的維管束植物，靠單套的孢子繁殖和傳播。裸子植物和被子植物為產生種子的維管束植物，前者產生的種子無保護器官而裸露，後者產生的種子則被包藏於種子內，並演化出雙重受精、篩管、導管以及花、果實等獨特衍徵。

26. 有關維管束植物木質部中蒸散作用（transpiration）產生拉力的原因之敘述，下列何者最正確？
(A) 土壤和根之間溶質勢（solute potential）的差異產生的正根壓
(B) 氣孔保衛細胞（stomatal guard cells）的質子（proton）運送產生的壓力
(C) 水分子粘附（adhesion）在木質部細胞壁上
(D) 葉內空氣與水界面處的負壓

詳解：D

葉肉細胞呈膨脹狀主要是由於水分填滿整個液泡，並充滿細胞壁的空隙，特別是在氣孔內側的氣室周圍的細胞，其壁外都有一層水膜覆蓋。由於氣室的水氣濃度較低，在氣室周圍細胞壁上的水分蒸發至氣室中，使氣室的水氣差不多達到飽和。氣室內水氣濃度通常較外面大氣高，水氣通過氣孔擴散至外面未飽和的空氣中。植物的水分就是這樣散失到大氣中，水分一旦散失，便有更多的水分從溼潤的細胞壁表面蒸發，擴散至氣孔後面的氣室中。同時，這些細胞壁表面的水分會從細胞質和液泡中得到補充。

緊鄰氣室的細胞可由兩種途徑從鄰近細胞取得水分：

1. 通過細胞壁：大部分水分是來自鄰近的細胞壁，一個水分子接一個水分子，最終會從充滿水分的木質部中運送至氣室。
2. 通過細胞：細胞失水後，水勢（water potential）會降低，由於與鄰近細胞的水勢有差別，所以水分會藉滲透作用從鄰近細胞進入失水的細胞中，如此類推，這些失水的鄰近細胞同樣再從它們的鄰近細胞獲取水分，最後從木質部取得水分。根據內聚力—張力理論，水在木質部內的運移驅動力，是由葉片的蒸發水分以及所產生的張力（負壓）。當水分從木質部經過幾個細胞到達氣室周圍的細胞時，很快便會在這些細胞至氣孔處建立起水勢的梯度。這種由蒸散作用產生的水分移動作用也會產生一種力量，牽引水分在木質部管中上升，這種牽引力稱為蒸散拉力（transpiration pull），是水分在木質部上升的一種重要力量。

植物所吸收的水大約只有 2%用於光合作用及代謝作用，其餘均經由蒸散作用散失。

27. 有關島嶼物種多樣性（species diversity）及其生物特性的敘述，下列何者最正確？
(A) 島嶼內物種可經由生殖隔離及競爭，產生能利用各種生態棲位的物種
(B) 曾有陸橋與大陸相連的島嶼，其生物多樣性及特有種比例常較孤立隔絕的島嶼高
(C) 島嶼面積大小直接影響此處生物多樣性，而溫度及雨量與其無關
(D) 島嶼生物移入及滅絕移出達到平衡後，就不會有物種再移入或移出

詳解：A

生活在島嶼上的生物由於經常在隔離的狀態下生活，因此在演化的過程和生活的適應上，往往和生活在大陸塊上的生物有很大差別。島嶼生物所顯現的生態特色通常有下列共同特點：

1. 不平衡的生物相：島嶼生物的組成因受限於物種之傳播能力，往往缺乏某些類型之生物也無完整的分類群。例如：大多數海洋島嶼缺乏哺乳動物（蝙蝠除外），而其他物種則可能取代哺乳動物的生態地位（niche）。而以同等面積相較，島嶼上所生存的掠食動物往往較大陸少，甚至沒有掠食性動物。
2. 特有種化（Speciation）現象：島嶼生物有較高比例的特有種。島嶼生物往往由大族群分出來，原有族群往往在遷移過程喪失部份基因，使得族群原有生物特性無法顯現出來，而長期演化之族群特徵可能由最初的少數物種決定，此種現象即所謂的「先驅者定律」（Founder's Principle）；某些生物在長期隔離後，也常失去飛行傳播能力或缺乏禦敵構造，而成特有種。而許多源生於大陸之物種傳播於島嶼後，在大陸地區之大環境下變動下已經滅絕，但其子遺種仍存在於島嶼之中。
3. 脆弱性（Vulnerability）：島嶼生物因缺少掠食動物或天敵，侵略性較小、擴散能力較弱，在演化過程中也往往失去逃跑與禦敵構造，因此當外來競爭者或天敵侵入時，往往不知逃避或無法適應，極易滅絕。而島嶼生物又因族群小、且活動面積小，其棲地一經侵佔、改變或破壞，則常常無棲地移轉空間，亦易造成滅絕。

對於島嶼生物物種組成與數量的變化，MacArthur 與 Wilson 在「島嶼生物地理學理論」（1967）中指出島嶼上之生物種數在新種的移入（immigration）與原存在種之滅絕（extinction）間維持一動態平衡（dynamic equilibrium）關係。新種的移入速率與該島嶼至種源之距離相關，原存在種之滅絕速率則與島嶼面積相關；年輕的島嶼有較少的生物物種，其物種將逐漸增加，直到移入與移除（或滅絕）過程達到平衡狀態；隨著新種之移入及原有種之移除，島上物種組成會持續性替換 (species turnover)，但島上的物種總數仍大致維持不變。而在平衡時島嶼內物種總數與島嶼之面積及其與種源之距離相關，亦即面積愈大物種愈多、距離愈遠物種愈少。然而，此理論之缺陷在於過度簡化島嶼現象，並未涵蓋不同生態狀況之影響因素。

經分析影響島嶼物種數量與組成之相關因素，可歸納為島內環境條件（島嶼面積、生態條件）、物種來源（地理區位、散播方式）、以及干擾作用等三方面因素探討其影響，簡述於後。

1. 島內環境條件：島嶼之環境條件決定了物種是否適合定居以及可承載數量之多寡；其環境條件包括面積與生態條件兩要素：
   甲、面積效應：島嶼上生物物種數量隨著島嶼面積增加而增多；亦即，較大之島嶼有較多之生物。
   乙、生態條件：各地區島嶼並非同質性的，比較島嶼面積與物種數量之關係時，必須加入島嶼的生態條件。島上的地形、土壤、島嶼高度、森林覆蓋程度等環境多樣性之因子決定了物種之豐富度，因而提出了「面積—多樣性」模式（Area-Diversity Pattern）；也就是說，決定島嶼物種多樣性之因素不只是面積大小，更在於島上的棲地多樣性（habitat diversity）或環境異質性（environmental heterogeneity）。
2. 物種來源因素：島嶼物種的組成與物種來源相關。海洋島嶼之物種來源大多來自大陸地區或其他大島；在地史曾與大陸相連的「陸橋島」，其物種則有來自海洋散播者，亦有冰河時期孑遺之特有物種。島嶼內之物種組成與其地理位置相關，也與個別物種之散播能力相關。
3. 干擾因素：所謂干擾（disturbance）是指引起一個系統的正常型態（pattern）發生重大變化的事件（Forman, 1995）。對於生態系的干擾，包括自然事件（如：颶風、火山噴發、自然野火、雷擊、蟲害、外來物種入侵等）及人類活動（如：耕作、伐木、噴灌、物種引入等）。干擾因素是影響島嶼物種組成之關鍵因素。在環境干擾的因素下，島嶼物種可能永遠無法達到平衡點。環境的中度干擾（如颱風）可能導致滅絕率突然升高，再漸次復原；而毀滅性干擾（如：火山爆發或人為清除）則會造成整體性的滅絕；移入物種與原物種間的競爭也會影響到平衡過程。無論是自然或人為的干擾，對於島嶼生態系之影響皆比對大陸地區衝擊更大，主要在於島嶼之面積過小，對於外來干擾有較快而劇烈之反應，物種之滅絕及替換率亦較高。

28. 有關植物種子生長時黃化現象（etiolation）之敘述，下列何者最正確？
(A) 因為病毒感染，使植物體缺乏葉綠素而導致死亡
(B) 黃化指種子在泥土中，優先快速生長莖的部分，以儘快到達地面，曬到陽光
(C) 黃化使種子的根系快速生長，將植物體推離泥土，爭取陽光
(D) 黃化使種子製造黃色葉綠素，在泥土黑暗中，以紅外線進行光合作用，幫助生長

詳解: B

黃化現象是指植物在黑暗中生長時呈現黃色和其他變態特徵的現象。因為缺少陽光，植物無法進行光合作用因而不會產生葉綠素的累積，葉子顏色也會轉黃。其本質上是植物對環境的一種適應。當種子或其他延存器官在無光的土層下萌發時，可使貯存量有限的有機營養物質最有效地用於胚軸或莖的伸長，莖部會變長和變弱，保證幼苗出土見光。

29. 能行光合作用的真核生物含有粒線體和葉綠體，下列何種事件順序最能恰當敘述厭氧的原核生物祖先群落演化？
(A) 先吞噬能行光合作用的原核生物，然後吞噬好氧的異營原核生物
(B) 先吞噬厭氧的異營原核生物，然後吞噬能行光合作用的原核生物
(C) 先吞噬能行光合作用的原核生物，然後吞噬厭氧的異營原核生物
(D) 先吞噬好氧的異營原核生物，然後吞噬能行光合作用原核生物

詳解: D

粒線體很可能是從有氧呼吸細菌分化而來的；粒線體的內層膜可以看成是細菌的細胞膜（plasma membrane），因為這二者的生化特性看來類似。粒線體的外層膜則很像細胞質的內質網（endoplasmic reticulum），很可能是從宿主細胞分化而來的。藍綠藻（cyanobacteria）這種光合自營原核生物似乎最有可能是葉綠體的祖先，因為它們都有葉綠素 a（chlorophyll a），也都使用同樣的非循環光磷酸化路徑。

大部分的研究相信，核膜是比較早出現的特徵，在與粒線體共生之前就已經存在。這個看法可由今日存在的好幾種厭氧單細胞得到佐證；在這些古老的有核細胞（厭氧單細胞），它們的祖先是在 18 億年前從真核細胞分裂演化而來的。而粒線體的內共生適應和內質網、高基氏體的發展則在核膜之後出現，葉綠體則是最後加入的。

30. 在群落生物學中，各種生物為了生存而使用自然資源，下列敘述何者最能恰當說明資源分配（resource partitioning）？
(A) 競爭排斥導致優勢物種成功的取代其他物種，生物多樣性下降
(B) 生態棲位的微小變化及差異允許相似的不同物種在同區域可以共存

(C) 兩物種可以共同演化在不同區域可以共享相同的生態棲位
(D) 巔峰（climax）群聚的生物已利用全部資源，而沒有空的生態棲位讓新物種出現

詳解：B

資源分配（resource partitioning）最開始的定義是物種回應於種間競爭的演化壓力而產生的一種演化適應。 而近來，「資源分配」這一概念逐漸指某一特定的生態位下，不同的物種在資 源使用上面的差異，而不管導致這種差異的源頭。

生態區位假說（niche theory）預測，在資源有限的狀況下，資源使用相近的共域物種利用資源分配程度較該些物種不共域時明顯，亦即這些物種共域時的食性重疊度較各自分佈時低。資源分配可能促進物種共存，正如不同共存的物種對於同一種需求資源採取不同的來源 獲取方式。

31. 地中海氣候生態系中的植物具有類似的適應能力，可以在炎熱乾燥的夏季和火災中生存。例如目前在美國加利福尼亞州、南非和澳洲南部皆發現這些自然環境的生態系中具有適應乾燥與火災的植物物種，下列何者最能解釋這些植物適應的可能起源？
(A) 這些物種不具有最近的共同祖先，但受到相似的選擇壓力，形成相似的適應能力
(B) 這些物種具有最近的共同祖先，並受到相似的選擇壓力，形成相似的適應能力
(C) 這些適應出現在盤古大陸（Pangea）時期的共同祖先中，大陸漂移後將適應乾旱和火災的植物遷移到現在的棲地
(D) 由人類遷移而引入各種外來植物，進而適應當地環境的物種存活下來

詳解：A

趨同演化（convergent evolution）是指親緣關係較遠的生物因長期生活在相同或相近的環境下，為滿足生存需要而演化出相似的身體構造、生理功能等。一個典型的例子是飛行動物之間的趨同演化：昆蟲、翼龍、鳥類和蝙蝠分別獨立演化出了飛行能力，牠們都擁有翅膀這一同功器官（功能相同的器官），其中翼龍、鳥類和蝙蝠的翅膀亦為同源器官，均由前肢特化形成，而昆蟲的翅膀則由外骨骼形成，與其他三者並非同源。

32. 許多真菌（fungi）會產生抗生素，如青黴素（penicillin），以抑制止細菌生長。真菌分泌抗菌化學物質的演化優勢，下列何者最正確？
(A) 競爭：消滅爭奪食物及資源的細菌
(B) 共生（symbiosis）：吸引有益細菌
(C) 防禦：防止細菌感染真菌及殺死真菌孢子
(D) 捕食：將細菌做為食物來源

詳解: A

我們已知的數千種抗生素中，大約有 2/3 是鏈黴菌所產生的。例如鏈黴素、紅黴素、萬古黴素等字尾是「黴素」（mycin）的抗生素，都出自於鏈黴菌。一般的鏈黴菌種都會合成好幾種抗生素，最多的可高達 30 多種。分泌這麼多抗生素到土壤中，目的是什麼呢？ 鏈黴菌用抗生素對抗土壤中的競爭者。它們最主要的競爭者是其他細菌，包括同屬的鏈黴菌，因為同類的物種最可能競爭同樣的資源、食物、空間。鏈黴菌製造抗生素要殺這些同類，當然也會殺自己。

33. 陸地植物利用陽光能量進行光合作用，應該會有生物時鐘調控其生理活動，下列有關生物時鐘調控植物生理活動的敘述，何者最正確？
(A) 除陽光外，溫度對生理時鐘也有非常顯著的影響
(B) 依據太陽運轉，植物的生理時鐘週期是整整 24 小時
(C) 植物以光敏素（phytochrome）吸收光波長的變化，調控生理時鐘
(D) 根據日曬的強弱程度，可將植物的開花光週期（photoperiod）分為 2 大類

詳解: C

植物的生理表現多為概日韻律（circadian rhythm），即週期大約為 24 小時的韻律，至於生物時 鐘如何能精確地運用 24 小時，光照為重要的因子。在植物體內有二種主要的感光受體，分別是光敏素（phytochrome）和隱花素（cryptochrome），皆會促使植物的概日節律運作。光敏素包括 PHYA、B、D、E，而隱花素包括 CRY1 和 CRY2，其中 PHYB、D 和 E 能將紅光的訊號輸入至節律調控中心，而 PHYA、CRY1 和 CRY2 則負責輸入藍光的訊號到節律調控中心；此外，PHYA 尚能偵測紅外線的訊號。光敏素的作用機制較為明確，其存在 Pr 和 Pfr 二種形式，而光敏素是以 Pr 形式合成，在光照下 Pr 轉變生成 Pfr；當進入黑暗時，沒有被分解的 Pfr 又再慢慢轉換成 Pr。所以每天的日出、日落會使光敏素在這二種形式間轉換，進而打開或關閉時鐘基因的表現，使植物體的生理表現呈現週期性律動。

生物時鐘的準確性需要某種規律變化的環境因子加以設定，如光暗週期、溫差、潮汐等。生物時鐘具有溫度補償（temperature-compensated）的特性，即表示在生物體的正常生理溫度範圍內，所表現出來的節律不受溫度的影響，例如豆科植物葉片的睡眠運動，無論是在 20°C 還是 30°C，週期都維持在 24 小時左右。

根據植物對光週期反應的不同，可分為長日照植物、短日照植物和中間性植物。光照和黑暗的長短會影響植物的生理現象，稱為光週期（或稱為光週期性）。有些植物的開花，會受每天光照和黑暗交替即光周期的影響，此種影響隨著植物種類的不同而有差異。例如菊花需要較短的日照和較長的黑暗期，所以菊花通常在秋季開花。光周期中的黑暗期對植物的開花比較重要。

34. 在生態系統中，能量及一些限制因素控制著初級生產量（primary production）的變化。有關控制初級生產量變化的敘述，下列何者最正確？
(A) 總初級生產量（gross primary production）是系統在一段時間內，所照射陽光能量的總和
(B) 淨初級生產量（net primary production）是自營性生物（autotroph）所吸收的能量，減去異營性生物（hetertotroph）所消耗的能量
(C) 水生生態系統中，主要是光和營養物質決定初級生產量
(D) 陸生生態系統中，生物的多樣性決定初級生產量的多少

詳解：C

所有的初級生產力總合稱為總初級生產力（gross primary productivity，GPP）—即一定時間內，由生態系中的初級生產者轉變為化學能的光能量。在生長中的植物體內這些能量並非完成儲存起來，因為植物將部份利用做為細胞呼吸所需要的燃料，因此淨初級生產力（net primary productivity，NPP）等於總初級生產力減去初級生產者用來呼吸的量（R）：NPP＝GPP－R。

在水域生態系中，光與營養限制了初級生產量；而在陸域生態系中，溫度、濕度與與營養限制了初級生產量。光線可預期會是控制海洋生產力的主要變因之一，因為太陽輻射能驅動光合作用，當光線經過海洋透光區時，其穿透的深度影響了初級生產力。超過一半以上的太陽輻射在水面下數公尺內被吸收，即使在”清淨”的水中，也只有 5～10%的輻射能到達水深 20 公尺處。

為什麼熱帶海洋的生產力不是我們所預期的因全年高日照量與強度而較高呢？實際上是因為在不同的海洋地理區域中，營養對初級生產力的限制更甚於日光。生態學者以限制養分（limiting nutrient）來表表示那些加入後能增加生產力的營養物質，而氮與磷這兩種元素是最常限制海洋生產力的養分。在開闊的大海中，氮與磷在上層光合性浮游生物生存的透光區（上層）中的濃度都相當低。相反的在較深的海水中營養的供應雖然充足但卻因為太黑而沒有光合性生物生存。

在湖泊中每日變動的太陽輻射限制初級生產力，在任何一個湖泊中，可以存當日太陽輻射的量來推測其日初級生產力。在淡水生態系中溫度與日照強度的強烈相關性使我們無法將溫度視為一的獨立的因子，而營養的限制亦普遍出現於淡水湖泊中。在 1970 年代時，對於控制淡水湖泊初級生產力的研究開始與漸增的水污染等環境問題掛鉤。廢水與來自農田與庭園施肥的逕流增加湖泊的養分，造成許多湖泊中原來優勢的矽藻與綠藻浮游生物群落被藍菌所取代。此種過程稱為優養化（eutrophication），最後的結果是出現了人們所不喜歡的景象，包括失去湖泊中的魚類等。要控制優養化現象需要先瞭是那些污染性營養物質造成藍菌的大量發生。與海洋生態系不同的是氮在湖泊中甚少成為初級生產力的限制因素。在 1970 年代，辛德勒（David Schindler）主導一個全湖的實驗指出磷才是刺激藍菌藻華的限制性營養物質。他的研究促成今日我們使用的清潔劑不含磷以及應用其它計畫來改善水質。

當然，在陸域生態系中，有效水的變動要比水域環境來的大，但陸域環境的溫度變化同時也比較大。在大地理尺度上，溫度與濕度是生態系中初級生產力的主要控制因素，而熱帶雨林，因為它們有溫暖與潮濕的環境來促進植物生長，故成為最具生產力的陸域生態系。

在較區域性的尺度上，土壤中的礦物性營養扮演控制陸域初級生產力的角色。初級生產移走土壤中的養分，有時速度超過能補充的量，在某些點上，營養缺乏會造成植物成長漸緩或停止。當然不可能所有的養分都同時耗盡，若某一限制性營養控制生產力，則在土壤中加入非限制性營養將無法刺激生產力增加，但若我們加入氮，它將刺激植物成長直到它種類的營養素—就假設是磷吧—成為限制營養為止。實際上不論是土壤營養中的氮或是磷都是陸域生產力最常見的限制因素。將營養與生產力相關連的科學研究在農業上有許多的實際應用，農人能基於當地土壤類型與作用類別施以正確平衡的肥料來最大化作物產量。

35. 有關人類視桿（rod）細胞與視錐（cone）細胞的敘述，下列何者最正確？
(A) 視錐細胞比視桿細胞對光敏感度高
(B) 視錐細胞有 7 種色素，對應彩虹的 7 種顏色
(C) 視桿細胞協助視錐細胞對顏色的辨識力，以能辨別更多色彩
(D) 光受體細胞受光照時會使膜電位過極化（hyperpolarization），減少神經傳導物質的釋放

詳解：D

視桿細胞（又稱為錐狀細胞）主司暗光視覺，但視桿細胞缺乏辨色功能，因此在微弱光源下雖可看見物體，但無法感受顏色。視錐細胞（又稱為錐狀細胞）主司色覺，需較強的光線才能使視錐細胞被刺激，視錐細胞可偵測顏色且對影像的敏銳度很高。人類的視錐細胞有三類色原細胞，分別對藍光、綠光、紅光敏感。視錐細胞只能感受特定波長範圍的光波，人體利用這三類色原細胞的感光，產生了千變萬化的色彩感覺。

36. 裘馨氏肌肉失養症（Duchenne muscular dystrophy，簡稱 DMD）是肌肉慢性萎縮症中較常見的一種遺傳疾病，父母通常都正常，但此疾病幾乎只在男孩發病，發病多在兒童時期，且患者在 10 歲左右就會死亡， 下列關於 DMD 的敘述何者最正確？
(A) DMD 為體染色體隱性遺傳
(B) DMD 為性染色體顯性遺傳
(C) DMD 致病基因在 Y 染色體
(D) 因為男性患者很少活到成年，DMD 幾乎不會發生在女性

詳解：D

裘馨氏肌肉失養症（Duchenne Muscular Dystrophy，簡稱DMD）是法國神經學專家裘馨於1858年所發現的一種遺傳疾病，也是許多肌肉萎縮症的其中一種，通常只發生在男性身上。它的起因是人體性染色體中的 X 染色體發生異常，漏失了一段 DMD 基因所致。DMD 基因會製造一種重要的蛋白質失養素（Dystrophin），一旦缺少這種蛋白質時，肌纖維膜會變得無力脆弱，經年累月伸展後終於撕裂，肌細胞就很容易死亡。

由於肌肉組織隨著年紀衰退，初期病徵大約在 3～7 歲時，出現走路蹣跚、常常跌倒，到了 10～12 歲時，通常需要坐輪椅，少部分病人會合併心肌病變；後期患者往往因受到控制呼吸與行動的肌肉萎縮之影響而導致合併症，甚而死亡。

裘馨氏肌肉失養症通常是由於母親的 X 染色體其中一條有缺陷所造成的，因此母親完全沒有病徵，是隱性帶因，若生下男嬰，而且自母親遺傳到帶有缺陷的 X 染色體，就會罹患此症；若生下女嬰，則可能健康或成為隱性帶因者。

校方釋疑：

選項(D)答案無誤，維持原答案。

DMD 為性染色體隱性遺傳，DMD 要發生在女性，必須有患病男性與帶原女性結婚生子，然而患者發病多在兒童時期，且男性患者很少活到成年，故 DMD 幾乎不會發生在女性。

37. 賀爾蒙可以調控腎臟功能，進而調節水平衡及血壓，下列敘述何者最正確？
(A) 當血液滲透壓下降，使腦下垂體後葉分泌抗利尿激素（antidiuretic hormone）
(B) 腎臟的入球小動脈（afferent arterioles）血壓下降，會使近腎小球器（justaglomerular apparatus）分泌腎素（renin）
(C) 腎素刺激血管收縮素 II（angiotensin II）的分泌，造成血壓降低
(D) 血管收縮素會促使醛固酮（aldosterone）的分泌，使血壓降低，以調控血壓的恆定

詳解：B

抗利尿激素（Antidiuretic Hormone, ADH），又稱精胺酸血管加壓素（Arginine Vasopressin, AVP）、血管升壓素等，是一種多肽激素，在人體中的主要作用是控制尿排出的水量。抗利尿激素主要是在下視丘的視上核（supraoptic nucleus, SON）和視丘室旁核（paraventricular nucleus, PVN）合成，經由神經軸突輸送至腦下垂體後葉（posterior pituitary）儲存，在適當的生理狀況下可由腦下垂體後葉釋放抗利尿激素至血流中，但目前研究也有發現抗利尿激素可直接被釋放進入腦中，影響中樞神經系統運作。透過下視丘的滲透壓感受器（視上核和視丘室旁核本身便是一種滲透壓感受器，但它們亦可接受鄰近其他的滲透壓感受器的神經調節）。當滲透壓感受器感受到血液滲透壓上升，它便會促進抗利尿激素的合成，

並同時促進儲存在腦下垂體後葉的抗利尿激素釋放於血流之中，當抗利尿激素結合在腎臟遠曲小管和集尿管上之 V2 受器時，引發一連串訊號轉導（signal transduction），結果導致水分再吸收增加，因而血液中的滲透壓便可降低，此低滲透壓可迴饋抑制抗利尿激素之合成與釋放。滲透壓感受器對於血液中的溶質鈉離子有極高的專一性，進而促進抗利尿激素信使核糖核酸之表現。

透過存在於左心房、心主動脈弓和頸動脈竇上的壓受容器。當血容積減少時（如大量失血），感壓受容器便能感受到此一變化，引發一連串信號轉導，促使血管加壓素釋放於血流之中，當其作用在血管表皮細胞上的 V1a 受器時，便活化 Gs 蛋白，引發第二信使作用導致細胞內鈣離子濃度增加，平滑肌便能產生收縮，因而增加血壓，此增加的血壓便可迴饋抑制血管加壓素之合成與釋放。

「腎素－血管張力素－醛固酮系統」、「RAAS」。 可維持體液的恆定。作用機制：(1)入球小動脈血壓降低或血量減少。(2)刺激近腎小球複合體(JGA)分泌腎素（為一種酵素）。(3)腎素可將血管張力素原活化，轉變成血管張力素 I。(4)血管張力素 I 經 ACE 轉換成血管張力素 II。(5)血管張力素 II 刺激腎上腺分泌更多的鹽皮質素(醛固酮)。(6)醛固酮作用在遠曲小管和集尿管，直接增加對 Na^+的再吸收，間接增加水分吸收，使血量及血壓上升。例子：受傷失血或嚴重腹瀉的脫水，可藉由 RAAS 增加對水及 Na^+的再吸收來回復血量。

38. 下列脊索動物（chordate）的特徵，其演化出現的先→後時間順序為？
i.肉鰭（lobed fin）；ii.顎（jaw）；iii.有指頭的四肢（limb with digit）；iv.羊膜卵（amniotic egg）；v.頭部（head）
(A) v → iii → iv → i → ii
(B) v → ii → i → iii → iv
(C) iii → iv → v → i → ii
(D) v → ii → i → iv → iii

詳解: B

脊索動物（chordate）的特徵演化先後順序為：有頭（孔明魚/昆明魚，*Myllokunmingia*）→下頜（盾皮魚）→肉鰭（肉鰭魚）→有趾四肢（兩生類）→羊膜卵（爬蟲類）→乳腺、毛髮（哺乳類）。

39. 下列何者是探討蛋白質表現量的技術？
(A) 反轉錄酶－聚合酶鏈鎖反應（reverse transcriptase-polymerase chain reaction）
(B) 原位雜交技術（*in situ* hybridization）
(C) 南方墨點法（Southern blotting）
(D) 西方墨點法（Western blotting）

詳解: D

RT-PCR 和 Real Time PCR 其實是兩種分子生物技術的檢驗方法。RT-PCR 的全名是 Reverse Transcriptase PCR（反轉錄酶 PCR），其技術原理簡單的來說是將一段待測的 RNA 序列經反轉錄酶的作用轉錄成 cDNA，再利用 PCR 技術將基因片段以幾何級數倍增的方式增加到數十萬倍，所形成的 PCR 基因產物經一種叫 Ethidium bromide 的化學物質作用，利用其會與 DNA 嵌合，經紫外燈照射時會發出肉眼可見的螢光，即在電泳膠片上會呈現具有特定分子量的 PCR 基因片段的產物。而 Real Time PCR 中文翻譯為「即時定量 PCR」。它可做一般的 DNA 的 PCR，亦可進行 RT-PCR。一般來說，RT-PCR 是很傳統的分生技術，而 Real Time PCR 則較為先進，二者應用的原理大致是相同的，但其中最大的差異則是 RT-PCR 是在反應全部完成後，另外在電泳膠片呈現結果，而 Real Time PCR 則是 PCR 反應一面進行時，機器就利用螢光偵測技術與電腦分析並記錄 PCR 的反應結果，所以當反應完成時，檢驗結果也就立即呈現。

原位雜交技術的基本原理，以標記的單鏈核酸為探針，按照鹼基互補的原理，與組織、細胞或染色體上的單鏈核酸（DNA 或 RNA）進行雜交，透過螢光或放射線標記，形成能被偵測的雜交雙鏈核酸。因此，原位雜交技術有 3 個重要的因素，（1）固定的組織、細胞或染色體；（2）標定的單股核甘酸序列（探針）；（3）結合探針的標記物（螢光或放射線）。

南方墨點法的命名源自其發明者生物學家 Edwin Southern，是探測一個 DNA 樣品中含有特定 DNA 序列的方法。首先，DNA 樣品為凝膠電泳所分離；然後，分離的樣品通過毛細現象被轉移到一張膜上，這一過程被稱為「轉印(blotting)」。帶有樣品的膜就可以用與目標序列互補的標記的 DNA 標記探針來探測。最初的操作手冊大都採用放射性標記，但現在非放射性標記已開始被採用。自從 PCR 技術被用於檢測特定 DNA 序列後，Southern 墨點法在實驗室中的應用大為減少。

北方墨點法被用於研究特定類別的 RNA 分子的表達模式（豐度和大小）。與南方墨點法相似，RNA 樣品為凝膠電泳按大小分離；然後轉移到膜上，並用與目標序列互補的標記的探針來探測。實驗結果可以根據所用探針的不同以多種方式來觀察，但大多數都顯示的是樣品中被探測的 RNA 條帶的相對位置，也就是分子大小；而條帶的強度則與樣品中目標 RNA 的含量相關。這一方法可以測量目標 RNA 在不同樣品中的情況，因此已經被普遍用於研究特定基因在生物體中表達的時刻和表達量，也是這類研究中最基本的手段。

西方墨點法（western blotting）是分子生物學、生物化學和免疫遺傳學中常用以檢測蛋白質表現量的實驗方法。其利用特定抗體能夠專一結合其抗原蛋白質的原理，對目標樣品進行著色，通過分析成像的位置和訊號深淺，獲得特定的目標蛋白質在擬分析的細胞或組織中表現情況之資訊，為分析檢測特定蛋白質之生物學檢測技術。

40. 有關細菌 DNA 的複製過程之敘述，下列何者最正確？
(A) 解旋酶（helicase）負責將複製好的 DNA 分開
(B) DNA 聚合酶 III（DNA polymerase III）負責合成新股的 DNA，同時也驗證新加入的去氧核醣核苷酸是否配對正確
(C) DNA 聚合酶 I 則負責在延遲股（lagging strand）合成岡崎片段（Okazaki fragment）
(D) 引子酶（primase）在延遲股合成一小段 DNA 作為起始，讓 DNA 聚合酶 III 接著合新股的 DNA

詳解: B

原核生物（prokaryotes）DNA 複製的步驟：
1. DnaA 辨識起始點後和 DNA 做結合。
2. DnaB（helicase）將雙股 DNA 打開變成單股，SSB 蛋白會接到單股上。
3. DNA primase 製造 RNA primer。
4. RNA primer 附著到 DNA 上後，就開始進行 Leading strand 和 Lagging strand 的 DNA 合成，兩股的合成皆須 DNA polymerase III。
5. 複製叉後方有 DNA topoisomerase 幫忙負擔解開螺旋的壓力。

原核生物落後股（lagging strand）的 DNA 複製：
1. 岡崎片段中會有很多的 RNA primer，所以落後股的結合需要去除這些 RNA primer。
2. DNA polymerase I 會利用其 5'～3' exonuclease(外切酶)次單元一邊將 RNA primer 移除，一邊接上去氧核苷酸來補齊空缺的序列。
3. 利用 DNA ligase 把岡崎片段連接起來。

原核細胞中不同 DNA polymerases 的比較：
1. 在 *E.coli* 裡面，除了 DNA polymerase I 和 DNA polymerase III，還有 DNA polymerase II。
2. Polymerase I、II、III，主要分別從 polA、polB、polC 這三個不同的基因製造出來的。
3. DNA polymerase I、II、III 都有從 3'～5' Exonuclease 的作用，但 5'～3' Exonuclease 的作用只有 DNA polymerase I 才有，也因此只有 DNA polymerase I 才能移除 primer。

41. 夜光藻（*Noctiluca scintillans*）和下列何者的分類關係較緊密？
(A) 小球藻（*Chlorella vulgaris*）
(B) 瘧原蟲（*Plasmodium malariae*）
(C) 秀麗衣藻（*Chlamydomonas elegan*）
(D) 矽藻（diatom）

詳解: B

『馬祖藍眼淚』被美國 CNN 評為世界奇景之一，因而造成大批民眾去馬祖追淚的風潮。這片將你帶入奇幻境界的螢光藍，其實是夜光藻（*Noctiluca scintillans*），牠是屬於雙鞭毛蟲門（Dinoflagellata）甲藻綱（Dinophyceae）的單細胞生物。其發光原理是因為夜光藻體內有許多具有螢光素的球狀胞器，當受到潮汐變化與海浪拍打刺激時，會經由發光素接合蛋白（luciferin binding proteins）抓住發光素（luciferin），再透過發光素氧化酶（luciferase）氧化發光素而放出藍色生物光。

囊泡蟲類可分為 4 個門，在形態上具有非常大的多樣性，但根據細胞內的超微結構與基因具有密切親緣關係：

1. 頂腹門（Apicomplexa）─營寄生的原生生物，缺少軸絲運動結構，但是配子例外；
2. 色蟲門（Chromerida）──一種具有光合自營的海生原生動物，是頂腹門與藻類的進化過渡的中間物種；
3. 纖毛蟲門（Ciliate）─非常常見的原生動物，具有成排的纖毛；
4. 雙鞭毛蟲門（Dinoflagellate）─大都是海生鞭毛蟲，往往有葉綠體。

瘧原蟲屬是一類單細胞、寄生性的囊泡蟲藻類之頂腹器蟲。本屬生物通稱為瘧原蟲。本屬生物中有五種瘧原蟲會使人類感染瘧疾，包括惡性瘧原蟲、三日瘧原蟲、卵形瘧原蟲及間日瘧原蟲、諾氏瘧原蟲。而其他種類的瘧原蟲會感染它種動物，包括其他靈長目動物、嚙齒目動物、鳥類及爬蟲類。

小球藻（Chlorella vulgaris，CHL）是一種淡水單細胞微藻，屬為綠藻門（Chlorophyta），四胞藻綱（Trebouxiophyceae），小球藻目（Chlorellales），小球藻科（Chlorellaceae），小球藻屬（Chlorella），是許多水域常見且重要的初級生產者，並被廣泛的應用於評估殺蟲劑及有機化合物對自然環境的衝擊。

衣藻（Chlamydomonas）亦稱"單胞藻"。綠藻門，衣藻科。藻體為單細胞，球形或卵形，前端有兩條等長的鞭毛，能遊動。鞭毛基部有伸縮泡兩個；另在細胞的近前端，有紅色眼點一個。載色體大型杯狀，具澱粉核一枚。無性繁殖產生 2、4、8 或 16 個遊動孢子；有性生殖為同配、異配和卵式生殖。在不利的生活條件下，細胞停止遊動，並進行多次分裂，外圍厚膠質鞘，形成臨時群體稱"不定群體"。環境好轉時，群體中的細胞產生鞭毛，破鞘逸出。廣佈於水溝、窪地和含微量有機質的小型水體中，早春晚秋最為繁盛。

矽藻（diatom）是海洋中常見的浮游植物（phytoplankton）。雖然和植物同樣是行光合作用的初級生產者，但實際上矽藻在演化分類上與植物有很大的不同，演化來源也與大家比較熟悉的綠藻不同。在分類上，矽藻並不屬於植物界，而歸類於囊泡藻界（Chromalveolata）下的不等鞭毛蟲門（Heterokontophyta 或稱為 Stramenopiles）。不等鞭毛蟲門之下再分成褐藻綱 （Phaeophyceae，多為大型海藻如昆布等），金黃藻綱（Chrysophyceae）以及矽藻綱（Class Bacillariophyceae）。

42. 去年暑假是乾熱的季節，住在屏東鄉下的某生觀察發現，種在田裡的玉米苗生長速度快，可說是「一天高一吋」。此生觀察後產生疑問，玉米的生長是在大白天生長快呢？還是黑夜時生長快？下列敘述何者最正確？
(A) 玉米在白天行光合作用生產碳水化合物而在晚上休工，所以白天生長速度比夜晚快
(B) 玉米是 C4 植物，耐旱耐熱，白天氣孔關閉，夜晚氣孔打開進行光合作用的固碳作用，所以夜晚生長速度比白天快
(C) 玉米是 C4 植物夜晚和白天分別進行固碳作用和卡爾文循環（Calvin cycle），所以白天和夜晚的生長速度都一樣
(D) 玉米的生長素（auxin）濃度在光照與黑暗分布不均，所以夜晚的生長速度比白天快

詳解: D

生長包括細胞數目增多、細胞體積增大，以及個體體積增大。當生物體的合成作用多於分解作用時，同化作用大於異化作用，可使其細胞的數目增加、細胞體積增大，以及個體體積增大，個體便表現出生長現象。

生長素（IAA）對營養器官縱向生長有明顯的促進作用。如芽、莖、根三種器官，隨著濃度升高，器官伸長遞增至最大值，此時生長素濃度為最適濃度。超過最適濃度，器官的伸長會受到抑制。不同器官的最適濃度不同，莖端最高，芽次之，根最低。由次可知，根對 IAA（生長素）最敏感，極低的濃度就可促進根生長，最適濃度為 10^{-10}。莖對 IAA 敏感程度比根低，最適濃度為 10^{-5}。芽的敏感程度處於莖與根之間，最適濃度約為 10^{-8}。所以能促進主莖生長的濃度往往對側芽和根生長有抑制作用。

43. 下列何者為可以誘導種子植物抗機械壓迫（mechanical stress）的三重反應（triple response）最有可能的植物荷爾蒙？
(A) 乙烯（ethylene）
(B) 細胞分裂素（cytokinin）
(C) 生長素（auxin）
(D) 吉貝素（gibberellin）

詳解: A

乙烯對植物的生長具有抑制莖的伸長生長、促進莖或根的增粗和引起葉柄和胚軸偏上生長的三方面效應，這是乙烯典型的生物效應。最早的三重反應是人們在豌豆黃化苗中觀察到的。早在一百多年前，有人就注意到，暴露在照明氣中的豌豆黃化苗會表現出一種非常奇怪的生長狀態：上胚軸變粗，變短，並且呈現出放射狀的橫向生長。1901 年植物生理學家 Dimitry Neljubow 首次闡明，豌豆黃化苗的「三重反應」是由乙烯導致的。由於「三重反應」對乙烯非常敏感，即使在極微量的情況下同樣會出現非常明顯的表型，還存在劑量效應，隨著乙烯濃度的增加，表型也會增強。因此，三重反應很快就被應用到了乙烯的生物學測定中。

44. COVID-19 的病毒量檢測，通常自鼻腔收集檢體，進行檢驗。某天來了大量檢體，皆是境外入境者，檢驗員進行了以下的基本操作步驟，檢驗結果發現所有人都是陰性：1.萃取檢體 RNA；2.使用 DNA 聚合酶及引子製造 cDNA；3.以 DNA 聚合酶以及病毒專一引子組進行定量 PCR。下列敘述何者最正確？
(A) 基本步驟無誤，所有人確實都是陰性
(B) 第一步應該要萃取病毒在細胞內的 DNA
(C) 步驟 2 應該要用反轉錄酶
(D) 不須第 2 步，直接進行步驟 3

詳解: C

由於 SARS 病毒是一種 RNA 病毒，需利用 RT-PCR 的方法才能驗得出來，而 Real Time PCR 可做 DNA 和 RNA 的 PCR，所以亦可以用來檢測檢體中 RNA 病毒的有無，甚至還可定量病毒量的多寡（Copies/ml）。COVID-19 的分生檢驗方法可分為三個步驟，第一是先從病人的檢體（痰液、糞便、鼻咽喉頭拭子）中萃取 SARS 冠狀病毒的 RNA，第二步是將萃取出來的 RNA 利用反轉錄酶的作用將 RNA 轉成 cDNA，再以 PCR 技術放大基因產物，第三步是偵測結果，傳統 RT-PCR 利用螢光染色和膠片電泳法呈現結果，Real Time PCR 則是利用儀器偵測螢光記錄反應結果。

校方釋疑：

選項(C)步驟 2 應該要用反轉錄酶，為最正確敘述，答案無誤，維持原答案。

45. 下列何者是顯性遺傳疾病？
(A) 亨廷頓舞蹈症（Huntington’s disease）
(B) 地中海型貧血（thalassemia）
(C) 鐮狀細胞貧血症（sickle cell anemia）
(D) 囊狀纖維化（cystic fibrosis）

詳解: A

亨丁頓舞蹈症（Huntington’s Disease）是一種家族顯性遺傳疾病，肇因於第四對染色體內 DNA 基質之 CAG 三核苷酸重複序列過度擴張，造成腦部神經細胞持續退化，這種退化會造成不能控制的運動，特別是影響到控制協調動作神經節所以患者會有不自主動作，末期則會智能減退、身體僵硬。病人的病徵不盡相同，成年或典型患者會在30～40歲發病，極少數的少年型患者20歲以前會發病。

地中海型貧血是一種隱性遺傳疾病，台灣大約有 90 萬人為甲型帶因者，30 萬人為乙型帶因者。所謂地中海型貧血（thalassemia，又名海洋性貧血）：紅血球的體積較小，而且每個紅血球內的血紅素含量降低，造成所謂的低血色素症。地中海型貧血的種類雖然很多，其中最重要的為 α 及 β 型（甲型及乙型）兩種。

在α型地中海型貧血中，α血紅蛋白鏈的製造機能低下或完全喪失。相反地，在β型地中海型貧血，β血紅蛋白鏈的製造功能低下或完全喪失。台灣民眾中有大約有6%為某種地中海型貧血的帶因者。α型地中海型貧血和β型地中海型貧血在遺傳上是互不關聯的，帶α型地中海型貧血的人也有可能得到β型地中海型貧血。

鐮狀紅血球貧血症（Sickle-cell anaemia, SCA），是一種體染色體隱性遺傳的血液疾病。罹患此疾病的患者體內的紅血球結構發生改變，形成鐮刀狀的紅血球而非正常的雙凹型。使體內的血紅蛋白產生異常，因而影響血液中的氧氣的輸送，容易使血管阻塞、造成貧血、突發性疼痛與器官傷害等問題。

囊狀纖維化症是一種體染色體隱性遺傳疾病，由於患者的第七對染色體長臂上的CFTR基因缺陷所造成。此病的發生率與種族有關，其中以白人的發生率最高；約為1/3,200個活產兒，亞洲及非洲人最少見，小於1/15,000。由於CFTR的缺陷，使得患者外分泌腺的上皮細胞無法正常傳送氯離子，產生異常黏液（分泌物變黏且乾），阻塞在身體多個器官的分泌管道，而影響呼吸系統、消化系統及生殖系統的功能。此病症狀多變且難以診斷，約15～20%的病患在剛出生時會因腸阻塞而解不出胎便。此外，病患汗液濃縮的程度是一般人的5倍，所以患童皮膚的味道會很鹹。隨著年齡的增加，受到感染的風險增加，其他症狀亦會開始陸續出現；在肺部方面，異常的黏液會阻塞呼吸道而妨礙呼吸，且可能會有哮喘的情形。患者亦容易感染肺部疾病，例如：支氣管炎、肺炎。而肺部疾病即為造成此症病患死亡的主因。再者，約有65%的病患會因胰管的阻塞而妨礙消化酵素分泌到腸道，使得無法正常吸收養分，或併發慢性腹瀉，以致發育不良。且由於胰臟功能的異常，也可能因此而誘發糖尿病。此外，約有5%的病患會因膽管的阻塞而妨礙消化，患童也常因此胃口不好、體重下降，同時損傷肝功能。生殖系統部份，可能造成輸送管道（例如輸精管、輸卵管）的發育異常或阻塞而導致不孕。

46. 雙孔亞綱(Diapsida)是一群頭骨兩側各有兩個顳顬孔(infratemporal fenestra)的脊椎動物，下列何者為屬於雙孔亞綱的動物？
(A) 青蛙等兩棲動物
(B) 老鼠等嚙齒動物
(C) 鯉魚等硬骨魚類動物
(D) 蜥蜴等爬蟲動物

詳解: D

在大約三億年前的石炭紀晚期，雙孔亞綱的爬蟲動物特化出兩對顳顬孔，也就是位於眼睛後方頭骨上的孔。雙孔亞綱動物包括恐龍、鱷、蜥蜴、蛇、龜以及鳥。某些現存的雙孔亞綱動物僅剩一顳顬孔，例如蜥蜴，某些則已無顳顬孔，如烏龜；某些動物的頭骨構造甚至已大幅改變，像是現代的鳥類，但是仍依據共同的祖先，歸類於雙孔亞綱。雙孔亞綱至少涵蓋了一萬四千六百種現存物種。

47. 真核細胞 mRNA 加上的“7-甲基-G 帽（7-methyl-G cap）”之敘述，下列何者最正確？
(A) 位在最後一個外顯子的末端
(B) 是啟動複製所必需的要件
(C) 可以防止 mRNA 被核酸內切酶切割
(D) 有助於將 mRNA 輸出到細胞質中

詳解: D

5’端帽有四個主要功能：

1. 調控細胞核的輸出。細胞核輸出是由帽結合複合物（CBC）來調控，它只會與加帽的 RNA 結合。CBC 接著會由核孔複合物所辨認及排出。
2. 阻止因核酸外切酶造成的降解。mRNA 因核酸外切酶造成的降解會被功能上類似 3’端的 5’端帽所阻止。mRNA 的半衰期會因而上升，方便真核生物輸出所需的長時間。
3. 促進轉譯。5’端帽亦是用作與核糖體及翻譯起始因子結合。CBC 亦會涉及此過程，負責招聚起始因子。
4. 促進除去 5’近端內含子。這個過程的機制並不清楚，但 5’端帽似乎會繞圈及與剪接體在剪接過程中互相作用，從而促進除去內含子。

校方釋疑：

選項(D)答案無誤，維持原答案。

mRNA 5’ Cap 有助於將 mRNA 輸出到細胞質中。

Hocine S, Singer RH, Grunwald D. RNA processing and export. *Cold Spring Harb Perspect Biol*. 2010;2(12): a000752.

48. Shine-Dalgarno 序列和 Kozak 序列是下列何種反應所需辨識的關鍵保守序列？
(A) 複製（replication）
(B) 轉錄（transcription）
(C) 轉譯（translation）
(D) 反轉錄（reverse transcription）

詳解: C

Kozak 序列是在真核生物的 mRNA 中共有的（gcc）gccRccAUGG 序列。這個序列在 mRNA 分子上被核糖體識別為翻譯起始位點，即蛋白質是由此開始被該 mRNA 分子編碼的。核糖體需要此序列，或一個可能的可變形式來啟動翻譯。Kozak 序列不應與核糖體結合位點（RBS）相混淆，後者一般為信使 RNA 的 5’端帽或內部核糖體進入位點（IRES）。

Shine-Dalgarno 序列是由澳大利亞科學家所提出的一個存在於 mRNA 上的核糖體結合位點，通常位於起始密碼子 AUG 的上游的八個鹼基對處。Shine-Dalgarno 序列只存在於原核生物中。六個鹼基的共有序列是 AGGAGG；例如，在大腸桿菌中，這個序列為 AGGAGGU。該序列幫助動員核糖體結合到信使 RNA 上並將其校準到起始密碼子上以啟動蛋白質生物合成。

Shine Dalgarno 和 Kozak 序列之間 Shine Dalgarno 序列是一個核糖體細菌和古細菌的結合位點信使 RNAKozak 序列是大多數真核信使 RNA 中的蛋白質翻譯起始位點。

49. 所有切除式修復（excision repair）系統都需要以下何種酶的作用？
(A) 連接酶（ligase）
(B) 外切酶（exonuclease）
(C) 醣化酶（glycosylase）
(D) 反轉錄酶（reverse transcriptase）

詳解: A

切除式修復（excision repair）切除損傷段落是以原來正確的互補鏈為範本，合成新的片段而完成修復，與重組修復不同是細胞內 DNA 損傷後最重要、有效、最普遍的修復方式，對多種 DNA 小損傷，如鹼基脫落、嘧啶二聚體、鹼基烷基化、單鏈斷裂等都可修復。切除式修復可分為下列 2 種：

1. 鹼基切除修復(Base excision repair)過程步驟：用 DNA 糖基化酶(glycosylase)把單一個錯誤的含氮鹼基剔除→用核酸內切酶（endonuclease）切在鹼基被移除後的空位置（AP site），移除磷酸鍵，形成 nick→DNA 聚合酶 I（DNA polymerase I）從 nick 處的 3 端開始修復，邊切邊補→DNA polymerase I 脫掉後，DNA 接合酶（DNA ligase）再將 nick 封好，完成反應。
2. 核苷酸切除修復（nucleotide excision repair）過程步驟：先用核酸內切酶（excinuclease）切出 nicks，再經過 DNA 解旋酶（DNA helicase）作用，將含有損傷的部位剔除→DNA 聚合酶 I 把缺少的核苷酸（nucleotides）補上→DNA 接合酶（DNA ligase）把 gate 合上。

50. 哪個因素對繼代 DNA 的高保真度（fidelity）最沒有貢獻？
(A) DNA 修復系統
(B) DNA 聚合酶的校對活性
(C) DNA 聚合酶的 5’→3’核酸外切酶活性
(D) 親代股和子代股之間的鹼基配對

詳解: C

DNA 的複製具有高保真性（high fidelity），其錯配機率約為 10^{-10}。「半保留複製」確保親代和子代 DNA 分子之間信息傳遞的絕對保真性。高保真 DNA

聚合酶利用嚴格的鹼基配對原則是保證複製保真性的機制之一。另外，體內複製叉的複雜結構提高了複製的準確性；DNA 聚合酶的 3'→5'核酸外切酶活性和校讀功能以及複製後修復系統（光復活修復、剪切修復、重組修復、SOS）對錯配加以糾正，四種機制協同進一步提高了複製的保真性。

張文忠

補教英文天王

教學特色

授課講解清晰，無論字義之差異、句型之應用、文法之精細、文意之呈現，都可以奠下您文谷的基礎。

連中雙榜

程名豪 /嘉藥藥學

慈濟.義守/後中醫

建議大家可以善用老師推薦的歐路辭典背單字，加上老師的字根字首技巧，慢慢累積詞彙量，畢竟整張考卷幾乎都在考單字，單字量很重要！！！（好希望自己能早點明白）。文法的部分，跟著老師上課整理的重點，就已經很夠應付考題了！

陳繪竹 /成大會計

慈濟/後中醫

英文推薦文忠老師出版的字根辭典，只要好好讀熟，單字功力一定大增，也讓單字變得非常容易記憶，盡可能每天都背單字並運用歐陸詞典app，裡面有一些有趣的記憶方式可以參考，背單字搭配例句及考題並且訓練自己的閱讀速度，考前可以特別複習老師上課提過的文法重點，例如：假設語氣，有機會多撈一點分數，文忠老師出版的歷屆試題也整理得很好，把相關的重點寫在題目下面，如果多讀老師的所有教材，一定可以一步一腳印增進英文能力，非常感謝可愛的老師，讓我的備考生活多了許多樂趣。

一年考取

蘇毓鈞 /高醫藥學

中國醫/後中醫

英文：今年時間較趕所以只上了文忠老師格林法則的課程，但讓我受益匪淺，獨特的單字記法也讓我在考場上猜對不少題目，是上榜的一大關鍵。

陳怡婷 /中國醫中資

中國醫/後中醫

張文忠老師的方便字根解析背單字方法及仔細的文法整理對於閱讀的幫助真的很大！讓我在閱讀題時拆解、了解句子意思。

連中雙榜

吳佳蓁 /慈濟物治

慈濟.義守/後中醫

張文忠老師的格林法則及同義字整理替我省下不少背單字的心力，加上老師的閱讀測驗解析寫得非常詳細，每天背單字和寫一篇閱讀測驗，讓我面對試卷上的長篇閱讀能得心應手。

謝礎安 /中國醫藥學

義守/後中醫

英文-文忠老師教導仔細又有耐心，格林法則讓我背單字變得輕鬆許多，老師上課時都會留一些時間讓我們寫筆記和思考，在這個時間就盡量把內容吸收，對我來說，可以記得很牢，回家也不用花太多時間反覆回想自己抄了甚麼，感謝文忠老師讓我英文的文法和閱讀有了很大的進步。

中國醫藥大學 110 學年度學士後中醫招生考試試題暨詳解

科目：普通生物學 **黃彪 老師解析**

選擇題為單選題，共 50 題、答案 4 選 1、每題題分 2 分，每題答錯倒扣 0.7 分，不作答不計分，請選擇最合適的答案。

1. 決定生物性別的因素，除了染色體外，有時也會受到環境因子的影響，而生性別決定系統（sex-determination system）有很多種，下列敘述何者**錯誤**？
(A) 鳥類通常使用的是 Z-W 系統，有 Z 及 W 染色體為雄性，有兩個 Z 染色體為雌性
(B) 蟋蟀為 X-0 系統，雌性有兩個 X 染色體，而雄性只有一個 X
(C) 乳牛為 X-Y 系統，有 Y 染色體的是雄性
(D) 蜜蜂單倍體個體（haploid）是雄性，雙倍體個體（diploid）是雌性

詳解： A

鳥類通常使用的是 Z-W 系統，有 Z 及 W 染色體為雌性，有兩個 Z 染色體為雄性。

2. 染色體結構變異可能會造成嚴重的疾病，如費城染色體（Philadelphia chromosome）和慢性骨髓性白血病（chronic myeloid leukemia）有密切關係，費城染色體主要是染色體結構發生何種變化？
(A) 轉位（translocation）
(B) 重覆（duplication）
(C) 倒轉（inversion）
(D) 缺失（deletion）

詳解： A

慢性骨髓性白血病的病生理機轉最重要的就是第 9 對以及第 22 對染色體轉位，t（9：22），又稱為費城染色體（Philadelphia Chromosome）。這種染色體轉位會造成原來位在第 9 對染色體的 Abelson（ABL）proto-oncogene 接到第 22 對染色體的 breakpoint cluster region（BCR）基因上，形成 BCR-ABL chimeric 基因。正常的 ABL 基因在轉錄轉譯後產生的 tyrosine kinase 會受到嚴密的調控；但發生費城染色體所形成的 BCR-ABL fusion 基因則失去正常的調控機轉，造成 tyrosine kinase 過度表現的情形。在慢性骨髓性白血病患者，有大於 90%的患者會有費城染色體，有大於 95%的患者可以利用 PCR 的方式找到 BCR-ABL 基因。

3. 顯微鏡是研究生命科學非常重要的工具，因此歷年諾貝爾獎對提升顯微鏡技術的學者常給予肯定，以下選項何者**錯誤**？

	年份	得獎者	獎項	顯微鏡
(A)	2017 年	杜巴謝（Jacques Dubochet） 法蘭克（Joachim Frank） 韓德森（Richard Henderson）	化學獎	低溫電子顯微鏡（cryo-electron microscopy, cryo-EM）
(B)	2014 年	貝齊格（Eric Betzig） 海爾（Stefan W. Hell） 莫納（William E. Moerner）	化學獎	超高解析度螢光顯微鏡（super-resolved fluorescence microscopy）
(C)	1990 年	明斯基（Marvin Lee Minsky）	物理獎	共軛焦顯微鏡（confocal microscopy）
(D)	1986 年	魯斯卡（Ernst Ruska）	物理獎	電子顯微鏡（electron microscopy）
		賓寧（Gerd Binnig） 羅雷爾（Heinrich Rohrer）	物理獎	掃描隧道顯微鏡（scanning tunnel microscopy）

詳解: C

1990 年的諾貝爾物理獎得主是傑爾姆·弗里德曼（Jerome Friedman）、亨利·韋·肯德爾（Henry Way Kendall）以及理察·愛德華·泰勒（Richard Edward Taylor）。得獎原因是：「他們有關電子在質子和被綁定的中子上的深度非彈性散射的開創性研究，這些研究對粒子物理學的夸克模型的發展有必不可少的重要性」。

The Nobel Prize in Physics 1990 was awarded jointly to Jerome I. Friedman, Henry W. Kendall and Richard E. Taylor “for their pioneering investigations concerning deep inelastic scattering of electrons on protons and bound neutrons, which have been of essential importance for the development of the quark model in particle physics.”

4. 下列哪一個生物於2015年完成基因定序，未來可作為模式生物（model organism），以了解大腦智力、複雜性等性狀演化及進行神經生物學研究？

(A) 果蠅（*Drosophila melanogaster*）

(B) 斑馬魚（*Danio rerio*）

(C) 加州雙斑蛸（*California twospot octopus*）

(D) 秀麗隱桿線蟲（*Caenorhabditis elegans*）

詳解： C

許多研究人員認為，章魚非常聰明，再加上與人類非常不同，使牠們成為一種理想的模式生物，除了可了解頭足類既已演化出的嶄新神經學運作方式之外，還能用來推論控制複雜大腦功能的共通原理。

頭足綱軟體動物的基因序列正被陸續破解，而首種破解其完整基因序列的八爪魚，則是加州雙斑蛸（*California two-spot octopus*），這是 2015 年研究人員的一項科學成就，有助將頭足綱變為新的研究工具。

5. 下列哪一種動物病毒和嚴重特殊傳染性肺炎COVID-19病毒同屬單股RNA病毒（single strain RNA, ssRNA）？
   (A) 脊髓灰白質炎病毒（poliovirus）
   (B) 人類疱疹病毒（Epstein-Barr virus）第四型
   (C) 乳突病毒（popillomavirus）
   (D) 牛痘病毒（cowpox virus）

詳解： A

人類泡疹病毒、乳突病毒以及牛痘病毒都是雙股 DNA 病毒。

6. 鐵杉及刺柏等皆屬於台灣針葉樹，下列哪一種針葉樹是台灣瀕臨絕跡的植物，被農委會列為極需保護的物種？
   (A) 台灣肖楠（*Calocedrus formosana*）
   (B) 玉山圓柏（*Juniperus squamata*）
   (C) 清水圓柏（*Juniperus chinensis*）
   (D) 巒大杉（*Cunninghamia lanceolata var. konishii*）

詳解： C

清水圓柏為柏科常綠匍匐性或直立灌木或小喬木，葉兩形，幼葉線形，對生或三葉輪生，銳頭，表面凹，下面有稜；普通葉鱗狀，交叉對生。毬果球形，種子三枚，呈三角狀橢圓形。清水圓柏為台灣特有種柏科植物，族群分布區小於 100 平方公里，實際占有面積小於 10 平方公里，全台僅剩之生育地少於五個，且棲地之範圍、面積與品質持續下降中。目前全世界僅在花蓮縣清水山及嵐山高海拔地區曾被發現，是「嚴重瀕臨絕種」之台灣保育類植物。

7. 下列哪一個**不是**進行細胞核形分析（karyotyping）時，加0.1%秋水仙素（colchicine）的目的？
   (A) 中止紡錘體形成
   (B) 濃縮染色體長度
   (C) 增加中期細胞數目
   (D) 增加細胞內染色體數目

詳解: D

秋水仙素能影響微管動態，讓已經開始分裂的細胞中的染色體無法完成正確排列及分離，但並不能影響細胞內染色體的數目。

8. 下列哪一個基因對調控植物葉型的發育非常重要？
(A) *GLABRA-2*
(B) *fass*
(C) *KNOTTED-1*
(D) *gnom*

詳解: C

在器官形成的初期，KNOX 基因的調控維持了分生組織均一性。KNOX 基因是一類同源基因（homeotic gene），在植物的形態建成中起作用，它幾乎存在於所有的單子葉和雙子葉植物中，其作用是最古老和保守的分生組織調節手段。植物中第一個分離的 KNOX 家族基因是玉米中的 KNOTTED-1(ZmKN1)基因，在頂端分生組織（shoot apical meristem，SAM）的形成和維持中起作用。KNOX 基因的異源表達可以引起葉形態的多種變化，而這種變化可能與葉序之間存在某種關聯。同時，KNOX 基因的表達與激素的作用有緊密的聯繫，而植物激素在葉序的發生過程中有極其重要的調控作用。這就說明，在決定葉序發生的分生組織中表達和發揮功能的 KNOX 基因有可能在葉序發生的調控中起作用。

9. 出現於更新世（Pleistocene）食肉動物恐狼（dire wolf）早已滅絕，目前只能在美洲各地找到其遺骸，恐狼與現存源自歐亞大陸的灰狼骨骼形態極為相似，但灰狼體型較小，科學家一度認為兩者為近親，但經檢測DNA後發現兩者最近的共同祖先存在於570萬年前，親源關係極遠，因此恐狼和灰狼的極度相似可能是屬於何種演化？
(A) 趨異演化（divergent evolution）
(B) 趨同演化（convergent evolution）
(C) 共同演化（coevolution）
(D) 定向演化（directed evolution）

詳解: B

在演化生物學中，趨同演化（convergent evolution）是指兩種親緣關係很遠的動物，長期生活在相同或相似的環境，發展出外形及功能相似的器官，此種器官即為同功器官。

這是因為在不同的地區，例如美洲跟澳洲，雖然分隔遙遠，但都具有類似的生態環境、或生態區位（ecological niche），所以在相似的生態環境中，都可以找到生態習性或外觀類似、但卻不同種類的生物，例如在美洲有美洲狼，在澳洲則為袋狼。生物學家們認為，這些分類關係遙遠的物種，分別演化自不同的祖先，但在外貌或行為上卻出現相似的演化過程，主要是因為這些物種都生活在類似環境，經過類似天擇過程所造成的選汰結果。

例如鳥類、蝙蝠（哺乳類）、飛蜥（爬蟲類）及昆蟲（節肢動物）都有翼狀前肢，雖然來自不同祖先、發源的過程不一樣，但飛行功能卻是一致的。

10. 有關人類紅血球和植物篩管細胞，下列敘述何者正確？
(A) 二者都可攜帶大量二氧化碳
(B) 二者皆含有中央液泡可儲存物質
(C) 二者成熟時皆缺少細胞核
(D) 二者皆有溶體可清除受損胞器

詳解: C
(A) 二者都不可攜帶大量二氧化碳
(B) 二者皆不含有中央液泡
(C) 正確
(D) 植物細胞一般認為沒有溶體。

11. 居住在台灣的小言，他的女友小靜的生日在6月，小靜最喜歡報春花，若小言想送小靜報春花作為生日禮物，最可行的方法是？
(A) 在溫室中培養，加長光照時間
(B) 在溫室中培養，縮短光照時間，並在夜間中段以紅光照射
(C) 在溫室中培養，縮短光照時間，並在夜間中段先以遠紅光照射再以紅光照射
(D) 在溫室中培養，縮短光照時間，並在夜間中段先以遠紅光照射再以紅光照射，最後再以遠紅光照射

詳解: D

報春花又名年景花，櫻草，四季報春，原產中國。喜氣候溫涼、濕潤的環境和排水良好、富含腐殖質的土壤，不耐高溫和強烈的直射陽光，多數亦不耐嚴寒，冬末春初開花，花深紅、淺紅或淡紫，花期 12 月至次年 4 月。

因為要在六月送花，所以在溫室培養時，必須要給予較當時環境短的光照時間，或相對長的連續黑暗期。紅光會打斷連續黑暗期，而遠紅光並不會且可逆轉紅光照射造成的效果。

校方釋疑：

調控植物開花的機制非常複雜，除基因調控外，可能受到許多環境因素（如溫度、光週期等）影響（請參見 Campbell Biology 12th edition page 912-914, Campbell Biology 11th edition page 910-912），申請者所提供之參考資料顯示，該研究是以已產生可見花芽（visible flower bud ,VB）的植物為材料進行

對溫度及光週期反應的研究，文章最末作者提到花芽的誘導分化及形成和環境的關係仍有待進一步的研究，由此可知該研究結果並沒有證據顯示開花與否和光週期無直接關係。

而目前許多研究及資料顯示被子植物開花與否受到光週期(photoperiodism)及其他許多因素影響（Campbell Biology 12th edition page 912-914）在台灣農業 實際應用於作物之產季調控改變光週期仍是一個有效且經濟的方法。因此本題最正確答案為選項（D)。故本題維持原答案。

12. 小智在野外採集到瀕臨絕種的大安水蓑衣（*Hygrophila pogonocalyx*），小智想要為其建立幹細胞（stem cell），應該選擇大安水蓑衣的哪一部分最適合？
(A) 成熟的薄壁細胞（parenchyma cells）
(B) 成熟的導管細胞（vessel elements）
(C) 成熟的管胞（tracheids）
(D) 成熟的篩管細胞（sieve-tube elements）

詳解: A

幹細胞（stem cells）是原始且未特化的細胞，它具有再生與分化的能力，可以增殖成為原來相同的細胞也可以分化成為其他功能的細胞。幹細胞因具有以上這些特性，所以可用來修補受損的組織或器官，甚至還可以建構出完整的器官。成熟的導管細胞、管胞以及篩管細胞均沒有細胞核，並不適合用以建立幹細胞。

13. 珊珊擔任兒童科學營幹部，在活動中設計了一個以顯微鏡觀察植物石細胞（sclereids）的實驗，下列哪一種材料最適合？
(A) 砂梨（*Pyrus pyrifolia*）果實
(B) 莧（*Amaranthus tricolor*）的根
(C) 金銀花（*Lonicera japonica*）的葉子
(D) 坪林秋海棠（*Begonia pinglinensis*）的莖

詳解: A

石細胞是一種厚壁細胞，形狀粗短，呈不規則狀。通常在植物的根、莖、葉、果實或種子中，都有石細胞。它們可以形成堅實、完整的一層，也可以分散地成團或單個存在於其他組織中。梨果實里的硬渣，就是果肉里的一團團石細胞，石細胞過多，則影響水果的品質。蠶豆或其他豆類植物種子外面堅韌的種皮，以及桃等核果類植物堅硬的內果皮，均由石細胞組成。此外，有些植物的韌皮部和木質部維管束的周圍、皮層或髓的薄壁組織中，以及葉片或葉柄內，也多有石細胞。

14. 依依和家人至東南亞旅行時，不幸感染了中華肝吸蟲(*Clonorchis sinensis*)，血液檢查時下列哪一種血球細胞會增加？
(A) 嗜鹼性球（basophils）
(B) 嗜伊紅球（eosinophils）
(C) 單核球（monocytes）
(D) 嗜中性球（neutrophils）

詳解: B

中華肝吸蟲鮮少造成急性症狀，一般上在吃了未煮熟的魚的 10 到 26 天內，身體會開始出現發燒、食慾不振、腹部疼痛、肌肉酸痛、關節痛、全身軟弱。蟲體吸附在膽管或膽囊，以膽汁作為營養來源；蟲體的聚集可造成物理性的傷害，若產卵數量大，堆積後甚至可造成膽囊破裂；此外吸蟲的分泌物及排泄物亦具有毒性，可導致纖維化（fibrosis）的病變、引起發炎反應，使血液中嗜酸性球的數量增加，患者也可能出現黃疸、膽結石、肝硬化、多發性肝膿瘍（multiple liver abscess）。慢性感染會增加得到膽管上皮細胞癌的機率。

嗜酸性球的數量極少，一般狀況下只佔了白血球的 1%~3%，它們的數量和疾病相關，除了寄生蟲以外，哮喘、過敏、發炎也和嗜酸性球有一定的關聯。嗜酸性球有吞噬作用，但一般是吞噬免疫複合物和應對寄生蟲，主要目標不是細菌和病毒。（前者是嗜中性球，後者是淋巴球的工作）在從骨髓前體細胞分化後，嗜酸性球會在血液中循環，到發炎處或是寄生蟲處，誘導她們的趨化因子，例如 CCL11 和 CCL24 等等。在對應寄生蟲的侵襲，嗜酸性球、嗜鹼性球和肥大細胞三個會一同合作，另外在前面說的哮喘和過敏反應也和它有關，還有在異體移植、乳腺的發育狀況（如產後）都和嗜酸性球有關係。

校方釋疑：

中華肝吸蟲（*Clonorchis sinensis*）為一種寄生蟲，哺乳類針對寄生蟲感染所誘發的細胞先天防禦（cellular innate defense），其中嗜伊紅球（eosinophils）在對抗多細胞侵入者（如寄生蟲）扮演非常重要的角色，可釋放破壞性酵素與之對抗。（請參見 Campbell Biology 12th edition page 1103, Campbell Biology 11th edition page 1101）而 Xiangyang Li et al. (2020) The impact of *Clonorchis sinensis* infection on immune response in mice with type II collagen-induced arthritis. BMC Immunology. 主要探討感染 *Clonorchis sinensis* 對自體免疫疾病類風濕性關節炎（rheumatoid arthritis）之影響，並了解免疫相關反應，最終得出小鼠感染 *Clonorchis sinensis* 對關節炎有不良的影響，並可能導致特定類型的小鼠免疫反應異常。與本題 二者明顯不同，因此本題最正確答案為選項 (B)。故本題維持原答案。

15. 下列哪一個基因和花的形態發育有關？
(A) *ein*
(B) *tangled-1*
(C) *GLABRA-2*
(D) *MADS-box family*

詳解: D

MADS-box 的名稱來自釀酒酵母轉錄因子 MCM1、擬南芥花同源異型基因 AGAMOUS、金魚草花同源異型基因 DEFICIENS 和人血清應答因子（SRF, serum response factor）種蛋白的首字母，這 4 種蛋白質都有一個由 56～58 個胺基酸組成的高度保守的 MADS 盒。編碼含有這種保守序列蛋白因數的基因稱為 MADS-box 基因。MADS-box 基因編碼的蛋白因子是一類轉錄因子，其與真核基因啟動子區域中的順式作用元件特異結合，從而使目標基因以特定的強度在特定的時間和空間表達。

MADS-box 基因在植物的花分生組織、花器官和各種營養器官中均有不同形式的時空表達模式，起著各自不同的功能。MADS-box 基因可分為三大類群，即 A、B 和 C 三組，它們均有典型的 MADS-box 序列，在高等植物花器發育的不同位置起作用。植物花朵的結構大同小異，均有四輪器官，第一輪為花萼，第二輪為花瓣，第三輪為雄蕊，第四輪為心皮。A 類基因控制外側 2 輪花器的分化，B 類涉及第二和第三輪花器的發育，C 類基因負責內部 2 輪花器的確定性。若發生 MADS 盒基因突變，花器的位置將發生互換，這就是經典的 ABC 模型理論。

16. 依目前研究顯示，下列何者<u>未</u>參與植物的防禦機制（defense mechanism）？
(A) 茉莉酮酸甲酯（methyl jasmonate）
(B) 甲基水楊酸（methylsalicylic acid）
(C) 茉莉酮酸（jasmonate）
(D) 胞壁擴張蛋白（expansins）

詳解: D

茉莉酮酸（jasmonates, Jas）為茉莉酸（jasmonic acid）及其衍生物的總稱，是近數十年發現的植物激素（phytohormones）之一。最早於 1962 年，在大花茉莉精油中發現（實為茉莉酸甲酯 methyl jasmonate, MeJA），因此得名，之後陸續在多種植物中，也發現 JAs 的存在。但直到 1970 年後，才開始發現到 JAs 也有植物激素的功能。其主要功能為促進雄蕊發育、塊莖形成、抑制根部的生長，但是 JAs 最廣為人知的功能是在植物遭受物理性傷害後（例如草食性昆蟲所造成的傷口），誘導植物的系統性防禦，以抵禦草食生物的進一步攻擊。在植物受到草食性昆蟲攻擊時，在傷口處誘導出大量的 JAs，使 JAs 訊息傳遞途徑開啟，並促使植物產生蛋白酶抑制劑等物質，讓昆蟲難以消化到口的食物，因而放棄進食。

JAs所引起的訊息傳遞，會與植物本身的水楊酸（salicylic acid, SA）訊息傳遞產生拮抗；而水楊酸所引起的系統性防禦，主要是用於抵禦細菌性病原的感染。換言之，過度的茉莉酸反應，反而使植物容易受細菌性病原的侵害。

水楊酸可促進植體對病菌產生及增加抗性，誘發植體系統性後天抵抗病害之能力，即植體會產生抵抗受傷、病蟲害及保護未受傷組織的酵素。另外，水楊酸亦可誘導菸草產生抗性，傳遞受傷訊號及保護未受傷組織，抵抗病蟲侵害時所受傷害，故於栽培上可減少殺菌劑之使用。水楊酸及茉莉酸皆能有效增加植體對菸草TMV病源菌及昆蟲之抵抗力、防治梨胞霉屬（*Pyricularia spp.*）所引起的水稻、薑之稻熱病。

17. 下列關於植物對抗環境逆境（environmental stress）的策略何者**錯誤**？
(A) 熱逆境（heat stress）—熱休克蛋白（heat-shock proteins）
(B) 淹水（flooding）—根部皮層形成空氣管（air tube）
(C) 鹽分逆境（salt stress）—使根部細胞內水勢（water potential）維持比土壤水勢高
(D) 冷逆境（cold stress）—改變細胞膜脂質的組成

詳解: C

若根部細胞內水勢比土壤水勢高，那麼根內的水分會傾向流出細胞外。

18. 艾利森（James P. Allison）和本庶佑（Tasuku Honjo）因發現「免疫檢查點」（immune checkpoint），使得新的抗癌途徑研究得以展開，同時免疫治療也有突破性發展，並陸續有許多相關藥物上市，如益伏（ipilimumab）、保疾伏（nivolumab）等，二位學者於2018年獲得諾貝爾生醫獎，他們最早發現的免疫檢查點分別為何？
(A) CTLA-4, PD-1
(B) NLRP12, SA-4-1BBL
(C) PD-L1, MDM2
(D) Oncotype DX 3, SA-4-1BBL

詳解: A

2018年諾貝爾生理醫學獎由艾利森（James P. Allison）和本庶佑（Tasuku Honjo）共享，兩位得獎者分別在不同大學實驗室研究，前者發現T細胞蛋白CTLA-4，後者發現另一種T細胞表面表達的蛋白質PD-1，結果都促成了如今當紅的「免疫檢查點療法（immune checkpoint therapy）」。

CTLA-4這個免疫檢查點主要是在T細胞活化的初期，也就是T細胞跟抗原呈現細胞互動這段時間裡。T細胞要能夠被活化，需要有來自T細胞受體（T cell receptor）與CD28（常叫做costimulation）的雙重認證。無獨有偶地，CTLA-4跟CD28對結合受體的品味是一模一樣，但兩個蛋白的功能卻南轅北轍。CD28

能促進 T 細胞活化，CTLA-4 卻是扮演著抑制的角色，跟 CD28 唱反調。CTLA-4 本來在細胞質內，當 T 細胞受體找到、並結合上其專一性的抗原之後，CTLA-4 會一躍上細胞表面。而因為 CTLA-4 對受體的結合親合力要比 CD28 大上許多，因此會阻撓 CD28 和受體結合。故而，CTLA-4 免疫檢查點能夠阻礙抗原呈現細胞活化具有抗癌專一性的 T 細胞。因此，如果藉由 anti-CTLA-4 的抗體來阻斷 CTLA-4 的抑制性訊息，就可以防止 CTLA-4 來壞事。只要沒有 CTLA-4 從中唱反調，具有抗癌能力的 T 細胞，就能夠無礙地收到抗原呈現細胞的小道消息，而趕緊啟程殺敵去。

至於 PD-1 免疫檢查點則是發生在腫瘤組織裡。接到通風報信後的 T 細胞啟程殺敵，去尋找跟抗原呈現細胞所報信的變異抗原到底身在何處。活化的 T 細胞往往會啟動 PD-1 的表現，而有了這第二個免疫檢查點，也是具有免疫抑制性。PD-1 的結合受體有兩個，一個是 PD-L1，另一個是 PD-L2。當 T 細胞啟動免疫反應時，常會分泌干擾素（IFN-γ）。許多體細胞在接收到干擾素的訊息時，都會表現 PD-L1；這也包括了癌細胞。

在癌細胞群聚的變異腫瘤組織裡，常常可以看到大量的 PD-L1 表現。因此，T 細胞就算嗅出了變異組織的不對勁，也乖乖的不亂動，奸計得逞的癌細胞自然也就得以鬆一口氣。但是，藉由給予癌症病患 anti-PD-1 抗體，或是 anti-PD-1L 抗體，就可以借機阻撓 T 細胞上的 PD-1 和癌細胞身上的 PD-L1 結合。如此，T 細胞可以將癌細胞殺滅。

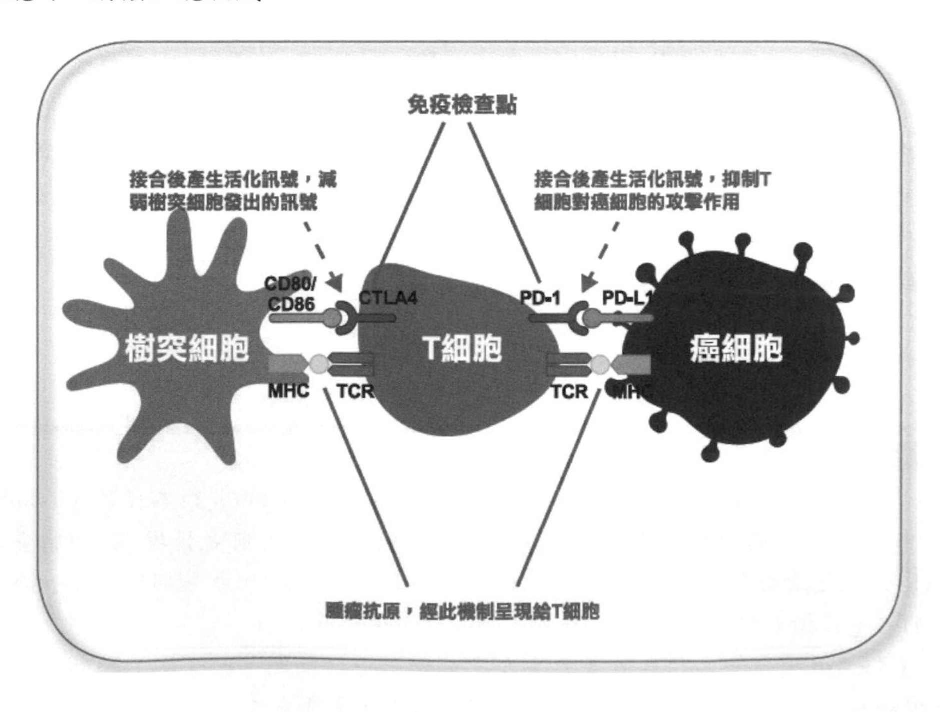

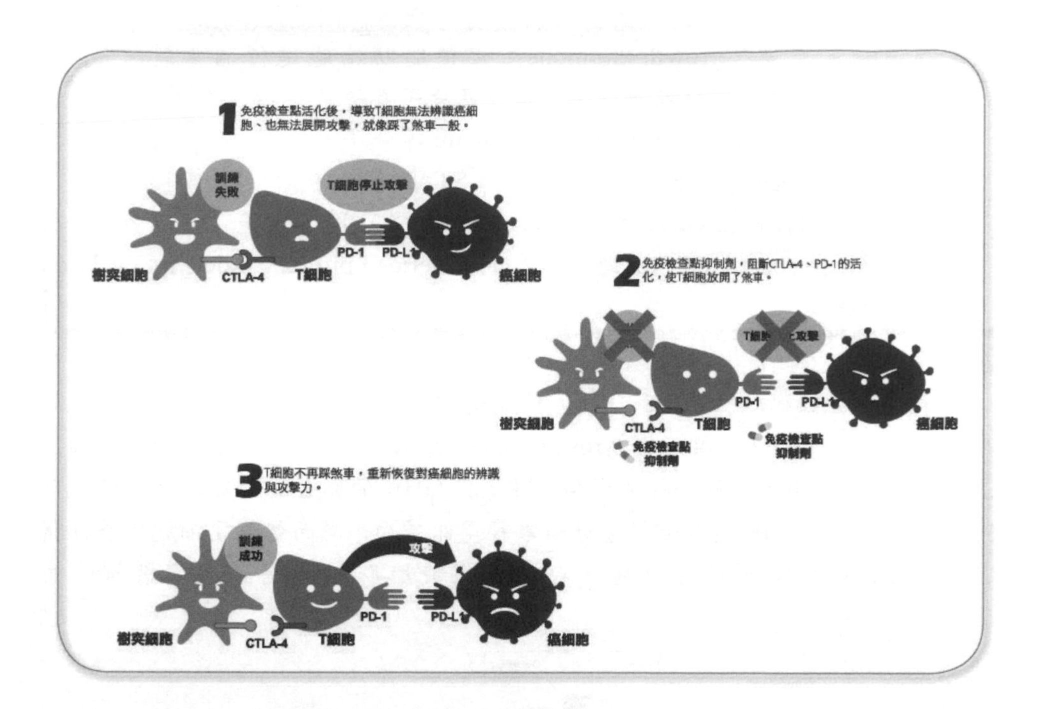

19. 有關內分泌，下列敘述何者**錯誤**？

(A) 黑色素細胞刺激素（melanocyte-stimulating hormone, MSH）通過控制黑色素細胞中色素分佈來調控兩棲類、爬蟲類及魚類皮膚的顏色

(B) 甲狀腺激素（thyroid hormone）可調控哺乳動物之新陳代謝，但對青蛙的發育而言，甲狀腺激素在變態過程（metamorphosis）中，可刺激蝌蚪尾部之吸收

(C) 松果體（pineal gland）釋放褪黑激素（melatonin）是由下視丘（hypothalamus）中視交叉上核（suprachiasmatic nucleus, SCN）神經元調控

(D) 腎上腺素（epinephrine）的受體（receptor）屬於受體酪胺酸激酶（receptor tyrosine kinases）

詳解: D

腎上腺素的受體屬於G蛋白偶聯受體（G-protein-couple receptors, GPCR）。

20. 血清素（serotonin）和下列哪一個物質屬於同類的化合物？

(A) 胰島素（insulin）

(B) 腎上腺素（epinephrine）

(C) 糖皮質素（glucocorticoid）

(D) 前列腺素（prostaglandin）

詳解: B

腎上腺素和血清素均屬於胺基酸衍生之化合物。

21. 人類生長荷爾蒙（growth hormone）促使脂肪細胞進行脂質裂解作用（lipolysis）時，所媒介的訊息傳遞路徑及分子為何？
(A) Wnt receptor 路徑，透過 GSK3、catenin 等分子
(B) Cytokine receptors 路徑，透過 JAK、STAT 等分子
(C) Receptor tyrosine kinase 路徑，透過 Ras、MAPK 等分子
(D) G protein couple receptor 路徑，透過 trimeric G protein、Adenylyl cyclase 等分子

詳解: B

生長激素（Growth hormone, GH）傳訊是經由生長激素受體偶合酪胺酸激酶—JAK2（GH receptor-associated tyrosine kinase JAK2）引發的。生長激素與膜上生長激素受體（GHR）結合後會增強 JAK2 與 GHR 的結合，引發二者酪胺酸磷酸化反應。JAK2/GHR 複合體接著召喚數種傳訊蛋白，從而起始了細胞內多條傳訊路徑並引發的許多細胞反應，包括了促使脂肪細胞進行脂質裂解作用（lipolysis）。

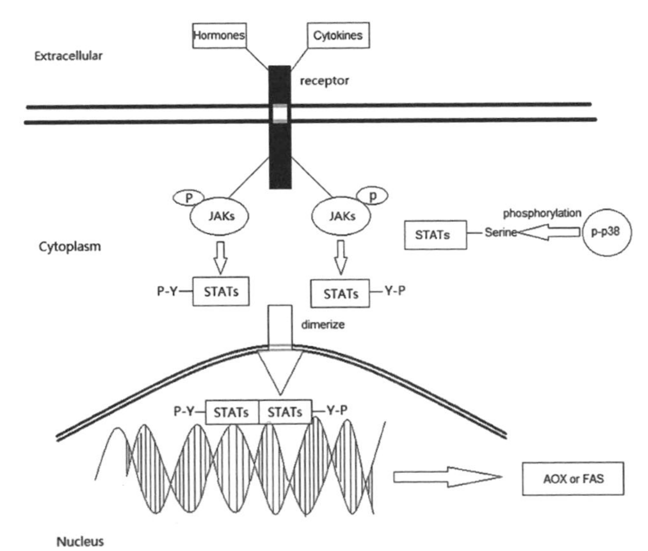

可參考下列文獻：

1. https://tw.sinobiological.com/research/signal-transduction/gh-igf-1
2. https://www.ncbi.nlm.nih.gov/pmc/articles/PMC3906428/

22. 下列 5 個物質，哪些可以與微管（microtubule）或微管蛋白（tubulin）結合？
甲、鬼筆環肽（phalloidin）
乙、細胞鬆弛素（cytochalasin）
丙、紫杉醇（taxol）
丁、秋水仙素（colchicine）
戊、諾考達唑（nocodazole）

(A) 甲乙丙
(B) 乙丙丁
(C) 丙丁戊
(D) 甲丁戊

詳解: C

甲、鬼筆環肽：死亡天使毒菇（Amanita phalloides, Angel of Death）放出的毒素，與微絲結合抑制分解，使細胞無法活動。

乙、細胞鬆弛素是霉菌分泌的生物鹼，與微絲正端結合抑制微絲聚合。

丙、紫杉醇能促進微管蛋白聚合成微管，使得微管更不容易分解。

丁、秋水仙素將細胞內的微管中主要的成分微管蛋白黏合，阻止微管的聚合作用，從而抑制紡錘體的形成，阻止隨著細胞骨架改變的有絲分裂，而且還會停止嗜中性球的活動能力，因為紡錘體無法形成，染色體不可能到達赤道板上，細胞分裂將被阻斷在間期。

戊、諾考達唑也稱為噻氨酯噠唑，是一種抗有絲分裂試劑，通過結 β-微管蛋白（β-tubulin），防止兩條鏈間雙硫鍵之一的形成，進而抑制微管動力學、破壞有絲分裂紡錘體和片段化高爾基體複合物來破壞微管結構。

校方釋疑：

細胞鬆弛素(cytochalasin)的確有多種。所列舉之文獻 Himes et al. (1976) Cytochalasin A inhibits the in vitro polymerization of brain tubulin and muscle actin. *Biochem Biophys Res Commun* **68**:1362-70. doi: 10.1016/0006-291x(76)90346-6. 中的摘要論述 "Cytochalasin A (CA) inhibits the self-assembly of beef brain tubulin. The concentrations necessary to cause the inhibition are only slightly higher than the tubulin concentration. Cytochalasin B (CB) at identical and higher concentrations has no noticeable effect. Cytochalasin A also inhibits colchicine binding activity suggesting that it denatures the tubulin molecule. The results indicate that the reaction of CA with the sulfhydryl groups of tubulin is responsible for its action." 從此摘要中解讀得知 Cytochalasin A 有抑制 tubulin 自我組合的效果，而 Cytochalasin A 也有抑制 colchicine 與 tubulin 的結合能力作者只是" suggest" 這樣的效果可能是因為 tubulin 被變性(denature)了，也推論這樣是因為 tubulin 的巰基(sulfhydryl groups) 與 Cytochalasin A 結合的結果，但綜觀這些結果與推論，也僅於推理的敘述，仍未見 Cytochalasin A 是因為可以與 tubulin 有結合能力而導致這些結果的證據。

又所列舉之另一文獻 Ferhat et al. (1996) MAP2d promotes bundling and stabilization of both microtubules and microfilaments. *J Cell Sci.* **109**:1095-103. DOI 10.1242/jcs.109.5.1095 中的論述 Fig 5D 並未證明

cytochalasin D 可與 tubulin 結合， cytochalasin D 可對於 tubulin 的影響可能是非常間接地。而且 Fig 5D 只是使用 anti-tubulin 的抗體來看細胞的型態，並非證明 Cytochalasin D 與 tubulin 可以結合。

參考由 Bruce Alberts 等人編輯的 Molecular Biology of The Cell 教科書中 Albert ed. 6th, 2014 所列這些專一性的化合物並已明列其作用機轉，此試題詢問哪些可以與微管（microtubule）或微管蛋白（tubulin）結合 ，故答案不變。

Table 16–2 Drugs That Affect Actin Filaments and Microtubules

ACTIN-SPECIFIC DRUGS	
Phalloidin	binds and stabilizes filaments
Cytochalasin	caps filament plus ends
Swinholide	severs filaments
Latrunculin	binds subunits and prevents their polymerization
MICROTUBULE-SPECIFIC DRUGS	
Taxol	binds and stabilizes microtubules
Colchicine, colcemid	binds subunits and prevents their polymerization
Vinblastine, vincristine	binds subunits and prevents their polymerization
Nocodazole	binds subunits and prevents their polymerization

維持原答案(C)。

23. 位於嘉義東石鄉，由中山大學規劃，曾獲2011年美國景觀建築協會「分析規劃領域專業組首獎」，該濕地原為人工海埔新生地種植甘蔗，因地層嚴重下陷、海水入侵，最終回歸自然環境成為濕地，是台灣冬候鳥重要棲地，於2012年11月由林務局設置濕地森林園區，此一濕地為何？
(A) 鰲鼓濕地
(B) 香山濕地
(C) 高美濕地
(D) 南仁湖濕地

詳解: A

鰲鼓濕地位於嘉義縣東石鄉鰲鼓村西方，北臨北港溪，南面六腳鄉大排水溝，西至台灣海峽，東以台 17 公路為界，面積廣達 1,500 公頃左右，是一塊隸屬於台糖公司的海埔新生地。鰲鼓濕地森林園區，整合野生動物棲息環境及平地森林，定位為濕地保育、環境教育園區，包含陸域、社區、人工林、紅樹林、草澤、魚塭及不同深淺水域，地貌多樣、景觀多變，提供至少 80 科、347 種植物及 270 種鳥類在此生活，全台近半鳥種都可在鰲鼓看到，常見的有澤鵟、灰澤鵟、紅隼等。

鰲鼓濕地目前為交通部觀光局「雲嘉南濱海國家風景區」、農業委員會林務局鰲鼓濕地森林園區範圍與行政院核定之台灣沿海地區自然環境保護計畫「彰雲嘉沿海保護區計畫」之一般保護區，該濕地的管理單位為臺灣糖業股份有限公司嘉義區處，位置為於北港溪出海口南側，東自造林區起，西至事業海堤止，北自北港溪南堤防起，南至六腳大排堤防止，包括北邊的保安林及南邊的沼澤區。鰲鼓濕地在國家重要濕地名冊上登載的面積是 512 公頃，行政院農業委員會林務局在 2010 年結合濕地與平地造林區域設立為鰲鼓濕地森林園區，包含台灣糖業公司所屬的東石農場、鰲鼓農場及溪子下農場之土地，共計 1470 公頃，鰲鼓濕地森林園區，於 2012 年 11 月 24 日開園。由國立中山大學執行之鰲鼓濕地森林園區規劃案榮獲 2011 美國景觀建築協會「分析規劃領域專業組首獎」。這是台灣首獲全球景觀規劃最高榮譽的獎項。

24. 河豚（pufferfish）和*Vibrio*屬細菌（如*Vibrio alginolyticus*）之間的關係屬於下列哪一種？
(A) 片利共生（commensalism）
(B) 互利共生（mutualism）
(C) 寄生（parasitism）
(D) 競爭（competition）

詳解：B

海洋中許多含毒細菌黏附於河豚喜食的生物體表，進入河豚體內後就與其形成互利共生的關係，河豚可通過皮膚腺的暴露來釋放 TTX，從而起到抵禦天敵的作用。

河豚毒素的“體外起源”假說假定所有能產生 TTX 的生物都與其體內能分泌 TTX 的微生物有著密切聯系，並且已被隨後從各種攜帶 TTX 的生物體內提取出來的能產生 TTX 的細菌所證實。另外，TTX 的累積機製不僅可通過食物鏈獲得，也能由其自身腸道內的細菌產生，因為海洋中有些生物也攝食與河豚同樣的食物，但它們的體內並不含有 TTX，從而估計河豚體內有一種能夠儲藏 TTX 的機制。大多數研究者都認為，河豚體內的 TTX 是受食物鏈和微生物雙重影響的結果。

25. 海藻就像是海洋中的森林，當被吃掉太多時，海洋的生物多樣性就會降低，魚類也會減少，澳洲正面臨這樣的困境，以海藻為食的動物數量變多，致使海洋生態失去平衡，哪一種動物是造成海藻大量**減少**的原因？
(A) 棘冠海星（*Acanthaster planci*）
(B) 海膽（*Centrostephanus rodgersii*）
(C) 串珠雙輻海葵（*Heteractis aurora*）
(D) 寬吻海豚（*Tursiops truncatus*）

詳解：B

海膽特別愛吃海帶、裙帶菜以及浮游生物，也吃海草和泥沙，故海膽又是藻類的天敵。

因為海膽過多，澳洲東部沿海水域海藻群已出現斷裂點，危及生活在海藻床上的多種海洋生物，只剩下這光禿禿的原始珊瑚礁。他認為，解決辦法是「確保海藻生態系統有一個更好的食物捕食平衡。」

過度捕撈岩石龍蝦也是海膽數量增多的原因。商業捕撈去除了珊瑚礁系統大量的捕食者，應該留下一些捕食者以確保生態系統平衡，這是很重要的，因為一旦海藻系統被破壞，恢復起來是很困難的，如果失去這些海藻床，對岩石龍蝦、鮑魚等海產也會帶來損失。

26. 在台灣發生的美國無線電（Radio Company of America, RCA）污染事件，主要肇因於土壤及水源受到污染，人體經由各種途徑接觸或攝入污染物容易罹癌，該污染源主要為何？
(A) 重金屬污染
(B) 塑化劑污染
(C) 放射性污染
(D) 含氯有機化合物污染

詳解：D

美國無線電公司（Radio Company of America）污染事件（又稱 RCA 事件），是位於今桃園市桃園區的土壤及地下水污染公害事件，RCA 等公司生產時違法使用有致癌風險的三氯乙烯，工作環境也無防護設施，汙染地下水及土壤，而廠內有至少 1,375 名員工罹癌。

1994 年，當年的立法委員趙少康召開記者會，舉發 RCA 桃園廠長期傾倒有機溶劑等有毒廢料，導致廠區土壤及地下水遭受嚴重污染。環保署到場採樣分析，證實遭到污染，隨後成立調查專案小組，並開始供應附近居民瓶裝水及接裝自來水，也向當地居民表示切勿使用地下水。而當時工業技術研究院，受環保署委託調查 RCA 桃園廠附近地下水質，發現主要之污染物為 1,1-二氯乙烷、1,1-二氯乙烯、四氯乙烯、1,1,1-三氯乙烷、三氯乙烯等含氯有機化合物。

27. 許多毒素能調控人類的神經肌肉連結（neuromuscular junction），有關毒素的作用機制，下列敘述何者正確？
(A) 河豚毒素（tetrodotoxin, TTX）阻斷神經與骨骼肌連結中的慢速鈉離子通道，進而抑制骨骼肌收縮
(B) 肉毒桿菌毒素（botulinum toxin, BTX）藉由促進乙醯膽鹼酯酶（acetylcholinesterase, AChE）的活性而使肌肉放鬆
(C) 箭毒（curare）在神經末梢與乙醯膽鹼競爭，阻斷對於骨骼肌的神經衝動
(D) 沙林毒氣（Sarin）藉由促進神經末梢乙醯膽鹼之釋放而使肌肉僵直麻痺

詳解：C

河豚毒素是一種強力的神經毒素，目前並沒有有效的解毒劑，它會和神經細胞的細胞膜上的快速鈉離子通道結合，令神經中的動作電位受阻截。

肉毒桿菌以孢子形態存在我們生活的週遭環境，其毒素導致中毒稱之肉毒桿菌中毒（botulism）。致病機轉為毒素阻斷乙醯膽鹼之釋放，使得神經元傳導受阻，導致局部或全身性的麻痺與相關神經學症狀。

箭毒為生物鹼類骨骼肌鬆弛藥。屬於神經肌肉阻斷藥，注射後在神經末梢與乙醯膽鹼競爭，阻斷來自骨骼肌的神經衝動，使骨骼肌鬆弛無力，最後影響呼吸肌，大劑量時會因麻痹呼吸而致死。

沙林毒氣的藥理機轉與有機磷相似都是透過抑制膽鹼酯酶（cholinesterase）而使運動神經所釋放的乙醯膽鹼不被分解而持續作用在運動終板上造成痙攣性麻痺。

校方釋疑：

選項(A)河豚毒素（Tetrodotoxin, TTX）阻斷的是神經與骨骼肌連結中的快速 鈉離子通道，也就是 TTX-sensitive 的鈉離子通道，進而抑制骨骼肌收縮。TTX 不會作用於”慢速”的鈉離子通道或所謂之 TTX-resistant 的鈉離子通道如心肌的 NaV1.5 鈉離子通道。故(A)選項並不正確。維持原答案(C)。

28. 有關真核細胞中內質網與cis-高基氏體之間蛋白質的運送，下列敘述何者正確？
    (A) 內質網內常駐的蛋白質（ER-resident soluble proteins）在其蛋白質羧基端會有 Lys-Asp-Gln-Leu 的序列之信號
    (B) 從內質網將蛋白質運送到 cis-高基氏體會利用到 COPI 囊泡
    (C) KDEL 受體會在 cis-高基氏體的膜上因 pH 值為 5 或 6 而發揮結合作用
    (D) 從內質網形成囊泡時需 t-SNARE 且此囊泡與 cis-高基氏體結合時則需 c-SNARE

詳解：C

顆粒性內質網與高爾基氏體內的蛋白質常常有動態的變化，因此欲定位新發現的蛋白質是否只限於顆粒性內質網或高爾基氏體內，就比較不容易界定。然而在蛋白質的胺基端（N-terminus）起始訊息序列若具備：$^{+}H_3N$-Met-Met-Ser-Phe-Val-Ser-Leu-Leu-Leu-Val-Gly-Ile-Leu-Phe-Trp-Ala-Thr-Glu-Ala-Glu-Gln-Leu-Thr-Lys-Cys-Glu-Val-Phe-Gln-內質網訊息序列，蛋白質即可被運送至內質網腔（ER lumen）或嵌合在內質網膜上。

COPI 是外殼體，是一種蛋白質複合物，可包覆將蛋白質從高基氏體複合物的順式末端運輸回最初合成蛋白質的粗糙內質網以及高基氏體區室之間的囊泡。與 COPII 蛋白相關的順向轉運相反，這種轉運是逆向轉運。

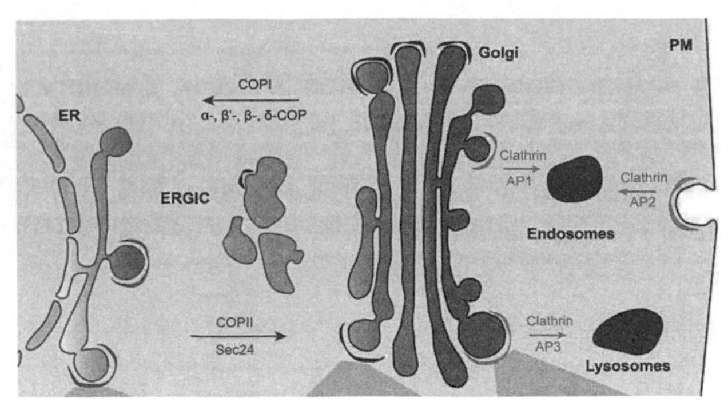

ER蛋白的檢索是通過KDEL受體實現的，該受體識別C端Lys-Asp-Glu-Leu（KDEL）序列。KDEL受體對ER蛋白的識別依賴於pH，在高爾基體中的酸性條件下會發生結合，而在ER中較高的pH條件下會釋放。

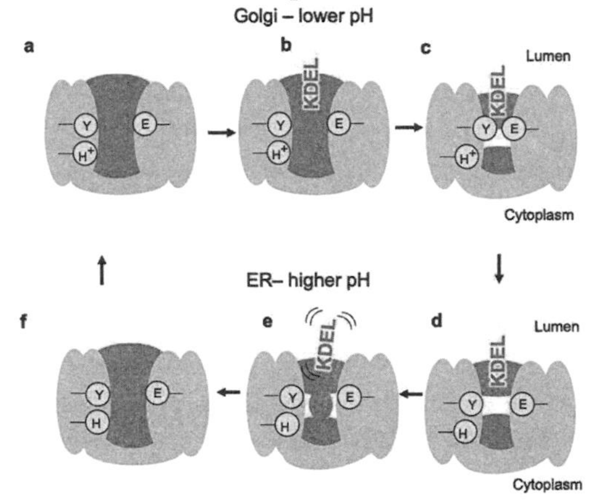

從內質網形成囊泡時需 v-SNARE 且此囊泡與 cis-高基氏體結合時則需 t-SNARE。

Fusion of a vesicle with a target membrane requires binding of the SNARE protein on the vesicle, v-SNARE, with the SNARE protein on the target membrane, t-SNARE.

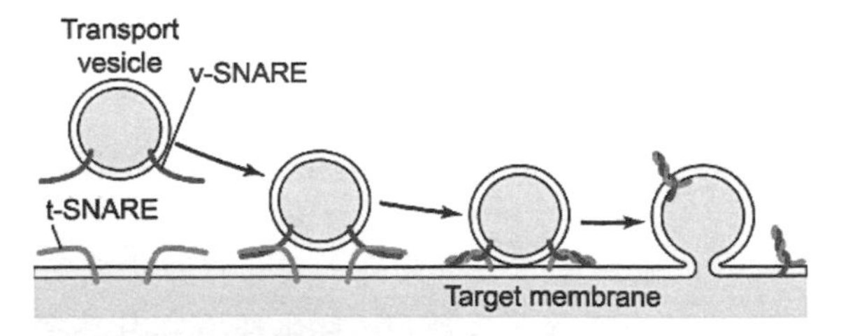

29. 有關人體中酮體（ketone bodies）的合成、運送等，下列敘述何者**錯誤**？
(A) 只發生在肝臟細胞粒線體的基質中
(B) 最終合成的 acetone、acetoacetate、β-hydroxylbutyrate 等稱之為酮體
(C) 酮體在血液中不需要血清蛋白或脂肪結合蛋白的結合即可被運送
(D) 合成的第一步驟由三個 Acetyl CoA 為原料，經 thiolase 酵素作用產生帶有六碳的 3-Hydroxy-3-methylglutaryl-CoA（HMG-CoA）化合物

詳解: D →更改答案為 A、D

脂肪酸是在肝臟內，於葡萄糖用盡時會產生稱為「酮體」（Ketone body）的物質，經血液循環將其送到全身的細胞，成為細胞能量來源。在體內產生酮體，並將其運用為身體能量來源的狀態，稱為「生酮」（Ketogenesis）。

酮體在肝細胞的線粒體中合成。合成原料為脂肪酸β-氧化產生的乙醯 CoA。肝細胞線粒體內含有各種合成酮體的酶類，特別是 HMG CoA 合成酶，該酶催化的反應是酮體的限速步驟。

1. 兩個乙醯輔酶 A 被硫解酶催化生成乙醯乙醯輔酶 A。
2. 在乙醯乙醯 CoA 再與第三個乙醯 CoA 分子結合，形成 3-羥基-3-甲基戊二醯 CoA。由 HMG CoA 合成酶催化。
3. HMG CoA 被 HMG CoA 裂解酶（HMG CoA lyase）裂解，形成乙醯乙酸和乙醯 CoA。
4. 乙醯乙酸在β-羥丁酸脫氫酶(β-hydroxybutyrate dehydrogenase)的催化下，用 NADH 還原生成β-羥基丁酸。
5. 乙醯乙酸自發或由乙醯乙酸脫羧酶催化脫羧，生成丙酮。

乙醯乙酸和β-羥基丁酸都可以被轉運出線粒體膜和肝細胞質膜，進入血液後被其它細胞用作燃料。在血液中少量的乙醯乙酸脫羧生成丙酮。

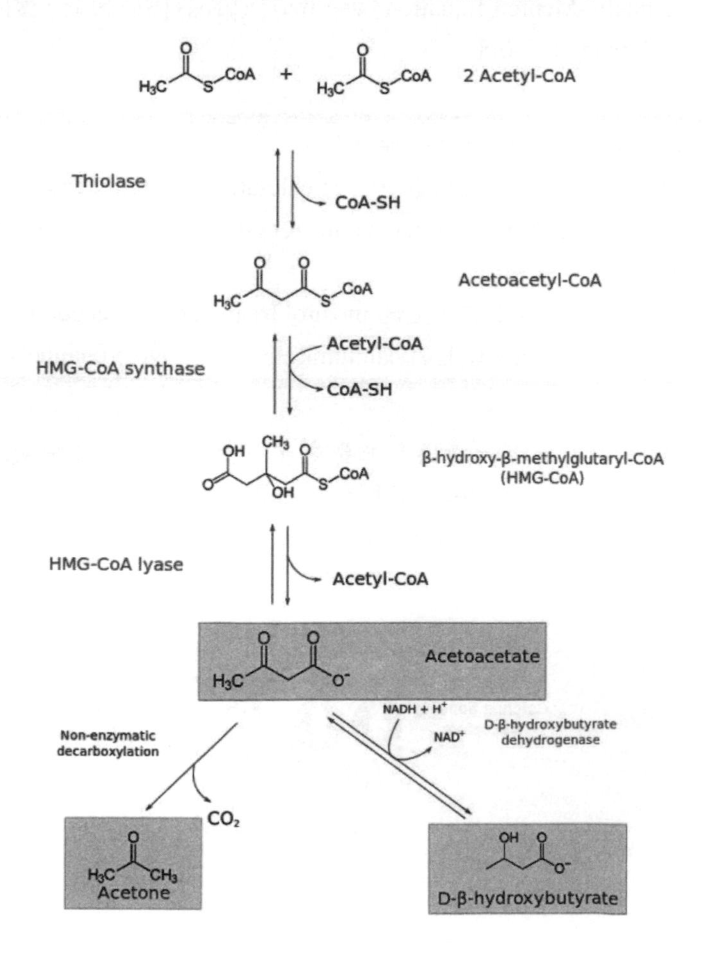

校方釋疑：

舉證文獻(PMC51878983) Grabacka et al (2016) Regulation of ketone body metabolism and the role of PPARα. *Int J Mol Sci.* 17: 2093，綜觀此篇綜論中提及的研究型論文以及過去數十年對於腦中酮體的研究，發現腦中astrocytes 細胞的確具有產生酮體的能力，雖然量極少且使用的酵素與肝細胞有些差異；又(A)選項“只發生在肝臟細胞粒線體的基質中”之敘述明顯侷限於肝臟細胞，故本試題(A)選項亦為此題的答案之一。

30. 一個正常無抑制劑作用下的生化反應，當受質的濃度為 4 倍 Km 值時，該反應的 v/Vmax 比值會是多少？
(A) 0.20
(B) 0.25
(C) 0.75
(D) 0.80

詳解: D

根據 Michaelis-Menten Equation：v=Vmax[S]/K_M+[S]。因此，當[S]＝4K_M 時，帶入前式，v/Vmax=4/5=0.8。

31. 下列選項何者**不是**一種鈣離子通道？
(A) 副甲狀腺腺體細胞之細胞膜上的 calcium-sensing receptor（CaSR）
(B) 肌肉細胞之肌質網（sarcoplasmic reticulum）膜上的 ryanodine receptor（RyR）
(C) 大多數細胞之內質網膜上的 inositol trisphosphate receptor（IP_3R）
(D) T 淋巴細胞之細胞膜上的 calcium release-activated channels（CRAC）

詳解: A

感知血鈣濃度變動者一般認為主要是存在於副甲狀腺之細胞膜上的鈣感知受體（calcium sensing receptor, CaSR）。CaSR 為 GPCR 的一種，已知副甲狀腺細胞之 CaSR 一旦經由細胞外 Ca^{2+}而被活化，會使細胞內鈣濃度上升，而使 PTH 分泌降低。

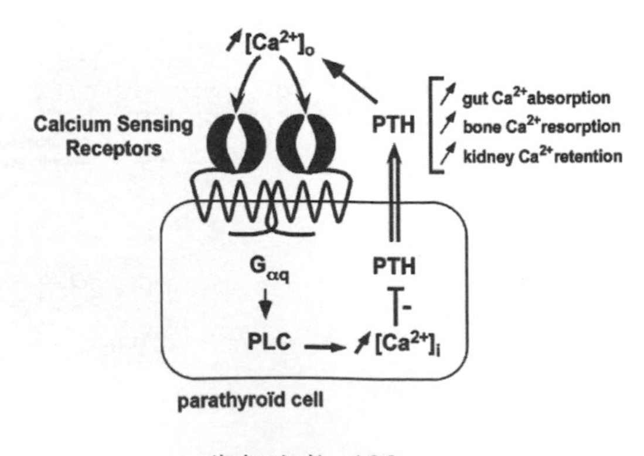

CRAC通道是迄今為止所發現的非興奮性細胞中細胞外Ca^{2+}流入細胞內的主要途徑，而細胞膜上持續的 Ca^{2+}流保證了信號的正常傳播。T 淋巴細胞膜上的CRAC，是細胞外 Ca^{2+}進入細胞的唯一通道。

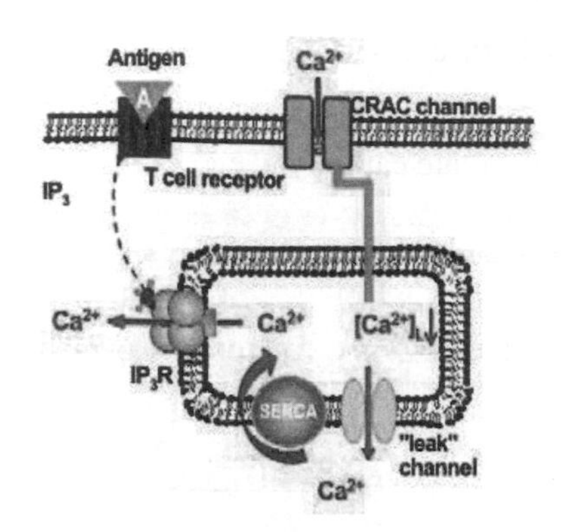

32. 抑制劑對於酵素的作用，下列敘述何者正確？
(A) 競爭性抑制劑（competitive inhibitor）使反應最大速率（Vmax）變小、Km 值變大
(B) 無競爭抑制劑（uncompetitive inhibitor）使反應最大速率不變、Km 值變小
(C) 不可逆性抑制劑（irreversible inhibitor）使反應最大速率變小、Km 值變小
(D) 非競爭性抑制劑（noncompetitive inhibitor）使反應最大速率變小、Km 值不變

詳解: D

(A) 競爭性抑制劑（competitive inhibitor）使反應最大速率<u>不變</u>、Km 值變大
(B) 無競爭抑制劑（uncompetitive inhibitor）使反應最大速率<u>變小</u>、Km 值變小
(C) 不可逆性抑制劑（irreversible inhibitor）使反應最大速率變小、Km 值<u>變大</u>
(D) 正確。

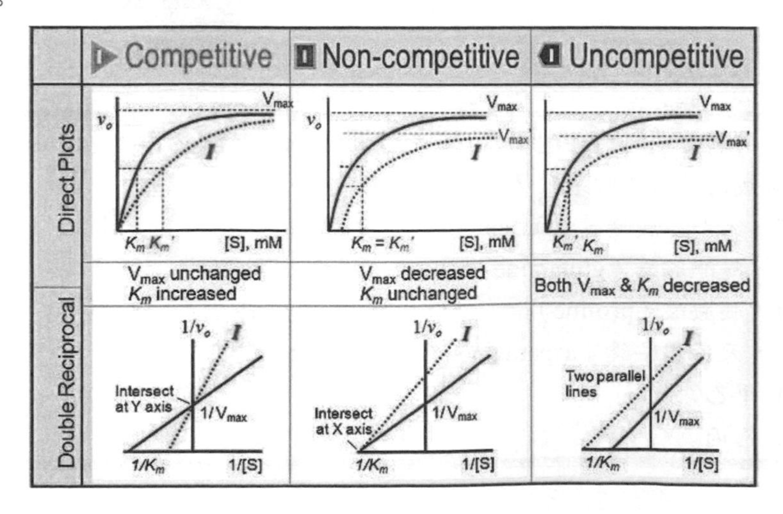

33. 有關糖質新生（gluconeogenesis）的反應與酵素，下列敘述何者**錯誤**？
(A) frutose-1,6-bisphosphate 經由 fructose-1-phosphatase 作用後得到 fructose-6-phosphate
(B) glucose-6-phosphatase 存在於肝腎細胞的內質網膜，不存在於腦細胞的內質網膜
(C) pyruvate 經由 pyruvate carboxylase 作用後得到 oxaloacetate（OAA）
(D) pyruvate carboxylase 存在於粒線體的基質（matrix）中

詳解: A

frutose-1,6-bisphosphate 經由 fructose 1,6-bisphosphatase 作用後得到 fructose-6-phosphate。

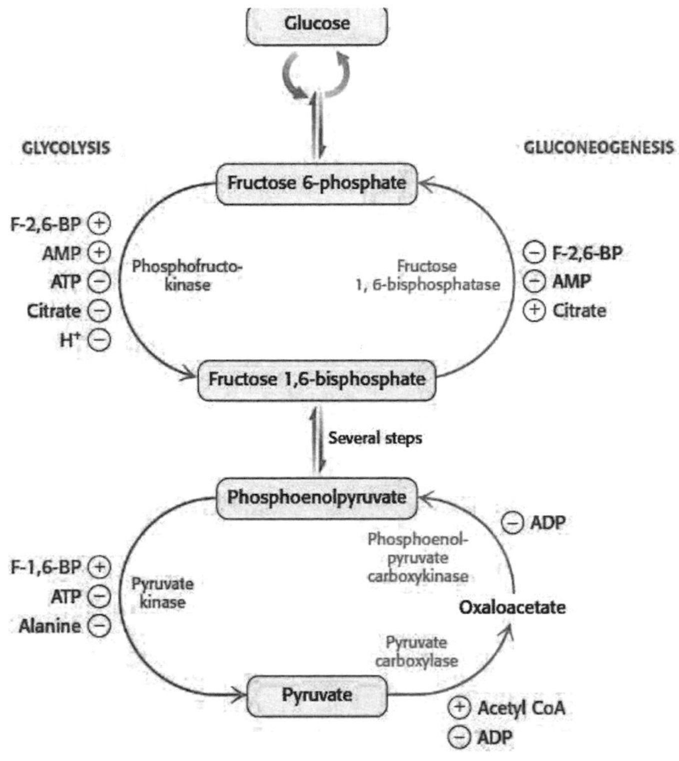

34. 下列何者是哺乳類細胞中源自α-ketoglutarate、經轉胺作用（transamination）而合成的非必需胺基酸？
甲、天門冬胺酸（aspartate）
乙、麩醯胺酸（glutamine）
丙、脯胺酸（proline）
丁、天冬醯胺酸（asparagine）
(A) 甲乙
(B) 乙丙

(C) 丙丁
(D) 甲丁

詳解: B

麩胺酸鹽（glutamate）由銨離子（NH_4^+）與α酮戊二酸（α-ketoglutarate）透過麩胺酸鹽脫氫酶（glutamate dehyudrogenase）的催化下所形成。經由麩胺合成酶（glutamine synthetase）的催化下，水解一分子的 ATP 並磷酸化麩胺酸鹽（glutamate）後，與銨離子反應形成麩胺（glutamine）。麩胺酸鹽亦可合成脯胺酸（proline）與精胺酸（arginine）。

草醯乙酸（oxaloacetate）＋麩胺酸鹽（glutamate）經轉胺酶（aminotransferase）形成天門冬胺酸（aspartate）與 α 酮戊二酸（α-ketoglutarate）。天冬醯胺酸（asparagine）經由酵素催化下，水解一分子的 ATP 並將天門冬胺酸腺苷酸化（adenylation）後與銨離子反應所形成。

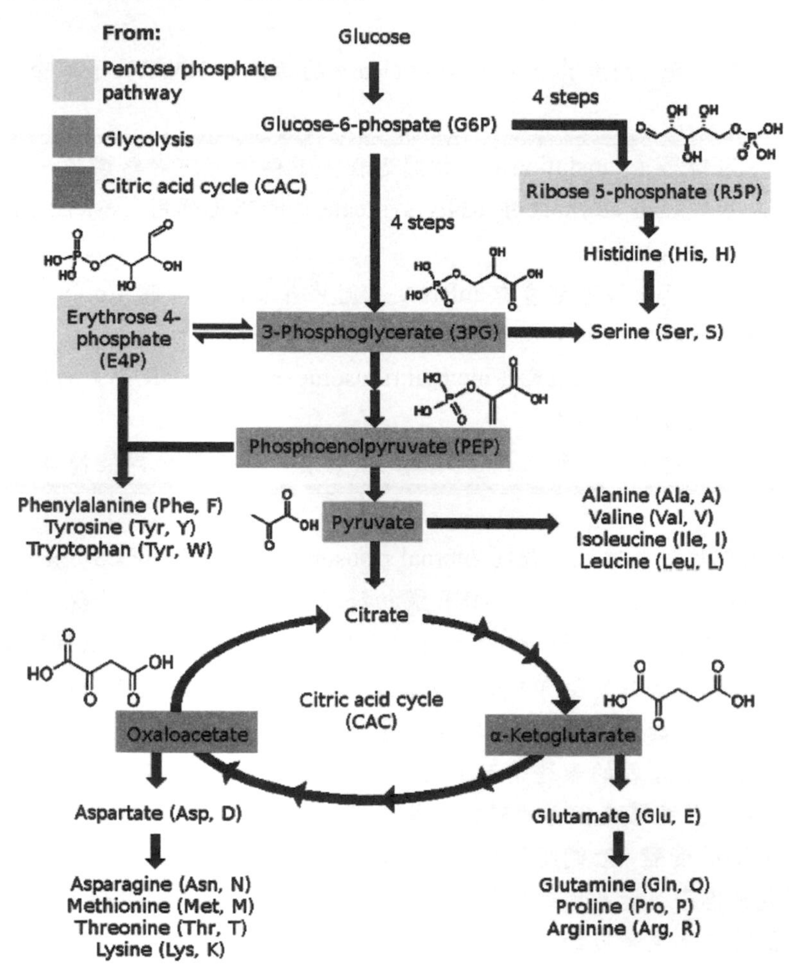

35. 有關原核細胞DNA 複製過程中的DNA聚合酶及相關分子，下列敘述何者正確？

(A) DNA 聚合酶 I 具有的 3'→5'exonuclease 活性是其具有高度複製忠實性的機轉之一

(B) DNA 聚合酶 III 是主要移除 RNA 引子及將該片段互補式合成 DNA 的酵素

(C) DNA 聚合酶 II 是主要負責使 DNA 合成增長（elongation）、合成新股的酵素

(D) DNA 聚合酶 I 利用其 3'→5'exonuclease 的活性將 RNA 引子移除

詳解： A

(B) DNA 聚合酶 I 是主要移除 RNA 引子及將該片段互補式合成 DNA 的酵素。

(C) DNA 聚合酶 III 是主要負責使 DNA 合成增長（elongation）、合成新股的酵素。

(D) DNA 聚合酶 I 利用其 5'→3'exonuclease 的活性將 RNA 引子移除。

36. 對於基因轉譯（translation）的相關過程，下列敘述何者**錯誤**？

(A) 胺基酸經由 aminoacyl-tRNA synthetase 的酯化作用（esterification）連結於 tRNA 分子

(B) 原核及真核細胞都會有 mRNA 上同時有數個核醣體（polyribosomes）進行轉譯的現象

(C) 內部核糖體進入位點（internal ribosome entry site, IRES）的序列存在於原核及真核細胞中

(D) 真核細胞中有一稱之為 TOLL 的蛋白質可全面性地調控轉譯作用

詳解： D

(C) 內部核糖體進入位點（Internal ribosome entry site, IRES）是一個長數百鹼基對（bp）的基因工程元件。IRE 最初發現於病毒中，後來發現一部分真核細胞的mRNA上也帶有IRES元件，目前似乎鮮少有文獻指出在原核細胞中被發現。它的存在能夠使蛋白質翻譯起始不依賴於 5'帽結構，從而使直接從 mRNA 中間起始翻譯成為可能。IRES 前後的兩個蛋白的表達通常是成比例的，因此可以根據其中一個報告基因的表達情況來反映另外一個蛋白的表達情況。

(D) 研究黑腹果蠅發育的研究人員在發現 Toll 基因突變造成發育異常時，首次發現了 Toll 受體。他們將發生突變的蠅類基因命名為 Toll，德國研究人員在顯微鏡下觀察攜帶突變基因的蠅類胚胎時，發現它們與野生型蠅類差別很大，為此而感到很驚訝。突變後的成年果蠅更容易受到真菌的感染，並且 Toll 的的啟動會促使抗真菌多肽的合成。經證明，果蠅 Toll 蛋白能啟動名為 Dorsal 的轉錄因子，Dorsal 是轉錄因子 NF-κB 的蠅類同源物。

37. 胃的哪一種細胞可分泌胃內在因子（intrinsic factor）？

(A) 壁細胞（parietal cells）

(B) 腸親鉻細胞（enterchromaffin-like cells）

(C) 黏液頸細胞（mucus neck cells）

(D) 主細胞（chief cells）

詳解：A

內在因子（intrinsic factor, IF）又稱胃內在因子（gastric intrinsic factor, GIF）是由胃的壁細胞分泌的一種醣蛋白，能與維生素 B_{12} 結合成一種錯合物，這種錯合物對蛋白質水解酶有很強的抵抗力，可防止維生素 B_{12} 被分解破壞。當錯合物移動至迴腸時，可和迴腸黏膜上的特殊受體結合，進而促進迴腸上皮吸收維生素 B_{12}。上述過程是人體吸收維生素 B_{12} 的唯一途徑，因此體內如果產生抗內在因子的抗體或內在因子分泌不足，將會出現維生素 B_{12} 吸收不良，進而影響紅血球的生成，造成惡性貧血。

38. 已知突變劑亞硝酸（HNO_2）可使核苷酸 C 變成 U 進而與 A 配對、亦可使 A 變成 I 進而與 C 配對。現有一段可轉錄轉譯出蛋白的 DNA 序列 5'…GCTA…3' 經突變劑亞硝酸作用、在 DNA 複製之後產生可能的突變序列，下列選項何者正確？

甲	乙	丙	丁	戊
5'..GTTA..3' 3'..CAAT..5'	5'..GCTC..3' 3'..CGAG..5'	5'..GATA..3' 3'..CTAT..5'	5'..GCTG..3' 3'..CGAC..5'	5'..ACTA..3' 3'..TGAT..5'

(A) 甲乙

(B) 乙丙

(C) 丙丁

(D) 丁戊

詳解：D

5'…GCTA…3'

3'…CGAT…5' 經過亞硝酸鹽可能造成下列情況突變：

(1) 5'…GUTA…3'
3'…CGAT…5'→甲

(2) 5'…GCTA…3'
3'…UGAT…5'→戊

(3) 5'…GCTI…3'
3'…CGAT…5'→丁

(4) 5'…GCTA…3'
3'…CGIT…5'

（5）5'…GUTA…3'

3'…UGAT…5'

（6）5'…GCTI…3'

3'…CGIT…5'@@還沒寫完。。。

校方釋疑：

考生對於已知突變劑亞硝酸（HNO_2）如何使核苷酸 C 變成 U 進而與 A 配對、使 A 變成 I 進而與 C 配對存疑，茲以圖片釋疑：

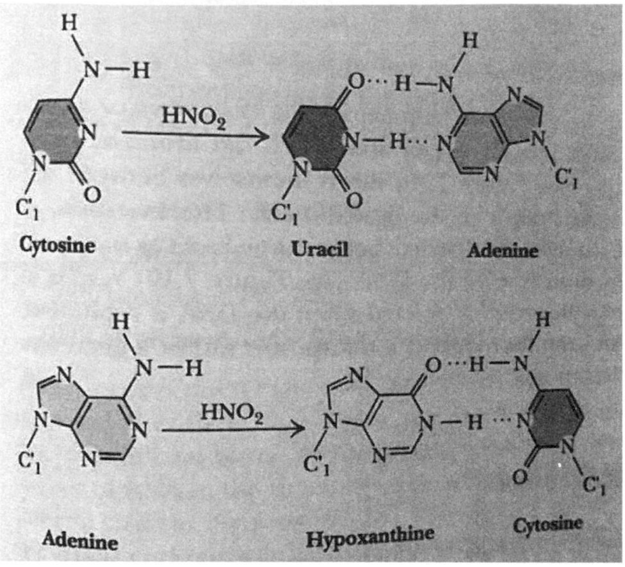

Inosine 就是 hypoxanthine 連結上 ribose，題幹這樣的敘述主要是較詳細提供經突變劑的作用是會使 C 與 A 配對、A 與 C 配對，進一步再敘述題目其他條件。完全不會影響作答。

正確解答為：序列 5´...GCTA...3´，此處此時

另一股的序列為 3´...CGAT...5´，所以有底線的為可能的突變，此時至少有四種狀況：

一）先	5´...GUTA...3´		5´...GTTA...3´	
複製出	3´...CAAT...5´	之後	3´...CAAT...5	此為甲
二）先	5´...GCTI...3´		5´...GCTG...3´	
複製出	3´...CGAC...5´	之後	3´...CGAC...5´	此為丁
三）先	5´...GCCA...3´		5´...GCCA...3´	
複製出	3´...CGIT...5´	之後	3´...CGGT...5´	
四）先	5´...ACTA...3´		5´...ACTA...3´	
複製出	3´...UGAT...5´	之後	3´...TGAT...5´	此為戊

題目、選項及答案一開始即設計為選項(D) 丁戊

維持原答案(D)

39. 對於真核細胞粒線體中的Q cycle以及相關反應，下列敘述何者**錯誤**？
(A) Q cycle 在動物細胞、植物細胞中皆存在
(B) 當 NAD^+/NADH 在基質中比值高時，易使電子與 O_2 結合而成 superoxide（$O_2^{\bullet-}$）
(C) Superoxide（$O_2^{\bullet-}$）可經由 superoxide dismutase（SOD）轉變成 H_2O_2
(D) H_2O_2 可經由 catalase 催化成 H_2O 而無害

詳解: B

當 NAD^+/NADH 在基質中比值高時，因為捐電子的 NADH 少，所以較不易使電子與 O_2 結合而成 superoxide（$O_2^{\bullet-}$）。

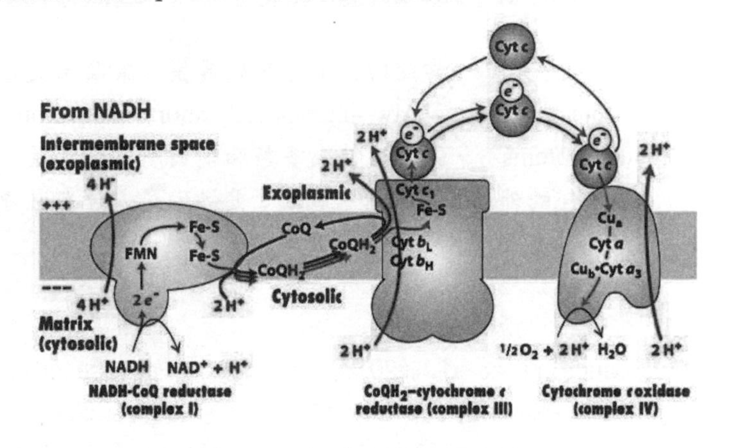

40. 有一段DNA序列：「5'…CTGAGTA*********GTAGCGAC…3'」是基因組中表達出蛋白質的基因之一部分，列出的序列左邊正好包含外顯子一（exon 1）與內插子（intron）的交界，右邊也正好包含這內插子（intron）與外顯子二（exon 2）的交界，這內插子（intron）的中間序列以*代表。所以對於外顯子一、二經過裁切（splicing）及連接後之序列，下列選項何者正確？
(A) 5'…CTAGCGAC…3'
(B) 5'…CTGGCGAC…3'
(C) 5'…CTGACGAC…3'
(D) 5'…CTGAGGAC…3'

詳解: C

根據千氏法則（Chambon's rule）內插子兩端特徵為：5'GU＊＊＊＊＊AG3'。而 RNA 的 U 相當於 DNA 的 T。

故題目中 5'…CTGAGTA*********GTAGCGAC…3' 經剪接後應為：5'…CTGACGAC…3'。

41. 對於生物技術及其原理的相關性，下列敘述何者**錯誤**？
(A) 小鼠基因剔除（gene knockout）技術主因基因有同源重組（homologous recombination）現象
(B) CRISPR 是因為細菌被病毒感染時所具有的先天免疫（innate immunity）能力
(C) miRNA 是線蟲生物基因組（genome）中原本存在的、對內生性基因調控的一種機制
(D) 利用 CRISPR/Cas9 將真核細胞基因編輯的技術與真核細胞具有 DNA 修復機制有關

詳解：B

「CRISPR/Cas9」全名為「常間回文重複序列叢集／常間回文重複序列叢集關聯蛋白」（clustered regularly interspaced short palindromic repeats / CRISPR-associated proteins），是存在於大多數細菌與所有的古菌中的一種後天免疫系統，以消滅入侵的外來質體或者噬菌體，更妙的是還會在自身基因體中留下外來基因片段作為「記憶」對。

校方釋疑：

所舉文章為 Gaudelli et al. (2017) Programmable base editing of A•T to G•C in genomic DNA without DNA cleavage. *Nature* 551: 464 - 471. 於摘要中描述 “Here we report adenine base editors (ABEs) that mediate conversion of A•T to G•C in genomic DNA. We evolved a tRNA adenosine deaminase to operate on DNA when fused to a <u>catalytically impaired CRISPR-Cas9</u>. Extensive directed evolution and protein engineering resulted in seventh-generation ABEs (e.g., ABE7.10), that convert target A•T to G•C base pairs efficiently (~50% in human cells) with very high product purity (typically ≥ 99.9%) and very low rates of indels (typically ≤ 0.1%).” 表示是此作者將 tRNA adenosine deaminase 與具有<u>催化損害之 CRISPR-Cas9</u> 融合成一個 adenine base editors (ABEs)系統，定向演化找到一個 ABE 可以在不將 DNA 切斷的狀況下把原本 AT 配對變成 GC 配對。

表示這樣的 CRISPR-Cas9 系統並非是原始從細菌發現的、將之應用到真核細胞、配合真核細胞具有 DNA 修復機制(BER、MMR、NER、DSBR/NHEJ 等等)而可以對真核細胞基因編輯的 CRISPR-Cas9 系統，更何況這個結果是以 tRNA adenosine deaminase 為主。本題選項之敘述“(D)利用 CRISPR/Cas9 將真核細胞基因編輯的技術與真核細胞具有 DNA 修復機制有關”無誤。維持原答案(B)。

42. 小陳和女友相約去馬祖觀看藍眼淚，此現象主要是因為海中有哪一類生物大量出現造成？
(A) 藻類（algae）
(B) 水母（jellyfish）
(C) 水螅（hydra）
(D) 環節動物（annelida）

詳解: A

「藍眼淚」的誕生，是因一種會發光的夜光蟲（渦鞭毛藻），經過海浪嶼自然風吹拂驚擾，而發出淡藍色螢光，也被稱為「藍海現象」、「藍色啤酒海」。此特殊景觀更被美國 CNN 列為「世界 15 大自然奇景」，每年都吸引眾多遊客慕名前往觀賞。

43. 若人體因意外而大量失血超過總血量的30%，這時身體啟動偵測器baroreceptor、stretch receptor進行回饋調控，以維持正常血壓。對於參與的偵測器，下列敘述何者**錯誤**？
(A) 頸動脈壓力接受器
(B) 心臟心房壁的張力偵測器
(C) 腎臟入球動脈壁的壓力接受器
(D) 肺臟肺動脈血管壁之張力偵測器

詳解: D

肺臟肺動脈血管壁並不存在能維持正常血壓所需的牽張受器。

44. 下列選項何者可使血紅素-氧解離曲線向左偏移？
甲、降低體溫
乙、增加二氧化碳的分壓
丙、降低 2,3-diphosphoglycerate 濃度
(A) 僅甲乙
(B) 僅乙丙
(C) 僅甲丙
(D) 甲乙丙

詳解: C

體溫降低、二氧化碳的分壓減少（pH 增加）以及 2,3-diphosphoglycerate 濃度的下降，會使血紅素-氧解離曲線向左偏移。

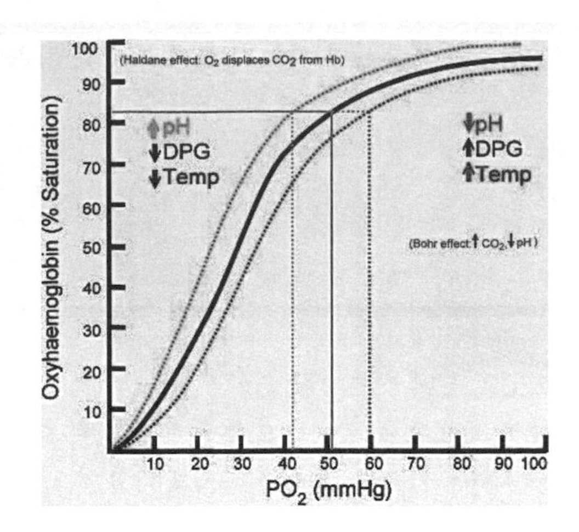

45. 下列選項何者是對一位正常個體注射醛固酮（aldosterone）後，身體參數於數天內的變化？
   甲、唾液的Na^+/K^+比值降低
   乙、體重增加
   丙、尿液中K^+增加
   丁、身體略呈代謝性偏酸
   (A) 僅甲乙
   (B) 僅乙丙
   (C) 僅甲乙丙
   (D) 甲乙丙丁

詳解：C

醛固酮（aldosterone）能造成留鈉排鉀並吸收水，除了腎臟會受到刺激之外，唾腺也會有類似的反應。因此過多的醛固酮會造成唾液的 Na^+/K^+比值降低、體重增加、尿液中 K^+增加。而在排鉀的過程中往往伴隨著 H^+的流失，因此身體略呈代謝性偏鹼而非偏酸。

46. 有關二氧化碳（CO_2）從身體組織代謝產生後運送到肺臟的過程中，下列敘述何者**錯誤**？
   (A) 約 10%以溶於血漿（plasma）的形式運送
   (B) 約 20%與血漿中白蛋白（albumin）結合的形式運送
   (C) 約 30%與紅血球血紅素結合（carbaminohemoglobin, $HbCO_2$）的形式運送
   (D) 超過一半的比例以 bicarbonate（HCO_3^-）的形式運送

詳解：B

二氧化碳並不經由與血漿中白蛋白（albumin）結合的形式運送。

47. 有關睪固酮（testosterone）及二氫睪固酮（dihydrotestosterone, DHT），下列敘述何者**錯誤**？
(A) 血液循環中的睪固酮有超過 50%是與血中的 sex hormone-binding globulin（SHBG）結合而運送
(B) 睪固酮直接刺激鬍子的毛囊細胞促使毛髮生長
(C) 在輸精管中的睪固酮主要與 androgen-binding protein（ABP）結合而運送
(D) 人類胎兒性別分化時期是二氫睪固酮的作用促使男性外生殖器發育

詳解: B

鬍子的生長的多寡，與體內 DHT 濃度成正相關，而與睾固酮水平無關。DHT 是一 C19 的類固醇，具有最強的男性荷爾蒙活性。睾固酮進入細胞後，會被 5α 還原酶代謝成二氫睪酮（DHT），所以當 5α 還原酶轉化效率越高，體內的 DHT 濃度就越高。

雖然研究顯示鬍子的生長與 DHT 相關，不過也是不是 DHT 越多，鬍子就越容易生長。因為 DHT 要作用於毛囊，需透過與特定的雄性賀爾蒙受體（androgen receptor, AR）結合。

DHT 能夠刺激毛髮生長，但也會攻擊毛囊，影響蛋白質的合成，使其逐漸萎縮，最後慢慢轉變成休止期。帶有雄性禿基因傾向的人，在前額及頭頂的 5α 還原酶活性有明顯較高，因此這些部位的 DHT 濃度也跟著提升，進而攻擊毛囊造成掉髮、禿頭的現象。

校方釋疑：

睪固酮於 Leydig cells 製造後送至曲精細管（seminiferous tubes）中即與 androgen-binding protein（ABP）結合而運送著接下來繼續可送至輸精管所以選項(C)之敘述”在輸精管中的睪固酮主要與 androgen-binding protein(ABP)結合而運送”是無誤的。(主要區分它在生殖管道的結合蛋白與血液中的結合蛋白 (SHBG)不同）。維持原答案(B)。

48. 人體血液中血糖濃度為5 mg/mL、腎血漿流量（renal plasma flow, RPF）為700 mL/min，假如其中血流進入腎絲球的filtration fraction為1/7，且腎對於葡萄糖再吸收的最大運載為375 mg/min，則腎臟對於葡萄糖分子的清除率，下列選項何者正確？
(A) 0 mL/min
(B) 25 mL/min
(C) 100 mL/min
(D) 125 mL/min

詳解: B

實際留在濾液中的葡萄糖量：[(700×1/7×5)-375]=125。葡萄糖分子的清除率/GFR＝125/500。因為 GFR＝RPF×filtration fraction＝100，所以葡萄糖分子的清除率為 25（mL/min）。

49. 有關哺乳類視覺生理，下列敘述何者正確？
(A) 大腦視覺皮層（visual cortex）的簡單細胞（simple cells）對光刺激的方向性（orientation）有所反應
(B) 桿狀細胞（rod cells）受光刺激後，會使 cGMP 濃度增加，進而調控鈉離子單一通道
(C) 桿狀細胞受光刺激後，利用 rhodopsin 及 receptor tyrosine kinase（RTK）訊息路徑傳送
(D) 感應左眼的所有光覺神經（optic nerves）彙整後會在視交叉（chiasm）處傳遞到右腦

詳解： A
(B) 桿狀細胞受光刺激後，會使 cGMP 濃度減少。
(C) 桿狀細胞受光刺激後，利用 rhodopsin 及 G 蛋白訊息路徑傳送。
(D) 感應左眼的鼻側光覺神經彙整後會在視交叉處傳遞到右腦。

校方釋疑：

於大腦皮質，簡單細胞（simple cells）就是一類對於光刺激的方向性（orientation）有反應的細胞，實驗證實這些細胞對於譬如 12-6 點方向的光線刺激有所反應，但對於改成 3-9 點方向的光線刺激則無反應，選項(A)的敘述無誤。摘錄一段教科書（Physiology ed by Nicholas Sperelakis）的文字及圖如下作為參考。

Receptive Field Properties of the Cortical Cells

Based on their receptive field characteristics, the cells in the primary visual cortex have been classified as **simple cells** and **complex cells.** The simple cells (Fig. 8-8) have receptive fields that are rectangular with a specific axis of orientation. For example, a cell can have a receptive field that is oriented vertically (from 12 to 6 o'clock). This cell will be excited by a vertical bar of light, and this excitatory zone will be flanked by two surrounding inhibitory zones. If the orientation of the stimulus is changed to the horizontal position (from 3 to 9 o'clock), this cell will not respond to the same stimulus. Other cells may have different orientation preferences and may respond by excitation to a bar of darkness. The complex cells also have rectangular receptive fields and are orientation-specific (Fig. 8-9). However, these receptive fields are larger than the receptive fields of the simple cells and do not have clearly defined on or off zones.

Columnar Organization of the Cortex

The visual cortex is organized in columns that run perpendicular to the brain surface. Each column is about 20 to 100 μm wide and 2 mm deep. Each column contains sim-

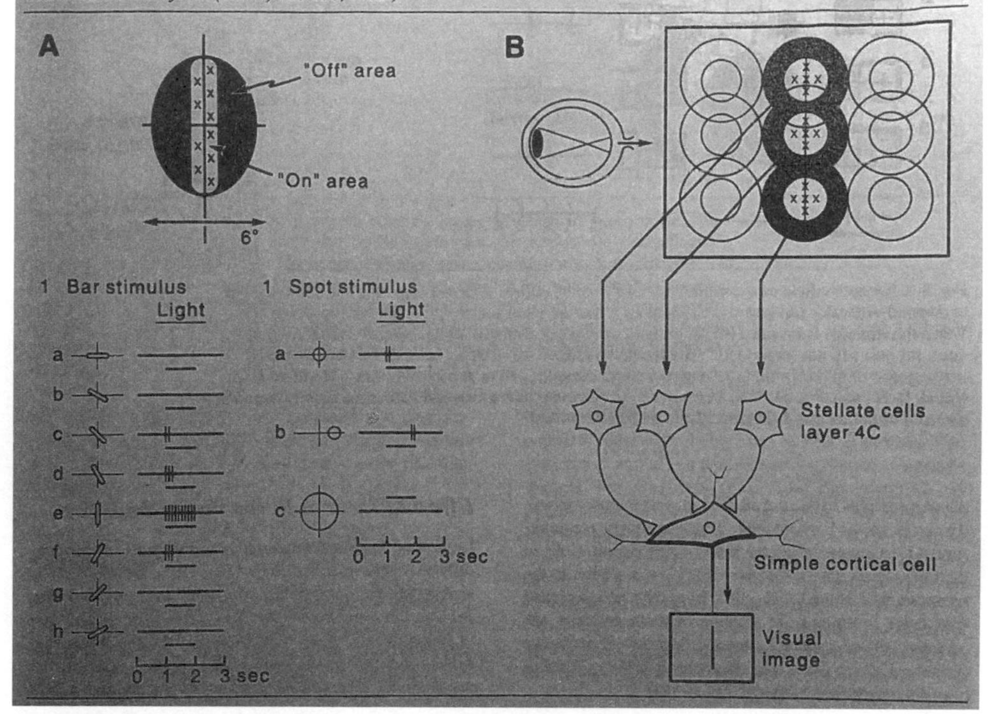

Fig. 8-8. (A) Receptive field characteristics of a simple cell in the visual cortex. This cell responds best when the stimulus has a vertical orientation and does not respond when the stimulus is oriented horizontally. (B) The receptive field characteristic of the simple cell can be synthesized by convergence of inputs of several LGN cells onto a single cortical simple cell. (Modified from: Hubel, D. H., and Wiesel, T. N. Receptive field binocular interaction and functional architecture of the cat's visual cortex. *J. Physiol. (Lond.)* 160:106, 1962.)

維持原答案(A)。

50. 有關COVID-19病毒，下列敘述何者**錯誤**？
(A) 人體心臟、腸胃道細胞具有血管收縮素轉化酶2（angiotensin-converting enzyme 2, ACE2）的受體，可與此病毒之棘蛋白（spike protein）結合
(B) 為正單鏈RNA病毒（positive-sense signal-strandcd RNA）且其繁殖主要以反轉錄酶（reverse transcriptase）形成DNA
(C) 人體感染後所產生抗體時效的順序先是IgM、後為IgG
(D) 遺傳物質含有5'cap及3'poly(A) tail

詳解: B

COVID-19為正單鏈RNA病毒其繁殖需要有RdRP，但不需經由反轉錄酶（reverse transcriptase）形成DNA。

新冠病毒複製週期與潛在之藥物標靶

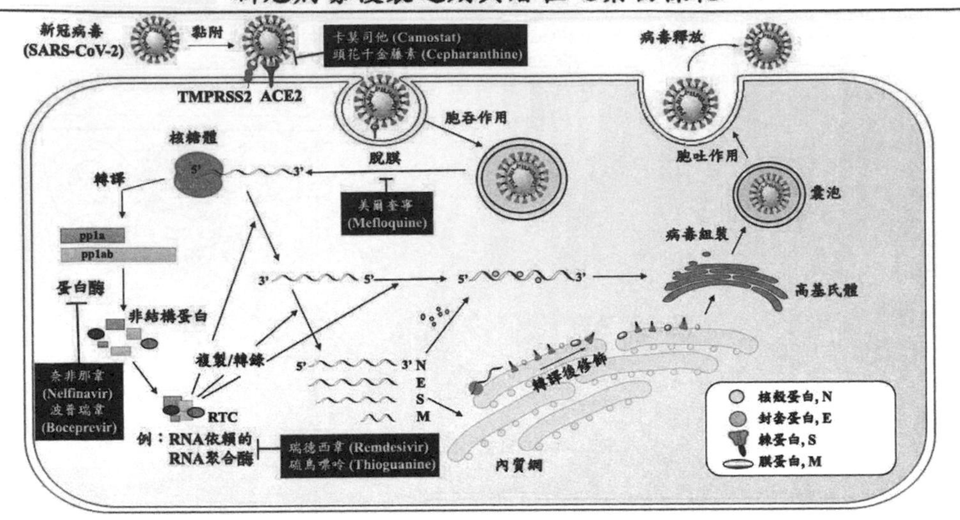

義守大學 110 學年度學士後中醫招生考試試題暨詳解

科目：普通生物學 **黃彪 老師解析**

選擇題（單選題，共 50 題，每題 2 分，共 100 分，答錯 1 題倒扣 0.5 分，扣至本大題零分為止，未作答時，不給分亦不扣分）

1. 下列哪一種突變最可能對生物體造成傷害性影響？
   (A) 鹼基對取代
   (B) 靠近基因中間部位之三個核苷酸的缺失
   (C) 內含子中間部位的單一核苷酸缺失
   (D) 靠近編碼序列起點下游處的單一核苷酸插入

詳解： D

插入（insertions）及缺失（deletions）是在基因內加入或去除一對或多對核苷酸。對於蛋白質分子而言，此種突變之影響通常比取代來得嚴重。因為轉譯時，mRNA 係以一系列的核苷酸三聯體而被解讀，核苷酸的插入或缺失或將改變遺傳訊息的讀框（reading）。此種突變稱為「框移突變（framshift mutation）」，當插入或缺失的核苷酸數目不是三的倍數的時候就會發生。所有插入或缺失處下游的核苷酸都將使三個為一組的密碼子出現和原來不同的組合，其結果便是大規模的誤意終至於無意義一早熟型終止（premature termination）。

內含子（introns）序列中並不含有編碼序列，於轉錄後修飾過程中會被剔除，不會出現在成熟的 mRNA 當中，並不會影響蛋白質產物的序列。因此於內含子中發生突變，是會不改變最終產物，也不會對生物體造成傷害性影響的。

校方釋疑：

因為相對於其他的答案，靠近編碼序列起點下游處的單一核苷酸插入會造成整個轉譯編碼順序完全錯誤，蛋白質的氨基酸順序完全錯誤，無法做出有功能的蛋白質，對生物體造成傷害性影響最嚴重。至於考生所提出的鐮型血球貧血症患者的 β 胜肽鏈的 DNA 序列在”起始端的第 20 個核苷酸發生點突變”的案例確實是對於生物體造成嚴重影響，但若血紅蛋白 β 基因發生”靠近編碼序列起點下游處的單一核苷酸插入”對生物體造成傷害性影響，絕對不亞於”起始端的第 20 個核苷酸發生點突變”造成生物體的傷害性影響。維持原答案(D)。

2. 哪些族群有著最多數量的物種？
   (A) 無脊椎動物
   (B) 節肢動物
   (C) 昆蟲
   (D) 脊椎動物

詳解: A

昆蟲、節肢動物都包含在無脊椎動物之內，光是節肢動物一門的物種數量（1,000,000 種以上）就遠遠超過脊椎動物門（大約 65,000 種）了。

Table 33.2 Summary of the Basic Characteristics of the Major Animal Phyla

Feature	Ctenophora (comb jellies)	Porifera (sponges)	Cnidaria (hydra, anemones, jellyfish)	Platyhelminthes (flatworms)	Rotifera (rotifers)	Bryozoa and Brachiopoda (bryozoans and brachiopods)	Mollusca (snails, clams, squids)	Annelida (segmented worms)	Nematoda (roundworms)	Arthropoda (insects, arachnids, crustaceans)	Echinodermata (sea stars, sea urchins)	Chordata (vertebrates and others)
Estimated number of species	200	8,500	9,000	20,000	2,200	4,800	110,000	18,000	25,000	1,000,000+	7,400	69,730
Level of organization	Tissue; lack organs	Cellular; lack tissues and organs	Tissue; lack organs	Organs	Organs	Organs	Organs	Organs	Organs	Organs	Organs	Organs
Symmetry	Radial	Absent	Radial	Bilateral	Bilateral	Bilateral	Bilateral	Bilateral	Bilateral	Bilateral	Bilateral larvae, radial adults	Bilateral
Cephalization	Absent	Absent	Absent	Present	Present	Reduced	Present	Present	Present	Present	Absent	Present
Germ layers	Three	Absent	Two	Three	Three	Three	Three	Three	Three	Three	Three	Three
Body cavity, or Coelom	Absent	Absent	Absent	Absent	Pseudo-coelom	Coelom	Reduced Coelom	coelom	Pseudo-Coelom	Reduced coelom	Coelom	Coelom
Obvious segmentation in the adult	Absent	Absent	Absent	Absent	Absent	Absent	Absent	Present	Absent	Present	Absent	Present

校方釋疑：

答案是(A)無脊椎動物（Invertebrate）是背側沒有脊柱的動物，包括：棘皮動物、軟體動物、刺胞動物、節肢動物、海綿動物、線形動物以及脊索動物門的頭索動物及尾索動物等。其種類數占動物總種類數的 95%。

至於考生所提出的正式或非正式分類，與本題沒有直接關係，本題重點是”族群有著最多數量的物種”。而在動物的分類中，答案(A)無脊椎動物也包含了答案(B)節肢動物與(C)昆蟲，答案(A)無脊椎動物的種類及數量也遠超過答案(D)脊椎動物。維持原答案(A)。

3. 當濾液通過亨氏環，鹽類被再吸收於腎髓質被濃縮，這高溶質濃度的髓質區對腎元有何助益？
(A) 排泄最大量鹽分
(B) 中和可能出現在腎臟的毒素
(C) 排除大量水分
(D) 使水分從濾液被再吸收更有效率

詳解: D

尿液的濃縮與稀釋實際上取決於腎小管和集尿管對小管液中水和溶質重吸收的比率，而水的重吸收較易改變，因而是其主要方面。水的重吸收取決於兩個基本條件，一是腎小管內外的滲透濃度梯度，是水重吸收的動力；二是腎小管特別是遠端小管後半段和集尿管對水的通透性。所以，尿的濃縮與稀釋一方面取決於腎髓質高滲的形成和大小，另一方面取決於遠端小管末端和集尿管對水的通透性，後者主要受血液中血管升壓素濃度的影響。

腎髓質高滲是尿液濃縮的重要條件，它是由亨氏環逆流倍增所形成的，而逆流倍增的效率又與亨氏環長度、通透性和髓質的組織結構等有關。亨氏環長則逆流倍增效率高，從皮質到髓質的滲透梯度大，濃縮效率也高；反之，亨氏環短則逆流倍增效率低，滲透梯度小，濃縮效率也低。小兒亨氏環較成年人短，逆流倍增效率較低，故其尿量較多，滲透濃度較低。

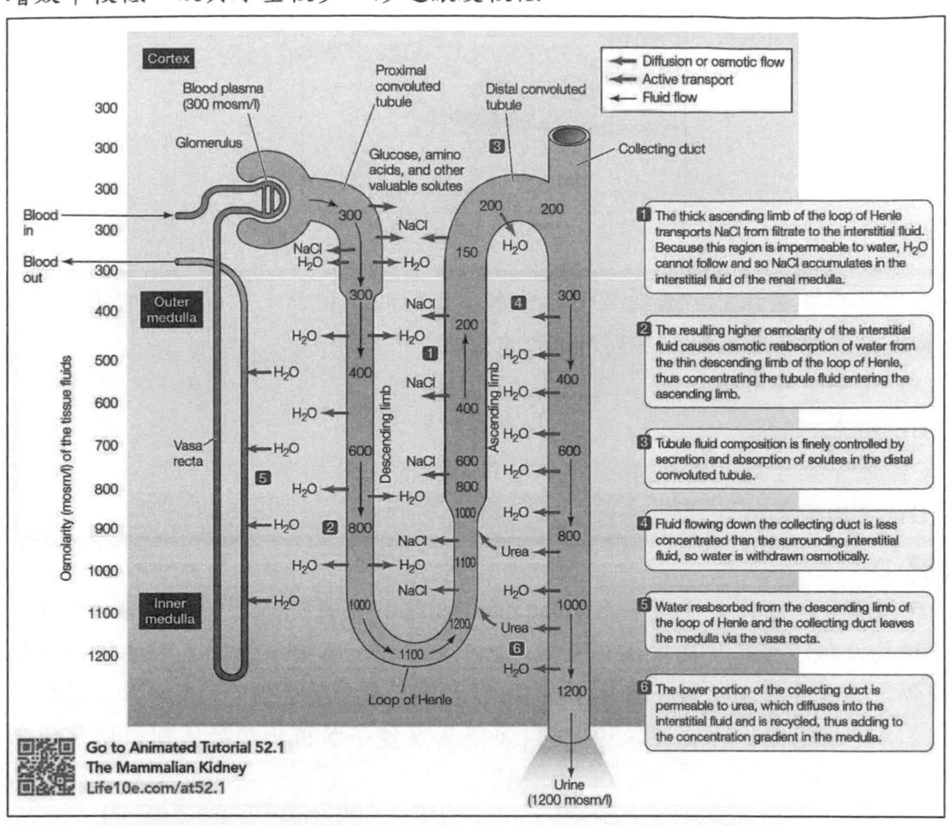

4. 某人不小心碰觸到一個熱鍋，他立即收回手，同時他也馬上感覺到痛。你如何解釋他先收回然後再感覺到痛的順序反應？
(A) 他的邊緣系統瞬間阻斷疼痛，但最後還是傳送到
(B) 他的反應是脊髓反射，發生於痛覺傳送到腦部之前
(C) 運動神經元有髓鞘，感覺神經元沒有，所以訊號傳送較慢
(D) 這個情節是不可能發生，腦部必須先知道有痛覺才會產生反應

詳解: B

外界刺激由感覺神經纖維通過脊髓背根，在脊髓內交換一個神經細胞，由腹根出來到達動器（肌肉、腺體），與大腦皮質（意識性）沒有關係。此種運動稱為反射動作。

反射動作是源於腦幹和脊髓的較低階處理程序，並不受意識所控制，因為不用經過較高層次的資訊處理程序，所以其特點為一成不變（即某一刺激只會觸發某一特定反應），但優點是反應迅速。

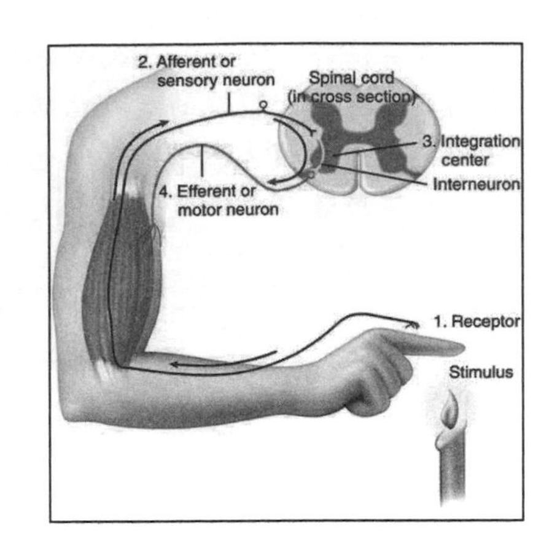

5. 當你漫步在樹林中，遇到陌生的非木質化的開花植物，你想知道它是單子葉或是真雙子葉植物，下列何者沒有幫助？
(A) 種子中子葉的數量
(B) 根系的形狀
(C) 維管束在莖中的排列
(D) 植物的大小

詳解：D

我們通常把維管束植物（vascular plants）區分成蕨類植物（如：鐵線蕨）、裸子植物及被子植物，其中裸子植物（如：松、柏）及被子植物又可被歸納為開花植物，被子植物又可細分為單子葉（如：稻、玉米）及雙子葉植物（如：菊花、玫瑰），是開花植物的最大宗，以下就單子葉及雙子葉植物間的區別做簡單的介紹：

項目	單子葉植物	真雙子葉植物
子葉	1	2
胚乳	多	少
葉脈	平行脈	網狀脈
莖部維管束排列	散生	環狀
形成層	X	O
根	鬚根	軸根
花粉粒	1個裂溝	3個裂溝
花瓣數	3或3的倍數	4或5的倍數
保衛細胞	啞鈴型	腎型
代表例	蘭花、竹子、百合、小麥、玉米、水稻	玫瑰、大豆、榕樹、楓樹

6. 藉由捕捉昆蟲，食肉植物獲得_____，它們需要_____。
(A) 水；因為它們生活在乾燥的土壤
(B) 氮；製造醣類
(C) 磷；製造蛋白質
(D) 氮；製造蛋白質

詳解: D

食蟲植物或稱為食肉植物(Carnivorous Plant)大多生長在貧瘠而偏酸的濕地，由於土壤中的氮及其他植物生長所必須之營養非常缺乏，因而演化出捕蟲機制捕捉動物獲取營養。食蟲植物在生態體系上扮演複雜又特殊的角色，因有綠色葉片所以具備植物生產者的功能，同時具有捕食食餌肉食（carnivore）二級消費者的行為。

食蟲植物的形成是經過長時間演化與天擇的結果。食蟲植物的祖先為了適應缺乏養份（尤其是氮肥和磷肥）的酸性池沼或濕地生態環境，而演化發展出來的特殊生存之道，誘殺小動物來補充各種必需但環境缺乏的礦物質和酵素。

氮是合成蛋白質與核酸的基本原料，醣類與脂質中一般不含有氮，因此食肉植物獲得養應該主要是為了合成蛋白質與核酸。

7. 必須胺基酸是指體內無法自行合成，只能由食物中攝取的胺基酸。下列何種胺基酸為人類必須胺基酸？
(A) 甲硫胺酸（methionine）
(B) 絲胺酸（serine）
(C) 酪胺酸（tyrosine）
(D) 甘胺酸（glycine）

詳解: A

蛋白質的組成份中氮是重要的指標成分，約佔蛋白質重量的16%，有9種胺基酸在人體內無法合成，需自食物中攝取，是重要而不可缺少的，稱為必需胺基酸，包括：色胺酸（tryptophan）、離胺酸（lysine）、甲硫胺酸（methionine）、纈胺酸（valine）、苯丙胺酸（phenylalanine）、羥丁胺酸（threonine）、白胺酸（leucine）、異白胺酸（isoleucine）、組胺酸（histidine，嬰兒不能合成）。其餘的十多種胺基酸可在人體內合成，稱為非必需胺基酸，其中酪胺酸（tyrosine）及胱胺酸（cysteine）有時在體內的合成量不足而需要性升高。

8. 苯酮尿症的新生兒篩檢指標為何？
(A) 酪胺酸
(B) 苯丙胺酸
(C) 甲硫胺酸
(D) 白胺酸

詳解: B

苯酮尿症患者無法正常將人體的必需胺基酸－苯丙胺酸（phenylalanine）代謝成酪胺酸（Tyrosine），而在體內大量堆積，進而產生許多有毒的代謝產物（如尿中出現大量的 phenylpyruvate、phenylacetate、phenyllactate，使尿液和身體會出現腐臭味）。病人若不早期治療及嚴格的控制血中苯丙胺酸之濃度於治療範圍內，將會造成腦部傷害及嚴重的智力障礙。

新生兒篩檢是早期診斷最好的方法。於寶寶出生四十八小時餵奶滿 24 小時後，從腳跟採取少量的血液，測定濾紙血片檢體中苯丙胺酸的含量，當濃度高於正常值，接獲通知後請儘速配合醫療人員指示回診，如嬰兒有特殊症狀產生立即與新生兒篩檢中心或當地所屬轉介醫院聯絡，尋求正確醫療支援。

9. 植物之水分能夠從埋在土壤深處的根部運送到 100 公尺高的樹梢，下列何者貢獻最小？
(A) 水分子間之凝聚力（cohesion）
(B) 水分子與管胞間之聚合力（adhesion）
(C) 細胞間水分子之擴散作用（diffusion）
(D) 植物之蒸散作用（transpiration）

詳解: C

由根持續吸收的水和無機鹽，在經過皮層、內皮到達木質部後，逐漸在根中形成根壓，可推擠木質部中的水分向上運輸至莖。由於水分會吸附在木質部管壁上，加上水分子間互相牽引，故產生毛細作用，使水分沿著木質部繼續向上運輸。無機鹽因溶於水中，亦會隨著水分運輸至各部位。

水分的運送除了有根壓的向上推擠以及木質部內毛細作用的協助外，還需葉面水分蒸散所產生的拉力，才能將莖部的水分子持續牽引至葉中，以供應葉肉細胞行光合作用之需。水分自植物體表面散失的現象，稱為蒸散作用。氣孔是水分蒸散的主要途徑，保衛細胞可依植物的需求來調整氣孔的開閉，當氣孔打開時，將有較多水分從氣孔散失。一般而言，植物體自根部吸收的水分，百分之九十以上會經由氣孔蒸散到大氣中。

10. 當肉毒桿菌毒素（Botulinum toxin）影響運動神經元時，會阻礙其軸突（axon）釋放何種神經傳導物質（neurotransmitter），使肌肉無法有效的接受到訊號，進而影響肌肉的收縮？
(A) 迦瑪–胺基丁酸（gamma-aminobutyric acid，GABA）
(B) 多巴胺（dopamine）
(C) 正腎上腺素（norepinephrine）
(D) 乙醯膽鹼（acetylcholine）

詳解: D

肉毒桿菌毒素是一種強效神經毒素，由肉毒桿菌（*Clostridium botulinum*）製造分泌，可抑制神經末梢釋放神經傳導物質，使神經訊號被阻斷而無法傳遞。如：將肉毒桿菌毒素注射到肌肉後，會抑制神經末梢釋放乙醯膽鹼（Acetylcholine），使訊號無法傳遞到肌肉刺激其收縮，因而導致肌肉鬆弛、麻痺或萎縮。

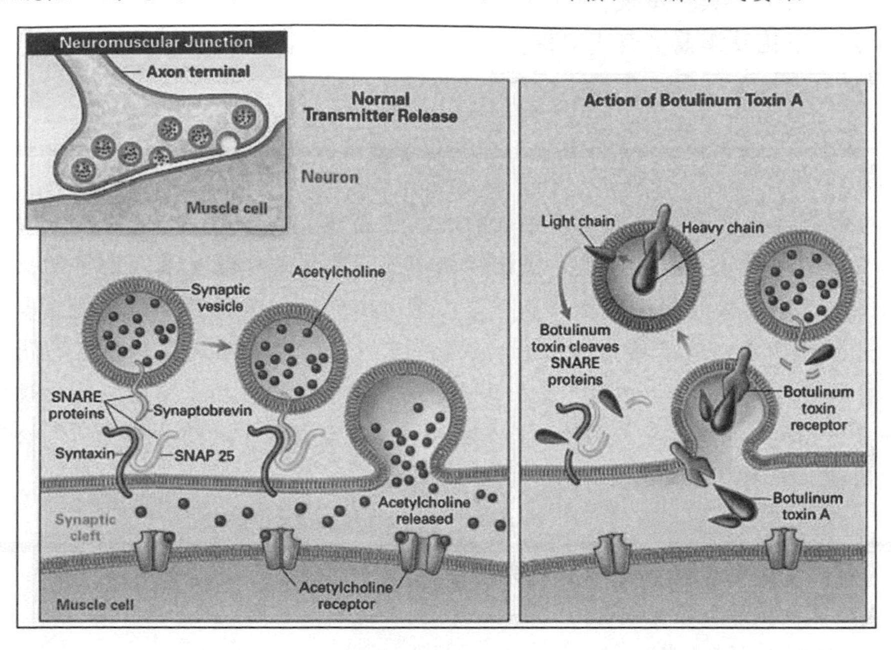

11. 常用的抗憂鬱症藥物百憂解（Prozac），在中樞神經系統的突觸傳遞（synaptic transmission）過程中之主要作用機制為？
   (A) 促進多巴胺（dopamine）的釋放
   (B) 抑制多巴胺的釋放（release）
   (C) 促進血清素（serotonin）的釋放
   (D) 抑制血清素的回收（reuptake）

詳解: D

1987 年 12 月 29 日，美國最強大的政府機構—美國食品藥品監督管理局，決定批准銷售藥物氟西汀（Fluoxetine），使其成為近 30 年來美國國內第一種新型抗憂鬱藥物。氟西汀以百憂解（Prozac）為名上市銷售，沒過多久，它不僅成了世界上銷售範圍最廣的藥物之一，也成了有史以來最知名的品牌之一。

氟西汀屬於一種稱為選擇性 5-羥色胺回收抑制劑（Selective Serotonin Reuptake Inhibitors, SSRI）的藥物。它可以抑制選擇性血清素（Serotonin，全稱血清張力素，又稱 5-羥色胺，簡稱為 5-HT）的再吸收，從而增加腦細胞之間的活性 5-羥色胺數量。

12. 我們食用的「松露」是一種真菌的球狀子實體，其菌絲會包覆松樹的樹根，協助松樹吸收水分與礦物質，松樹則提供其生長所需的養分。下列哪一組生物的關係，和「松露」與「松樹」最相似？
(A) 「跳蚤」與「田鼠」
(B) 「小花蔓澤蘭」與「榕樹」
(C) 「牛樟芝」與「牛樟」
(D) 「根瘤菌」與「大豆」

詳解: D

松露是一種附著在松樹根下生長的的莖塊菌類，大多是在松樹的根部附著連著絲生長，通常是生長在櫟樹、橡樹和松樹下。松露是一種生長在地下的菇，它無法獨立生存，必須和樹木生長在一起，藉由樹的根部來供應養份才能生長。但它也會幫助樹木吸收土壤中的水分和礦物鹽，所以兩者之間是互利共生的關係。

選項中「跳蚤」與「田鼠」屬於寄生、「小花蔓澤蘭」與「榕樹」屬於競爭、「牛樟芝」與「牛樟」屬於寄生，而「根瘤菌」與「大豆」之間的關係與「松露」與「松樹」一樣，都是互利共生。

13. 下列何者能分化為巨噬細胞的先驅細胞？
(A) 單核細胞（monocyte）
(B) B 細胞（B cell）
(C) T 細胞（T cell）
(D) 嗜酸性白血球（eosinophil）

詳解: A

單核細胞（monocyte）屬於白血球細胞中的一員，主要存在於週邊血液裡；當其一旦離開血管進入組織，即轉變形態分化為巨噬細胞。單核細胞滲出血管，進入組織和器官後，可進一步分化發育成巨噬細胞，成為機體內吞噬能力最強的細胞。巨噬細胞可以是固定不動的，也可以用變形蟲樣運動的方式移動。固定和遊走的巨噬細胞是同一細胞的不同階段，兩者可以互變，其形態也隨功能狀態和所在的位置而變化。巨噬細胞在不同組織中的名稱不同：在肺裡稱「肺巨噬細胞」；在神經系統裡稱為「小神經膠質細胞」；在骨裡則稱為「破骨細胞」。

單核細胞和巨噬細胞都能消滅侵入機體的細菌、吞噬異物顆粒、消除體內衰老、損傷的細胞和變性的細胞間質、殺傷腫瘤細胞，並參與免疫反應。

14. 人類的腸道內襯細胞之間並不會有液體從腸道洩漏到體內的主要原因是？
(A) 細胞藉由隙型連結（gap junction）結合在一起
(B) 細胞藉由細胞外基質（extracellular matrix）結合在一起
(C) 細胞藉由緊密型連結（tight junction）結合在一起
(D) 細胞藉由原生質絲（plasmodesmata）結合在一起

詳解：C

腸道的黏膜，是由一層薄薄的黏膜細胞（enterocyte）構成，黏膜細胞會分泌黏液到黏膜表面，而黏膜細胞底下則是黏膜固有層（lamina propria），再往下則是黏膜下組織（submucosa）與肌肉層等。

黏膜細胞雖然只是一層薄薄的單細胞構成，卻扮演著非常重要的角色，有如身體裡一道重要的防火牆，細胞彼此之間靠著緊密連結（Tight junction）連結在一起。這層黏膜細胞不但會分泌腸道黏液，同時也會接觸到腸道管腔中的所有物質，包括我們吃進去的食物、水分、微生物、毒物、藥物，不管是對人體健康有益或有害，都會跟這層薄薄的黏膜細胞直接接觸。因此，黏膜細胞一方面必須能夠吸收人體需要的營養素、水分、電解質；另一方面又得確保將毒物、有害微生物、過敏原、無法消化的食物大分子阻擋在外，以免進入人體，引發不當的免疫和發炎反應，危害健康。

正常健康的情況下，薄薄的黏膜細胞彼此間靠著緊密連結，緊緊結合在一起，形成一道防火牆，黏膜細胞負責吸收我們需要的營養，同時也阻擋有害物質的入侵。然而，一旦緊密連結這道關卡鬆脫了，防火牆屏障就會出現問題，導致功能異常，有如牆壁上原本緊緊堆疊在一起的磚頭間產生了縫隙，髒東西、壞東西就容易入侵。緊密連結的破洞或功能異常，造成細胞間的縫隙變大，腸道通透性因而增加（Increased intestinal permeability），這就是所謂的「腸漏症」（Leaky gut syndrome）。

15. 小時候，你曾被草叢的蛇咬傷。許多年後，當你看到毒蛇時，你的心臟立刻開始跳動你突然冒出一身冷汗。這種"情緒記憶"儲存在你大腦的哪個部位？
(A) 視交叉上核（suprachiasmatic nucleus, SCN）
(B) 下視丘（hypothalamus）
(C) 松果體（pineal gland）
(D) 杏仁核（amygdala）

詳解：D

杏仁核（Amygdaloid）又稱扁桃核、扁桃體、杏仁體，是基底核的一部分，位於側腦室下角前端的上方，海馬體旁回溝的深面，與尾狀核的末端相連；它是邊緣系統的皮質下中樞，有調節內臟活動和產生情緒的功能。

杏仁核是上天賦予人類情緒調節的能力，是指揮中樞，掌管情緒感知，例如，可以從人的表情看出對方高興或難過。杏仁核體積很小，但對情緒的反應十分重要，尤其是恐懼。當受到傷害之後，杏仁核的特定區域會因而「學會害怕」，並產生恐懼的記憶。

16. 若一個藥物 W 的作用是抑制肌動蛋白（actin）的功能，以藥物 W 處理動物細胞，則細胞週期以下哪一方面最會受到藥物 W 的干擾？
(A) 紡錘絲的形成
(B) 紡錘體附著於著絲點（kinetochore）
(C) 細胞在後期的伸長
(D) 分裂溝（cleavage furrow）的形成和胞質分裂（cytokinesis cleavage）

詳解：D

在動物細胞中胞質分裂和子細胞分離靠分裂溝來完成。分裂溝下面環繞著一層緻密的微絲稱為收縮環，並與細胞表面相連。由於收縮環的活動，在分裂處的纖維引起越來越緊的收縮，使分裂溝逐漸加深、斷開，最後使母細胞形成兩個子細胞，收縮環消失。利用細胞鬆弛素 B 處理細胞可以逆轉這個收縮環的作用。推測可能是由於藥物擾亂了分裂溝區微絲束的排列而引起的。

17. 決定特定 mRNA 分子在真核細胞中存留時間的是？
(A) 5'帽的長度
(B) 加工過程中去除的內含子數量
(C) 細胞質中存在蛋白酶體
(D) mRNA 3'非翻譯區的核苷酸序列

詳解：D

同一細胞內的不同 mRNA 具有不同的壽命（穩定性）。 在細菌細胞中，單個 mRNA 可以存活數秒至超過一小時，但平均壽命為 1 至 3 分鐘，因此，細菌 mRNA 的穩定性遠低於真核 mRNA。哺乳動物細胞 mRNA 的壽命從幾分鐘到幾天不等。mRNA 的穩定性越高，從該 mRNA 產生的蛋白質越多。mRNA 的有限壽命使細胞能夠快速改變蛋白質合成以回應其不斷變化的需求。有許多機制可導致 mRNA 的降解。

真核細胞 mRNA 的壽命與 5' cap 的有無、3' poly A tail 的長度、3'UTR 的序列以及胞內微小 RNA 的調節等有關。

蛋白酶體（proteasome）存於真核細胞的細胞核和細胞質中，為溶體（lysosome）外的蛋白水解構造，是細胞調控特定數量蛋白質和除去錯誤摺疊蛋白質的場所。人體蛋白酶體中的蛋白酶活性主要為類胰凝乳蛋白酶(chymotrypsin)型、類胰蛋白酶（trypsin）型和肽-麩胺醯基-水解酶（peptidyl-glutamyl peptide-hydrolyzing）型三種。它們能在蛋白質的多肽鏈中，選擇性地從酪胺酸、色胺酸、苯丙胺酸、麩胺酸、天冬胺酸、精胺酸或離胺酸等多種胺基酸的羧基側進行水解，切斷肽鍵。經過蛋白酶體的降解後，蛋白質一般被切割為約 7～9 個胺基酸長度的肽鏈；這些肽鏈可進一步被分解為單一胺基酸分子，用於合成新的蛋白質。

校方釋疑：

Campbell 11 C18.2 p.376 明確指出，mRNA 3’非翻譯區的核苷酸序列會影響 mRNA 分子在真核細胞中存留時間。考生所提出的是 5’去帽(decapping)會影響 mRNA 的降解，但選項(A)是 5’帽的長度並非是 5’帽(cap)之有無。
(Reference: Urry, L. A., Cain, M. J., Wasserman, S. A., Minorsky, P. V. and Reece, J. B. Campbell Biology. Pearson Education, 11th ed., 2017. page 376.) 維持原答案(D)。

18. 在基因工程中，來自根瘤農桿菌（*Agrobacterium tumefaciens*）的高活性質體是用於＿＿＿＿＿。
(A) 在動物染色體上定位特定基因
(B) 檢測並修正 DNA 複製中的錯誤
(C) 將有興趣的基因插入植物染色體
(D) 在特定鹼基序列切割 DNA

詳解：C

農桿菌自己帶了一個質體，稱為 Ti 質體。這個 Ti 質體，在農桿菌感染植物時，其中有一段 DNA 會插入植物的基因體中。

這段 DNA（稱為 T-DNA）裡面帶有合成兩種植物賀爾蒙所需的酵素基因，進入植物基因體後，便會使得該植物細胞開始大量產生生長素（auxin）與細胞分裂素（cytokinin）。這兩種賀爾蒙相加的結果，會使得細胞開始分裂增生，於是就產生腫瘤了。當然，T-DNA 中還有其他的基因，會驅使植物細胞合成農桿菌所需要的養分，包括了小分子氨基酸與磷酸化的糖類等，這樣農桿菌在腫瘤中才能生長壯大。

原本研究農桿菌是為了要打敗它，但是科學家在研究的過程中發現，這隻細菌非常的有意思。原來，農桿菌在將 T-DNA 轉入植物基因體時，根本不管裡面有什麼、也不管有多長（當然，太長了效率會降低），它只認這段 DNA 的兩邊邊界（稱為左右邊界），然後就一股腦地將左右邊界之間的 DNA 給塞進植物裡面了。

19. 可以藉由 RNA 中間體（RNA intermediate），從基因組中的一個位點移動到另一個位點的真核 DNA 片段稱為＿＿＿＿＿。
(A) 質體（plasmid）
(B) 轉座子（transposons）
(C) 等位基因（alleles）
(D) 反轉錄轉座子（retrotransposons）

詳解：D

根據轉位機制可將轉座子分為兩類，I 類為反轉錄轉座子（retro-transposons），以 RNA 為中間媒介，遵循"複製–貼上（copy and paste）"的轉座方式；II 類為 DNA 轉座子（DNA transposons），在 DNA 介導下，大多通過"剪切–貼上（cut and paste）"的方式進行轉位。

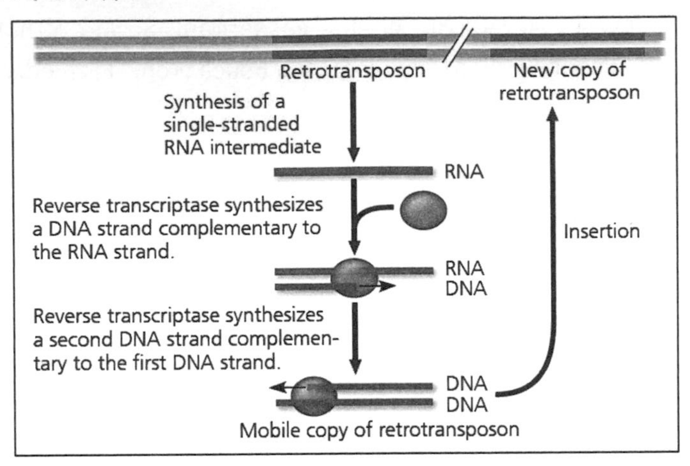

20. 人類細胞的 DNA 數量大約是大腸桿菌細胞的 1,000 倍，但基因數量卻只有大約 5 倍。造成這種差異最主要的原因是什麼？
(A) 人類細胞的大多數基因都被關閉了
(B) 人類細胞有更多的非編碼 DNA
(C) 人類細胞比大腸桿菌細胞大得多
(D DNA 的包裝在原核細胞要複雜得多

詳解: B

人體內估計約有 20000 到 25000 個蛋白質編碼基因，數量比起某些較為原始的生物（如線蟲與果蠅）更少，但是在人類細胞中使用了大量的選擇性剪接（alternative splicing；將穿插在內含子中的外顯子以選擇性的方式進行轉錄），這使得一個基因能夠製造出多種不同的蛋白質，且人類的蛋白質組規模也較前述的兩個物種更龐大。

蛋白質編碼序列（也就是外顯子）在人類基因組中少於 1.5%。在基因與調控序列之外，仍然有許多功能未知的廣大區域。科學家估計這些區域在人類基因組中約占有 97%，其中許多是屬於重複序列（重複序列）、轉位子（transposon）與偽基因（pseudogene）。除此之外，還有大量序列不屬於上述的已知分類。

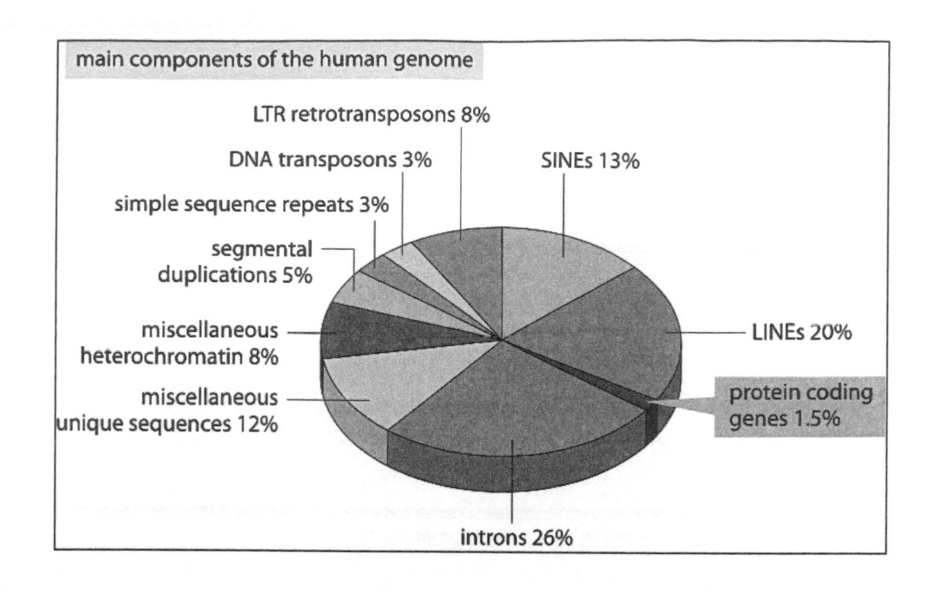

21. 三種青蛙，*Rana pipiens*、*Rana clamitans* 和 *Rana sylvatica*，都在同一個池塘中交配，但它們卻能正確配對，因為它們的叫聲不同。這是__________屏障的具體實例，稱為__________。
(A) 前合子（prezygotic）……配子隔離
(B) 前合子（prezygotic）……行為隔離
(C) 合子後（postzygotic）……機械隔離
(D) 合子後（postzygotic）……雜種分解

詳解: B

合子前屏障和合子後屏障的主要區別是合子前屏障在受精前起作用。但是，合子後屏障在受精後起作用。此外，合子前的屏障在群體的天擇中起著關鍵作用，而合子後的屏障阻止了群體間的成功雜交。此外，棲地隔離、時間隔離、行為隔離、機械隔離和配子隔離是合子前屏障的機制。另一方面，合子死亡、雜種無活力和雜種不育是導致合子後屏障的機制。

題目中的求偶叫聲是一種行為，所以應該是行為隔離，屬於合子前屏障的具體實例。

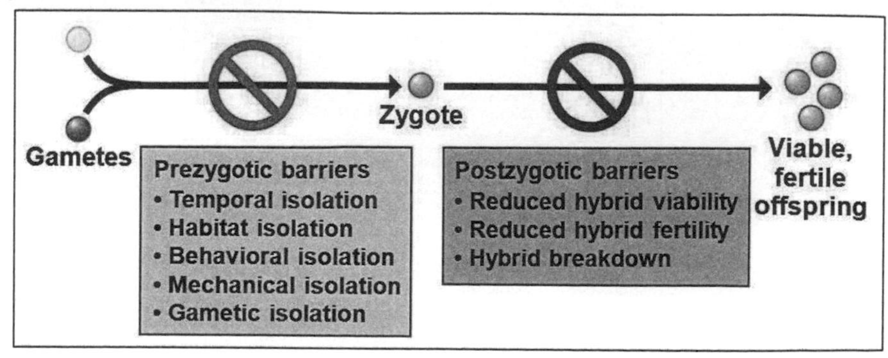

22. 下列何者在確定不同物種之間的關係時最沒有用？
(A) DNA 鹼基序列的比較
(B) 類似結構（analogous structures）
(C) 同源結構（homologous structures）
(D) 蛋白質的氨基酸序列

詳解: B

類似結構（analogous structures，同功器官）是來自不同祖先的生物，因適應相同環境所形成的形態功能相似、但構造不同的器官，稱為「同功器官」。同功器官的胚胎發生來源不同，不可作為演化的證據。例如：鳥類的翼、昆蟲的翅、鼯鼠的飛膜→均具飛翔的功能但是演化起源不同。

23. 頭足類是唯一具有下面哪種特性的軟體動物？
(A) 身體分段
(B) 有性繁殖
(C) 擁有封閉循環系統
(D) 雌雄同體

詳解: C

頭足綱（學名：Cephalopoda）：現存約 700 多種。包括鸚鵡螺、烏賊、柔魚、章魚等。身體左右對稱。頭部發達，兩側有一對發達的眼。足的一部分變為腕、位於頭部口周圍的軟體動物。外套膜肌肉發達，左右癒合成為囊狀的外套腔，內臟即容納其中，外套兩側或後部的皮膚延伸成鰭，可借鰭的波動而游泳。

貝殼一般被包在外套膜內，退化形成一角質或石灰質的內骨，稱為海螵鞘，可入藥。神經系統較為集中，腦神經節、足神經節和腹側神經節合成發達的腦，外圍有軟骨包圍。心臟很發達。雌雄異體。

全部海生，化石種類很多，繁盛於中生代，以鰓和腕的數目等特徵分為鸚鵡螺亞綱（Nautiloiea）和蛸亞綱（Coleoidea）。大多可供食用，鸚鵡螺、烏賊、章魚等均可鮮食或製成乾品。頭足類與其運動迅速、捕食等生活習性相關，具有閉鎖式循環系統，為軟體動物中唯一具閉管循環的一類，血液中含有血藍素。

	Class and examples (est. number of species)	Class characteristics
	Bivalvia: clams, mussels, oysters, scallops (30,000)	Marine or freshwater; shell with two halves or valves; primarily filter feeders with siphons
	Polyplacophora: chitons (860)	Marine; eight-plated shell
	Gastropoda: snails, slugs, nudibranchs (75,000)	Marine, freshwater, or terrestrial; most with coiled shell, but shell absent in slugs and nudibranchs; radula present
	Cephalopoda: octopuses, squids, nautiluses (780)	Marine; predatory, with tentacles around mouth, often with suckers; shell often absent or reduced; closed circulatory system; jet propulsion via siphon

24. 以下哪個特徵將古人類（hominins）與其他猿類區分開來？

(A) 工具的使用

(B) 火的使用

(C) 沒有尾巴

(D) 雙足行走（bipedalism）

詳解：D

自從 1994 年起，大約超過四百萬年前的四種古人類（homionins）化石被發現。這些古人類中最古老的查德沙赫人（*Sahelanthropous tchadensis*），居住在六百五十萬年前。

查德沙赫人和其他早期古人類共有一些人類的衍生特徵。例如：他們有縮減的犬齒，一些化石推測他們有相當扁平的臉龐。他們亦展現比其他猿類更多的直立與二足行走的徵兆。關於直立行走的一個線索可由枕骨大孔（foramen magnum）中發現。

25. 信天翁等水鳥生活在幾乎完全是鹹水的環境中，它們是如何避免脫水？

(A) 它們能夠在沒有淡水的情況下生存很長時間，只有在可以從陸地上或雨水中獲得淡水時才喝水

(B) 它們能夠在尿液中排出多餘的鹽分

(C) 它們能夠藉由維持體液中的鹽分、尿素來維持接近海水的滲透壓

(D) 它們會積極地將血液中多餘的鹽分輸送到特殊排泄腺中的分泌小管中

詳解：D

以海洋動物或海藻為食的鳥類，如：企鵝、信天翁等，食物來自海洋，每天喫鹽過多，排鹽是這些動物必須解決的問題。它們的兩個眼窩附近各有一個管狀鹽腺，通入眼窩或鼻孔，它們靠鹽腺泌鹽，由鹽腺分泌大量鹽分。

當人類喝了較多海水後，高濃度的海水進入血漿和組織液，大量的水分就會從細胞中外流，導致細胞脫水。所以，喝海水不但不能解渴，反而會讓人更渴，如果遭遇海難的人喝海水無異於飲鴆止渴，越喝死得越快。

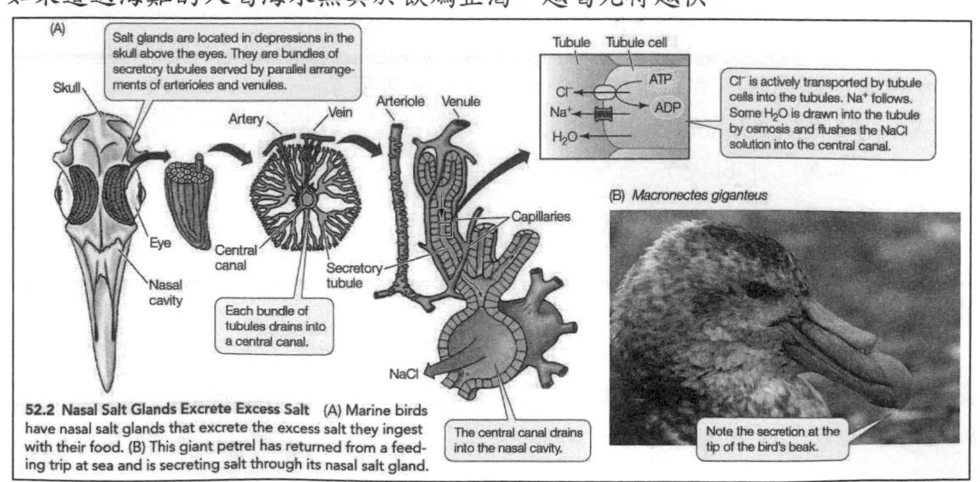

52.2 Nasal Salt Glands Excrete Excess Salt (A) Marine birds have nasal salt glands that excrete the excess salt they ingest with their food. (B) This giant petrel has returned from a feeding trip at sea and is secreting salt through its nasal salt gland.

26. 消化管內壁的胚胎起源是什麼？

(A) 中胚層

(B) 內胚層

(C) 外胚層

(D) 內胚層和中胚層

詳解: B

胚胎第 4 周起，經過前後向翻摺(AP folding)、兩側向中央翻摺(lateral folding)、內胚層形成原始腸管並次分為前腸(foregut)、中腸(midgut)、後腸(hindgut)腸管頭端到口咽膜(oropharyngeal membrane)、尾端到泄殖腔膜(cloacal membrane)。口腔由外胚層構成，口咽膜於第 4 周破裂形成原口(stomadeum)。咽部開始內襯上皮由內胚層構成，胚胎第 12~13 周起，胎兒開始出現吞嚥。

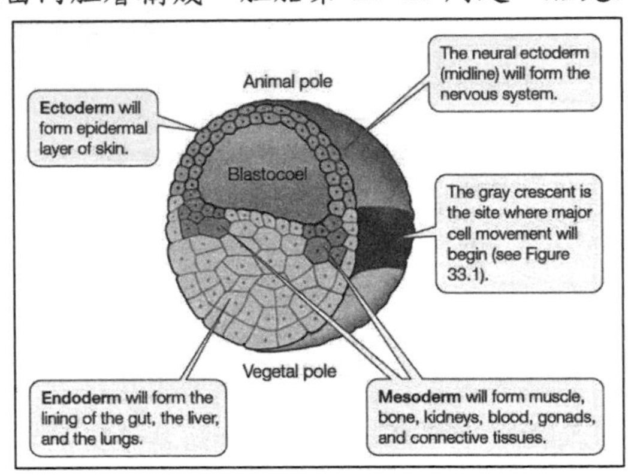

校方釋疑：

根據 Campbell 11 C47.2 p.1047 所說，消化管內壁的胚胎起源是內胚層，因此該題之最佳答案仍應該是(B)內胚層。

(Reference: Urry, L. A., Cain, M. J., Wasserman, S. A., Minorsky, P. V. and Reece, J. B. Campbell Biology. Pearson Education, 11th ed., 2017. page 1047.) 維持原答案(B)。

27. 在哺乳動物中，下列何者有助於囊胚植入子宮壁？

(A) 滋養層(trophoblast)

(B) 上胚層(epiblast)

(C) 下胚層(hypoblast)

(D) 羊膜(amnion)

詳解: A

當胚胎發育至囊胚期(blastocyst)，亦即到排卵後的第七天後開始進行孵化，使得胚胎滋養層細胞(trophoblast)隨即自透明帶移行出來準備對子宮內膜上皮細胞附著，並進行著床的過程。

28. 車禍受害者對事故或事故後的事件沒有記憶，但可以清楚地回憶起事故前發生的事件。根據此情形，神經科醫師懷疑此患者哪個部位受損？
(A) 海馬體（hippocampus）
(B) 大腦皮層
(C) 額葉（frontal lobe）
(D) 杏仁核（amygdala）

詳解: A

亨利莫雷森（Henry Molaison）的大腦，可以說是神經科學史上被研究最透徹的一顆人腦。莫雷森記不起切除海馬回手術前的一些事情；用精確的術語來說，就是他出現了「逆向性失憶」。這種逆向性失憶有一個特點：越靠近手術的事件，忘得越乾淨。此外，醫生發現雖然莫雷森可以聽得懂指示，也能順利的對話，但是只要醫生離開病房幾分鐘再回來時，莫雷森就已經把剛剛發生的事情全都忘光。換句話說，手術之後，他不但忘記了一些手術前的事件，更特別的是，手術後他在日常生活中所遭遇的事件，他都再也記不住。也就是說，莫雷森出現了「順向性失憶」，他無法形成新的事件記憶！

莫雷森喪失了陳述性記憶，但是卻沒有喪失程序性記憶。由此可知海馬迴負責的是陳述性記憶，而和程序性記憶無關。

校方釋疑：

根據 Campbell 11 C49.4 p.1098 描述，海馬體的損傷會阻止患者形成新的短期或長期記憶，但不會影響保留先前形成的長期記憶的能力。杏仁核雖也是邊緣系統的一部分，與長期情緒記憶保持有關，所以如題幹所述，仍保有之前長期記憶但缺乏新的短期記憶的，最佳答案應是(A)海馬體受損。
(Reference: Urry, L. A., Cain, M. J., Wasserman, S. A., Minorsky, P. V. and Reece, J. B. Campbell Biology. Pearson Education, 11th ed., 2017. page 1098.) 維持原答案(A)。

29. 人類心臟心室細胞的動作電位長度約為：
(A) 1 msec
(B) 1 sec
(C) 200 msec
(D) 10 msec

詳解: C

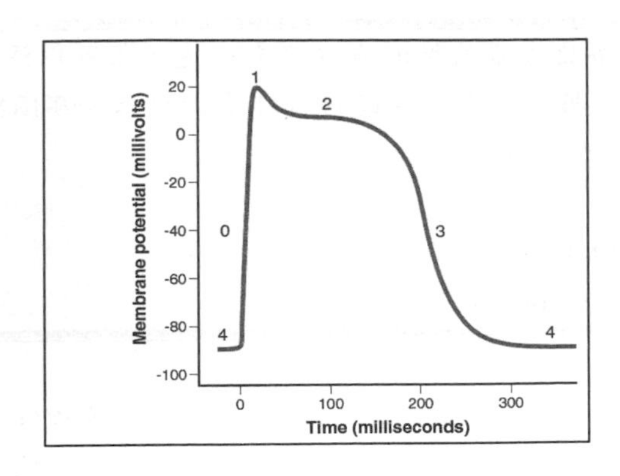

30. 關於神經傳導物質乙醯膽鹼（acetylcholine）的性質與作用之敘述，何者為錯？
    (A) 迷走神經（vagus nerve）末端釋放乙醯膽鹼，會使得心跳變快
    (B) 運動神經元的軸突末端釋放的乙醯膽鹼，會引起運動末端終版（motor end plate）產生去極化的現象
    (C) 乙醯膽鹼受體受活化時，會使眼睛的瞳孔縮小
    (D) 心臟竇房結細胞的乙醯膽鹼受體受活化時，細胞內的鉀離子會流出細胞外

詳解: A

自主神經對心跳速率的控制主要是透過位於延腦的「心跳加速中樞（cardioacceleratory center；CAC）」和「心跳抑制中樞（cardioinhibitory center；CIC）」來控制。心跳加速中樞主要將刺激藉交感神經纖維傳遞刺激並分泌腎上腺素（Epinephrine），並使心跳速率加快及心室收縮力增強。心跳抑制中樞則藉迷走神經（副交感神經纖維）傳遞並分泌乙醯膽鹼（Ach，acetylcholine），分布至竇房結（SA node）引起心跳速率減緩，或傳至房室結（AV node）導致房室傳導延遲。

31. 如果心臟收縮末期與舒張末期的血量分別是 ESV（end-systolic volume）和 EDV（end-diastolic volume），則心臟的噴出率（ejection fraction, EF）為：
    (A) EF = (ESV-EDV)/EDV
    (B) EF = (EDV-ESV)/EDV
    (C) EF = (EDV-ESV)/ESV
    (D) EF = (EDV-ESV)

詳解: B

射血分數(ejection fraction, EF)，即 LVEF(Left Ventricular Ejection Fractions)，是指：每搏輸出量占心室舒張末期容積量的百分比。心室收縮時並不能將心室的血液全部射入動脈，正常成人靜息狀態下，心室舒張期的容積：左心室約為 145

ml，右心室約為 137 ml，博出量為 60～80 ml，即射血完畢時心室尚有一定量的餘血，把博出量占心室舒張期容積的百分比稱為射血分數，一般 50%以上屬於正常範圍，人體安靜時的射血分數約為 55%～65%。射血分數與心肌的收縮能力有關，心肌收縮能力越強，則每搏輸出量越多，射血分數也越大。

32. 下列何種纖維會釋放正腎上腺素（norepinephrine）？
(A) 節前副交感神經纖維
(B) 節後副交感神經纖維
(C) 在心臟的節後交感神經纖維
(D) α-運動神經元（α motor neuron）

詳解：C

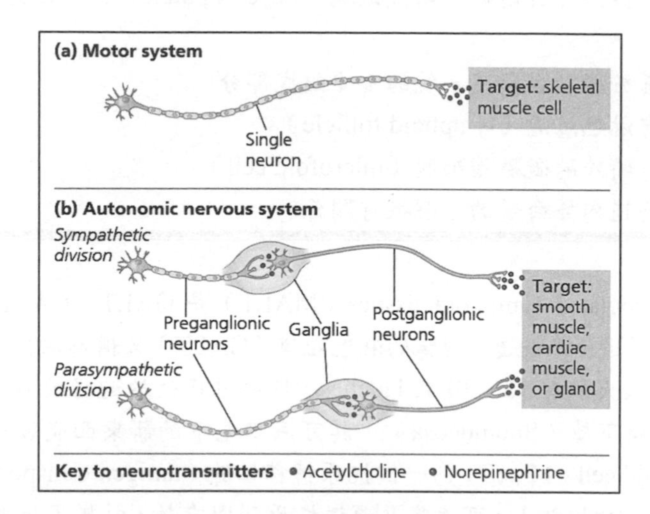

33. 在動物細胞中，細胞膜的乙型腎因性受體（β-adrenergic receptor）受刺激時，會引起：
(A) 在心臟細胞會使細胞內 cyclic AMP 濃度會上升
(B) 在心臟細胞會使其收縮力會變弱
(C) 在心臟竇房結細胞的跳動速率會變慢
(D) 氣管平滑肌細胞的收縮會增強

詳解：A

腎上腺素性 β 受體則有三類，都是經由 Gs 活化腺苷酸環化酶，增加細胞內 cAMP 含量，進而使特定蛋白質磷酸化。

其中 β1 受體對腎上腺素和正腎上腺素的敏感性相等，此型受體主要分布於心臟、近腎絲球器（juxtaglomerular apparatus）和脂肪細胞等處。與腎上腺素或正腎上腺素結合後的反應，包括經由增加心搏速率和心縮力量，使心臟血液輸出量大增，並促使腎素分泌和促進脂質分解。β2 受體分布範圍廣泛，對腎上腺素較正腎上腺素敏感，受體與激素結合後的反應包括平滑肌（如支氣管、未懷孕的子宮、膀胱壁的逼尿肌、至骨骼肌的血管壁等）舒張，促進脂肪組織分解脂質，促進骨骼肌細胞的合成作用，肝糖水解和糖質新生，促使消化道的括約肌收縮，促使唾腺分泌，抑制肥大細胞釋放組織胺，促進分泌腎素和胰島素等。β3 受體的作用則是會影響脂肪組織分解脂質，與能量代謝有關。

一般受腎上腺素性神經支配的器官或組織大多是一種受體為主，如心肌主要含 β1 受體；而骨骼肌的血管組織雖具有 α1、β1 受體，但大多數為 β2 受體。當腎上腺素性 α 受體興奮時會產生皮膚和腹部內臟的血管收縮、增加周邊阻力影響血壓；而 β 受體興奮則會促進心臟收縮影響血壓，同時使骨骼肌血管舒張和支氣管舒張，增加個體戰鬥或逃跑時所需的爆發力。

34. 下列有關派爾斑（貝爾節，培氏斑塊，Peyer's patch）的相關敘述，何者為錯？
(A) 它是屬於腸黏膜免疫系統的重要組成部分
(B) 它含有淋巴濾泡（lymphoid follicle）
(C) 它含有特殊的微皺褶細胞（microfold cell）
(D) 它與腸道內蛋白質的分解很有關係

詳解： D

Mucosa-associated lymphoid tissues（MALT）是 GALT、BALT 和 NALT 的總稱，位於腸胃道、呼吸道。迴腸的淋巴組織（GALT）又稱為培氏斑塊（Peyer's Patch），一般人大約有 15～30 個 Patches，這些斑塊位於迴腸的固有層（Lamina propria）和黏膜下層（Submucosa），其可決定吃下的髒東西能否有正常的免疫反應。Microfold cell（M cell）為一個抗原轉移細胞（antigen transporting cells），覆蓋於 Peyer's Patch 之上，可收集並運送抗原到固有層，引起 T 細胞一連串的免疫反應。

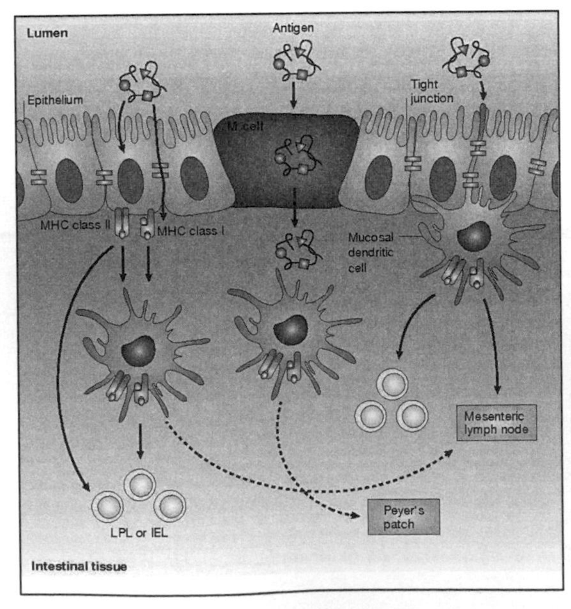

35. 下列何種荷爾蒙的主要作用會使血中鈣離子的濃度上升？
(A) 皮質醇（cortisol）
(B) 腎上腺素（epinephrine or adrenalin）
(C) 腎素（renin）
(D) 副甲狀腺素（parathyroid hormone）

詳解: D

副甲狀腺素（Parathyroid hormone，簡稱為 PTH），是一種由頸部的副甲狀腺分泌，具有 84 個胺基酸的多肽類激素。主要作用在骨骼、腎臟，增加血液中的鈣離子濃度。

副甲狀腺素首先刺激成骨細胞，再由成骨細胞表面 RANKL 的與蝕骨細胞表面 RANK 結合，刺激蝕骨細胞形成並活化。最後，蝕骨細胞的作用使得骨骼釋放鈣離子和磷酸鹽到血液中。

在遠曲小管和集尿管，讓 L-type 鈣離子通道打開，增加鈣離子的再吸收（也就是減少尿液中鈣離子的排泄）。在近曲小管處，減少 type2 Na/pi cotransporter（鈉-磷酸根共運輸蛋白），抑制磷酸鹽再吸收。（由於血中磷酸鹽濃度下降，形成的磷酸鈣也減少，相對的游離的鈣離子會增加）

間接作用是促進 1,25-二羥膽鈣化醇（活性維生素 D3）在腎臟中被合成，1,25-二羥膽鈣化醇會增加小腸對於鈣離子和磷酸鹽的吸收，進而讓血鈣、磷濃度上升。

36. 下列何種物質在體內是由膽固醇（cholesterol）所產生？
(A) 醛固酮（aldosterone）
(B) 泌乳激素（prolactin）
(C) 甲狀腺素（thyroxine）
(D) 抗利尿激素（antidiuretic hormone）

詳解: A

膽固醇的化學式為 $C_{27}H_{46}O$，是細胞膜的代謝產物，藉由血漿來運送，它是哺乳類動物細胞膜的主要維持和構成結構，膽固醇也是製造膽酸、類固醇激素和幾個脂溶性維生素不可缺少的成分。

類固醇在人體中主要的作用，是為維持激素和調節各種生理反應；根據特性，可以分為皮質類固醇（Corticosteroids）與性荷爾蒙（Sex hormone，又稱性激素）2 種；前者主要由腎上腺皮質（Adrenal cortex）所分泌，後者則大多透過睪丸或卵巢製造。

礦物皮質類固醇（Mineralocorticoids）又稱鹽皮質類固醇，最具代表性的鹽皮質類固醇是醛固酮，主要的功用是在腎臟進行鹽分的再吸收、調節血壓、提高排出尿液中的鉀含量，以維持人體中鹽分和水分的平衡。

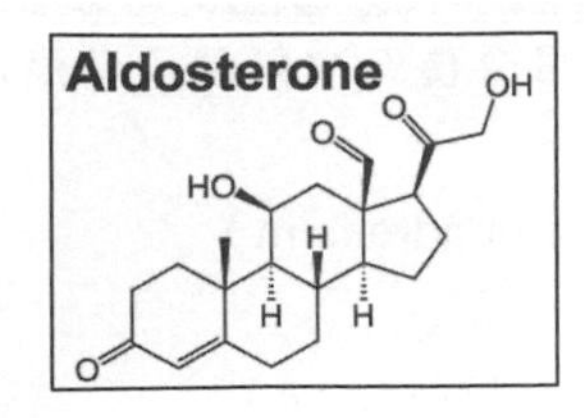

37. 在控制情緒與動機之中，是邊緣系統主要與何種區域一起工作進行的？
    (A) 橋腦（pons）
    (B) 視丘（thalamus）
    (C) 下視丘（hypothalamus）
    (D) 小腦（cerebellum）

詳解: C

情緒的控制與調節，在中樞神經系統的前二部分，即前腦與中腦。在前腦部分有大腦皮質（主要是前額葉）的「理性中心」和邊緣系統的「情緒中心」；中腦部分是下視丘的「本能中心」。

情緒的產生和邊緣系統、下視丘、大腦皮質區有密切關係。情緒產生有兩個歷程，一個是沒有被意識到的自動化歷程：由視丘接收到感覺訊息，經由杏仁核傳到下視丘，啟動自律神經系統（緊急應變）及內分泌系統（長期抗戰）作反應。另一個是意識的歷程（使我們能控制情緒的路徑）：視丘接收到的感覺訊息，先傳到大腦皮質，再傳到杏仁核，接著傳到下視丘，啟動自律神經系統及內分泌系統作反應，同時把訊息回報給大腦皮質。大腦皮質的介入，可使我們有意識地調控情緒帶來的自動反應。

校方釋疑：

主要是以下視丘一起進行工作

(Reference: Ganong´s Review of Medical Physiology, 26e, Chapter 17: Hypothalamic Regulation of Hormonal Functions, INTRODUCTION) 維持原答案(C)。

38. 下列何種感覺形式是直接傳遞至腦皮質，而不需要經由視丘轉接？
    (A) 聽覺
    (B) 視覺
    (C) 嗅覺
    (D) 觸覺

詳解: C

嗅覺是一種感受化學刺激的感受，當組成各種「氣味」的化學粒子進入鼻腔，穿過通道飄浮到大腦的嗅球（olfactory bulb），在那裡處理為大腦可讀的形式，資訊被腦細胞帶至負責處理情緒的杏仁核，再到達相鄰隔壁、負責學習和記憶形成的海馬體。

與其他感官不同，嗅覺接受的資訊是唯一直接進入大腦情感和記憶中心的感覺。其他感覺都會先進入扮演「總機」的視丘，再將感受到的事物訊息傳給大腦其餘部分，唯獨嗅覺接受的資訊會繞過視丘迅速到達杏仁核和海馬體。

這種差異也導致情感、記憶和氣味之間的密切聯繫，也是為什麼由氣味引發的記憶總讓人更情緒化。如果你也曾聞到某種氣味，瞬間憶起塵封的記憶並湧上情緒，應該就很能了解這種感覺。

39. 下列有關長期腎功能受損時（亦即慢性腎衰竭；chronic renal failure）的敘述，何者為錯？
(A) 在此情況下，貧血（anemia）容易會發生
(B) 在此情況下，血液中副甲狀腺素（parathyroid hormone）的濃度會提高
(C) 在此情況下，血液中鈣離子的濃度是大幅度升高的
(D) 在此情況下，血液中的肌酸酐（creatinine）的濃度會提高

詳解：C

腎衰竭的定義通常是依照腎小球濾過率（GFR）決定，亦即腎臟中腎小球的濾過效率。可藉由尿量增減，血液中廢物（如：肌酸酐和尿素，正常狀況下會隨尿液排出）的含量來偵測。血尿和蛋白尿也可能是腎衰竭的現象之一。

腎功能衰竭時，體內的廢液可能難以排除，會導致腫脹、酸血症、高鉀血症、低血鈣、高血磷症，和貧血，骨骼的健康也可能會被影響。長期的腎臟病也提高了心血管疾病的機率。

40. 下列有關肺動脈（pulmonary artery）的敘述，何者為錯？
(A) 該動脈內含未帶氧血（unoxygenated blood）
(B) 該動脈的血壓上昇，會使得右心室產生肥厚
(C) 該動脈的血壓可以使用壓脈帶配置的血壓計來測定
(D) 該動脈的收縮壓，正常約為 25 mmHg

詳解：C

一般臂式血壓計量測的血管是肱動脈（brachial artery），靠手臂內側較近。壓脈帶上有一處就是偵測動脈脈動之處。正常人在休息狀態時的肺動脈壓力約在 18～25 毫米汞柱，壓力遠小於肱動脈，因此是不能夠利用配置壓脈帶的血壓計測量而得的。

41. 健康細胞的細胞膜可以發現胞膜小窩（caveolae）的結構。這個胞膜小窩的結構是指：
(A) 富含膽固醇的細胞膜內陷結構
(B) 細胞膜上磷脂質的成分之一
(C) 由無序排列的磷脂質組成之結構
(D) 細胞膜上碳水化合物含量高的區域

詳解：A

胞膜小窩(caveolae)是細胞質膜內陷所形成的囊狀結構是細胞膜表面特化的泡狀內陷微區，由膽固醇、鞘脂和蛋白質組成。

小窩蛋白（caveolin）是胞膜小窩區別於其它脂筏結構的特徵性蛋白分子，維持胞膜小窩的結構和功能，包括 3 個家族成員小窩蛋白-1、小窩蛋白-2 和小窩蛋白-3。其中，小窩蛋白-1 是參與膽固醇平衡、分子運輸和跨膜信號發放事件的主要結構成分，從而調節細胞的生長、發育和增殖。

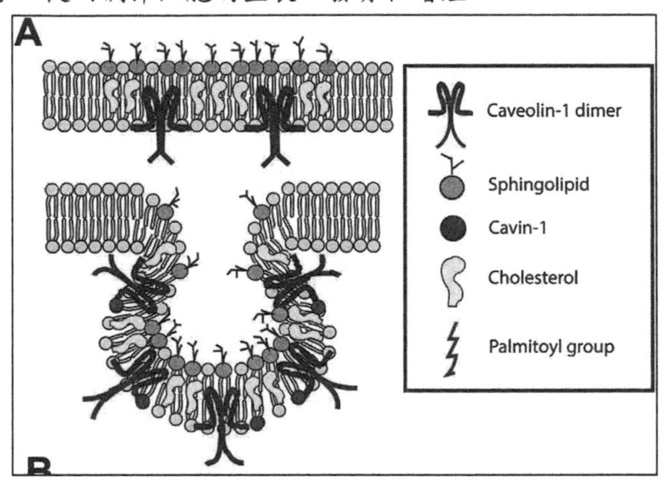

42. 通過乙醯化（acetylation）修飾的組蛋白：
(A) 增加染色質的凝縮作用（chromatin condensation）
(B) 增加組蛋白對 DNA 的親和力
(C) 增加目標基因的轉錄
(D) 抑制 RNA 聚合酶活性

詳解：C

在染色體中，組蛋白（histones）乙醯化（acetylation）和去乙醯化（deacetylation）是調控基因表現的關鍵因素之一，組蛋白藉由組蛋白乙醯基轉移酶（histones acetyltransferases, HAT）作用，在離胺酸（lysine）位置加上乙醯基，促使盤旋纏繞組蛋白的染色絲打開，以便 DNA 鬆開進行複製和表現；反之去乙醯化則會使 DNA 和組蛋白綑綁緊密，造成 DNA 不易複製，進而影響並抑制基因表現，因此組蛋白乙醯化狀態為決定基因轉錄（transcription）之重要因素。

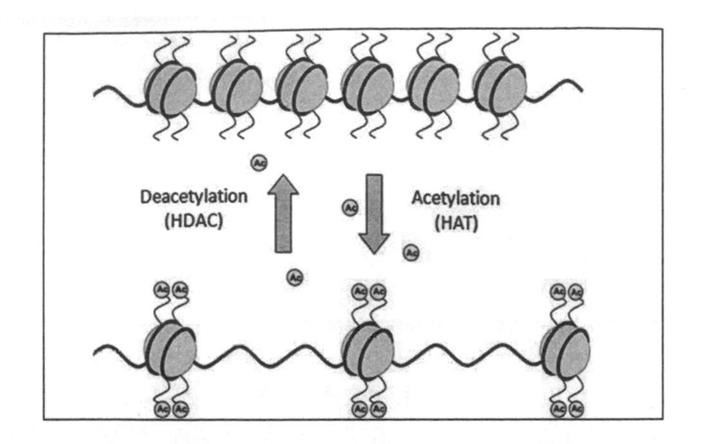

43. 一位 76 歲的男性年長者對光線敏感且罹患多重皮膚癌。以下哪種類型的 DNA 損傷最有可能導致他的病情？
(A) 脫氨基胞嘧啶（deaminated cytosines）
(B) 鹼基對配對錯誤（mismatched base pairs）
(C) 胸腺嘧啶二聚體（thymidine dimers）
(D) 脫嘌呤 DNA（depurinated DNA）

詳解: C

胸腺嘧啶二聚體（thymidine dimers）是指相鄰的 DNA 分子中的兩個胸腺嘧啶以共價鍵相連，一般是由紫外線的照射，或是其他化學突變原所造成。是 DNA 損害的例子之一。

DNA 修復系統中負責刪除修復的酵素可將這些損害辨認出來，並將其修補。對許多生物而言，光解酶（photolyase）能直接將二聚體分離，進而完成修復。不過對人類等胎盤哺乳動物的體內沒有這種能力。

若此二聚體沒有獲得修復，將使突變發生，且可能會發展成皮膚癌。

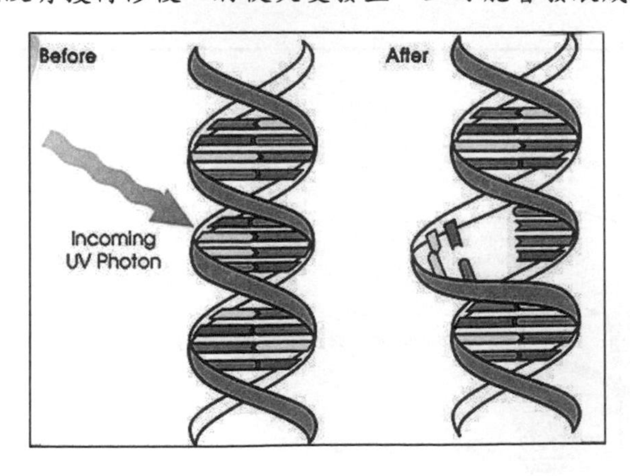

44. 一名被診斷患有貧血症的 20 歲男子被發現具有異常形式的 β-球蛋白（β-globin），其長度為 172 個胺基酸，而不是正常蛋白質中的 141 個胺基酸。以下哪項點突變會造成這種異常狀況？

(A) UAA → CAA

(B) UAA → UAG

(C) CGA → UGA

(D) GAU → GAC

詳解: A

因誤意性點突變而造成蛋白質產物變長的情況，應該是將原有的終止密碼突變成的非終止密碼所造成的。而終止密碼分別是：UAA、UAG 以及 UGA 三種。因此，(A) UAA → CAA 應該是符合題目要求的突變種類。

45. 若內分泌激素具有一個細胞內受器，通常位於細胞核內。這個內分泌激素最可能是：

(A) 促腎上腺皮質激素（adrenocorticotropic hormone）

(B) 雌激素（estrogen）

(C) 生長激素（growth hormone）

(D) 催乳素（prolactin）

詳解: B

核受體是細胞內一類轉錄因子的統稱。核受體超家族的成員在細胞生長、發育、分化與新陳代謝均起到了重要的作用。由於核受體都位於細胞內部，因此它們的配體均為溶脂性，這樣才能穿越由脂肪構成的細胞膜，例如：雌性素（estrogen）、甲狀腺素、維生素 A 和 D，以及外源化合物如內分泌干擾物等。由於核受體調節下游大量的基因表達，少量配體結合到核受體上就會引發生物體的顯著反映。

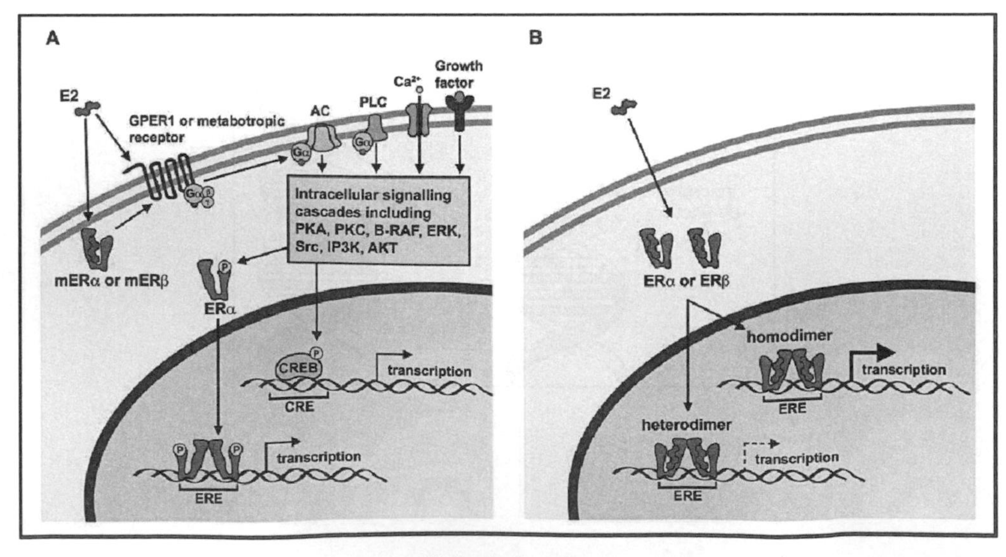

46. 衰老細胞（senescent cell）指的是：

(A) 進行細胞凋亡（apoptosis）而不是分裂的細胞

(B) 細胞週期處於不可逆停滯狀態的細胞

(C) 可以保留完整長度端粒（telomere）的細胞

(D) 代謝不活躍的細胞

詳解: B

衰老(Senescence)可定義為主動性產生內源性因素所引發之組織器官退化，也就是生物體隨著年齡增長伴隨著體內組織器官逐漸衰敗之生理變化，最後常常伴隨著計劃性細胞死亡（Programmed cell death, apoptosis），而老化（Aging）則是被動性的因外源性因子隨時間推移所產生之老化生理變化過程，並不一定會導致死亡，但是會降低生物體於對於環境變化的適應力。但是 Senescence 與 Aging 目前仍舊沒有很確切的定義，因此通常無法明確將二者區分清楚。

細胞衰老（cellular sensecence）是正常細胞停止細胞分裂（cell divide）的現象。衰老細胞（senescent cells）不能夠再複製，但它們仍保持代謝活性（metabolically active），但因阻滯於 G1 期，失去了對有絲分裂原（mitogen）的反應能力和合成 DNA 的能力，不能進入 S 期。

雖然大部分的細胞皆會自行凋亡，但所有會分裂的體細胞（生殖細胞除外）都有能力轉變為不死之衰老細胞，其仍能執行正常代謝及基本細胞功能。然而，衰老細胞在體內扮演的角色始終不明朗。2000 年時，衰老（senescence）主要被認為是阻止細胞生長、抑制腫瘤的一種方式─當細胞發生突變或損傷時，它經常會停止分裂，以免將缺陷傳至下一代。但來自美國加州 Buck Institute 的分子生物學家 Judith Campisi 揭穿了衰老細胞的「黑暗面」：衰老細胞會排出一系列影響周圍細胞及促進發炎的分子，包括細胞因子、生長因子和蛋白酶等。在年輕且健康的組織中，上述分子可能參與細胞修復的過程，隨後即被免疫系統清除。然而，當衰老細胞持續累積，許多疾病也將接踵而至，如：骨關節炎及動脈硬化等，確切的機制仍然未知。

47. 生物學家在夏威夷的各個島嶼上發現了 500 多種果蠅，它們顯然都是單一祖先物種傳下來的後代。這個例子說明：

(A) 時間隔離（temporal isolation）

(B) 適應性輻射（adaptive radiation）

(C) 同域種化（sympatric speciation）

(D) 後合子障礙（postzygotic barrier）

詳解: B

適應性輻射（adaptive radiation）是一種演化過程，不同的環境條件下，單個祖先物種可以迅速分化成多種物種。

夏威夷群島屬於火山島，原本一片荒涼貧瘠，島上所有的土生植物和動物—就是那些 1200～1600 年以前人類上島之前就存在的物種—都是通過空氣或水體從周圍的大陸和遙遠的島嶼登島的生物的後裔。

夏威夷群島是多次引人注目的大規模多樣化事件的發生地。群島上有超過一千種果蠅種類，數十種蜜旋木雀和多種半邊蓮屬植物。它們都是適應性輻射的例子。就夏威夷的果蠅類而言，不同來源的證據，尤其是來自 DNA 的證據表明，所有的土生果蠅和花果蠅種都是一個祖先物種的後裔，該物種幾百萬年以前就佔據了夏威夷群島。

校方釋疑：

根據 Essentials of biology 描述，同域種化(sympatric speciation)定義如下：“With sympatric species, a population develops into two or more reproductively isolated groups without prior geographic isolation.”考生所建議選項(C)同域種化並不符合本題題幹敘述。而適應性輻射(adaptive radiation)之說明：”During adaptive radiation, many new species evolve from a single ancestral species.”。因此本題最適當答案應該是(B)。(Reference: Mader, S. S., and Wendelspecht, M. Essentials of biology. 6th ed, 2020. page 274 and 275.) 維持原答案(B)。

48. 下列的狀態，何者不會造成組織水腫（tissue edema）？

(A) 血漿蛋白質濃度增加

(B) 身體微血管的孔徑增加

(C) 靜脈壓升高

(D) 淋巴管阻塞

詳解: A

水腫是指血管外的組織間隙中有過多的體液積聚，為臨床常見症狀之一。主要由於血液或淋巴循環回流不暢、營養不良、血漿蛋白低下、腎臟和內分泌調節紊亂造成；多見於充血性心力衰竭、肝腎疾病、營養缺乏症和妊娠後期。

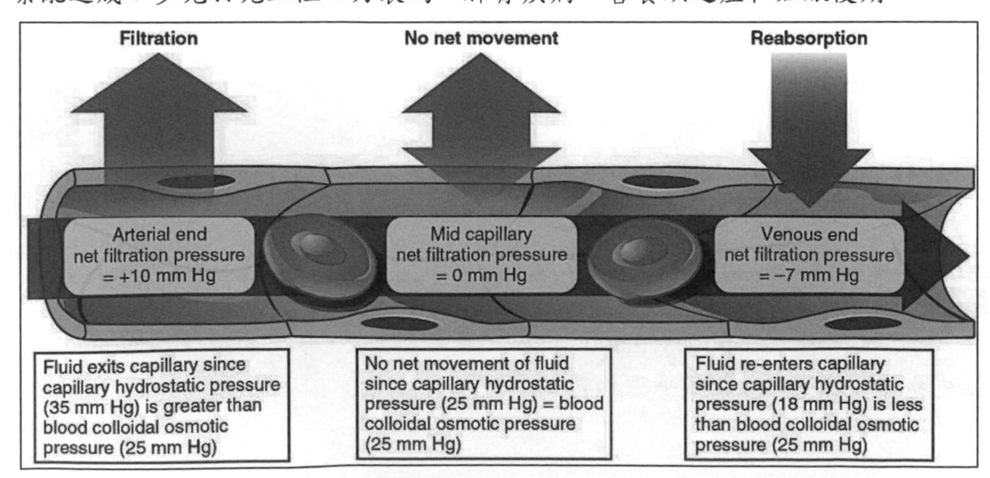

49. 錯誤血型之輸血是屬於哪一種型態的過敏過反應？
(A) 第一型過敏反應
(B) 第二型過敏反應
(C) 第三型過敏反應
(D) 第四型過敏反應

詳解: B

過敏反應分為 4 個類型：

第一型為即發性過敏反應（immediate hypersensitivity）：是最普遍的過敏反應，過敏原就是外界接觸到的微小顆粒，例如：花粉或塵蟎，所造成的常見疾病有，例如：氣喘、枯草熱、過敏性鼻炎、異位性皮膚炎、全身性過敏反應。

第二型為抗體依賴型和細胞毒殺過敏反應（antibody-dependent cytotoxic hypersensitivity）：過敏原是細胞性抗原，是特定組織或細胞經輸血反應，發生不同血型排斥的溶血現象，例如：溶血性貧血、藥物反應。

第三型為免疫複合體媒介過敏反應（immune complex mediated hypersensitivity）：過敏原是可溶性抗原，常見的病有類風溼性關節炎、過敏性肺炎、血清病、系統性紅斑性狼瘡等等。

第四型為遲發性過敏反應（delayed-type hypersensitivity）：過敏原是可溶性抗原及細胞性抗原，例如：微生物、蛋白質、植物或藥物，過敏的反應不會發生在當下，而是皮膚和過敏原接觸 48～72 小時所產生的。

50. 組織相容性複合體抗原（major histocompatibility complex antigen）具專一性辨試能力，其目的為何？
(A) 辨認白血球
(B) 辨認 T 細胞受器（T cell receptor; TCR）
(C) 辨認免疫球蛋白分子
(D) 與組織細胞作用

詳解: B

主要組織相容性複合物（major histocompatibility complex，MHC）是一種細胞表面醣蛋白複合物，人類的 MHC 醣蛋白，又稱為人類白血球抗原群（human leukocyte antigens，HLA），最初是因為研究皮膚的移植和排斥反應被發現。

人類的 MHC 蛋白可以分為兩大類：第一型 MHC 分子（class I MHC）和第二型 MHC 分子（class II MHC），前者位於個體中所有有核的細胞上，後者則只分布在抗原呈現細胞（antigen-presenting cell，APC）上，例如巨噬細胞（macrophage）、B 細胞、樹突細胞（dendritic cell）等。

第一型 MHC 分子使得被感染的一般細胞能將抗原呈現給胞殺 T 細胞（cytotoxic T cell，T_C），讓細胞媒介型免疫反應（cell-mediated immune response）能正常運作；而第二型 MHC 分子則使得抗原呈現細胞能將抗原呈現給輔助型 T

細胞（helper T cell，T_H）。但上述的過程究竟是如何發生的呢？以下分述第一型 MHC 分子和第二型 MHC 分子的運作機轉。

就第一型 MHC 分子的運作來說，在細胞質中的蛋白酶體（proteasome）會將細胞質中無論是自己的或外來的蛋白質都降解為胜肽，而這些被降解的胜肽會被內質網上的抗原加工相關性傳遞蛋白（transporter associated with antigen processing，TAP）運送到內質網腔，再和內質網中尚未加工完畢的第一型 MHC 分子結合，並與之一同被運送到細胞膜上。從生物化學的角度來看，由於每種 MHC 分子只會依靠被結合的胜肽鏈上的 2 個胺基酸就能與之穩定結合，因此一種 MHC 分子就能結合數以百萬計的胜肽。

至於第二型 MHC 分子，和它結合的胜肽並不是來自於細胞質，而是來自於胞吞作用（endocytosis）後攝入再被降解的蛋白質。當第二型 MHC 分子仍在內質網組裝時，其與胜肽結合的溝槽會先被自身的胜肽鏈阻擋住，防止其與內生的蛋白質或來自細胞質降解的蛋白質結合；而當其被運送到高基氏體，並與來自溶體裝有降解後蛋白質的囊泡結合後，其原先阻擋溝槽的胜肽部分才會被切除。

這樣的機轉使得第一型MHC分子和第二型MHC分子的來源蛋白是分離的，使兩類 MHC 分子的抗原呈現能代表不同的訊息：第一型 MHC 分子傳遞的是「我被感染了」的訊號，讓免疫系統能摧毀被感染的細胞；而第二型 MHC 分子傳遞的是「我周遭遇到敵人了」的訊號，讓免疫系統能整個活化，摧毀外來物。

校方釋疑：

考生提到“NK cell 的 inhibitory receptor 透過辨識 MHC I 表現量多寡，而避免毒殺自身細胞”（在《Janeway' s immunobiology》chapter 3，3-25），是指 inhibitory receptor 與細胞上 MHC I 蛋白質本身結合而有後續之反應。而題幹敘述是“組織相容性複合體與抗原結合(MHC-Ag)”具專一性辨識能力，是指“MHC 分子與其呈獻的抗原結合之複合體”受到專一性辨識(Immunology, 8th , 2012)，因此本題最適當之答案仍應維持(B)。

(Reference: Male, D., Brostoff, J., Roth, D. B., and Roitt, I. M. Immunology. 8th ed, 2012. page 99) 維持原答案(B)。

高元師資

幽默風趣的教學
挑戰化學極限

李鉌

李庠權

教學特色

1. 理論根基時力強，講解完全切入核心。
2. 講義教材、編輯按照考情趨勢編寫。
3. 教學由淺入深，非本科生容易理解，本科生更增進實力！

連中雙榜

程名豪 /嘉藥藥學

慈濟.義守/後中醫

李鉌老師課本的範例編排的很好，應有盡有，由淺入深，好好練習完就很夠了！另外，我自己也很推薦老師的普化題庫班，複習的效率快很多！

徐聖涵 /高師大化學

中國醫/後中醫

李鉌是很溫和而且很認真的老師，在課堂上邊聽課，一年下來，有一些似懂非懂的洞也補好了，邊完成每次上課發的隨堂練習及課後練習，不要把問題帶回家，是我學習化學的方式。老師上課都會補充說明哪些教甄題是觀念或是歷屆考題延伸的，老師的這類題型分析非常吸引我，今年中國醫就中了不少題，都是直接秒殺，雖然因為當天考場上，狀況非常不好，計算題一直卡住，但用簡正老師的撿石頭法，搭配李鉌老師的完整教課內容，拿到的分數還是不錯的。

一年考取

蘇毓鈞 /高醫藥學

中國醫/後中醫

普化：李鉌老師的教課認真，思路清晰，只要照著老師的進度走考試基本上沒問題，把上課講義和考古題做完就能上戰場了。考前百分百，考試百分百。

連中三榜

洪懿君 /政大新聞

中國醫.義守.慈濟/後中醫

李鉌老師的普化課，完全考試導向，只要配合老師的進度，課前預習，課後把課本、隨堂測驗、百分百做完，考前再透過題庫班的訓練，這一科即穩穩拿下；老師上課深入淺出，連我身為社會組的考生，超過15年沒有接觸化學，都可以聽懂、學會、得分；遇到問題要盡量問，李鉌老師都會利用課間及私訊積極回答問題。

連中雙榜

吳佳蓁 /慈濟物治

慈濟.義守/後中醫

李鉌老師的課本例題、化繁為簡講義幾乎囊括了所有後中考試會出現的題型，只要跟著老師的進度預習、複習，加上寫考卷、刷百分百3.0，在考場上就能穩穩拿分。

謝礎安 /中國醫藥學

義守/後中醫

李鉌老師教導認真又清楚，把一些以前我不懂的觀念講解得清清楚楚，還整理筆記書讓我們可以更輕鬆地念普化，問問題的時候也不用擔心自己的問題是不是很笨，因為老師都一樣有耐心地回答，聽不懂就再問，老師一定想辦法讓我們理解，感謝李鉌老師的教導。普化就是把老師給的講義和所有題目刷熟就行了！

考取後醫的勝利方程式

高元 非後醫本科系

也能在醫界闖出天下

台大 非本科系

姓名	科系	考取	
謝承叡	台大土木	中國醫/後中醫	
岳書琪	台大工管	中國醫/後中醫	
洪宇頡	台大中文	中國醫/後中醫	
粘湘宜	台大心理	中國醫+慈濟+義守	三榜
賴雋儒	台大心理	慈濟+義守	雙榜
陳佳瑜	台大外文	中國醫+慈濟	雙榜
蔡凱彥	台大企管	高醫/學士後西醫	
林嘉心	台大地理	中國醫+慈濟	雙榜
盧雅蒨	台大法律	中國醫/後中醫	
陳蕙暄	台大財金	中國醫/後中醫	
陳姵妤	台大財金	高醫/學士後西醫	
林北溟	台大森林	中國醫+慈濟	雙榜
吳0欣	台大經濟	中國醫+義守	雙榜
吳沛恩	台大經濟	中國醫+義守	雙榜
李嘉安	台大經濟	義守/後中醫	
許尤菁	台大資管	慈濟+義守	雙榜
林羿佑	台大數學	義守/後中醫	

成大 非本科系

姓名	科系	考取	
楊巧瑄	成大土木	高醫/後西醫	
廖廷域	成大工設	中國醫+慈濟	雙榜
劉易欣	成大中文	中國醫+慈濟	
廖冠泓	成大心理	慈濟/後中醫	
翁孟暄	成大台文	慈濟/後中醫	
嚴舶倫	成大外文	中國醫/後中醫	
王怡秀	成大外文	中國醫/後中醫	
林禹欣	成大交管	義守/後中醫	
謝忠穎	成大地科	義守/後中醫	
劉欣宇	成大物理	義守/後中醫	
沈庭蔚	成大航太	中國醫+慈濟+義守	三榜
陳垣元	成大統計	中國醫/後中醫	
謝宜臻	成大會計	中國醫/後中醫	
翁珮珊	成大電機	高醫/學士後西醫	
吳俐瑩	成大電機	高醫後西+慈濟	雙榜
何政育	成大醫工	中國醫/後中醫	

清大、交大

姓名	科系	考取	
林佳禎	清大中文	高醫/後西醫	
陳柏潤	清大材料	義守/後中醫	
汪忠輝	清大物理	中國醫+慈濟+義守	三榜
楊宏吉	清大電機	高醫/後西醫	
陳廷陽	交大材料	中國醫/後中醫	
孫德勝	交大電子	高醫/後西醫	
葉柏志	交大電子所	中國醫/後中醫	
吳萱郁	交大電機	中國醫/後中醫	
賴煒珵	交大管科	中國醫+慈濟+義守	三榜

其他學校

姓名	科系	考取	
楊蕙如	國外會計	高醫/後西醫	
袁心容	淡江經濟	中國醫+慈濟+義守	三榜
楊弘因	逢甲企管	中國醫/後中醫	
徐道恆	實踐應外	中國醫/後中醫	
官芳如	輔大法文	中國醫/後中醫	

中山、中央、中正、中興

姓名	科系	考取	
鄭0航	中山外文	中國醫/後中醫	
葉正強	中山海資	慈濟/後中醫	
許培甫	中山財管	慈濟/後中醫	
蔡詠安	中央土木	中國醫+慈濟	雙榜
詹勳和	中央資工	中國醫+慈濟	雙榜
王雨薇	中正心理	中國醫/後中醫	
陳冠霖	中正通訊	中國醫+慈濟	雙榜
劉宇真	中正傳播	義守/後中醫	
賀先御	中正資工	中國醫+義守	雙榜
邱京崙	中正資訊	慈濟/後中醫	
何冠霖	中正歷史	中國醫/後中醫	
莊嘉豪	中興土壤	慈濟/後中醫	
洪琥鋕	中興農藝	中國醫/後中醫	
陳慧軒	中興環工	中國醫/後中醫	

政大

姓名	科系	考取	
林晉丞	政大心理	高醫/學士後西醫	
王詩涵	政大英語	中國醫+慈濟	雙榜
蔡宸紘	政大哲學	中國醫+慈濟	雙榜
李京玲	政大財管	中國醫/後中醫	
許培菁	政大國貿	慈濟+義守	雙榜
劉庭瑄	政大新聞	中國醫/後中醫	

師範體系

姓名	科系	考取	
黃文彥	台師物理	中國醫+慈濟+義守	三榜
陳昭如	彰師物理	中國醫/後中醫	
林俊廷	彰師資科	中國醫/後中醫	
李彥禎	高師英語	中國醫/後中醫	
麥嘉津	高師經營	中國醫/後中醫	

高醫、其他學校

姓名	科系	考取	
陳彥如	台中教大	義守/後中醫	
曾品儒	台北法律	慈濟/後中醫	
陳薇如	竹教應科	中國醫/後中醫	
蘇柏頵	高大電機	中國醫+義守	雙榜
林沛勳	高海科大	義守/後中醫[一年考取]	
陳育嫻	雲科文化	義守/後中醫	
邱鈺翔	雲科企管	中國醫+慈濟+義守	三榜
邱郁倫	雲科應外	中國醫/後中醫	
郭書宏	雲科電機	義守/後中醫	
黃彥凱	高醫心理	中國醫+慈濟	雙榜
郭信恩	高醫心理	中國醫+慈濟+義守	三榜
莊一清	高醫心理	義守/後中醫	
林致昌	中原工管	慈濟+義守	雙榜
蘇　玟	文化財法	中國醫/後中醫	
魏子善	世新觀光	中國醫+義守	雙榜
韓承恩	大學心理	義守/後中醫	
黃敬夫	東吳心理	高醫/後西醫	
鄭又禎	東海日文	義守/後中醫[一年考取]	
田鈞皓	長庚機械	中國醫+慈濟	雙榜
李昶駐	長榮資管	中國醫/後中醫	
莊崇平	輔大物理	慈濟/後中醫	
連崧滑	輔大歷史	中國醫+慈濟+義守	三榜
林躍洲	警大鑑識	義守/後中醫	

慈濟大學 110 學年度學士後中醫招生考試試題暨詳解

科目：普通生物學 **黃彪 老師解析**

選擇題（下列為單選題，共 50 題，每題 2 分，共 100 分，答錯 1 題倒扣 0.7 分，倒扣至本大題零分為止，未作答時，不給分亦不扣分，請選擇最合適的答案）

1. 如果以含有放射性同位素標定的胸腺嘧啶(thymine)之培養基來培養植物細胞，則其下一代的植物細胞中，會在下列何處偵測到放射性同位素標定的大分子？
   (A) 僅在細胞核
   (B) 僅在細胞核和粒線體
   (C) 僅在細胞核和葉綠體
   (D) 在細胞核、粒線體和葉綠體

詳解: D

胸腺嘧啶是 DNA 的組成成分之一，植物細胞中有 DNA 存在並能複製之處，在細胞核、葉綠體以及粒線體。

2. 一條訊息RNA(mRNA)序列為5'-AUG GGC ACU CAU GGG ACA UAA-3'，若要合成轉譯（translate）此mRNA所需的tRNA最有可能需要幾種胺醯-tRNA合成酶(aminoacyl-tRNA synthetase)參與？
   (A) 4
   (B) 5
   (C) 6
   (D) 7

2nd base in codon

1st base in codon	U	C	A	G	3rd base in codon
U	Phe	Ser	Tyr	Cys	U
	Phe	Ser	Tyr	Cys	C
	Leu	Ser	STOP	STOP	A
	Leu	Ser	STOP	Trp	G
C	Leu	Pro	His	Arg	U
	Leu	Pro	His	Arg	C
	Leu	Pro	Gln	Arg	A
	Leu	Pro	Gln	Arg	G
A	Ile	Thr	Asn	Ser	U
	Ile	Thr	Asn	Ser	C
	Ile	Thr	Lys	Arg	A
	Met	Thr	Lys	Arg	G
G	Val	Ala	Asp	Gly	U
	Val	Ala	Asp	Gly	C
	Val	Ala	Glu	Gly	A
	Val	Ala	Glu	Gly	G

遺傳密碼(genetic code)

詳解: A

每種胺醯 tRNA 合成酶能將一種特定的胺基酸接在 tRNA 的 3'端上。轉譯 5'-AUG GGC ACU CAU GGG ACA UAA-3'成為 N-Met-Gly-Thr-His-Gly-Thr-C 需要 4 種胺醯 tRNA 合成酶。

3. 呼吸作用的檸檬酸循環（citric acid cycle）中，哪一種中間產物最可能藉由轉胺作用（transamination），直接轉換為天門冬胺酸（aspartate）？
   (A) 檸檬酸（pyruvate）
   (B) 草醋酸（oxaloacetate）

(C) 琥珀酸（succinate）
(D) 蘋果酸（malate）

詳解： B

草醋酸（oxaloacetate）＋麩胺酸鹽（glutamate）藉由天冬胺酸轉胺酶（aspartate aminotransferase）形成天門冬胺酸（aspartate）＋α-酮戊二酸（α-ketoglutarate）。

4. 動物界中，下列哪一門動物的物種數量最多？
(A) 節肢動物
(B) 軟體動物
(C) 棘皮動物
(D) 脊索動物

詳解： A

光是節肢動物一門的物種數量（1,000,000 種以上）就超過其他所有動物門的物種總數了。

Table 33.2 Summary of the Basic Characteristics of the Major Animal Phyla

Feature	Ctenophora (comb jellies)	Porifera (sponges)	Cnidaria (hydra, anemones, jellyfish)	Platyhelminthes (flatworms)	Rotifera (rotifers)	Bryozoa and Brachiopoda (bryozoans and brachiopods)	Mollusca (snails, clams, squids)	Annelida (segmented worms)	Nematoda (roundworms)	Arthropoda (insects, arachnids, crustaceans)	Echinodermata (sea stars, sea urchins)	Chordata (vertebrates and others)
Estimated number of species	200	8,500	9,000	20,000	2,200	4,800	110,000	18,000	25,000	1,000,000+	7,400	69,730
Level of organization	Tissue; lack organs	Cellular; lack tissues and organs	Tissue; lack organs	Organs	Organs	Organs	Organs	Organs	Organs	Organs	Organs	Organs
Symmetry	Radial	Absent	Radial	Bilateral	Bilateral	Bilateral	Bilateral	Bilateral	Bilateral	Bilateral	Bilateral larvae, radial adults	Bilateral
Cephalization	Absent	Absent	Absent	Present	Present	Reduced	Present	Present	Present	Present	Absent	Present
Germ layers	Three	Absent	Two	Three	Three	Three	Three	Three	Three	Three	Three	Three
Body cavity, or Coelom	Absent	Absent	Absent	Absent	Pseudocoelom	Coelom	Reduced Coelom	coelom	Pseudo-Coelom	Reduced coelom	Coelom	Coelom
Obvious segmentation in the adult	Absent	Absent	Absent	Absent	Absent	Absent	Absent	Present	Absent	Present	Absent	Present

5. 脊椎動物和海鞘類生物（tunicates）共同具有下列哪項特徵？
(A) 適應演化成適合進食的顎
(B) 頭部高度專化現象（cephalization）
(C) 擁有神經脊（neural crest）形成結構
(D) 具有脊索（notochord）和背側中空神經索（nerve cord）

詳解： D

脊椎動物和海鞘類生物同屬脊索動物門，因此都有四大共同特徵：脊索（notochord）、背部中空神經索（dorsal, hollow nerve cord）、咽裂（pharyngeal slits or clefts）以及肛後尾（post-anal tail）。

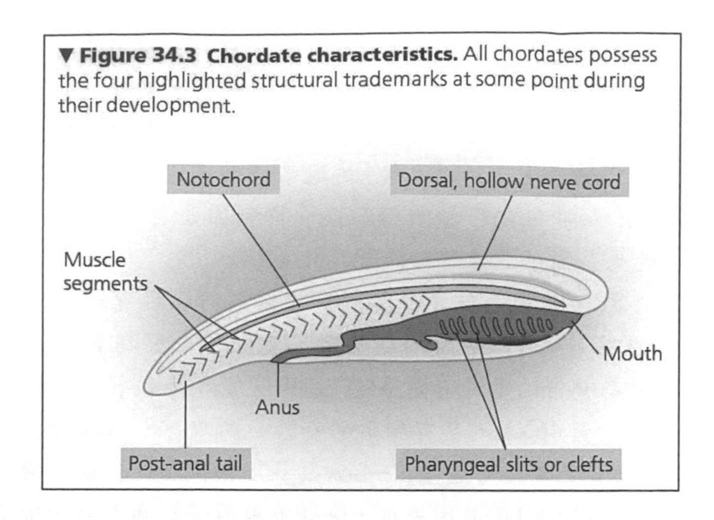

▼ **Figure 34.3 Chordate characteristics.** All chordates possess the four highlighted structural trademarks at some point during their development.

6. 人類胚胎在妊娠（gestation）的第二個月之後，就會發生性別發育的差異，下列何者最有可能是性別發育決定的第一個步驟？
(A) 雄性胚胎中睪丸激素（testosterone）的形成
(B) 雌性胚胎中雌激素（estrogens）的形成
(C) 活化男性胚胎中*SRY*基因的表現
(D) 活化女性的 *SRY* 基因的表現

詳解: C

每個人體細胞含有 46 條染色體，其中有兩條染色體為性染色體。早在 1923 年已知透過配對染色體 XX 或 XY 決定性別為男生或女生。直到 1959 年科學家瞭解 Y 染色體才是決定性別不同的主因，含 Y 染色體為男生。科學家針對性染色體如何決定性別與基因型態研究，在 1990 年發現決定性別基因，其實是位於 Y 染色體短臂上鄰近假性體染色體區（Yp11.3），此區命名為 SRY 基因（Sex-determining region Y 的縮寫）。SRY 基因並非直接開啟雄性發育的關鍵鈕，SRY 基因提供指令製造一種稱為 Y 染色體性別決定區蛋白的轉錄因子，此轉錄因子是由 204 個胺基酸所組成的蛋白質，具有高移動性群組區域 HMG（high-mobility group），能與特定 DNA 區域結合，協助調控特定基因的表現。在演化過程中，DNA 鹼基序列分為兩個部份，其一為高度保留區為 SRY 基因轉譯蛋白質處。在轉譯過程中，顯示保留大部分相似度，極少變動；其二為快速演化區表示快速變化中，DNA 鹼基的序列極少相似。轉錄因子與 DNA 結合，使 DNA 鏈做 60 度彎曲以活化第 17 對染色體長臂上的 Sox-9 基因形成睪丸部分，與抑制 X 染色體短臂上的 DAX1 基因形成卵巢部份。SRY 基因與 DAX1 基因，此兩基因產生相互拮抗表現性，像是男女性別基因戰爭。

胚胎約在第四週時，胎兒後腹壁兩側會形成泌尿生殖脊，是生殖系統和泌尿系統前身，依時間先後泌尿生殖脊會發育成三套腎臟系統：前腎隨後會退化；中腎有部分會快速退化，未退化部分則發育為中腎細小管及中腎管；後腎會變化成腎臟開始執行功能。中腎管又稱沃爾夫管（Wolffian Duct）日後變成重要性別演化，如在胎兒第 8 週時，中腎管外側會形成副中腎管又稱穆勒氏管，此階段組織尚未分化完全，中腎內緣有 Sertoli 細胞的前身為胚胎體腔上皮細胞，是一種屬於睪丸形成「主導者」。Y 染色體上的 SRY 基因在此開啟活化，促使中腎細胞內側大量增生並與體腔上皮細結合後，透過某種誘導物質使得體腔上皮細胞轉變為真正的 Sertoli 細胞分泌一種叫穆勒氏管抑制因子（Müllerin Duct Inhibiting Factor, MIF）的生長因子，使穆勒氏管退化萎縮。

在發育期間 SRY 基因表現幾乎與 DAX1 基因的表現會同時發生。若 SRY 基因有正常量則可將 DAX1 基因抑制下來，使胚胎發育為具有睪丸的男性。若 DAX1 基因表現為雙倍的量或者是 SRY 基因突變產生較弱的表現型時，胚胎就會發育為染色體檢查 46XY，具有卵巢的女性。所以，Sertoli 細胞會使中腎細胞第 17 號染色體長臂上睪丸形成基因─Sox-9 基因被開啟，促使二種細胞結合，以及二氫睪脂酮作用與 CFTR 基因表現，使得重要因子形成男性生殖器官，或者日後演化為女性生殖器官。因此，單一 SRY 基因是不足以解釋男性生殖機制，但已證實 SRY 基因是啟動男性調節機制的途徑，Sox9 則是啟動睪丸發育並產生雄性激素的關鍵性。

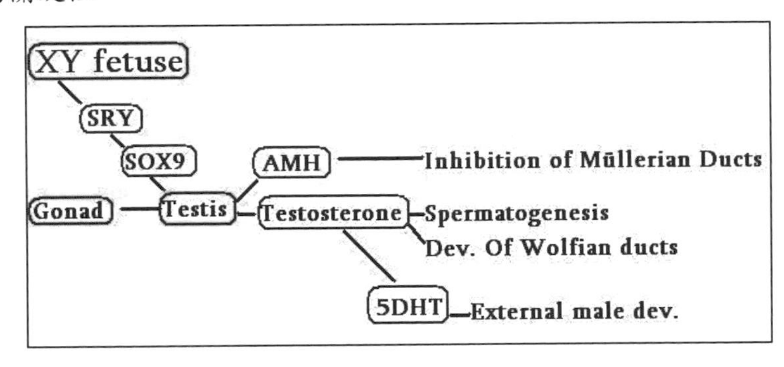

7. 人腦中大多數的神經元（neurons）是_____。
   (A) 感覺神經元（sensory neurons）
   (B) 運動神經元（motor neurons）
   (C) 中間神經元（interneurons）
   (D) 周圍神經元（peripheral neurons）

詳解: C

人腦中大多數的神經元是中間神經元（interneurons）又稱為聯絡神經元（association neurons），中間神經元只存在中樞神經系統中，負責聯絡或整合神經系統的功能。

8. 下列何者對於染色質（chromatin）的描述最為正確？
   (A) 異染色質（heterochromatin）由DNA組成，而真染色質（euchromatin）由RNA組成

(B) 異染色質和真染色質主要位於細胞質中
(C) 異染色質高度濃縮，而真染色質不那麼緻密
(D) 異染色質的區域會大量進行轉錄作用

詳解: C

染色質均由 DNA 跟蛋白質組成，均為於細胞核內。有絲分裂完成之後，大多數高度壓縮的染色體要轉變成間期的鬆散（染色質）狀態，此部位在染色時著色淺淡，稱為常染色質或真染色質（euchromatin），平時呈舒展狀態以進行 RNA 轉錄。

但是，還有一部份的染色質在整個間期仍然保持壓縮狀態，呈強嗜鹼性（染色後顏色較深），此部位稱為異染色質（heterochromatin），不具有轉錄的活性，故根據核的染色狀態可推測染色質的功能活躍程度，真核生物中，著絲點及端粒皆屬於異染色質，雌性體內去活化的 X 染色體（即巴爾氏體 Barr body）也是。

9. 阿司匹林（aspirin）和布洛芬（ibuprofen）之共同功能，下列何者最為正確？
(A) 抑制前列腺素（prostaglandins）的合成
(B) 抑制一氧化氮（NO）的釋放
(C) 活化形成血塊的旁分泌訊號傳遞（paracrine signaling pathways）
(D) 刺激腎臟血管收縮

詳解: A

非類固醇抗發炎藥中，屬阿司匹林（aspirin）、布洛芬（ibuprofen）、萘普生最為著名，在絕大多數國家都可作為非處方藥銷售。乙醯胺酚因其抗發炎作用微弱，而通常不被歸為非類固醇抗發炎藥，它主要通過抑制分布在中樞神經系統的 COX-2，以減少前列腺素的生成，從而緩解疼痛，但由於 COX-2 在周邊組織中數量較少，因此作用微弱。

大多數的非類固醇抗發炎藥抑制了環氧合酶-1（COX-1）以及環氧合酶-2（COX-2），進而減少前列腺素和血栓素的合成。一般認為，非類固醇抗發炎藥因為抑制環氧合酶-2 會有解熱鎮痛、抗發炎的效果。部分非類固醇抗發炎藥，像是阿司匹林，也同時抑制了環氧合酶-1（COX-1），因而容易導致腸胃道出血和潰瘍。

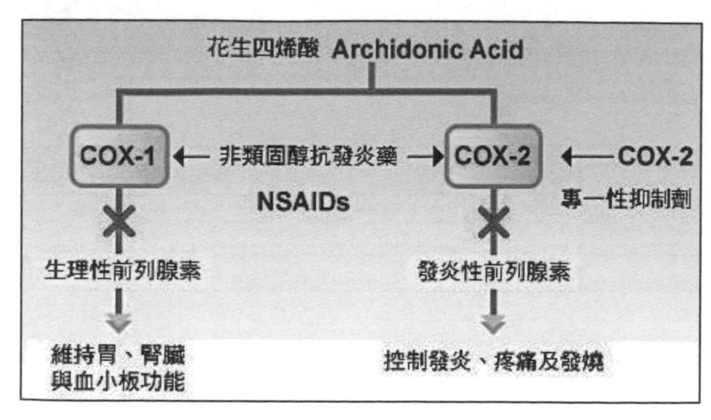

10. 下列哪個技術在過程中最有可能使用雙去氧核苷酸（dideoxynucleotides）？
(A) DNA定序（DNA sequencing）
(B) 微陣列分析（microarray analysis）
(C) 聚合酶連鎖反應（polymerase chain reaction）
(D) 雙分子螢光互補作用（bimolecular fluorescence complementation）

詳解: A

在 1975 年，Sanger（桑格）發明了雙脫氧鏈終止法，這個技術的原理為：在 DNA 合成的過程中，利用雙脫氧核糖核苷酸隨機終止 DNA 合成的過程，藉由分析終止的產物片段，反推其 DNA 序列。

Sanger 定序最關鍵的地方為，在合成 DNA 的過程中，聚合酶（合成 DNA 的酵素）會將脫氧核醣核苷酸聚合成 DNA，所以當加入合成 DNA 的原料不是脫氧核醣核苷酸（dATP, dGTP, dCTP, dTTP），而是雙脫氧核糖核苷酸（ddATP, ddGTP, ddCTP, ddTTP）時，會導致 DNA 做到這個位置就停止，不能在往下繼續合成。

因此透過這個原理，在合成 DNA 的過程中分成四組（各別去偵測 ATCG 的位置），在合成原料中除了原本的脫氧核醣核苷酸（dATP, dGTP, dCTP, dTTP）之外，在四組中各別加入雙脫氧核醣核苷酸約(1：200 倍；ddATP, ddGTP, ddCTP, ddTTP 其中一種)，因此在合成的過程中，當加入的是 ddATP 時（偵測 DNA 上 A 的位置)，會在 DNA 序列為 A 的地方停止(因此產生不同大小片段的 DNA)，因此再利用毛細管電泳分離（排列 DNA 片段大小），就可以知道 DNA 序列（由片段小往片段大的方向讀取，對應相對位置的 ATCG，就能推得 DNA 序列）。

Sanger 定序法提供了 DNA 定序的基礎，之後衍伸出不同的定序技術，例如在 ddNTP（ddATP, ddGTP, ddCTP, ddTTP）上標定不同螢光，讓定序更加快速且簡便。另外，在人類基因體計畫中，更是利用 Sanger 定序衍伸出來的霰彈槍定序法完成定序，因此可知 Sanger 定序法確實帶給分子生物技術突破性的發展及基石。

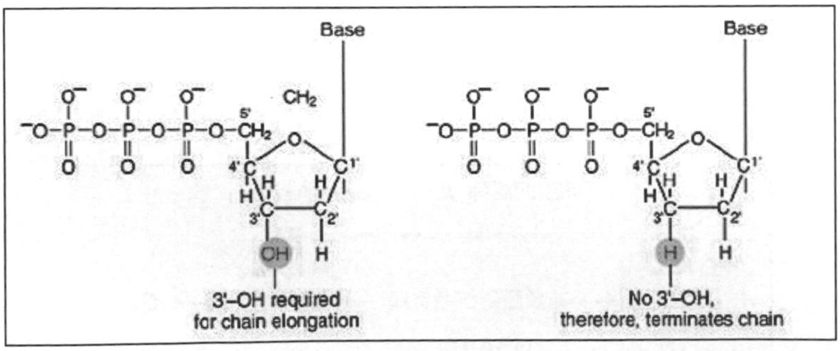

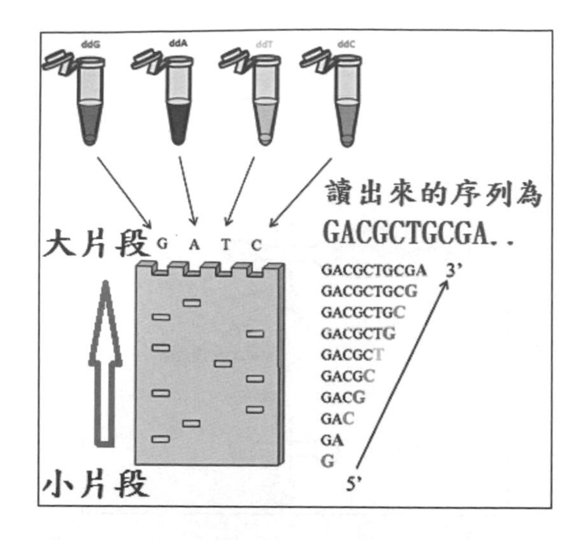

11. 關於轉運RNA（transfer RNA, tRNA）的敘述下列何者最不正確？
(A) 其3'端的序列會被修改
(B) 其前驅tRNA（precursor tRNA）分子需要剪接體（spliceosome）協助移除內含子（intron）序列
(C) 其序列上的核苷酸（nucleotide）可以被修飾（modification）
(D) 在真核細胞的細胞核中合成

詳解: B

剪接體（spliceosome）是指進行 RNA 剪接時形成的多組分複合物，其大小為 60S，主要是由小分子的核 RNA 和蛋白質組成。它是在剪接過程的各個階段隨著 snRNA 的加入而形成的。也就是說在完整的 pre-mRNA 上形成的一個剪接中間體。剪接體本身需要一些小核 RNA 參與。這些小核 RNA 不會翻譯出任何蛋白，但對於調控遺傳活動起到重要作用。

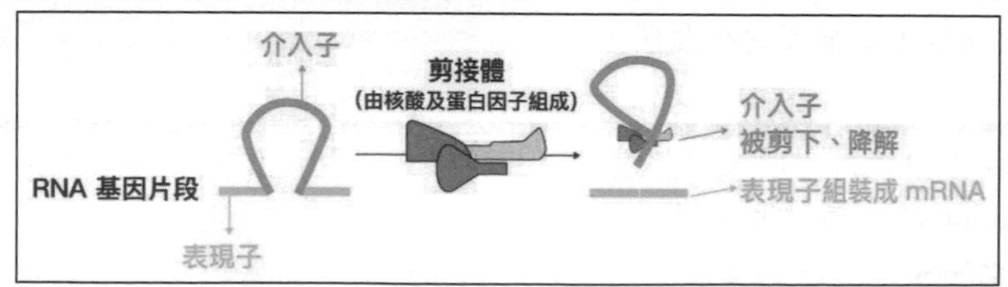

tRNA 成熟包括：5'前導序列的移去，3'拖尾修剪，內含子剪接，tRNA 核苷酸轉移酶的將 CCA 加到 3'端以及多個核苷殘基共價修飾。只有正確加工的 tRNA 通過核受體調控的輸出過程離開細胞核，該過程中具是否具有正確加工末端作為 tRNA 輸出細胞和的分選監測點。tRNA 前體如果異常加工，通過降解他們的 3'末端將非正確加工的 pre-tRNA 清除，沒有經過修飾的成熟 tRNA 在細胞質中從 5'末端發生降解。tRNA 的氨醯化也發生在細胞核中，儘管比在細胞質中氨醯化的程度更低一些。除了細胞核編碼的 tRNA，線粒體編碼的 tRNA 具有更廣的結構異質性。

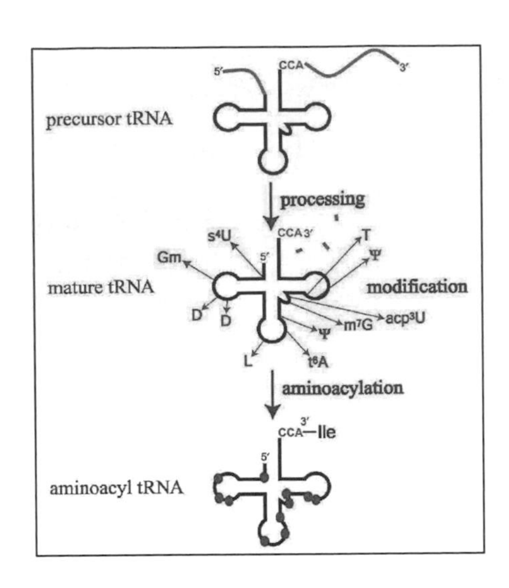

12. 某研究員以電極記錄與實驗鼠一個毛細胞相連的一根感覺神經活性，並將實驗鼠暴露於不同刺激下。右圖所顯示的動作電位活性最可能是毛細胞對何種刺激的反應變化？

強度

時間

(A) 交替產生的響音與弱音
(B) 交替產生的高頻與低頻聲音
(C) 交替產生的綠光與紅光
(D) 交替產生的亮光與弱光

詳解： A

鼠聽覺受器毛細胞而光受器細胞不是，而高頻或低頻聲音的闡釋是在大腦顳葉，與毛細胞上的電位變化無關。

13. 以基因重組技術，將大腸桿菌的乳糖操縱組（lactose operon）上的啟動子（promoter），置換成真核細胞某基因的啟動子。當此大腸桿菌在缺乏葡萄糖但有大量乳糖的培養液中生長時，你預期此重組基因產物的表現量最有可能會

(A) 增加，因為真核RNA聚合酶（RNA polymerase）與原核RNA聚合酶具有類似的功能
(B) 增加，因為真核與原核細胞使用相同核苷酸（nucleotide）進行轉錄（transcription）
(C) 降低，因為轉譯（translation）效率變差
(D) 不表現，因為原核 RNA 聚合酶不能辨識啟動子

詳解：D

啟動子是決定轉錄起點的DNA序列，原核細胞中Sigma因子（δ factor）協助RNA polymerase辨識啟動子，Sigma因子和RNA聚合酶（RNA polymerase）結合，去找-10和-35位置的序列，找到後就會結合在上面啟動轉錄。真核生物的轉錄因子（Transcription factors）會去辨識啟動子上特定的保留序列，促使RNA聚合酶結合上去啟動轉錄。

因為啟動子序列不同，結合蛋白也不一樣，所以題目中的狀況改過啟動子的操縱組，因為原核RNA聚合酶不能辨識真核啟動子，理論上不表現。

14. 細菌X的基因突變率（mutation rate）比其同族群的其他細菌高很多，下列何者是細菌X突變率高的最可能原因？
(A) 細菌X的基因組（genome）比同族群的其他細菌小
(B) 細菌X失去轉形作用（transformation）的能力
(C) 細菌X的DNA聚合酶（DNA polymerase）失去3'至5'核酸外切酶（exonuclease）的功能
(D) 細菌X的DNA聚合酶失去去5'至3'核酸外切酶的功能

詳解：C

突變發生是隨機事件，致變劑等會增加突變的機率，而細胞內DNA校讀與修補系統能將已經發生的突變更正。DNA聚合酶（DNA polymerase）3'至5'核酸外切酶（exonuclease）的功能參與在校讀的機制當中。所以，當失去這項重要的活性，淨突變率會提高！

校方釋疑：

DNA polymerase 的 5' to 3' exonuclease 活性主要是 DNA replication 與 DNA repair 所需要；而 3' to 5' exonuclease 活性為 DNA proof-reading 所需。DNA proof-reading 為每次 DNA 複製所必須，依據題意本題最有可能的答案為 C，故維持原標準答案(C)。維持原答案

15. 肉毒桿菌素（botulinus toxin）會造成肌肉麻痺，是因為神經細胞無法釋放出神經傳導物質（neurotransmitter）去刺激肌肉收縮。下列何者是肉毒桿菌素抑制神經傳導物質釋放最有可能的作用機制？
(A) 神經傳導物質無法合成
(B) 神經傳導物質無法在高爾基氏體（Golgi apparatus）中加工
(C) 神經傳導物質無法被集中在囊泡（vesicle）中
(D) 含有神經傳導物質的囊泡無法與細胞膜融合

詳解：D

肉毒桿菌毒素是一種強效神經毒素，由肉毒桿菌（*Clostridium botulinum*）製造分泌，可抑制神經末梢釋放神經傳導物質，使神經訊號被阻斷而無法傳遞。如：將肉毒桿菌毒素注射到肌肉後，會抑制神經末梢釋放乙醯膽鹼（Acetylcholine），使訊號無法傳遞到肌肉刺激其收縮，因而導致肌肉鬆弛、麻痺或萎縮。

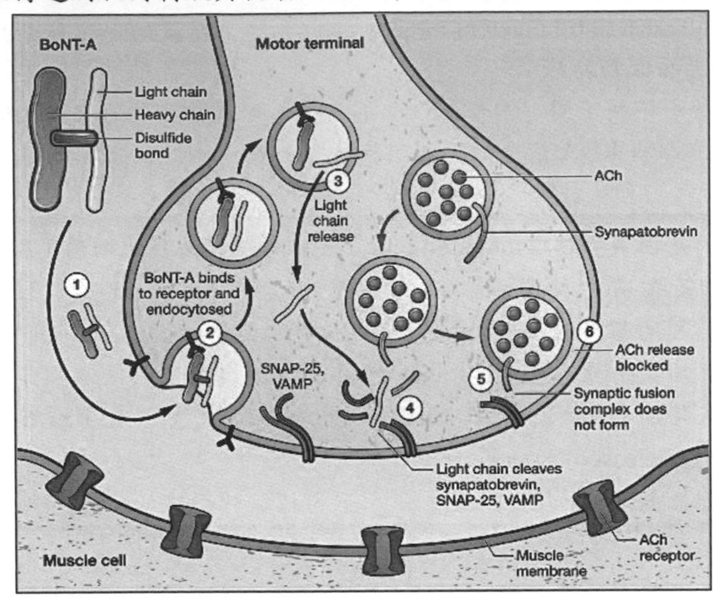

16. 果蠅的眼色由兩對基因所控制，*B*、*b* 位於第二對染色體上，*S*、*s* 位於第三對染色體上。若同時具有顯性的 *B* 及 *S* 基因，果蠅的眼色為紅色；若僅具顯性 *B* 基因，果蠅眼色為猩紅色；若僅具顯性 *S* 基因，果蠅眼色為棕色；若同時不具顯性 *S* 及 *B* 基因，果蠅的眼色為白色。下列哪組雜交會產生比例為紅眼：猩紅眼：棕眼：白眼＝3：1：3：1 之後代？
(A) *BbSs* × *bbSS*
(B) *BBSs* × *bbSs*
(C) *BbSs* × *bbSs*
(D) *BbSs* × *Bbss*

詳解: C

紅眼：猩紅眼：棕眼：白眼＝B_S_：B_ss：bbSs：bbss。選項 C 中 B_S_：B_ss：bbSs：bbss＝1/2×3/4：1/2×1/4：1/2×3/4：1/2×1/4＝3：1：3：1。

17. 下列屬於生理調節作用中正回饋的例子何者最為適當？
甲、分娩時，子宮平滑肌的收縮作用。
乙、當血壓下降時，引發的心跳速率增加。
丙、哺乳時，引發泌乳素抑制激素（PIH）的分泌減少。
丁、當血糖過高時，引發體內胰島素釋放量增加。

戊、血中二氧化碳濃度的升高，活化延腦呼吸中樞。

己、核心溫度下降時，引發皮膚中血管收縮。

(A) 甲己

(B) 甲丁

(C) 甲乙

(D) 甲丙

詳解: D

控制恆定的機轉至少包括了接受器（receptor）、控制中樞（control center），及動作 器（effector）三個彼此關連的部分。接受器能監測身體內、外環境的改變（即刺激），將訊息輸入控制中樞，而控制中樞是決定維持恆定的地方，它能分析輸入的訊息，然後做出適當的反應。反應由動作器輸出呈現，反應的結果再返回影響刺激。如果對刺激的影響是抑制性的，則稱為負回饋；若是促進性的，則稱為正回饋。

在回饋機轉中，當動作器受刺激而反應時會增強原來刺激者，稱為正回饋機轉（positive feedback mechanism）。例如分娩時，胎兒由母體子宮下降至產道，使子宮頸壓力升高，刺激了壓力接受器，將神經衝動傳至腦部，促使催產素（oxytocin）的分泌及釋 放。催產素經由血液運送至子宮，促使子宮肌層收縮，催產素分泌越多，子宮肌層收縮 會越厲害，直至嬰兒生下為止。同樣的當哺乳時，引發泌乳素抑制激素（PIH）的分泌減少會讓泌乳素分泌增加而增加乳汁的產量，這也是正回饋的現象之一。

18. 人類的脂肪細胞可分泌_______（激素），作用於_______（腦區）對食慾產生抑制作用，並藉由活化_________以促進脂肪分解。

(A) 瘦素（leptin）；下視丘；交感神經

(B) 瘦素（leptin）；延腦；副交感神經

(C) 神經胜肽Y（NPY）；下視丘；交感神經

(D) 神經胜肽 Y（NPY）；延腦；副交感神經

詳解: A

Leptin 可以抵消 anandamid 及 neuropeptide Y 的影響（這 2 種物質屬於食慾興奮激素），並引發下視丘產生具有活性的 α-MSH，共同起協同作用，使食慾抑制（下視丘控制著人體的饑餓與代謝）；Leptin 可以增加交感神經的活性，啟動脂肪細胞之膜上的腎上腺素受體增加能量消耗；另外，它還刺激腦下腺前葉釋放促性腺激素釋放因子（FSH 等），對 Insulin 的合成、分泌發揮負反饋調節作用；Leptin 還直接作用於肝與骨骼肌細胞，使脂肪酸氧化，從而減少脂肪堆積。

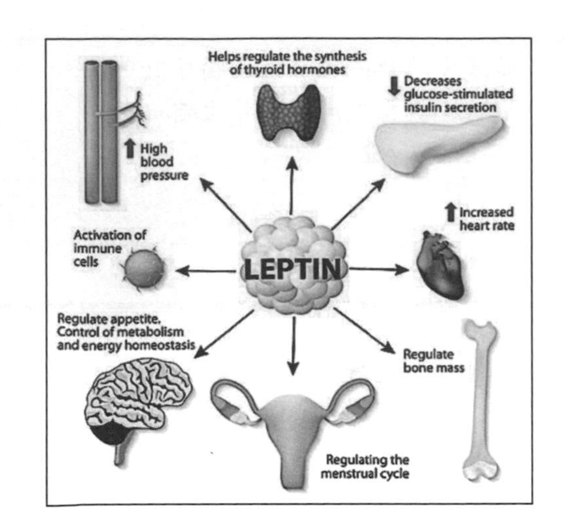

19. 有關人體視覺受器接受光線刺激後產生感覺轉導（sensory transduction）的相關敘述，下列何者最不適當？
(A) 視覺受器細胞膜上鈉離子通道在光線刺激後關閉
(B) 視覺受器細胞在光線刺激後產生過極化（hyperpolarization）
(C) 視覺受器細胞在黑暗中釋放的神經傳遞物質較照光時來得多
(D) 所有的雙極細胞在黑暗中比照光時更為過極化

詳解: D

雙極細胞在視網膜中位於感光細胞（包括視桿細胞、視錐細胞）和神經節細胞（Retinal ganglion cell）之間，直接或者間接地將信號由感光細胞傳遞到神經節。

雙極細胞接受視桿細胞、視錐細胞或二者共同的突觸信號輸入。它們通常被依此分成視桿雙極細胞或視錐雙極細胞。大約有10種不同形式的視錐雙極細胞，但只有一個視桿雙極細胞，據信是因為後者在進化中較晚出現的緣故。

在黑暗中，感光細胞會釋放穀氨酸（glutamate），透過過極化 ON 雙極細胞來抑制 ON 細胞，透過去極化 OFF 雙極細胞來激發 OFF 細胞。然而，在光線照射下，視蛋白激活全反式視黃醛，給予能量刺激 G 蛋白偶聯受體激活磷酸二酯酶（PDE），磷酸二酯酶使 cGMP 分解為 5’-GMP，光感受器超極化，其功能被抑制。在感光細胞中，在黑暗條件下有大量的 cGMP，保持 cGMP 門控 Na 通道的開放，因此，激活 PDE 減少了 cGMP 的供應，減少了 Na 通道的開放數量，從而使感光細胞過極化，導致釋放的穀氨酸減少。這導致 ON 雙極細胞失去其抑制並變得活躍（去極化），而 OFF 雙極細胞失去其興奮（過極化）並變得沉默。

20. 同一個人的神經細胞和胰腺細胞所表達的蛋白質組不同的原因最可能是因為神經和胰腺細胞含有不同的_____。
(A) 基因（genes）

(B) 調控序列（regulatory sequences）
(C) 調節蛋白集（sets of regulatory proteins）
(D) 啟動子（promoters）

詳解: C

同一個體內體細胞中的基因組(genome)組成應該是一樣的，所以不論基因、調節序列與啟動子序列應該都一樣。體內各不同種類細胞的差異是因為調節蛋白集（sets of regulatory proteins）不同造成各種細胞表現的基因不一樣所以有形態與功能上的差異。

21. 線蟲（nematodes）和節肢動物（arthropods）都_____。
(A) 從胚胎階段形成的芽孢孔（blastopore）發育出肛門
(B) 是懸浮物攝食生物（suspension feeders）
(C) 通過脫落外骨骼（exoskeleton）來成長
(D) 有纖毛幼蟲（ciliated larvae）

詳解: C

線蟲（nematodes）與節肢動物（arthropods）都屬於蛻皮動物（ecdysozoa），生活史中都會經過脫落外骨骼的過程。

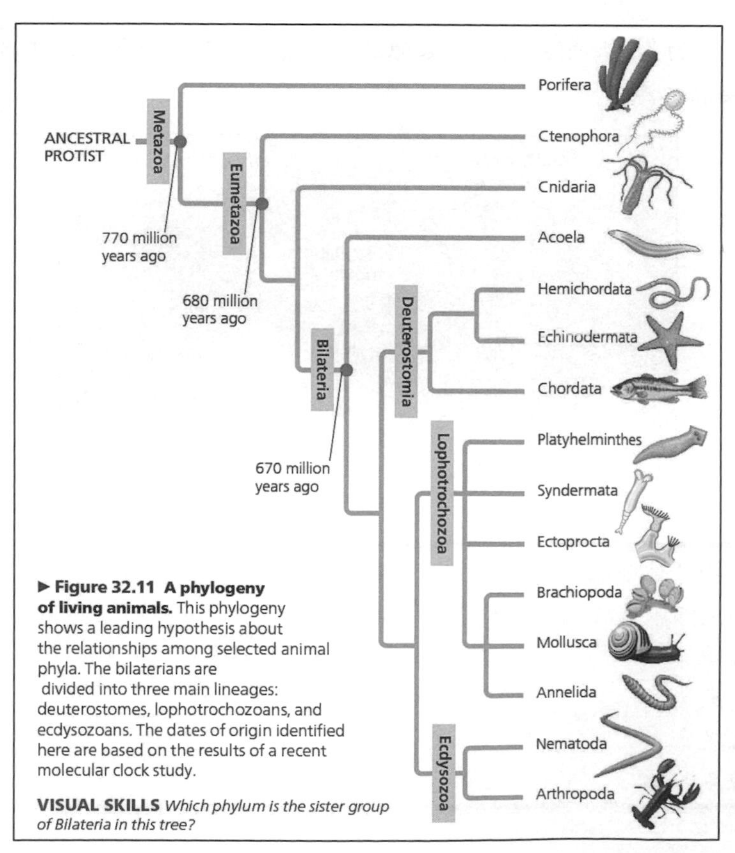

▶ **Figure 32.11 A phylogeny of living animals.** This phylogeny shows a leading hypothesis about the relationships among selected animal phyla. The bilaterians are divided into three main lineages: deuterostomes, lophotrochozoans, and ecdysozoans. The dates of origin identified here are based on the results of a recent molecular clock study.

VISUAL SKILLS *Which phylum is the sister group of Bilateria in this tree?*

22. 動物的呼吸與其氣體交換的方式有關，下列關於動物與其呼吸方式或器官的配對何者最不恰當？
(A) 毛蟹－鰓
(B) 渦蟲－擴散
(C) 蚯蚓－皮膚
(D) 蟑螂－馬氏管

詳解: D

馬氏管全稱馬爾比基氏小管，是昆蟲（節肢動物中昆蟲綱、多足綱、蛛形綱）的排泄和滲透調節的主要器官，幫助他們保持水和電解液平衡。以發現者義大利解剖學家馬爾比基（Marcello Malpighi）命名。

馬氏管位於消化道中後腸交界處，為細長之管狀物，由一層細胞組成；其基端開口於中腸和後腸的交界處，盲端封閉游離於血腔內的血淋巴中。介殼蟲僅僅有兩個馬氏管，而蝗蟲的大的種類可能有到 200 個馬氏管，黃粉甲 6 條馬氏管；蚜蟲、彈尾目、部分雙尾目和纓尾目沒有馬氏管。

當含氮廢物和電解液（鈉、鉀和尿酸）被主動地通過細管盲端運送時，原尿在細管內形成。原尿，跟消化的食物一起在後腸裡混合。在這個時期，尿酸析出，鈉和鉀與經過滲透的水一起由後腸吸收。尿酸留在那裡與糞便混合，為排泄作好了準備。

值得注意的是，蛛形綱馬氏管起源於內胚層（中腸起源），而昆蟲綱起源於外胚層（後腸起源）。

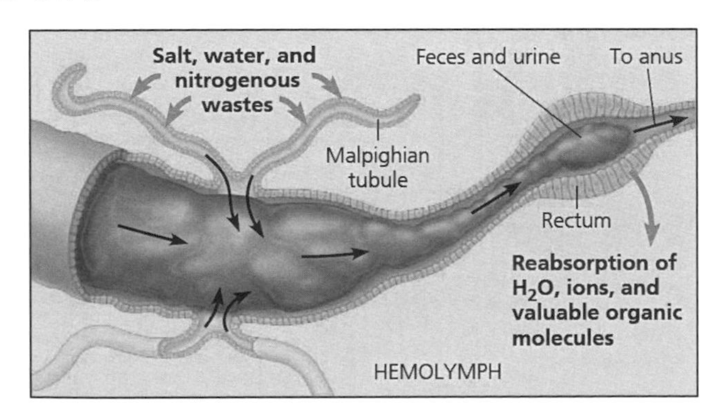

23. 現生動物可依胚胎發育的形式分為原口類及後口類兩大群，試問下列動物何者與魚類不屬於同一類群？
(A) 海鞘
(B) 章魚
(C) 海星
(D) 鯨魚

詳解: B

棘皮動物（海星）以及脊索動物（海鞘、鯨魚）屬於後口類，扁型動物、輪形動物、外肛動物、腕足動物、軟體動物（章魚）、環節動物、線形動物以及節肢動物屬於原口動物。

24. 下列為各種生物的名稱及代號： 1.變形蟲 2.草履蟲 3.海綿 4.團藻 5.眼蟲 6.水螅 7.海葵 8.渦蟲 9.條蟲 10.水母 11.珊瑚 12.肝吸蟲，請問以上具有內、中、外胚層分化的生物為下列何者：
(A) 6、9、10
(B) 6、9、12
(C) 8、9、12
(D) 10、11、12

詳解: C

胚層的分化是動物的特徵，而動物界中除了多孔動物、櫛水母、刺絲胞動物以外，兩側對稱動物大多具有內中外三胚層。題目中只有 8.渦蟲 9.條蟲 12.肝吸蟲屬於扁型動物，兩側對稱且具有三胚層。

25. 在處於哈溫平衡（Hardy-Weinberg Equilibrium）狀態的人群中，如果同型合子隱性基因型的頻率為0.09，則異型合子的個體的頻率是多少？
(A) 0.3
(B) 0.42
(C) 0.49
(D) 0.70

詳解: B

隱性等位基因頻率（q）＝（0.09）$^{1/2}$＝0.3。所以顯性等位基因頻率（p）＝1-0.3＝0.7。異型合子頻率＝2×0.7×0.3＝0.42。

26. 如果種群沒有遷移，族群非常大，沒有突變，沒有隨機交配並且沒有選擇，以下哪項敘述最為正確？
(A) 此族群將演化，但比一般族群慢得多
(B) 只要這些條件成立，人口基因庫的組成將基本保持不變
(C) 人群基因庫的組成將以可預測的方式緩慢變化
(D) 群體基因庫中的優勢等位基因頻率將緩慢增加，而隱性等位基因則將減少

詳解: B

若題目改成：如果種群沒有遷移，族群非常大，沒有突變，隨機交配並且沒有受到天擇，以下哪項敘述最為正確？那麼，因為題目裡有滿足哈溫平衡所有的條件，所以答案會是 B。

校方釋疑：

依題目原意，於四個選項中最佳答案為 B。維持原答案

27. 植物橫放的根過了一段時間後，根尖會向下彎曲，下列何者是主要原因？
 (A) 下方的根細胞，促進生長素（auxin）極性運輸（polar transport）的運輸蛋白被快速合成
 (B) 下方的根細胞，促進生長素極性運輸的運輸蛋白被快速降解
 (C) 上方的根細胞，促進生長素極性運輸的運輸蛋白被快速合成
 (D) 上方的根細胞，促進生長素極性運輸的運輸蛋白被快速降解

詳解: D

向地性與生長素及生長素轉運蛋白有關，當根水平放置時，生長素轉運蛋白—PIN2 的分布會集中在重力方向那側的根細胞，使得生長素累積；相反地，另一側的根部生長素就減少，生長素較少的那側，根細胞得以延伸，便將植物的根推向重力方向。根據上述情況推測(A)、(D)都是可能的選項。

校方釋疑：

參酌文獻 Auxin and Root Gravitropism: Addressing Basic Cellular Processes by Exploiting a Defined Growth Response (https://www.mdpi.com/1422-0067/22/5/2749)中 Figure 1 可說明根的向地性與專司 Auxin 運輸蛋白的量有關，當運輸蛋白量增加就會導致生長素流量率（auxin flux rate）增加，因此依據原題意推論根尖向下彎曲的主要原因，應該是根部下方細胞 Auxin 運輸蛋白快速合成量增加，導致 Auxin 極性分佈兩較高，抑制根部下方細胞延長，而根部上方細胞 Auxin 運輸蛋白快速降解，導致上方生長素流量率降低，進而促進根部上方細胞延長而彎曲向地，故維持原標準答案(D)。維持原答案

28. 豆科植物在形成根瘤的過程中，下列何者最可能是缺乏營養素 Ca^{2+} 所造成最主要的影響？
 (A) 植物不能釋放類黃酮（flavonoid）
 (B) 植物根毛不能捲曲
 (C) 感染絲（infection thread）無法形成
 (D) 豆血紅素（leghemoglobin）無法合成

詳解: B

叢枝菌根和根瘤菌可以與其對應的宿主植物建立共生關係。在共生關係建立的起始階段，細胞核內鈣離子濃度會按一定幅度和頻率波動（鈣振盪)。這種早期的共生鈣信號是驅動共生關係建立所必需的。

共生微生物的信號分子被宿主細胞表面受體識別後，核週內質網定位的通道蛋白和轉運蛋白 DMI1，CNGC15 及 MCA8（Ca^{2+}-ATPase）會被激活，從而形成鈣信號編碼器。因內質網腔鈣離子濃度遠高於核質，當鈣信號編碼器激活後，由 DMI1，CNGC15 將鈣快速運入核質空間（鈣激增），過高的核質鈣立即被 MCA8 泵回內質網腔，使核質鈣水平下調（鈣衰減），從而為下一次震盪做準備，以此往復持續進行。振蕩的鈣信號被細胞核定位的鈣離子/鈣調蛋白依賴的蛋白激酶 CCaMK（解碼器）識別，並磷酸化激活下游轉錄因子，啟動早期共生信號。

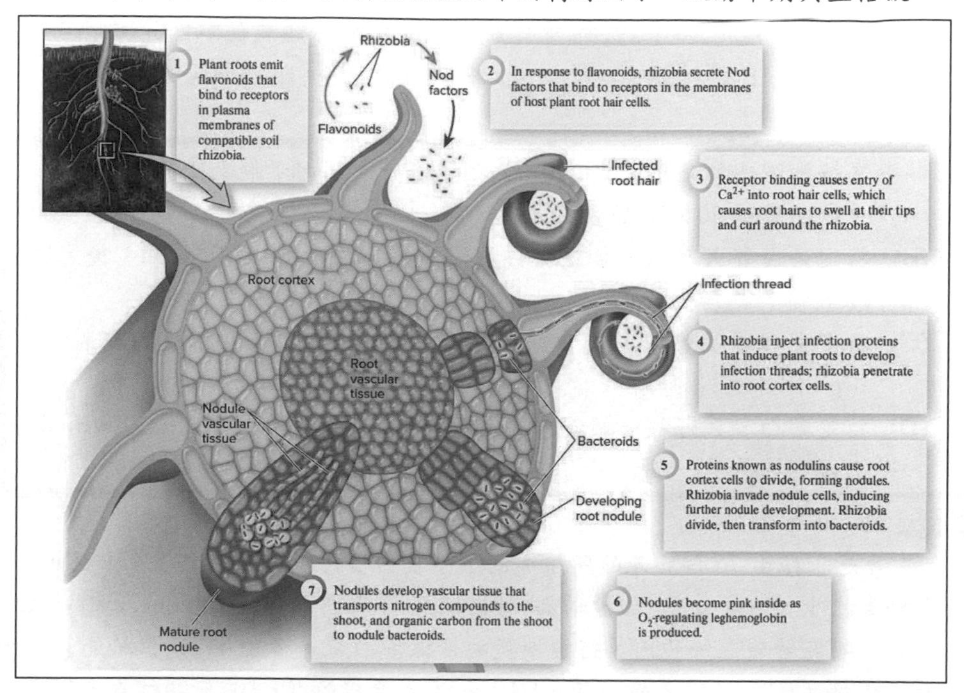

29. 在水份充足的情況下，植株成熟葉合成的離層酸（abscisic acid）最可能經由

(A) 篩管運輸至其他葉的保衛細胞（guard cell）
(B) 篩管運輸至其他葉的葉肉細胞（mesophyll cell）
(C) 導管運輸至其他葉的保衛細胞
(D) 導管運輸至其他葉的葉肉細胞

詳解: D

在植物中，離層酸與抗壓力有關，在植物缺水時不僅會分泌離層酸、它的合成也會加速，造成氣孔（stomata）的關閉。另外離層酸也會抑制種子萌發、延遲開花等等。

離層酸的合成部位主要是根冠和萎蔫的葉片，莖、種子、花和果等器官也有合成離層酸的能力。例如，在菠菜葉肉細胞的細胞質中能合成脫落酸，然後將其運送到細胞各處。脫落酸是弱酸，而葉綠體的基質呈高 pH，所以脫落酸以離子化狀態大量積累在葉綠體中。

當水分充足時離層酸並不應送到保衛細胞造成氣孔關閉，可藉由木質部或韌皮部運送到葉肉細胞以避免過多離層酸的形成。

校方釋疑：

參酌文獻 Long-distance signalling of abscisic acid (ABA): the factors regulating the intensity of the ABA signal (https://academic.oup.com/jxb/article/59/1/37/428498) 中 Figure 6 和 7 可說明大部份的 ABA 是由 xylem 來運輸，因此依據原題意在水份充足下來推論 ABA「最有可能」的運輸途徑，故維持原標準答案(D)。維持原答案

30. 關於真核細胞內的泛素（ubiquitin）之敘述，下列何者最為正確？
(A) 是分子量為 20 kDa 的蛋白質
(B) 特定蛋白質 X 可被一個泛素共價修飾（covalent modification）後，造成 X 蛋白的活性改變
(C) 特定蛋白質 Y 可被一個泛素共價修飾後，造成 Y 蛋白被蛋白酶體（proteosome）降解
(D) 特定蛋白質 Z 可被一個泛素共價修飾後，造成 Z 蛋白抑制囊泡(vesicle)形成

詳解: B

泛素是一種由 76 個胺基酸所組成的小型蛋白質，分子量大約 8.451 kDa，廣泛存於真核生物和古細菌，故被稱為「ubiquitin」（源自拉丁文 ubique, everywhere 之意）。研究發現在細胞內等待被摧毀的目標蛋白質，會由 ATP 供給能量，經泛素活化酶（E1）、泛素接合酶（E2）和泛素連接酶（E3）三類酵素先後處理後，將其與泛素鍵結，此一步驟反覆進行，最後目標蛋白質將被接了四個或更多的泛素，這個短鏈聚泛素分子被諾貝爾頌詞形容為「死亡之吻」。接著，這些被貼上泛素標籤的蛋白質會通過細胞的蛋白酶體，加以分解再循環利用。

聚泛素化是細胞內一種重要的調節過程，經過 UPS 降解可控制細胞中關鍵信號蛋白和調節蛋白的濃度，同時可以去除過多、受損、折疊錯誤或突變的蛋白質。目前科學家已發現哺乳類細胞含有數種 E1、數十種 E2 以及數百種 E3 酵素，三類酵素合作，扮演把泛素鍵結到特定蛋白質的角色，尤其是 E3 酵素的專一性，決定了細胞中要為哪些蛋白質貼上標籤。如果細胞蛋白質的降解出現問題，將會導致疾病，例如人類退化性的神經疾病—帕金森氏症及阿茲海默症的部分成因，便是蛋白質的降解受到阻滯。其它如細胞週期、DNA 的修補、抑癌基因(如 p53)、細胞凋亡和免疫與發炎反應等，都被發現與此蛋白質降解系統的運作相關。

單泛素化並不像通常的多聚泛素鏈一樣將底物蛋白導向蛋白酶體進行降解。最先鑑定到的泛素化組蛋白 H2A 即是單泛素化蛋白，但這種修飾事件的功能至今未證明，推測或許跟調控基因表現有關。

校方釋疑：

Mono-ubiquitination 所參與的可能是 DNA repair, gene expression, virus budding 等作用，而非 protein degradation，故維持原標準答案(D)。並請參酌下方兩篇文獻：Hicke L. Protein regulation by monoubiquitin; Nat. Rev. Mol. Cell. Biol. 2001, 2 195 - 201.

Passmore LA, Barford D. Getting into position: the catalytic mechanisms of protein ubiquitylation. Biochem J. 2004;379:513 - 525. doi: 10.1042/BJ20040198.

31. 關於真核細胞中參與訊息傳遞（signal transduction）之 G 蛋白偶聯受體（G-protein coupled receptor, GPCR）的相關敘述，下列何者最為正確？
(A) G 蛋白(G protein)的 3 個次單元都是細胞質中的水溶性(water-soluble)蛋白
(B) G 蛋白結合 ATP 時會分解成 3 個獨立次單元
(C) GPCR 位於細胞膜上，通常具有 7 個跨膜結構(transmembrane domains)
(D) GPCR 存在於動物細胞，但不存在於植物細胞

詳解: C

G 蛋白偶聯受體（GPCR）是最大的膜蛋白家族，擁有七個跨膜α-螺旋，幾乎存在於所有的真核的生物中。細胞膜上的 G 蛋白偶聯受體能和細胞周圍某些化學物質結合，這些物質稱為配體（ligand），包括氣味、費洛蒙、激素、神經傳遞物質等化學因子。當 G 蛋白偶聯受體與配體結合時，受體結構會產生改變而激活細胞內一連串的訊息傳遞，最後引起細胞狀態的改變。又此種受體都有 G 蛋白（鳥苷酸結合蛋白，G protein）的結合位置，會與 G 蛋白相連。

G 蛋白是由三個不同分別被命名為 α、β 及 γ 的次單元所構成，所以 G 蛋白也被稱為異源三質型 G 蛋白（為了和其他嘌呤核苷酸結合蛋白做區別）。α 次單元會透過和嘌呤核甘酸結合來調控 G 蛋白的活性：當 α 次單元和鳥苷雙磷酸（GDP）結合時，會和 β 及 γ 次單元形成耦合體，此時 G 蛋白呈現未活化狀態；當 G 蛋白耦合受體接上訊號分子後，會造成 α 次單元的 GDP 被 GTP 置換而活化 α 次單元，接著使 α 次單元和 β/γ 次單元分離，活化後的 α 次單元和 β/γ 次單元會各自開啟下游的訊息傳遞機制。

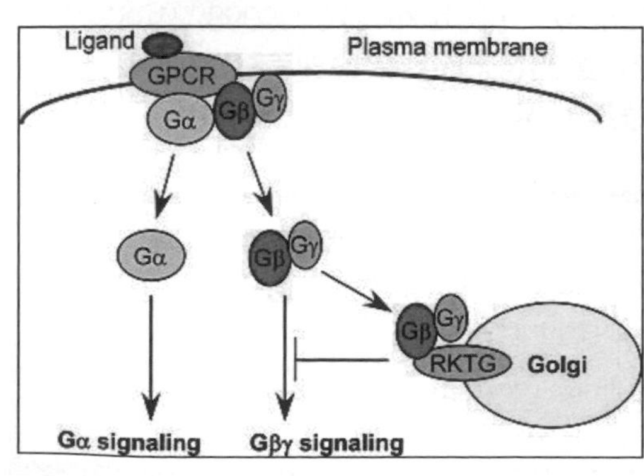

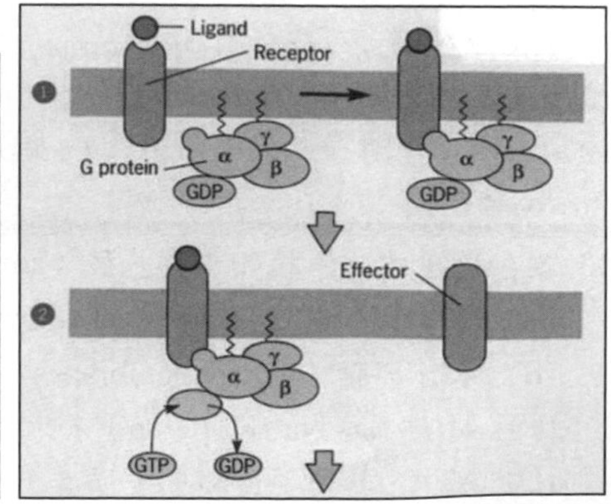

32. 真核生物的有性生殖週期（sexual life cycles）顯示出巨大的變化。在下列要素中，所有有性生殖週期都有哪些共同點？

I. 世代交替（alternation of generations）

II. 減數分裂（meiosis）

III. 受精（fertilization）

IV. 配子（gametes）

V. 孢子（spores）

(A) I，II 和 IV

(B) II，III 和 IV

(C) II，IV 和 V

(D) I，II，III，IV 和 V

詳解: B

有性生殖週期在減數分裂以及受精兩個過程中循環，而受精需要雌雄兩方提供配子。世代交替需有多細胞單倍體與多細胞多倍體交替於生活史出現，並不是所有有性生殖生物都有的特徵。

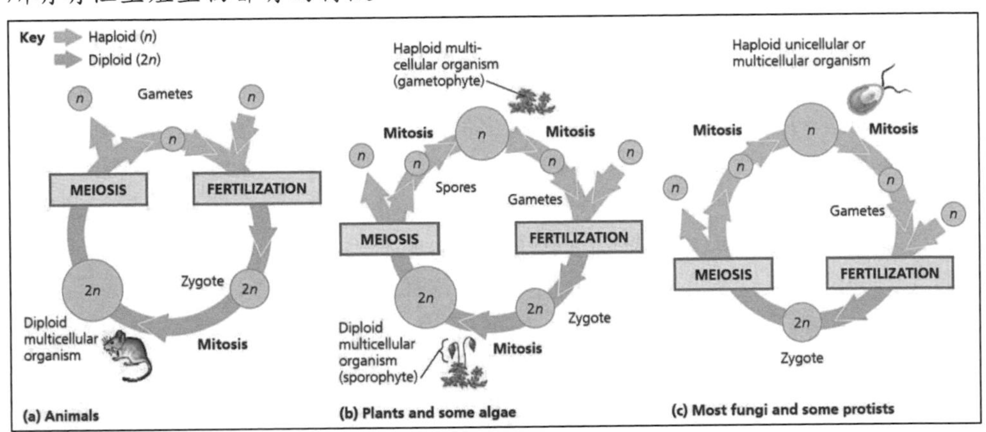

校方釋疑：

參酌文獻中 Sexual Reproduction: Preventing Re-fertilization in Fission Yeast
(https://www.sciencedirect.com/science/article/pii/S0960982218312739)
酵母菌屬於真菌也有使用 fertilization 這個名詞，故依據題意從選項中挑出最適當的選項，維持原標準答案(B)。維持原答案

33. 在細胞層次上，植物中氨基酸（amino acids）的主動運輸最需要______。

(A) $NADP^+$和通道蛋白（channel proteins）

(B) 木質部膜（xylem membranes）和通道蛋白（channel proteins）

(C) 鈉/鉀泵（Na^+/K^+ pump）和木質部膜（xylem membranes）

(D) ATP、轉運蛋白和質子梯度（proton gradient）

詳解：D

主動運輸：耗能量，且必須藉由膜上之載體蛋白協助，可以逆物質濃度梯度與化學梯度的跨膜運輸，即由濃度低往濃度高方向運輸。舉例如下：

鈉鉀幫浦（Na^+–K^+ pump）：是細胞膜上的一種酵素蛋白，又稱 ATP 磷酸水解酶（ATP phosphorhydrolase，ATPase），需消耗 ATP 使運輸蛋白磷酸化後並且變形，然後將 3 個 Na^+釋出；當運輸蛋白去磷酸化時又恢復原來形狀並同時將 2 個 K^+運送進入細胞，因此鈉鉀幫浦屬於反向運輸。幫浦打出細胞膜外的 Na^+利用載體蛋白以耗能主動運輸方式運送入膜內時，並同時將葡萄糖以同向運輸方式運入膜內。動物藉由此機制維持細胞內 K^+濃度高、Na^+濃度低，可維持細胞體積和神經細胞的刺激傳輸，幫助維持細胞膜電位使神經衝動得以傳輸。

質子幫浦（H^+ pump）：是膜上的一種酵素蛋白，需消耗 ATP 將質子（H^+）運出細胞外，屬於單向運輸。膜上有種運輸蛋白可將膜外高濃度質子（H^+）再擴散回流入膜內，同時以同向運輸方式輸送蔗糖、氨基酸等分子進入膜內。在動物、植物、真菌和細菌等生物之細胞膜或粒線體、葉綠體的胞器膜即是藉此質子幫浦儲存能量。

ATP 驅動型幫浦（ATP drive pump）：需消耗 ATP 將被質子幫浦運出膜外之質子（H^+離子）濃縮於膜之一側而儲存能量，因為離子濃度梯度（化學梯度）與造成膜電位的電力梯度，共同形成電化學梯度（electrochemical gradient）可促進離子的被動運輸擴散作用進行。

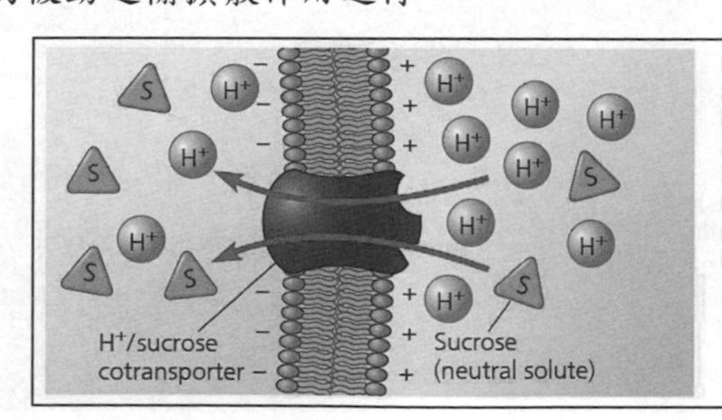

(b) H+ and cotransport of neutral solutes. Neutral solutes such as sugars can be loaded into plant cells by cotransport with H+ ions. H+/sucrose cotransporters, for example, play a key role in loading sugar into the phloem prior to sugar transport throughout the plant.

34. 根據細胞膜的流體鑲嵌模型（fluid mosaic model），下列有關細胞膜磷脂質（phospholipid）的敘述何者最為正確？
(A) 磷脂質分子可沿著膜的平面往側邊位移
(B) 細胞膜具雙層磷脂質構造，親水端朝膜的內側兩兩相接
(C) 磷脂質分子經常由膜的一側翻轉（flip-flop）位移至膜的另一側
(D) 這些磷脂質構成穩固的脂雙層，膜蛋白被固定在膜的表面

詳解：A

1972 年，流體鑲嵌模型由美國加州大學的辛格（S. J. Singer）和尼克森（G. L. Nicolson）提出，是目前被最廣泛接受和認可的觀點。這種觀點主張，構成膜的蛋白質和脂類分子具有鑲嵌關係，而且膜的結構處於流體變化之中。

在流體鑲嵌模型學說中，細胞膜具有流動性，也就是說，他並不是像我們的保鮮膜一樣是固體，而是液體膜中的磷脂質分子以雙層排列，構成了膜的網架，是膜的基質。磷脂質分子為雙性分子，分為親水頭端和疏水尾端，雙層磷脂質分子之頭端皆朝向水相，疏水尾端則兩兩相接埋於膜內。而使脂雙層分子之親水頭端的內層（面對細胞質之面）與外層（面對外界之面）之結構不對稱原因，主要在於脂雙層分子兩親水頭端的化學組成不同。

膜的另一種主要成分是蛋白質，細胞膜上面具有許多蛋白質，而他們就像是嵌在大教堂牆壁上小小的瓦片一樣，嵌在流動的細胞膜上。蛋白質分子不只嵌插在脂雙層網架中，還粘附在脂雙層的表面上。根據在膜上存在位置的不同，膜蛋白可分為兩類，一是通過強疏水或親水作用同膜脂牢固結合不易分開的，稱為整合蛋白（integral protein）或膜內在蛋白；二是附著在膜的表層，與膜結合比較疏鬆容易分離的，稱為膜周邊蛋白（peripheral protein）或外在蛋白。

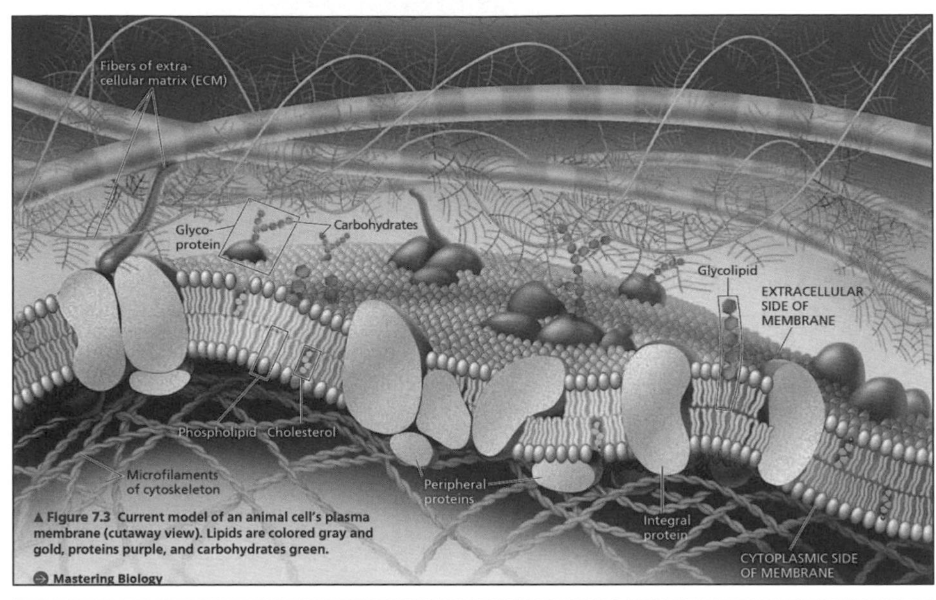

▲ Figure 7.3 Current model of an animal cell's plasma membrane (cutaway view). Lipids are colored gray and gold, proteins purple, and carbohydrates green.

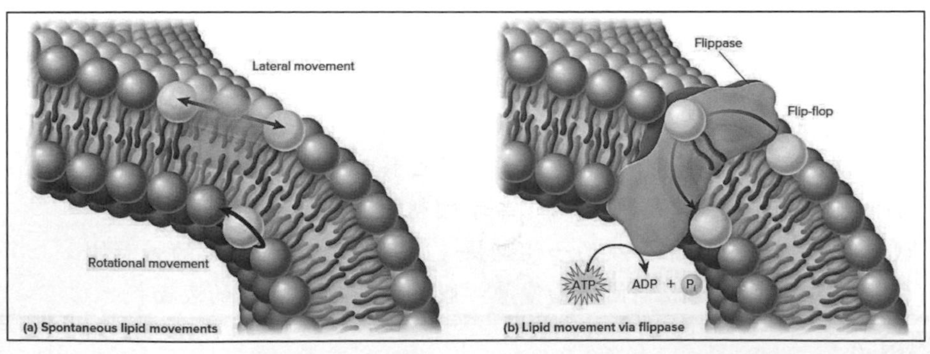

35. 標定－再捕捉法（mark-recapture method）經常被用來估計野生動物族群的大小，下列何者是此方法最重要的前提假設（assumption）？
(A) 捕捉標定和再捕捉前後，雄性個體與雌性個體比例相當（1：1）

(B) 族群中所有雌性個體每窩仔畜數（litter size）相同
(C) 被標定的個體與未標定的個體再被捕捉（recapture）的機率相同
(D) 於再捕捉階段，必須有超過 50%的標定個體再次被捕捉

詳解: C

在標記再捕捉法的研究中，透過活體捕捉技術將一個族群取樣兩次或兩次以上，每一次的捕捉中，每一隻被捉到的無標記個體都要被給予適當且獨特的標記，根據開放族群（open population）或封閉族群（closed population）的特性而有不同的估算方式，以下分別進行說明：

封閉族群模型的使用條件必須符合封閉族群的定義，即在取樣的時段中族群內沒有出生、死亡、遷入、遷出的個體，因此族群的大小和族群中的個體都不會改變。而封閉族群經常是族群估算模型的基本假設。此模型最初發展的公式是在一次標記及一次再捕獲的結果進行估算。而此模型必須符合以下三項假設：

(1)族群是封閉的；(2)在第二次捕捉時，族群中所有的動物被捕捉到的機率相等；(3)標記不會遺失、獲得或看錯。

開放族群—在野外進行族群數量調查期間，要符合族群內沒有出生、死亡、遷入、遷出的個體的條件，是很不容易的，因此若要進行野外族群估算，常常會選擇為開放族群而設計的 Jolly-Seber 模型來進行。因為其假設是容許族群內有出生、死亡、遷入、遷出的個體，因此會得到隨著時間變化而有不同的估計量，也可以計算出兩次取樣之間的存活率（包含死亡和遷出）和出生率（包含出生和遷入），其假設如下：(1)每次捕捉時，每個個體的被捕捉率相同；(2)在兩次捕捉之間，族群的每個個體存活率均相同；(3)標記不會遺失、獲得、看錯；(4)每次的捕捉及釋放都在短時間內立刻完成；(5)族群當中移出率是固定的。

36. 下列對環境基因體學（metagenomics）之描述，何者最為恰當？
(A) 對來自同一生態系統（ecosystem）的一組物種的 DNA 進行定序
(B) 對幾種物種的一個或兩個代表性基因進行定序
(C) 對譜系（lineage）中僅高度保守的基因進行定序
(D) 適用於最能代表其屬平均表型的物種的基因體學

詳解: A

總體基因體學（Metagenomics，或稱宏基因體學、環境基因體學）是由 Handelsman 等人於 1998 年提出的新名詞，指環境中所有生物遺傳物質的總和。近二十年來，總體基因體學逐漸成為一個特別工具，用於研究環境中、人體內等的微生物多樣性和其功能分析，特別是來自於土壤、海洋、空氣、植物和動物腸胃道共生菌等樣品。

總體基因體學的研究方向主要為微生物，由於有 99%以上的微生物是無法仰賴人工培養的，因此，如果想要描繪真實環境的生化代謝圖譜，最有效的方式就

是直接萃取環境中的遺傳物質（包含 DNA 與 RNA）加以分析，藉由這些基因體資訊，對環境代謝路徑有通盤了解。

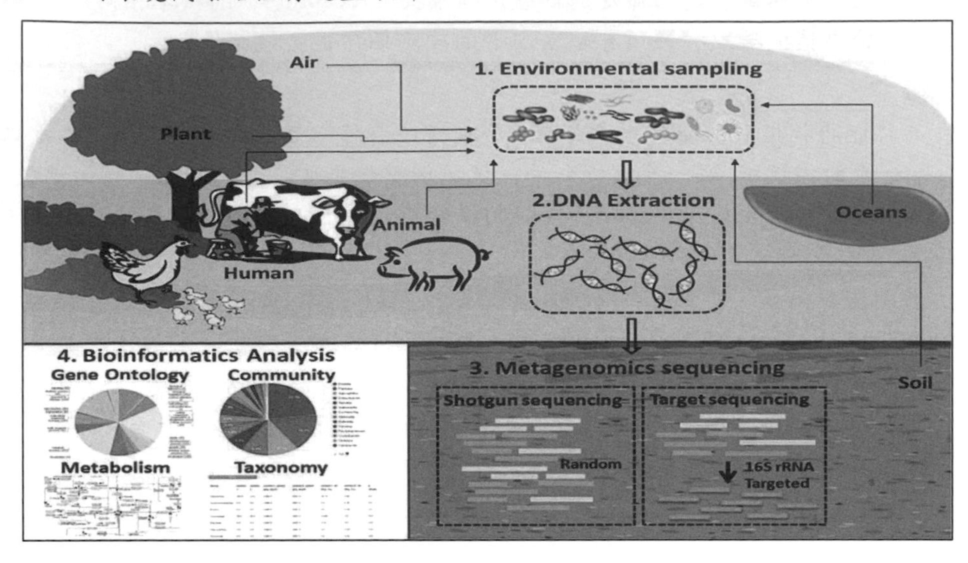

37. 從演化學（evolution）上的觀點，下列何者在變異（variation）的說法最為正確？
    (A) 所有表型變異（phenotypic variation）都是基因型變異（genotypic variation）的結果
    (B) 所有遺傳變異（genetic variation）都會產生表型變異
    (C) 所有核苷酸變異性（nucleotide variability）導致中性變異（neutral variation）
    (D) 所有新的等位基因（alleles）都是核苷酸變異性的結果

詳解: D

個體的表型由環境與基因因素共同造成，基因的變化就是核苷酸產生變異，但是因為基因的改變可能是緘默突變，所以並不見得一定會導致表型變異。

38. 生物物種概念（biological species concept）是以下列何者作為界定物種的主要標準？
    (A) 地理隔離
    (B) 生態棲位差異（niche differences）
    (C) 基因流（gene flow）
    (D) 形態相似（morphological similarity）

詳解: C

生物種概念將「物種（Species）」定義為能相互交配，並能產生具生殖能力下一代的一群個體。不同種之間有各式生殖隔離（Reproductive Isolation）機制，包含交配時間、分布空間、基因不相符等，讓彼此的基因無法交流，各自為獨立的物種。最常見的例子就是馬和驢雖然能生出下一代—騾，但是騾不具生殖能力，騾與騾之間無法再生出小騾；同樣地，獅子與老虎生下的獅虎也是不具繁殖能力的另一例子。

從生物種概念對物種的定義來看，其區分物種有一個重要的要素就是「生殖」，換言之，就是針對能進行有性生殖相互交配的物種是較為適用的。而有性生殖也成了此定義的限制，因為很難用於解釋行無性生殖的物種；而用「下一代的生殖能力」來判斷也是一項限制，此例子常見於植物，兩個同屬不同種的植物 A 與 B，有一天就剛好完成了授粉，產生了新的雜交種，這個新的雜交種仍然能繁衍下一代，那植物 A 與 B 是同一種還是不同種呢？所以一個種概念的使用，面對各式類型的生物，會有其適用的，也會遇到有所限制的。

基因交流（gene flow）是指在不同族群間的等位基因有交流的現象，而使基因庫發生變化的現象。不同生物種之間是不能有基因交流出現的。

39. 植物光敏素（phytochrome）可依其吸收紅光或遠紅光的能力，分為 P_r 及 P_{fr} 兩種形式。如果有一棵突變植株，只會合成 P_{fr} 形式的光敏素，請預期它的種子發芽最有可能發生的情況是
(A) 完全不發芽
(B) 跟正常植株同時發芽
(C) 比正常植株早發芽
(D) 比正常植株晚發芽

詳解: C

種子裡面有一個感光器，稱為光敏素（phytochrome），它可以吸收紅光—它的原始狀態或同種型稱為 Pr（Phytochrome A Red 光敏素—鈍化型，"r"代表紅光）。當這種植物色素吸收紅色光子時，其物理狀態會從 Pr 變成 Pfr（Phytochrome A Far Red 光敏素—活化型，"fr"表示遠紅色）。當 Pfr 吸收遠紅色的光子時，它就會變回 Pr。

太陽光中包含了紅光與遠紅光，在白天，陽光包含的紅光比遠紅光更多，這代表著將會有更多的 Pr 轉化為 Pfr，反之亦然。但是，到了晚上，Pfr 的光敏色素會變回 Pr。這也就是說，白天 Pfr 的濃度會升高，夜間，Pr 的濃度便會升高。

這是 Pr 和 Pfr 光敏色素上升和下降的交互作用，當夏季有著較長的日照時間，這兩者之間的比例將發生變化。Pfr 轉換到 Pr 的濃度最後會達到促使光形態發生（從種子轉化到發芽階段）的閾值。

反之，由於冬天時太陽處於地平線上較低的位置，白天較短。白天，Pr 光敏色素持續轉變為 Pfr 光敏色素，而 Pfr 轉變為 Pr。然而，由於夜晚的時間較長，更多的 Pfr 光敏色素轉為 Pr，Pfr 對 Pr 的濃度較低時會阻止光形態發生。

題目中的突變植株，因為只會合成 Pfr 形式的光敏素，所以濃度很容易達到使光形態發生（如：萌芽）的閾值，而較正常植株容易發芽。

校方釋疑：

依據題意已說明此突變植株只會合成 P_{fr} 形式的光敏素，並請預期突變植株種子發芽「最有可能」發生的情況，不需特別強調環境中給予紅光與遠紅光的比例問題，故從選項中挑出最有可能的選項，維持原標準答案(C)。維持原答案

40. 除草劑草殺淨（ametryne）是一種三氮雜苯（triazine）衍生物，它能抑制植物進行光合作用的主要原因在於它抑制光反應（light reaction）中的
(A) 氧釋放複合體（oxygen-evolving complex），使電子不能釋出
(B) 光系統複合體 II（photosystem II），使質體醌（plastoquinone）不能獲得電子
(C) 細胞色素 *b6-f*（cytochrome *b6-f*），使光系統複合體 I（photosystem I）不能獲得電子
(D 光系統複合體 I，使 $NADP^+$不能獲得電子

詳解： B

一般常見的殺草劑依其殺草原理，大致上包括抑制光合作用型、auxin 型、抑制脂質合成型及抑制胺基酸合成型等數種類型。而其中抑制光合作用型之殺草劑，依其作用方式亦可再細分為(1) 抑制光反應系統 II（photosystem II）型，如尿素類（ureas）（例：diuron、isoproturon、chlorotoluron、linuron 等）；Triazines 類(如：atrazine、simazine、prometryn、terbutryn 等)；Triazinones 類(如 metribuzin、metamitron)；Uracils 類(lenacil、terbacil 等)；Anilides 類(propanil、pentanochlor)；Phenylcarbamates 類（phenmedipham）及其他類（如 bentazone）等。(2) 抑制光反應系統 I（photosystem I）型，如 paraquat 等。(3) 抑制葉綠素、類胡蘿蔔素之色素合成型。而其中更以抑制 PS II 殺草劑之研究報告最為詳盡，triazines 系列殺草劑的作用機轉即屬此類。在 triazines 系列殺草劑中使用最普遍者，即是 atrazine（俗稱草脫淨）。此殺草劑最早發現於 1950 年代，其後便成為甘蔗、玉米及高粱等旱田防治雜草之重要殺草劑。

首先在研究存在於目標位置（target site）之抗性機制時，科學家發現對植物施以 atrazine 後，會阻礙其光合作用光反應系統 II(PSII)中，電子傳遞鏈(electron transport chain)的正常進行，最後導致光能無法順利轉換成足夠的能量以供植物體使用，造成植物死亡，但對於 atrazine 究竟以何種方式破壞 PSII 系統仍不甚了解。後來生化學家嘗試以 ^{14}C-labeled azido-atrazine 對光反應發生部位的葉綠體膜蛋白進行標定時，發現在非抗性植株的膜蛋白中可標定出一個大小約為 32 kD 之蛋白，但抗性植株則沒有任何蛋白可被標定出。經過研究比對後，證實此 32 kD 之蛋白就是位於 PSII 系統中心部位的 D1 膜蛋白，此膜蛋白可利用共價鍵與 plastoquinone 結合進行 Q 循環，而承續電子傳遞的工作。但若在 atrazine 存在的情況下，D1 膜蛋白則會與親和性較強的 atrazine 結合，使得 plastoquinone 無法與 D1 膜蛋白結合，進而阻斷 PSII 系統的電子傳遞，造成植物死亡。

校方釋疑：

依據國家教育研究院雙語詞彙中引用環境科學大辭典(https://terms.naer.edu.tw/detail/1318560/)和研究文獻 Development of a green microwave assisted extraction method for triazine herbicides determination in soil samples (https://www.scielo.br/j/jbchs/a/M7fkhGGttmPJCGXrm8tY3nP/?lang=en) 都將除草劑草殺淨和化學結構以 ametryne 這單字說明，故不影響此題的作答，維持原標準答案(B)。維持原答案

41. 有一植物因突變而造成其細胞凋亡（apoptosis）機制完全被抑制，請問下列哪一種細胞在發育成熟後最可能無法形成正常的功能結構？
(A) 管胞細胞（tracheary element）
(B) 篩管細胞（sieve element）
(C) 表皮細胞（epidermal cell）
(D) 內皮細胞（endodermal cell）

詳解: A

管細胞分為管胞（tracheids）和導管細胞（vessel elements）兩種，共同的特徵是延植物體垂直的方向生長，具有明顯木質化的次生細胞壁，且成熟的細胞為不含原生質體的死細胞。管細胞組成的假導管及導管主要的功能即為水分的輸送，在由導管細胞發育而成的導管中，上下相鄰的兩細胞間以穿孔（perforation）相連，便於水分的輸送。根據演化相關的研究，管胞是較為原始的細胞，導管細胞和纖維細胞皆由其演化而來。蕨類植物、裸子植物內部僅含管胞組成的假導管，被子植物則同時包含假導管及由導管細胞組成之導管。

細胞凋亡（apoptosis）是生物細胞正常生理下計畫性死亡的機制，若植物因突變而造成其細胞凋亡機制完全被抑制，管胞細胞在發育成熟後最可能無法形成正常的功能結構。

42. 維管束植物的根毛產生，最主要取決於
(A) 吉貝素（gibberellin）在根的含量
(B) 根的寬度
(C) 根在土壤中的位置
(D) 根表皮細胞與皮層細胞的相對位置

詳解: D

根毛細胞來源於根系的表皮細胞，然而不是所有的表皮細胞都能夠發育成根毛。如在擬南芥（*Arabidopsis thaliana*）的表皮細胞中，只有位於兩個皮層細胞上方的表皮細胞才能夠發育成根毛，該表皮細胞稱作為生毛細胞。生毛細胞具有顯著特點：分裂速率較快，細胞長度及細胞化程度小，胞質濃厚，細胞核及核仁較大，且細胞表面形成獨特的紋飾結構。

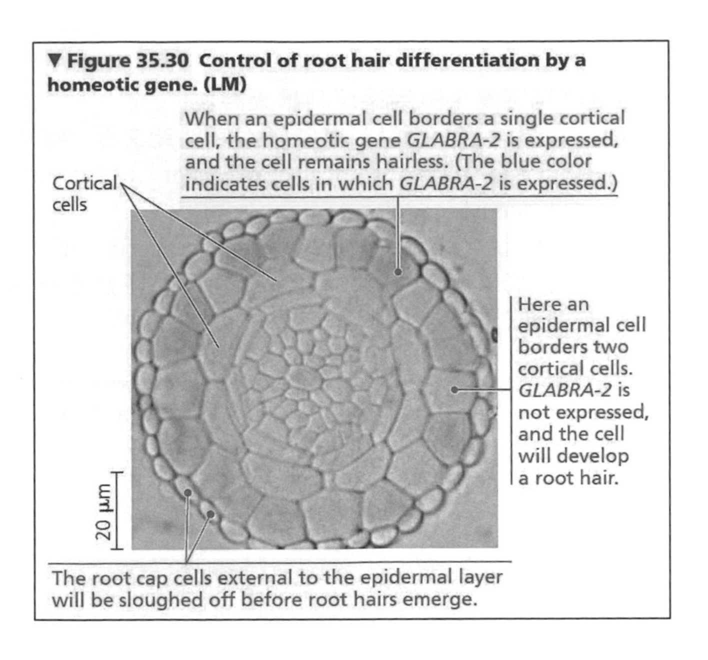

▼ Figure 35.30 Control of root hair differentiation by a homeotic gene. (LM)
When an epidermal cell borders a single cortical cell, the homeotic gene GLABRA-2 is expressed, and the cell remains hairless. (The blue color indicates cells in which GLABRA-2 is expressed.)
Cortical cells
Here an epidermal cell borders two cortical cells. GLABRA-2 is not expressed, and the cell will develop a root hair.
20 µm
The root cap cells external to the epidermal layer will be sloughed off before root hairs emerge.

43. 關於植物的莖頂分生組織(shoot apical meristem)，下列敘述何者最不適當？

(A) 其周邊區域（peripheral zone）的細胞會進行分裂（division）及分化（differentiation）

(B) 其中央區域（central zone）的細胞會無限制地進行分裂

(C) 它決定植株的高度

(D) 它產生葉及側枝

詳解: B

莖頂分生組織通常是指最小的葉原基上方的莖端區域，是一個半球狀穹型結構，莖頂分生組織主要作用是產生葉片、形成幹細胞、維持組織的大小和形狀。從細胞形態上，莖頂分生組織可分為中央區域（central zone，CZ）、外周區（peripheral zone，PZ）和帶狀區（rib zone，RZ）。其中，CZ 區位於分生組織頂端，這裡的細胞以緩慢的分裂活動來維持分生組織自身，同時也為 PZ 區和 RZ 區提供細胞。PZ 區位於中心區周邊，細胞分裂相對較快，分化為不同的器官原基，PZ 區細胞的數量是通過 CZ 區不斷補充的。RZ 區在中心區下方，細胞分裂較快。PZ 區和 RZ 區持續的細胞分裂活動使得莖頂分生組織不斷上移，植物不斷長高。

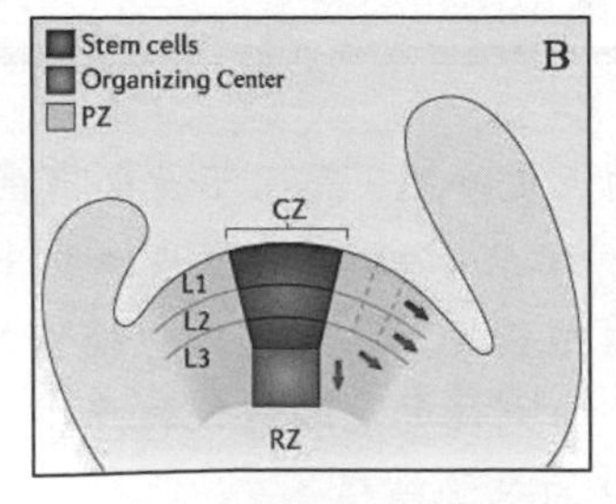

頂端分生組織（apical meristem）：位於根莖的頂端，而側根和側枝也有自己的分生組織。胚胎時期的頂端分生組織是原分生組織，後來位於根莖頂端的則是屬於初生分生組織。莖頂分生組織中，位於枝的頂端的稱之為頂芽（terminal bud），發生於葉腋部位的為腋芽（axillary bud）。側枝是從腋芽分生組織長出來，不需穿破任何組織。

校方釋疑：

在 GROWTH AND DEVELOPMENT | Cell Division and Differentiation (https://www.sciencedirect.com/science/article/pii/B0122270509000119) 的文獻中說明莖頂分生組織的中央區域(central zone, CZ)與根尖分生組織的靜止區域(quiescent center)的細胞和其他區域細胞相比較都是具有相對較緩慢的分裂速率，因題意已說明要選擇最不適當的敘述選項，此選項敘述不夠明確，故維持原標準答案(B)。維持原答案

44. 關於葉綠體基因組（chloroplast genome）與粒線體基因組（mitochondrial genome）的敘述，下列何者最為正確？
(A) 葉綠體基因的 mRNA 以通用密碼（universal codon）轉譯胺基酸序列
(B) 兩個基因組的大小（genome size）相似
(C) 粒線體基因的 mRNA 以通用密碼轉譯胺基酸序列
(D) 兩個基因組的來源相同

詳解: A

真核細胞中大多數的 DNA 位在細胞核內（nuclear DNA，簡稱為 nDNA），粒線體 DNA（mitochondrial DNA，簡稱為 mtDNA）則是指粒線體內的環狀 DNA。nDNA 與 mtDNA 不太一樣，主要差異如下表：

	nDNA	mtDNA
存在處	細胞核	粒線體
數量	染色體數，固定	數個，視細胞種類而異
基因數	約 3 萬	37
核苷酸（鹼基）對數	約 30 億	約 16500
DNA 形狀	線狀	環狀
AUA 密碼子	Isoleucine	Methionine
AGA/AGG 密碼子	Arginine	終止密碼子
UGA 密碼子	終止密碼子	Tryptophon
突變機率	較少	較多
分裂	有絲分裂或減數分裂	隨機複製
遺傳方式	父母各半	母親
遺傳常見疾病	依孟德爾遺傳率，有顯隱性	影響不同細胞，多樣性

校方釋疑：

這題主要是與 universal genetic codon 和 non-universal genetic codes 的定義有關，而與粒線體與葉綠體基因組上的 RNA 編輯事件無關，此題已說明要選出最為正確的選項，故維持原標準答案(A)。維持原答案

45. C_4 植物及景天酸代謝（crassulacean acid metabolism, CAM）植物，都是以磷酸烯醇丙酮酸羧化酶（PEP carboxylase）固定 CO_2 後，再進行後續的卡爾文循環（Calvin cycle）合成三碳化合物。比較這兩種植物進行光合作用的路徑，下列敘述何者最為正確？
(A) 兩者皆在白天固定 CO_2
(B) 過量蘋果酸(malate)在葉肉細胞質中，會回饋抑制(feedback inhibition)兩者的 PEP carboxylase 活性
(C) 兩者皆在同一個葉肉細胞中固定 CO_2 及進行卡爾文循環
(D) 兩者以相同的途徑再生丙酮酸（pyruvate）的合成

詳解：B

磷酸烯醇丙酮酸羧化酶（PEP carboxylase，PEPC）是光合作用形式為 CAM 型及 C4 行植物中初級固定二氧化碳的關鍵酵素之一，使植物能更有效率地利用水分和氮源，以適應強日照、高溫、乾旱的環境。

PEPC 是普遍存在於植物體內的一種酵素，由四個相同的次單元所組成，每個次單元之分子量約為 100 KDa。PEPC 催化 PEP 進行β羧化作用(β-carbodylaton)在重碳酸鹽（bicarbonate）及二價陽離子（如：Mg^{2+}、Mn^{2+}）共同作用下，產生草醯乙酸(oxaloacetate, OAA)及 Pi。PEPC 是一種異構酵素(allosteric enzyme)，其酵素活性會被蘋果酸抑制，也會受到 G6P（glucose-6-phosphate）的活化。

在 C4 及 CAM 光合作用中，PEPC 都是將大氣中二氧化碳固定成四碳酸，如：草醯乙酸、蘋果酸、天冬胺酸的起使羧化。四碳酸經由去羧化作用，在植物細胞內釋放出二氧化碳。然後，二氧化碳進入卡爾文循環，進行光合作用。

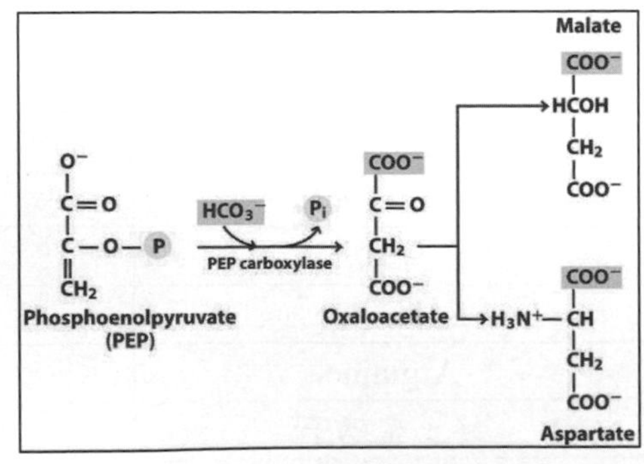

CAM 在許多方面都與 C4 植物之 PCA cycle 非常相似，除了有兩點特徵不同：

（1）在 C4 植物，四碳酸的形成與四碳酸去羧化、二氧化碳的再固定，是藉由 C4 植物特殊的葉片構造來做一種空間上的分隔。而 CAM 植物則是靠著時間上的分隔，來區隔四碳酸的形成與四碳酸的去羧化、二氧化碳的再固定。

（2）CAM 植物缺乏像 C4 植物那樣特殊的葉片構造。CAM 植物在夜間打開氣孔，白天關閉，以減少水分散失。所以，CAM 植物在夜晚進行固碳作用，PEPC 將澱粉、糖類糖解而來的 PEP 與二氧化碳一起羧化成草醯乙酸，草醯乙酸再轉化為蘋果酸，然後運送、堆積於大液泡中。到了白天，氣孔關閉，水分不會散失，但也無法再從大氣中獲得二氧化碳。此刻，儲存於液泡中的蘋果酸被轉運出來，進行去羧化作用。從蘋果酸釋放出來的二氧化碳則進入 C3 卡爾文循環，被轉化成碳水化合物。

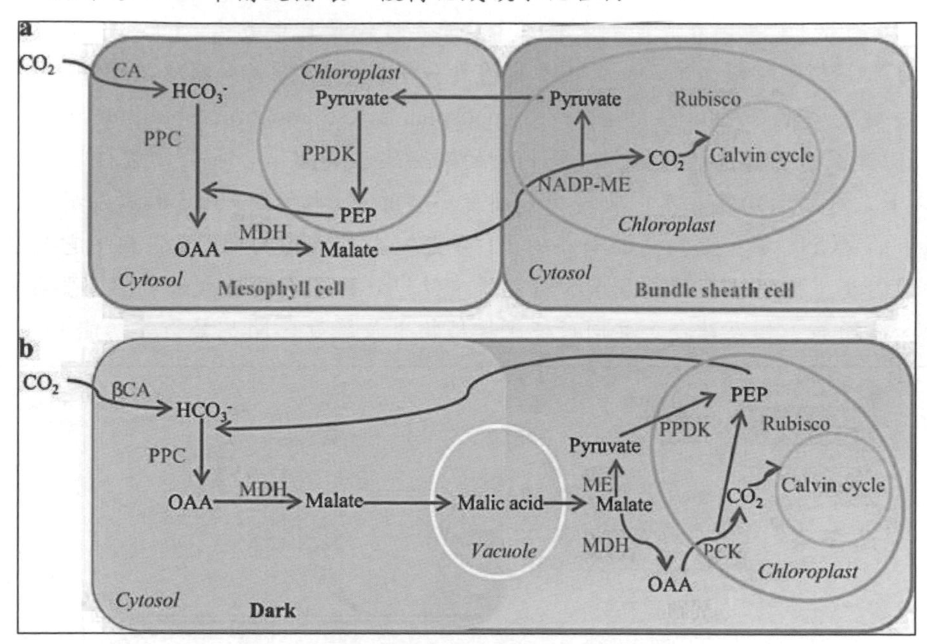

校方釋疑：

CAM 植物在景天酸代謝過程中晚上生成的 oxaloacetate 會還原成 malate 並儲存在液泡中，到了白天液泡內偏酸物質如 malate 或 aspartic acid 被釋放出來再進行脫羧反應，釋放的二氧化碳進入卡爾文循環進行光合作用，而 C_4 植物再生丙酮酸(pyruvate)的合成途徑之前的 malate 在葉肉細胞合成後送至維管束鞘細胞與 CAM 植物的方式有些不同，因在這題已說明要從選項中挑選出最為正確敘述的選項，故維持原標準答案(B)。維持原答案

46. 開花素（florigen）是促進植物開花的轉錄因子（transcription factor），下列關於開花素的敘述何 者最不正確？
(A) 開花素是一種磷脂醯乙醇胺類蛋白質（phosphatidylethanolamine protein）
(B) 開花素在莖頂分生組織（shoot apical meristem）合成
(C) 開花素與其他蛋白形成複合體後，啟動花器的發育
(D) 開花素的表現量會受到光週期調節

詳解: B

人類對於植物開花的探索很早便開始了。1936 年，前蘇聯科學家 Chailakhyan 通過嫁接實驗發現傳遞成花誘導信號的物質開花素（Florigen）。至 20 世紀 80 年 代開花素假說逐漸得到完善，形成了現在人們熟知的開花素假說：感受光週期反應的器官是葉片，它經誘導後產生成花刺激物—開花素。近十幾年，隨著分子遺傳學與分子生物學的不斷發展，開花素的定義得以更新：FT 基因編碼的 FT 蛋白即是植物的開花素。

擬南芥 FT 基因在光週期激發下，主要在植物葉片中表達。FT 編碼的小分子蛋白為 175 個胺基酸，經加工折疊後成為分子質量約為 19.8 kDa 的 FT 蛋白。該蛋白屬於磷脂醯乙醇胺結合蛋白（phosphatidyle-thanolamine-binding protein，PEBP）家族，其晶體結構與哺乳動物的磷脂醯乙醇胺結合蛋白非常相似。

F T 基因的功能在不同物種中是高度保守的，如水稻的 H d 3 a、番茄的 SFT、玉米的 ZCN8 等。無論是擬南芥的 FT 蛋白，或是水稻的 Hd3a 蛋白，它們在植物體內產生後將在不同時間、不同空間內與其他許多不同種類的物質（蛋白、脂質、糖類等）相互結合，共同行使調控植物生長發育、開花繁衍等功能。

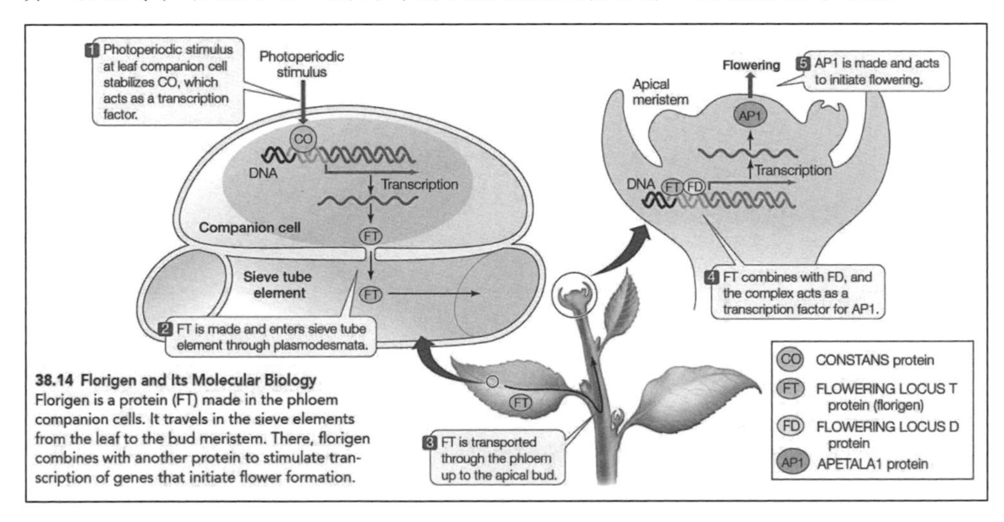

38.14 Florigen and Its Molecular Biology
Florigen is a protein (FT) made in the phloem companion cells. It travels in the sieve elements from the leaf to the bud meristem. There, florigen combines with another protein to stimulate transcription of genes that initiate flower formation.

47. 下列何者為蘚苔植物和其他陸生植物間的主要差異？
(A) 具有會游動的精子
(B) 孢子體不能獨立生活，需依附於配子體
(C) 植物體表面不具有角質層
(D) 有配子囊保護雌雄配子

詳解: B

蘚苔植物是最早登陸的植物，外表演化出角質層，可以防止水分的過度散失。所有苔蘚植物都沒有維管束構造，輸水能力不強，因而限制它們的體形及高度。有假根，而沒有真根。葉由單層細胞組成，整株植物的細胞分化程度不高，為植物界中較低等者。

蘚苔植物具有世代交替現象，主要部份是配子體，配子體能形成雌雄生殖器官具有配子囊可保護雌雄配子。雄生殖器成熟後釋出精子，精子以水作為媒介游進雌生殖器內，使卵子受精。受精卵發育成孢子體，不能獨立生活，需依附於配子體，是與其他陸生植物間主要的差異。孢子體具有孢蒴（孢子囊），內生有孢子。孢子成熟後隨風飄散。在適當環境，孢子萌發成絲狀構造(原絲體)。原絲體產生芽體，芽體發育成配子體。

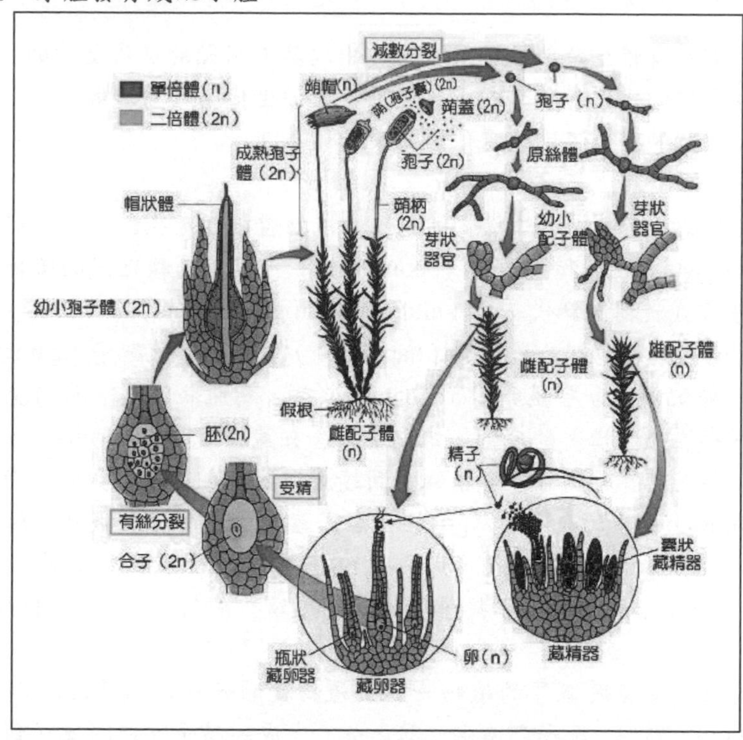

48. 植物激素調節（hormonal regulation）與動物激素調節的最主要不同之處在於_____。
(A) 植物中沒有專門的荷爾蒙產生器官，但動物中具有
(B) 所有植物激素的產生很少在長途運輸中進行的
(C) 只有動物激素濃度受到發育調節
(D) 只有動物激素可以具有外部或內部受體（receptors）

詳解: A

植物激素是指植物細胞接受特定環境信號誘導產生的、低濃度時可調節植物生理反應的活性物質。它們在細胞分裂與伸長、組織與器官分化、開花與結實、成熟與衰老、休眠與萌發以及離體組織培養等方面，分別或相互協調地調控植物的生長、發育與分化。有水溶性、脂溶性甚至氣體形式，可長距離運輸，激素受體的類型也有膜受體、胞內受體等類型，但並沒有特化出特定器官來產生特定類型的激素。

49. 下列有關植物世代交替的敘述，下列何者最為正確？
(A) 凡行有性生殖之植物其生活史中均具有世代交替的現象
(B) 行有性生殖的世代為雙套體，行無性生殖的世代則為單套體
(C) 蘚苔類植物的配子體世代需依附於孢子體生活
(D) 維管束植物的孢子體世代漸趨發達，配子體世代漸趨退化

詳解: D

(A) 並非所有行有性生殖之植物其生活史中均具有明顯的世代交替的現象。
(B) 行有性生殖的世代為單套體，行無性生殖的世代則為雙套體。
(C) 蘚苔類植物的孢子體世代需依附於配子體生活。
(D) 正確。

陸生植物的生活史中，二種多細胞性的植物體相互產生對方，分別稱為配子體（gametophyte）世代和孢子體（sporophyte）世代，兩種世代的植物體交替出現這種生殖方式就稱為世代交替（alternation of generations）。

配子替世代的細胞都是單倍體（haploid, n），其能產生配子（gametes），因而命名之。雌配子體含有藏卵器（archegonia），為瓶狀構造，其內能形成一卵細胞，並保存在瓶狀構造的底部。雄配子體含有藏精器（antheridia），能產生許多精細胞，並將其釋放出來。當精細胞到達藏卵器，在其內與卵細胞受精，產生二倍體（diploid, 2n）的合子（zygote）。合子經多次有絲分裂成為多細胞的孢子體，故孢子體的細胞是二倍體，成熟的孢子體行減數分裂產生單倍體的孢子（spore），因而命名之。孢子掉落到適當的環境，經行有絲分裂則形成多細胞的配子體。

植物的世代交替從低等的植物－蘚苔植物就開始有這種情況。以土馬騌屬（Polytrichum）為例，配子體有雌、雄之分，生成的精子可能隨風送到藏卵器內與卵進行受精作用，所產生的合子發育成孢子體，其不含葉綠體，不能獨立存在，故寄生在雌配子體內。因此我們常見到蘚苔植物的配子體世代，可知低等植物中配子體占主導地位。

但當植物體出現維管束系統後，配子體出現的時間越來越短暫，孢子體開始逐漸顯著。蕨類植物配子體為原葉體，雌雄同株（同時具有藏精器和藏卵器），雖無維管束，但仍可獨立生活；其孢子體發達，具有根、莖、葉的構造，也可獨立生活。種子植物的配子體為胚囊（雌性）和花粉管（雄性），二者皆退化，無法獨立生活，而寄生於孢子體內；其孢子體發達，具有根、莖、葉的構造，可獨立生活，並能利用種子繁殖，有利陸地生活。

植物體不能移動，無法像動物體能自由移動，擴大生存空間，也無法主動找到其他個體進行有性生殖，以增加遺傳多樣性。但植物體仍需足夠的生長空間，以避免過度競爭；也要有遺傳變異的產生，才有利子代適應變動的環境，而世代交替這種生殖方式能提供植物體解決這些問題的好處。

世代交替的過程中，有二次基因重組的機會，第一次是在形成孢子前的減數分裂，過程中同源染色體因聯會而發生基因互換，且非同源染色體之間自由組合，

可形成多種基因組合的孢子。第二次則發生在形成合子時，因精子和卵之間隨機融合而產生的基因重組。此外，孢子可由風吹或水流帶到其他區域，以擴展生長空間；種子植物的種子有更多的機會散佈出去，例如水力傳播、風力傳播、動物傳播、自力傳播等方法。

50. 許多植物在授粉時，會發生配子體或孢子體自交不親和性（gametophytic or sporophytic self-incompatibility）。如果 A 植物的自交不親和性基因型是 S_1S_2，它所產生的花粉附著在 B 植物的柱頭上，下列何種情況最有可能讓花粉管開始延伸？
(A) 此物種屬於配子體自交不親和性，且 B 植物的自交不親和性基因型是 S_1S_3
(B) 此物種屬於孢子體自交不親和性，且 B 植物的自交不親和性基因型是 S_1S_3
(C) 此物種屬於配子體自交不親和性，且 B 植物的自交不親和性基因型是 S_1S_2
(D) 此物種屬於孢子體自交不親和性，且 B 植物的自交不親和性基因型是 S_1S_2

詳解： A

自交不親和有兩種方式，第一種是配子體自交不親和（gametophytic self-incopatibility），由花粉自己阻礙自身的發育現象；自我辨識使花粉管內的 RNA 被分解而停止生長或是雌蕊內的 RNA 水解酵素進入花粉管中，使 RNA 被水解，例如：茄科、薔薇科和一些豆科植物；第二種是孢子體自交不親和（sporophytic self-incompatibility），柱頭的表皮細胞會抑制花粉的萌發，推測參與此反應的物質位於花粉粒表面，其來源是雄蕊花藥孢子體組織產生，例如：十字花科植物中常見。

不論配子體型還是孢子體型，自交不親和性在遺傳上其辨識能力是來自植物基因中的 S 基因座（S-Locus）上的 S 基因，植物柱頭會分辨花粉的 S 對偶基因是否與自己相同，不同的對偶基因才會讓花粉完成受精。例如：植物是 S1S2 基因型時，若單倍體的花粉是 S1 或 S2 型時，當這兩種花粉落到自身植株的柱頭上，花粉就不能萌發或萌發一段時間就停止；如果是 S2S3 基因型的植株產生的 S2 或 S3 型花粉落到 S1S2 基因型植株的柱頭上時，S2 型的花粉會被抑制，但 S3 型的花粉則能成功萌發花粉管完成受精作用。如果是 S3S4 基因型的植株產生的 S3 或 S4 型花粉落到 S1S2 基因型植株的柱頭上時，S3、S4 型的花粉都能成功萌發花粉管完成受精作用。S 對偶基因在某些植物中更高達 50 種不同的對偶基因型，屬複等位基因遺傳；現更發現有些植物具有兩個位點以上的複等位基因遺傳模式。

若 A 植物的自交不親和性基因是 S1S2，根據配子體自交不親和性，其產生的 S1、S2 配子可分別於不含 S1 或 S2 的柱頭上萌發；若根據孢子體自交不親和性，A 植物產生的配子，不能於含有 S1 或 S2 的柱頭上萌發。

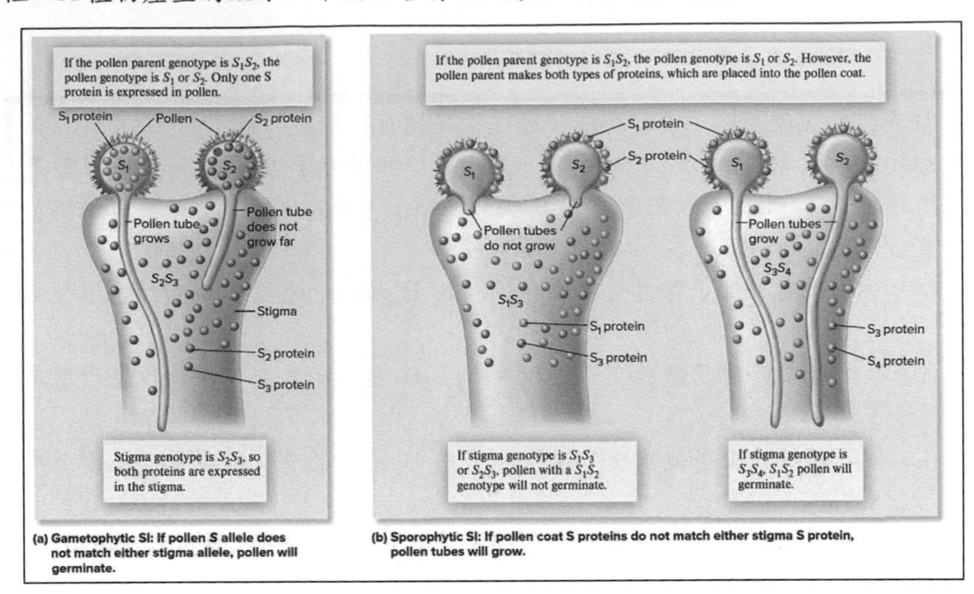

(a) Gametophytic SI: If pollen *S* allele does not match either stigma allele, pollen will germinate.

(b) Sporophytic SI: If pollen coat S proteins do not match either stigma S protein, pollen tubes will grow.

高元師資

教學幽默風趣 挑戰有機極限

有機方智

方朝正

教學特色
1. 台大化研所
2. 補教界任教長達34年之久，對考情方向和考分析非常深入了解

有機李鉌

李庠權

教學特色
1. 理論根基時力強，講解完全切入核心。
2. 講義教材、編輯按照考情趨勢編寫。
3. 教學由淺入深，非本科生容易理解，本科生更增進實力！

有機潘奕

潘已全

教學特色
1. 台大化學所畢業
2. 以圖像記憶術及理解為主，筆記為輔
3. 教學深入淺出，適合非本科系學習

連中雙榜

一年考取

黃光毅 /嘉藥藥學

慈濟.義守/後中醫

化學是我的弱科，在還沒補習之前普化很弱，有機更是一點概念都沒有，我很感謝李鉌老師上課對我特別的關注。學習時我走基本路線，就是把百分百2.0做到盡善盡美。

連中雙榜

一年考取

黃彥凱 /高醫心理

中國醫.慈濟/後中醫

方智老師、潘奕老師，前者奠定了我有機的基礎，後者將有機疑惑之處徹底打通，使有機成為強項不再煩惱，到後期有機更是不用怎麼念就可以掌握考題。有機是這樣的，一旦觀念通，整部有機都不用太多的背誦，若要背也是有技巧的背，而非見一個記一個，也不能散著背，要整合理解，而這些老師都會幫你準備好。

蔡宛臻 /中國醫中資

中國醫/後中醫

學習有機是要全面理解，而不是像普化有明顯的分章。潘奕老師總是能以例通法，以圖說理的方式，讓學生有個準備的方向。老師的板書筆記，將電子跳躍和反應機構可以一次呈現在眼前，因此，可以更容易全面去理解學習。最重要的，還是要勤做考古題，去從中找出考試的重點。

錢宣融 /政大語文

中國醫.義守/後中醫

方智老師真的是文組學生的有機救星！我從高中就是一類組，大學也從來沒有碰過化學，但是老師的教法讓我在還沒開始上很多普化課程時就可以跟上上課的內容，而且老師會教我們很多SOP解法，例如看到某結構就要有什麼反應，讓我解題時可以在心裡有一套標準流程，也就比較不會慌。另外老師也把機構都講的很清楚，把老師的思路學起來也可以幫我們判斷比較變化的考題。

一年考取

岳書琪 /台大工管

中國醫/後中醫

潘奕的有機非常強調理解，但是對於一年的考生，要做到完全了解並不容易，所以我考試前，就給自己10題的錯誤額度，換言之，我化學的策略就是拿基本分，反應能理解就理解，無法理解就背起來。但這個方法讓我在慈濟只考50分XD，所以誠心建議，如果有時間的話不要走到這一步XD

楊靜怡 /中國醫藥學

中國醫/後中醫

潘奕老師的基礎打的很好，在後面比較難的題型都可以運用到，每個章節老師也都會出小考，一定要跟著進度走，不會的就問爆，老師也都會熱心提點解題。再加上李鉌老師的有機總複習，幫同學把所有有機公式和考古題，都整理得一目了然，最後關鍵把題庫寫爛就可以把握住有機的分數！

非本科系考取

學長姐推薦 你也可以

鄭O庭 成大/心理 清大.中興.中山/後西醫

一定就要抱著「我今年一定要上榜的決心」去度過每一天

生化于傳老師真的是超級用心，因為現在總共有四間學校，生化的考點變得更廣又更細，老師的課程盡可能在每間學校的考點都盡量的幫我們都把握住了，幾乎不需要再另外多找其他資料，讓生化準備起來相對省力許多。物理吳笛老師很適合基礎是零的學生，上老師的物理課很像在聽故事，很適合把物理觀念基石建立好。

陳繪竹 成大/會計 慈濟/後中醫

考試前經歷了人生低谷，但我堅持信念，相信谷底即將反彈

生物黃彪老師教學邏輯清晰，架構明確，教材精美，教學用心，回答學生問題很有耐心。有機潘奕老師幫我打下基礎，方智老師幫我建立快速解題模式，推薦方智老師的題庫班，可以把相關的考題都串在一起，有機我覺得基本觀念最重要，是所有章節的基礎。康熙老師英文解題班老師上課會教我們怎麼快速選答案的技巧，覺得很受用，老師上課也很用心補充許多新聞英文，還有一些GRE等級的單字，非常充實，文法部分老師也帶了很多題目做訓練，補足我最弱的文法。

洪懿君 政大/新聞 中國醫.義守.慈濟/後中醫

這場考試只要把老師說的話聽進去並確實做到就考上了。

簡正老師的國文課，內容扎實，面面俱到，舉凡小學、字義、國學、閱讀等各類主題，老師都會針對重點，加強訓練，不要小看文科可以進步的空間，我認真的上了一年簡正老師的國文課，成績進步超過20分。李鉌老師的普化課，完全考試導向，我身為社會組的考生，超過15年沒有接觸化學，都可以聽懂、學會、得分。

中國醫藥大學 109 學年度學士後中醫招生考試試題暨詳解

科目：普通生物學 **黃彪 老師解析**

選擇題為單選題，共 50 題，每題 2 分，共計 100 分，請選擇最合適的答案。

1. 四種限制酶(restriction enzyme) *BamHI, BglII, ClaI,*及 *BstBI* 的切割位如下：

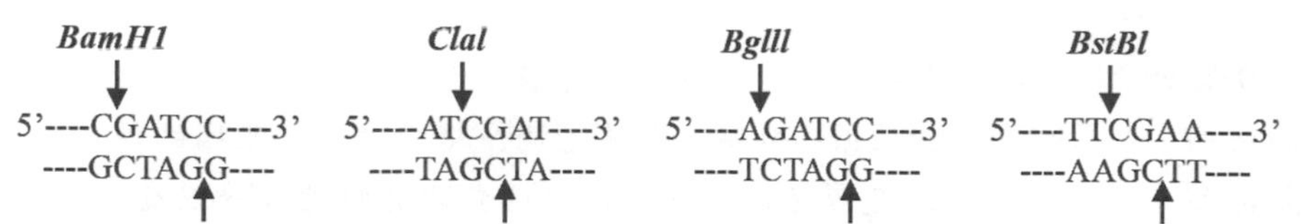

小鼠的染色體 DNA 中，某一段基因的單股序列為：

3'----AAGCTTTCTAGCTAGCTGTAGC----5'

則哪幾種限制酶可在該段染色體 DNA，切割出黏狀末端(sticky ends)？

(A) *BamHI* 和 *BglII*

(B) *BstBI* 和 *ClaI*

(C) *BamHI* 和 *ClaI*

(D) *BglII* 和 *ClaI*

(E) *BglII* 和 *BstBI*

詳解: B

3'----AAGCTTTCTAGCTAGCTGTAGC----5'，注意：5'和 3'的方向性！

BstBI *ClaI*

2. 下列細胞內 G 蛋白質(G protein)及其相關訊息傳遞的敘述，何者正確？
注意：只需考慮大 G protein(trimeric G protein)

甲、有些 G 蛋白質的 α 次單元(Gα)可抑制腺苷環化酶(adenyl cyclase)

乙、G 蛋白質中只有 Gα 可調控離子通道的開關

丙、有些離子通道可直接受到 cGMP 或 cAMP 的調控而開啟

丁、動情素也可與 G-protein 偶合的受體(G protein coupling receptor)結合

(A) 只有甲、乙

(B) 只有乙、丙

(C) 只有丙、丁

(D) 只有甲、丙、丁

(E) 只有甲、乙、丙

詳解: D

在細胞中至少存在四種主要的 G protein，它們的 β 次單元及 γ 次單元皆相同，唯一不同的地方在於 α 次單元，依照 α 次單元的不同可分為 Gi (αi subunit)、

Gs(αs subunit)、Gq(αq subunit)、G12(α12 subunit)，當它們被活化後各自參與不同的生理反應。活化的 Gi：αi subunit 參與調控離子通道開關(Ion channels)、抑制 cAMP 生成(inhibition cAMP)、活化脂質水解酶(Phospholipases)促進脂質水解、活化小腸磷酸二酯酶(Phosphodiesterases)促進 cGMP 水解。活化的 Gs：αs subunit 會促進 cAMP 生成(increase cAMP)。活化的 Gq：αq subunit 會活化磷脂酶 C(Phospholipase C)。活化的 G12：α12 subunit 會活化 Rho GEFs，Rho GEFs 可活化 Rho-family GTPases，Rho-family GTPases 為調節細胞骨架(actin)組裝的因子。

雌激素受體包括兩大類：一是經典的核受體，包括 ERα 和 ERβ，它們位於細胞核內，介導雌激素的基因型效應，即通過調節特異性目標基因的轉錄而發揮「基因型」調節效應；二是膜受體，包括經典核受體的膜性成分以及屬於 G 蛋白偶聯受體家族的 GPER1(GPR30)、Gaq-ER 和 ER-X，它們介導快速的非基因型效應，通過第二信使系統發揮間接的轉錄調控功能，其中一些似乎只在腦局部起作用。這兩類受體在生物體內的分布具有組織/細胞特異性，參與了對諸如生殖、學習、記憶、認知等多種功能的調節。

校方釋疑：

考生觀念有誤。

1. 動情素脂溶性是用細胞內 RECEPTOR。題目中未限定為細胞質或核內受體，Estrogen 本身便具有 GPER (G-protein coupling estrogen receptors)。
2. 只需考慮大 G protein (trimeric G protein)，不用考慮小 G protein (monomeric G protein.)而非不需思考 G-protein coupling receptor.
3. 丁應為錯誤，考生觀念有誤，estrogen 可與 GPCR 結合，Estrogen 本身便具有 GPER (G-protein coupling estrogen receptors)。

https://www.ncbi.nlm.nih.gov/pmc/articles/PMC5125080/

https://journals.plos.org/plosone/article?id=10.1371/journal.pone.0231786

維持原答案為(D)

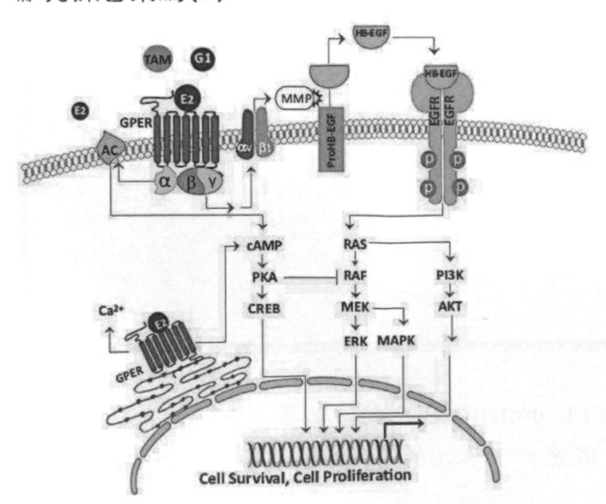

3. 右圖為哺乳類動物的胚及胚外膜(extra-embryonic membrane)構造的示意圖，「甲」～「戊」為五個不同的構造，則下列有關其構造名稱或功能之描述，何者正確？

(A) 甲是羊膜(amnion)，位於最外層

(B) 乙是絨膜(chorion)，與胚最接近為物理性之屏障

(C) 丙內富含卵黃，為胎盤發育前胚胎營養之主要來源

(D) 丁為尿膜(allantois)是胚外膜最早形成的構造，與泌尿道相連

(E) 戊包括來自母體和胚胎的構造

詳解: E

甲是絨毛膜，是胚外膜最早形成的構造；乙是羊膜；丙內並未富含卵黃；丁為尿膜，源自原腸後段腹面的突出物，與消化道相連。戊是胎盤，包括來自母體(子宮內膜)和胚胎(絨毛膜)的構造。

4. 下列有關 C_3 植物、C_4 植物、與 CAM 植物葉片之光合作用的敘述，何者**錯誤**？

(A) C_3 植物固定 CO_2 的酵素僅存在於葉綠體中

(B) 所有的植物之卡爾循環(Calvin cycle)僅在葉綠體中進行

(C) C_3 植物與 C_4 植物的維管束鞘細胞的葉綠體中均可進行卡爾循環

(D) C_4 植物與 CAM 植物光合固碳反應的產物有 3C 分子，也有 4C 分子

(E) C_3植物與C_4植物在白天進行卡爾循環，CAM植物在晚上進行卡爾循環

詳解: E

雖然有固碳機制的差別，但 C_3、C_4 與 CAM 植物都是在白天進行卡爾循環。

校方釋疑：

答案(C) C_3 植物與 C_4 植物的維管束鞘細胞葉綠體中均可進行卡爾循環；因 C_3 植物之維管束鞘細胞並無葉綠體，故答案 C 中已清楚指出應為 C_3 植物的葉綠體，而 C_4 植物的卡爾循環則在維管束鞘細胞葉綠體進行，故答案(C)敘述為正確，不存在所提之相關疑慮。故維持原答案(E)

5. 下列有關動物門及其特徵的描述，何者**錯誤**？

(A) 櫛板動物門(Ctenophora)—輻射對稱、具櫛板(ciliary combs)

(B) 線蟲動物門(Nematoda)—輻射對稱、假體腔動物

(C) 刺胞動物門(Cnidaria)—輻射對稱、水螅體及水母體兩種體型

(D) 扁形動物門(Platyhelminthes)—兩側對稱、消化循環腔

(E) 棘皮動物門(Echinodermata)—兩側或輻射對稱，具有體腔

詳解: B

線蟲動物門為兩側對稱、假體腔動物。

6. 請將下列植物，依其相互包含程度，由包容最大到最小的排列次序，何者正確？
甲、木賊(horsetails)
乙、有胚植物(embryophytes)
丙、維管束植物(tracheophytes)
丁、無種子維管束植物(seedless vascular plants)
(A) 甲>乙>丙>丁
(B) 乙>丙>丁>甲
(C) 丙>丁>甲>乙
(D) 丁>甲>乙>丙
(E) 乙>丙>甲>丁

詳解: B

甲～丁中涵蓋範圍由大到小的是：有胚植物(陸生植物)>維管束植物(蕨類與種子植物)>無種子維管束植物>木賊。

7. 下列有關藻礁與珊瑚礁的敘述，何者**錯誤**？
(A) 東沙珊瑚礁屬於環礁(atoll)
(B) 墾丁南灣珊瑚礁屬於裙礁(fringing reef)
(C) 珊瑚礁的累積速度較藻礁快
(D) 固定的底質為造礁的首要條件
(E) 珊瑚礁的主要造礁生物為石珊瑚，軟珊瑚對造礁並無貢獻

詳解: E

科學家以高倍數的電子顯微鏡研究推斷：軟珊瑚具有將沈積在軟珊瑚群體基部的骨針，以膠狀物質將骨針凝聚成一堅硬的岩石，宛如石珊瑚以骨骼形成的礁石；再以 X 光檢視骨針岩切片發現它乃是以每年 0.3～0.6 公分累積的速度，像樹的年輪一般，逐年堆積，最後形成以骨針岩為主的珊瑚礁岩。

8. 地球生命的演化過程中，請問下列事件發生的先後次序，何者正確？
甲、多細胞真核生物的起源(original of multicellular eukaryotes)
乙、粒線體的起源(original of mitochondria)
丙、葉綠體的起源(original of chloroplasts)
丁、藍綠藻的起源(original of cyanobacteria)
戊、藻菌共生的起源(original of fungal-plant symbioses)
(A) 丁、乙、丙、甲、戊
(B) 丁、乙、丙、戊、甲

(C) 丁、乙、甲、丙、戊
(D) 丁、丙、乙、甲、戊
(E) 丁、丙、乙、戊、甲

詳解: A

生命的演化進程，原核早於真核細胞出現，粒線體早於葉綠體出現，單細胞早於多細胞出現，藻菌共生是真菌與植物登陸後才普遍發生的事件。

9. 就構造與起源而言，請問東港大鵬灣是屬於下列哪一類型的河口？
(A) 峽灣
(B) 溺河谷
(C) 沙洲河口
(D) 構造河口
(E) 河岸平原河口

詳解: C

峽灣乃由冰川形成的地形。峽灣形成是由於冰川侵蝕河谷所致，冰川由高山向下滑時，不僅從河谷流入，還將山壁磨蝕，成為峽谷。當這些接近海岸的峽谷被海水倒灌時，便形成峽灣。

大鵬灣是台灣地區的潟湖地形，其形成的原因乃由海濱的沈積現象，為波浪侵蝕和沿岸河流搬運的沈積物，在海岸邊能量低的地方造成不同地形和沈積作用。而大鵬灣則是東港溪和林邊溪自上游挾帶泥沙入海，在經海流、季風漂送形成沙嘴沈積現象，沙嘴是一長條砂礫所成的狹脊，由陸地上的海岬或沙灘延伸入海中，大致和海岸線平行。如果沙嘴橫越海灣的出口而將之全部封閉，則造成海灣洲(Bay Barrier)或灣口沙洲(Bay-mouth Barrier)。海灣洲類型形成封閉的海灣則造成潟湖，大鵬灣即為此一潟湖。

10. 下方為小方體檢時，呼吸功能檢測的部分數值；試依下方數值計算小方的肺泡通氣量 (alveolar ventilation volume)為何？
潮氣容積(tidal volume)：500 mL；呼吸頻率(respiratory rate)：12 次/分鐘。
肺總容積(total lung capacity)：7.0 L；肺活量(vital capacity)：4.8 L。
解剖性無效腔(anatomic dead space)：150 mL。
(A) 72.0 L/min
(B) 6.0 L/min
(C) 4.2 L/min
(D) 1.8 L/min
(E) 0.35 L/min

詳解: C

肺泡通氣量＝(潮氣容積-解剖性無效腔) × 呼吸頻率＝(0.5-0.15) × 12＝4.2。

11. 下列有關動物神經系統構造的敘述，何者**錯誤**？
(A) 節肢動物(Arthropods)具有腦(brain)及神經索(nerve cord)
(B) 水母(Medusae)具有神經網(nerve net)及神經環(nerve ring)
(C) 頭足綱動物(Cephalopods)具有腦、小腦(cerebellum)及背根神經節(dorsal root ganglion)
(D) 扁形動物(Platyhelminthes)具有神經節(ganglion)
(E) 刺胞動物(Cnidarians)具有神經網

詳解：C

原始的種類例如立方水母類，也像水螅水母一樣，在傘緣具有兩個神經環。但多數的缽水母類已不存在這種傘緣神經環，而是神經細胞集中，形成4個或8個神經節分布在傘緣的觸手囊中。

節肢動物和頭足綱的腦從貫穿身體的兩條平行神經索中產生。節肢動物有一個分為三部分的腦中樞，每隻眼睛後面用於處理視覺信息的視葉很大。無脊椎動物中腦最大的是頭足類動物(如章魚和魷魚)。軟體動物如烏賊等頭足類，其神經系統具有巨大的神經索以及腦部，感官系統極為發達。根據章魚的種類和你詢問的對象不同，其腦細胞據估計在1億至5億個。但所有人都認同一個觀點：其中過半腦細胞都分佈在章魚的8個觸手上。相比而言，人類擁有850億個神經元，多數都位於顱骨內。

校方釋疑：

Medusae 為重要的例子來說明 nerve net & nerve ring

1. 附參考圖片如下：

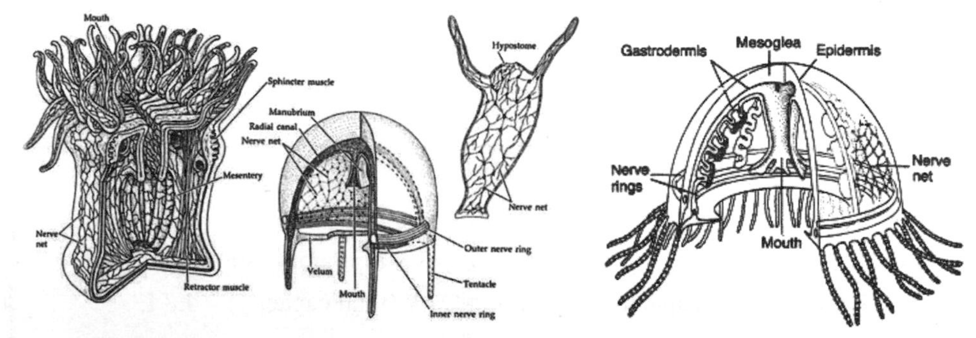

2. 附小篇論文如下。

https://www.cell.com/current-biology/pdf/S0960-9822(13)00359-X.pdf

煩請撥冗細閱

維持原答案 (C)

12. 右圖為發炎時，其中三種免疫細胞到達發炎部位的時間及作用強度示意圖，則下列選項中，圖中甲～丙與細胞種類(a, b, c)的配對，何者正確？〔a-嗜中性球(neutrophils), b-單核球(monocytes), c-淋巴球(lymphocytes)〕

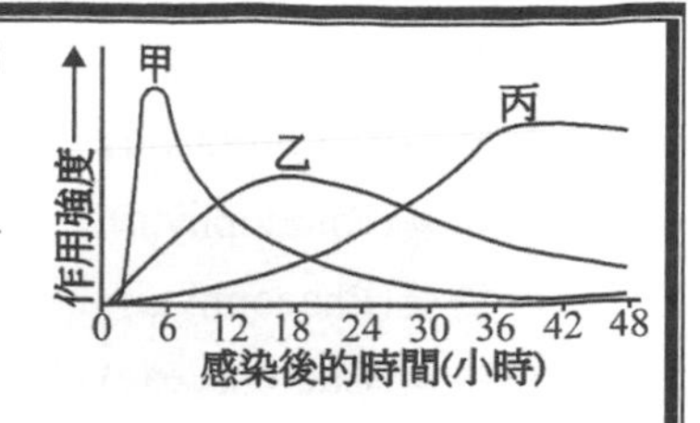

(A) 甲-a, 乙-b, 丙-c
(B) 甲-b, 乙-c, 丙-a
(C) 甲-c, 乙-a, 丙-b
(D) 甲-b, 乙-a, 丙-c
(E) 甲-a, 乙-c, 丙-b

詳解： A

嗜中性球是在人體血液內含量最多的一種白血球，並且是主要的非專一性作用細胞(nonspecific effector cells)，表示此類細胞能在一發現入侵者時立即進行消滅。除巨噬細胞外，它為人體受到細菌感染後最重要的吞噬細胞；細菌感染通常會使骨髓裏的嗜中性球產量增加。

單核球在骨髓內成長非常快速，成熟後先送入血液，再由血液移至身體各組織深處。在移動期間會進一步的成長與分化。因此，在進入組織後它們已轉化成另一種白血球，稱之巨噬細胞。巨噬細胞是最主要的抗原呈獻細胞，在其分化過程中體積可增大五至十倍，胞器的數目與複雜性相對的增加，吞噬能力及溶解酵素的活性也大為提高，並且開始分泌許多細胞激素。

淋巴球負責後天免疫，需以較負責的機制來活化，在到達發炎部位的時間相對較晚。當然，發揮作用的時間也較晚。

校方釋疑：

考生理解有誤，

1. 請注意 附圖下方時間軸。
2. 佐證的課本資料為統合各主要反應，時間軸與題目不同。
3. Journal 中 monocytes recruit neurtrophils 可解讀為正回饋機制，並非說明 monocyte 必定在 neutrophils 之前。

The nature of the leukocyte infiltrate varies with the age of the inflammatory response and the type of stimulus. In most forms of acute inflammation neutrophils predominate in the inflammatory infiltrate during the first 6 to 24 hours and are replaced by monocytes in 24 to 48 hours.

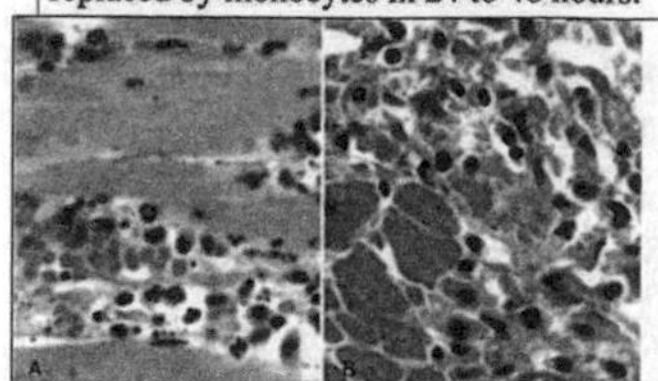

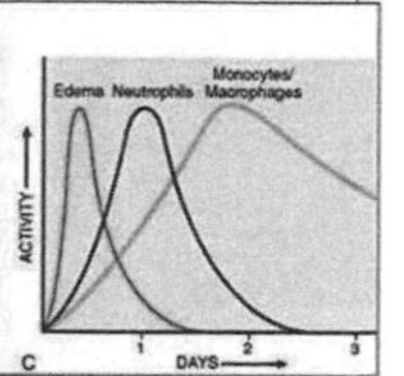

The photomicrographs are representative of the early (neutrophilic) (A) and later (mononuclear) cellular infiltrates (B) seen in an inflammatory reaction in the myocardium following ischemic necrosis (infarction). The kinetics of edema and cellular infiltration (C) are approximations.

13. 臺灣東北角海域的石花菜可製成洋菜，請問它是屬於哪一類的藻類？

(A) 綠藻(Chlorophyta)

(B) 紅藻(Rhodophyta)

(C) 褐藻(Phaeophyta)

(D) 裸藻(Euglenaceae)

(E) 藍綠藻(Cyanobacteria)

詳解: B

石花菜又稱瓊脂、寒天(源自日文)、菜燕。學名：*Gelidium amansii*。石花菜是一種生長於海岸潮間帶的紅藻，但通常位於潮間帶下層，平常不管漲退潮都不太容易由陸地上看見，而是必須潛到海中約一到五公尺深的底層礁岩去拔取。每年農曆三至五月初之間盛產，家家戶戶曝晒石花菜成為貢寮沿海一項特殊的景觀。石花菜是那種非常挑剔水質的植物，只要海水愈清澈、海域流動愈快速，品質就愈好。石花菜含有藻紅素、藻藍素、維生素 B1、B2 及多種礦物質等營養素，具有多種保健功效，能幫助維持消化機能，使大小便順暢，因此民間又俗稱為「海燕窩」。有包覆脂肪和澱粉效果的 agarose 成分。

14. 右圖為甲～戊五種動物的分類階層關係，下列有關牠們分類階層關係的敘述，何者**錯誤**？

(A) 甲和丙是同科關係

(B) 丙和丁是同科關係

(C) 甲和乙是同科關係

(D) 丁和戊的關係有五個分類階層是一樣的

(E) 乙和丙的關係有六個分類階層是一樣的

種 種 屬 種 屬 科
甲 乙 丙
種 屬 種 屬
丁 戊

詳解: E→ 更正答案為(D)或(E)

生物分類的階層由大到小一般分為：域、界、門、綱、目、科、屬、種。兩生物若於下層階層相同，那麼他們於上層的階層也一定會相同，例如：兩生物同屬必定同科、目、綱、門、界、域。

校方釋疑：

原始設定為從「界」開始計算，但亦有課本從「域」開始計算，顧及考生使用之版本不盡相同，故開放(D)也為正確答案之一。修正本題答案為(D)或(E)

15. 菌根(mycorrhizae)主要以何種方式加強植物的營養？

(A) 刺激根毛的發育

(B) 轉換大氣中的氮為氨

(C) 使根部能寄生於鄰近其它種的植物

(D) 透過真菌菌絲吸收水分和礦物質

(E) 提供糖分給根部細胞，因為根細胞沒有葉綠體

詳解: D

植物的根常與真菌產生互利共生而形成菌根。植物提供真菌生長所需的碳水化合物，而真菌因其菌絲比根毛細長，可增加吸收養分的表面積。

菌根的吸收機制有物理性的也有化學性的。從物理角度而言，大部分菌根菌絲都比植物最細的根要細，表面積更大，因此它們能夠深入植物根與根毛無法進入的地方，吸收大量營養物質。從化學角度而言，真菌細胞膜功能與成分與植物的不同。比如，真菌可能會分泌有機酸來溶解離子，分泌螯合劑來螯合離子，亦或者是通過離子交換將離子從土壤礦物上分離下來。在營養貧瘠的土壤中，菌根對植物尤其有幫助。

校方釋疑：

考生誤解字義！

根毛是高等植物根尖表皮上的毛狀物，主要位於根的成熟區，形成根毛區。根毛上的真菌會釋放 growth factor 刺激「根」的生長及增加分支。維持原答案(D)

16. 下列我國國家公園中，哪一個最晚設立？

(A) 台江國家公園

(B) 金門國家公園

(C) 東沙環礁國家公園

(D) 墾丁國家公園

(E) 澎湖南方四島國家公園

詳解: E

台灣自 1961 年開始推動國家公園與自然保育工作，1972 年制定「國家公園法」之後，相繼成立墾丁、玉山、陽明山、太魯閣、雪霸、金門、東沙環礁、台江與澎湖南方四島共計 9 座國家公園

17. 小雯為準備生物科考試，製作有關糖解作用（glycolysis）與檸檬酸循環（citric acid cycle）的比較表如下，表中內容，何者**錯誤**？

項目	比較內容	糖解作用	檸檬酸循環
(A)	發生在何種生物	真核及原核生物	真核生物
(B)	發生的部位	細胞質	粒腺體基質
(C)	有氧或無氧呼吸	有氧、無氧呼吸均可	無氧呼吸
(D)	啟始作用物	葡萄糖	Acetyl-coA
(E)	產物	丙酮酸、ATP、CO_2	$NADH_2$、$FADH_2$、ATP

詳解: E

(A) 醣解作用與檸檬酸循環在原核以及真核生物中都會發生。

(B) 原核生物的檸檬酸循環於細胞質中進行。

(C) 檸檬酸循環可於有氧呼吸時進行。

(D) 檸檬酸循環的起始作用物為 Acetyl-coA 與 OAA。

(E) 檸檬酸循環的產物為：NADH、$FADH_2$、ATP 以及 CO_2。

校方釋疑：

謝謝考生提問及陳述見解，然而當中恐有誤解。

1. 本題自題幹到各選項，均已明確表明為比較「糖解作用」及「檸檬酸循環」，而非「有氧呼吸」及「無氧呼吸」整個過程的比較。
2. 檸檬酸循環主要是醣類、脂肪與蛋白質的共同代謝路徑，所以只要能夠產生乙醯輔酶 A (acetyl CoA)後，就能進入克氏循環來進行後續代謝，而過程中也沒有需要氧氣的供給，所以選項 C 內容是正確的。本題的答案仍為(E)。

18. 苯丙酮尿症(phenylketonuria)是一種由隱性等位基因所引起的遺傳疾病。假如育有三名子女的夫妻，夫妻皆為帶因者(carriers)，則下列各種情況的或然率，何者正確？

甲、三個小孩都是正常表型的或然率是 27/64

乙、三個小孩都患病的或然率是 1/64

丙、三個小孩中至少有一個患病的或然率是 37/64

丁、至少一個小孩的表型正常的或然率是 27/64

戊、全家中至少有三個帶因者的或然率是 27/64

(A) 甲、乙、丙

(B) 甲、乙、丁

(C) 甲、乙、戊

(D) 乙、丙、丁

(E) 乙、丙、戊

詳解: A

甲、$(3/4)^3$＝27/64。
乙、$(1/4)^3$＝1/64。
丙、1-$(3/4)^3$＝37/64。
丁、1-$(1/4)^3$＝63/64。
戊、1-$(2/4)^3$＝7/8。

19. 下列有關臺灣紅樹林的敘述，何者**錯誤**？
(A) 紅茄苳是臺灣現生紅樹林植物
(B) 紅樹林通常生長在河海交會處
(C) 水筆仔是淡水河紅樹林主要林種
(D) 五梨跤和欖李主要分布於臺灣南部
(E) 紅樹林具有淨化水質、緩流消浪的功用

詳解: A

台灣原有六種紅樹林植物：水筆仔、紅海欖(舊名五梨跤)、細蕊紅樹、紅茄苳、海茄苳、欖李六種 ；現在僅存水筆仔、紅海欖、欖李及海茄苳四種，而四種中只有水筆仔和紅海欖有胎生苗現象，海茄苳的胎生現象已不明顯。欖李則無此現象。細蕊紅樹、紅茄苳因建高雄港而消失。

紅茄苳。常綠灌木至小喬木，樹皮灰色至黑色。葉對生，具長柄，革質，長橢圓形，兩端銳尖。單花腋生；萼筒紫紅色，鐘形，常作 8～12 深裂，裂片線形；花瓣與花萼裂片同數，先端 2 裂，裂片頂端具有長毛；雄蕊多枚；子房下位；果實圓錐形。4 月初可見花及胎生果。

紅茄苳—主要分布於熱帶非洲、東南亞及澳洲。臺灣的紅茄苳最早記錄出現在 1896 年，Henry 引用了 Playfair 及自己採於高雄之標本，1932 年工藤祐舜明確描述此物種產於高雄的三民區、前鎮、旗津等地；高雄灣的確是早期臺灣最好的紅樹林觀察地區，1958 年港口擴建時砍除部分植株，但仍保有所有種類，當時胡敬華在高雄灣採集紅茄苳標本，並於 1959 年記錄當地僅剩 22 株，是此物種在臺灣最後的記錄。紅樹林的消失，應是高雄第二港擴建所導致。目前臺灣地區已無原生的紅茄苳。

校方釋疑：

題 A 選項為「紅茄苳是台灣現生樹林植物 」，意指紅茄苳在台灣為現生並未滅絕，實際上台灣種之紅茄苳在已滅絕。考生所提供有關紅茄苳資料，若屬實(未提供學術界驗證資料)只能說明為自國外引進之相似物種。故維持原答案(A)。

20. 試排列靈長類(primates)、脊索動物(chordates)、哺乳動物(mammals)、脊椎動物(vertebrates)、有羊膜類(amniotes)、有頜動物(gnathostomes)等的演化支，由包容最大到最小的排列次序，何者正確？

(A) 脊索動物>脊椎動物>有羊膜類>有頜動物>哺乳類>靈長類
(B) 脊索動物>脊椎動物>有頜動物>有羊膜類>哺乳類>靈長類
(C) 脊索動物>脊椎動物>有頜動物>哺乳類>有羊膜類>靈長類
(D) 脊椎動物>脊索動物>有羊膜類>有頜動物>哺乳類>靈長類
(E) 脊椎動物>脊索動物>有頜動物>哺乳類>有羊膜類>靈長類

詳解: B

動物演化衍徵出現順序：脊索、脊椎、下頜、胚外膜、乳腺、大型腦。

21. 假如將腎上腺素(epinephrine)、甲狀腺素(thyroid hormone)、升糖素(glucagon)、胰島素(insulin)、醛固酮(aldosterone)、糖皮質素(glucocorticoids)和雄性素(androgens)等進行歸類，其中醛固酮、糖皮質素和雄性素被歸為同一類，則下列有關其據以歸類的原因，何者正確？

甲、是否為蛋白質類的激素
乙、受體是否位在細胞質或細胞核內
丙、是否會調控體內血糖的濃度
丁、是否在腎上腺皮質所製造及分泌
戊、是否為固醇類的激素

(A) 甲、乙
(B) 乙、丙
(C) 乙、丁、戊
(D) 丁、戊
(E) 乙、戊

詳解: D

甲、蛋白質類的激素：升糖素、胰島素。
乙、腎上腺素、升糖素、胰島素的受體位於細胞膜上。
丙、與血糖的濃度有關：腎上腺素、升糖素、胰島素、糖皮質素。
丁、在腎上腺皮質製造及分泌：醛固酮、糖皮質素和雄性素。
戊、固醇類激素：醛固酮、糖皮質素和雄性素。

校方釋疑：

考生思考方向錯誤，「受體是存在細胞質內」不是題目設定之分類依據，否則，為何 thyroid hormone 未被納入？維持原答案(D)

22. 植物甲的染色體數目 2n＝12，植物乙則是 2n＝16。有一新種丙為異源多倍體(allopolyploid)，係由植物甲與乙雜交而來，其染色體數目 2n＝28；植物丙最可能由下列哪種過程形成種化？

(A) 適應輻射(adaptive radiation)

(B) 異域種化(allopatric speciation)

(C) 同域種化(sympatric speciation)

(D) 種系發生種化(anagenic speciation)

(E) 因性擇(sexual selection)而產生的種化

詳解: C

依題目所述：新種丙為異源多倍體，係由植物甲與乙雜交而來，加上植物種化之特性，可以合理推測：植物丙最可能由同域種化過程形成。

23. 養雞場會造成氮與磷的污染，當其排遺注入沿海常造成藻類大量生長，但只偵測到高濃度的氮而磷濃度則非常低。以此水樣進行三組實驗，分別為添加磷組、添加氮組、和對照組並進行培養；結果添加磷組的藻類大量生長，添加氮組與對照組的藻類生長狀況相似且藻類量少。若不考慮其它因素，根據上述結果，下列哪一項推測較合理？

(A) 氮是藻類生長的限制因子

(B) 水中高濃度的氮可控制藻類的生長

(C) 在水中加入磷可降低優養化的現象

(D) 在水中加入氮可能形成優養化的現象

(E) 減少水中磷的含量可能降低藻類的生物量

詳解: E

根據上述實驗過程及其結果可知，磷才是藻類生長的限制性養分。而優養化是由於藻類過度增生所造成，所以在水中加入磷會促進優養化的現象。

24. 下列哪項機制對於維持族群內個體間的性狀多型性(phenotypic polymorphism)，助益最小？

(A) 族群的基因多樣性高

(B) 族群內個體間資源競爭激烈

(C) 環境中有許多不同的棲地類型與資源

(D) 擁有族群中較常見性狀的個體，獲得較多交配機會

(E) 擁有族群中較少見性狀的個體，比較不容易被掠食者發現

詳解: D

若擁有族群中較常見性狀的個體能獲得較多交配機會，那麼擁有族群中較罕見性狀的個體就會漸漸被稀釋。這樣的現象會造成族群內個體間的性狀多型性減少。

25. 下列「甲」～「丁」有關維生素(vitamins)缺乏及所引發疾病的配對，何者正確？

甲、缺乏維生素 A：夜盲症

乙、缺乏維生素 B_{12}：貧血

丙、缺乏維生素 C：壞血病

丁、缺乏維生素 K：神經萎縮

(A) 只有甲、乙

(B) 只有甲、丙

(C) 只有甲、乙、丙

(D) 只有乙、丙、丁

(E) 甲、乙、丙、丁

詳解: C

維生素 K 缺乏症稱為低凝血酶元症，其症狀是延長血液凝固時間及皮下出血，稱為紫斑症。維生素 K 亦可防止內出血和痔瘡、減少月經時的大量出血。因人體腸道細菌會自行合成維生素 K，因此一般人很少會有維生素 K 缺乏的情況。

26. 下列有關海水(洋)特性的敘述，何者**錯誤**？

(A) 大洋底層海水的溶氧量最低

(B) 可見光中以藍光在海水的穿透度最大

(C) 海水中陽離子主要自岩石溶解而來

(D) 海水壓力每下降 10 公尺增加一大氣壓

(E) 海水中陰離子主要源自火山活動的噴發

詳解: A

在生產者較少但消費者數量中等的水域中，由於氧氣主要來自大氣擴散，所以表層的氧氣含量會高於底層的氧氣含量。但在生產者與消費者皆少的水域中，則因為消耗氧氣的生物量少，且水域底層的溫度較低，水域底層的氧氣量反而會高於表層，且底層氧氣可能趨近於飽和，這也是為什麼深海的魚類在缺乏植物的深海中仍有氧氣可以呼吸。

在漫長的地球演化過程中，海水因地球排氣作用不斷累積增長。海水的化學成分，一是來源於大氣圈中或火山排出的可溶性氣體，如 CO_2、NH_3、Cl_2、H_2S，SO_2 等，這樣形成的是酸性水；二是來自陸上和海底遭受侵蝕破壞的岩石，受蝕破壞的岩石為海洋提供了鈉、鎂、鉀、鈣、鋰等陽離子。目前海水中陰離子的含量，如氯離子、氟離子、酸根離子、碳酸氫根離子等遠超過從岩石中吸取出的數量。因此，海水中鹽類的陰離子主要是火山排氣作用的產物，而陽離子則由被侵蝕破壞的岩石產生，其中有很大部分是通過河流輸入海洋的。另外，受蝕的岩石也為海洋提供了部分可溶性鹽。

校方釋疑：

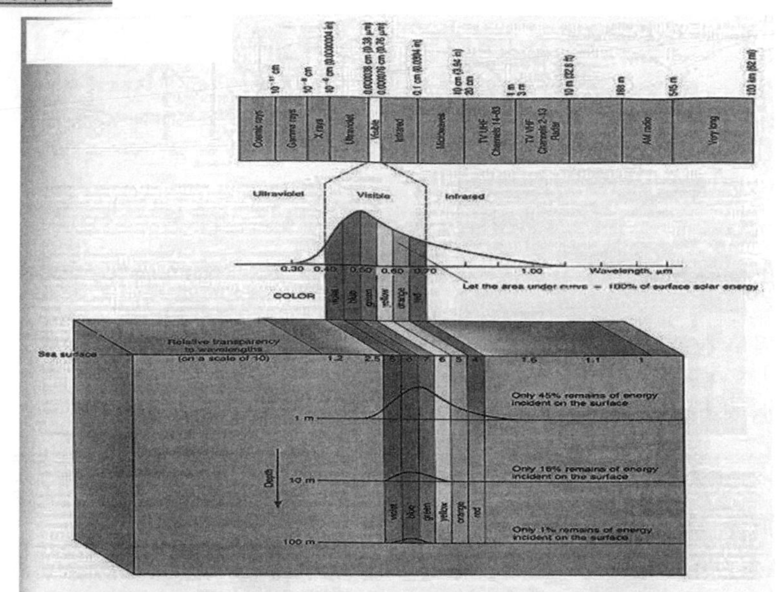

摘自 Thurman, H. V. (1993) "Essentials of Oceanography", 4th ed.

1. 提出釋疑考生未附上任何佐證資料，所理由似屬個人猜想。
2. 藍光在海水的穿透度較其他色為高，是特性之基礎知識附課本截圖如上方。
3. 在可見光中以藍在海水的穿透度最大，此乃為何主要呈現色原因。

維持原答案（A）

27. 目前全球的人口數約接近多少？
(A) 60 億
(B) 70 億
(C) 80 億
(D) 90 億
(E) 100 億

詳解：C

世界人口已在 2019 年 5 月達到 77 億人。聯合國估計，在 2100 年將進一步增加到 112 億。

校方釋疑：

題目為”目前全球的人口數為多少？”，根據世界人口時鐘網站資料（https://countrymeters.info/en），截至今年四月底止全世界人口已達 77.6 億，接近約 80 億人。故維持原答案（C）。

28. 右圖為五類型(A～E)生物的生存曲線，何者最可能為會蛻殼(molt)海洋甲殼類的生存曲線？

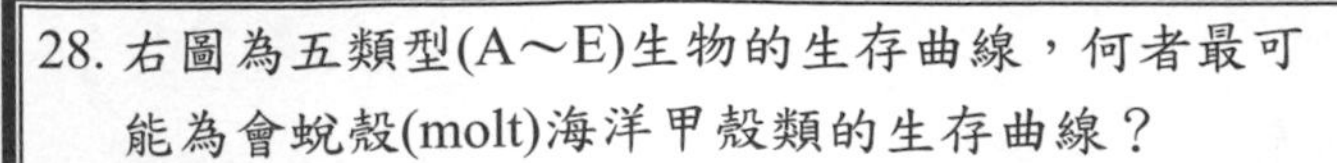

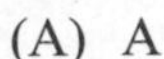

(A) A

(B) B

(C) C

(D) D

(E) E

詳解: D

蟹類或昆蟲會因為在蛻皮期間的死亡率較高，所以生存曲線會呈現如(D)所示的「階梯狀」

29. 下列生態系中，何者平均每年每平方公尺的固碳量(primary productivity; g C/m^2/yr)最高？

(A) 鹹沼澤(salt marsh)

(B) 海草床(seagrass bed)

(C) 紅樹林(mangrove)

(D) 珊瑚礁(coral reef)

(E) 溫帶雨林(temperate rainforest)

詳解: D

根據 Solomon 10th 表格內容，(D)珊瑚礁為平均每年每平方公尺的固碳量最高的生態系。

TABLE 55-1 Net Primary Productivity (NPP) for Selected Ecosystems

ECOSYSTEM	AVERAGE NPP (g dry matter/m^2/year)
Algal beds and reefs	2500
Tropical rain forest	2200
Swamp and marsh	2000
Estuaries	1500
Temperate evergreen forest	1300
Temperate deciduous forest	1200
Savanna	900
Boreal (northern) forest	800
Woodland and shrubland	700
Agricultural land	650
Temperate grassland	600
Upwelling zones in ocean	500
Lake and stream	250
Arctic and alpine tundra	140
Open ocean	125
Desert and semidesert scrub	90
Extreme desert (rock, sand, ice)	3

Source: Based on Whittaker, R. H. *Communities and Ecosystems*, 2nd ed. Macmillan, New York, 1975.

校方釋疑：

問題為哪一生態系平均每年方公尺的固碳量(primary productivity; g C/m²/yr)最高？

目前資料顯示(ISBN 978-1-259-25199-3; p. 227, Table 10.1)：

珊瑚礁生態系：1500-3700 g C/m²/yr

海草床生態系：550-1100 g C/m²/yr

故維持原答案 (D)

30. 下表中有關「甲」～「丁」植物激素及其功能的敘述，何者正確？

代號	植物激素名稱	相關功能
甲	吉貝素	促進莖部延長、種子萌發
乙	細胞分裂素	會延遲葉片老化
丙	乙烯	誘發植物的三相反應(triple response)
丁	離層素(酸)	促進細胞分裂素的合成

(A) 甲、乙、丙
(B) 甲、乙、丁
(C) 甲、丙、丁
(D) 乙、丙、丁
(E) 甲、乙、丙、丁

詳解: A

離素(離層素、離層酸，簡稱 ABA)能抑制種子萌發，因此又稱為休眠素。離素在成熟或老化的葉內含量較多，所以老葉容易脫落。離素對生長素或吉貝素都有拮抗作用，如果在生長素溶液中加入離素，則生長素促進莖生長的作用就消失。至於吉貝素促進大麥種子產生酵素以分解養分的作用，也會因離素的存在而失效。植物遇到乾旱逆境時，葉肉細胞產生離層素，促使氣孔關閉、葉片捲曲、加速老葉的老化與掉落、減緩枝條生長。

31. 某長日照植物的臨界夜長為 9 小時，則下列「甲」～「丁」為此長日照植物，經不同光照週期處理後，植物是否開花的敘述，何者正確？

甲、光照 14 小時→黑暗 10 小時(會開花)
乙、光照 16 小時→黑暗 8 小時(不會開花)
丙、光照 4 小時→黑暗 8 小時→光照 4 小時→黑暗 8 小時(會開花)
丁、光照 9 小時→黑暗 2 小時→光照 3 小時→黑暗 10 小時(不會開花)

(A) 甲、乙
(B) 乙、丙
(C) 丙、丁
(D) 甲、丁

(E) 乙、丁

詳解: A→更改答案為C

連續黑暗(夜長)對於植物開花的影響大於光照(日長)。長日照植物即為短夜植物，當連續夜長短於臨界夜長時視為會開花。甲、丁條件下不會開花，而乙和丙處理條件下應會開花。

校方釋疑：

原釋疑：題幹中提示該植物的臨界夜長為9小時，故只要在24小時的周期中，有超過9小時的連續黑暗便會開花(甲、丙)，不超過則會開花(乙、丁)。維持原答案(A)。

更正版：經確認後，原答案有誤，更正答案為(C)。

32. 下列有關「專一性免疫反應」及「非專一性免疫反應」的敘述，何者正確？
甲、受到病毒感染時，干擾素的釋出及其作用，為「非專一性免疫反應」
乙、發炎反應時，肥大細胞釋出組織胺造成血管通透性改變，為「非專一性免疫反應」
丙、B細胞的免疫反應，源自於輔助性T細胞，而非抗原，為「專一性免疫反應」
丁、B細胞藉由產生抗體以分解抗原，為「專一性免疫反應」
戊、輔助性T細胞不參與胞殺性T細胞之活化，為「專一性免疫反應」
(A) 甲、乙
(B) 甲、乙、丙
(C) 甲、乙、丁
(D) 甲、乙、戊
(E) 甲、乙、丁、戊

詳解: A

丙、B細胞的免疫反應可由抗原或輔助型T細胞來活化。

丁、抗體並不能分解抗原。

戊、輔助型T細胞能分泌IL2等參與胞殺性T細胞之活化。

33. 有絲分裂(mitosis)與減數分裂(meiosis)的比較，何者**錯誤**？
(A) 兩者皆有二分體出現
(B) 兩者核酸的複製皆發生於S期
(C) 正常狀況下兩者皆有遺傳再組合的現象發生
(D) 僅減數分裂會發生聯會、同源染色體互換等現象，有絲分裂則無
(E) 有絲分裂產生子細胞數目為減數分裂的一半，但染色體套數為減數分裂

詳解： C

正常狀況下僅有減數分裂會產生遺傳再組合的現象發生。

34. 台灣沿海最大的潮差最常出現在下列哪一港口？
(A) 台中港
(B) 台北港
(C) 安平港
(D) 基隆港
(E) 高雄港

詳解： A

台灣東部海岸面臨太平洋，所以潮差較小。西部海岸緊臨台灣海峽，受地形的局限，潮差變化甚大，但南北兩端的潮差較小，基隆與台北的潮差平均不超過2公尺，但台中港則達4公尺左右，大潮時甚至可達6公尺。潮差的大小會影響河川的自清作用。

台灣東海岸的潮汐變化因瀕臨廣大的太平洋，潮差長落的高度較小；在西岸則因面臨台灣海峽的海域較窄、水深較淺的影響，潮差漲落的高度較大。例如：台中附近海域的漲落潮差最大(約達五到六公尺的最大潮差)，漲潮時，潮水由台灣的北端與南端的海域同時往台中外海海域流動；而落潮時，潮水又由台中開始，分別向北與向南的兩股與漲潮相反方向的潮流，同時向南北移動。

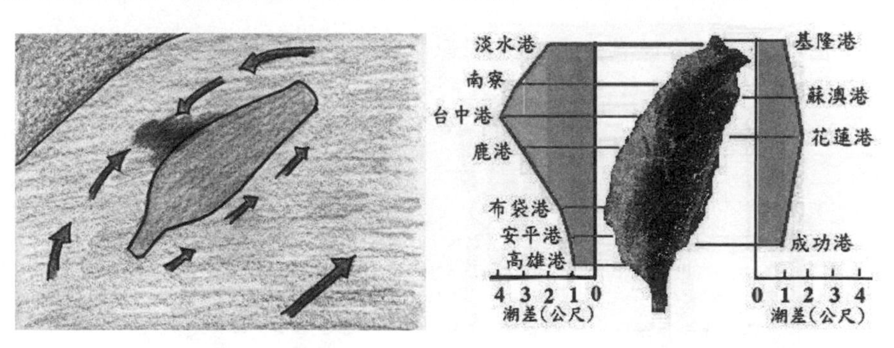

35. 有一內含水溶液的人造細胞，其外圍由選擇性通透膜包覆。將其置於裝有溶液的燒杯內，人造細胞與燒杯內溶液的溶質濃度分別如下圖左、右所示。此選擇性通透膜對水及單醣具有通透性，但對雙醣則完全不通透。下列敘述，何者**錯誤**？

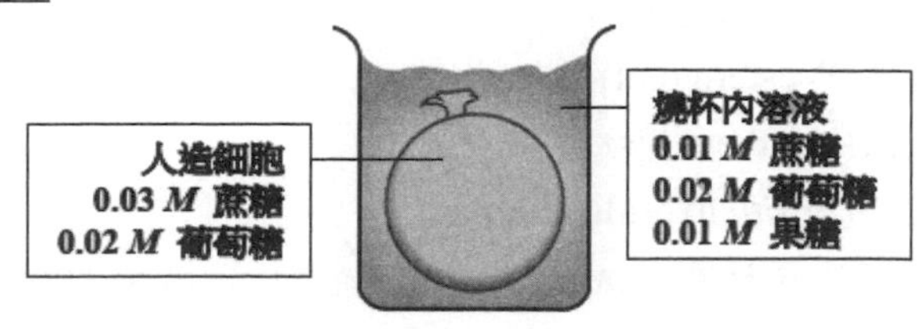

(A) 果糖將會淨擴散進入人造細胞
(B) 葡萄糖將會淨擴散離開人造細胞
(C) 對人造細胞而言，此環境是低張溶液
(D) 人造細胞放入燒杯後會更形膨脹
(E) 當平衡時，人造細胞內、外蔗糖濃度為 0.005 M

詳解: E → 更正答案為(B)或(E)

當平衡時，人造細胞內、外果糖濃度為 0.005 M。

校方釋疑：

依據題目所提供之數據，選項(B)葡萄糖確實不會淨擴散離開人造細胞，故此敘述為錯誤。故除原(E)選項外，(B)亦為答案。

36. 互換(crossing over)通常發生於下列哪些染色體節段之間？
(A) 非同源染色體之姊妹染色分體(sister chromatids)之間
(B) 同一條染色體的姊妹染色分體(sister chromatids)之間
(C) 體染色體(autosome)與性染色體(sex chromosome)之間
(D) 基因體(genome)的非同源基因座(nonhomologous loci)之間
(E) 同源染色體之非姊妹染色分體(nonsister chromatids)之間

詳解: E

如下圖所示，互換通常發生於(E)同源染色體之非姊妹染色分體之間。

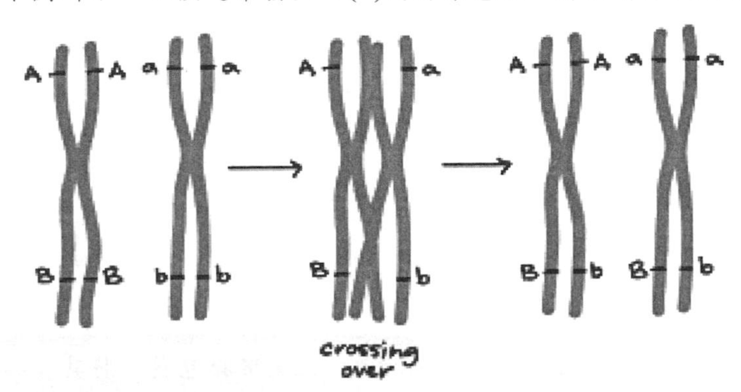

37. 下列生化分析方法，哪些可用於評估蛋白質的表現量？
甲、南方墨漬法(Southern blot)
乙、西方墨漬法(Western blot)
丙、北方墨漬法(Northern blot)
丁、原位雜交法(*in situ* hybridization)
戊、即時聚合酶鏈式反應(Real-time polymerase chain reaction)
(A) 甲、乙、丁

(B) 乙、丙、丁
(C) 乙、丙、戊
(D) 乙、丙、丁、戊
(E) 甲、丙、丁、戊

詳解: D

評估蛋白質表現量的方式能直接偵測標的蛋白質本身或間接偵測編碼該蛋白質的 mRNA 來達成。

甲、南方墨漬法為偵測標的 DNA 存在與否或相對量之技術。乙、西方墨漬法用以偵測標的蛋白質表現量。丙、北方墨漬法可偵測 mRNA 表現量。丁、原位雜交法能偵測 mRNA 的位置且間接判斷其表現量。戊、即時聚合酶鏈式反應能即時得知每一週期以 DNA 為模版進行 PCR 產物的產量變化。

校方釋疑:

只要可分析 protein or mRNA 的均可用以評估蛋白質表現量。*In situ* hybridization 和 qPCR 相類似，均以 mRNA 為檢測標的，並可據以評估其相應基因之表現量再配合 Western blot 做精確的定量分析。

Example-1: https://www.ncbi.nlm.nih.gov/pubmed/11371713

NMDA receptor subunit mRNA and protein expression in ethanol-withdrawal seizure-prone and -resistant mice.

Example-2: https://www.ncbi.nlm.nih.gov/pubmed/19099259

In situ hybridization to evaluate the expression of Wnt and Frizzled genes in mammalian tissues.

維持原答案 (D)

38. 某單基因遺傳疾病的致病基因為隱性，且位於 X 染色體上。右圖為某家族的譜系圖，圓形(◯)代表女性，方形(□)代表男性；白色代表健康的家族成員；灰色代表病患。在不考慮新增突變的情況下，此家族成員中不能確定是否帶有致病基因的成員共有幾位？

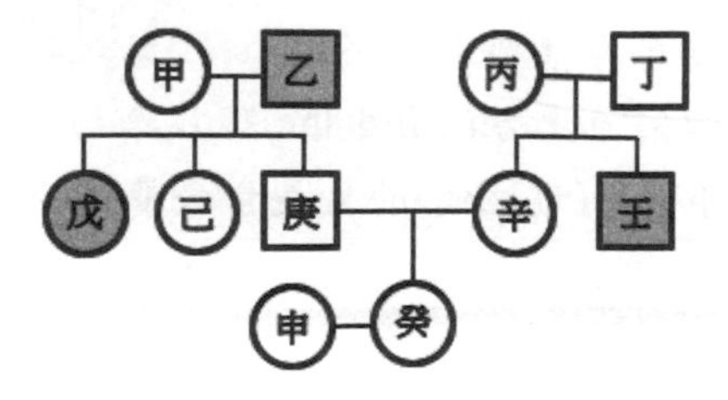

(A) 0 位
(B) 1 位
(C) 2 位

(D) 3 位

(E) 4 位

詳解: D

根據題目條件以及譜系圖成員組成，其中此家族成員中不能確定是否帶有致病基因的成員為辛、癸、申等 3 位。

39. 下列有關鈣離子在動物體內之功能，何者**錯誤**？
(A) 為凝血因子之一
(B) 骨骼肌及心肌的收縮
(C) 活化蛋白質激酶 C (protein kinase C)
(D) 神經傳遞素(neurotransmitter)的釋放
(E) 可直接結合細胞膜上的受體及轉錄因子，以調控基因的表現

詳解: E

鈣離子並不能作為第一傳訊者而直接結合細胞膜上的受體及轉錄因子，以調控基因的表現。

40. 相同品系的兩株植株，分別被以「正放」及「水平橫放」兩種方式栽種；經一段時間後，其生長情形如右圖，則下列有關植物生長過程中向性反應的敘述，何者正確？

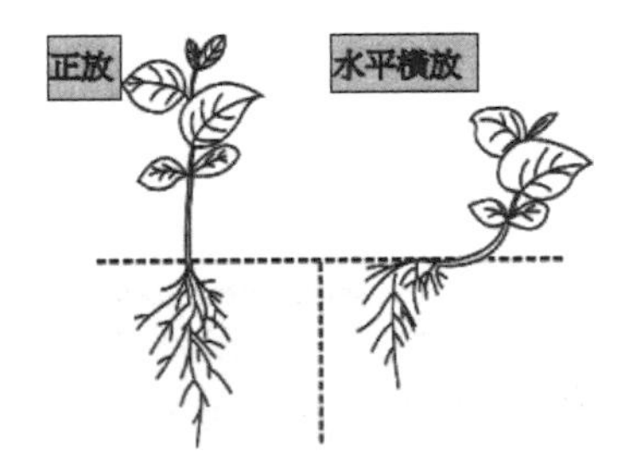

(A) 該種向性反應需要生長素(IAA)的參與
(B) 圖中根部不會因水平橫放呈現向性反應
(C) 圖中所呈現的植物向性反應，只發生在根部
(D) 根部感應地心引力的構造位於「根冠」上方的分生區
(E) 植株在剛開始水平橫放時，其根部下側(近地側)的生長素含量低於其上側(離地側)

詳解: A

(B)、(C)根部亦有正向地性。

(D) 根部感應地心引力的構造位於根冠中的平衡石。

(E) 植株在剛開始水平橫放時，近地側與離地側的生長素含量應差不多。

41. 下列有關動物排泄構造、排泄物和排放方式的敘述，何者**錯誤**？
(A) 鳥類排泄之含氮廢物主要是尿酸，由泄殖腔排出
(B) 蝗蟲的排泄構造為馬氏小管，但含氮廢物尿酸由肛門排出
(C) 渦蟲的原腎管可用於排泄含氮廢物及協助體內鹽類調節
(D) 魚類的泌尿系統由後腎、後腎管、膀胱和輸出孔等器官組成
(E) 陸龜的排泄構造為腎臟，但無法形成較體液更為濃縮的尿液

詳解: D

魚類的排泄器官主要是腎臟，位於腹腔的背部，呈紫紅色。腎臟可分為前、中、後三部分。腎臟後部延伸出輸尿管，左右輸尿管在腹腔後部癒合，並突出一個不大的膀胱。總輸尿管的末端與生殖輸管相合，以一個尿殖孔開口或分開開口於肛門的後方。魚的腎臟除了泌尿的功能以外，還可以調節體內的水分，使之保持恆定。另外，魚鰓也有排泄作用，其主要排出物是氨、尿素等易擴散的氮化物和某些鹽分。

校方釋疑：

1. 原腎管兼具排放含氮廢物及滲透調節之功能，不論是生活在淡水、鹹水或是否為寄生，引用的原文並非為排除性的敘述。「主要用於」不等同於「不可用於」或「只可用於」。Chiefly, Most, primarily function,可參閱相課本內容：Animal Physiology: From Genes to Organisms, Lauralee Sherwood，Hillar Klandorf，Paul Yancey
2. 另一考生疑義：陸龜屬於爬蟲類，故其含氮廢物應當是排尿酸。
本題選項中並無詢問含氮廢物的種類，只要求判別排泄器官及是否能出較體液更為濃縮的尿液。

維持原答案 (D)

42. 下列有關動物循環系統的分類、構造或功能的敘述，何者正確？
(A) 環節動物(annelida)具有開放式循環系統以運送血液
(B) 節肢動物(arthropoda)具有開放式循環系統以運送血淋巴
(C) 扁形動物(platyhelminthes)具有閉鎖式循環系統以運送氧氣及營養素
(D) 鳥類具有閉鎖式循環系統，與爬蟲類同樣為三腔室，但具有完整的中隔
(E) 兩生類(amphibian)具有開放式循環系統，其肺循環及體循環的分離不完全

詳解: B

(A) 環節動物具有閉鎖是循環系統。
(C) 扁型動物僅具消化循環腔。
(D) 鳥類的心臟與一般爬蟲類不同，為四腔室心臟。

(E) 兩生類具有閉鎖式循環系統。

43. 關鍵掠食者(keystone predator)常能維持一個群聚的物種多樣性(species diversity)，其主要原因為何？
(A) 完全排除群聚內其它掠食者
(B) 允許群聚內其它掠食者的捕食
(C) 捕食群聚內的優勢物種
(D) 捕食群聚內其它掠食者
(E) 捕食群聚內數量較少的物種

詳解：C

物種在生態系統中的作用是不同的，其中有一些種類在生態系統中的作用遠遠超過了它們的生物量在生態系統中的比例，這些種類稱為關鍵種。關鍵種與優勢種都在維護生物多樣性和生態系統穩定方面起重要作用，區別在於關鍵種的生物量比例小，而優勢種的生物量大。根據關鍵種的作用方式，大致可以劃分出以下類型：關鍵掠食者、關鍵獵物、關鍵植食者、關鍵資源、關鍵競爭者、關鍵共生者、關鍵病原體/寄生物、關鍵修飾者。

1962～1964 年，美國華盛頓大學的 Paine 在 Mukkaw 海灣及加利福尼亞等地的岩石潮間帶，進行了海洋生物群落的捕食關係及物種多樣性研究。去除群落中的捕食者海星(*Pisaster ocbraceus*)後，原為被捕食者的貽貝(*Banlaus glandula*)隨即佔據了大部分領域，其空間佔有率由 60%增加到 80%。但 9 個月後，貽貝又被牡蠣(*Mytilus californianu*)和藤壺(*Mitella polimerus*)所排擠。底棲藻類、附生植物、軟體動物由於缺乏適宜空間或食物而消失，群落系統組成由 15 個物種降至 8 個物種，營養關係變得簡單化。

Paine 的實驗表明，群落中單一物種(如這裡的貽貝)對必要生存條件(如空間)的壟斷往往受到捕食者(如海星)的阻止，這種阻止效率以及捕食者的數量影響著系統中的物種多樣性。若捕食者缺失或實驗性地移走，系統的多樣性將降低。從這個意義上來說，位於食物鏈上端的捕食者的存在，有利於保持群落的穩定性和高的物種多樣性。

許多位於一群集的食物網頂端的掠食者都是關鍵物種。在某些環境中，可能會有一個或多個關鍵物種。一旦我們將群集中的關鍵物種除去，該群集的構造會產生明顯巨大的變化，有時甚至足以動搖整個生態系、導致其崩壞毀滅。

44. 下表為植物的厚壁細胞(sclerenchyma)、薄壁細胞(parenchyma)及厚角細胞(collenchyma)之比較，何者正確？

選項	比較項目	厚壁細胞	薄壁細胞	厚角細胞
(A)	是否具有初生細胞壁(primary wall)	是	是	否
(B)	於成熟時是否為活細胞	否	是	是
(C)	細胞壁是否具有纖維素	是	否	是
(D)	細胞壁是否具有半纖維素	否	是	否
(E)	是否具有次生細胞壁(secondary wall)	否	是	是

詳解：B

表格應更正如下

選項	比較項目	厚壁細胞	薄壁細胞	厚角細胞
(A)	是否具有初生細胞壁(primary wall)	是	是	是
(B)	於成熟時是否為活細胞	否	是	是
(C)	細胞壁是否具有纖維素	是	是	是
(D)	細胞壁是否具有半纖維素	是	是	是
(E)	是否具有次生細胞壁(secondary wall)	是	否	否

45. 右圖「甲」和「乙」是兩類植物的花或種子的照片，則下表有關兩者構造之比較，何者正確？

選項	比較項目	甲植物	乙植物
(A)	導管與篩管	無	有
(B)	異形孢子	有	無
(C)	子葉	無	無
(D)	花粉	無	有
(E)	胚囊	有	有

詳解：A

表格應更正如下

選項	比較項目	甲植物	乙植物
(A)	導管與篩管	無	有
(B)	異形孢子	有	有
(C)	子葉	有	有
(D)	花粉	有	有

(E)	胚囊	無	有

校方釋疑：

此為名詞定義，常導致混淆的概念，茲分述如下：

1. 胚珠是種子植物由一或二層珠被所包覆的大孢子囊，每個大孢子囊會形成一枚(鮮為二枚以上)的大孢子，並在稍後形成雌配子體或者發育成胚囊，且在受精後會發育成為一枚種子。(內含一個卵細胞)
2. 裸子植物的配子體，雌配子體由大孢子發育而成，下端原葉體部分就是胚乳，充滿豐富的營養物質；頂端則生有 2 或多個藏卵器，或極少數不生藏卵器。大多數裸子植物都具有多胚現象，這是由於一個雌配子體上的幾個或多個卵細胞同時受精而成。
3. 裸子植物具有異形孢子：異形孢子即小孢子和大孢子。大孢子包含在大孢子囊內，發芽後生長成為雌性配子體，大孢子囊和其包含在內部的雌性配子體為珠被所包被，這整個稱為胚珠。受精後即形成胚，而珠被成熟為種皮。
4. 裸子及被子植物(均為種子植物)都會形成胚珠，但爾後發育及貯存的構造，儘管功能相類，實不宜以胚囊混稱。

維持原答案(A)

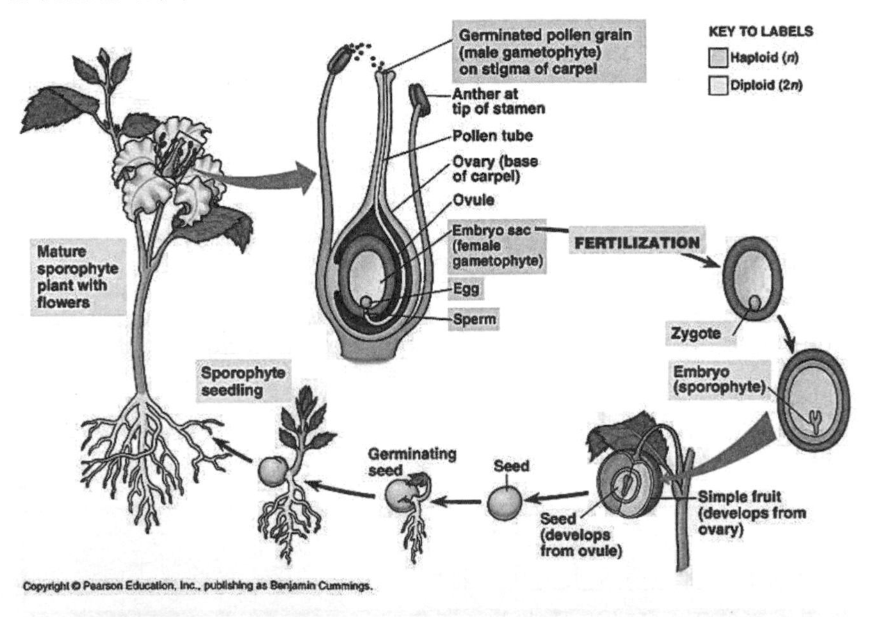

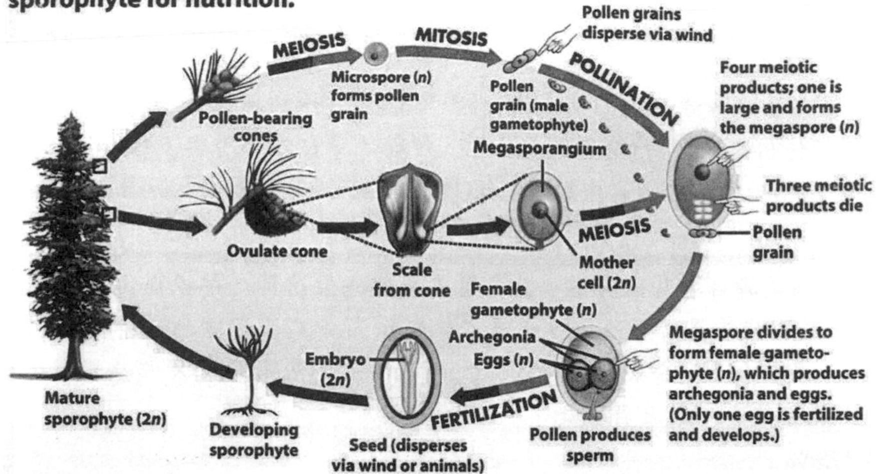

46. 生物間的共生(mutualism)有多種類型，下列哪種共生類似於地衣中藻類和真菌的共生關係？

甲、海洋魚類與其清潔蝦

乙、顯花植物與其傳粉昆蟲

丙、珊瑚與其共生藻

丁、豆科植物與其根瘤菌

戊、白蟻與其腸道內的共生鞭毛蟲

(A) 甲、乙、丙

(B) 乙、丙、丁

(C) 丙、丁、戊

(D) 甲、丁、戊

(E) 乙、丁、戊

詳解: C

地衣中藻類和真菌的共生關係為營養互利共生。甲：防禦互利共生、乙：傳播互利共生。丙、丁、戊為營養互利共生。

47. 右圖為利用高爾基染色法(Golgi stain)，針對人體中某種細胞的切片染色圖，則下列何者與圖中的細胞源自相同的胚層？

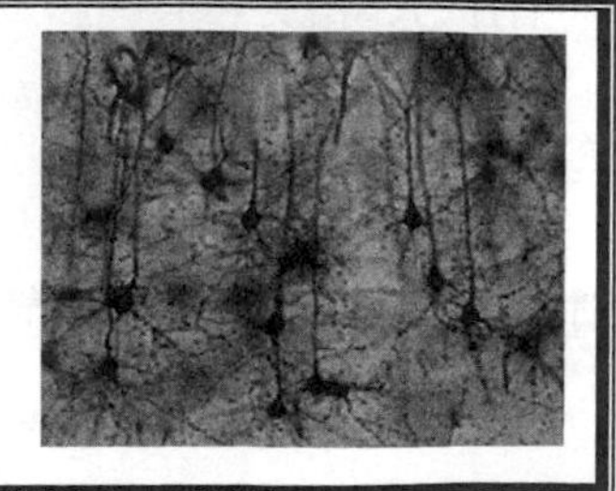

(A) 真皮

(B) 肝細胞

(C) 角膜細胞

(D) 小腸絨毛
(E) 心肌細胞

詳解: C

高爾基染色法為神經細胞染色法的一種，可以染出神經細胞的突出部份(也就是神經元的延伸出來的部份)以及附近血管。神經元源自外胚層與(C)角膜細胞相同。(A)真皮、(E)心肌細胞源自中胚層，而(B)肝細胞、(D)小腸絨毛源自內胚層。

48. 有一X疾病是源自單基因異常，且為體染色體隱性遺傳之神經退化性疾病，患者將因代謝異常而造成神經傷害。假如X疾病在甲國的盛行率為1/40000，試以哈溫氏公式(Hardy Weinberg equation)估算甲國X疾病帶因者(異型合子)占總人口數之百分比？
(A) 0.995 %
(B) 0.5 %
(C) 0.095 %
(D) 0.05 %
(E) 0.0095～0.05 %

詳解: A

依題目條件，該隱性等位基因頻率為：1/200。故該顯性等位基因頻率為：199/200。所以甲國X疾病帶因者(異型合子)占總人口數之百分比為：$2\times199/200\times1/200=0.00995=0.995\ \%$。

49. 右圖為木本植物頂芽構造的示意圖，圖中標記Y的組織，與植物體的生長有關，該種組織亦會出現在植物體的其它部位，則下列有關Y組織的敘述，何者正確？

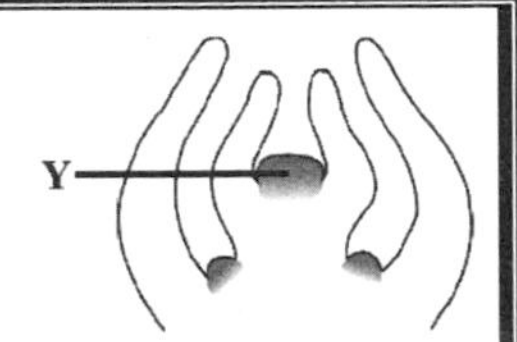

甲、由薄壁細胞所組成
乙、其分裂後的細胞通常已不具分裂能力
丙、多年的成熟枝條尖端，通常無法在頂端觀察到Y組織
丁、位於莖之節間兩端的Y組織，通常為已分化的組織
戊、木本植物通常可同時具有頂端、初生、與次生的Y組織
(A) 只有甲、乙、丙
(B) 只有乙、丙、丁
(C) 只有丙、丁、戊
(D) 只有甲、丁、戊
(E) 只有乙、丁、戊

詳解: D

Y組織為頂端分生組織，其分裂後的細胞有近50%仍具有分裂能力，所以即便在成熟枝條的尖端仍有Y組織的存在。

50. DNA 分子之鳥糞嘌呤(guanine)上的胺基(amino group)有時會自發性地丟失，而形成一種罕見的鹼基—次黃嘌呤(hypoxanthine)。細胞可利用下列哪一組分子修補此一損傷？

(A) 端粒酶(telomerase)、解旋酶(helicase)、單股結合蛋白(single-strand binding protein)

(B) 核酸酶(nuclease)、DNA 聚合酶(DNA polymerase)、DNA 黏合酶(DNA ligase)

(C) 端粒酶、導引酶(primase)、DNA 聚合酶

(D) DNA 黏合酶、導引酶、解旋酶

(E) 核酸酶、端粒酶、導引酶

詳解: B

上述 DNA 損傷可以切除修補(excition repair)來修復。切除修補過程中需依序使用：核酸酶移除損傷片段、DNA 聚合酶換上正確核苷酸、DNA 黏合酶修補磷酸二酯鍵。

義守大學 109 學年度學士後中醫招生考試試題暨詳解

科目：普通生物學 **黃彪 老師解析**

選擇題(單選題，共 50 題，每題 2 分，共 100 分，答錯 1 題倒扣 0.5 分，倒扣至本大題零分為止，未作答時，不給分亦不扣分)

1. 請問下列何種生物的細胞內沒有粒線體存在？
   (A) 青黴菌
   (B) 枯草桿菌
   (C) 酵母菌
   (D) 海葵

詳解： B

枯草桿菌為原核生物，細胞內並沒有粒線體的存在。

2. 請問胚胎發育過程中之原腸（archenteron）會發育成為下列何種構造？
   (A) 囊胚腔
   (B) 胎盤
   (C) 內胚層
   (D) 消化道管腔

詳解： D

原腸衍生為生物體的消化管道。

3. 請問下列何種胺基酸可直接進行去胺作用？
   (A) 甘胺酸（glycine）
   (B) 丙胺酸（alanine）
   (C) 脯胺酸（proline）
   (D) 絲胺酸（serine）

詳解： D

肝臟為哺乳類代謝胺基酸的主要場所，其中丙胺酸（alanine）可經由丙胺酸轉胺酶(alanine aminotransferase)的作用將丙胺酸上的α-胺基轉移至α-酮戊二酸，以形成丙酮酸鹽（pyruvate）和麩胺酸鹽（glutamate）。進一步麩胺酸鹽上的氮原子，則可藉由麩胺酸脫氫酶進行氧化脫胺反應而產生自由的銨離子，並進入尿素循環。

$$\text{glutamate} + NADP^+ + H_2O \leftrightarrow \alpha\text{-ketoglutarate} + NH_4^+ + NADPH + H^+$$

另外透過轉胺酶（aminotransferase）所催化的轉胺作用，為胺基酸代謝中常見的反應。

glutamate + α-ketoacid ↔ α-ketoglutarate + α-amino acid

多數的胺基酸可藉由將α-胺基轉移至α-酮戊二酸上形成麩胺酸鹽，進而產生銨離子，而少數的胺基酸如：絲胺酸（serine）和蘇胺酸（threonine）則可直接進行脫胺反應，不需事先形成α-酮戊二酸。參與絲胺酸和蘇胺酸脫胺反應的酵素分別為絲胺酸脫水酶（serine dehydratase）和蘇胺酸脫水酶（threonine dehydratase）。

校方釋疑：

1. 胺基酸分解第一個步驟為「去胺作用（胺基移除）」。
2. 大部分胺基酸的「去胺作用」，並非直接進行，而是分成兩步驟如下：
   (1) 先經過轉胺作用（transamination），將胺基轉移至α-ketoglutarate上，形成glutamate。
   (2) Glutamate再經過氧化去胺作用（oxidative deamination）形成NH_4^+，即完成去胺作用。
   (3) 丙胺酸（alanine）即為此類胺基酸，去胺反應式如下：
   alanine + α-ketoglutarate ↔ pyruvate + glutamate
   glutamate ↔ NH_4^+ + α-ketoglutarate
3. 絲胺酸（serine）的「去胺作用」則是直接進行，如下所示：

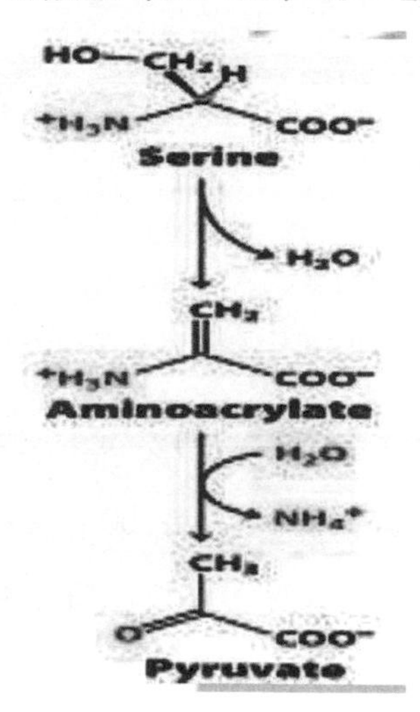

4. 教科書Biochemistry 7th edition第708頁中，第8行有提到“Serine and threonine can be directly deaminated”。
5. 本題是問下列何種胺基酸可「直接」進行去胺作用。
6. 參考資料：Lubert Stryer et al., Biochemistry 7th ed., 2010。

4. 請問典型被子植物的生命週期中，下列何種構造具有 3 倍數的染色體？
(A) 胚乳
(B) 子房
(C) 花藥
(D) 種皮

詳解： A

胚乳為一個單倍數精子與兩個單倍數極核形成，具有 3 倍數的染色體。

5. 植物激素可誘發許多植物生理作用，請問下列何種激素在防禦病蟲害上扮演最重要的角色？
(A) 茉莉酸（jasmonates）
(B) 吉貝素（gibberellins）
(C) 細胞分裂素（cytokinins）
(D) 生長素（auxin）

詳解： A

茉莉酸於植物對於草食動物的防禦系統中扮演重要角色，可誘發蛋白酶抑制物的生成或參與在吸引寄生蜂產卵於草食動物體內等過程。

6. 請問下列何種地質歷史時期，地球上僅有稱為盤古大陸（Pangaea）的大陸塊？
(A) 寒武紀（Cambrian）
(B) 奧陶紀（Ordovician）
(C) 二疊紀（Permian）
(D) 志留紀（Silurian）

詳解： C

二疊紀的地殼運動比較活躍，古板塊間的相對運動加劇，造山和火山活動廣泛分佈。世界範圍內的許多地槽封閉，並陸續地形成褶皺山系，古板塊間逐漸拚接形成聯合古大陸（泛大陸），也稱盤古大陸。

7. 請問下列何種方法可以知道兩個突變株，其突變是發生在相同或不同基因上？
(A) Ames 試驗
(B) 測交（test cross）
(C) 互補試驗（complementation analysis）
(D) Fishers 試驗

詳解： C

m1 and *m2* are two separate recessive mutations that both result in the same uncoordinated (Unc) behavior.

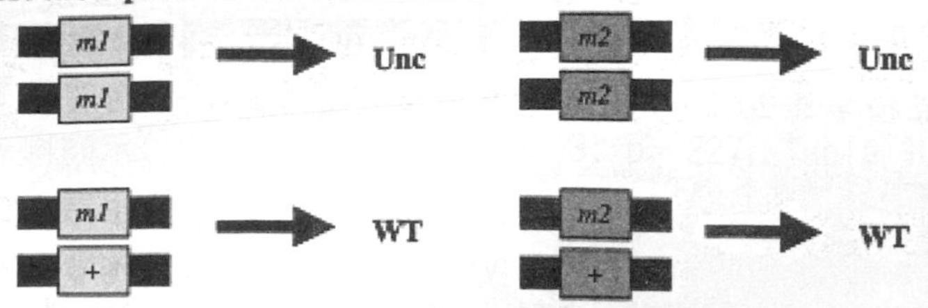
m1
m1
Unc
m2
m2
Unc
m1
+
WT
m2
+
WT

If both of these mutations are present in a *trans* configuration, and an uncoordinated behavior is observed

m1
m2
Unc

then these mutations DO NOT complement each other, and are alleles of the same gene.

But, if the *trans* configuration results in wild-type (WT) behavior

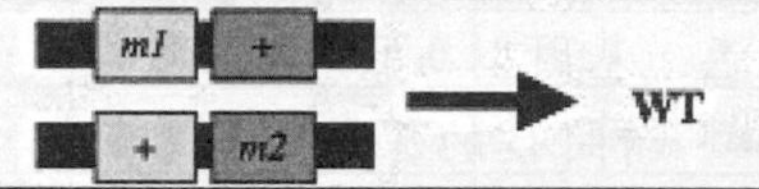
m1
+
+
m2
WT

then these mutations DO complement each other, and are alleles of different genes.

8. 請問下列何種情況最可能會讓大腸桿菌的色胺酸抑制子（*trp* repressor）阻斷色胺酸操縱子（*trp* operon）的轉錄作用？
   (A) 色胺酸與色胺酸抑制子不結合
   (B) 色胺酸與色胺酸抑制子結合
   (C) 色胺酸抑制子與乳糖操作子結合後
   (D) 色胺酸抑制子與誘導子結合時

詳解：B

色胺酸於大腸桿菌色胺酸操縱子中扮演共同抑制物，當它與色胺酸抑制子結合時，能將其活化並結合到操作子(operator)上而阻斷色胺酸操縱子(*trp* operon)的轉錄作用。

9. 請問下列何種個體其休止期細胞中含有一個巴爾小體（Barr body）？
   (A) 核型正常的男生
   (B) 科林菲特氏症（Klinefelter）男生
   (C) 唐氏症男生
   (D) 透納氏症（Turner syndrome）女生

詳解：B

科林菲特氏症（Klinefelter）男生之性染色體為 XXY，所以其休止期細胞中含有一個巴爾小體（Barr body）。

10. 請問 a、b、c、d 四個基因位於同一條染色體上，若 a 和 b 間之互換率為 10%；a 和 c 間之互換率為 8%；a 和 d 間之互換率為 30%；b 和 c 間之互換率為 18%；b 和 d 間之互換率為 20%，則此四個基因相對順序為何？
(A) a-b-c-d
(B) b-a-c-d
(C) c-a-b-d
(D) d-a-b-c

詳解: C

兩基因間的互換率正比於兩基因間的距離。按照題目給的條件，排列後，最有可能的基因順序為：c-a-b-d。

11. 在老鼠的族群調查，其中 32 隻為黑色，基因型為 BB；50 隻為灰色，基因型為 Bb；18 隻為白色，基因型為 bb。請問 B 的基因頻率為多少，而出現灰老鼠的頻率為多少？
(A) 0.57; 82%
(B) 0.57; 50%
(C) 0.43; 18%
(D) 0.43; 68%

詳解: B

P_B＝（32＋25）/100＝0.57。灰老鼠出現頻率為：50/100＝50%。

12. 請問人類細胞在前期 I（prophase I）有幾個四分體（tetrads）？
(A) 12
(B) 23
(C) 46
(D) 92

詳解: B

人類細胞前期 I 的染色體為 2N/4C，所以應有 23 個四分體。

13. 請問下列何種情況下會讓大腸桿菌有較高表達量的乳糖操縱子（*lac* operon）？
(A) 葡萄糖比乳糖多時
(B) cyclic AMP 及乳糖濃度高時
(C) cyclic AMP 濃度低時
(D) 乳糖濃度低時

詳解: B

大腸桿菌乳糖操縱子的表現量，在乳糖濃度高且低葡萄糖濃度（高 cyclic AMP 濃度）時會最高。

14. 請問下列何者為植物進行卡爾文循環（Calvin cycle）的場所？
(A) 類囊體內部（interior of the thylakoid）
(B) 類囊體膜（thylakoid membrane）
(C) 葉綠體基質（stroma of the chloroplast）
(D) 葉綠體外膜（outer membrane）

詳解：C

植物進行卡爾文循環的場所在葉綠體基質。

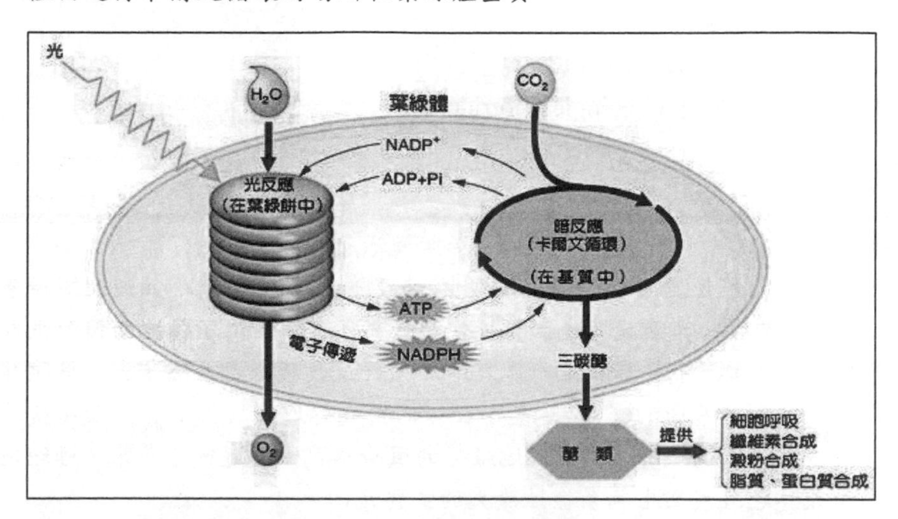

15. 請問下列何者是含羞草的葉能及時反應膨壓改變而產生運動的特殊膨大多細胞構造？
(A) 葉枕（pulvini）
(B) 葉柄（petioles）
(C) 氣孔（stomata）
(D) 托葉（stipules）

詳解：A

含羞草小葉或葉片會在感受刺激而迅速產生閉合的情形，主要是因為位於小葉基部或葉柄基部膨大的葉枕（pulvinus）內組織細胞的膨壓降低，細胞變小，葉枕不能支撐小葉或葉片而導致葉片閉合的現象。

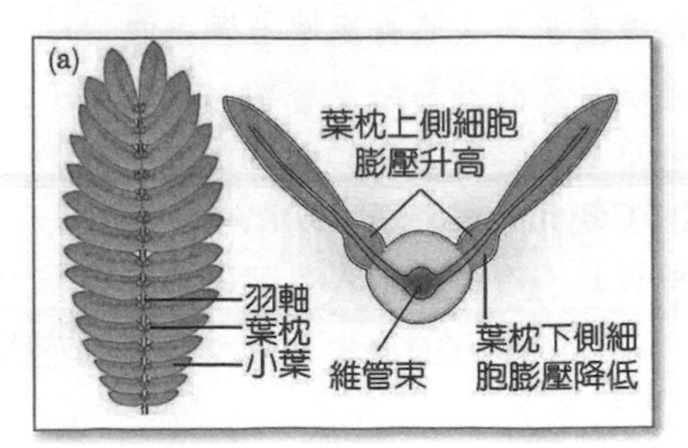

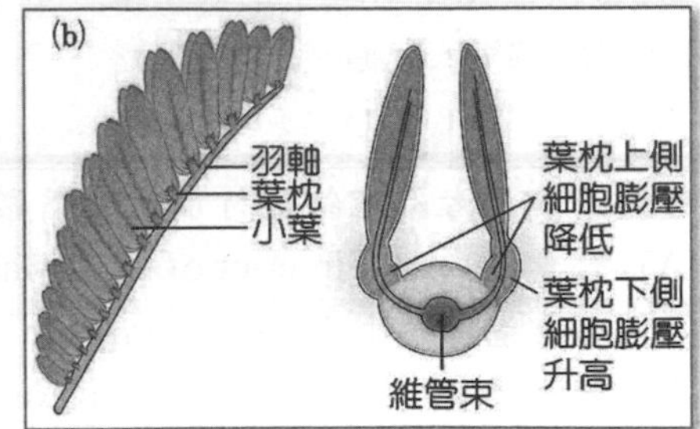

16. 請問下列何者是當棲地破碎化後隨之而來的面積縮小等作用所將造成的生態保育最大問題？
   (A) 邊緣效應（edge effect）
   (B) 缺乏生態廊道（ecological corridor）
   (C) 過度開發（overexploitation）
   (D) 入侵生物（invasive species）

詳解: A

棲地破碎化不僅使棲地面積大幅減少，也製造了許多面積小且彼此距離甚遠的棲地碎塊，使單一大面積棲地的特性完全喪失，大大強化了棲地面積流失及邊緣效應的負面影響。小面積棲地所能容納的族群及物種數都相當有限，更隔離了各棲地之間族群與基因的交流。這些小面積的獨立碎塊對於偏好在大面積棲地生存的物種造成很大的威脅，使其就地滅絕的風險提高。最近幾十年來，棲地破碎化的負面效應已經成為生物多樣性流失的主要元凶。

17. 請問下列對「楓糖尿症（maple syrup urine disease）」的描述何者錯誤？
   (A) 病人體內苯丙胺酸（phenylalanine）無法被代謝
   (B) 為體染色體隱性遺傳疾病
   (C) 病人缺乏支鏈 α-酮酸脫氫酶（branched-chain alpha-keto acid dehydrogenase）
   (D) 病人尿液會呈現楓葉糖漿之氣味

詳解: A

高苯丙胺酸血症(Hyperphenylalaninemia)，或稱苯酮尿症(phenylketonuria)，是一種體染色體隱性遺傳疾病，主要是由於體內苯丙胺酸（phenylalanine；Phe）羥化（hydroxylation）成酪胺酸（tyrosine；Tyr）的代謝途徑障礙所引起的先天代謝異常疾病。

楓糖尿症（maple syrup urine disease）是一種體染色體隱性遺傳的胺基酸代謝異常疾病。主要是由於粒線體中「支鏈酮酸去氫酵素」（Branched-chain α-keto acid dehydrogenase；BCKD）的功能發生障礙，而造成白胺酸（Leucine）、異白胺酸（Isoleucine）及纈胺酸（Valine）等支鏈胺基酸（Branched chain amino acid, BCAA）的堆積，這些堆積在人體內會造成毒性，尤其對腦細胞的傷害最可怕，常常是無法補救的。尿液有類似楓糖漿或焦糖味道，患者血中白胺酸濃度增加20～40倍，異白胺酸與纈胺酸濃度約增加5～10倍。

18. 請問當一個基因之啟動子序列發生突變時，可能會造成下列何種後果？
(A) 基因之 mRNA 無法被正確轉譯
(B) 該基因之 mRNA 序列會改變
(C) 該基因之轉錄速率會改變
(D) 該基因之 pre-mRNA 無法正確被剪接成 mRNA

詳解：C

基因的啟動子序列決定該基因轉錄時的起點、方向與頻率，與轉錄後的修飾或轉譯無關。

19. 請問下列何種酵素為膽固醇合成之限速酶（rate-limiting enzyme）？
(A) HMG-CoA 合成酶
(B) HMG-CoA 還原酶
(C) Pamitoly-CoA 還原酶
(D) Malonyl-CoA 還原酶

詳解：B

膽固醇共由27個碳原子組合而成，由乙醯輔酶A經過三個階段合成過程衍化而來，分別是：

第一階段：先合成異戊烯焦磷酸（isopentenyl pyrophosphate）和活化異戊二烯（isoprene）單元。

第二階段：聚集6個分子的異戊烯焦磷酸，形成鯊烯（squalene）。

第三階段：鯊烯環化（squalene cyclizes）和四環（tetracyclic）的生成。

發生在肝細胞中的第一階段裡，內質網膜上一個不可或缺的蛋白質—羥基-甲基戊二醯基輔酶A還原酶（hydroxyl-methylglutaryl coA reductase; HMG-coA reductase）及2分子的輔因子 NADPH 協助下，催化3-羥基-3-甲基戊二醯基輔酶A形成羥基戊酸鹽（mevalonate），為合成膽固醇的關鍵因子。

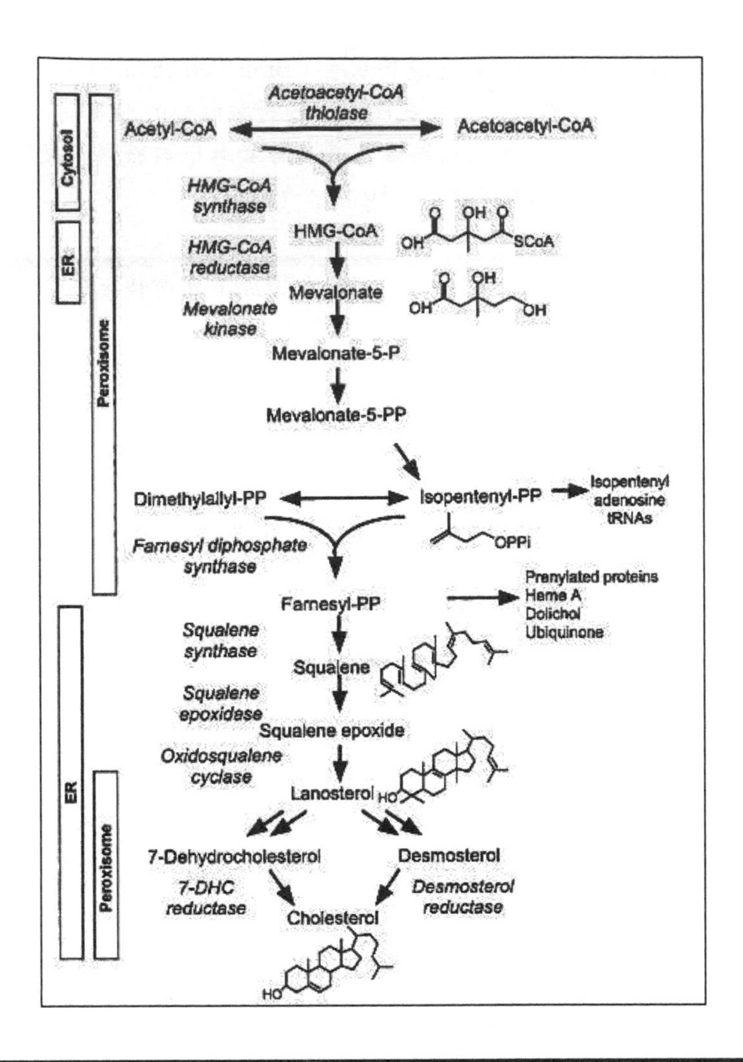

20. 請問氧合酶（oxygenase）為下列何種胺基酸代謝所需？
(A) 組胺酸（histidine）
(B) 絲胺酸（serine）
(C) 酪胺酸（tyrosine）
(D) 丙胺酸（alanine）

詳解: C

欲分解芳香族胺基酸，需要氧分子的參與使芳香環結構被分解，而參與催化的酵素稱為氧化酶（oxygenase）。

- 苯丙胺酸（phenylalanine）→酪胺酸（tyrosine）→乙醯乙醯輔酶 A（acetoacetyl coA）
- 色胺酸（tryptophan）→乙醯乙醯輔酶 A（acetoacetyl coA）

21. 請問下列何種現象可說明一個基因對會遮蔽非等位基因對的表現？
(A) 顯性
(B) 上位（epistasis）
(C) 共顯性（codominance）
(D) 隱性

詳解：B

兩對基因同時控制一個性狀，其中一對能掩蓋另一對之上，這種基因交互作用就是上位作用。

22. 太平洋鮭魚（*Oncorhynchus spp.*）成熟後生活於海中，到繁殖期溯河而上，回到出生地產卵。由此可知，其為下列何種生物？
(A) 狹鹽性（stenohaline）
(B) 廣鹽性（euryhaline）
(C) 外鹽性（exohaline）
(D) 非鹽性（nonhaline）

詳解：B

鮭魚屬於廣鹽性魚種且為溯河洄游性魚種，它就像一般的廣鹽性魚種可以抗拒高的鹽度變化。一般廣鹽性魚種除了有溯河性魚種外還有降海洄游性魚種（典型的有鰻魚），另外還有河海交界的魚類多為能適應淡海水之廣鹽性魚類如：虱目魚、烏魚、鯔以及特化的魚蝦魚虎科，魚類如：彈塗魚、目署首厚唇鯊、細魚蝦魚虎及河魨類。

23. 請問下列何者在下視丘分泌減少時會引起泌乳激素（prolactin）分泌增加？
(A) 乙醯膽鹼（acetylcholine）
(B) 腎上腺素（epinephrine）
(C) 血清素（serotonin）
(D) 多巴胺（dopamine）

詳解：D

下視丘分泌的泌乳素抑制激素（PIH）—多巴胺，會抑制腦下腺前葉分泌泌乳激素（prolactin）。所以當下視丘分泌的多巴胺減少時會引起泌乳激素分泌增加。

校方釋疑：

1. 依據教科書 Vander´s Human Physiology, 15th ed., 2019 第 11 章 p.337 內文及圖 11-18 提到，多巴胺（dopamine）是下視丘內分泌細胞所分泌的賀爾蒙（hypophysiotropic hormones），可經由 hypothalamopituitary portal

vessels 抑制腦下垂體前葉（anterior pituitary）中泌乳激素（prolactin）分泌。

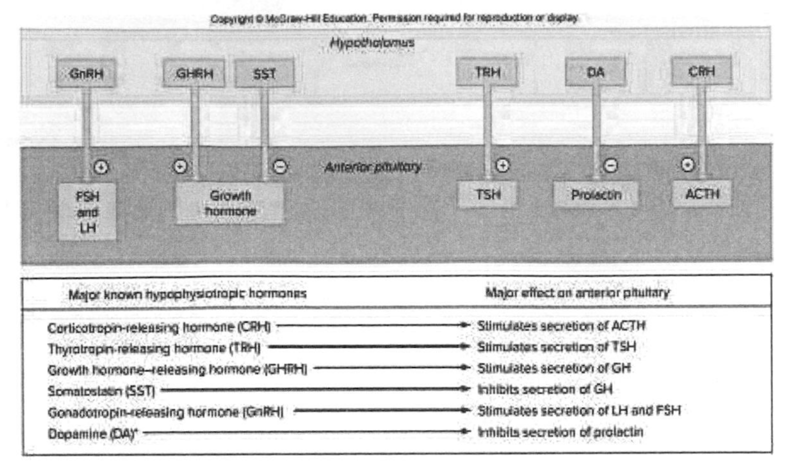

2. 當多巴胺（dopamine）在下視丘分泌減少時會引起泌乳激素（prolactin）分泌增加。
3. 參考資料：Vander´s Human Physiology, 15th ed., 2019。

24. 請問丑角染色體（Harlequin chromosome）是下列何種現象之證明？
 (A) 雙重染色體互換（double crossover）
 (B) 基因轉換（gene conversion）
 (C) 減數分裂式重組（meiotic recombinant）
 (D) 姐妹染色分體交換（sister chromatid exchange）

詳解: D

丑角染色體（Harlequin chromosome）是在 DNA 複製時於培養液中添加 bromodeoxyuridine（BUdR）標定處理（會與 T 互補配對），在複製 2 次以上出現的染色體型態。該染色方式為證明 DNA 複製為半保留模型的歷史過程之一。

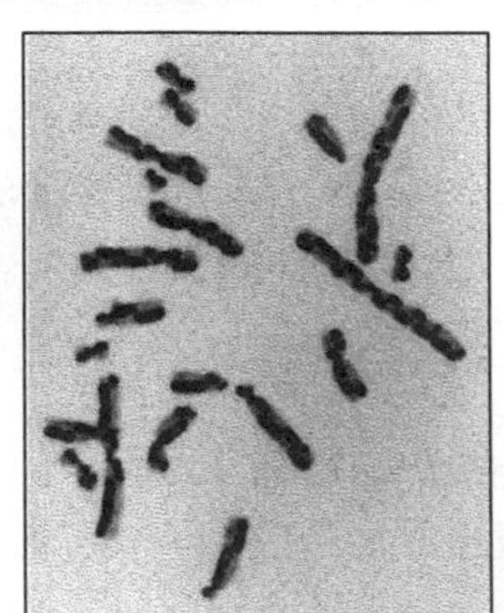
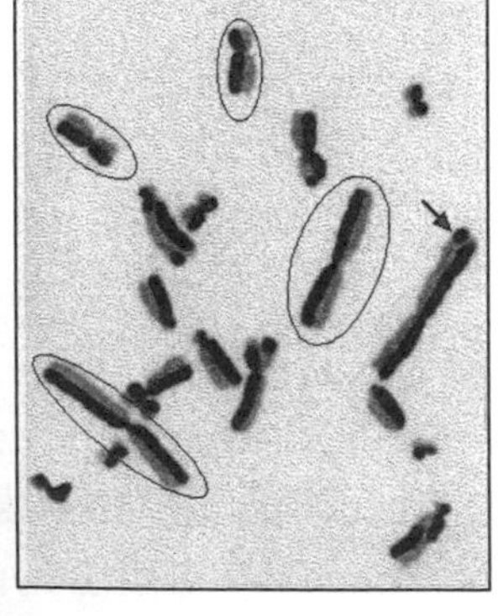

25. 請問下列何者是 RNA 病毒比 DNA 病毒更易突變最可能的原因？
(A) 兩者核苷酸序列組成不同
(B) RNA 病毒基因組（genome）較 DNA 病毒小
(C) RNA 病毒基因組比 DNA 病毒較容易被核酸水解酶（nuclease）分解
(D) RNA 病毒缺乏複製錯誤校閱（proofreading）的機制

詳解: D

RNA 病毒因為缺乏複製錯誤校閱（proofreading）的機制以致於其複製錯誤率較高。

26. 細胞藉由胞飲作用（endocytosis）攝取細胞外大分子，再予以分解利用的過程依序為
甲－大分子附著於細胞膜外側
乙－形成溶酶體（lysosome）
丙－酸性水解酶（acid hydrolase）開始分解大分子
丁－形成胞飲小泡（endocytic vesicle）
戊－形成內小體（endosome）
(A) 甲乙丙丁戊
(B) 甲丁戊乙丙
(C) 甲丁丙戊乙
(D) 甲戊丁乙丙

詳解: B

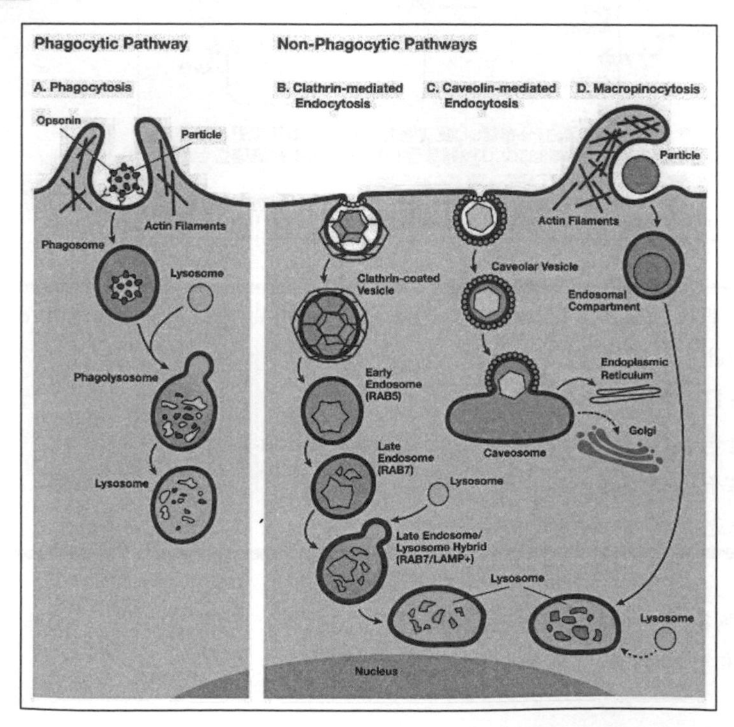

27. 關於鈉－葡萄糖共同轉運器（Na-glucose cotransporter），下列敘述何者正確？
(A) 屬於簡單擴散（simple diffusion）機制
(B) 在小腸幫助排出葡萄糖至腸道中
(C) 常與鈉－鉀幫浦(Na^+-K^+ pump)一起出現在同一個細胞的不同側細胞膜
(D) 無法將葡萄糖由低濃度區運輸至高濃度區

詳解：C

鈉依賴型葡萄糖共同運輸蛋白（Sodium-dependent glucose cotransporters，簡稱 SGLT），為一類葡萄糖運輸蛋白。本類蛋白質可能會分布於小腸（SGLT1）以及腎元的近端小管，其中近曲小管的SGLT屬於SGLT2；近直小管則為SGLT1，可協助腎臟再吸收葡萄糖。腎小管會藉由本蛋白將濾液中的葡萄糖完全再吸收（近曲小管 98%）。

近端小管細胞基底膜側上的鈉鉀泵會消耗 ATP 泵出鈉離子，同時將鉀細胞泵入細胞，製造細胞內外的鈉鉀濃度梯度。此時 SGLT 蛋白便可利用鈉離子濃度差，將葡萄糖輸入細胞中。在此過程中，SGLT 並沒有消耗 ATP，但是乃利用鈉鉀泵主動運輸的濃度差進行運輸，因此屬於次級主動運輸。另外，由於鈉離子的輸入方向與葡萄糖相同，因此屬於同向運輸。

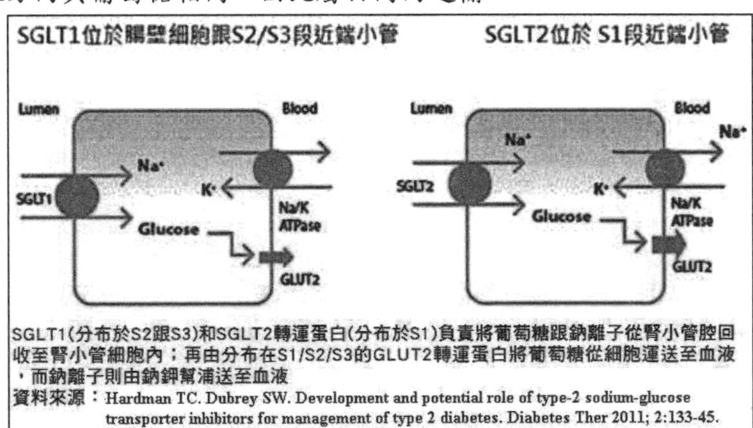

SGLT1(分布於S2跟S3)和SGLT2轉運蛋白(分布於S1)負責將葡萄糖跟鈉離子從腎小管腔回收至腎小管細胞內；再由分布在S1/S2/S3的GLUT2轉運蛋白將葡萄糖從細胞運送至血液，而鈉離子則由鈉鉀幫浦送至血液

資料來源：Hardman TC. Dubrey SW. Development and potential role of type-2 sodium-glucose transporter inhibitors for management of type 2 diabetes. Diabetes Ther 2011; 2:133-45.

28. 神經元的動作電位（action potential）過程中，有相對不反應期（relative refractory period），這主要是下列何者所造成？
(A) 細胞內 ATP 消耗過度
(B) 鈉離子通道（Na^+ channel）去活化（inactivation）
(C) 更多鉀離子通道（K^+ channel）開啓
(D) 細胞耗能過多，暫時缺氧

詳解：C

於相對不反應期時，Na^+通道恢復，K^+通道仍打開，此時需要另一個非常強大的去極化，才有可能再產生下一個動作電位。

29. 有髓鞘包裹的神經元軸突（myelinated axon）上，其離子通道的分佈為下列何種型式？
(A) 集中於無髓鞘的蘭氏結（Ranvier node）部份
(B) 完全沒有離子通道
(C) 集中於髓鞘部份
(D) 平均分佈

詳解: A

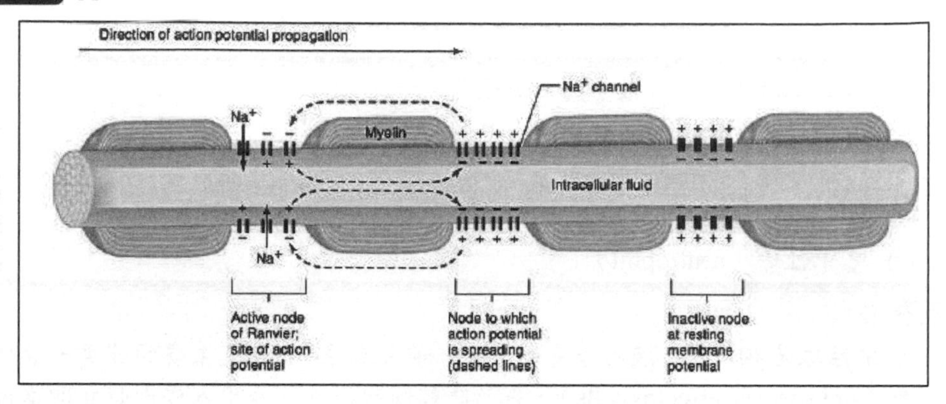

30. 下列何者為平滑肌（smooth muscle）收縮時所必需之分子，而其它肌細胞不需要的？
(A) 旋轉素（troponin）
(B) 攜鈣素（calmodulin）
(C) 鈣離子
(D) 肌動蛋白（actin）

詳解: B

除了構造上的不同，平滑肌引發收縮的機制也和橫紋肌不太一樣。在尚未收縮之前，平滑肌中的肌凝蛋白和橫紋肌中的肌凝蛋白不同，是處於去活性的狀態。

去活性狀態的肌凝蛋白沒有分解 ATP 的能力，這種情況下即使有足夠的鈣離子使肌動蛋白構形變化，也無法進行收縮。

平滑肌細胞在收到肌肉收縮的訊息釋放鈣離子之後，細胞內的鈣離子會先和攜鈣素（calmodulin）結合，接著帶有鈣離子的攜鈣素再和 MLCK（myosin light chain kinase）作用，活化 MLCK。活化的 MLCK 會在去活性肌凝蛋白上加上磷酸根（磷酸化），磷酸化後肌凝蛋白便從去活性轉為活性化，得到分解 ATP 的能力。活性化的肌凝蛋白才能夠進行肌肉收縮。當平滑肌不需要收縮的時候，活性化肌凝蛋白上的磷酸根被細胞中的酵素去掉，回歸原本去活性的狀態。

31. 於正常人體之循環系統中，平時哪個部份內含血量最多？
(A) 心臟
(B) 體動脈
(C) 微血管
(D) 體靜脈

詳解: D
靜脈又稱血液的儲存所，為血量最多區，可暫存～50%以上的血液。

32. 正常人的血液中，數目最多的白血球是：
(A) 淋巴球（lymphocyte）
(B) 嗜酸性球（eosinophil）
(C) 嗜鹼性球（basophil）
(D) 嗜中性球（neutrophil）

詳解: D
嗜中性球是在人體血液內含量最多的一種白血球，並且是主要的非專一性作用細胞（nonspecific effector cells），表示此類細胞能在一發現入侵者時立即進行消滅。除巨噬細胞外，它為人體受到細菌感染後最重要的吞噬細胞；細菌感染通常會使骨髓裏的嗜中性球產量增加。當醫生對病患抽血檢查後，表示因白血球的增加而診斷病患受到細菌感染，通常所指的是嗜中性球的數量增加。

33. 假設一正常女子之心輸出量為 4.2 L，心室舒張末期容積（end-diastolic volume）為 125 mL，收縮末期容積（end-systolic volume）為 65 mL，其每一分鐘心跳多少次？
(A) 70
(B) 75
(C) 80
(D) 60

詳解: A
$4.2\times1000=(125-65)\times$每一分鐘心跳次數，故每一分鐘心跳 70 次。

34. 以下心動週期（cardiac cycle）之哪一時期中，左心室內壓（left ventricular pressure）上升最快？
(A) 心房收縮期（atrial contraction）
(B) 心室等容積收縮期（isovolumetric ventricular contraction）
(C) 心室射血期（ventricular ejection）
(D) 心室填血期（ventricular filling）

詳解：B

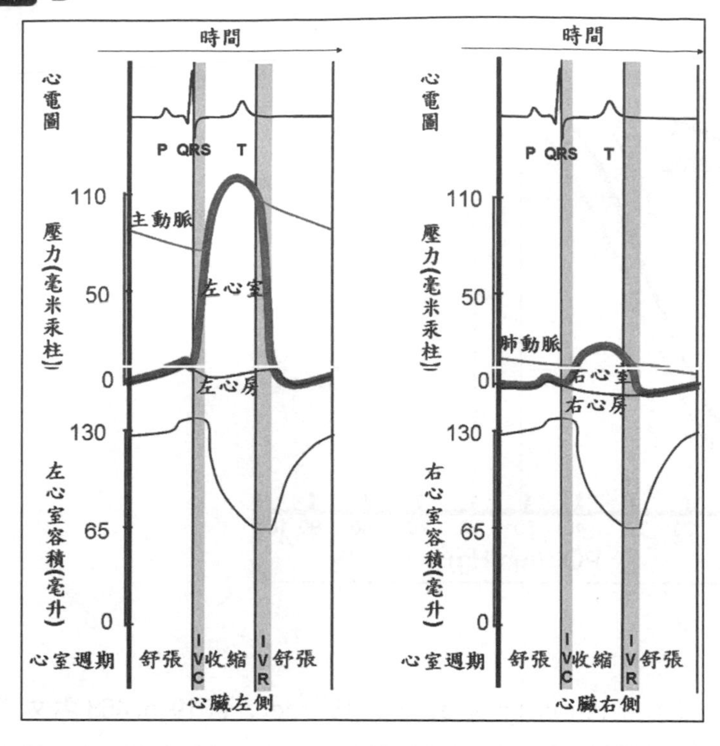

35. 下列何種酵素可將纖維蛋白原（fibrinogen）轉化成纖維蛋白（fibrin）？
   (A) 凝血蛋白酶（thrombin）
   (B) 凝血蛋白酶原（prothrombin）
   (C) 蛋白激酶 C（protein kinase C）
   (D) 肝素（heparin）

詳解：A

凝血蛋白酶（thrombin）是一種蛋白質水解酶，是凝血酶元藉凝血活酶和鈣離子的作用而成的纖維蛋白，能夠使溶在血漿中的纖維蛋白元（fibrinogen），轉變成不溶性的網狀結構，此結構就是我們耳熟能詳的纖維蛋白（fibrin）。纖維蛋白能固定血小板，形成血栓（thrombi）覆蓋在傷口，使血液產生凝結不再流出血管，維持血液流動的順暢。

36. 下列何者會降低血紅素（haemoglobin）對氧氣親和力？
   (A) 紅血球（erythrocyte）內 2,3-二磷甘油酯（2,3-diphosphoglycerate）增加
   (B) 溫度下降
   (C) 二氧化碳（CO_2）減少
   (D) 缺氧

詳解：A

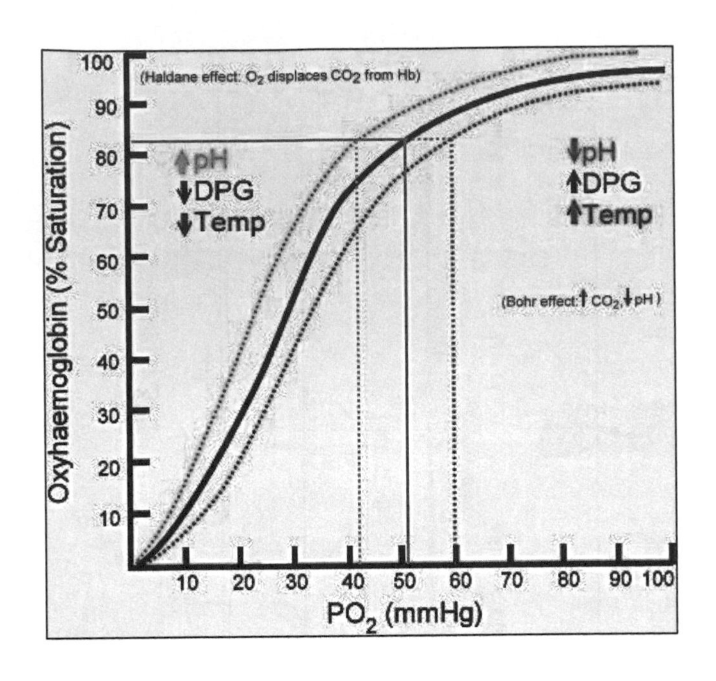

校方釋疑：

依據教科書 Vander´s Human Physiology, 15th ed., 2019 p.468 內文“… an increase in DPG concentration, temperature, and acidity causes the dissociation curve to shift to the right. This means that at any given PO_2, hemoglobin has less affinity for oxygen.”須留意本題所謂血紅素對氧氣親和力，是指在固定氧分壓之下，血紅素與氧分子結合之容易程度，與缺氧時血氧飽和度下降之意義不同。

37. 下列有關頸動脈體（carotid body）之敘述，何者正確？
(A) 屬於中樞化學感受器（central chemoreceptor)
(B) 受到刺激時，會產生神經衝動，經由迷走神經（vagus nerve）送到延髓（medulla oblongata）的呼吸節律中樞（respiratory rhythmicity center）
(C) 體動脈血（systemic arterial blood）中氧分壓（PaO_2）下降時會被刺激
(D) 對於體動脈血中二氧化碳分壓（$PaCO_2$）上升沒有反應

詳解: C

頸動脈體是體內一種化學感受器，在體內血液出現缺氧、CO_2分壓升高、H^+濃度增加等變化時，頸動脈體接受刺激而使身體發生相應的變化，表現為呼吸加深加快、心跳加快、心輸出量增多、腦和心臟血流量加大，而腹腔內臟的血流量減少等綜合表徵。

38. 下列消化酵素中，何者是直接以活化的狀態被分泌進入消化道？
(A) 胃蛋白酶（pepsin）
(B) 胰凝乳蛋白酶（chymotrypsin）
(C) 澱粉酶（amylase）
(D) 胰蛋白酶（trypsin）

詳解: C

蛋白酶都是以酶原形式被合成分泌進入消化道。

39. 下列何者的活化與行為酬償（behavioral reward）以及藥物濫用（drug abuse）最為相關？
(A) 網狀活化系統（reticular activating system）
(B) 內生性類鴉片系統（endogenous-opioid system）
(C) 黑質紋狀體多巴胺系統（nigrostriatal dopamine system）
(D) 中腦邊緣多巴胺系統（mesolimbic dopamine system）

詳解: D

透過大量的腦科學研究，我們知道位於中腦腹側蓋區（ventral tegmental area）有多巴胺神經細胞，它們的神經纖維可以投射到前腦一個叫伏隔核（nucleus accumbens）的神經區塊；這一條稱作中腦邊緣多巴胺（mesolimbic dopamine pathway）的神經路徑，當它活性增強的時候，個體就會感受到愉悅（正向回饋）；而各式各樣的成癮性藥物和物質（或是長期、重複性的使用 3C 產品，電玩遊戲等），就會活化多巴胺神經細胞，使多巴胺釋放量增加。舉例來說，像是安非他命這個中樞神經的興奮劑，它會藉由一種位於多巴胺神經末稍，一種叫作傳遞子（transporter）的蛋白質攜入神經細胞內，進而在多巴胺神經細胞內不斷地刺激，將巴胺釋放到突觸（synapse）間，使多巴胺濃度上升，我們的大腦就會將這由於多巴胺濃度上昇所形成的愉悅感與使用安非他命的行為產生關連性（也就是制約行為的啟動），而驅使我們產生渴求，不斷地（想要）使用成癮物質或從事成癮行為，以獲得滿足。

40. 在持續性之運動過程中（例如長距離賽跑），運動員血中何種成分會隨著時間下降？
(A) 抗利尿激素（antidiuretic hormone）
(B) 腎上腺素（epinephrine）
(C) 胰島素（insulin）
(D) 游離脂肪酸（free fatty acid）

詳解: C

運動時，身體的胰島素會幫助血糖吸收到肌肉中儲存利用，供應運動時所需的能量。但在持續性之運動中，隨著肝糖的消耗而需使用脂肪當作燃料或進行醣質新生作用時，因為血糖的降低，所以胰島素的分泌量必然要隨著減少。

41. 控制吞嚥（swallowing）反射的吞嚥中樞（swallowing center）位於下列何處？
(A) 橋腦（pons）
(B) 脊髓（spinal cord）
(C) 中腦（midbrain）
(D) 延髓（medulla）

詳解：D

腦幹的功能—傳導資訊和控制自律活動：延腦：自律神經的反射中樞心搏、呼吸、血管舒縮、吞嚥、咳嗽、嘔吐等反射中樞。中腦：含有視覺和聽覺的反射中樞，例如：瞳孔遇光縮小（瞳孔反射）、耳聞聲側頭。橋腦：可將神經衝動自大腦傳至小腦，含有呼吸調節中樞。

42. 以下哪一項之血中含量比值增加可能升高動脈粥狀硬化（atherosclerosis）罹患率？
(A) 低密度脂蛋白：高密度脂蛋白（LDL：HDL）
(B) 中密度脂蛋白：高密度脂蛋白（IDL：HDL）
(C) 非常低密度脂蛋白：低密度脂蛋白（VLDL：LDL）
(D) 乳糜微粒：低密度脂蛋白（chylomicron：LDL）

詳解：A

動脈是負責將血液從心臟輸送到各組織的血管。一旦血液中含有過多的低密度脂蛋白（LDL）時，過量的 LDL 會聚集在動脈內壁上，形成脂肪堆積，並且發生氧化；氧化型的低密度脂蛋白（LDL）具有細胞毒性，會啟動血管壁的發炎反應。進而吸引血液中的單核球進入內皮層的內皮細胞下空隙。在此單核球轉變成巨噬細胞，將氧化型低密度膽固醇吞噬。巨噬細胞形成的泡沫細胞死亡而累積，再加上結締組織增生與修補，便形成早期的動脈硬化斑（fatty streak），若動脈硬化繼續進行，則形成動脈粥狀硬化塊（atherosclerotic plaque）。隨著硬化斑塊逐漸變大，血管內腔逐漸變窄，致使血流供應量不足，產生缺血性症狀，就是所謂的「動脈粥狀硬化疾病」。

43. 運動時，肌肉張力與下列何者無關？
(A) 參與收縮的運動單元（active motor unit）數目
(B) 肌纖維直徑
(C) 肌纖維之動作電位頻率
(D) 肌纖維之膜電位去極化（depolarisation）幅度

詳解: D

肌肉張力正比於有效橫橋的個數、體神經動作電位頻率引發的強直作用等因素有關，與肌纖維膜上動作電位的幅度無關。

44. 端粒酶（telomerase）之功能係在染色體（chromosome）DNA 之末端進行下列何種作用？
(A) 朝 5'端方向加長
(B) 朝 3'端方向加長
(C) 朝兩股之末端皆加長
(D) 朝 5'端方向縮短

詳解: B

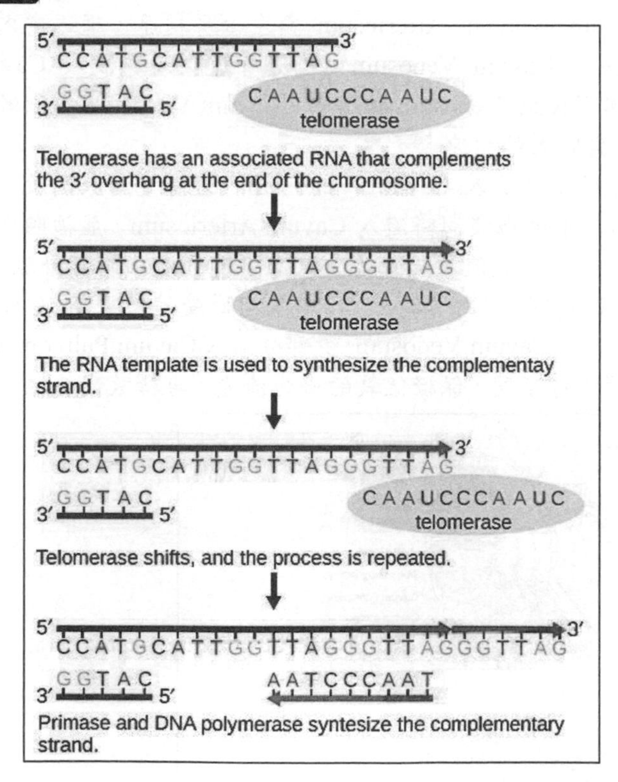

校方釋疑：

依據教科書 Weaver, Molecular Biology, 3rd ed., 2005 p.735 內文 "The telomerase adds many repeated copies of its characteristics sequence to the 3' -ends of chromosomes. Priming can then occur within these telomeres to makes the C-rich strand." 此題只問端粒酶本身之功能，至於考生申請釋疑所述導引酶（primase）、DNA 聚合酶（DNA polymerase）等之後續作用均與本題無關。

45. 有關綠蠵龜（*Chelonia mydas*）之心臟，下列何者正確？
(A) 含有二心房二心室
(B) 具有完整之心室中隔（interventricular septum）
(C) 體靜脈心室腔（cavum venosum）之血液，在心室收縮時進入主動脈
(D) 長時間潛水時，可進行左至右分流（left to right shunt; L-R shunt），使血液略過肺循環

詳解: C

龜類和有鱗類（蛇類、蜥蜴類）的心臟：靜脈竇比兩棲類略退化，但仍存在和有功能。心房分隔完全，心室不分隔，心球形成三條大動脈的基部。離開心室的動脈有三條：肺主幹（Pulmonary Trunk）、左軀幹（Left Systemic Trunk）、右軀幹（Right Systemic Trunk）。心室由三個腔組成：Cavum Venosum、Cavum Pulmonale、Cavum Arteriosum。Cavum Arteriosum 與左心房相連，通過室內管（Interventricular Canal）注入 Cavum Venosum，跨過一道肌肉脊流入 Cavum Pulmonale。（右心房直接與 Cavum Venosum 相連）。Cavum Venosum 與軀幹動脈相連，Cavum Pulmonale 與肺主幹相連。

心房收縮時，右心房中的血液流入 Cavum Venosum，右房室瓣膜開放，同時能恰好關閉室內管，左心房中的血液同時流入 Cavum Arteriosum，並被阻滯在那裡。此時肌肉脊較低，大部分血液流入肺主幹，只有少部分流入軀幹動脈。

心室收縮時，右房室瓣膜關閉，室內管開放，同時肌肉脊受擠壓變高，Cavum Arteriosum 中的血液大部分流入Cavum Venosum，少部分流入Cavum Pulmonale。心室壁三個腔的收縮的時間略有不同，保證低氧的血先流光，再釋放高氧的血。

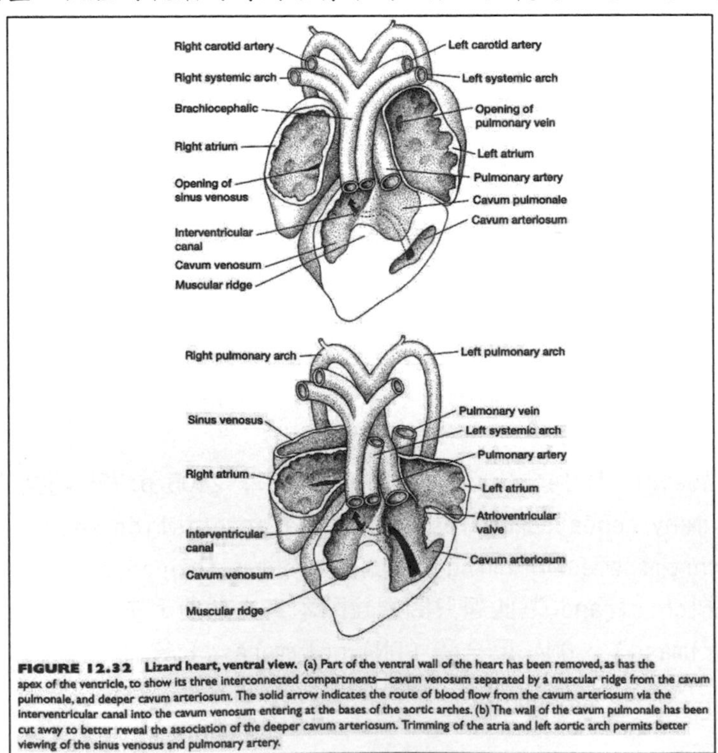

FIGURE 12.32 Lizard heart, ventral view. (a) Part of the ventral wall of the heart has been removed, as has the apex of the ventricle, to show its three interconnected compartments—cavum venosum separated by a muscular ridge from the cavum pulmonale, and deeper cavum arteriosum. The solid arrow indicates the route of blood flow from the cavum arteriosum via the interventricular canal into the cavum venosum entering at the bases of the aortic arches. (b) The wall of the cavum pulmonale has been cut away to better reveal the association of the deeper cavum arteriosum. Trimming of the atria and left aortic arch permits better viewing of the sinus venosus and pulmonary artery.

46. 反芻動物（ruminants）胃內何處含有最多之共生細菌？

(A) 瘤胃（rumen）

(B) 蜂巢胃（reticulum）

(C) 重瓣胃（omasum）

(D) 皺胃（abomasum）

詳解：A

瘤胃是厭氧微生物繁殖的天然發酵罐，瘤胃內多種細菌之間和細菌與纖毛蟲之間彼此共生，共同作用組成微生物區系，牛瘤胃微生物的主要作用有下幾點：

1. 纖維素的分解：動物沒有纖維素酶，反芻動物飼料中的纖維素，主要依靠瘤胃內的纖維素分解細菌和一部分纖毛蟲，在與其他微生物協同作用下，逐段被分解，最終產生揮發性脂肪酸，被牛體所吸收利用。
2. 糖的分解與合成：瘤胃微生物分解澱粉、葡萄糖和其他糖類，產生低級脂肪酸、二氧化碳和甲烷等；同時利用飼料分解產生的單糖和雙糖合成糖源，儲存於微生物體內，待微生物隨食糜進入小腸被消化後，這種糖源又可被利用作為牛體的葡萄糖來源之一。
3. 蛋白質的分解與合成：瘤胃微生物利用簡單的含氮物合成微生物蛋白質，生產中可利用尿素和銨鹽來代替日糧中的一部分蛋白質飼料；飼料中的蛋白質，在瘤胃內可被分解為胺基酸，氨和酸類等。
4. 維生素合成：瘤胃微生物能合成維生素B族和維生素K等，日糧中缺乏此類維生素不會影響牛體健康。

校方釋疑：

依據教科書 Sherwood, Animal Physiology, 2nd ed., 2013 p.655 內文“… as seen in the dairy cow and the deer, uses pregastric fermentation (the processing of foodstuffs by microbes) as a means to break down plant material into absorbable units. In these animals the foregut is modified such that microorganisms can proliferate in a fermentation vat, the rumen.” 由於瘤胃是反芻動物最大的胃室，係提供共生細菌分解植物纖維素之主要場所，是故此處的共生細菌最多，更多於其他胃室。考生申請釋疑所述之理由不存在。

47. 請問心肌細胞受損後，下列何種酵素最先在血液中被偵測到？

(A) Glutaminase

(B) Alkaline phosphatase

(C) Creatine kinase

(D) Aspartate aminotransferase

詳解：C

心臟酵素檢測的原理，是當心肌細胞發生損傷或死亡時，細胞內的重要成分，如 Troponin（肌鈣蛋白，簡稱 Tn，又分成 TnI 以及 TnT 兩個分型）、creatine kinase（肌酸激酶，簡稱 CK 或 CPK，有三種同功異構酵素，其中又以 CKMB 對心臟最具專一性）、myoglobin（肌紅蛋白）和 lactate dehydrogenase（乳酸脫氫酶，簡稱 LDH），會流失到細胞外因此可在血液中被檢測出來。

根據 2012 年歐洲心臟學會第三版心肌梗塞通用定義（Third Universal Definition of Myocardial Infarction)，推薦使用心臟酵素並搭配包括臨床上狹心症狀、心電圖缺氧表現、影像證據、心導管或解剖證實冠狀動脈血栓的任一項，就可以診斷急性心肌梗塞。心臟酵素則首選 Troponin，或選用 CKMB，當這兩個重要的心臟酵素指數大於 99%的正常族群百分位上限值（同時檢測的變異係數必須小於 10%），就可以診斷為心肌梗塞。

另一方面，Troponin 在心肌梗塞後可能持續上升達 10 天之久，可以做為近期心肌梗塞或再梗塞的判斷依據，也可以用來預測梗塞範圍以及預後。CKMB 則在 36 至 48 小時恢復正常。Troponin 在心導管介入治療或冠狀動脈繞道手術後的上升幅度，也具有臨床預測能力。

48. 下列何者最容易自由通過腎絲球微血管（glomerular capillary）管壁的窗孔（fenestrae）？
(A) 蛋白質
(B) 抗體
(C) 尿素（urea）
(D) 紅血球

詳解: C

入球小動脈進入鮑氏囊內並藉由血壓將小分子物質由腎絲球（經內皮細胞→基底膜→鮑氏囊足細胞）甩入鮑氏囊內。可過濾：葡萄糖、菊糖、尿素、水、胺基酸、脂肪酸、鈉離子、鈣離子；不可過濾：血球、蛋白質。

49. 若連續幾天食用低鈉鹽的飲食，會出現那一種生理現象？
(A) 尿液中鈉離子（Na^+）濃度增高
(B) 醛固酮（aldosterone）分泌增加
(C) 心房利鈉胜肽（atrial natriuretic peptide）分泌增加
(D) 血漿中腎素（rennin）的濃度減少

詳解: B

連續食用低鈉鹽的飲食，會誘發 RAA 系統而使醛固酮分泌增加，過度的話有可能造成低血鉀症而危害健康。

50. 在炎熱乾燥的環境下，以下何種植物的光呼吸作用（photorespiration）最旺盛？

(A) 玉米

(B) 菠菜

(C) 鳳梨

(D) 仙人掌

詳解: B

對 C3 植物而言，光呼吸作用是必然發生的作用，理由很簡單：因為大氣中 O_2 濃度（20.9%）比 CO_2 濃度（0.0352%）高很多！C3 植物的葉肉中所有海綿組織細胞和柵狀組織細胞都利用 rubisco 來固定二氧化碳，空氣由氣孔進入後直接接觸葉肉細胞，氧氣和二氧化碳會競爭 rubisco 和 RuBP，雖然 rubisco 對二氧化碳的結合力較氧氣強，但懸殊的濃度差異使得光呼吸作用旺盛而暗反應的固碳作用下降，且光呼吸作用還會消耗 RuBP 轉變為 CO_2 而流失，更不利於卡爾文循環的進行。換言之，光呼吸作用愈強，愈不利於光合作用的進行。

慈濟大學 109 學年度學士後中醫招生考試試題暨詳解

科目：普通生物學 **黃彪 老師解析**

選擇題(下列為單選題，共 50 題，每題 2 分，共 100 分，請選擇最合適的答案)

1. 當真核生物代謝葡萄糖生成能量時，二氧化碳是在哪一個胞器中產生？
   (A) 粒線體
   (B) 核糖體
   (C) 高基氏體
   (D) 溶小體

詳解: A

有氧呼吸時，葡萄糖被氧化產生二氧化碳的步驟為：丙酮酸氧化以及檸檬酸循環，這兩個步驟發生的位置都是在粒線體基質中。

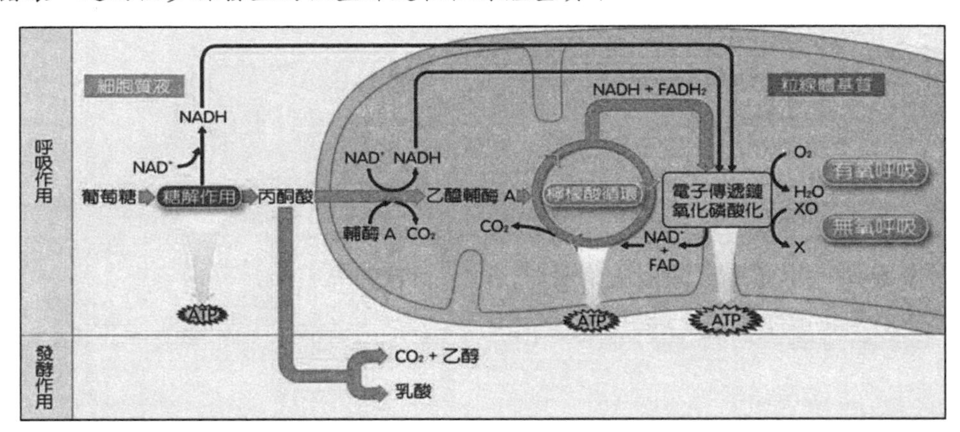

2. 下列何者屬於發酵作用和呼吸作用兩者最顯著的差異？
   (A) 只有呼吸作用才可氧化葡萄糖
   (B) 在呼吸作用中 NADH 才會被電子傳遞鏈氧化
   (C) 發酵作用是異化作用代謝路徑的一個例子，呼吸作用則否
   (D) 磷酸化級聯效應（phosphorylation cascade）是發酵作用所特有的

詳解: B

(A) 發酵作用和呼吸作用都能氧化葡萄糖。
(B) 正確，如前題附圖所示。
(C) 發酵作用和呼吸作用都是異化代謝路徑的一種。
(D) 磷酸化級聯反應是呼吸作用所特有的。

3.「氧化磷酸化作用（oxidative phosphorylation）」是細胞產生 ATP 的重要代謝機制，下列何者有關細胞可進行該作用的敘述最為正確？

甲	所有動物細胞都會進行氧化磷酸化作用
乙	含有葉綠體的藻類細胞不會進行氧化磷酸化作用
丙	植物的光合與非光合細胞均可進行氧化磷酸化作用
丁	大腸桿菌不含粒線體胞器，故無法進行氧化磷酸化作用

(A) 僅甲
(B) 僅丙
(C) 甲、丙
(D) 乙、丁

詳解：B

甲、哺乳動物成熟的紅血球即為一反例。
乙、藻類細胞為真核細胞，具有粒線體，可以進行氧化磷酸化作用。
丙、正確，植物細胞亦為真核細胞，兼具粒線體與葉綠體。
丁、大腸桿菌等某些原核細胞可於細胞膜上進行氧化磷酸化作用。

校方釋疑：

依據題意「氧化磷酸化作用（oxidative phosphorylation）」是細胞產生 ATP 的重要代謝機制，而該過程是在真核細胞的粒線體內膜或是原核生物的細胞膜上發生，亦即此代謝過程是在活細胞進行；因此在選項丙中所指的光合與非光合細胞亦是考量活細胞層面，再加上題意說明要挑選**敘述最為正確**的答案，故維持原答案 B。

4. 下列關於細菌與古菌之描述，下列何者最不恰當？
(A) 硝化細菌（nitrifying bacteria）可將空氣中的 N_2 轉變成 NH_3，NH_3 在土壤中與 H^+ 結合成 NH_4^+，部分 NH_3 經根瘤菌（又稱固氮菌）再轉變成 NO_3^- 可被植物吸收
(B) 沼澤菌可將 CO_2 與氫氣轉變成沼氣（CH_4），嗜鹽菌可生活在死海（Dead Sea）或鹽湖，嗜酸菌可生活在 pH 接近零，嗜熱菌可活在 90°C 以上
(C) 細菌是地球上種類最多，存活歷史最久的生物，目前地球上只有真細菌與古菌為原核，其餘皆為真核
(D) 紫細菌（purple bacteria）經內吞作用（endocytosis）進入古真核細胞形成粒線體，與細胞發生共存，藍綠細菌（cyanobacteria）亦經由內吞作用進入細胞形成葉綠體

詳解：A

將空氣中的 N_2 轉變成 NH_3 的細菌為固氮菌，將 NH_3 轉變成 NO_3^- 的為硝化菌。

5. 「抗生素(antibiotics)」為重要的抗細菌藥物,對於不同抗生素與其抑(殺)菌機制間的描述下列何者最不恰當?
(A) 安比西林(ampicillin)破壞細菌的細胞壁
(B) 鏈黴素(streptomycin)與細菌的核糖體結合,抑制其蛋白質的合成
(C) 紅黴素(erythromycin)與細菌的細胞膜結合並改變其通透性,使細菌吸水過量膨脹而死
(D) 四環黴素(tetracycline)可降低細菌的 DNA 旋轉酶(DNA gyrase)的活性,進而抑制其 DNA 的合成

詳解: C→D→更改答案為 C 或 D

(A) 安比西林屬於青黴素類,為一種β-內醯胺抗生素,在細胞繁殖期起殺菌作用。青黴素藥理作用是干擾細菌細胞壁的合成。青黴素的結構與細胞壁的成分粘肽結構中的 D-丙氨醯-D-丙氨酸近似,可與後者競爭轉肽酶,阻礙粘肽的形成,造成細胞壁的缺損,使細菌失去細胞壁的滲透屏障,對細菌起到殺滅作用。
(B) 鏈黴素結合了細菌核糖體的 30S 次單位上的 16S rRNA,干擾甲醯甲硫氨酸 tRNA(formyl-methionyl-tRNA)與 30S rRNA 的連接,阻斷細菌蛋白質的合成。
(C) 紅黴素可接合細菌的 50S 核糖體,抑制胺基醯移位作用(aminoacyl translocation),因而阻斷蛋白質的合成,進而殺死細菌。
(D) 四環黴素的抑菌作用機轉在於抑制細菌的蛋白質合成;其會連結到細菌 30S 核糖體(ribosome)的 16S 核糖體核糖核酸(rRNA)上,進一步抑制轉運核糖核酸(tRNA)的接合作用。此外,四環黴素亦可結合基質金屬蛋白酵素(Matrix metalloproteinases),進而抑制其作用。

校方釋疑:

經確認後,抗生素破壞細胞壁的合成、抑制細胞壁的交聯步驟、破壞或是嵌入細胞膜增加其通透性,皆屬於利用破壞細菌細胞壁的方式,使得細胞膜因滲透壓差破裂導致細菌死亡。選項(C)中的紅黴素(Erythromycin)屬於大環內酯(Macrolide)類的抗生素,當大環內酯與細菌的核糖體 50S 亞基(50S ribosome)進行可逆結合,可阻止細菌的蛋白質生物合成,從而阻礙 tRNA 的轉移;這種作用是制菌性的,但在高濃度下亦有殺菌的效用。

紅黴素的主要副作用是胃部不適,包括拉肚子(腹瀉)或嘔吐,其副作用的機制和題目選項(C)中所描述的細胞膜通透性無關,主要是因為紅黴素也是蠕動素受體促進劑(motilin receptor agonists),能激活膽鹼性神經元(Cholinergic neurons),促進腸胃道蠕動性收縮。至於選項(D)中的四環黴素(tetracycline)屬於多環聚酮類的抗生素,主要是由鏈黴菌屬放線菌門細菌所產生;四環黴素會連結到細菌 30S 核糖體(ribosome)的 16S 核糖體核糖核酸(rRNA)上,進一步抑制核醣體與轉運核糖核酸(tRNA)間的結合,進而抑制轉譯

過程中多肽鏈的增長，因此其抑菌的作用機制主要是和抑制蛋白質合成有關，這與題目選項(D)中所描述降低 DNA 旋轉酶並抑制 DNA 合成的作用機制無關，故也屬於不恰當的選項之一。因此，C，D 皆為正確答案。

6.「阿斯匹靈（aspirin）」是常用的鎮痛、解熱和消炎藥物。試問阿斯匹靈主要是扮演下列何種「生化角色」，使其具有上述的醫藥效果？
(A) 抗生素（antibiotic）
(B) 轉錄因子（transcription factor）
(C) 酵素抑制劑（enzyme inhibitor）
(D) 酵素活化劑（enzyme activator）

詳解: C

阿斯匹靈主要藥理機制與其無選擇性環氧合酶 COX-1 和 COX-2 的抑制作用有關，能抑制前列腺素和血栓素形成。

7. 下列哪一個真核生物細胞中的胞器中含有 RNA 分子的機率最低？
(A) 葉綠體
(B) 粒線體
(C) 細胞核
(D) 過氧化體

詳解: D

(A)、(B)、(C)三個胞器內都能找到核酸（包括 DNA 和 RNA）。過氧化體又稱為微粒體，是由單層膜所構成的特化代謝隔間，過氧化體內含各種酵素，可將受質上的氫轉移給氧並產生副產品過氧化氫（H_2O_2），過氧化氫對細胞具毒性，過氧化體於代謝時產生的過氧化氫會被其內的過氧化氫酶轉化為水，其內並不含有核酸。

8. GTP 在動物細胞中的訊息傳遞扮演重要角色，若某一動物因突變造成細胞無法產生 GTP，則下列關於其訊息傳遞的敘述何者最可能發生？
(A) 無法使位於細胞膜上的 G 蛋白（G proteins）活化
(B) 受體酪胺酸激酶（receptor tyrosine kinase）無法被磷酸化
(C) 干擾鈣離子通道的專一性
(D) 促進 cAMP 的生合成以取代 GTP 的作用

詳解: A

G 蛋白是鳥苷酸結合蛋白 (guanine nucleotide-binding protein) 的簡稱，是由三個不同分別被命名為 α、β 及 γ 的次單元所構成，所以 G 蛋白也被稱為異源三質型 G 蛋白（為了和其他嘌呤核苷酸結合蛋白做區別）。α 次單元會透過和嘌呤核甘酸結合來調控 G 蛋白的活性：當 α 次單元和鳥苷雙磷酸（GDP）結合時，

會和 β 及 γ 次單元形成耦合體，此時 G 蛋白呈現未活化狀態；當 G 蛋白耦合受體接上訊號分子後，會造成 α 次單元的 GDP 被 GTP 置換而活化 α 次單元，接著使 α 次單元和 β/γ 次單元分離，活化後的 α 次單元和 β/γ 次單元會各自開啟下游的訊息傳遞機制。

根據目前研究，人類的基因庫裡包含 21 種不同的 α 次單元、6 種 β 次單元及 12 種 γ 次單元。α 次單元可活化腺苷酸環化酶或磷酸二酯酶（phosphodiesterase）等膜內酵素，而 βγ 次單元則會活化其他的蛋白質。而活化後的 α 次單元在 GTP 水解成磷酸根及 GDP 後，會再次跟 β/γ 次單元結合回到 G 蛋白耦合受體上，等待下一次反應。而不同的 G 蛋白次單元也有不同的功能，也有研究發現有些 G 蛋白甚至會抑制腺苷酸環化酶的作用或是調控其他酵素的活性。除了調控酵素外，G 蛋白也被發現可直接調控離子通道訊號。例如：在心肌細胞上的尼古丁型乙醯膽鹼（nicotinic acetylcholine）受器訊號就是由 G 蛋白耦合受體傳遞。

9. 下圖為 a 生物在細胞週期不同階段細胞核內 DNA 含量變化與時間關係圖，若有另一 b 生物在第 II 階段所耗費的時間為 a 生物的 3 倍，下列何者描述最正確？

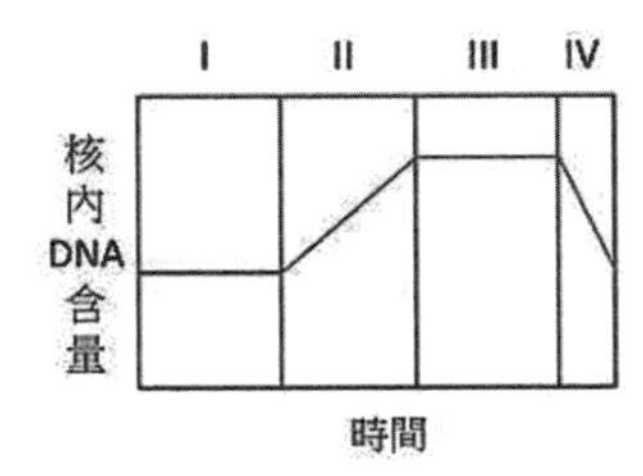

(A) b 生物細胞核內的 DNA 含量較 a 生物高
(B) a 與 b 生物的 DNA 含量一樣，但是 b 生物的細胞尺寸較大
(C) 圖中第 II 階段指的是 G_2 時期
(D) 中期（metaphase）是在圖中第 IV 階段

詳解：A

(A) 因為 b 生物在第 II 階段（DNA 複製階段、應為 S 期）所耗費的時間為 a 生物的 3 倍，若兩者 DNA 複製效率相似，則 b 生物細胞核內的 DNA 含量較 a 生物高為合理的推斷。
(B) 細胞的尺寸與細胞週期的差異無關。
(C) 圖中第 II 階段指的應是 S 時期。
(D) 中期核內 DNA 含量應為圖中的最大量，應位於第 III 階段。

10. 「長春花鹼（vinblastine）」為提煉自長春花植物的一種生物鹼（alkaloid）成分，當細胞攝入長春花鹼後無法正常形成紡錘體，進而影響細胞分裂的過程，故可被應用為癌症的化療藥物。根據上述，長春花鹼的作用對象最可能為下列何種細胞構造或成分？
(A) 微管（microtubule）
(B) 微絲（microfilament）
(C) 核糖體（ribosome）
(D) 粒線體（mitochondria）

詳解：A

紡錘體是真核細胞有絲分裂或減數分裂過程中形成的中間寬兩端窄的紡錘狀細胞結構，主要由大量縱向排列的微管構成。紡錘體一般產生於早前期（PreProphase），並在分裂末期（Telophase）消失。紡錘體主要元件包括極間絲、著絲點絲、星體絲及區間絲四種微管和附著在微管上的動力分子分子馬達以及一系列複雜的超分子結構組成。

11. 有關細胞週期（cell cycle）的敘述，下列何者最不恰當？
(A) G_1 期為細胞之 RNA 與蛋白質結合，S 期為細胞 DNA 合成，G_2 期為細胞準備進入細胞分裂
(B) G_0 期為細胞進入休止期（quiescent state）
(C) 生長因子（growth factor）存在時，細胞不會進入 G_0 期，直接由 G_1 期進入 S 期，無生長因子存在時才會進入 G_0 期
(D) 真核細胞可進行有絲分裂（mitosis），當體細胞進行有絲分裂，分裂結果染色體數目與構造不變；而生殖細胞會進行減數分裂，分裂結果染色體數目減半，染色體構造不會改變

詳解：D

(D) 生殖細胞會進行減數分裂，分裂結果染色體數目減半，染色體構造也會因為重組而改變，形成重組染色體對遺傳多樣性產生重要貢獻。

校方釋疑：

G1 期是細胞生長的時期，細胞的代謝活化並製造進入 S 期的所需蛋白質。蛋白質的合成主要是透過轉錄及轉譯，相對於 S 期的機制（DNA 複製；DNA replication），RNA 的分子亦在 G1 期扮演重要的角色，轉錄及轉譯機制的運作也需要 RNA 與蛋白質的結合。選項(D)是有關 mitosis 的敘述，mitosis 的結果應該不改變染色體的倍數。因本題是要選**最不恰當**的選項，故答案仍應維持為 D。

12. 有關真核細胞呼吸（cellular respiration）之敘述，下列何者最不恰當？
(A) 糖解作用（glycolysis）發生在細胞質液（cytosol）
(B) 克氏循環（Kerbs cycle）發生在粒線體基質
(C) 電子傳遞鏈和氧化磷酸化反應發生在粒線體內膜
(D) 呼吸作用與發酵作用共有的代謝路徑為克氏循環

詳解: D

(D) 發酵作用並沒有克式循環的過程，如題 1.之附圖。

13. 李君自國外歸來，身體出現輕微發燒與咳嗽症狀，為了要確認李君是否遭受新冠肺炎(COVID-19)病毒的感染，於是醫院進行核酸檢測。除了萃取李君鼻咽檢體的核酸樣品之外，該檢測還需用到下列哪些試劑？

甲、緩衝溶液
乙、分別含 A、U、G、C 氮鹼基的四種核苷酸（NTPs）
丙、分別含 A、T、G、C 氮鹼基的四種去氧核苷酸（dNTPs）
丁、兩種對 COVID-19 核酸成分具專一性的 RNA 引子（RNA primers）
戊、兩種對 COVID-19 核酸成分具專一性的 DNA 引子（DNA primers）
己、反轉錄酶（reverse transcriptase）
庚、*Taq* DNA 聚合酶（*Taq* DNA polymerase）

(A) 甲、丙、戊、庚
(B) 甲、乙、丁、己
(C) 甲、丙、戊、己、庚
(D) 甲、乙、丙、丁、戊、己、庚

詳解: C

因為新冠肺炎(COVID-19)病毒屬於 RNA 病毒，所以要檢測病毒是否存在，可以經由 RT—PCR 完成。RT—PCR 所需要使用的試劑包括題目中的：甲、丙、戊、己、庚。

校方釋疑：

檢體中是否有 RNA 病毒的存在，主要以反轉錄酶一聚合酶鏈鎖反應（RT-PCR）的技術來做檢測。傳統兩個步驟的 RT-PCR，的確是要先將病毒的 RNA 轉成 cDNA 後再進行 PCR。但是目前已經有 one-tube 或 one-step RT-PCR 的系統，可於同一試管中完成 First-strand cDNA 合成與 PCR 基因定量偵測。因此發展 One-step RT-PCR 的系統除了快速及方便外，更能降低污染產生。故本題**最適當**之答案仍應維持為 C。

14. 有些細胞培養液不適合以高溫、高壓的方式來進行滅菌，此時若培養液的體積不大，則可利用如右圖的針筒過濾器（syringe filter）來對培養液進行除菌過濾。在考量有效、方便、且經濟的前提下，該針筒過濾器的過濾孔徑最適合為下列何者？

(A) 0.22 nm
(B) 22 nm
(C) 0.22 μm
(D) 22 μm

詳解： C

細菌的大小一般約為 10 μm，在考量有效、方便、且經濟的前提下，該針筒過濾器的過濾孔徑最適合為 0.22 μm。

校方釋疑：

膜過濾是一種與膜孔徑大小相關的篩分過程，以膜為過濾介質，利用膜兩側的壓力差為驅動力的膜分離技術。一般而言，過濾膜的孔徑越小，過濾精度(Accuracy)越高，過濾效能(Efficiency)越好。但是影響過濾精度與過濾效能的因素很多，在目前的材料技術上，要做到有效、方便且經濟的條件下，應用在從細胞培養液的過濾膜以 0.22 μm 為主，主要的原因有：(1) 過濾膜在相同的孔隙率、材質及面積的情況下，孔徑越小的過濾膜需要較高的壓力，以達到相同的過濾速度與過濾效能；(2) 細胞培養液基本上包含鹽類、胺基酸、維生素等營養物質，過濾膜孔徑小到超微過濾(nanofiltration, NF)等級時，會阻絕大部分如 Na+、Cl－ 等的 1 價離子，導致細胞培養液過濾前後的鹽分濃度差異過大。故本題**最適當**之答案仍應維持為 C。

15. 有關端粒（telomere）的敘述，下列何者最不恰當？
(A) 真核生物的染色體末端叫做端粒
(B) 端粒有兩種功能，第一維持染色體的完整性；第二解決末端複製問題，如端粒酶具有分解端粒作用，導致染色體長度變短
(C) 端粒酶在生殖細胞及癌細胞內經常被表現出來
(D) 健康飲食及運動可使端粒酶（telomerase）活性上升，減緩老化發生

詳解： B

(B) 端粒（telomere）的意思就是染色體的末端，科學家能利用染色的方法，標定出端粒在染色體上的位置。端粒主要的功能有二，其一是促進染色體末端的複製；其二則是保護作用，以免末端遭受細胞核內的酵素分解。端粒酶並沒有分解端粒的作用，端粒酶以 RNA 當作模板，是用來延長端粒 DNA 的反轉錄酶。端粒的重複序列是因為端粒酶中的模板不斷重複接上相同的序列，用以保護染色體的末端。

科學家已知染色體末端的長度和老化現象具有關聯性，端粒越長的人存活的時間越長。一旦細胞不再複製，生理機制便會出現問題。端粒酶也和癌細胞能不斷複製的特點息息相關，癌細胞會調控活化端粒酶的基因。換言之，為了長生不老修補人體細胞損傷的同時，也是增加罹癌的風險。

16. 某生在實驗室裡進行細菌培養試驗，他從單一菌落（colony）開始培養在營養資源有限制的培養基中，並在理想的溫度中培養一天，下列哪張圖最適合代表此細菌族群的生長曲線？

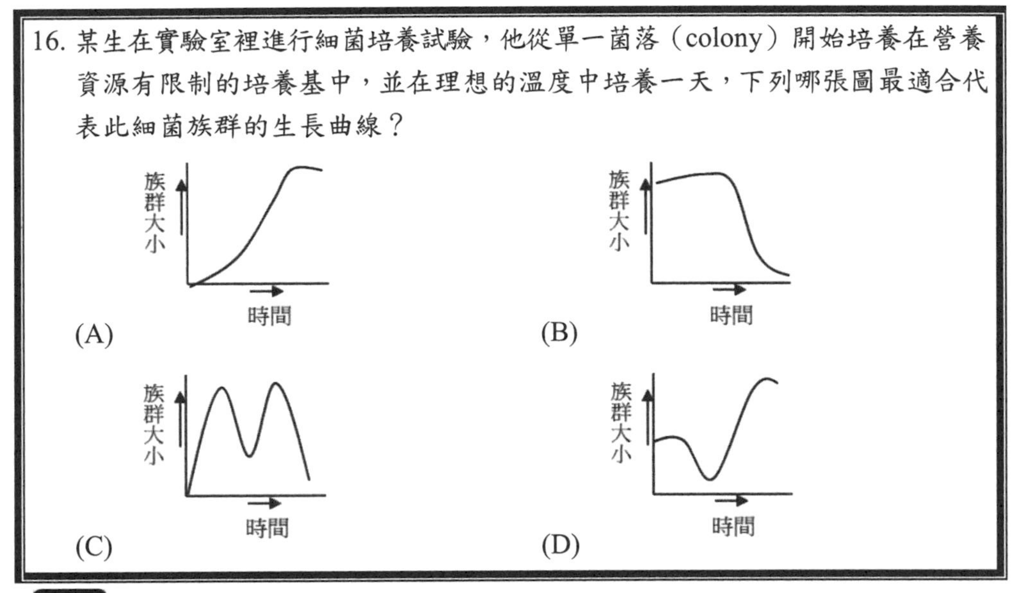

詳解： A

從單一菌落開始培養在營養資源有限制的培養基中，並在理想的溫度中培養一天。根據此條件，(A)為最合理可能的生長曲線。

校方釋疑：

生長曲線是細菌在一定培養條件下，所表現出的群體規律生長樣態。正常的生長過程包含了 lag phase（遲滯期），exponential/ log phase（對數期），stationary phase（停滯期），和 death phase（死亡期）等四個階段。本題中的四個答案圖示主要是呈現不同的生長曲線，所以符合上述生長樣態的**最適當**之答案仍應維持為 A。此外，雖然本題答案圖示的時間軸（X-軸）並未標示其起始點為培養第一天，而圖示的 Y-軸也無刻度的標示（並無標示負數），因此本題各選項中的生長曲線示意圖會造成誤解的機率較低。

17. 如果某性狀的表現是受到兩個基因的影響，且這兩個基因在遺傳上互相獨立。當其中一個基因的表現型（phenotype）表現會影響另一個基因的表現型表現時，則此種基因間之交互作用稱為？

(A) 完全顯性（complete dominance）

(B) 不完全顯性（incomplete dominance）

(C) 上位效應（epistasis）

(D) 基因多效性（pleiotropy）

詳解: C

基因的交互作用有很多種，一般常見的顯性作用（dominance），其交互作用的基因是位於同一基因座（locus）；而上位作用（epistasis）則是兩交互作用的基因分別位於不同的基因座上。

18. 有關哈溫定律(Hardy-Weinberg Theorem)之敘述，下列何者最不恰當？

(A) 一個族群處於哈溫平衡（Hardy-Weinberg equilibrium）狀態，則代表此族群沒有演化發生

(B) 哈溫方程式（Hardy-Weinberg equation）可以讓我們從已知的對偶基因頻度（allele frequency），計算出基因型頻度（genotype frequency）

(C) 哈溫方程式（Hardy-Weinberg equation）可以讓我們從已知的基因頻度（genotype frequency），計算出對偶基因頻度（allele frequency）

(D) 要達到哈溫平衡（Hardy-Weinberg equilibrium）需要以下五個條件中至少一項滿足：族群很大、無遷出遷入事件發生、沒有突變發生、隨機交配及沒有天擇發生

詳解: D

(D) 要達到哈溫平衡（Hardy-Weinberg equilibrium）需要以下五個條件每一項都滿足，缺一不可。

19. 假設在一個符合哈溫平衡狀態的豌豆植物族群中，豌豆植物的花色是由一個基因的兩個對偶基因所控制，當基因型為 RR 和 Rr 時的花色呈現紫色，當基因型為 rr 時的花色為白色。請問，共有 100 棵豌豆植物，其中 36 棵豌豆植物開白花，64 棵開紫花，則可推論 R 的對偶基因頻度及 Rr 的基因型頻度分別是多少？

(A) 0.4, 0.48

(B) 0.3, 0.36

(C) 0.6, 0.32

(D) 0.2, 0.46

詳解: A

因為白花佔 36/100，所有 r 的對偶基因頻度＝0.6 而 R 的對偶基因頻度＝0.4。因為此豌豆植物族群處於哈溫平衡狀態，所以 Rr 的基因型頻度＝$2\times0.4\times0.6$＝0.48。

20. 右圖為細胞分裂時染色體發生變化的示意圖。試問圖中的「甲」最可能是發生在下列哪一時期？
(A) 有絲分裂(mitosis)的前期(prophase)
(B) 第一次減數分裂(meiosis)的前期(prophase)
(C) 第一次減數分裂(meiosis)的中期(metaphase)
(D) 第二次減數分裂(meiosis)的中期(metaphase)

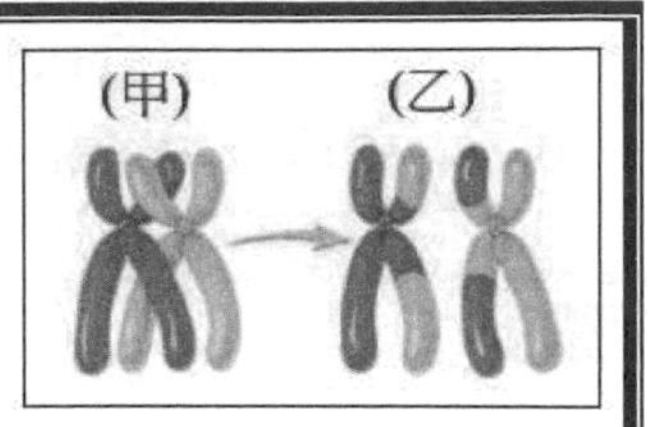

詳解：B

圖中的甲為聯會互換過程，而乙為互換後產生的重組型染色體。所以，甲最可能發生在減數分裂的前期 I。

21. 基因表現是以基因中的資訊來合成基因產物的過程，其基因表現之調節可從許多層面進行， 關於基因調節的敘述，以下何者最不恰當？
(A) 反義 RNA（antisense RNA）是與 mRNA 互補的單鏈 RNA，可以結合在 mRNA 上抑制轉譯作用
(B) microRNA 經由核糖核酸序列的互補性，辨認並結合標的 mRNA 後抑制其訊息的轉譯功能並促使其降解
(C) CRISPR（clustered regularly interspaced short palindromic repeat）基因編輯技術透過 Cas9 酵素誘發的基因過量表現，影響特定基因的轉錄或轉譯來促進基因表現
(D) RNA 干擾作用是藉由雙股 RNA 被加工成短的單股 siRNA，它會與蛋白質結合而形成 siRNA 暨蛋白質複合體（siRNA-protein complex），然後透過序列互補與 mRNA 結合，從而導致 mRNA 降解

詳解：C

(C) 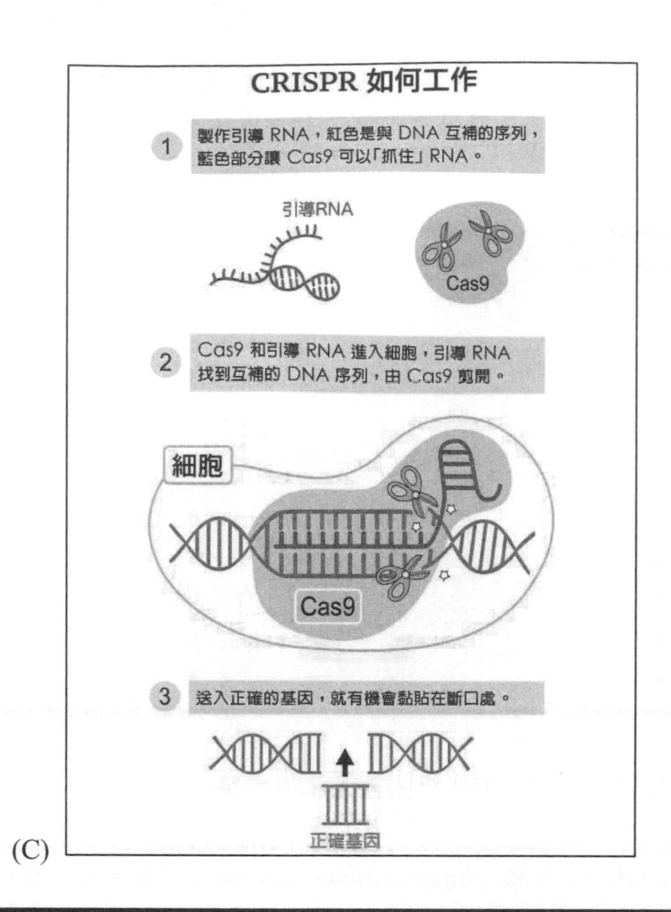

22. 有關表觀遺傳（epigenetic inheritance）的敘述，下列何者最不恰當？
(A) 為環境刺激後的 DNA 序列改變，會造成基因功能改變
(B) 透過 DNA 甲基化（DNA methylation）來調控基因是否表現
(C) 可藉由組蛋白修飾（histone modification）來調控基因是否表現
(D) DNA 的表觀改變可能可以持續數世代

詳解： A

研究在不改變 DNA 序列的前提下，亦即在相同的 DNA 序列下，透過調控基因活性的機制，所引發具有遺傳性且穩定、長期的基因表達或細胞表現型的變化，就是「表觀遺傳學（epigenetics）」。表觀遺傳學是 1980 年代才逐漸發展興起的一門科學，又稱為「表遺傳學」、「外遺傳學」、「擬遺傳學」或是「後遺傳學」，英文為 epigenetics，其中「epi-」源自希臘文，有「在...之上」或「除...之外」的意思，「-genetics」就是遺傳學。因此，表觀遺傳學的特徵是在傳統的分子遺傳學之上或之外的遺傳學。

而表觀遺傳學也能這樣解釋：在不涉及核苷酸序列改變的前提下，功能性相關的染色體改變。此種染色體改變的機制包括了「DNA 甲基化（DNA methylation）」和「組織蛋白修飾（histone modification）」等，這樣的調控機制皆能在不影響 DNA 序列的前提下，造成基因表達的不同。另外，藉由抑制蛋白結合在 DNA 的沉默基因區域，也能調控基因的表達。這些表觀遺傳學上的變化，也就是表觀遺

傳現象，可能可以通過細胞的有絲分裂或減數分裂保留下來，並可能持續遺傳好幾代，而這些變化都僅僅是在非基因因素的層次上，導致生物體基因表達的不同。

23. 下列何者所表示的物種演化歷史與其他三者不同？

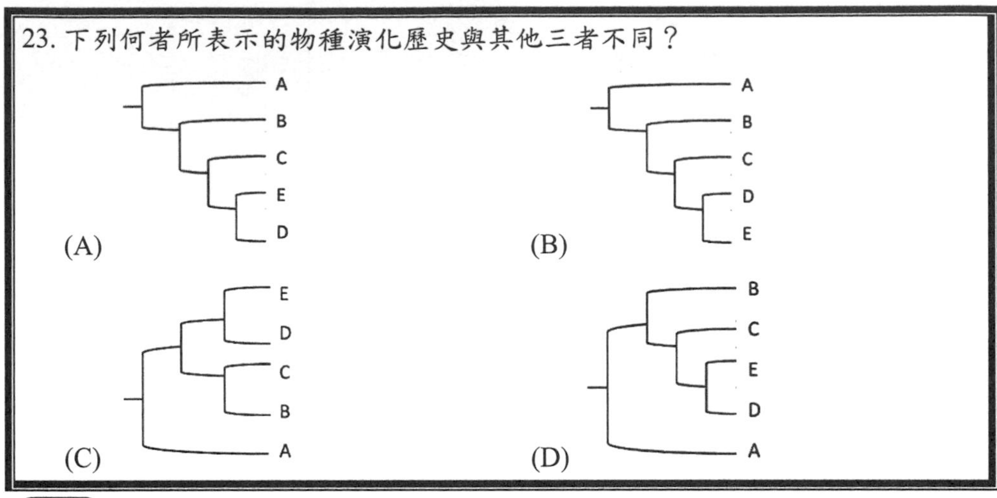

詳解： **C**

根據譜系圖的分支可旋轉性，(A)、(B)、(D)其實是同一幅。

24. 馬（*Equus ferus caballus*）和驢（*Equus africanus asinus*）交配之後，可以產下不具正常生殖能力的騾子（*Equus ferus* × *asinus*）；而狼（*Canis lupus*）和斑鬣狗（*Crocuta crocuta*）雖無法交配產下後代，但狼和家犬則可以交配產下具有正常生殖能力的後代，此「家犬」最有可能的學名為何？
(A) *Crocuta crocuta* × *lupus*
(B) *Canis lupus* × *crocuta*
(C) *Canis lupus familiaris*
(D) *Crocuta lupus familiaris*

詳解： C

因為狼和家犬可以交配產下具有正常生殖能力的後代，根據生物學種觀念，此二動物應為同一生物種。所以，依照林奈二名法此二物種應為相同屬名與種小名。(C) *Canis lupus familiaris*，即為家犬、野狗、流浪犬的學名。

25. 下列有關冬蟲夏草之敘述何者最佳？
(A) 為昆蟲與真菌的互利共生現象
(B) 為昆蟲被真菌寄生的現象
(C) 為昆蟲與真菌的片利共生現象
(D) 為昆蟲與植物的互利共生現象

詳解： B

「冬蟲夏草」這種中藥，其實是一種寄生在動物身上的「真菌」，利用宿主的身體當養分而繁殖。

中華冬蟲夏草（*Cordyceps sinensis*），原產於中國大陸西南地區，雲南，青海，西藏等地海拔 3000 公尺以上的山地，每年夏天時，蝙蝠蛾產卵於土壤中，卵孵化後成幼蟲，啃食附近植物根為食，在土中感染到真菌，蟲草菌侵入幼蟲體內即開始寄生，吸收蟲體的營養，不斷的生長壯大，待到冬天，幼蟲僵死，體內部已充滿菌絲，只剩下外面完整的表皮，此時外觀看來仍維持毛毛蟲的模樣，但裏面充滿堅硬的菌絲，即是菌核，以渡過嚴寒的冬天，這時是「冬蟲」的階段，到第二年春天四、五月時，天氣回暖，萬物開始滋長，蟲體(菌核)內的真菌也活動起來，準備要繁衍後代，在蟲的頭部長出棍棒狀的子實體，類似植物的發芽，此時就是「夏草」，冬蟲夏草因此而得名，子實體會釋出子囊孢子，再繼續去感染別隻幼蟲，如此循環完成其生活史。所以一株完整的冬蟲夏草會看到一端有深褐色棍棒狀的菌體下面連著一隻黃棕色的毛毛虫(菌核)。

26. 科學家從某一湖泊中分離出新發現的單細胞生物，此生物含有細胞壁（cell wall）、細胞膜（plasma membrane）、纖毛（cilia）和粒線體（mitochondria）。根據這些訊息，此單細胞生物最可能是下列何者？
(A) 不活動的原核生物
(B) 可活動的原核生物
(C) 不活動的真核生物
(D) 可活動的真核生物

詳解: D

因為有粒線體，所以應該屬於真核生物，而真核單細胞生物的纖毛往往能夠作為運動的構造。因此，根據這些訊息，(D)是最合理的推測。

27. 右圖為植物細胞內葉綠體構造的示意圖，根據該圖的標示，下列有關光合反應的敘述何者最不恰當？
(A) 澱粉的生成發生於「stroma」內
(B) 葉綠素分布在「outer membrane」上
(C) 氧氣的釋放發生在 thylakoid 的「lumen」內
(D) 光系統（photosystem）位於「thylakoid membrane」上

詳解: B

(B) 葉綠素應該分佈在類囊膜上。

28. 銀杏的葉片呈現扇形，在秋季會變成金黃色，其葉緣呈二分裂或全緣，葉脈平行分佈，銀杏種子可以食用，並具有藥用價值，在中國被稱為白果。請問銀杏在分類上屬於以下何者？
(A) 裸子植物（gymnosperm）
(B) 單子葉植物（monocot）
(C) 真雙子葉植物（eudicot）
(D) 蕨類植物（fern）

詳解： A

裸子植物是指種子植物中，胚珠在一開放的孢子葉上邊緣或葉面的植物，孢子葉通常會排列成圓椎的形狀。種子植物的另一主要類群為被子植物，而胚珠則是在心皮內。

裸子植物與被子植物最大的區別就在於被子植物出現了花這個生殖器官，而將銀杏雌花的圓球縱面切開，它既沒有花瓣、花萼，也沒有子房和花柱。它只有裸露的胚珠，胚珠基部的珠托是一個不大發育的大孢子葉，它不包被胚珠。因此，形不成子房，當胚發育成種子後仍然裸露。它具有裸子植物的特徵。

而銀杏的果實，通常被人們稱作白果，有三層種皮，即肉質種皮，骨質中種皮和膜質內種皮，中間包著胚和胚乳，所以銀杏的果實只是被種皮包裹起來的，實際上還是裸露的。

綜上所述，銀杏符合裸子植物的重要特徵，是真真切切的裸子植物。

29. 葉片枯萎時會造成光合作用停止，下列何者為最可能的原因？
(A) 葉片枯萎時葉綠素無法接受藍光波長的光子
(B) 葉片枯萎時 CO_2 的積累會抑制光解作用（photolysis）
(C) 葉片枯萎時氣孔關閉，造成 CO_2 無法進入葉片
(D) 葉片枯萎時細胞內溶質濃度過高，會抑制酵素作用

詳解： C

葉片枯萎時，葉片上的細胞（包括用以構成氣孔的保衛細胞）都應因脫水而萎縮。因此，氣孔並不能開啟。於此情況下，會造成 CO_2 無法進入葉片而使卡氏循環的原料缺乏，所以會造成光合作用停止。

30. 有關植物維管束組織的敘述，下列何者最不恰當？
(A) 木質部的導管與假導管的功能和運送水分及無機鹽類有關
(B) 導管與假導管的細胞成熟時會死亡，僅留下細胞壁
(C) 韌皮部的輸導組織與運送有機養分有關
(D) 篩管細胞成熟時會逐漸死亡，導致細胞內大部分的胞器都喪失

詳解： D

維管束的主角是導管（xylem）與篩管（phloem），因為導管源源不絕地將水分由根往莖、葉運送，篩管則將葉片進行光合作用後產生的富餘養分往根部運送，使得植物能夠年復一年地不斷長大，長成數百公尺高的神木。

導管是由死的細胞組成，功能就如我們家裡的水管一樣。水分之所以能夠在導管中「逆天行事」，是因為葉片在進行蒸散作用（transpiration）時，會產生一個拉力；而導管內的水分子與導管壁上的纖維素也會有吸附力。加上水分子之間的內聚力，三力合一就這樣把水分拉上去了。

篩管是由活的細胞組成；篩管的糖份運輸是依靠「來源端」（source）的葉肉細胞（mesophyll）、篩管細胞與導管之間的水濃度差異產生的推力，以及「儲存端」（sink）的篩管細胞、導管以及根部皮質細胞（cortex）之間的水濃度差所產生的拉力，使篩管的運輸由葉片往下走到根部去。

由於篩管裡面運輸的是有機物質，所以篩管細胞是活的細胞；但是為了要降低養分在運輸過程中的消耗，所以篩管細胞是無核的，就像我們的紅血球一樣。不管是篩管還是導管，他們一開始都是有核的活細胞。導管到最後要死亡，而篩管要去掉細胞核以及其他的胞器。

31. 有關植物荷爾蒙（phytohormone）下列敘述何者最不恰當？
(A) 離層酸（abscisic acid）能刺激植物產生防禦食植性昆蟲的化學物質
(B) 生長素（auxin, IAA）在低濃度下能刺激細胞伸長（cell elongation）
(C) 細胞分裂素（cytokinins）能刺激細胞分裂
(D) 獨腳金內酯（strigolactones）能刺激種子萌芽及介導植物與土壤微生物之間的相互作用

詳解：A

脫落酸（Abscisic Acid；ABA），也稱離層酸，是一種植物激素，發現於 1960 年代。脫落酸最初被發現時，被誤認為與植物葉片的掉落有關而命名。然現今已瞭解植物葉片與果實的掉落是乙烯所造成。

ABA 主要功能有二：一、使種子和芽休眠，提高植物耐旱性。（抑制種子萌發），二、氣孔關閉，減少水分的蒸散作用。另外，脫落酸會抑制植物的成長，通常會拮抗生長素、吉貝素的作用。於乾旱逆境，促使氣孔關閉、抑制細胞分裂素合成、調節減少光合作用所需的酶，等植物生理作用有關。

32～34 為題組

豌豆株高的性狀表現型很多樣（圖 I）這與植物體內 GA_1 的生成量呈正相關。圖 II 為植物體內代謝 GA_1 的生化反應途徑，部分步驟的催化酵素及其生成基因則如圖 II 右表所示。請根據所附資料，回答下列第 32～34 題。

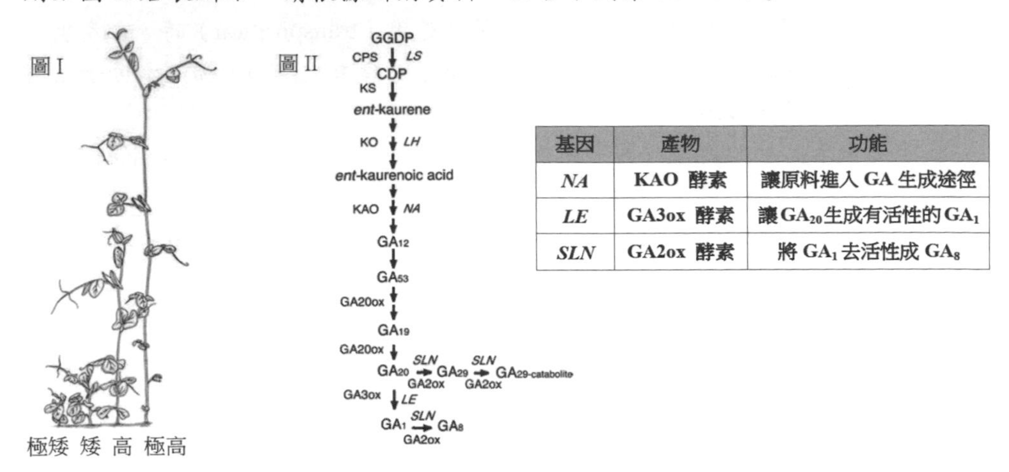

基因	產物	功能
NA	KAO 酵素	讓原料進入 GA 生成途徑
LE	GA3ox 酵素	讓 GA_{20} 生成有活性的 GA_1
SLN	GA2ox 酵素	將 GA_1 去活性成 GA_8

32. 下列哪一種基因型的 homozygous 豌豆植株會長得最高？
    (A) *NA/LE/sln*
    (B) *NA/LE/SLN*
    (C) *NA/le/SLN*
    (D) *na/LE/SLN*

詳解: A

一般而言，基因名稱大寫為顯性而小寫則為隱性。根據圖 II 的代謝流程，(A) 能產生 KAO 酵素、GA3ox 酵素且不會生成 GA2ox 酵素，因此能產生 GA_1 的生成量最多，且豌豆株高度與 GA_1 的生成量呈正相關，故應能長得最高。

33. 續上題，下表的甲～丁為四種人工噴藥處理，其中何種處理最有可能讓 *na/LE/SLN* 基因型的 homozygous 豌豆植株變高？

甲：噴灑 CDP	乙：噴 GA_8	丙：噴灑 GA_{12}	丁：噴灑 GA_{29}

(A) 甲
(B) 乙
(C) 丙
(D) 丁

詳解: C

na/LE/SLN 基因型的 homozygous 豌豆植株不能生成 KAO 酵素，故不具將 enl-kaurenoic acid 轉變成 GA_{12} 的能力，因此必需噴灑 GA_{12} 才能使其變高。

34. 下列何種基因工程操作，最可能讓 *NA/LE/SLN* 基因型的 homozygous 豌豆植株變矮？
(A) 額外植入 *LS* 基因，並使其持續表現
(B) 額外植入 *lh* 基因，並使其持續表現
(C) 植入 *NA* 的反義基因，並使其持續表現
(D) 植入 *SLN* 的反義基因，並使其持續表現

詳解: C

根據圖 II，(C) 植入 *NA* 的反義基因，並使其持續表現會抑制 KAO 酵素的生成，故會造成類似第 33 題基因型（*na/LE/SLN*）植物的表型。反之，(D) 植入 *SLN* 的反義基因，並使其持續表現會使生成的 GA_1 變多且不被降解，反而能產生更高的植株。

35. 下列何者與植物對抗病原體感染的化學防禦最相關？
(A) 甲基茉莉酸（methyl-jasmonic acid）
(B) 乙烯（ethylene)
(C) 吉貝素（gibberelins）
(D) 甲基水楊酸（methylsalicylic acid）

詳解: D

植物葉片受到咀嚼式昆蟲啃食時，受傷的葉片會先後產生三種防禦性激素：系統素（Systemin）、茉莉酸（Jasmonic acid）和水楊酸（Salicylic acid）。

系統素經由韌皮部（phloem）輸送到整個植株，先形成茉莉酸，茉莉酸進入細胞核中，使植物細胞核基因表現蛋白酶抑制劑（proteinase inhibitors），干擾咀嚼式昆蟲（Chewing insects）腸道的吸收作用，導致咀嚼式昆蟲，無法吸收必需胺基酸，而生長不良或緩慢死亡。

當植物致病原（pathogens）的分子，與植物細胞膜上的接受器結合→經一連串級聯反應產生第二訊息者（second messenger） →表現若干基因，形成植物抗毒素(Phytoalexins)→殺死致病原分子→PR 基因表現病害相關蛋白(Pathogenesis Related Proteins, PR proteins）→有些 PR 蛋白破壞細菌或真菌之細胞壁，有些通過原生質絲（plasmodesmata）警告相鄰的細胞→產生過敏反應（Hypersensitive response）導致壞死性損傷（necrotic lesion）侷限致病原的侵犯能力→系統（全株）獲得性抗性（Systematic Acquired Resistance, SAR）→SAR 是透過水楊酸路徑(Salicylic pathway)以及 PR 蛋白達成：增厚植物細胞壁、在細胞壁產生對致病原有毒的成分、增加過氧化氫（H_2O_2）的量並全植株表現 PR 蛋白質→全面性的破壞侵入植株的致病原。

校方釋疑：

依據題意是指哪一個植物荷爾蒙與對抗病原體感染的化學防禦最相關，這邊提的病原體主要是指病原微生物(pathogens)，而從植物系統性獲得免疫抗性

(systemic acquired response)的角度來看，重要誘導的訊息分子為甲基水楊酸(methylsalicylic acid)，故**最相關**的答案仍為(D)，至於選項(A)甲基茉莉酸(methyl-jasmonic acid) 的防禦誘導則與草食性動物或昆蟲啃食後所造成的機械性傷害有關。

36. 豆科植物（如豌豆、苜蓿）的種子包在豆莢內，若某豆莢剝開後僅發現部份種子是成熟的，則下列敍述何者最為正確？
(A) 此豆莢的花沒有被授粉
(B) 即使內部胚珠未全部受精也可以發育成果實
(C) 此豆莢胚珠沒有胚乳
(D) 此豆莢的花無法產生花粉管

詳解: B

豆莢為豆科植物的果實，一豆莢由一子房發育而來，而其中的胚珠則各自於完成受精後發育為種子。題目中某豆莢內僅有部分種子是成熟的，表示該子房內的多個胚珠只有部分完成受精而形成種子。故(B)的敘述是最為正確的。

37. 「高山植物」的花色通常都較為鮮豔，下列何者為該項特徵最可能的主要「成因」與其「生理學意義」？
(A) 含有大量類黃酮色素(flavonoids)，可減少 UV 光傷害
(B) 含有大量甜菜苷色素(betalains)，有利吸引動物前來授粉(pollination)
(C) 含有大量光敏素(phytochromes)，可調節光週期(photoperiodism)反應
(D) 含有大量類胡蘿蔔素(carotenoids)，有利於光保護(photoprotection)機制

詳解: A

高山上的花卉因為常受到強烈紫外線的照射，植物體因而產生「類胡蘿蔔素」和「花青素」等物質來吸收紫外線保護自己，使得花朵的顏色特別豔麗，當然也會吸引昆蟲，增加傳粉的機會。

這些經常需要直接曝曬在大量紫外線下的高山植物、常綠種類的表皮細胞中，具有能夠吸收紫外線的物質—「黃鹼酮的衍生物」。這種黃鹼酮是花青素、花黃素等植物色素的母體，高山植物通常花色鮮艷，學者認為原因可能就在此。

校方釋疑：

從題意中已說明要找出「高山植物」花色較鮮豔這項特徵**最可能**的主要「成因」與其「生理學意義」，既然是挑最可能當然答案就只有一個選項(A)，因為花色鮮豔和類黃酮色素(flavonoids)如花青素累積有關，此類分子亦可協助吸收過量紫外線；至於選項(D)因為光保護(photoprotection)機制應該是說明類胡蘿蔔素(carotenoids)可吸收過多光能以避免傷害葉綠素分子或是降低和氧起反應而產

生活性氧分子進而傷害細胞，此光保護機制應不只侷限在高山植物，且和花色鮮豔的最主要成因較無關，反和葉片色素累積有關，故維持原答案 A。

38. 某一植物族群具有遺傳多樣性（genetic diversity），此族群在天擇影響下所發生的事件（①～④）順序，何者最為正確？
①此植物族群的等位基因頻率 (allele frequency) 改變
②具有較高耐旱能力的植物比不耐旱植物所產生的種子數量更多
③植物棲地的環境改變
④不耐旱植物的生存力降低
(A) ③→②→④→①
(B) ①→②→③→④
(C) ③→①→②→④
(D) ①→③→②→④

詳解: A

根據族群遺傳學，在環境改變後（③植物棲地的環境改變），應陸續發生：不同表型個體生存生殖能力有差異（②、④）→族群基因池改變（①）而進行演化。

39. 新冠肺炎（COVID-19）病毒的潛伏期可達 14 日或更久。因此「無症狀感染者」可能為「前 3～4 天的初期感染者━甲」或是「新近痊癒者━乙」。為方便疫情追蹤，某生技公司擬開發檢測血液樣品的免疫快篩試劑，以區別上述甲、乙兩類人員。下列有關該試劑檢測內容之敘述，何者最為可能？
(A) 檢測血液中有無病毒顆粒；「有者」可能屬「甲類」，「無者」可能屬「乙類」
(B) 檢測血液中有無病毒的遺傳物質；「有者」可能屬「乙類」，「無者」可能屬「甲類」
(C) 檢測血液中有無對應病毒的抗體；「僅有 IgM 者」可能屬「甲類」，「有大量 IgG 者」可能屬「乙類」
(D) 檢測血液中有無對應病毒的抗體；「僅有 IgG 者」可能屬「甲類」，「有大量 IgM 者」可能屬「乙類」

詳解: C

檢驗血液樣品的免疫快篩試劑，就是利用抗原抗體反應以類似 ELISA 機制來檢測游離於血液中的病毒或血液中因免疫反應而生成的抗體。於人體免疫系統中，感染初期出現的抗體為 IgM，而於後期才有大量 IgG 的生成。

一般急性呼吸道病毒感染，合理的潛伏期為 3 到 10 天，95%的案例幾乎都發生在 7 天內，超過一週、小於 1 天都很罕見，但因為 COVID-19 卻出現無症狀也能感染的狀況，讓其潛伏期不易判定。

WHO 提出報告，COVID-19 患者中有 8 成是輕症、近 5 成甚至沒有明顯症狀。為什麼自己沒症狀、卻可以傳給別人？目前的研究發現，COVID-19 的一大特性是，臨床症狀與病毒量多寡沒有直接關係，症狀輕微者與明顯呼吸道疾病的確診者，病毒量幾乎一樣多；台灣確診病人還有症狀好轉、病毒量卻增多的狀況。因此，看似健康的確診者，還是會排出病毒造成他人感染，但其本身沒有症狀可能是病患本身的免疫力「過弱」導致。

病毒跟免疫系統作戰時，病毒所在的鼻黏膜、呼吸道表面被破壞，就會造成不舒服的症狀。若病毒長驅直入，免疫力較差的人、免疫系統「不積極」，會和病毒打持久戰，而慢慢把病毒清掉，所以產生的症狀就不強。這也能合理解釋，為何現在的研究發現，無症狀感染者的病毒量與一般確診個案一樣多。不過，值得注意的是，無症狀感染者仍然有機會快速改變、轉為重症。

根據上述 COVID-19 病毒的特性，偵測病毒存在與否似乎不是最好的方法。

40. 下列對於免疫系統的敘述何者最不恰當？
   (A) 哺乳動物體內數量最多的吞噬細胞是嗜中性球（neutrophils）
   (B) 昆蟲的血淋巴中有巨噬細胞能執行吞噬作用來殺死外來生物
   (C) 抗原決定位（epitope）是抗原受體被抗體辨識抗原的區域
   (D) 負責後天性免疫的 B 細胞和 T 細胞只存在於靈長類體內

詳解: D

(D) 儘管後天免疫近來被發現也出現在無脊椎動物中，但 B 細胞和 T 細胞只普遍存在於脊椎動物中。

41. 當腎上腺素與受體結合後，會催化肝醣分解成葡萄糖，以下①～④為其訊息傳遞反應事件，下列何者為最可能的排序？
   ① 活化磷酸化激酶 (phosphorylase kinase)
   ② 活化肝醣磷酸化酶 (glycogen phosphorylase)
   ③ cAMP 造成蛋白質激酶 (protein kinase)活化
   ④ cAMP 產生
   (A) ③、④、②、①
   (B) ①、②、④、③
   (C) ④、③、①、②
   (D) ③、①、②、④

詳解: C

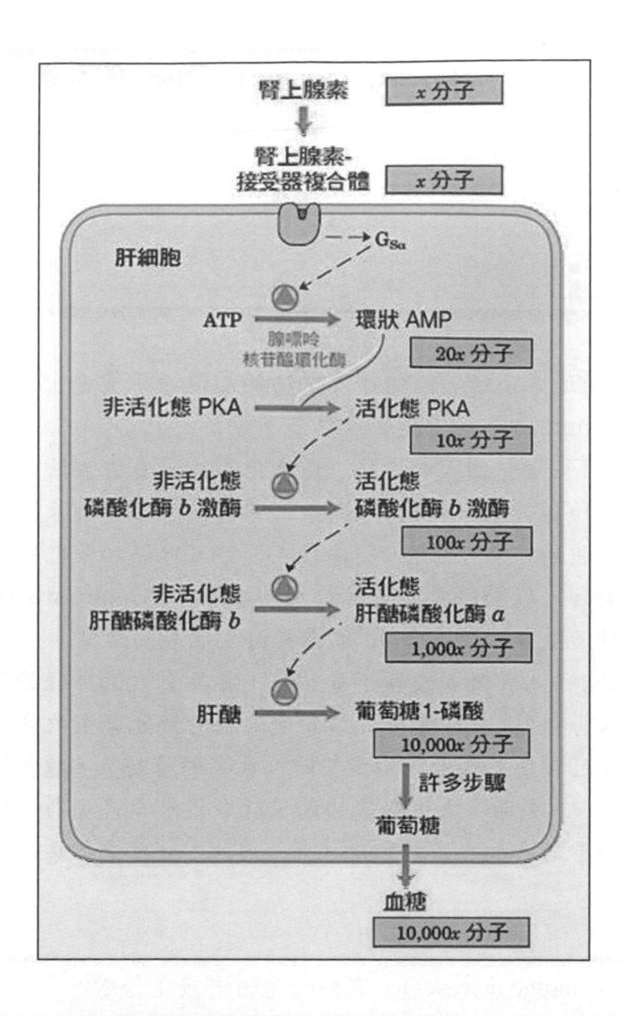

42. 有關脊椎動物心血管系統，下列敘述何者最為正確？

(A) 魚類心臟構造為二心房一心室，血液循環為單循環

(B) 二生類心臟構造為一心房一心室，血液循環為單循環

(C) 爬蟲類心臟構造為二心房一心室，血液循環為雙循環

(D) 鳥類心臟構造為一心房一心室，血液循環為單循環

詳解: C

(A) 魚類心臟構造為一心房一心室，血液循環為單循環。

(B) 二生類心臟構造為二心房一心室，血液循環為雙循環。

(C) 除鱷魚以外正確。

(D) 鳥類心臟構造為二心房二心室，血液循環為雙循環。

43. 吸毒容易上癮的原因與下列何種神經傳導物質（neurotransmitter）的關係最為密切？
(A) 血清素（serotonin）
(B) 多巴胺（dopamine）
(C) 腎上腺素（epinephrine）
(D) 正腎上腺素（norepinephrine）

詳解: B

雖然毒品的種類繁多，但是通常來講它們的作用機制都是通過某種途徑刺激人體過量產生「多巴胺（Dopamine）」而行使生理功能。

多巴胺是一種神經遞質，可影響一個人的情緒。這種化學物質負責大腦的情欲、能夠傳遞興奮及愉悅等資訊，因此它又被稱作"快樂物質"。從生理學上來講，愛情的感覺就是大量產生多巴胺的結果。同樣，吸毒和吸煙都可以增加多巴胺的分泌，使上癮者感到開心及興奮。瑞士科學家阿爾維德·卡爾松（Arvid·Carlsso）因確定多巴胺為腦內的一種神經遞質，榮獲 2000 年諾貝爾生理或醫學獎。

科學家研究發現，當吸毒者注入、吸入或吞下毒品時，毒品對大腦神經的刺激遠遠比正常生活中的刺激來得強烈。長期使用毒品會使大腦的機能發生改變，最主要的改變就是細胞上的多巴胺受體的數量減少。攝入毒品的量越大、越多的受體就會被清除，受體越來越少。久而久之，興奮的閾值就會逐漸提高，為了達到原來的刺激程度吸毒者必須不斷增加毒品的劑量才行。因此，一旦染上毒癮則欲罷不能。

44. 有關溶體貯積症(lysosomal storage diseases)，下列敘述何者最不恰當？
(A) 這類貯積症的患者缺乏一種正常存在於溶體中具有活性的水解酵素
(B) 溶體內充滿無法消化的物質，因而開始干擾到細胞的其他種功能。如在龐貝氏症（Pompe's disease），由缺乏一種能使多醣類降解所需的溶體酵素，病人的肝會被堆積的肝醣所破壞
(C) 戴一薩氏症（Tay-Sachs disease）是一種脂質消化性酵素的缺乏或是不具活性，導致腦部被蓄積在細胞內的脂質所損害
(D) 腎上腺腦白質失養症（Adrenoleukodystrophy, ALD）患者細胞的溶體無法代謝較長的脂肪酸鏈，造成患者的髓鞘脫失，腦部的神經細胞因此就會被破壞，進而妨礙神經的傳導

詳解: D

(D) 腎上腺腦白質失養症主要是由於位於 X 染色體上之 ABCD1（ATP-binding cassette, sub-family D）基因發生突變，造成細胞內過氧化小體（peroxisome）無法代謝極長鏈飽和性脂肪酸（very long-chain fatty acids，簡稱 VLCFA，如 C24 及 C26 碳鏈脂肪酸），導致 VLCFA 大量堆積在大腦白質和腎上腺皮質，侵害腦神經系統的髓鞘質，妨礙神經傳導功能，使得中樞神經發展遲滯退化。

45. 胰臟細胞會將標有放射性元素的胺基酸嵌入蛋白質中，這種新生成蛋白質之「標籤化」可供研究人員追蹤這些蛋白質在細胞中的位置。假使我們正在追蹤一種由胰臟細胞所分泌的酵素，下列何者最有可能是該蛋白質在細胞內運輸（transport）的路徑？
(A) 內質網→高基氏體→細胞核
(B) 高基氏體→內質網→溶體
(C) 細胞核→內質網→高基氏體
(D) 內質網→高基氏體→會和細胞膜融合的囊泡

詳解: D

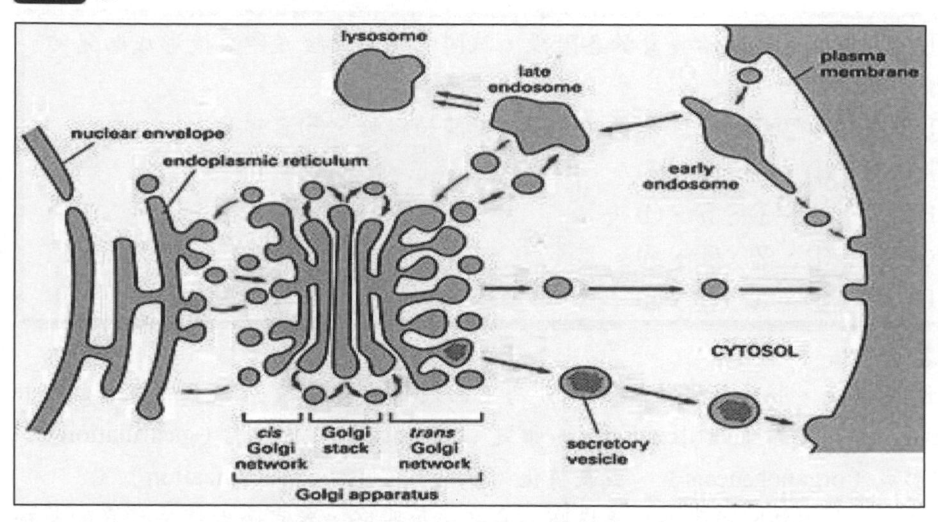

46. 有關細胞凋亡（apoptosis）現象，下列敘述何者最不恰當？
(A) 細胞凋亡是保護鄰近的細胞免於受到傷害
(B) 細胞裂解後會洩漏（burst out）出其它所有的內容物
(C) 細胞凋亡路徑激活某些蛋白酶（proteases）和核酸酶（nucleases），這些酵素隨後切斷細胞內的蛋白質及 DNA
(D) 細胞凋亡程序的主要蛋白酶稱為「凋亡蛋白酶（caspases）」

詳解: B

細胞凋亡是一種細胞的程序性死亡（Programmed cell death），相較於因感染或受損引起的細胞壞死（Necrosis），細胞凋亡是主動由細胞進行的反應。細胞凋亡的主要目的是為了要移除在發育過程中不必要的細胞。在進行細胞凋亡的過程中，會產生一連串的生理現象，包括：染色質固縮（Chromatin Condensation）、DNA 碎裂（DNA fragmentation）及核碎裂（Nuclear fragmentation），並不會有 (B) 細胞裂解後洩漏（burst out）出其它所有的內容物的情形。

47. 有關人體腎元組織中，下列哪一個結構最不可能參與水的被動再吸收（passive reabsorption）？

(A) 近曲小管（proximal tubule）

(B) 集尿管（collecting duct）

(C) 亨耳氏下降枝（descending limb of loop of Henle）

(D) 亨耳氏上升枝（ascending limb of loop of Henle）

詳解: D

(D) 亨耳氏上升枝管壁的特性—不透水，所以最不可能參與水的被動再吸收。

48. ①～⑤為哺乳類胚胎發育的各階段，試問受精卵會經過卵裂後形成胎兒的排序為何？

①原腸胚、②囊胚、③桑椹胚、④心臟開始跳動、⑤器官發生

(A) ②、①、③、④、⑤

(B) ③、②、①、⑤、④

(C) ③、①、②、④、⑤

(D) ②、①、③、⑤、④

詳解: B

簡單來說，胚胎發育大概可以分為下面幾個重要階段，配子形成（gamete formation）、受精（fertilization）、卵裂（cleavage）、原腸化（gastrulation）、器官形成（organogenesis）、成長特化（growth & tissue specialization）。

卵裂形成的胚胎順序為：桑椹胚→囊胚→原腸胚，器官發生最早發育的是神經系統，而人類心臟約在第四週時開始跳動。

以青蛙發育為例：

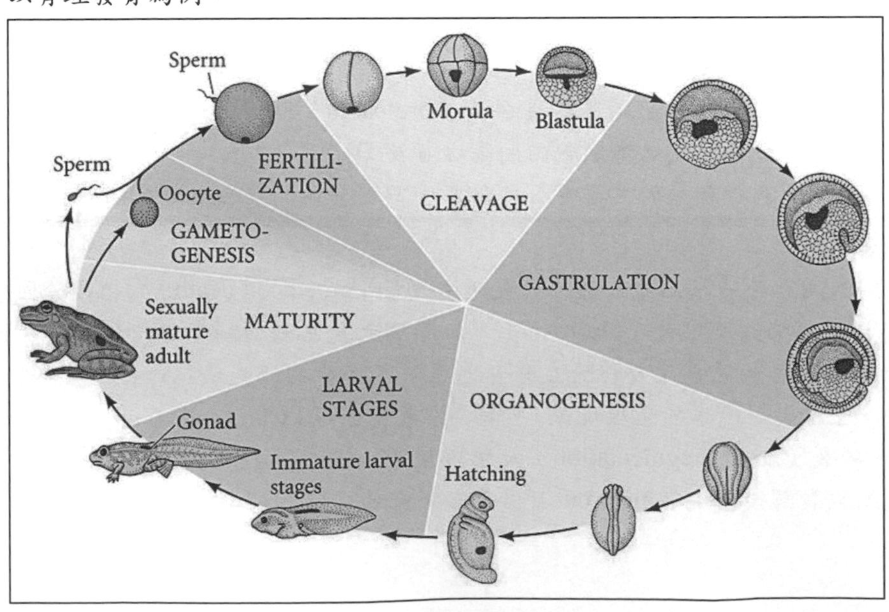

49. 有關人類內分泌引起的疾病，下列敘述何者最不恰當？

(A) 甲狀腺分泌不足時，會造成缺碘性甲狀腺腫；甲狀腺分泌過多時，會造成甲狀腺機能亢進

(B) 副甲狀腺素分泌不足時，會造成血鈣上升，血磷下降；副甲狀腺素分泌過多時，會造成血鈣下降，血磷上升

(C) 腎上腺糖皮質素分泌不足時，會造成愛迪生症（Addison's disease）；腎上腺糖皮質素分泌過多時，會造成庫辛氏症候群（Cushing's syndromc）

(D) 生長激素分泌不足時，會造成侏儒症（dwarf）；生長激素分泌過多時，會造成小孩的巨人症（gigantism）及大人的末端肥大症（acromegaly）

詳解: B

(A) 甲狀腺素分泌不足並不會「造成」缺碘性甲狀腺腫。

(B) 副甲狀腺素分泌不足時，會造成血鈣下降，血磷上升；副甲狀腺素分泌過多時，會造成血鈣上升，血磷下降。

校方釋疑：

食物中的碘攝食後，經由腸道吸收透過血液循環經由甲狀腺濃縮，由無機碘轉變成有機碘，再和甲狀腺球蛋白結合後最終形成甲狀腺素。當長期的碘攝取不足會造成甲狀腺組織代償性的增大。甲狀腺腫的確不會導致缺碘；但是選項（A）中的「缺碘性甲狀腺腫」是一個疾病名稱，而非描述缺碘現象。故本題**最適當**之答案仍應維持為 B。

50. 有關細胞分化（cell differentiation），下列敘述何者最不恰當？

(A) 胚胎幹細胞（embryonic stem cell, ESC）具有全能性（totipotency），所有基因都有可能被開啟，經由分化、分裂長成各種不同類型、不同功能的細胞，發育成各種組織、器官

(B) 造血幹細胞（hematopoietic stem cell）是單能幹細胞，主要分化成白血球細胞、淋巴細胞等

(C) 成體幹細胞具有轉分化（transdifferentiation）功能

(D) 癌症幹細胞（cancer stem cell, CSC），又稱癌幹細胞、腫瘤幹細胞，是指具有幹細胞性質的癌細胞，也就是具有自我複製（self-renewal）及具有多細胞分化等能力

詳解: B

細胞潛能（Cell potency）是指一個細胞可以分化爲其他種細胞的能力。一般來說，一種細胞可以分化成越多種不同類型的細胞，就可以認爲這種細胞的細胞潛能越大。細胞潛能從大到小可以分爲「全能性」（Totipotency，如受精卵）、「多能性」（Pluripotency，如胚胎幹細胞（ESC））、「多潛能性」（Multipotency，

如間充質幹細胞）、「寡能性」（Oligopotency，如淋巴細胞）、「單能性」（Unipotency）。

幹細胞具備有分化能力，但是會有所不同。在胚胎發育早期，受精卵分裂發育成為八個細胞的階段，此時每一顆細胞分開後，均可以發育形成一個完整個體。這樣的幹細胞我們稱之為「全能性幹細胞」（totipotent）。另外，像是「多能性幹細胞」（pluripotent）則是可以分化成身體內的各式各樣細胞，但是沒有辦法單一顆細胞就形成個體。目前，有一些從骨髓取出的間葉型幹細胞或是造血幹細胞則可以分化成多種形式的細胞，但其分化能力較有限，某些細胞沒有辦法進行分化，這類的細胞我們稱為「多潛能幹細胞」（multipotent）。隨著不同分化層階，越後段的幹細胞，分化的能力也越有限。

2009 年，《自然醫學雜誌》報告從 33 個前列腺癌病人及轉移癌組織 DNA 的研究發現，同一個病人的癌及轉移癌是同一個來源。經過不斷地驗證，科學家相信在癌組織中僅有少數細胞能不斷生長，而且只有這群細胞具有永生不死、持續分裂與分化的能力。這群細胞從癌組織分離培養後，可以連續數代成功地接種在動物身上並形成腫瘤，通常也只有這類細胞會發展成癌症，尤其是會隨著癌症轉移出去產生新型的癌症。這些癌細胞有許多和幹細胞一樣的特性，因此稱為「癌幹細胞」。

後來，科學家漸漸注意到幹細胞和癌細胞之間有許多相似性，例如都能夠不斷地繁殖，而腫瘤裡面也包含了多種細胞類型，幾乎就像是一個混亂版的完整器官。此外，類似癌細胞具有轉移的特性，某些幹細胞也會因人體受傷組織的信號吸引，而移動到身體較遠的部位進行細胞再生的工作。再者，幹細胞無限生長和分化的能力受到正常且嚴格的基因調控，一旦失去這些控制機制，就會和癌細胞的情形非常相像。

這些共同性以及越來越多的實驗顯示，幹細胞的調控機制失靈，可能就是癌症發生、癌細胞獲得不朽生命和擴散到其他部位的根本原因。因此，癌組織可能始自於變異的正常幹細胞，而在癌化的過程中保留了正常幹細胞的一些特徵。儘管癌幹細胞在整個腫瘤組織中占很小的比率，這些細胞卻是形成整個腫瘤的關鍵成分。

校方釋疑：

有全能性（totipotency）是指有能力分化成人體各組織的幹細胞，並能逐漸發展成一個完整個體。有全能性的幹細胞除了受精卵之外，受精卵在形成胚胎過程中，卵裂至八細胞期前之任一細胞，具有發展成獨立個體的能力，皆是胚胎幹細胞。故本題**最適當**之答案仍應維持為 B。

考取學長姐心目中的彪哥
後醫生物王牌

高元師資

黃彪

黃凱彬

教學特色

1. 台大分醫所，成大生物系
2. 講解深入淺出，精準掌握考題趨勢
3. 善用圖表將龐雜資料化繁為簡，將繁瑣的文字轉為精簡的圖像記憶

連中三榜

馮士昕 /彰師大生物

高醫.中興.中山/後西醫

生物相信黃彪老師就對了~大學生物學的很零散，黃彪老師的板書把生物很有邏輯的整理起來真的超厲害！題庫一定要寫，我在課前會先預習完才會去上課，裸寫考題後再看課本內容，這樣確保讀書方向正確也縮短摸索的時間，才不會花太多時間在單一科目上而犧牲其他科目。

荊裕傑 /嘉藥藥學

高醫.中興.中山/後西醫

彪哥的生物應該不用多說了，後醫生物第一把交椅，內容非常精實而且上課又很有趣，講義還是彩色的！但真的要跟緊老師的進度，因為生物真的內容太多，最容易讀不完導致心浮氣燥，我是上課做筆記，然後馬上寫老師放在課本後面的題目。

李承哲 /長庚生科

高醫/後西醫

彪哥的講義內容相當完整，彩色的圖片和表格都一目瞭然很好理解生物的範圍相當廣泛、內容也很繁雜，所以我認為有效率的讀書方式是分辨好生物蛋黃區和蛋白區，透過重複練習講義每個章節的歷屆試題，會發現有些觀念就是一考再考，而這些就是你必須掌握的蛋黃區。熟悉蛋黃區後再去往外延伸擴增自己的蛋白區，會比你將講義一字不漏地讀過一遍還來得有效率。

許智堯 /成大機械

高醫.中山/後西醫

章節開始前老師會勾勒出大脈絡，之後一路延伸至細節，上課跟著老師步調走，複習時配著筆記和課文重點(有顏色)，很有效率。每章後面都有精選題目，大多是考古題，經由考古題的練習複習非常重要。上課氛圍輕鬆有趣、內容豐富紮實(圖片多幫助記憶)，專心上課會有相當大的收穫。題庫班老師會帶基本題，精選的難題也相當有記憶點。

林於憫 /嘉大園藝

中山/後西醫

老師的講義都將重要的觀念以及重點以圖表的方式呈現，很容易整理與比較，也很方便記憶，配合每個章節的考古題，可以更清楚知道考點在哪裡；題庫班的講解與補充也很豐富，很多因為普生內容太多來不及講解的，在題庫班都能盡量問老師。

陳維婕 /長庚醫放

中興/後西醫

我很喜歡黃彪老師生物的授課方式，他可以把艱澀的名詞或是難懂的觀念邏輯，講的非常白話，讓我可以很快速的了解和記憶。
講義也非常豐富，圖片和圖表也整理的很完整，讀起來也比較清楚明瞭。而且老師講義的選題都是歷屆題目，不論是後中後西或私醫，題目都有，我覺得這點非常好。

當醫生 考取成就
選擇高元

112年度考取140人次 達總錄取人數51%

112學士後西醫金榜

謝毓珉（高醫/藥學）
錄取 高醫.中興/後西醫

李承哲（長庚/生醫）
錄取 高醫/後西醫

林於憐（嘉大/園藝）
錄取 中山/後西醫

金典緯（高醫/藥學）
錄取 高醫.清大.中興.中山/後西醫

侯鴻安（中國醫/藥學）
錄取 高醫/後西醫

荊裕傑（嘉藥/藥學）
錄取 高醫.中興.中山/後西醫

張峻瑋（高醫/藥學）
錄取 高醫/後西醫

張恩冕（台大/藥學）
錄取 高醫.清大.中山.中興/後西醫

許智堯（成大/機械）
錄取 高醫.中山/後西醫

莊忠勳（高醫/藥學）
錄取 高醫.中山/後西醫

陳維婕（長庚/醫放）
錄取 高醫.中興/後西醫

湯寓翔（中興/植病）
錄取 高醫/後西醫

馮士昕（彰師/生物）
錄取 清大.中興.中山/後西醫

黃O傑（成大/職治）
錄取 中興/後西醫

解元戎（高醫/藥學）
錄取 高醫.中山/後西醫

鄭O庭（成大/心理）
錄取 清大.中興.中山/後西醫

羅紹緯（成大/護理）
錄取 高醫.中興/後西醫

謝毓敏（高醫/藥學）
錄取 高醫.中興/後西醫

游竣喬（台大/生化所）
錄取 高醫/後西醫

陳玟暢（台師大/化學）
錄取 清大.中興.中山/後西醫

在校生.在職生

嚮往穩定未來 現在就開始準備！

112學士後西醫金榜

吳佳蓁（慈濟/物治）
錄取 慈濟.義守/後中醫

吳雨潤（中國醫/藥學）
錄取 中國醫/後中醫

李妍儀（中興/獸醫）
錄取 中國醫.義守/後中醫

李玠姍（成大/生化所）
錄取 慈濟/後中醫

沈玥頤（中國醫/藥學）
錄取 慈濟.義守/後中醫

林友元（台師大/生科）
錄取 中國醫/後中醫

林建華（北醫/牙體）
錄取 義守/後中醫

林偉翔（高師大/生科）
錄取 慈濟.義守/後中醫

林敬祥（嘉藥/藥學）
錄取 義守/後中醫

蘇毓鈞（高醫/藥學）
錄取 中國醫/後中醫

邱昱翰（台大/生科所）
錄取 中國醫/後中醫

洪懿君（政大/新聞）
錄取 中國醫.義守.慈濟/後中醫

徐聖涵（高師大/化學）
錄取 中國醫/後中醫

張巧蘋（成大/資工）
錄取 中國醫.義守.慈濟/後中醫

梁詠琪（中國醫/護理）
錄取 義守/後中醫

陳怡婷（中國醫/中資）
錄取 中國醫/後中醫

陳柔丞（長庚/醫技）
錄取 中國醫.義守.慈濟/後中醫

陳繪竹（成大/會計）
錄取 慈濟/後中醫

程名豪（嘉藥/藥學）
錄取 慈濟.義守/後中醫

黃心儀（成大/心理）
錄取 中國醫.義守.慈濟/後中醫

葉子瑄（中國醫/運醫）
錄取 中國醫.義守.慈濟/後中醫

葉昶宏（大仁/藥學）
錄取 中國醫/後中醫

潘柏諺（大仁/藥學）
錄取 中國醫.義守.慈濟/後中醫

蔡佳恩（長庚/呼吸）
錄取 中國醫/後中醫

謝礎安（中國醫/藥學）
錄取 義守/後中醫

簡滋蕓（高醫/醫技）
錄取 義守/後中醫

藍威策（台南/生科）
錄取 慈濟/後中醫

林祈均（北醫/藥學）
錄取 慈濟.義守/後中醫

蔡宗宏（中興/生科）
錄取 義守/後中醫

黃冠霖（台大/生化分生所）
錄取 義守/後中醫

考取學長姐心目中的彪哥

莊忠勳(高醫藥學)　錄取 中山/後西醫、高醫/後西醫

感謝生物的黃彪老師，當初看到老師的全彩課本，而且是最新改版的就覺得看了很舒服，課本裡面搭配了許多圖片讓同學不會困在文字裡，因為我只有考中山跟高醫，以這兩間學校的出題方向，幾乎所有題目都在老師的課本裡，所以上老師的課就非常夠用，我每堂下課都會跟同學去問老師問題，老師平常也很像朋友一樣，除了討論課堂上的知識，也會關心同學念得如何，順帶一提老師的鞋子都很好看。

解元戎(高醫藥學)　錄取 中山/後西醫、高醫/後西醫

生物的知識量實在太多了，準備生物時最忌諱的是「什麼都想要」的心態，所以我主要是從考古題的觀念延伸，將考過的重點熟記，再將相關概念整理在一起記憶，老師講義內的表格已足夠應付各校的考點，這樣會比起將課文毫無頭緒的記起來還有效率。另外推薦搭配老師課本裡的彩色圖片來記憶，也能上網搜尋瀏覽，生物學有很多不知所云的專有名詞，尤其是分類學這章節，這時候透過圖片會更好理解，也可以更加深自己 的印象。

張峻瑋(高醫/藥學)　錄取 中興/後西醫

後醫考試生物範圍相當大，我採取的策略是挑考點多的章節鑽研，一些比較冷門的部分就透過黃彪老師的課程彌補。在準備過程中我會把考古題拿出來反覆寫，透過考古讓我更加了解後醫考試的生物到底著重在哪裡。

侯鴻安(中國醫/藥學)　錄取 高醫/後西醫

生物：黃彪老師的課本的內容很充分，課前預習，上課專心，課後複習，緊跟著老師上課的腳步走，落後的要追上。老師上課的筆記是重點中的重點，一定要花時間記背下來。

黃O傑 (成大職治)　錄取 中興/後西醫

課前如果有「預習」和「裸寫單元考古題」，可以在上課時更快進入狀況，並在黃彪老師的六冊全彩精美講義文字與圖片、單元考古題彙整、板書筆記精華、用心備課的投影片授課下，該單元的的重點精華就已汲取。課後請安排反覆複習與練習進度，與釐清章節的脈絡邏輯，即便已聽過、看過、背過，在害怕遺忘的前提下，請反覆複習與練習。

陳玟暢
(中國醫/藥學)

錄取
清大、中山、中興/後西醫

黃彪老師的生物課內容真的非常豐富，我在生物這科上是要求自己上課時就一定要學會，如此一來，面對如此龐大的資訊量就不會太無力。老師上課會提點哪些內容一定要會、哪些不用看，乖乖照著老師說的做就對了。我課後主要是以自己上課時畫的重點及筆記做複習，之後就反覆練習講義裡的歷屆試題，若有餘力再拿題本練習即可。

游竣喬
(台大生化所)

錄取
高醫/後西醫

學長姐推薦我參加黃彪老師的生物題庫班，老師上課會先複習單元重要主題，並提示單元重點，也會補充一些可能正課沒有講到的部分，並帶我們解題。在上題庫班之前我已看過原文書了，但因為內容很多有時還是會忘記，因此上課的時候，透過老師的提醒讓我對重點更有印象對我幫助非常大。而後面的英文題庫，也是我寫過題庫中最有程度的，不只需要熟悉課本內容，更著重於邏輯，讓我覺得受益良多。在最後衝刺時，我就是以自己的筆記搭配老師的題庫班講義複習，最後在考試當中，生物的部分只錯了五題，讓我順利可以進入面試。

高雄醫學大學 112 學年度學士後西醫招生考試試題暨詳解

科目：普通生物學 **黃彪 老師解析**

I.「單選題」每題 1 分，共計 15 分。答錯 1 題倒扣 0.25 分，倒扣至本大題零分為止，未作答，不給分亦不扣分。

1. Which of the following organs is found in bryophytes?
   (A) Roots
   (B) Leaves
   (C) Seeds
   (D) Flagellated
   (E) Lignified cell walls

詳解: D

苔蘚植物（Bryophytes）或稱苔蘚類，是非維管植物中的有胚植物：它們有組織器官以及封閉的生殖系統，但缺少運輸水分的維管束，無真正的根莖葉，也沒有花朵，不製造種子，而是經由孢子來繁殖，也可以產生精子和卵，行受精作用，但精子具鞭毛仍需以水為媒介，且有角質層。

2. Which evolution process has led to the development of analogous wings in both mammals and birds?
   (A) Mutation
   (B) Convergent evolution
   (C) Divergent evolution
   (D) Homology
   (E) Shared ancestry

詳解: B

趨同演化（Convergent evolution）是指兩類在親緣關係上很遠的生物，因為長期處於相似的生活環境而演化出相似的特徵。這些特徵並未出現在它們的最後共同祖先身上。支序分類學將這種現象稱為同塑性（homoplasy）。飛行的多次演化是趨同演化的典型案例，帶翅昆蟲、　鳥類、翼龍和蝙蝠都各自獨立演化出了飛行能力。由趨同演化產生的相似特徵稱為同功（analogous），而有共同起源的結構或特徵則被稱為同源（homologous），不同生物之間同源特徵可能具備不同的功能。鳥類、翼龍、蝙蝠的翅膀是同功結構，負責達成飛行這一能力，而其前肢是同源結構，儘管功能不同，但有共同的起源。

校方釋疑：

The shared functionality of wings in mammals and birds are not because of their shared common ancestry, it' s therefore a classic example of convergent evolution.

The divergent evolution in the rebuttal is the divergent functionality of organs that shares a common ancestry.

3. What phenomenon occurs when the electron transport chain in photosynthesis passes through protein complexes associated with photosystem I ?
(A) Relaese O_2
(B) Synthesis of ADP
(C) Release of H_2O
(D) Release of CO_2
(E) Reduction of $NADP^+$ to NADPH

詳解: E

光系統 I 參與在循環式與非循環式電子傳遞過程中，與 ATP 及 NADPH 的生成都有關連。

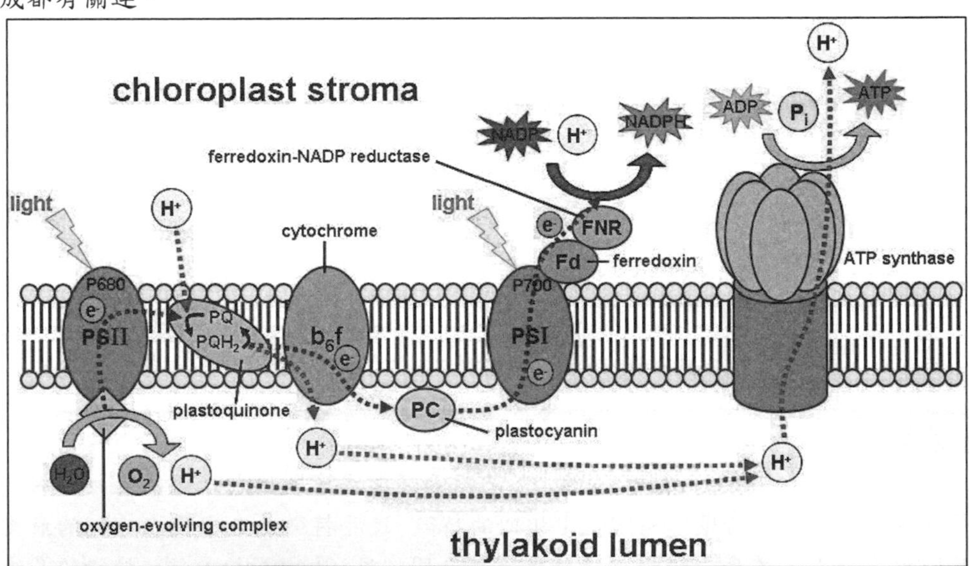

校方釋疑：

PSI 的電子可依環境選擇不同路徑，然其傳給 $NADP^+$為選項之一。

4. What is the role of DNA methylation in eukaryotes?
(A) To aid in silencing transcription.
(B) To protect the DNA from restriction endonucleases.

(C) To prevent nucleosome formation on that region of DNA.
(D) DNA methylation does not occur in eukaryotes, only histones are methylated.
(E) To distinguish the active X chromosome from the inactive X chromosome in counting.

詳解: A

DNA 甲基化是一種將甲基團附加在腺嘌呤或胞嘧啶上的生化反應。DNA 甲基化會穩定的改變細胞中的基因表現,在細胞分裂或是要從胚胎幹細胞分化成特定組織時,其結果大多是永久而且不可逆的,也可防止細胞轉回成幹細胞或是轉換成其他種類的細胞。

在哺乳類動物中,DNA 甲基化在一般正常的發育過程中非常重要,而且和其中一些關鍵過程像是基因銘印(genomic imprinting)、X 染色體抑制(X-chromosome inactivation)、重複性序列的抑制(suppression of repetitive element)、和癌發生有關。

DNA 甲基化會以兩種方式影響轉錄作用,第一,甲基化的 DNA 本身即會妨礙轉錄蛋白去附著在基因上;第二,更重要的是甲基化的 DNA 會被一種稱為 methyl-CpG-binding domain proteins(MBDs)的蛋白質附著。

MBD 蛋白質接著會使更多蛋白質附著在基因座(locus)上,像是組織蛋白-去乙醯酶,還有其他可以重建組織蛋白的染色質重組蛋白,形成了緊實且不活化的染色質,稱為「異染色質」(heterochromatin)。這樣 DNA 甲基化和染色質結構的聯結是相當的重要。特別是 methyl-CpG-binding domain protein 2(MeCP2)的消失與雷特氏症(Rett syndrome)有關;而在癌症中,MeCP2 則調節過甲基化基因的轉錄沈默;研究指出人類的長期記憶儲存可能被 DNA 甲基化所調控。

校方釋疑:

基因表現與否的因素相當多,Acetylation 為其中之一;反之,DNA acetylation 則可重大地改變基因表現。

5. In next-generation sequencing (NGS), all of the following are true EXCEPT:
(A) NGS technologies use Sanger sequencing.
(B) It is cheaper to sequence a genome with NGS than using original sequencing technologies.
(C) Genomes are sequenced in very small snippets (“reads”).
(D) An *E. coli* genome can be sequenced overnight with NGS.
(E) Assemble sequences pieces together (“assembly”) as final read.

詳解: A

NGS（Next Generation Sequencing, NGS），又稱為第二代定序或基因高通量分析，以第一代定序方法為基礎而開發出的新技術。因第一代定序方法通量低、成本高與耗時長，對大規模之應用造成影響，因此有 NGS 技術的發展。NGS 降低單一鹼基定序所需的成本，也讓當前的定序檢測不再受限於基因的大小或多寡。因此，NGS 近年來在臨床上被廣泛地應用，包含偵測血液中游離的 DNA，以做為腫瘤基因突變的檢測方法，以及孕婦產前遺傳篩檢的診斷技術，加速了精準醫學的實現。

NGS 定序平台之基本原理及操作流程，主要可分為樣本庫製備（library preparation）、樣本庫擴增（library amplification）、定序反應（sequencing reaction）及數據分析（data analysis）等四大步驟。

1. 樣本庫製備（library preparation）：將待測之樣品經核酸萃取後，利用物理性方法（如超音波震盪法）或酵素裁切等方式，將基因序列進行核酸片斷化（fragmentation），再將其末端接上轉接子（adaptor），以作為樣品庫。
2. 樣本庫擴增（library amplification）：藉由基因片段上的轉接子會與微磁珠（micro-beads）或晶片上的互補序列相結合，而固定於固相介質上，進行乳化聚合酶鏈鎖反應（emulsion PCR）或橋式聚合酶鏈鎖反應（bridge PCR）。乳化聚合酶鏈鎖反應係指欲放大之模板 DNA 均勻分散至油滴中，每個油滴中含有球狀微粒，藉由球狀微粒中的引子及聚合酶酵素及試劑進行聚合反應。而橋式聚合酶連鎖反應藉由將擴增之 DNA 片段聚集於晶片表面，以快速擴增單一 DNA 片段。
3. 定序反應（sequencing reaction）：次世代定序法依不同的定序平台，而有不同的定序原理。Roche 454 定序平台是透過焦磷酸定序法（pyrosequencing）來定序的，過程中依序置入帶有 4 個不同鹼基的去氧核苷酸，當核酸聚合酶將去氧核苷酸接合時，釋出焦磷酸根離子（pyrophosphate），釋出的焦磷酸根因 ATP 硫酸酶（ATP sulfurylase）轉換產生 ATP，再藉由冷光酶（luciferase）接收 ATP 能量將冷光素（luciferin）進行氧化，最後由感測器測得訊號，透過反覆的試劑置換與偵測，得到大量定序的結果。
4. 數據分析（data analysis）：將定序後的大量資訊與現有的資料庫進行比對（mapping）及計數（counting）分析，設法還原原始待測基因片段序列。

6. A low value of which of the following factors is an important predictive indicator for the development of coronary atherosclerosis and coronary heart disease?
(A) Total cholesterol
(B) Triglycerides
(C) High-density lipoprotein
(D) Low-density lipoprotein
(E) Mean corpuscular hemoglobin

詳解: C

Apolipoprotein 是脂蛋白分子中的重要組成成分，而 Apolipoprotein A1（Apo-A1）則是高密度脂蛋白（HDL）中的主要結構蛋白。其意義和 HDL 相同，代表防止血管硬化功能的指標。其濃度愈低意味著清除血管的能力愈差，發生心血管疾病的風險愈高。

Apolipoprotein B（Apo-B）是低密度脂蛋白（LDL）中的主要結構蛋白，它在脂肪的代謝及運送上扮演者重要的角色。血中 Apo-B 濃度上升會明顯增加冠狀動脈硬化（CAD, Coronary atherosclerosis disease）的危險機率，臨床常利用 Apo-B / Apo-A1 的比值來評估 CAD。

簡單的說，Apo-B 代表容易造成血管硬化的指標。而 Apo-A1 則代表防止血管硬化的指標。因此以 Apo-B 除以 Apo-A1 得到的比值（Apo-B / Apo-A1 ratio）如果愈高，發生 CAD 的機率也愈高。反之，則愈低。以此比值和傳統的脂質項目（cholesterol, TG, HDL…）併用，可提高 CAD 的診斷率。

7. The body's automatic tendency to maintain a constant internal environment is termed ________.
   (A) torpor
   (B) physiological chance
   (C) homeostasis
   (D) static equilibrium
   (E) estivation

詳解: C

發明體內穩定態（homeostasis，又稱恆定）此一名詞的生理學家坎農（Walter Cannon），在 1939 年寫道：維持生機體內多數穩定狀態的協同生理歷程對生物—包含大腦和神經、心臟、肺臟、腎臟和脾臟，一切都聯合運作—而言是如此複雜又獨特，以致我已建議一個特別的名稱「體內穩定態（homeostasis）」來指稱這些狀態。

「體內穩定態」表達生機體內的核心特性：一些成分指數如體溫或血糖總是保有恆常性，當外在環境干擾體內成分時，身體會自動調節以保持在穩定狀態，這種能力是身體各部位協同合作而達成的，是生物體自我控制與調節的結果。體內穩定態指示生機體是一個整體性的個體，身體各部位密切相關，損壞其一就可能導致整體不可回復，與一台機器可以更換壞掉的零件截然不同。

8. What does a frequency of recombination of 50% indicate?
   (A) Independent assortment is hindered.
   (B) All of the offspring have combinations of traits that match one of the two parents.

(C) The genes are located on sex chromosomes.
(D) Abnormal meiosis has occurred.
(E) The two genes are likely to be located on different chromosomes.

詳解: E

重組率（frequency of recombination）又稱互換率，是發生互換的配子在全部配子中所占的百分比。重組率＝（發生互換的配子數/所有的配子數）×100% ＝（試交子代中發生互換的個體數 /試交後子代總個體數）×100%。若生殖母細胞產生配子時 100%發生互換，則重組率為 50%（最大）。但是因為生殖母細胞產生配子時 100%發生互換幾乎是不可能發生的，所以當重組率為 50%是，我們視這兩個基因位於不同染色體上，為不連鎖狀態。

9. Which of the following brain structures serves as the biological clock?
(A) Pons
(B) Hippocampus
(C) Medulla oblongata
(D) Hypothalamus
(E) Pituitary gland

詳解: D

松果體（pineal gland、又稱松果腺、腦上體）是一個深藏在腦內的一個細小腺體，分泌在人體調節生理時鐘擔當重要角色的褪黑素（Melatonin、又稱褪黑激素、抑黑素、松果腺素），因它的松果（pinecone）形狀而得名。

人的腦子是由兩個明顯的半球體由纖維連結而成的器官，松果體位於腦子的中間、在兩個半球之間，松果體內有分泌褪黑素的松果體細胞（pinealocytes）和支撐神經細胞的膠質細胞（glialcells），是生理時鐘的關鍵，因為它調節人體的晝夜節律（circadian rhythms）。

晝夜節律是人體的每日節律，包括令人在每一天差不多時間感覺疲倦、入睡、醒來或保持警醒。松果體分泌的褪黑素協助調整晝夜節律，褪黑素的分泌取決於人接觸的光量，天色昏暗時松果體會分泌較多褪黑素，這意味著褪黑素在睡眠時擔當的角色。

10. Which of the following statements describes pepsin?
(A) It is manufactured by the pancreas.
(B) It helps stabilize fat-water emulsions.
(C) It splits maltose into monosaccharides.
(D) It begins the hydrolysis of proteins in the stomach.
(E) It is denatured and rendered inactive in solutions with low Ph.

詳解: D

胃蛋白酶（pepsin）是位於胃液中的酵素。以不活化的胃蛋白酶原形式合成並由黏膜分泌出來。胃蛋白酶具有正回饋機制：經鹽酸活化後，具活性的胃蛋白酶可再活化其他的蛋白酶原分子。可將蛋白質切割成許多大小不等的肽類。

11. Which of the following cycles involves the weathering of rocks?
(A) Nitrogen cycle
(B) Phosphorus cycle
(C) Carbon cycle
(D) Oxygen cycle
(E) Sulfur cycle

詳解：B

磷循環（phoshorus cycle）是指磷元素在生態系統和環境中運動、轉化和往復的過程。磷灰石構成了磷的巨大儲備庫，含磷灰石岩石的風化，將大量磷酸鹽轉交給了陸地上的生態系統。並且與水循環同時發生的是，大量磷酸鹽被淋洗並被帶入海洋。在海洋中，它們使近海岸水中的磷含量增加，並供給浮游生物及其消費者的需要。

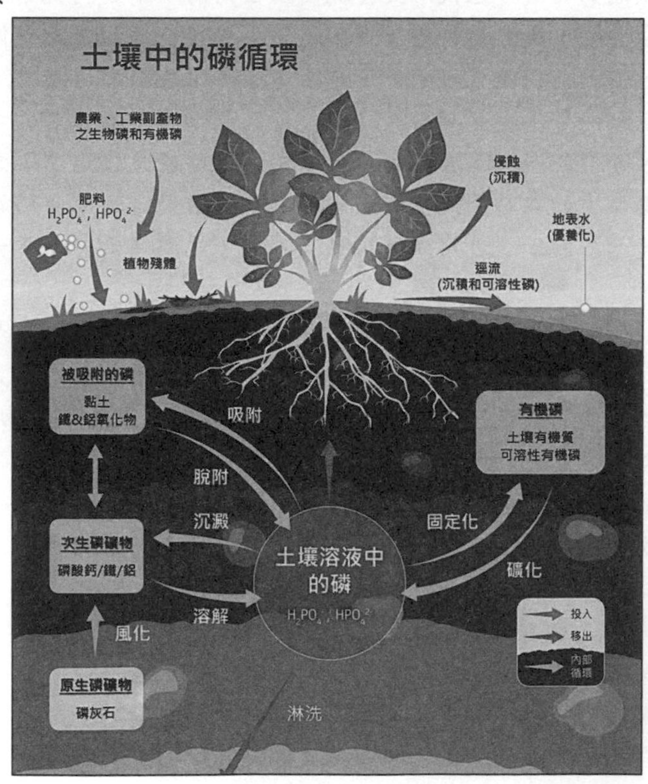

校方釋疑：

Carbon level dropped during Ordovician through the combination of calcium silicate is a working hypothesis that no conclusive evidence has arrived. Phosphorus cycle therefore is still the definite and most appropriate answer for this question.

12. When your cat hears the sound of you opening a can, it runs toward you. Which mechanism could be causing this behavior?
(A) Classical conditioning
(B) Imprinting
(C) Operant conditioning
(D) Social learning
(E) Spatial learning

詳解： A

心理學家對學習（learning）所下的定義為：任何來自經驗而產生的相當持久性的行為改變。

1. 古典制約（classical conditioning）：歷史上有兩隻狗，是大家耳熟能詳的，一隻是靈犬萊西（Lassi），另一隻便是巴伐洛夫（Pavlov）的狗了。在實驗開始之前，巴伐洛夫發現食物在狗的口中，狗就開始流口水，之後每當食物出現，就伴隨著一個鈴聲，原本這個鈴聲是一個中性刺激、是不會引起狗狗流口水的，可是在這樣幾次配對出現之後，若是狗狗只單純聽到鈴聲，也會開始流口水。這就是心理學上有名的古典制約，屬關聯性學習的一種。古典制約最基本的原則就是接近律，意思就是：如果有兩個東西在時間或空間上經常伴隨著出現，那麼我們就會將它們連結在一起。例如說看到漢堡就想到薯條，是因為兩者經常一起出現的緣故。
2. 操作性制約（operant conditioning）：操作性制約主張行為是結果的函數（behavior is a function of its consequences）。生物會學習某些行為，得到他們想要的或避免他們不想要的。例如貓會為了吃到食物而學會開門。哈佛心理學者 Skinner 主張操作性行為是自發的或學習而來的行為，而非反射性行為或非學習得來的行為。若讓特定的行為發生後，即伴隨令人愉悅的結果，則會增加該行為出現的頻率；如果行為後伴隨著令人討厭的結果，行為重複的可能性就會降低。
3. 社會學習理論（social learning theory）：社會學習理論認為人們可以經由觀察和直接的經驗來學習，而不一定要自己經歷過。此理論雖然是操作性制約的延伸，但同時也承認觀察與知覺在學習上的重要性。人們是針對自己所知覺和所界定的結果來作反應，而非對客觀的結果作反應。因此，我們可以從看書、觀察別人等方式來學習。被學習的對象我們稱之為楷模（models），楷模是社會學習理論觀點的中心思想。

13. ________will develop into seeds, and______will develop into fruits.

(A) Ovaries, carpels

(B) Carpels, ovules

(C) Ovaries, ovules

(D) Ovules, ovaries

(E) Ovules, carpels

詳解: D

子房（ovary）是被子植物生長種子的器官，為一中空結構，位於雌花器的花柱下方，一般略為膨大。子房內由心皮圍成的空腔叫子房室，一個子房可具有一個或多個子房室，每室內含有一至多個胚珠（ovules），胚珠受精後可以發育為種子（seed）。

受精後，胚珠發育成種子，子房壁最後發育成果皮，包裹種子，有的種類形成果肉，如桃、李等。

14. Which of the following antibodies can cross from mother to fetus?

(A) IgM

(B) IgD

(C) IgG

(D) IgA

(E) IgE

詳解: C

抗體又稱免疫球蛋白，會標記身體的外來物，像是細菌、病毒等病原體，以及受感染的細胞；並且也可以阻斷病原體的感染能力。抗體又分成以下五種：

1. IgM（五聚體）：宿主遇到外來侵入者時最先出現的抗體，可附著在侵入者上並向吞噬細胞發出信號來消滅。有極高親和力，可與病原作用，但是會被身體的清除作用和病原體一同被清除，因此濃度下降十分快速，可作用染病的依據。
2. IgG：多數個體中，約 80%的免疫球蛋白是屬於 IgG，為血液中主要的循環性抗體，可提供長期的保護。IgG 也是唯一能通過胎盤並提供胎兒被動免疫的抗體。但是這種抗體會在嬰兒出生後 6 個月內逐漸消失在嬰兒體內。
3. IgA（二聚體）：存在黏膜組織上，並且也存在在與外界接觸的器官與系統的所有液體，包括唾液、眼淚、乳汁與初乳、腸胃分泌亦即呼吸道及生殖泌尿道的黏液分泌物等，故 IgA 為主要的分泌型抗體。
4. IgE：在血清中的含量極少，但在人體內的角色非常重要，刺激嗜鹼性顆粒球及肥大細胞產生組織胺，與過敏反應極其相關。另外在寄生蟲感染時的免疫反應有關，可與嗜酸性顆粒球相互作用。

5. IgD：目前對其之免疫反應功能上不詳，僅知其可能與 B 細胞的成熟有關，以及具備刺激嗜鹼性顆粒球及肥大細胞產生抗菌成份。

15. There are 20 different amino acids. What makes one amino acid different from another?
(A) Different carboxyl groups attached to an alpha (α) carbon
(B) Different amino groups attached to an alpha (α) carbon
(C) Different side chains (R groups) attached to an alpha (α) carbon
(D) Different alpha (α) carbons
(E) Different asymmetric carbons

詳解：C

胺基酸（amino acid）的化學式結構中，因為含有一個氨基（$-NH_2$ group）以及一個羧酸基（－COOH group）而得名。目前在生物中找到的胺基酸種類有許多種，都是因為側基（R group or side chain）的不同所以有所變化及獨特的特性。

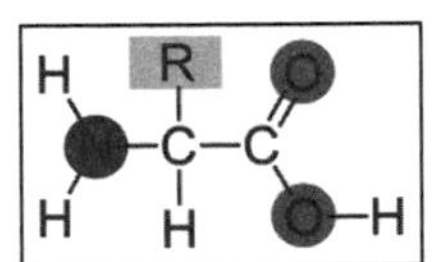

II.「單選題」每題 2 分，共計 60 分。答錯 1 題倒扣 0.5 分，倒扣至本大題零分為止，未作答，不給分亦不扣分。

31. Which description about interaction between species is NOT true?
(A) Predation: An individual of one species, the predator, kills and eats an individual of the other, the prey.
(B) Parasitism: The parasite obtains its nourishment from a second organism, its host.
(C) Competition: Indivisuals of different species each use a limited resourse, reducing the survival or reproduction of both individuals.
(D) Commensalism: Members of both species benefit from the interaction.
(E) Herbivory: An herbivore eats part of a plant or alga.

詳解：D

片利共生（commensalism）一詞中的 commensal 指的是同桌共餐，用於描述生態學中族群之間的互動，其中一物種從另一物種中得利，但不會造成另一物種的損失或影響極小。此種弱交互作用在各族群間普遍存在，獲得的利益有營養、庇護、播遷，而提供利益的族群數量通常比得利的族群大，得利族群的形態與行為適應改變也比較多。

校方釋疑：

We agree with your opinion that competition can act on both intra- and interspecies level Though “(C) Commensalism: Members of both species benefit from the interaction” is an absolute wrong description and therefore the most appropriate answer to this question.

32. Fungal cells can reproduce asexually by undergoing mitosis, followed by cytokinesis. Mary fungi can also reproduce sexually by undergoing________.
(A) cytokinesis followed by karyokinesis
(B) binary fission followed by cytokinesis
(C) plasmolysis followed by karyotyping
(D) plasmogamy followed by karyogamy
(E) sporogenesis followed by gametogenesis

詳解: D

胞質融合（plasmogamy）是真菌有性生殖的一個過程，兩株真菌菌絲體菌絲的細胞質發生融合，但細胞核尚未融合，使融合後的細胞中同時具有兩個單套的細胞核。胞質融合的下一步驟為核融合（karyogamy），即兩細胞核融合為一個兩倍體的細胞核，並進行減數分裂產生孢子。在子囊菌門與擔子菌門等高等真菌中，胞質融合與核融合中間間隔的時間很長，期間真菌細胞維持異質雙核的狀態，稱為雙核體，在低等真菌中，胞質融合後核融合則通常會立刻發生。

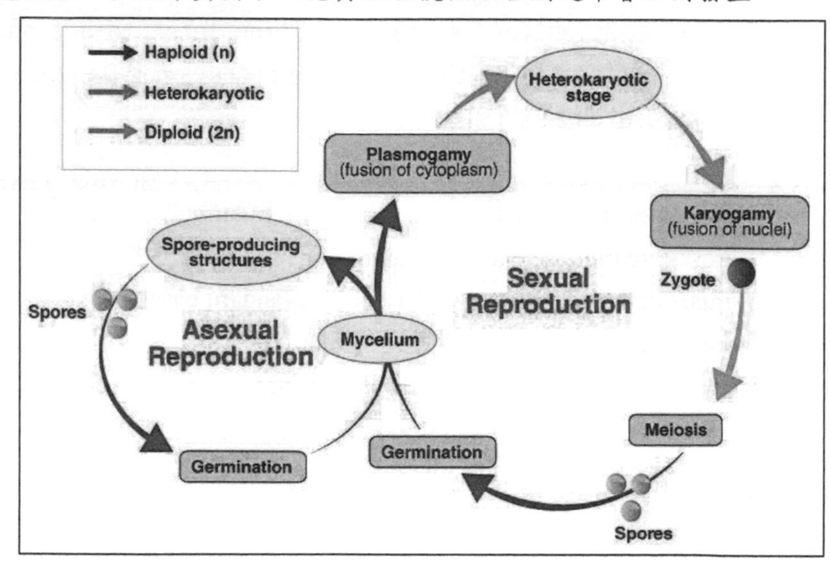

33. Which is a TRUE statement concerning genetic variation?

(A) It is created by the direct action of natural selection.

(B) It arises in response to changes in the environment.

(C) It must be present in a population before natural selection can act upon the population.

(D) It tends to be reduced by the processes involved when diploid organisms produce gametes.

(E) A population that has a higher average heterozygosity has less genetic variation than one with a larger average heterozygosity.

詳解: C

生物演化的運作必須具備兩大條件，首先是要有遺傳變異的產生，然後是天擇作用的參與。現今已知產生遺傳變異的兩個主要因素，一是突變，另一是遺傳再組合，亦即生物通過有性生殖的過程，使遺傳物質重新組合。

遺傳變異是演化之基礎，而天擇則可決定演化的方向。遺傳變異是演化的首要條件。族群中必須先有變異存在，然後天擇才能發揮作用。經過天擇作用後之族群，其親代與子代的基因頻率會發生變化。如果無突變、遷移及天擇情況下，則族群之基因頻率不會改變，亦即此族群沒有發生演化。當親代與子代的基因頻率發生變化，即可推測此族群發生演化。

校方釋疑：

Variations (genetically or phenotypically) are the raw materials for natural selection to act on; or we should say any DNA synthesis is subject to error and mutation, even the most delicate one, and they confer variations in a population for natural selection later to act on. The contert in rebuttal is descnbing the deductive process how Darwin formed and proposed his idea on Natural Selection.

34. Why do RNA viruses appear to have higher rates of mutation?

(A) RNA viruses are more sensitive to mutagens.

(B) RNA viruses can incorporate a variety of nonstandard bases.

(C) RNA viruses replicate faster.

(D) Replication of their genomes does not involve the proofreading steps of DNA replication.

(E) RNA nucleotides are more unstable than DNA nucleotides.

詳解: D

生命在複製的時候，遺傳物質也必須同時複製，病毒也不例外。RNA 病毒在複製的時候需要 RNA 複製酶。與 DNA 複製酶相比，RNA 複製酶有較高的突變率。因此 RNA 病毒的變異速度要比 DNA 病毒快上許多。

變異產生的速度除了與複製酶的突變率有關，也與複製的次數有關。因為有複製才容易產生錯誤，所以單位時間內複製的次數愈多，則產生的變異數目也會愈多。造成新冠病毒產生許多變異株最重要的原因，並不是病毒「本身」突變率增加，而是被感染人的母數太多了，讓病毒突變的數目增加。

35. To prevent irreversible tragedies, the CDC urges the public not to use blood donation as a means of Human immunodeficiency virus (HIV) testing, as there is a ____ period for HIV infection.

(A) prophase
(B) infectious
(C) latency
(D) anaphase
(E) telophase

詳解：C

衛生署疾病管制局於近期發現乙名愛滋病毒感染者於血液中檢驗不出抗體的空窗期（window period）捐血，致使一名受血者因而感染愛滋病毒之案例。疾管局再次呼籲民眾切勿利用捐血來驗愛滋，以免造成無法挽回之悲劇。

愛滋病毒感染初期，約有六至十二週的空窗期，也就是這個時期因為抗體尚未產生，一般愛滋病毒抗體檢查無法查出，為防範愛滋病毒感染者之空窗期捐血造成受血者之感染情事，中華血液基金會在捐血登記表上清楚載有「懷疑自己感染愛滋病者、曾與陌生人發生性行為或嫖妓者、罹患梅毒、淋病或其他性病者、靜脈注射藥癮者、曾有吸毒、慢性酒精中毒者、曾與其他男性發生性行為的男性民眾、從事色情行業或多重性伴侶等危險行為者」，均請勿捐血字樣，並有簡單評估自己健康情形之勾選項目。衛生署疾病管制局再次沉痛且鄭重的呼籲民眾，除了誠實面對自己之行為並勾填健康狀況選項外，千萬不要利用捐血做愛滋病毒之篩檢，而危及用血者的安全；因為您心存僥倖的一次行為，將造成其他人終生的不幸及其家人永遠的哀傷，留下任何道義救濟金永不能彌補的遺憾。

潛伏期（latency period）是指 HIV 病毒潛伏在人體中，但並沒有症狀產生，潛伏期短者半年，慢則十幾年，平均約為五至十年。潛伏期間就是帶原者，隨時都有可能傳染給他人，因此帶原者終身不可捐血或捐贈器官，女性也應避免懷孕。幾乎所有的帶原者早晚都會發病，演變成愛滋病，步入死亡。

36. Which of the following characters is NOT a terrestrial adaptation of plants?
(A) Waxy stomata to reduce water loss
(B) Vascular tissue in most plants to transport water/sugar within the plant
(C) Specialization within the plant with root/shoot
(D) Spore/seed for dispersal
(E) Flagellated sperm

詳解: E

從水中轉移到陸地生活，並不是一個簡單的演化，因為從許多方面來看，陸上環境並不是那麼容易生存。陸地植物會面臨的問題有：

1. 當整個植物體不再浸泡在溶液裡，要演化出可以取得足夠水分的構造。
2. 要把水和溶解的物質，從植物身體的某個部分運送到全身，也要把光合作用的產物（葡萄糖、澱粉），運送到植物體內沒有辦法行光合作用的地方。
3. 當周遭的媒介變成空氣，而不是水的時候，為了氣體交換順利，必需維持大面積表面的濕潤。
4. 防止身體因為蒸發作用而大量流失水分。
5. 周遭沒有水的浮力，植物必須演化出可以抵抗地心引力的結構，支撐龐大的植物體。
6. 當有鞭毛的精子因為周遭環境缺乏水，無法游泳活動，同時受精卵和早期胚胎面臨乾死的危險時，植物必須演化出能夠繁殖交配的系統。
7. 陸上植物必須應付極端變化的氣溫、濕度、風、光等許多環境因素。

37. Which of the following genetic changes of K-Ras is detected in over 90% of human pancreatic cancers?
(A) Translocation
(B) Mutation
(C) Promoter methylation
(D) Amplification
(E) Translocation

詳解: B

K-Ras 基因是促進細胞生長與存活的基因，當其發生突變時，細胞分裂會難以控制而可能造成腫瘤細胞生成，臨床上已發現超過 90%的胰腺癌病人檢體有 K-Ras 基因突變。在 2019 年，台灣研究人員在動物實驗中，發現若長期餵食小鼠高糖高脂的食物造成其高血糖後，小鼠的主要器官只有胰臟會出現明顯基因組受損和 K-Ras 基因突變的狀況。他們再用正常的胰臟細胞作實驗，投與高濃度的糖、蛋白質及脂肪作為培養基，結果顯示只有高糖會讓胰臟細胞產生基因的變異。進一步研究更發現在高糖環境下，細胞內的 O-GlcNAcylation 作用顯著提高，這種轉譯後修飾會降低核糖核苷酸還原酶（ribonucleotide reductase, RNR）的活性，使得合成基因生成和複製所需的四種去氧核糖核苷三磷酸（deoxy-ribonucleoside triphosphate, dNTP）的量均明顯降低。生產 dNTP 的製程被過多的糖所擾亂，造成了 dNTP 的短缺，使得在胰臟細胞的基因組複製過程中，當有損傷需要修補時，因原料不足而發生錯誤，導致 K-Ras 基因突變，引發胰臟細胞的癌化。

38. In the process of human gametogenesis, which cell is haploid?
   (A) Spermatogonium
   (B) Primary spermatocyte
   (C) Primary oocyte
   (D) Early spermatid
   (E) Oogonium

詳解： D

動物配子（包含精子和卵）由生殖母細胞經減數分裂產生。精細胞（spermatid）染色體不成對，數目只有母細胞的一半。

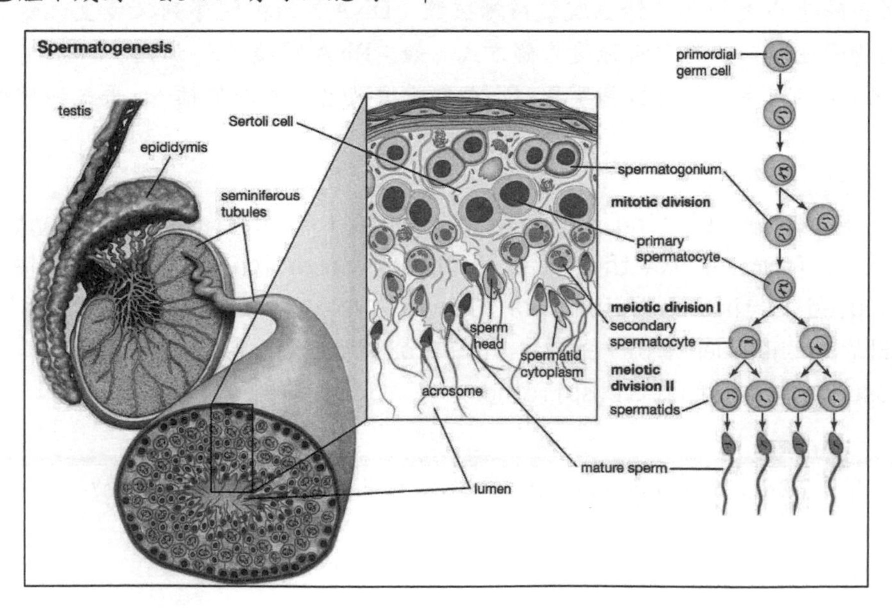

39. In humans, the phenylalanine hydroxylase gene is 90,000 bases (90 kb) long, yet the mRNA is only 2,400 bases (2.4 kb). What explains this difference?
   (A) RNA editing
   (B) Code for poly A tail that is removed in mRNA
   (C) Loss of stability without a 5’ cap
   (D) Removal of exons in the final mRNA
   (E) Presence of introns in DNA

詳解: E

在真核生物上，大部分從DNA轉錄出來的mRNA並不能直接轉譯成蛋白質，而是需要進一步經過剪接（RNA splicing）形成成熟的mRNA。mRNA主要可分為兩個部分，內含子（Introns）以外顯子及（Exons），其中外顯子主要負責轉譯成蛋白質，而內含子被剪切後就會被分解。

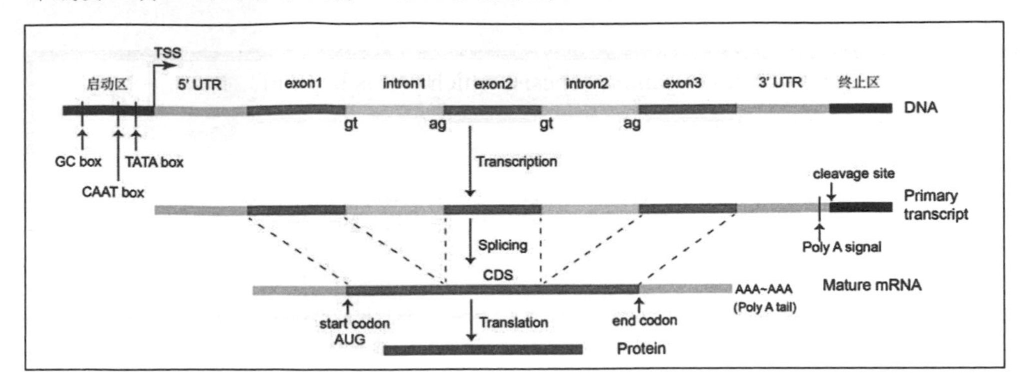

核糖核酸編輯（RNA editing），縮寫為RNA編輯，是指一種在核糖核酸（RNA）由聚合酶生成之後其轉錄自脫氧核糖核酸（DNA）的核酸序列又發生改變的分子生物學過程。和其它轉錄後修飾方式（如：RNA剪接、5'-加帽、3'-加尾）相比，RNA編輯現象相對較為罕見。RNA編輯通常包括鹼基的插入、丟失和替換。

校方釋疑：

Altemative splicing for sure will result in different combinations of exons from the DNA that lead to length variations of mRNA. While the case used in this question is a 90kb to 2.4kb difference, which is MOST LIKELY a consequence of removal of introns from the pre-mRNA, rather than a result of alternative splicing.

40. Which of the following organelles CANNOT be found in animal cells?
(A) Lysosome
(B) Central vacuole
(C) Mitochondrion
(D) Peroxisome
(E) Centriole

詳解: B

液泡可扮演多種角色。如原生動物草履蟲（*Paramecium sp.*）的細胞中，液泡扮演伸縮泡的角色，負責積存滲入細胞的水分，並適時加以排出體外。

植物細胞中，液泡的大小差別很大，成熟的植物細胞中，液泡往往占很大的體積，稱為中央液泡（central vacuole），負責儲存水分、醣類、蛋白質與色素等，主要功能是維持細胞的形狀。動物細胞中，液泡（食泡）來自吞噬作用，與溶體融合後經水解酵素的作用，可將內含物分解成胺基酸、脂肪酸、醣類或其他養分，供細胞利用。

41. Which is NOT a source of genetic variation that makes evolution possible?
(A) Oxidative phosphorylation
(B) Formation of new alleles
(C) Sexual reproduction
(D) Altering gene number or position
(E) Rapid reproduction

詳解： A

氧化磷酸化（oxidative phosphorylation）是細胞的一種代謝途徑，該過程在真核生物的粒線體內膜或原核生物的細胞膜上發生，使用其中的酶及氧化各類營養素所釋放的能量來合成三磷酸腺苷（ATP）。

氧化磷酸化期間，電子在氧化還原反應中從電子供體轉移到電子受體，例如氧。氧化還原反應所釋放的能量用於合成 ATP。在真核生物中，這些氧化還原反應在一系列粒線體內膜上的蛋白質複合體的參與下完成，而在原核生物中，這些蛋白質存在於細胞膜間隙中。這一串蛋白質稱為電子傳遞鏈。真核生物包含五種主要的蛋白質複合體，而原核生物中存在許多不同的酶，以便利用各種電子供體和受體。

在「電子傳遞」過程中，質子被電子流過電子傳遞鏈所釋放的能量泵出粒線體內膜。這會以 pH 梯度和跨膜電位差的形式產生位能。儲存的能量通過讓質子順梯度跨膜內流，由稱為 ATP 合酶的大型酶所使用；這個過程稱為化學滲透。這種酶在磷酸化反應過程中就像一台機械馬達，酶的一部分在質子流的驅動下不停旋轉，將二磷酸腺苷（ADP）合成為三磷酸腺苷（ATP）。

42. Which of the following systems allow arthropods to propel the hemolymph into hemocoel?
(A) Closed circulatory system
(B) Open circulatory system
(C) Respiratory system
(D) Reproductive system
(E) Digestive system

詳解： B

昆蟲的開放式循環系統是由隔膜（diaphragm）、背血管（dorsal vessel）及血淋巴（hemolymph）組成。昆蟲的體內具有隔膜生長在昆蟲的背部及腹部，這兩片隔膜在體內隔成三個區域，靠近背部的空間稱為圍心竇（pericardial sinus），具有背血管；中間區域稱為內臟竇（visceral sinus），具有昆蟲的消化道；而靠近腹部的區域則稱為圍神經竇（perineural sinus），含有昆蟲的神經系統。

而在昆蟲的系統中，血液稱為血淋巴（hemolymph），存在於昆蟲體軀內且直接浸泡在昆蟲的組織。血淋巴主要占昆蟲體內 5～40%，成分包含血漿（plasma）及血球（hemocytes）。血漿內主要含有許多代謝酵素、免疫作用相關的免疫蛋白及溶菌酶等蛋白質，另外還有作為滲透壓平衡所需的無機鹽類、碳水化合物及脂質等複雜的成分組成。而血球部分則包含了原生質細胞（plamatocytes）、顆粒細胞（granulocytes）及原血細胞（prohemocytes），主要作為昆蟲啟動免疫防禦時的重要細胞。

昆蟲的背血管貫穿整個體軀，靠近胸部的區域具有扁平的肌肉，稱為翼狀肌（alary muscle），位於背血管的四周，可以支撐背血管及幫助心臟搏動。背血管屬於管狀結構，主要分為兩大部分，位於頭部的動脈（aorta）及延伸至胸部及腹部的心臟。動脈區域的管徑較小，作為血淋巴流出的地方；而心臟具有多對心管縫（ostia），體內的血淋巴可藉由背血管側邊的心管縫流入背血管中。

43. What is the evolutionary sequence that is believed to have given rise to the chloroplasts of land plants?
(A) Cyanobacteria → brown algae → land plants
(B) Photosynthetic bacteria → brown algae → green algae → land plants
(C) Diatoms → green algae → land plants
(D) Cyanobacteria → diatoms → green algae → land plants
(E) Cyanobacteria → green algae → land plants

詳解: E

在真核藻類中，灰藻、紅藻、綠藻（green algae）細胞內都具有初級葉綠體（primary chloroplast），意即這些藻類最初形成時，可能就發生了內共生事件，把環境中的藍綠藻（cynobacteria）納進細胞中，形成具有兩層膜包圍的葉綠體。而灰藻的葉綠體內是葉綠素 a 及藻膽色素；紅藻為葉綠素 a、d（並非所有紅藻）及藻膽色素；綠藻則有葉綠素 a、b，沒有藻膽色素。目前這三大類藻類都被歸類在泛植物界，也由於綠藻的色素、光合作用產物、細胞壁構造與陸生植物相似，因此綠藻一直被認為是陸生植物（land plants）的祖先，尤其是生活在淡水中的輪藻（Charophytes）。

44. Which of the following statements about genetic drift is TRUE?
(A) Genetic drift is significant in big populations.
(B) Genetic drift can cause allele frequencies to change at random.
(C) Genetic drift results in increased genetic variation within a population.
(D) In very big populations, genetic drift can also cause slightly harmful allele to become fixed.
(E) Genetic drift can preserve alleles in a population.

詳解: B

遺傳漂變(genetic drift)是由於偶然事件而導致的種群等位基因頻率的變化。等位基因是基因的變異，其頻率是具有該等位基因的人口的部分或百分比。遺傳漂變可以改變有利、中性、有害等位基因的頻率。

遺傳漂變對足夠龐大的種群沒有顯著影響；這是因為它不是孤立地發生的，而是與其他進化機制一起發生的，比如天擇。在大量人群中，許多個體可能丟失，而剩餘的基因庫仍然多種多樣，足以讓天擇採取行動。

然而，遺傳漂變可以大大減少小種群的遺傳多樣性，從而產生採樣誤差。當樣本不代表派生樣本的人口時，將發生採樣錯誤。當部分種群被消滅時，其餘成員可能只代表原始種群遺傳多樣性的一小部分。較大的樣本通常更具代表性，這就是為什麼科學家在實驗中最大限度地增加樣本量的原因。

遺傳漂變的兩個極端例子是瓶頸效應—由災難性事件（如自然災害）造成的和殖民化的結果—創始者效應。在這兩種情況下，來自較大種群的較小種群會生成導致演化的採樣誤差，有時固定了不太有利的特徵。

校方釋疑：

Harmful genes get fixed in a population by gene drift is primarily happen in small populations (either populations undergo founder effect or bottleneck effect). In the premise of "very big population", it's less likely gene drift could play many roles. In addition, (B) is the definite answer compared to (D) by all mean

45. Regarding plant organ and its components, which of the following sets is NOT true?
(A) Spores vs. sperms
(B) Archegonia vs. eggs
(C) Antheridia vs. sperms
(D) Ovules vs. eggs
(E) Seed vs. embryos

詳解: A

陸生植物的生活史中，二種多細胞性的植物體相互產生對方，分別稱為配子體（gametophyte）世代和孢子體（sporophyte）世代，兩種世代的植物體交替出現這種生殖方式就稱為世代交替（alternation of generations）。

配子體世代的細胞都是單倍體（haploid, n），其能產生配子（gametes）（即精細胞和卵細胞），因而命名之。雌配子體含有藏卵器（archegonia），為瓶狀構造，其內能形成一卵細胞，並保存在瓶狀構造的底部。雄配子體含有藏精器（antheridia），能產生許多精細胞，並將其釋放出來。當精細胞到達藏卵器，在其內與卵細胞受精，產生二倍體（diploid, 2n）的合子（zygote）。

合子經多次有絲分裂成為多細胞的孢子體，故孢子體的細胞是二倍體，成熟的孢子體行減數分裂產生單倍體的孢子（spore），因而命名之。孢子掉落到適當的環境，經行有絲分裂則形成多細胞的配子體。而後世代交替不斷持續下去，配子體產生配子，配子結合形成合子，再發育成孢子體，孢子體再產生孢子，再發育成配子體。

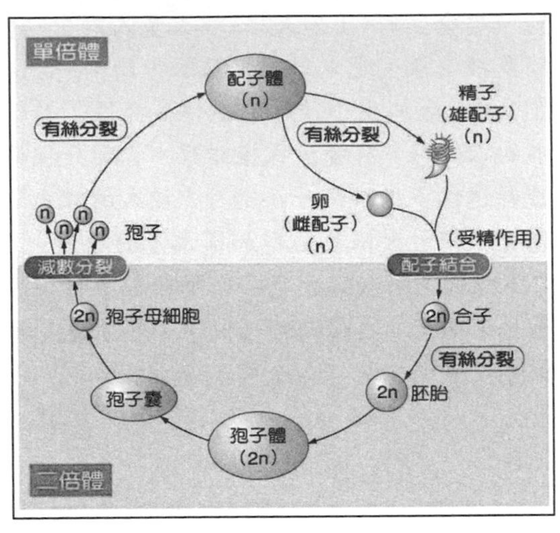

46. Which of the following statements about reproductive system and embryonic development is TRUE?
(A) The mesoderm of embryonic layer forms skeletal and muscular systems.
(B) The primary oocyte is arrested at metaphase of meiosis II.
(C) Follicle stimulating hormone (FSH) stimulates the remaining follicular tissue to form the corpus luteum.
(D) Luteining hormone (LH) causes sertoli cells to produce testosterone and other androgens.
(E) Prostaglandins make the uterus more sensitive to oxytocin to initiate labor.

詳解: A

(A) 內胚層(endoderm)—可發育為消化管、肝、胰和肺等；中胚層(mesoderm)—可發育為血液、肌肉、骨骼、結締組織、泌尿器官和生殖器官等；外胚層（ectoderm）—可發育為表皮組織、皮膚、牙齒琺瑯質、眼睛水晶體和神經系統等。
(B) The primary oocyte is arrested at prophase of meiosis I.
(C) Luteining hormone (LH) stimulates the remaining follicular tissue to form the corpus luteum.
(D) Luteinizing hormone (LH) causes Leydig cells to produce testosterone and other androgens.
(E) Estrogen makes the uterus more sensitive to oxytocin to initiate labor.

校方釋疑：

中胚層為肌肉及骨骼的主要胚層為最佳解答。

47. The heterokaryotic phase of a fungal life cycle is ______.
  (A) a stage in which the hyphae contain only one type of haploid nucleus
  (B) a stage in which the hyphae contain two, genetically different, diploid nuclei
  (C) a stage in which the hyphae contain two, genetically different, haploid nuclei
  (D) a stage that is diploid but functions as a gametophyte (like the body of an animal)
  (E) a triploid stage formed by the fusion of a diploid nucleus with the haploid nucleus of a compatible hypha

詳解: C

一般而言真菌都是單倍體生活，當兩種不同交配型的菌絲遇在一起就會發生第一步驟細胞質融合，此時通常不會進行第二步驟，而保持（n+n）的形式，稱為 dikaryon(heterokaryotic phase)，當環境適當才會進行核融合(2n，又稱 diploid)，然後進行減數分裂，產生單倍體的孢子（n）。

48. Regarding the biogeographic factors affecting community diversity and related theories, which is NOT true?
  (A) Plant and animal life are generally more abundant and diverse in the tropics than in other parts of the globe.
  (B) All other factors being equal, the larger the geographic area of a community, the more species it has.
  (C) Small islands generally have higher immigration rate.
  (D) The species richness of plants and animals correlates with measures of evapotranspiration.
  (E) An island that is closer to the mainland generally has a higher immigration rate and a lower extinction rate than one farther away.

詳解: C

島嶼生物地理學理論認為一個島嶼的物種豐富度取決於物種遷入率及滅絕率的動態平衡。較大的島嶼被生物個體播遷遷入的機率比較小的島嶼來得高，且有更高的機率存有較多樣的生存資源以維繫較多的有效族群，因此物種豐富度較高。

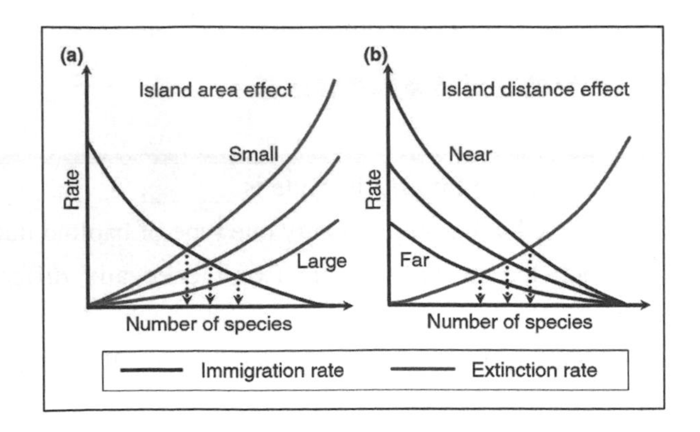

49. Which gene might be associated with the rapid appearance of a vast array of bilaterally symmetrical and structurally diverse animals during the Cambrian explosion?
(A) BRCA genes
(B) Ubx genes
(C) Opsin genes
(D) STX16 genes
(E) Hox genes

詳解: E

1909 年時最初發現的寒武紀大爆發化石證據：加拿大英屬哥倫比亞省伯吉斯頁岩區的化石，當時的開採技術常以炸藥輔助，所以很多化石開採出來是無法辨識或被誤判的，實際上寒武紀大爆發的物種並沒有剛發現伯吉斯頁岩化石時，估計得這麼多。雖然寒武紀大爆發之前的地質年代，科學家找不到多細胞動物化石記錄；後來的研究發現寒武紀大爆發之前的動物可能很小或是以軟組織、單細胞形式存在，故無法留下明顯的化石記錄。

六億年前到底發生什麼事？幾百至幾千萬年間瞬間產生這麼多高階的物群，可能的解釋如下：環境適合這些動物快速演化，而當時海洋中又都是異營性動物的關係，互相捕食導致發生演化上的軍備競賽，促進演化速度。寒武紀時主控動物體制的一個很重要的基因（hox gene）產生在動物的祖先類群中，當時動物的祖先獲得了增加動物體制複雜化的遺傳調控能力提供演化與形態上的遺傳基礎。

50. Assuming that 40 leopard cats, weighing 5 kg each and feeding solely on herbivorous prey, live continuously with their prey in a given area, approximately how much total biomass of plant material would be required?
(A) 2,222 kg
(B) 4,000 kg

(C) 20,000 kg
(D) 125,000 kg
(E) 500,000 kg

詳解：C

“十分之一定律”，生物量從綠色植物向食草動物、食肉動物等按食物鏈的順序在不同營養級上轉移時，有穩定的數量級比例關係，通常後一級生物量只等於或者小於前一級生物量的 1/10。而其餘 9/10 由於呼吸，排泄，消費者採食時的選擇性等被消耗掉。林德曼把生態系統中能量的不同利用者之間存在的這種必然的定量關係稱為十分之一定律。

根據題目提供的條件，以十分之一定律為規則，此區域所需的植物生物量應為：$40\times5\times10\times10=20,000$（kg）。

51. Which of the following statements about all cells is NOT true?
(A) They have membrane transport proteins.
(B) They synthesize proteins on the ribosome.
(C) They replicate their genome by DNA polymerization.
(D) They transcribe their genetic information by RNA polymerization.
(E) They use RNA as a template for genomic DNA polymerization.

詳解：E

DNA 複製是一種在所有的生物體內都會發生的生物學過程，是生物遺傳的基礎。對於雙股 DNA（即絕大部分生物體內的 DNA）來說，在正常情況下，這個過程開始於一個親代 DNA 分子，最後產生出兩個相同的子代 DNA 分子。親代雙股 DNA 分子的每條單股都被作為模板，用以合成新的互補單股，這一過程被稱為半保留複製。細胞的校對機制確保了 DNA 複製近乎完美的準確性。

52. Which is NOT included in the key features of the angiosperm life cycle of plants?
(A) Development of embryo sacs
(B) Development of male gametophytes
(C) Fruits
(D) Zygosporangium
(E) Double fertilization

詳解：D

接合孢子是由菌絲生出的結構基本相似，形態相同或略有不同的兩個配子囊接合而成。首先，兩個化學誘發，各自向對方伸出極短的特殊菌絲，稱為接合子梗（zyophore）。性質協調的兩個接合子梗成對地相互吸引，並在它們的頂部融合形成融合膜。兩個接合子梗的頂端膨大，形成原配子囊。而後，在靠近每個配子囊的頂端形成一個隔膜，使二者都分隔成兩個細胞，即一個頂生的配子囊柄細胞，隨後融合膜消解，兩個配子囊發生質配，最後核配。由兩個配子囊融合而成的細胞，起初叫原接合配子囊。原接合配子囊再膨大發育成厚而多層的壁，變成顏色很深、體積較大的接合孢子囊（Zygosporangium），在它的內部產生一個接合孢子。接合孢子經過一定的休眠期，在適宜的環境條件下，萌發成新的菌絲。

校方釋疑：

The question wants to highlight the breeding difference between higher plants and other organisms. Although gametophytes occur in angiosperm, too, but zygosporangium, that occur mostly in fungi, is the definite and the most appropriate answer for this question.

53. Which of the following statements about photosynthesis is TRUE?

(A) The light reaction in the thylakoids makes $NADP^+$ to the Calvin cycle

(B) Phosphoenolpyruvate (PEP) carboxylase has a higher affinity for CO_2 than rubisco does.

(C) The oxygen is produced by the electron transfer system of photosystem I (PS I).

(D) Photosystem II (PS II) is called P700 because of its reaction-center chlorophyll that absorbs light with a wavelength of 700 nm.

(E) C4 plants only uses rubisco for carbon fixation.

詳解: B

(A) The light reaction in the thylakoids makes NADPH to the Calvin cycle

(C) The oxygen is produced by the electron transfer system of photosystem II (PS II).

(D) Photosystem II (PS II) is called P680 because of its reaction-center chlorophyll that absorbs light energy with a wavelength of 680 nm.

(E) C4 plants uses Phosphoenolpyruvate (PEP) carboxylase and rubisco for carbon fixation.

54. Which of the following statements about viruses is TRUE?

(A) Prions replicate using host's translation machinery.

(B) Reverse transcriptase in retroviruses converts host cell RNA into viral DNA.

(C) A phage that reproduces only by the lytic cycle is called a temperate phage.

(D) Human immunodeficiency virus (HIV) are double-stranded DNA virus.

(E) Herpesvirus has single stranded RNA that acts as a template for DNA synthesis.

詳解: A

(A) Prions are self-replicating protein aggregates and are the primary causative factor in a number of neurological diseases in mammals. In mammals, prions reproduce by recruiting the normal, cellular isoform of the prion protein (Pr^{PC}) and stimulating its conversion into the disease-causing isoform (PrP^{Sc}). Pr^{PC} and PrP^{Sc} have distinct conformations: PrP^{C} is rich in α-helical content and has little β-sheet structure, whereas PrP^{Sc} has less α-helical content and is rich in β-sheet structure (Pan et al. 1993). The conformational conversion of PrP^{C} to PrP^{Sc} is the fundamental event underlying prion diseases

(B) Reverse transcriptase in retroviruses converts viral RNA into viral DNA.

(C) A phage that reproduces only by the lytic cycle is called a virulent phage.

(D) Human immunodeficiency virus (HIV) are single-stranded RNA virus.

(E) Herpesvirus has double stranded DNA that acts as a template for DNA synthesis.

校方釋疑：

在病毒各項生理現象，Prion 複製行為與其相同，其他選項皆明顯錯誤

55. About the ABC hypothesis of flowering, which set(s) of organ and gene expression is NOT true?
(A) Sepals-A gene activity
(B) Petals-A+B gene activity
(C) Loss of A gene results in mutation of sepals and petals
(D) Carpels-C gene activity
(E) Stamens-A + C gene activity

詳解: E

根據 ABC 模型，植物花由 4 種花器官組成，呈同心圓排列，形態學把這些器官所在的區域稱為輪，正常的花具有 4 個輪：由外往內分別是輪 I 為萼片，輪 II 為花瓣，輪 III 為雄蕊，輪 IV 為心皮。ABC 模型假定：在正常花器官發育過程中，可以產生 A、B、C 三個功能，每個功能的作用範圍與二個相鄰的輪吻合。在三個功能中，A 類基因的功能活性局限於第 1 和 2 輪，B 在 2，3 輪，C 在 3，4 輪，因此 A 和 B，B 和 C 可以相互重合；但是 A 和 C 拮抗，互不重疊。野生型中，第 1 輪處於 A 功能控制之下，原基發育成萼片；第 2 輪受 A 和 B 二個功能控制，原基發育成花瓣；第 3 輪受 B 和 C 二個功能控制，原基發育為雄蕊；第 4 輪則由 C 功能控制，原基發育成心皮。相應地存在 3 組同源異型基因，分別控制 A，B 和 C 三個功能。

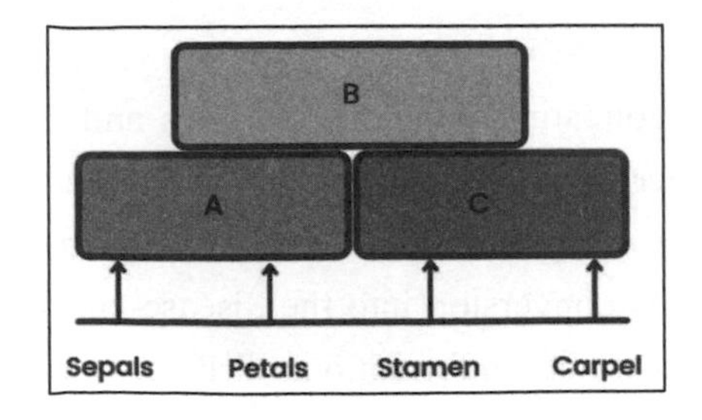

56. What would account for increased urine production as a result of drinking alcoholic beverages?
    (A) Increased aldosterone production
    (B) Increased blood pressure
    (C) Inhibition of antidiuretic hormone secretion (ADH)
    (D) Increased reabsorption of water in the proximal tubule
    (E) The osmoregulatory cells of the brain increasing their activity

詳解: C

喝完第一杯酒後，乙醇會在二十分鐘內讓你產生尿意，因為它對腎臟內一種叫做「血管加壓素」（vasopressin）的神經傳導物質形成抑制作用，這種物質有個別名叫抗利尿激素（antidiuretic hormone），簡稱 ADH。基本上，ADH 促使腎臟牢牢抓住體內水分；一旦失去作用，構成腎臟組織的細管壁面會從海綿狀態變成通暢的導管。頓時間，所有液體流進膀胱，而你得排出，這也使得人體中的電解質（鉀、鈉及氯化物）濃度升高。

57. Which of the following statements about transport in vascular plants is TRUE?
    (A) The apoplast consists of everything internal to the plasma membranes of living cells.
    (B) The symplastic route for water and solutes is from outside cells through cell walls and extracellular spaces.
    (C) When K^+ leaves the guard cells, stomata becomes open.
    (D) Na^+ is typically cotransported rather than H^+ for transport of sucrose in plant cells.
    (E) The movement of fluid in phloem is multidirectional in plants.

詳解: E

(A) The apoplast consists of everything external to the plasma membranes of living cells.
(B) The apoplastic route for water and solutes is from outside cells through cell walls and extracellular spaces.
(C) When K^+ leaves the guard cells, stomata becomes close.

(D) H^+ is typically cotransported rather than Na^+ for transport of sucrose in plant cells.

(E) 雖說韌皮部的運送方向可以向上至芽、也可以向下送到根處，但根據壓力流原理，就一條上下相連的篩管來說，物質運送的方向只能有一個。不過，一個維管束中的許多篩管，不同的篩管則可以朝不同的方向運送物質。

關於韌皮部內養分運輸的原理，曾有許多不同的解釋，但目前最為大家接受的，是在 1927 年由德國植物生理學家 Munch 在 1927 年提出的壓力流學說，壓力流的學說認為韌皮部內，物質是受到物質滲透所產生的壓力驅使推動。

葉肉經光合作用產生的醣類產物，會先以共質體運輸至維管束附近，然後移至質外體由細胞壁縫隙流至篩管與伴細胞旁。伴細胞上的質子幫浦藉耗能的主動運輸將質子移出細胞外，形成細胞內外的氫離子濃度梯度，然後再藉由質子與蔗糖的同向運輸蛋白，在質子順著濃度梯度移回細胞內時，將蔗糖帶入伴細胞，然後蔗糖再藉由原生質絲送入篩管中。此種藉由次級主動運輸將蔗糖運入篩管的方式，會使篩管中的糖濃度升高，有時甚至高出葉肉細胞二至三倍。

這些養分供應的 source 部位，其鄰近篩管中的高滲透壓會使周圍細胞中的水分，尤其是木質部內藉蒸散作用上升的水分，順著滲透壓的梯度移入篩管，造成 source 處篩管壓力較大。在養分需求的 sink 部位，蔗糖藉由伴細胞協助離開篩管，供應需求處細胞貯存或利用，Sink 部位的篩管細胞因為蔗糖離開，使得滲透壓下降，於是篩管內的水分外流重新進入導管，造成 sink 部位篩管壓力較小。於是篩管內於 source 處壓力大，sink 處壓力小，於是壓力便推動水分與蔗糖由 source 往 sink 部位移動。就這樣，source 部位不斷載入蔗糖，sink 部位不斷移出蔗糖，篩管的兩端始終保持著壓力差，物質便得以順利的運送。

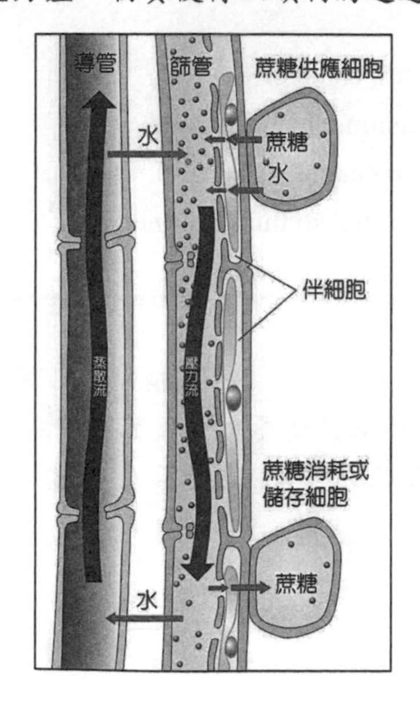

校方釋疑：

The “multidirectional” in the question is meaning physical direction. The phloem can transport nutrients top-down or buttom-up, in contrast to the unidrection of xylem.

58. When an individual is subject to short-term starvation, most available food is used to provide energy (metabolism) rather than building blocks (growth and repair). Which hormone would be particularly active during food shortage?
(A) Epinephrine
(B) Glucagon
(C) Oxytocin
(D) Antidiuretic hormone
(E) Insulin

詳解: B

升糖素（glucagon）是在血糖下降、胰島素降低時分泌，能使血糖升高維持血糖的穩定，是透過分解的途徑把大分子分解成小分子，也就是「異化作用」、「分解作用」，通常是分解體內已儲存的備用能源供身體使用。主要作用在脂肪組織的脂解作用(分解脂肪)，在肝臟還可以分解肝醣造成糖質新生來升高血糖、脂解作用及生酮作用。

59. The observation that the acetylcholine released into the junction between a motor neuron and a skeletal muscle binds to a sodium channel and opens it is an example of ______.
(A) a voltage-gated sodium channel
(B) a voltage-gated potassium channel
(C) a ligand-gated sodium channel
(D) a second-messenger-gated sodium channel
(E) a chemical that inhibits action potential

詳解: C

動作電位到運動神經末梢後，貯存在末梢中的乙醯膽鹼便被釋放出來，由於終板部位具有菸鹼型乙醯膽鹼接受器，一種配體閘式鈉離子通道（ligand-gated sodium channel），因此會在肌肉細胞膜上產生通透性的變化，所以去極化的出現可作為終板電位來測定。

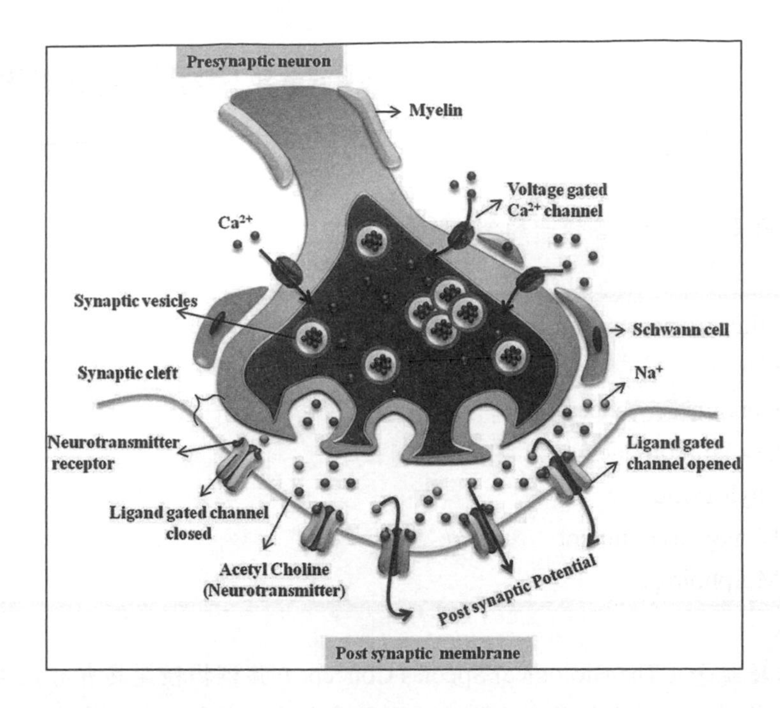

60. Which statement below about mating behavior is NOT true?

(A) Some aspects of courtship behavior may have evolved from agonistic interactions.

(B) Courtship interactions ensure that the participating individuals are non-threatening and of the proper species, sex, and physiological condition for mating.

(C) The degree to which evolution affects mating relationships depends on the degree of prenatal and postnatal input the parents are required to make.

(D) The mating relationship in most mammals is monogamous, to ensure the reproductive success of the pair.

(E) Polygamous relationships most often involve a single male and many females, but in some species, this is reversed.

詳解: D

與一名伴侶廝守終身聽上去並不是很有意思的想法，至少從進化的角度來看是這樣。男性精子量豐富且源源不絕，如果僅僅是投資在一名女性身上似乎不能使男性獲取最大收益，因為女性往往要花很長的時間才能培育後代。擁有不同生活伴侶也同樣於女性有益。如果她的孩子有不同的父親，在疾病侵襲時，他們就能得到更好的保護。由於這些原因，一夫一妻制在哺乳動物和其他動物群體中是極為罕見的。

國立清華大學 112 學年度學士後醫學系單獨招生試題暨詳解

科目：普通生物學 **黃彪 老師解析**

[單選題]每題 2.5 分。答錯一題倒扣 0.625 分，未作答，不給分亦不扣分。

1. To define a species, the biological species concept would require information related to
   (A) Genome sequence
   (B) Sexual reproduction
   (C) Phylogenic tree
   (D) Living environment
   (E) Morphology

詳解: B

生物種觀念（The Biological Species Concept）強調物種間具有有性生殖隔離關係。生物種概念將「物種」（Species）定義為能相互交配，並能產生具生殖能力下一代的一群個體。

不同種之間有各式生殖隔離（Reproductive Isolation）機制，包含交配時間、分布空間、基因不相符等，讓彼此的基因無法交流，各自為獨立的物種。最常見的例子就是馬和驢雖然能生出下一代—騾，但是騾不具生殖能力，騾與騾之間無法再生出小騾；同樣地，獅子與老虎生下的獅虎也是不具繁殖能力的另一例子。

從生物種概念對物種的定義來看，其區分物種有一個重要的要素就是「生殖」，換言之，就是針對能進行有性生殖相互交配的物種是較為適用的。而有性生殖也成了此定義的限制，因為很難用於解釋行無性生殖的物種；而用「下一代的生殖能力」來判斷也是一項限制，此例子常見於植物，兩個同屬不同種的植物 A 與 B，有一天就剛好完成了授粉，產生了新的雜交種，這個新的雜交種仍然能繁衍下一代，那植物 A 與 B 是同一種還是不同種呢？所以一個種概念的使用，面對各式類型的生物，會有其適用的，也會遇到有所限制的。

2. Which of the following characteristics is unlikely due to sexual selection?
   (A) Frog singing
   (B) Sperm competition
   (C) Courtship dance
   (D) Flower fragrance
   (E) Chameleon Camouflage

詳解: E

一八七一年，《人類原始與性擇》（以下簡稱《人類原始》）一書出版，達爾文在書中大膽解釋了人類起源和美麗演化這兩個問題。他提出另一個獨立的演化機制：性擇（sexual selection），用以解釋生物的軍備與裝飾、爭鬥與美麗。如果遺傳差異造成的生存差異決定了天擇的結果，那麼生物在生殖成功方面的差異則決定了性擇的結果，性擇篩選的對象是有利於得到配偶的遺傳特徵。

達爾文提出了兩個可能的演化機制，說明性擇的運作，這兩個方式彼此是對立的。第一個機制他稱作「戰鬥法則」（law of battle），這是說同性（通常是雄性）個體之間會為了控制異性個體而爭鬥。第二個性擇機制他稱作「美的品味」（taste for the beautiful），這個機制和某個性別（通常是雌性）對基於自己內在的偏好而擇偶有關。

達爾文認為，擇偶的結果是讓生物演化出許多好看、漂亮的特徵，這些裝飾特徵包括了鳴叫聲、一身繽紛羽毛、鳥類的表演行為，到山魈（*Mandrillus sphinx*）臉部與臀部鮮明的藍色。達爾文徹底研究了當時的動物，從蜘蛛、昆蟲、鳥類到哺乳動物，達爾文檢視了各種不同物種中的性擇證據。運用「戰鬥法則」和「美的品味」，他解釋了動物身上的武裝與裝飾的演化。

3. Visual pigment rhodopsin is a(n)
   (A) Ion channel
   (B) Enzyme
   (C) Chaperone
   (D) G protein-coupled receptors
   (E) None of above

詳解: D

視紫質（rhodopsin）是桿細胞中一種視色素，由視紫蛋白（opsin）和視黃醛（retinal）組成，呈紫紅色，因而得名。視紫質屬於 G 蛋白偶聯受體（GPCR）的一種。

視覺訊息傳遞系統的受體為視紫質，在接收光線過程中，位於視紫質內部的順式視黃醛（11-cis-retinal）受到光的激發後，會由順式（cis-form）轉變為反式（trans-form），將視紫質轉換成視紫質 II（活化視紫質）。活化視紫質會活化 G 蛋白（G protein），進而促使磷酸二酯酶（phosphodiesterase）將次級傳遞信息分子（2nd messenger）環式鳥苷單磷酸（cGMP）轉化成鳥苷單磷酸（GMP），引起鈉離子及鈣離子通道（cation channel）關閉，引起膜電位過極化（hyperpolarization），降低抑制性神經傳導物質（neurotransmitter）的釋放，使得視神經的電訊號得以傳送到大腦視覺中樞。11-反式視黃醛經酵素作用會轉成 11-順式視黃醛，再與視蛋白（opsin）重新結合成視紫質，之後視紫質遇光後便會重新開始上述過程。而在視網膜接收的光訊息經視神經傳往視交叉處，通往另一側大腦，在大腦的枕葉將電子脈衝解譯為視覺信號。

4. Microglia functions in
(A) circulating cerebrospinal fluid
(B) structural support for neurons
(C) axon myelination
(D) immune responses
(E) All of above

詳解: D

微膠細胞（microglia）是中樞神經系統的一種免疫巨噬細胞（macrophage），當中樞神經系統（CNS）受損或發生神經退化性疾病，微膠細胞會被活化，產生大量的前發炎因子（proinflammatory mediators），例如，一氧化氮（NO）、腫瘤壞死因子-α（TNF-α）及介白質素-1β（IL-1β）等等，擴大發炎反應，影響神經再生。

除了微膠細胞外，其餘 CNS 的神經膠質細胞（Neuroglial cells）來自神經管的腦室區（Ventricular zone），屬於外胚層組織，而微膠細胞是從造血幹細胞衍生而來的。在周邊神經系統（PNS），Neuroglial cells 發育來自神經嵴，包括許旺細胞及神經節中的衛星細胞。

微膠細胞是膠質細胞中最小的一種，數量少，胞體細長或橢圓，突起細長，有分支，表面有許多小棘突。CNS 損傷時，其可轉變為巨噬細胞，吞噬細胞碎屑及退變的髓鞘，所以，微膠細胞有吞噬功能，有人認為它來源於血液中的單核球（monocytes）。

5. The “fight or flight” responses are mainly induced by ______ system.
(A) Autonomic
(B) Somatic
(C) Sympathetic
(D) Parasympathetic
(E) Enteric

詳解: C

戰或逃反應（fight or flight responses）由美國生理學家 Walter Cannon 提出，是指生物面對危機（例如被攻擊或生命受威脅）時所作的即時回應，包括神經與腺體等一系列的反應，以幫助身體作出防禦、掙扎或是逃跑的準備。鬥或逃跑反應是一個可迅速對付威脅的機制。這些反應是由交感神經系統（Sympathetic Nervous System）觸發的，在許多情況下，戰鬥和逃跑往往會合併在一起發生。

戰鬥或逃跑反應是大部分生物面對危機和壓力時的本能反應。其時大腦會分泌荷爾蒙暫時壓抑與逃避、搏鬥、逃跑等無關的行動，包括理性思考，以作求生之用。研究指出「Fight or Flight」此應付壓力的反應會隨著年紀減退，意即年紀越小反應越強烈。更有研究指出，年齡對「Fight or Flight Response」的影響很大機會是與其預計自己的死亡機率有多大有關，即年紀越小越容易擔心自己會死亡。

6. Which hormone is induced by neonatal suckling and triggers release of milk from the mammary glands?
(A) Oxytocin
(B) Vasopressin
(C) Serotonin
(D) Insulin
(E) Estrogen

詳解: A

催產素（Oxytocin）是一種哺乳動物激素。可以在大腦下視丘室旁核與視上核神經元所分泌，經下視丘腦下垂體路徑神經纖維送到後葉分泌。功能包括：催乳—刺激乳頭，促進乳汁排入乳腺管（milk ejection），有助母乳餵養；催產—收縮子宮，促進分娩；以及母親與嬰兒連結—催產素也被稱為「擁抱荷爾蒙」，能協助母親與嬰兒建立鏈結。

7. Which of the following hormone is not released from the pituitary gland?
(A) Antidiuretic hormone
(B) Follicle-stimulating hormone
(C) Prolactin
(D) Adrenocorticotropic hormone
(E) Thyroid hormone

詳解: E

甲狀腺素(thyroid hormone)是由甲狀腺濾泡上皮細胞合成的酪胺酸碘化物，甲狀腺激素分泌的調節是通過下視丘—腦垂腺—甲狀腺軸進行的。

甲狀腺是人體內最大的內分泌器官。甲狀腺由左右兩個側葉和峽部，峽部將兩側腺體連成一體，呈"H"型橫跨於氣管上段，成人平均重量約為 20～25 公克，另有副甲狀腺緊貼於甲狀腺的後外側。

甲狀腺素的生物合成需要足夠的「碘」，甲狀腺受到腦下垂體分泌的促甲狀腺激素（TSH）調節，在 TSH 的作用下刺激甲狀腺的濾泡細胞分泌甲狀腺素，它是由碘和酪胺酸所合成，而甲狀腺素的成分含 80～90%的 T4「四碘甲狀腺素（tetraiodothyronine；thyroxine）」和 10～20%的 T3「三碘甲狀腺素（triiodothyronine）」，甲狀腺不同於其他的內分泌腺體，它能貯存大量的激素，能把合成的甲狀腺素與甲狀腺球蛋白（thyroglobulin）結合，貯存於甲狀腺濾泡內，成為膠質的一部分，膠質腔的 T4/T3 比例約為 20：1，貯存的 T4 可維持 2 個月人體正常生理需要。甲狀腺球蛋白在濾泡中經蛋白水解酶的裂解後，游離的

T4、T3 分泌到血液循環中，每天甲狀腺約分泌貯存量的 0.5～1%，其中大部分是 T4，而血液循環中的 T3 主要由 T4 轉化而來，只有約 1/5 直接由甲狀腺所分泌，在血液中 T3 和 T4 會和甲狀腺素結合球蛋白（thyroxine-binding globulin）、轉甲狀腺素蛋白（transthyretin）和白蛋白（albumin）相結合，循環中的甲狀腺素僅有很小部分屬於游離態的—free T4：0.03%；free T3：0.3%，而只有游離狀態的甲狀腺素具有荷爾蒙的活性，而且 free T3 的生物活性為 free T4 的 5～10 倍。

甲狀腺還會釋放另外一個激素，來調節血中的鈣離子濃度。副濾泡細胞（Parafollicular cells 或稱為"C"細胞）會因為血中的鈣離子過高而分泌抑鈣素（calcitonin）。抑鈣素會促使鈣離子進入骨骼，這個作用跟副甲狀腺激素（parathyroid hormone）的作用正好相反。抑鈣素和副甲狀腺激素相比較，抑鈣素顯得不是那麼重要，因為鈣離子在體內的活動會因為副甲狀腺激素切除而異常，但不會因為甲狀腺切除而異常。

8. Which of the following is not a main function of kidney

(A) Ion balance

(B) Blood pressure control

(C) pH balance

(D) Thermal balance

(E) Hormone production

詳解: D

體溫恆定與腎臟並沒有關連。腎臟有以下主要功能：

1. 排泄廢物：腎臟是人體主要排泄器官，體內代謝後的廢物（如尿素、肌酸酐）或藥物等大都經由腎臟排泄。
2. 調解水份：流經腎臟的血液經腎臟過濾及再吸收，一部份的水份形成尿液，腎臟會根據身體的須要調整尿量，以維持體內水份的平衡。
3. 調節電解值：電解質包括鈉、鉀、氯、鈣、磷、鎂等是維持身體細胞正常功 能的主要物質由腎臟排泄及調節。
4. 維持酸鹼度的平衡：腎臟可中和體內酸性物質維持血液適當酸鹼度。
5. 造血作用：腎臟可以分泌紅血球生成素（EPO）以刺激骨髓製造紅血球。
6. 調節血壓：腎臟可以分泌腎素及前列腺素來調節血壓。
7. 活化維生素 D：腎臟有活化維生素 D 的功能，可以促進腸胃對鈣的吸收以維持骨頭骼的正常構造。

9. The offspring of horse and donkey is viable but sterile. This belongs to which of the following reproductive barriers?
(A) Prezygotic barrier, gametic isolation
(B) Prezygotic barrier, reduced hybrid fertility
(C) Prezygotic barrier, hybrid breakdown
(D) Postzygotic barrier, gametic isolation
(E) Postzygotic barrier, reduced hybrid fertility

詳解: E

騾是馬和驢的雜交種。馬和驢本來是同科不同種的生物，馬有 64 條染色體，而驢有 62 條染色體。公驢和母馬的基因較容易結合，所以大部分騾都是這樣雜交的。不過基因結合的機率還是很小。公騾和大部分母騾是沒有生殖能力的。這是因為染色體不成對（63 條），所以無法經由正常的減數分裂產生生殖細胞。母騾有性功能，子宮可以懷胚胎，但是最困難的是使母騾懷孕。嚴格地說，公驢和母馬所產後代稱為騾(mule)；公馬和母驢所產後代稱為驢騾、駃騠(Hinney)。

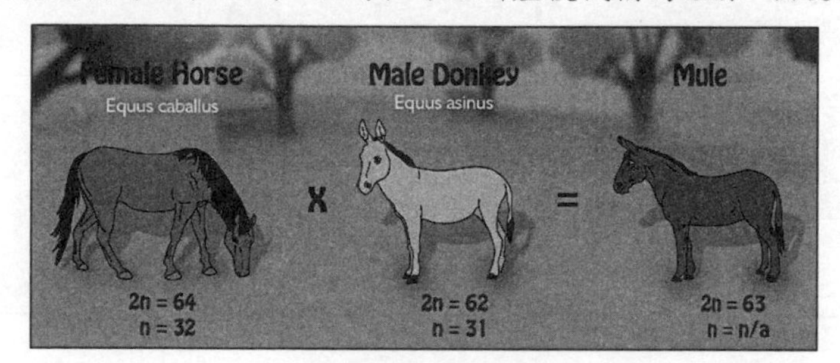

10. Which of the following descriptions about phosphorus cycle is **NOT** correct?
(A) Over-enrichment of phosphate in both fresh and inshore marine waters can cause massive algae blooms that lead to eutrophication.
(B) In terrestrial systems, bioavailable phosphorus mainly comes from weathering of phosphorus-containing rocks
(C) Microbial and plant growths depend on the degradation rate of organic phosphorus to free inorganic phosphate by various enzymes such as phosphatases, nucleases and phytase.
(D) Human interference in the phosphorus cycle occurs by overuse or careless use of phosphorus fertilizers.
(E) Using animal manure in poorly drained soils to improve the soil fertility helps phosphorus cycle.

詳解: E

磷循環(Phosphorus cycle)是生物地球化學循環，描述了通過岩石圈，水圈，生物圈的磷移動。因為磷和磷基化合物在地球上找到的典型範圍的溫度和壓力下通常是固體，磷循環與許多其它的生物地球化學循環不同，大氣沒有起到磷移動的顯著作用。

在陸地上，磷幾千年來對於植物來說變得越來越少，因為它是慢慢地流失。通過土壤微生物生物質的研究所示，土壤中的低濃度磷減緩了植物的生長，也減慢土壤中微生物的生長。在生物地質化學循環中，土壤中的微生物同時作為磷的去處和磷的來源。局部的磷轉化是化學的，生物的和微生物的，然而，在全球循環的主要長期轉移是在地質年代中受到板塊構造運動的驅動。

於滯水土（poorly drained soils）使用動物肥料，因為水不能流動，因此並不能幫助磷循環（phosphorus cycle）。

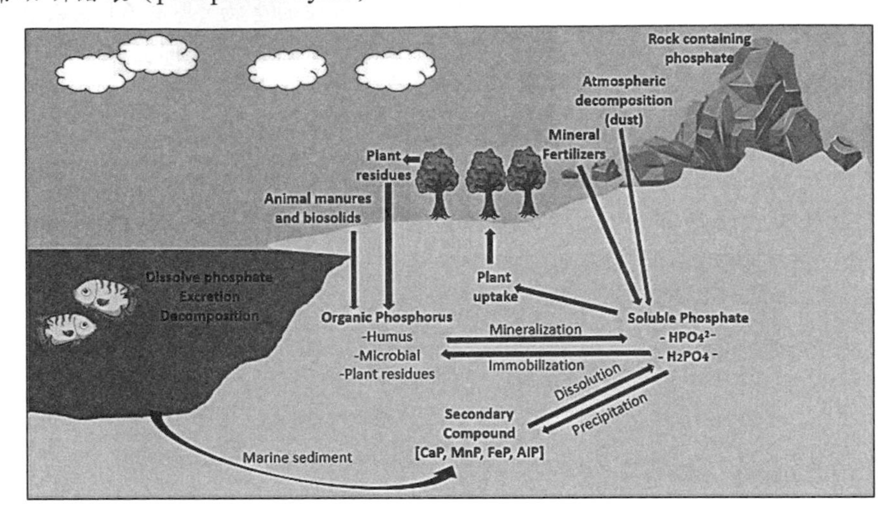

11. Which of the following descriptions about nitrogen cycle is **NOT** correct?
 (A) The nitrogenous wastes un animal urine are broken down by denitrifying bacteria.
 (B) Nitrous oxide (N_2O), carbon dioxide and methane are greenhouse gases that contribute to global warming.
 (C) Nitrous oxide (N_2O) has risen in the atmosphere as a result of agricultural fertilization, biomass burning, cattle and feedlots, and industrial sources.
 (D) Atmospheric ammonia and nitrous oxides contribute to smog and acid rain, damage plants and increase nitrogen inputs to ecosystems.
 (E) Nitrogen cannot be utilized by phytoplankton as nitrogen gas (N_2) so it must undergo nitrogen fixation which is performed predominantly by cynobacteria.

詳解: A

氮是構成生物體內胺基酸及蛋白質的主要元素。在生態系中，氮主要貯藏於大氣圈，以一般生物不能直接利用的氣態氮（N_2）存在。大氣中的氮必須被轉變成無機氮化合物，如氨（NH_3）或硝酸根（NO_3^-）才可被多數生物利用。

空氣中氮氣的價電數是零，會經由「固氮作用」變成−3 價的氨（NH_3），在有氧氣存在的情況下，氨又會經由「硝化作用」變成+3 價的亞硝酸根（NO_2^-），更進一步轉變成+5 價的硝酸根；硝酸根在加入有機物的過程中會產生「脫硝作用」變成亞硝酸根，若更進一步又會還原成氮。

脫硝反應（denitrification，亦稱為脫硝作用、脫氮作用）是指細菌將硝酸鹽（NO_3^-）中的氮（N）通過一系列中間產物（NO_2^-、NO、N_2O）還原為氮氣分子（N_2）的生物化學過程。

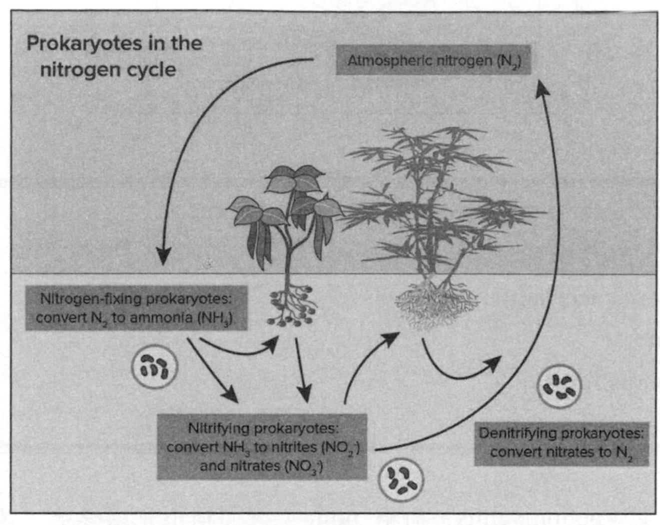

12. Which of the following descriptions about red algae is NOT correct?
    (A) They are abundant in the warm coastal waters of tropical oceans.
    (B) They contain phycoerythrin as their photosynthetic pigment to absorb red and blue light.
    (C) We eat one of multicellular red algae, *Porphyra* (Japanese "nori") as a wrap for sushi.
    (D) Unlike other algae, they do not have flagellated gametes.
    (E) They depend on water currents for fertilization.

詳解: B

藻膽素（phycobilin）存在於紅藻及藍藻中的一種光合作用輔助色素。與葉綠素類似，也是由 4 個吡咯環通過甲烯基連接，但連成直鏈，不含鎂原子。又可分為藻紅素（phycoerythrobilin）和藻藍素（phycocyanonilin）。它們在體內與可溶性蛋白質結合分別稱為藻紅蛋白（phycoerythrin）和藻藍蛋白（phycocyanin），總稱藻膽蛋白（phycobiliprotein），溶於稀鹽溶液中。每個藻膽蛋白至少有 8 個藻膽素分子。藻紅蛋白主要存在紅藻中，其吸收峰約在 565 奈米，故顯紅色。藻藍蛋白主要存在藍藻中，其吸收峰約在 620 奈米，故顯藍色（藻紅素主要吸收綠光，藻藍素主要吸收橙黃光。它們能將所吸收的光能傳遞給葉綠素而用於光合作用）。

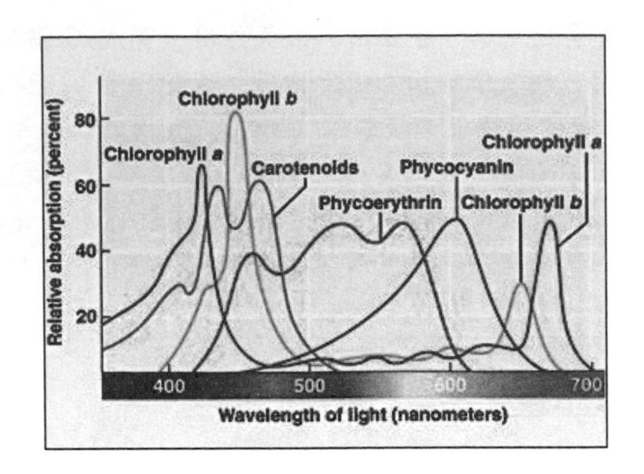

13. Which of the following diseases is NOT insect borne?
(A) Polio
(B) Japanese encephalitis
(C) Dengue
(D) Zika virus fever
(E) Sleeping sickness

詳解: A

脊髓灰質炎（poliomyelitis，簡稱 polio），亦稱小兒麻痺症，又譯急性灰白髓炎。是由脊髓灰質炎病毒引起，為可感染人類之病症。脊髓灰質炎病毒通常經糞口傳播，也有可能經由被糞便汙染的水或食物傳染，經由唾液傳染是較為少見的狀況。

14. Which of the following structures is NOT found in plant cells?
(A) Plasmodesmata
(B) Middle lamella
(C) Phragmoplast
(D) Gap junction
(E) Tonoplast

詳解: D

孔隙連結（gap junction），或稱縫隙連接，是細胞連接的一種，神經細胞之間的間隙連接又稱電突觸（Electrical synapse），是一種特化的動物細胞間連接，廣泛地存在於各種動物組織中。間隙連接通過連接細胞的胞質，允許多種小分子、離子和電信號直接通過，這一過程有一定的選擇性，間隙連接的開閉往往受到調控。

形成孔隙連結的兩個細胞的細胞膜往往平行而且緊密地排列，留有奈米尺度的縫隙，兩個分處在相鄰細胞質膜上的連接子（Connexon）對齊連接，形成一個狹窄的通道，大量的通道排列在這一縫隙中，進而構成了孔隙連結。植物細胞的原生質絲（plasmodesmata）與動物細胞的間隙連接相似。

除了完全發育的骨骼肌細胞以及不固定的細胞，例如紅血球，孔隙連結在人體中各種組織中幾乎處處存在。但尚未在一些低等動物，例如多孔動物門中，發現孔隙連結。

15. Which of the following descriptions about COVID-19 virus is NOT correct?
(A) The RNA-dependent RNA polymerase is a primary target for anti-COVID-19 virus drug remdesivir.
(B) Antigenic drift is a kind of genetic variation that can result in a new strain of COVID-19 virus particles.
(C) Coronaviruses are pone to undergo antigenic shift by combining two different viruses to make a novel strain.
(D) COVID-19 mRNA vaccines contain the instructions for making the SARS-CoV-2 spike protein.
(E) COVID-19 mRNA vaccines require to be stored at an ultra-cold freezer at temperatures between -80 °C and -60 °C for up to 6 months.

詳解: C

據目前流行病學統計，冠狀病毒的抗原性變異通常並非由不同株系之病毒融合或遺傳重組果造成。新冠病毒是一種 RNA 病毒，RNA 病毒在複製的時候需要 RNA 複製酶。與 DNA 複製酶相比，RNA 複製酶有較高的突變率。因此 RNA 病毒的變異速度要比 DNA 病毒快上許多。然而，這並不能解釋 COVID-19 新冠病毒變異株產生的速度。畢竟，它的「親戚」SARS 病毒就沒有被觀察到許多的變異株。

變異產生的速度除了與複製酶的突變率有關，也與複製的次數有關。因為有複製才容易產生錯誤，所以單位時間內複製的次數愈多，則產生的變異數目也會愈多。這就是新冠病毒有異於其他病毒之處了。

由莫德納開發的新冠病毒候選疫苗「mRNA-1273」必需儲存在華氏-4 度（-20°C）的溫度中，而 BioNTech 和輝瑞共同投資研發的候選產品「BN1162b2」和「BNT162b2」則需要存儲在華氏-94 度中（-70°C）。莫德納 mRNA 疫苗不得低於零下 40℃保存。

16. Which of the following descriptions about lipopolysaccharides is NOT correct?
(A) They are found in the outer membrane of Gram-negative bacteria
(B) They are secreted as part of the normal physiological activity of membrane vesicle trafficking
(C) They can induce defense responses in animals and plants.

(D) The biological activity of lipopolysaccharides can be attributed to the chemical structure of the lipid A unit.

(E) They increase the positive charge of the cell membrane and helps stabilize the overall membrane structure

詳解: E

脂多醣（lipopolysaccharides）是大多數革藍氏陰性菌細胞膜的主要成分，為細菌的結構完整性做出了巨大貢獻，正因為革蘭氏陰性菌的外膜有大量脂多醣分子，才使得其細胞膜具有獨特的難滲透性，有效幫助細菌細胞應對外界有害刺激，使胞膜免受某些化學攻擊。此外，脂多醣還增加了細胞膜的負電荷，並有助於穩定整個胞膜的結構。

17. Which of the following descriptions abort V-ATPases is NOT correct?

(A) They are ATP-dependent proton pumps.

(B) They are present in intracellular membranes in all eukaryotes and at the plasma membrane of certain specialized cells.

(C) They are involved in acidification of endosomes.

(D) They generate the proton motive force as a driving force for primary transporters.

(E) They are regulated by reversible dissociation of the V_1 and V_0 domains.

詳解: D

能夠水解 ATP，並利用 ATP 水解釋放出的能量驅動物質跨膜運輸的運輸蛋白稱為運輸 ATPase，由於它們能夠進行逆濃度梯度運輸，所以又稱為泵。四種運輸 ATPase：

（1） P 型離子泵（P-type ion pump），或稱 P 型 ATPase。此類運輸泵運輸時需要磷酸化（P 是 phosphorylation 的縮寫），包括 Na^+-K^+泵、Ca^{2+}離子泵。

（2） V 型泵（V-type pump），或稱 V 型 ATPase，主要位於小泡的膜上（V 代表 vacuole 或 vesicle），如溶酶體膜中的 H^+泵，運輸時需要 ATP 供能，但不需要磷酸化。

（3） F 型泵（F-type pump），或稱 F 型 ATPase。這種泵主要存在於細菌質膜、線粒體膜和葉綠體的膜中，它們在能量轉換中起重要作用，是氧化磷酸化或光合磷酸化偶聯因數(F 即 factor 的縮寫)。F 型泵工作時不會消耗 ATP，而是將 ADP 轉化成 ATP，但是它們在一定的條件下也會具有 ATPase 的活性。

（4） ABC 運輸蛋白（ATP-binding cassette transportor），這是一大類以 ATP 供能的運輸蛋白，已發現了 100 多種，存在範圍很廣，包括細菌和人。

18. Which of the following descriptions about vitamins is NOT correct?
(A) They are generally classified as coenzymes to facilitate enzymatic catalysis.
(B) Some of them are required as coenzymes to facilitate enzymatic catalysis.
(C) Vitamin B1 is found naturally in meats, fish, and whole grains.
(D) Vitamin B12 is naturally present in vegetables like carrot and broccoli.
(E) Vitamin E is chemically known as α-tocopherol and enriched in seeds and nuts.

詳解: D

維生素 B_{12} 主要存在於動物性食物中，如：肝臟類、肉類、雞蛋、牛奶或奶製品，因此素食者時常被認為是較易缺乏的一群。

維生素 B_{12}（vitamin B_{12}）的又稱為鈷胺素（cobalamin），它是紅血球穩定製造的重要元素、保持神經系統傳導健康、幫助蛋白質和脂肪的代謝，同時也與細胞能量有關，對人體健康相當重要。但 B_{12} 是水溶性維生素，因此容易被代謝到體外，是人體中比較容易缺乏的維生素，必要時可以服用補充劑攝取。

19. Toll-like receptors (TLRs) activate innate immune response protecting the host from infection by identifying conserved nonself molecules, Which of the following could NOT be recognized by TLRs?
(A) Peptidoglycan
(B) Flagellin
(C) Galactose
(D) Lipopolysaccharide
(E) Unmethylated CpG motifs

詳解: C

Toll receptors 是 1988 年左右在果蠅體內先發現的，這些受體在接收到外來病原的刺激後，可以引發一連串的訊息傳導路徑（signalling pathway），使得免疫系統開始有所反應。隨後，在哺乳類動物也發現和 Toll 相似度極高的 receptors，稱為類鐸受體（Toll-like receptors，TLRs）。目前所知的 Toll-like receptors 共有 10 種，分別從 TLR1 到 TLR10，它們分別辨識不同的 pathogen-associated molecular patterns（PAMPs）。當 TLR 辨識到這些 PAMPs 後，藉由受體的 intracellular signalling domain，the Toll/interleukin-1 receptor (TIR) domain 以及下游的 adaptor protein MyD88，將訊息傳遞下去，並引發細胞一些基因的表現。半乳醣（galactose）並不是 PAMP，所以並非是 TLR 辨認結合的分子。

20. Patent Foramen Ovale (PFO), also known as a Hole In The Heart. Which of the following statements about PFO is Not true?
(A) In the womb, the blood flows from the high-pressure right side of the heart to the lower-pressure left side keeps the foramen ovale open.
(B) At birth, the reversal of pressure gradients cause by the clamping of the placenta could physiologically cause the foramen ovale to snap closed.
(C) In a heart with PFO, venous blood leaks from the right atrium into the left atrium, then out to the body, bypassing the pulmonary circulation.
(D) PFO is a condition with modifiable and non-modifiable risk factors.
(E) Around 25% of the general population has PFO and is typically asymptomatic.

詳解: D

寶寶未出生前會經由臍帶靜脈來吸收母體養分，大部分的血液會經由臍靜脈後進入下腔靜脈，再由下腔靜脈所收集下肢的血液導入嬰兒的右心房。注入右心房的血液與上腔靜脈帶來的血液會混合，經由卵圓孔（Foramen ovale）進入左心房，再將這些血液透過左心室送到全身各處。寶寶出生後，受左心房的壓力增高影響，如同瓣膜結構的卵圓孔通常會因此順勢閉合，不過有些新生兒因身體結構導致卵圓孔未能完全關閉，也就是俗稱的卵圓孔未閉合（Patent Foramen Ovale, PFO），或稱開放性卵圓孔。卵圓孔位於左、右心房的中間，一般而言，出生 2 週內的新生兒若出現卵圓孔未閉合屬於正常生理現象。根據台北市立聯合醫院的統計顯示，有卵圓孔未閉合的寶寶，有 50%會在出生 3 個月後逐漸閉合；95%的寶寶在滿 1 歲前會關閉。事實上，除非寶寶合併有其他心臟問題或異常，否則多數新生兒發生卵圓孔未閉合並不會有臨床症狀，照顧時也與一般嬰兒無異，僅需要定期追蹤檢查即可。

21. The CRISPR-Cas9 system is a powerful new technique for gene editing. Which of the following descriptions about the CRISPR-Cas9 system is NOT true?
(A) CRISPR is a natural immune system occurring in bacteria to prevent attack by virus.
(B) Bacterial Cas9 cuts off the viral DNA sequence and destroys the virus.
(C) *Streptococcus pyogenes* produces Cas nuclease.
(D) The CRISPR-Cas9 system can identify upto 20 base long sequence in target DNA.
(E) The CRISPR-Cas9 system is now deemed a safe method for treating incurable diseases.

詳解: E

基因組編輯（genome editing）技術主要依賴一些識別特定序列的核酸酶在DNA 上切割，造成雙股 DNA 斷裂，進而利用非同源末端接合機制（non-homologous end joining, NHEJ）來修復 DNA 斷點，由於極易發生錯誤（缺失/插入）進而造成移碼突變，因此可以達到基因剔除的目的；或是利用同源重組機制(homologous recombination)針對斷點附近的基因序列進行序列置換(HDR, homology direct repair）。近年來，基因組編輯的實驗技術有了快速的進展，其中 TALEN 以及 CRISPR 技術因其載體易構築，以及突破物種限制的優點，迅速被科學家們接受並應用於基因功能的研究。

CRISPR/Cas（Clustered regularly interspaced short palindromic repeats and CRISPR-associated systems）是將來自於化膿性鏈球菌（*Streptococcus pyogenes*）的 Cas9 蛋白與 guide RNA 形成一個複合體，由 guide RNA 上的 Protospacer 序列（17～20 nt）辨識 DNA，緊接在 Protospacer 序列之後的三個核苷酸（NGG）稱為 Protospacer adjacent motif(PAM)，Cas9 即辨識 PAM 並切割緊鄰的雙股 DNA。其後又發展出只切割單股 DNA 的 CAS9 Nickase 以降低脫靶效應（off target effect）。

CRISPR-Cas9 系統目前並非被視為是用以治療遺傳疾病的安全性方式。

22. Electrocardiogram, abbreviated as ECG or EKG, is a biological test used to convert the activities of the heart into electrical signals, including P wave, QRS complex, and T wave. Which part of the ECG represents the beginning of ventricle repolarization?
(A) P wave
(B) Interval between P wave and QRS complex
(C) QRS complex
(D) Interval between QRS complex to T wave
(E) T wave

詳解: D

心電圖是一項測量心臟電活動的測試，快速、安全且無痛的，可用作檢測和記錄心電活動。每當心臟肌肉收縮時，都會產生微量的電流訊號。醫護人員可透過精密電子儀器監測這些訊號，從而瞭解心臟的健康情況。

心電圖主要由一系列波段組成，依次為 P 波、QRS 波群及 T 波，分別在於：P 波是心房去極化過程中產生的電活動，又稱心房除極波；QPS 複合波反映了左右心室的快速去極化的過程；T 波又稱最終波，代表心室的電活動恢復或回到靜止狀態。因此，QRS 複合波和 T 波之間表示了心室去極化後再極化開始的時程。

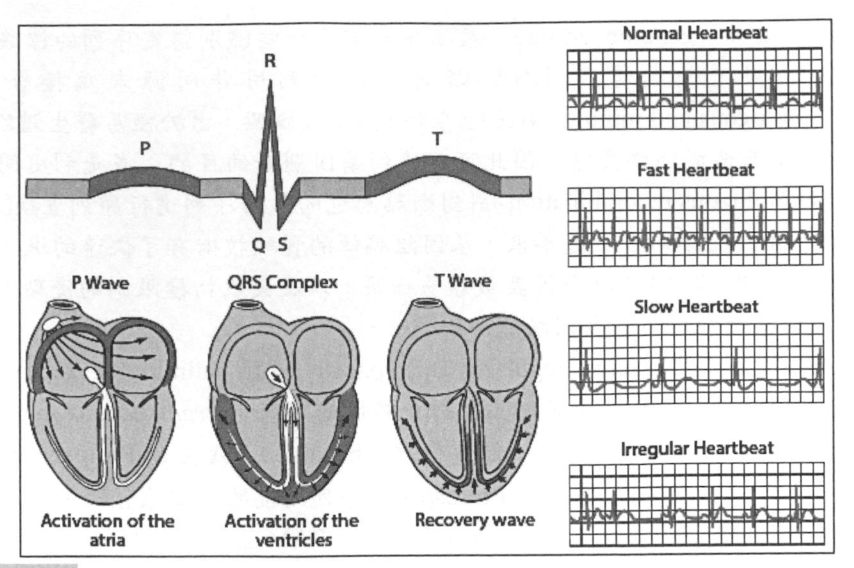

校方釋疑：

ECG 為復合波，心室去極化開始在 QRS-T segment。

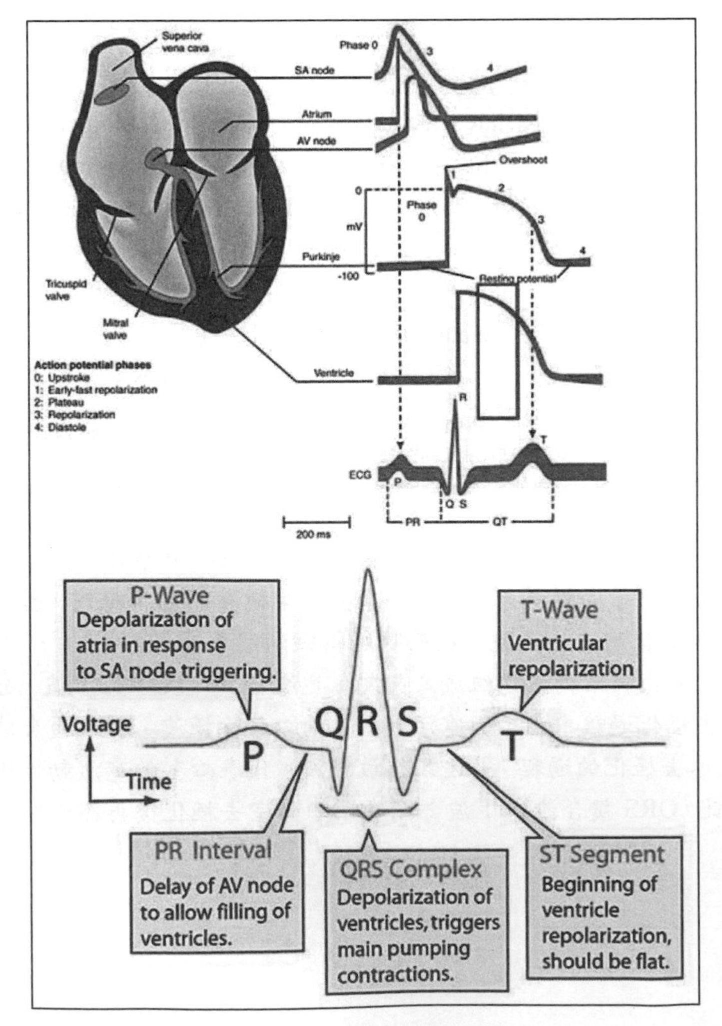

23. Which of the following cell organelles is NOT correctly matched with its function?
(A) Centrosomes-organizing the microtubule and Cell division
(B) Golgi Apparatus-secretion and intracellular transport
(C) Peroxisome- the metabolism of lipids and catabolism of long-chain fatty acids
(D) Endoplasmic Reticulum- responsible for the cell's metabolic activities.
(E) Lysosomes- the digestion and rcmoves wastes

詳解: D

中心體（Centrosome）在細胞是無膜的半保留胞器（subcelluar non-membrane semi-conserve organelle），直徑約 1 微米(μm)，是細胞主要的微管組成中心（primary microtubule organizing center, MTOC）。

高基氏體（Golgi bodies）：功能主要是負責粗糙內質網合成出來的胜肽和蛋白，將其修飾(加上醣類、或是磷酸等等)有更完整的功能、分類、運輸，偶爾糖類、脂質也會在這進行修飾。

過氧化物酶體(Peroxisome)：主要功能是通過β-氧化分解非常長鏈脂肪酸。在動物細胞中，長脂肪酸轉化為中鏈脂肪酸，隨後轉運至線粒體，最終分解為二氧化碳和水。在酵母和植物細胞中，這一過程僅在過氧化物酶體中進行。

內質網（Endoplasmic reticulum）：分為粗糙內質網（Rough Endoplasmic reticulum）和平滑內質網（Smooth Endoplasmic reticulum），粗糙內質網上附著核糖體（Ribosomes），藉由核糖體合成胜肽和蛋白質。平滑內質網常負責處理、合成醣類還有脂質，另外也能氧化有毒物質以減低毒性，在一些特定的細胞內(例如：肌肉細胞）能儲存鈣離子協助肌肉的收縮。

溶體（Lysosomes）：或稱溶小體，內含數十種水解酶（hydrolytic enzymes）可對老舊、損壞的胞器進行分解，細胞凋亡機制和溶小體有很大的關係與胞內代謝活性有直接關連的主要胞器應該是粒線體。

粒線體（Mitochondria）：俗稱細胞的發電廠，細胞所需能量的轉換處，提供細胞在運作時所需的能量貨幣三磷酸腺苷（ATP），協助細胞呼吸（cellular respiration），並有自己的遺傳物質（請看老媽給的粒線體）

校方釋疑：

(C)在動物細胞中，peroxisomes 通過β-氧化作用氧化脂肪酸，long chain and very long chain fatty acids (LCFAs and VLCFAs) 優先被過氧化物酶體氧化。J Biol Chem. 1999 Jul 2;274(27):19228-36；Proc. Natl. Acad. Sci. U. S. A., 73 (1976), pp. 2043-2046；Annu. Rev. Nutr., 14 (1994), pp. 343-370；Neurochem. Res., 24 (1999), pp. 551-563。

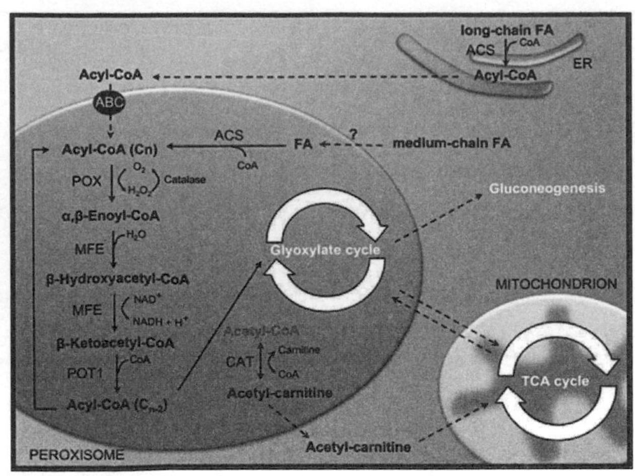

World J Microbiol Biotechnol (2017) 33:194。

(D) Endoplasmic Reticulum – the production of lipids and proteins

24. Hydrangeas provide beauty and color to landscapes. Hydrangeas of the same genotype are planted in a large flower yard, which blooms different colored flowers. This phenomenon is caused by ________.

(A) Environmental factors such as aluminum content and soil pH
(B) The alleles being codominant
(C) Darwin's explanation of the natural selection
(D) The fact that the mutation occurred
(E) Virus infection cause color-breaking

詳解: A

具有相同的基因型但卻呈現不同的外表型，可能是因為環境因素導致的。不同顏色的繡球（Hydrangeas）其實是與其土壤酸鹼值有關喔！酸性土壤會使其呈藍紫色，而鹼性土壤則呈粉紅或紅色。不要看繡球鮮豔的樣子，其中扁桃苷的成分對哺乳動物是有毒的，小心不要誤食了！

25. Most of the Carbon dioxide being transported by blood;

(A) is carried in the form of bicarbonate (HCO_3^-)
(B) is attached to glucose
(C) is reversibly bound to hemoglobin
(D) is dissolved in plasma
(E) is used to provide energy for the heartbeat

詳解: A

血液以三種形式來運送二氧化碳：大約10%的二氧化碳溶解於血漿與紅血球細胞質中，25～30%的二氧化碳進入紅血球，與血紅素結合形成碳醯胺基血紅素；

60～65%的二氧化碳進入紅血球後，透過碳酸酐酶（carbonic anhydrase）的催化作用與水結合形成碳酸，碳酸再解離形成碳酸氫根離子（HCO_3^-），並與氯離子以交換的方式將碳酸氫根離子送到血漿運輸。

26. T cell activation requires the formation of a transient cell-cell contact called immunological synapse between T cell and dendritic cells (DCs). Activated T cells synthesize and secrete interleukin-2 (IL-2) for the proliferation and differentiation of T cells. What is this is an example of?
    (A) synaptic signaling
    (B) autocrine signaling
    (C) endocrine signaling
    (D) paracrine signaling
    (E) juxtacrine signaling

詳解: B

T 細胞（T cell）與樹突細胞（dendritic cell）直接接觸後，T 細胞分泌 IL-2 化學訊號來刺激被活化的 T 細胞本身進行分裂與分化。因為是同一類型細胞間分泌與作用，所以這是一種自泌（autocrine）的機制。

校方釋疑：

題目提及活化的 T 細胞會合成分泌大量 IL-2，IL-2 作用在自身上為 T 細胞增殖所需，這個現象稱為 Autocrine action。T 細胞活化需要樹突細胞提供 2 個訊號：(1) MHC: petide (DC) to TCR (T); (2) CD80/CD86 (DC) to CD28 (T)。

27. The nucleotide sequences of the p53 gene showed a single amino acid change in the tumor mass, which compromised the protein's function. Which of the following would be true?
    (A) Mutant p53 promotes adaptive responses to cancer-related stress conditions to support tumor progression.
    (B) Mutant p53 facilitates the establishment of a pro-oncogenic tumor microenvironment.
    (C) Mutant p53 enhances cancer cell survival under oxidative and genotoxic stress conditions.
    (D) Mutant p53 induces G1 arrest and transcripts p21 after DNA damage.
    (E) Mutant p53 imparts stem-like properties to cancer cells.

詳解: D→更正答案為 A、B、C

因為單一胺基酸的改變導致原本應為基因體守護神的抑癌基因 P53 產生功能性破壞，可能導致癌化。選項中的 A、B、C 都是有可能發生的現象。

校方釋疑：

Stem cell-like cancer cell(幹細胞樣癌細胞)，同時具有幹細胞和癌細胞的特徵，並保有自我更新和分化能力。細胞能跳脫細胞週期限制而不斷增生，不能就被稱為 Stem cell-like。

原題目指出定序後發現 p53 單一胺基酸改變，p53 可能失去正常成功或獲得非預期功能進而促使癌症產生，能促使癌細胞適應自身與環境壓力及增加存活。

最為合適的答案為(A)、(C)

在 Membranes 2022, 12(2), 202；Front Oncol.2020; 10: 595187 也指出：Mutant p53 通過改變正常的細胞分泌組，藉由旁分泌/自分泌信號、ECM 重塑、吸引基質細胞進入癌組織等機制協助促癌腫瘤微環境的建立。因此(B)也可。

28. Which amino acids absorb ultraviolet radiation between 250-280 nm? (1)His; (2)Tyr; (3)Trp; (4)Pro; (5)Phe

(A) (1)(2)

(B) (2)(3)(5)

(C) (2)(5)

(D) (1)(4)

(E) (1)(3)(5)

詳解: B

芳香族胺基酸，色胺酸（Trp）、酪胺酸（Tyr）、苯丙胺酸（Phe），在 UV250～280 nm 區間中有較佳的吸光值。

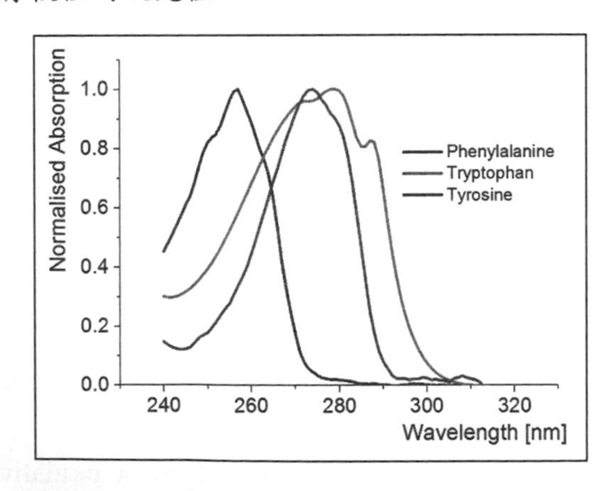

29. Pyruvate kinase is allosterically regulated by several effectors. Which of the following statements is true?

(A) Phenylalanine does not change the conformation of pyruvate kinase

(B) AMP decrease the catalytic efficiency of pyruvate kinase

(C) ATP increases the catalytic efficiency

(D) Fructose 1,6-bisphosphate decreases the K_M of pyruvate kinase

(E) Acetyl-coA increases the k_{cat} of pyruvate kinse

詳解: D

丙酮酸激酶（pyruvate kinase, PK）在醣解作用（Glycolysis）中扮演重要的角色，其可轉移 Phosphoenolpyruvic acid（PEP）的磷酸根至 Adenosine diphosphate（ADP）以產生丙酮酸（pyruvate）以及 ATP，因此在 ATP 量大時應該會受到抑制。PK 的結構型態會隨著與調控物的結合改變，例如，與 Fructose 1,6-bisphosphate（FBP）結合即形成高活性低 K_M 值的 R（relax）-stat。

Km 是米氏常數（Michaelis constant），衡量的是酶與受質之間親和力（affinity）的大小。Km 等於酶促反應為最大反應速率一半時的受質濃度，其單位是 mol/L，因此 Km 越小，表明酶進行反應所需的受質濃度越低，也可以說酶與受質之間親和力越大。Km 是一個常數，當 pH，溫度，離子強度不變時，Km 是恆定的。

Kcat 又叫轉化數（turnover number），利用 Vmax 除以酶濃度進行計算。所以可以知道，Kcat 衡量的是在最有優條件下酶催化生成受質的速率。為什麼說是最優條件呢？因為此時反應速率最大（Vmax），酶的活性位點已經被受質完全飽和。Kcat 是一個常數，其單位是 1/s，也可以將 Kcat 理解成單個酶分子在一秒內轉化受質的數量，或者單個酶分子轉換一個受質分子所需的時間，因此 Kcat 也叫做轉化數。

Kcat/Km 兩個常數的比，當然也是一個常數。Kcat 與 Km 的比是衡量一個酶催化效率的最重要參數。Kcat 越大，Km 越小，二者的比值越大。Kcat 越大說明酶轉化受質的速率越快，Km 越小說明酶與受質之間親和力越大。當酶有多個可利用的受質時，其對不同受質的催化效率可能差別很大。Kcat/Km 就可以用來確定酶的最適受質，同一個酶對不同受質的 Kcat/Km 最大可相差 100 萬倍。當利用蛋白質工程對酶進行改造時，不同突變型的 Kcat/Km 也是需要測定的參數，用來表徵酶催化效率的變化情況。

30. Glycosaminoglycans are involved in many extracellular functions. Which glycosaminoglycan is a natural anticoagulant?

(A) Dermatan sulfate

(B) Heparin

(C) Hyaluronate

(D) Keratan sulfate

(E) Chondroitin-4-sulfate

詳解: B

肝素（Hepain）是一直鏈陰離子的葡萄糖胺多醣體（straight chain anionic glycosaminoglycans）之混合物，主要是藉著與抗凝血酶 III（antithrombin III）結合而間接引發快速的抗凝血反應。當 heparin 與 antithrombin III 結合後會產生結構上之改變，讓 antithrombin III 可以迅速地與凝血酶（thrombin）結合並抑制它。

51. Which of the following is the common pathway for how a protein is synthesized and secreted by cells?
(A) RER → lysosome → Golgi apparatus → plasma membrane
(B) Golgi apparatus → RER → transport vesicles → plasma membrane
(C) RER → Golgi apparatus → transport vesicles → plasma membrane
(D) RER → transport vesicles → Golgi apparatus → nucleus
(E) RER → lysosome → transport vesicles → plasma membrane

詳解：C

組成生物體的蛋白質大多數是在細胞質中的核醣體上合成的，各種蛋白質合成之後要分別運送到細胞中的不同部位，以保證細胞生命活動的正常進行。有的蛋白質要通過內質網膜進入內質網腔內，成為分泌蛋白；有的蛋白質則需穿過各種細胞器的膜，進入細胞器內，構成細胞器蛋白。分泌蛋白是指在細胞內合成後，分泌到細胞外起作用的蛋白質。在核醣體上分泌出的蛋白質，進入內質網腔後，還要經過一些加工，如：折疊、組裝、加上一些糖基團等，才能成為比較成熟的蛋白質。然後，由內質網腔膨大、出芽形成具膜的小泡，包裹著蛋白質轉移到高爾基體，把蛋白質輸送到高爾基體腔內，做進一步的加工。接著，高爾基體邊緣突起形成小泡，把蛋白質包裹在小泡裡，運輸到細胞膜，小泡與細胞膜融合，把蛋白質釋放到細胞外。分泌型蛋白質的合成→修飾→運輸→分泌的分泌路徑應該是(C)。

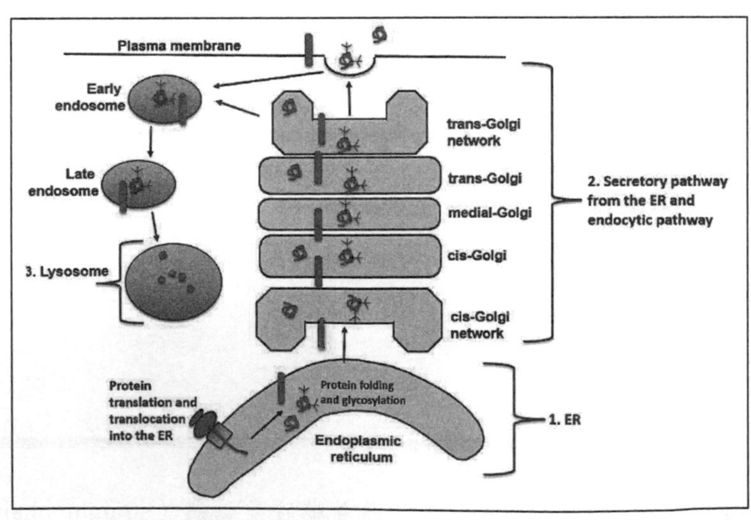

52. Endomembrane system modulates protein traffic and performs metabolic functions. Which of the following organelle is NOT included in the endomembrane system?
(A) mitochondria
(B) endoplasmic reticulum
(C) Golgi apparatus
(D) endosome
(E) lysosome

詳解: A

真核細胞中，因實質上的直接接觸，或藉由囊泡傳遞膜的斷片而相關聯的構造。包括：核膜、細胞膜、內質網、高基氏體、溶體、液泡及細胞膜。雖然粒線體、葉綠體、過氧化體，也具有脂質膜，但並非來自內質網，故不屬於內膜系統。

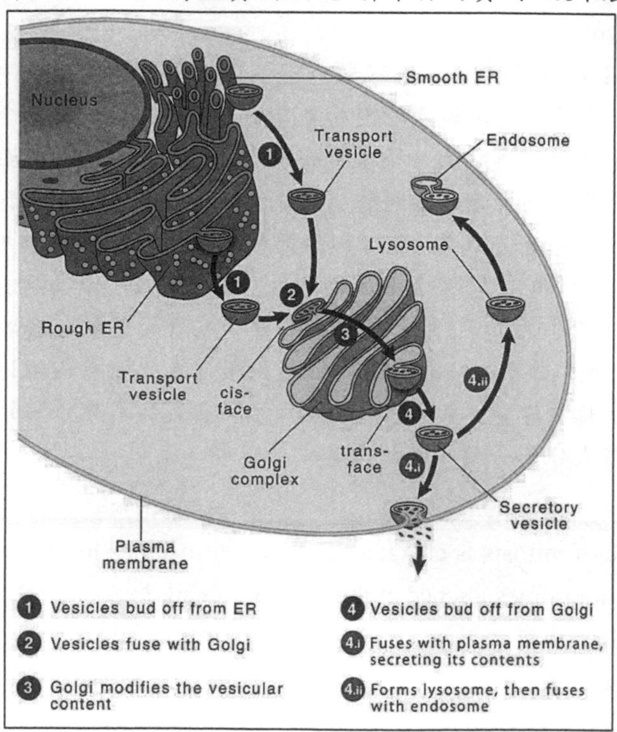

53. Which of the following statements about catabolic pathways is correct? a) degrade complex organic molecules rich in potential energy into simpler waste products with less energy, b) fermentation is a partial degradation of sugars with the use of oxygen, c) aerobic respiration is the most efficient catabolic pathway, d) some prokaryotes harvest chemical energy without oxygen, known as anaerobic respiration, e) catabolism is linked to work by a chemical shaft-GTP.
(A) abc

(B) abd
(C) acd
(D) abce
(E) ace

詳解: C

b) 一分子葡萄糖在細胞質中可裂解為兩分子丙酮酸，此過程稱為糖解（glycolysis），它是葡萄糖無氧氧化和有氧氧化的共同起始途徑。在不能利用氧或氧供應不足時，某些微生物和人體組織將糖解生成的丙酮酸進一步在細胞質中還原生成乳酸，稱為乳酸發酵（lactic acid fermentation）或糖的無氧氧化（anaerobic oxidation of glucose）。在某些植物、無脊椎動物和微生物中，糖解產生的丙酮酸可轉變為乙醇和二氧化碳，稱為乙醇發酵（ethanol fermentation）。氧供應充足時，丙酮酸主要進入線粒體中徹底氧化為 CO_2 和 H_2O，即糖的有氧氧化（aerobic oxidation of glucose）。

e) 異化作用（Catabolism），又稱作分解代謝，是生物的新陳代謝途徑，將分子分解成更小的單位，並被氧化釋放能量的過程，或用於其他合成代謝反應釋放能量的過程。異化作用將大分子（例如多醣、脂類、核酸和蛋白質）分解成更小的單元（例如分別為單醣、脂肪酸、核苷酸和胺基酸）。異化作用的實質是生物體內的大分子，包括蛋白質、脂類和醣類被氧化並在氧化過程中放出能量。能量中的部分為 ADP 轉化為 ATP 的反應吸收，並由 ATP 作為儲能物質供其他需要。有氧的異化作用中，糖、脂類、蛋白質等變為含羧基的化合物並進行了脫羧的酶促反應，生成二氧化碳；而氫則由脫氫酶激活在線粒體內經過呼吸鏈的傳遞將底物還原逐步釋放能量，自身被氧化生成水。無氧的異化作用缺乏氧這一氧化劑，不能完全將大分子分解，釋放出其中的能量。

54. Which phase of mitosis is characterized by centrosomes located at the opposite pole and chromosomes aligned at the equator of cells?
(A) prophase
(B) prometaphase
(C) metaphase
(D) anaphase
(E) telophase

詳解: C

細胞分裂時細胞產生核裂和質裂，分裂成兩個相同的子細胞。單細胞真核生物用以無性生殖，多細胞真核生物的個體生長過程：分成前期（prophase）、前中期（prometaphase）、中期（metaphase）、後期（anaphase）和末期（telophase）等幾個階段。前期：核仁消失，染色體開始濃縮成棒狀，紡錘體開始形成；前中期：核膜消失，紡錘絲與著絲點結合；中期：中期染色體排列於中期板（赤道板）；後期：姊妹染色分體分離，細胞平分染色體；末期：染色體鬆開呈非緊密纏繞。

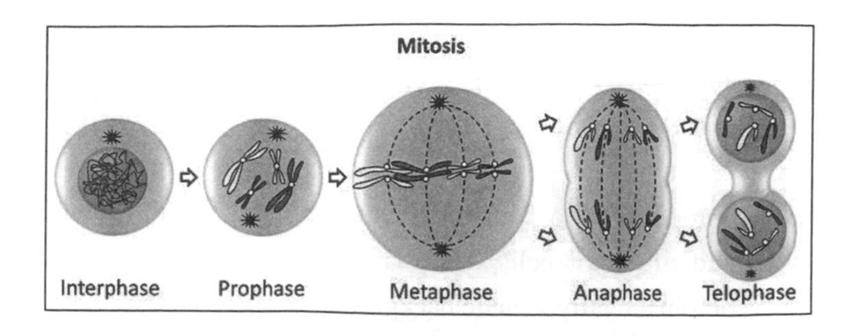

55. Which of the following statements about mitosis and meiosis in animals is correct? a) only occurs in diploid cells, b) DNA duplication occurs during prophase before mitosis and meiosis I, c) cell division occurs once in mitosis and meiosis, d) synapsis of homologous chromosomes occurs in meiosis, e) produce two (diploid) or four (haploid) daughter cells with the identically genetic background of parent cells.
(A) abc
(B) abd
(C) acde
(D) bde
(E) bcd

詳解: B→本題送分

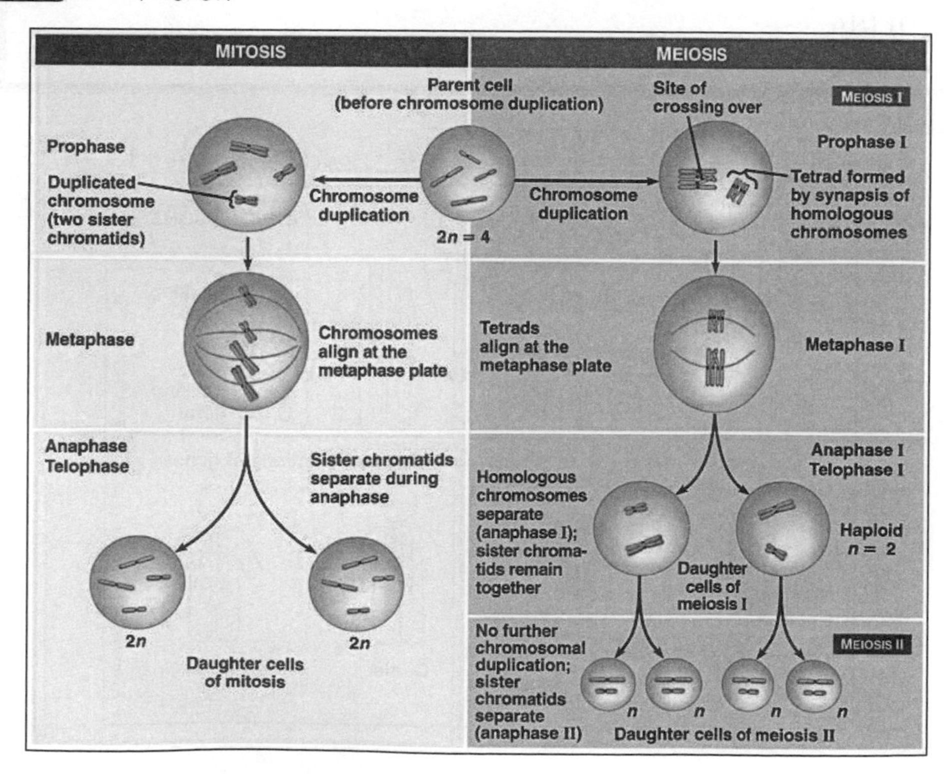

a) meiosis only occurs in diploid cells.
b) DNA duplication occurs before prophase of mitosis and meiosis I
c) cell division occurs once in mitosis.
d) 正確。
e) Mitosis produces two (diploid) daughter cells with identically genetic background of parent cells. Meiosis produces four (haploid) daughter cells with recombinationally genetic background of parent cells.

校方釋疑：

選項 B DNA duplication occurs during prophase before mitosis and meiosis I，DNA 複製發生在 interphase，此選項非正確答案。故此題無正確答案。

56. Albinism is a congenital disease due to the loss of melanin in animals. One man got married to a woman, but they did not conceive that both of them are carriers of albinism. If they give birth to two children, what is the probability of both offspring being afflicted with this disease?
(A) 1/2
(B) 1/4
(C) 1/8
(D) 1/16
(E) 1/64

詳解： D

兩個帶因者有 1/4 的機率生出白化症的小孩，所以依題意：$1/4 \times 1/4 = 1/16$。

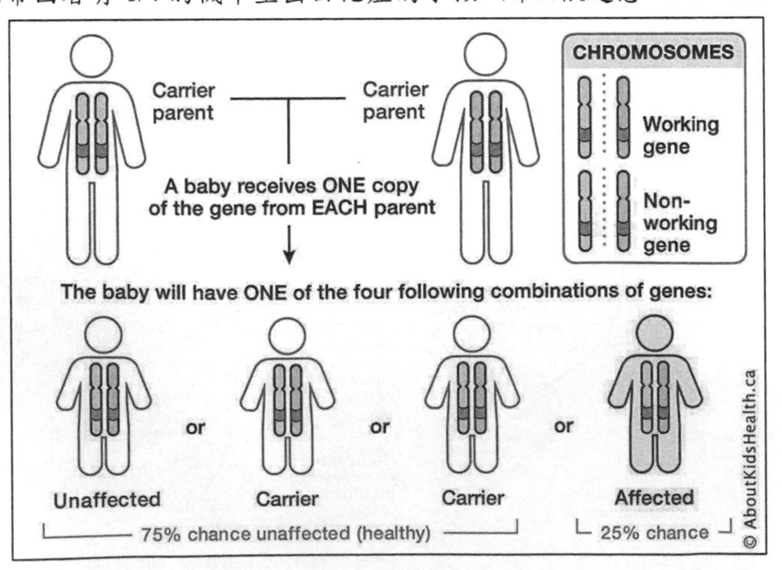

57. Watson and Crick built an antiparallel double helix model structure of DNA. Which type of bond holds two strands of DNA together?

(A) covalent bond

(B) hydrogen bond

(C) Van der Waals interaction

(D) ionic bond

(E) metallic bond

詳解: B

DNA 是一種長鏈聚合物，組成單位為核苷酸，而醣類與磷酸藉由酯鍵相連組成 DNA 的兩條長鏈骨架；長鏈之間的鹼基則靠著氫鍵(分子間作用力的一種，是一種永久偶極之間的作用力)相互吸引，方使雙螺旋形態得以維持；當需要讀取、複製或修復基因時，DNA 分子會藉由酶的作用打開氫鍵。

過去認為，氫鍵是鎖定 DNA 兩條長鏈的關鍵，然而在 2019 年，瑞典查爾摩斯工學院團隊一項新實驗證據顯示，DNA 雙螺旋結構的秘密其實在於水，由於細胞希望保護其 DNA，所以 DNA 兩股間的鹼基為疏水性，當處於由水組成的環境中時，它們會聚在一起以最大程度減少和水接觸，這種疏水性引力就是 DNA 維持雙螺旋結構的關鍵。

當然，這項研究並不是說氫鍵毫無用處，而是疏水力的力量大於氫鍵，並且 DNA 雙螺旋結構的疏水效應模型至少可追溯到 1990 年代，時至今日相關研究早已不勝枚舉，2004 年時，一篇研究發現氫鍵對維持鹼基對的穩定並沒有絕對必要性；2017 年時，還有一項研究表明就算缺乏互補的氫鍵，也不會真正影響到細胞功能，甚至合成鹼基只要透過疏水力就能成功轉錄和翻譯。

58. Transcription generates pre-mRNA and undergoes modification with 5'cap and 3' poly-A tail. Which of the following statements about the structure and function of these pre-mRNA alterations is NOT correct?

(A) poly-A tails are usually consisting of 50-250 adenine

(B) facilitate the export of mature mRNA from the nucleus

(C) protect mRNA from hydrolytic degradation

(D) help ribosomes attach to 3' end of mRNA in cytosol

(E) none

詳解: D

真核生物 5'端帽子(5'-cap)只存在 mRNA 上(rRNA 及 tRNA 均無 5'-cap)，其功能為：做為 mRNA 翻譯起始的必要結構；提供訊號，可讓核糖體識別 mRNA 以及增加 mRNA 的穩定性，以避免 mRNA 遭受 5'外切核酸酶的攻擊。

59. Which of the following statements about sickle cell anemia is correct? a) hereditary discase, b) missense mutation of hemoglobin, c) carriers are afflicted by this disease, d) deleterious effects on kidney and brain, e) severe symptoms lead to death at the elderly population.
(A) abc
(B) abd
(C) abed
(D) ade
(E) abde

詳解: B

鐮型血球貧血症患者的血紅素（hemoglobin; Hb）產生突變，是屬於體染色體隱性遺傳的一種疾病。正常血紅素的蛋白質構造呈球形，而突變後的結構發生改變，在氧氣不足的情況下，例如登高山或劇烈運動時，易凝聚成長條狀結構使紅血球扭曲成鐮刀型。這個結果除了會導致紅血球的攜氧量降低之外，同時也會傷害紅血球的細胞膜，並使血液的黏滯度增大；且鐮刀型紅血球較硬，不容易變形，易造成微血管阻塞，干擾血流的順暢，使得部分組織不易獲得氧氣，而導致局部缺血和梗塞。

鐮型血球貧血症患者容易併發感染沙門桿菌（*Salmonella spp.*），或是產生脾腫大、胸腹疼痛等現象。通常健康的紅血球的壽命約為 120 日，但鐮刀形紅血球壽命卻沒有這麼長，有些只有 10 至 20 日，加上血紅蛋白纖維長鏈會傷害細胞膜，使紅血球發生溶血（haemolysis），導致嚴重貧血（anaemia）。由於鐮型血球的等位基因發生突變，會影響到許多性狀，因此稱之為基因多效應（Pleiotropy）。

瘧疾在非洲造成許多死亡，然而鐮型血球貧血症患者因血球的型態與正常人不同，紅血球很容易破裂而溶血，且血紅蛋白聚合成的纖維長鏈令到瘧原蟲不能消化血紅蛋白，瘧原蟲無法在鐮刀形紅血球內成長，因禍得福而不會感染瘧疾。由於此貧血症患者大量存活並生育下一代，使得此突變基因序列成功地傳遞給子代，故鐮刀型貧血症在黑種人身上的發生率約為六百分之一，這在其他人種相當罕見。

c) carriers are not afflicted by this disease, under normal condition.
e) severe symptoms lead to death at the young age.

校方釋疑：

選項 C 異形核子通常不具有貧血的病徵，僅有在極端環境，如高海拔才會影響血紅素攜帶氧氣的能力。因而，一般情形下，異形核子通常不會患有鐮刀型貧血症並且可以正常生活。此外，sickle cell trait 並非一種疾病，而是泛指帶有鐮刀型貧血症基因的異形核子族群。故選項 C 非正確答案。

選項 E 鐮刀型貧血患者如果有嚴重貧血，通常會在年輕的時候因為貧血緣故早逝。因而選項 E 並非答案。鐮刀型貧血患者並非全部患有嚴重貧血，患者可能會隨著年紀增長貧血情形漸趨嚴重。就 E 選項敘述 severe symptoms lead to death at the elderly population，先決條件是假設患有嚴重貧血的話，患者通常無法活到老年，而是在年輕就病逝，因而 E 選項並非正確答案。

60. The RNA-guided Cas9 nuclease and clustered regularly interspaced short palindromic repeats (CRISPR) enable efficient genome engineering in eukaryotic cells. Which of the following statements about this system is correct? a) originally belong to the microbial adaptive immune system, b) RNA-guided Cas9 nuclease cleaves genetic elements, c) engages DNA repair system, d) a useful tool for specific gene knockdown, e) insertion or deletion usually leads to frameshift mutations.
(A) abd
(B) abcd
(C) bde
(D) abce
(E) all

詳解: D→更正答案為 E

CRISPR（clustered regularly interspaced short palindromic repeat）是一種細菌對抗外來質體(plasmid)或噬菌體(phage)的後天免疫系統(adaptive immunity)，細菌會對曾侵入的 DNA 產生記憶，當序列相同的 DNA 再次進入細菌時，會產生免疫反應以分解此外來的 DNA。外來的 DNA 首次進入細菌後並未完全被分解，經加工後可嵌入細菌基因體中，稱為 CRISPR 陣列（array），此特殊區段能夠轉錄合成 mRNA（messenger RNA），而菌體中具切割 DNA 活性的蛋白質則會利用 mRNA 片段去辨認互補性的 DNA 片段，並切除符合序列的標的物。

只要能成功將 Cas9 mRNA/sgRNA 或 CRISPR/Cas9 多合一載體送入細胞或胚胎中，即可進行基因剔除實驗。在細胞中，Cas9 蛋白與 sgRNA 形成複合體，並且對於 DNA 序列進行辨認並解開雙股 DNA 結構。因此，crRNA 與 DNA 單股進行雜交並且透過 Cas9 蛋白 N 端的 RuvC 與蛋白中部的 HNH 這兩個活性區作用將 DNA 雙股切斷而形成雙股 DNA 斷裂（Double strandbreak, DSB）。當細胞察覺到 DSB 時，啟動非同源互換型 DNA 修復機制（Non-homologous end joining, NHEJ）或進行同源互換 DNA 修復機制，這個過程往往造成部分 DNA 缺失或插入讓基因編碼產生位移，最後造成基因破壞。在技術上的演進，CRISPR/Cas9 更可能衍生出更多的實驗策略，如：

1) 可進行基因剔除工作：CRISPR/Cas9 導致 DNA 的雙股斷裂，誘發 NHEJ 修復機制，結果引起無法預測的 DNA 片段刪除或插入（Indel）。

2) 可進行基因大片段剔除工作：當 DNA 上設計兩個相鄰的 CRISPR/Cas9 靶位點，透過兩個位點的切割，有機會造成一個較大 DNA 片段的移除工作。
3) 可進行多基因同時剔除工作：若同時對細胞轉染或胚胎注射多個位點的 sgRNAs 時，有機會可以同時將多個基因做一次性的破壞工作，形成 double 甚至是 triple mutants。
4) 可進行基因點突變置換工作：同時存在有同源性的單股 DNA（Singlestranded Oligo, ssOligo）即可透過同源互換方式將帶有單點核苷酸錯誤的序列置換原本的 DNA 序列。此策略的優點在於同源互換臂的長度僅需要 18～20 nt 左右即可，但是缺點在於欲插入的序列長度不長（<50 nt）。
5) 可進行基因同源互換與基因敲入工作：當欲插入 DNA 序列大於 50 nt 時，此時將無法再透過 ssOligo 進行同源互換，所以必須要構築一個 Donor vector 來進行 HR。當欲插入 DNA 序列長度越長時，可以透過增加左右同源互換臂（>500 bp）的長度來增加其成功機率。此方法優點在於可以放入 1 至 6 kb 的 DNA 序列，因此可以包含一個小型啟動子與報導基因等等。
6) 可進行染色體轉位與基因融合研究：透過定點打靶可以用來研究染色體位移（Chromosomal translocations）的疾病。某些疾病的成因是因為染色體位移而產生特殊的融合蛋白基因而形成致癌基因。所以在特定的兩個基因上設計 CRISPR/Cas9 靶位點後，由於 DNA 雙股斷裂造成染色體位移以及產生融合基因的研究已經被證實，對於染色體位移相關實驗是非常重要的突破。
7) 可在轉錄層次去干擾基因的表現：最近研究指出，Cas9 D10A 與 Cas9 H840A 雙重突變會造成 Cas9 蛋白質完全失去 DNA 切割能力，但是仍保留 Cas9 與 sgRNA 結合與辨識 DNA 的功能。若經過重組將帶有 D10A 與 H840A 雙重突變的 Cas9 蛋白與 VP64 活化子或抑制子進行融合，這樣的重組蛋白就可以定點結合某基因啟動子區域的 DNA 以及調高或抑制該基因表現，稱之為 CRISPR 干擾技術（CRISPR interference, CRISPRi）。

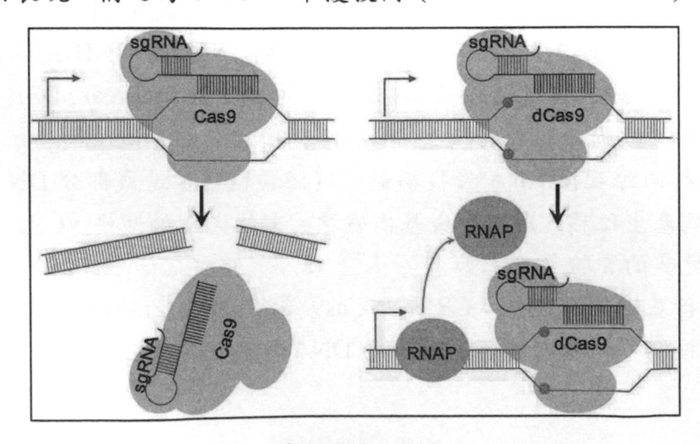

校方釋疑：

選項(D) a useful tool for specific gene knockdown，綜觀期刊論文研究，利用CRISPR-Cas9進行gene knockdown是可行的。在細胞模式中有其他方法可以取代 CRISPR-Cas9 來執行 gene knockdown，可以利用 siRNA 或是 shRNA 達到一樣的效果。現行 CRISPR-Cas9 為一有效率進行基因剔除(gene knockout)的方法，並且為大多數人所利用，但 CRISPR-Cas9 在 gene knockdown 研究也提供一種新的方式進行此實驗。但就效率而言，CRISPR-Cas9需要花費較久的時間，對比 siRNA 或是 shRNA 則是可以快速達到gene knockdown 的目的。就實驗目的而言，CRISPR-Cas9 是針對 genome 進行改造，而 siRNA 及 shRNA 的目標是 mRNA，所以就僅有 CRIPSR-Cas9 系統改造過後的細胞能夠保有 gene knockdown 特徵的遺傳物質，不會因為細胞複製而喪失。

61. Noncoding RNAs play multiple roles in regulating gene expression. Which of the following statements about noncoding RNA is correct? a) noncoding RNAs include microRNAs, piwi-interacting RNAs, mRNAs, and long noncoding RNAs, b) noncoding RNAs can be translated into polypeptides, c) long noncoding transcript of XIST is essential for condensation of heterochromatin, d) microRNA-protein complexes recognize target mRNA and block its translation, e) piwi-interacting RNAs play an indispensable role in germ cells of animal species.
(A) abc
(B) bed
(C) bede
(D) acde
(E) cde

詳解: E

a) mRNAs are coding RNAs.

b) noncoding RNAs can not be translated into polypeptides.

RNA 有很多種類，各負責不同的功能，可在遺傳編碼、轉譯、調控及基因表現等過程中發揮作用。依RNA功能分類，我們將具有編碼蛋白質能力的mRNA稱為coding RNA，而其他沒有編碼蛋白質能力的RNA則被稱為non-coding RNA（ncRNA），它們會經由催化生化反應調控基因表現的過程，並發揮相應的生理功能。近幾年的研究發現ncRNA彼此也會互相調控，例如有些long non-coding RNA（lncRNA）會透過與miRNA競爭結合的方式，間接影響miRNA對mRNA轉譯的抑制作用，此現象稱為the competing endogenous RNA假說(Salmena et al., 2011; Tay et al., 2014）。由此可見轉錄體的調控網絡之複雜，還有很多未知等待研究人員去解開。

長鏈非編碼 RNA（Long non-coding RNA, lncRNA）是一類長度大於 200 nt 且不表現出蛋白質編碼潛能的 RNA，參與了 X 染色體沉默，基因組印記以及染色質修飾，轉錄激活，轉錄干擾，核內運輸等多種重要的調控過程，涉及到表觀遺傳調控、轉錄調控以及轉錄後調控等多個層面。

62. Which of the following mechanism is NOT how bacteria defend against phage infection?
(A) bacteria with mutant receptors unrecognizable to phages
(B) restriction enzymes degrade exogenous genetic elements
(C) type II topoisomerases facilitate conformational changes of DNA during replication and transcription
(D) CRISPR-Cas system
(E) none

詳解: C

除了隨機突變改變體表與噬菌體結合的特定受器之外，細菌有兩套防禦噬菌體的工具。第一套防禦工具是限制酶，這是一群可以辨認 DNA 上特定鹼基對序列並且把它切開的酵素。噬菌體感染細菌的初期，會先將核酸注入到細菌的細胞質內，而細菌抵抗的方式就是利用限制酶將噬菌體的核酸切斷，避免噬菌體利用細菌體內的物質進行複製。

細菌的第二套防禦工具是 CRISPR（Clustered regularly interspaced short palindromic repeats），從字面上翻譯就是「群聚且有規律間隔的短迴文重複序列」。CRISPR 普遍存在於大多數的細菌和古細菌 DNA 中，CRISPR 是由一連串的重複片段（Repeats）和介於其中的間隔片段（Spacer）所組成，重複片段的長度介於 24～48 個鹼基對，兩股核酸序列具有某種程度的對稱性，但不是真正的迴文序列。間隔片段在細菌基因體中往往是獨一無二的序列，有些間隔片段的序列經比對發現和噬菌體的基因序列一樣，這些片段推測是來自感染細菌於噬菌體，該序列在嵌入細菌基因體後可以幫助細菌防禦新的噬菌體的感染。由於同一種細菌的不同品系具有的間隔片段會有所不同，因此透過微矩陣（Arrays）的技術可以利用 CRISPR 進行細菌分類。唐（Tang,T.H.）和馬科瓦（Markova）等人的實驗則發現：CRISPR 轉錄出的 RNA 會被切割成小段 RNA，cas 所轉譯的酵素則可切割 DNA 或 RNA，因此認為 CRISPR 是利用類似真核細胞 RNA 干擾（RNA interference）的方式，來找到特定入侵噬菌體的 RNA，隨後將之分解殲滅。這個過程類似於人體的專一性防禦作用。

Table 1. Defense and anti-defense strategies between bacteria and phages.	
Bacterial Anti-Phage Strategies	**Description of the Strategies**
Blocking phage adsorption	Loss or structural change of receptors. Mask phage receptors by physical barriers such as outer membrane vesicles (OMVs), masking proteins or extracellular polymeric substances (EPS).
Blocking phage injection	Avoid bacterial re-infestation by another identical or highly similar phage after infection by a lysogenic phage through superinfection exclusion (Sie).
Interfering with phage replication	Cleavage of phosphodiester bonds of unmethylated phage DNA by the restricting modification (R-M) systems. Recognition and cleavage of phage DNA/RNA by the effector complex consisting of Cas protein and guide RNA (gRNA) of CRISPR-Cas system. Bacteria inhibit their metabolism through abortive infection (Abi) leading to their own growth arrest or death, thus avoiding the maturation and release of phages.
Quorum sensing (QS)	Synergistic CRISPR-Cas systems stimulate the expression of *cas* genes and promote recognition and cleavage of target genes under conditions of high population density. Reduce the expression of phage receptors or increase biofilm production to mask phage receptors under conditions of low cell density.
Anti-Defense Strategies of Phages	**Description of the Strategies**
Regaining the ability to identify and adsorb host	Mutate the receptor binding proteins (RBPs). Degrade EPS by depolymerase. Modify the genes of phages.
Anti-defense strategies for R-M systems	Evolve to overcome classical restriction (Ocr) protein and the restriction of DNA A (ArdA) protein that can inhibit the R-M complex.
Anti-defense strategies for CRISPR-Cas systems	Construct nucleus-like compartments to shield nuclease. Mutate the target sequence to block the recognition of effector complexes. Through anti-CRISPR (Acr) protein to inhibit recognition or cleaving of foreign nucleic acids by effector complexes.
Anti-defense strategies for QS system	Expression of anti-repressor that can bind cI repressor, thereby allowing the phage to enter the lysis cycle.

63. COVID-19 pandemic outbreak leads to millions of death globally and these catastrophes are caused by the life-threatening SARS-CoV-2. Which of the following statements about the SARS-CoV-2 is NOT correct?
(A) belongs to coronavirus carrying single-stranded RNA
(B) only affects the upper and lower respiratory tracts
(C) accesses host cells via the receptor for ACE2
(D) uses glycoprotein spike to connect to ACE2 receptor
(E) none

詳解: B

冠狀病毒科（Coronavirinae, CoV）是造成人類與動物疾病的重要病原體，為一群有外套膜之單股正鏈 RNA 病毒，外表為圓形，在電子顯微鏡下可看到類似皇冠的突起因此得名，可再細分為 alpha 亞科、beta 亞科、gamma 亞科與 delta 亞科。

人類感染冠狀病毒以呼吸道症狀為主，包括鼻塞、流鼻水、咳嗽、發燒等一般上呼吸道感染症狀，但嚴重急性呼吸道症候群冠狀病毒（SARS-CoV）、中東呼吸症候群冠狀病毒（MERS-CoV）與新型冠狀病毒 SARS-CoV-2 感染後比一般人類冠狀病毒症狀嚴重，部分個案可能出現嚴重的肺炎與呼吸衰竭等。目前已知罹患 COVID-19 確診個案之臨床表現主為發燒、四肢無力，呼吸道症狀為主，重症個案可能出現呼吸困難並進展至嚴重肺炎、呼吸道窘迫症候群或多重器官衰竭、休克等。除上述症狀外，亦有部分個案可能出腸胃道症狀(多數以腹瀉症狀表現)或嗅覺、味覺喪失（或異常）等。

目前已知細胞中有兩個重要的蛋白質和新型冠狀病毒（SARS-CoV-2）感染有關，分別是 ACE2 和 TMPRSS2。ACE2 是細胞表面的受器，功能為幫助身體調節血壓與內分泌等，SARS-CoV-2 上的刺突蛋白（spike protein）透過與 ACE2 結合侵入宿主的呼吸道細胞；而 TMPRSS2 能幫助活化刺突蛋白與宿主細胞內各種蛋白質接合，協助病毒入侵人體。所以，每個人的 ACE2 和 TMPRSS2 的基因型和基因表現狀況可能是決定是否容易被 SARS-CoV-2 感染的關鍵因素。

在流行病學上的研究，目前已知高齡、男性、高血壓、糖尿病和冠狀動脈心臟病等慢性疾病是嚴重特殊傳染性肺炎的危險因子，但依然無法解釋為何有些人是無症狀或輕症，有些人卻是重症，或許，遺傳因子在疾病的進展上可能扮演重要的角色。日本研究團隊發現位於 3 號染色體 6 個基因的片段可能與 COVID-19 是否會演變為重症有關，進一步分析發現此基因片段內長度約 4 萬 9 千多個鹼基的核心片段，可能來自尼安德塔人遺傳下來的基因，而其中的指標性遺傳變異 rs35044562，在南亞族群的出現頻率為 30%，孟加拉人甚至高到 63%，但歐洲人僅 8%，美洲人是 4%，東亞和非洲相對稀少。目前仍不清楚源自尼安德塔人的基因片段是如何加重 COVID-19 症狀，但可能部分解釋為什麼孟加拉裔英國人死於 COVID-19 的比例較高。

64. Myoneural junction plays a role in innervation of muscle fiber. Please arrange in order the following processes of muscle contraction. a) calcium release from sarcoplasmic reticulum, b) acetylcholine released synaptic cleft, c) sarcolemma depolarization d) myosin II swivels to approximate active site molecule, e) troponin C aids in unmasking active site of active molecule f) moving thin filament toward center of sarcomere.
(A) abcdef
(B) bacdef
(C) bcadef
(D) cbaedf
(E) bcaedf

詳解: E

運動神經元電刺激的傳遞：體神經元突觸分支和骨骼肌形成神經肌肉接合處（neuromusculae junction, NMJ）。NMJ 由兩部分組成：(1)突觸終球（Synapyic end bulbs）：含突觸囊泡，內部神經傳遞物為乙醯膽鹼（Ach）。(2) 運動終板（Motor end plate）：肌漿膜的特化區。

動作電位/終板電位的形成：(1) 突觸 Ca^{2+} channel 打開，囊泡釋出 Ach。(2) 肌漿膜上 Ach 尼古丁型接受器接合 Ach。(3) Na^{+}進入肌細胞，去極化產生動作電位。(4) Ach 被分解，動作電位停止。

細胞內（肌漿）出現 Ca^{2+}：電流經橫小管，刺激三合體（Triad）的肌漿網，膜上電壓閘式鈣離子通道(Voltage-dependent Ca^{2+} channel)開啟，釋出內部 Ca^{2+}，肌漿中出現高濃度 Ca^{2+}。

肌絲滑動機制：(1) Ca^{2+}-Tnc，出現肌凝蛋白結合位。(2) 粗肌絲和細肌絲結合形成橫橋，產生擺動。(3) 細肌絲向中央 M 線靠攏，拉動肌節（sacromere）兩側，Z 盤距離變近，肌節變短。

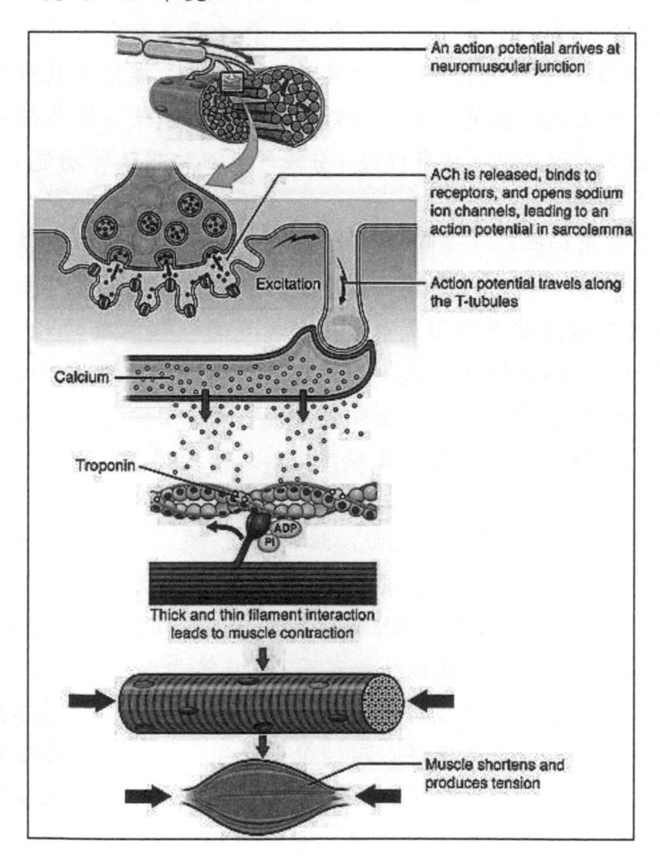

65. Which of the following tissue is NOT one of the four fundamental tissue types in animals?
(A) epithelial tissue
(B) connective tissue
(C) adipose tissue
(D) muscle tissue
(E) nervous tissue

詳解: C

動物組織依其結構與功能可分為四大基本類型：皮膜組織（epithelial tissue）、結締組織（connective tissue）、肌肉組織（muscle tissue）、神經組織（nervous tissue）。

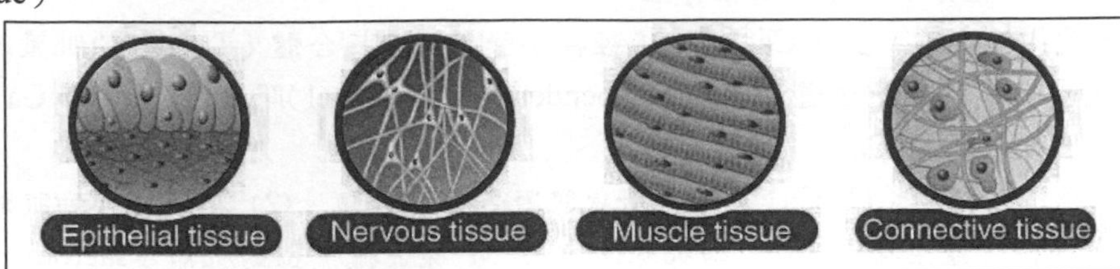

上皮組織：是由許多緊密排列的 上皮細胞和少量的細胞間質所組成的膜狀結構，通常被覆於身體表面和體內各種管、腔、囊的內表面以及某些器官的表面。上皮組織具有保護、分泌、排泄和吸收等功能。上皮組織根據其形態和機能可以分為被覆上皮、腺上皮和感覺上皮三種類型。上皮組織是由密集的細胞和很少量的細胞間質組成，呈膜片狀，具有保護、分泌、排泄和吸收等功能。它由內、中、外 3 個胚層分化而來。

結締組織：是由細胞和大量的細胞間質構成。細胞間質包括基質和纖維。基質呈均質狀，有液體、膠體或固體。纖維為細絲狀，包埋於基質中。由中胚層產生的結締組織是動物組織中分布最廣、種類最多的一類組織，包括：疏鬆結締組織、緻密結締組織、網狀結締組織、軟骨組織、骨組織、脂肪組織、血液等。具有支持、連線、保護、防禦、修復和運輸等功能。結締組織含有多種類型的細胞，分散在大量細胞間質中。結締組織具有連線、支持和防禦等功能。它由中胚層分化形成。

肌肉組織：是由具有收縮能力的肌肉細胞構成。肌肉細胞的形狀細長如纖維，故肌細胞又稱肌纖維。肌纖維的主要功能是收縮，形成肌肉的運動，收縮作用是由於其胞質中存在著縱向排列的肌原纖維實現的。肌細胞的細胞膜稱肌膜，胞質稱肌漿。根據肌細胞的形態結構和功能不同，可將肌組織分為骨骼肌（橫紋肌）、平滑肌和心肌三種：骨骼肌（橫紋肌）附著在骨骼上，一般受意志控制，也稱為隨意肌，使個體運動。心肌為構成心臟的肌肉組織，心肌能夠自動有節律性地收縮，不受意識支配，為不隨意肌。平滑肌廣泛存在於脊椎動物的各種內臟器官。平滑肌收縮不受意識支配，為不隨意肌，使內臟器官蠕動。肌肉組織由細長的肌細胞（也叫肌纖維）構成，具有收縮的功能，也由中胚層分化形成。

神經組織：由神經細胞和神經膠質細胞構成的組織。神經細胞是神經系統的形態和功能單位，具有感受機體內、外刺激和傳導衝動的能力。神經細胞由胞體和突起構成。神經細胞胞體位於中樞神經系統的灰質或神經節內，細胞膜有接受刺激和傳導神經興奮的功能。神經細胞突起根據其形態和機能可分為樹突和軸突。樹突一個或多個，自胞體發出後呈樹枝狀分支，可接受感受器或其他神經元傳來的衝動，並傳給細胞體。軸突只有一個，其起始部呈圓錐狀，向後逐漸變細、變長，末梢形成的分支呈樹根狀，其功能是將細胞體產生的衝動傳至器官組織內。神經膠質細胞是一些多突起的細胞。突起不分軸突和樹突，胞體內無尼氏體。膠質細胞位於神經細胞之間，無傳導衝動的功能，主要是對神經細胞起支持、保護、營養和修補等作用。神經組織的細胞有很長的突起，能接受刺激和傳導神經衝動，由外胚層分化形成。

校方釋疑：

基本四大組織為上皮組織、結締組織、肌肉組織以及神經組織。雖然脂肪組織為結締組織的一種，但題目有明確指出下列何者並非四種基本組織，因而選項僅有脂肪組織符合題意所圈選出的答案。

66. Polar bear hibernation behavior relies on which type of tissue and organelle to survive under frigid winter in the arctic pole?
(A) white adipose tissue; rough ER
(B) white adipose tissue; smooth ER
(C) brown adipose tissue; rough ER
(D) brown adipose tissue; smooth ER
(E) brown adipose tissue; mitochondria

詳解：E

白色脂肪（white adipose tissue, WAT）：

1. 佔身體含量 15～25%不等，依性別與個人胖瘦又會有個體差異。白色脂肪主要功能為存儲能量，將身體經過消化吸收後，多出來的能量儲存在白色脂肪細胞裡的「油滴」裡，白色脂肪細胞有著單粒巨大的油滴，巨大脂質滴推擠其他細胞內容物，為了儲存，能將自身容量擴張超過一千倍。
2. 白色脂肪同時也是身體裡瘦素（Leptin）的主要分泌合成來源，瘦素是一種肽類激素，在促進人體脂肪燃燒、分解的方面起著關鍵的作用，能刺激中樞讓人降低食慾、抑制飢餓，讓脂肪減少，對人體肥胖與其他生理作用有著關鍵的作用。瘦素分泌過低，會導致肥胖、持續飢餓。同樣身為脂肪細胞，棕色和米色脂肪細胞雖然也會分泌瘦素和脂聯素。但相對於白色脂肪而言，它們佔身體比例太少，因此棕色和米色脂肪不太可能成為人體循環中瘦素、脂肪分泌蛋白激素（脂聯素）的主要分泌來源。
3. 太多白色脂肪會導致肥胖，以及許多相關慢性病，像是第二型糖尿病、三高、心臟病風險、脂肪肝、癌症……。也因現在審美觀念影響，白色脂肪變得人人喊打，恨不得甩多少是多少。脂肪堆積不完全是壞事，若身體不將能量以脂肪的形式儲存起來，消化後多餘的碳水化合物、糖、脂肪、蛋白質便會透過血管在身體流竄，堆積在不該堆積的地方，嚴重損害器官功能。

棕色脂肪（brown adipose tissue, BAT）：

1. 棕色脂肪佔身體含量低，約佔成人身體不到 5%。它與白色脂肪起源於完全不同的幹細胞分支，棕色脂肪起源於骨骼肌發育，由交感神經支配，在鎖骨上、頸部以及脊柱中能觀察到它們的身影。因其燃燒脂肪的能力驚人，時常與減肥、糖尿病、代謝相關研究議題扯上關係，而被稱為「好的脂肪」。棕色脂肪因為含有大量緻密的粒腺體而在外觀上呈現棕色，不像白色脂肪具有巨大的油滴，棕色脂肪有著較小的油滴，沒有被推到邊邊壓扁的細胞核。
2. 由於棕色脂肪的粒線體裡具有大量活性熱生成素（發現者稱為解偶聯蛋白，現稱為 UCP1 或解偶聯蛋白 1），因此棕色脂肪成為身體裡唯一可以燃燒脂肪的部位，每單位組織具有很大的產熱潛力，能快速燃燒脂肪產生熱能，提供除了肌肉顫抖生熱之外的第二種升溫方式，也就是非顫抖性生熱作用。棕色脂肪燃燒能量產熱是最有效率的生熱方式，它們效率超高。
3. 棕色脂肪一開始在新生兒身上含量較多，長大成人後數量會漸漸消退，原因是新生兒肌肉含量少，比較難透過肌肉顫抖的方式生熱，此時就靠棕色脂肪產熱維持嬰兒體溫恆定而不至於失溫。棕色脂肪也協助小型哺乳類動物產熱，在野外冬眠度過漫長的冬季。
4. 棕色脂肪普遍被認為能夠消耗白色脂肪，且在葡萄糖代謝與燃燒靜止脂肪組織上具有高代謝活性，為身體能量、溫度平衡、體重控制的重要組織，也被視為肥胖和第二型糖尿病的潛在治療手段而受到許多學者追捧。
5. 棕色脂肪對寒冷刺激敏感，溫度會影響其活性。在高緯度的人身上較容易觀察到其生熱反應，來自熱帶地區的人棕色脂肪比較不活躍。另外一個研究也顯示，在過重、年齡較長的人身上，棕色脂肪對葡萄糖攝取率降低了約 10 倍左右。

米色脂肪（beige adipose tissue, BAT）：

1. 較晚被發現的脂肪組織，為白色脂肪細胞與棕色脂肪細胞的中間表型，大部分混在白色脂肪裡，由白色脂肪褐變（褐化）產生。與棕色脂肪同樣具有 UCP1，因而從儲存能量的白色脂肪轉為釋放能量的脂肪細胞。具有較白色脂肪多的粒腺體，外觀呈現米棕色，同樣具小粒的油滴。
2. 儘管這些米色脂肪的 UCP1 基因表達的基礎水平非常低，但仍具有顯著的產熱能力，並啟動與棕色脂肪等效的強大的化學產能、代謝功效。儘管棕色細胞與米色細胞從不同的細胞起源發育而來，但它們顯示出相似的生熱特性，同樣影響能量、體溫調節。棕色脂肪和米色脂肪的生熱作用會增加能量消耗，並防止肥胖，而如何將白色脂肪轉變為米色脂肪也同樣成為學者研究的目標。

67. Which of the following statements about the endocrine system is NOT correct?
(A) hormones are secreted into the bloodstream
(B) hormone binding needs specific receptors presented on target cells
(C) heart is not an endocrine organ
(D) insulin secreted from pancreas promotes cellular uptake of glucose
(E) leptin secreted by adipose tissue suppresses appetite

詳解: C

心臟可以分泌兩種肽類激素，其一為心房鈉尿肽（Atrial Natriuretic Peptide，ANP，又稱心鈉素），由心房肌細胞分泌。其生理作用是利鈉、利尿，減少靜脈回流，降低中心靜脈壓，使心輸出量降低和血壓下降等。當血液中鈉離子濃度或血漿體積增多時，靜脈回流增加，使心房肌細胞被拉長而受到刺激，因而分泌ANP。ANP 經血液循環抵達腎臟，抑制腎小管（尤其是集尿管）再吸收鈉離子和水，使尿流量增加，幫助血液體積恢復正常。ANP 抑制腎素（Renin）、血管收縮素（AngiotensinII）、醛固酮（Aldosterone）、抗利尿激素（ADH）的分泌，間接減少了鈉離子的再吸收。ANP 亦可使絲球體的繫膜細胞（mesangial cell）鬆弛，增加過濾作用的有效面積，使鈉離子排出量增多。此外，ANP 降低血管平滑肌對血管收縮劑的有效反應，因而降低血壓。腦下腺前葉及腦中亦有 ANP，但其作用仍不明。

而另外一種由心分泌的物質則是 B 型鈉尿肽（B type natriuretic peptide，簡稱 BNP），1981 年由 De Bold 發現。BNP 是由心室分泌的，特別是左心室。分泌時有 32 個胺基酸殘基的貯存型 proBNP 會分解為無活性的 N 端前 BNP 和有內分泌活性的 BNP。兩者都會進入血液循環。BNP 有著與 ANP 相似的生理功能，即利鈉、利尿、抑制 RAA 系統和擴張血管。在臨床方面，BNP 被視為心力衰竭患者預後指標，甚至有助於治療心衰。

而 1990 年科學家在神經系統又發現了這種蛋白家族的另一成員 C 型鈉尿肽（CNP，C type natriuretic peptide），其在血管中的濃度很高，特別是在血管內皮。CNP 不是由心臟組織分泌，而主要是由腦、腦下腺、血管內皮、腎臟及女性生殖部位等來分泌。CNP 具有擴張血管、抗細胞分裂和抗平滑肌細胞遷移的功能。而且，CNP 還能防止心臟肥厚的發生。

68. Coagulation is a delicate mechanism controlling clot formation and preventing blood drainage. What kind of dietary deficiency and clotting factor deficiency would lead to defective blood clotting and hemophilia?
(A) vitamin E; factor VIII
(B) vitamin B12; factor VIII
(C) vitamin E; von Willebrand factor
(D) vitamin B12; von Willebrand factor
(E) phylloquinone; factor VIII

詳解：E

正常的血液凝結是血液中血小板，與部分血漿蛋白共同作用的結果。這些與凝血功能相關的血漿蛋白，即是凝血因子。由於凝血因子在血液凝固過程中，具有加速以及加強反應的效果，缺乏凝血因子的協助，就可能發生凝血功能異常，導致出血時間延長。血友病患者的凝血因子比正常人要少，因此血管破裂後，血液不容易凝固，導致出血難止。

按照患者所缺乏的凝血因子類型，可將最常見的血友病分為甲型、乙型、丙型三種（或是 A 型、B 型、C 型）。缺乏其他凝血因子的血友病，則無特殊分類，以缺乏的凝血因子來確認。血友病 A 型為缺乏第 8 凝血因子，血友病 B 型為缺乏第 9 凝血因子。血友病通常是因為來自父母不具功能的 X 染色體。很少數的血友病是因為發育過程中的新突變。血友病也有可能是因為使用抗生素後導致產生針對凝血因子的抗體。還有另外一種型式是血友病 C 型，是因為缺乏凝血因子 11，副血友病是因為缺乏凝血因子 5。後天得到的血友病與癌症、自體免疫疾病或懷孕有關，透過測試凝血能力及凝血因子的濃度可診斷。

類血友病（Von Willebrand disease, VWD）是一種遺傳性出血性疾病，又稱之為「溫韋伯氏疾病」或「汎維萊伯蘭特病」，與血癌或白血病無關。患有類血友病的人，由於類血友病因子（von Willebrand factor, VWF）蛋白質出現問題，病人體內這種蛋白質的數量不夠或者蛋白質不能發揮正常的功能，因此造成血液凝固和出血停止需要較長的時間。

維生素 K 是一群由 2-methyl-1,4-naphthoquinone 衍生而來的脂溶性化合物。Phylloquinone (2-methyl-3-phytyl-1,4-naphthoquinone)又名維生素 K1，主要存在於深綠色蔬菜中。維生素 K 的主要生理功能包括：(1) 參與凝血因子 II、VII、IX、X 之活化，(2) 參與骨鈣素活化。傳統上，維生素 K 缺乏會造成凝血時間延長，嚴重時造成大出血。

69. Which of the following statements about the estrus cycle is NOT correct?
(A) each cycle takes approximately 28 days to complete
(B) FSH stimulates follicle growth
(C) LH surge promotes ovulation
(D) corpus luteum secrets progesterone and estradiol to elicit a positive feedback loop to stimulate GnRH releasing from hypothalamus
(E) elderly women undergo menopause, the cessation of ovulation and menstruation

詳解：D

黃體（corpus luteum）分泌大量雌激素和黃體素，血中這兩種激素濃度增加，通過負回饋作用抑制下視丘和腦垂體，使下視丘分泌的 GnRH 與腦垂體分泌的 FSH、LH 減少，黃體隨之萎縮因而黃體素和雌激素也迅速減少，子宮內膜驟然失去這兩種性激素的支持，便崩潰出血，內膜脫落而月經來潮。

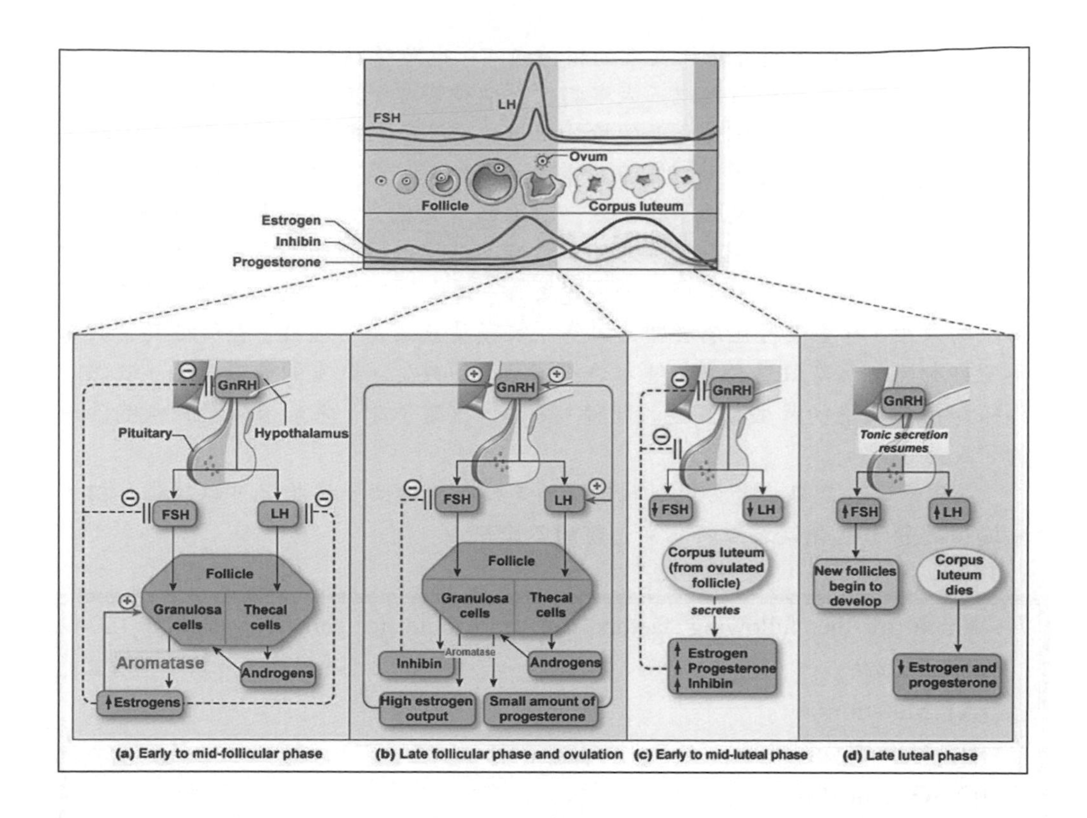

70. Which brain structure is associated with emotional memory, especially for the sensation of fear?
(A) nucleus accumbens
(B) corpus callosum
(C) amygdala
(D) Wernicke's area
(E) hippocampus

詳解: C

杏仁核（Amygdala）位於大腦底部，屬於邊緣系統的一部分，因為形狀類似杏仁而得名。主要功能為掌管焦慮、急躁、驚嚇及恐懼等負面情緒，故有「情緒中樞」或「恐懼中樞」之稱。

也有許多證據顯示，恐懼記憶的形成和杏仁核內細胞是否能誘發出長期增益現象（long term potentiation, LTP）有密切的相關。LTP 主要會影響長期記憶，當兩個神經細胞同時被激發時，兩個神經細胞間的突觸強度會增強，造成兩個神經細胞強烈去極化，此去極化效果會持續數小時至數天，形成長期記憶效果。經由電生理實驗測試發現，一般正常老鼠的杏仁核處，施以強直的電刺激之後，可以誘發出 LTP；若在施以強直電刺激之前，先給予抑制驚跳反應產生的藥物，則會抑制 LTP 的產生。

近年來，一些伴隨著情緒異常的精神疾病，也陸續被發現與杏仁核的體積或功能異常有關。另號稱新世紀三大疾病之一的憂鬱症，其部分病因也常是因為杏仁核的活化過度，不斷送出負面的情緒所導致。科學家還發現前額葉和杏仁核之間有神經聯繫，而其重要的功能在於前額葉可調節或關閉杏仁核的情緒反應。

Davidson 等人的研究結果指出左、右兩側前額葉分別調節相反的兩種情緒，左側調節樂觀正面的快樂感覺，右側負責負面情緒如恐懼沮喪等。一般而言，當左前額葉活動時，除了會有興奮的感覺之外，還會抑制杏仁核的活性，降低負面情感的產生。有些憂鬱症患者即是因為左前額葉無法正常運作，杏仁核異常興奮不受抑制，反而導致患者完全墜入恐慌、害怕等典型、嚴重的憂鬱狀態。既然杏仁核和情緒反應的產生有直接的關聯，由杏仁核處下手，將是未來精神疾病治療的研究方向之一。

心理學家也認為：努力做無關情緒的工作，這種忙碌的狀況可以讓杏仁核不會過度興奮，也會讓人暫時忘卻先前的不愉快。

71. Which of the following factors can contribute to genetic variation in a population?
(A) Mutation
(B) Natural selection
(C) Genetic drift
(D) Gene flow
(E) All of the above

詳解: E

突變（mutation）是隨機持續出現的 DNA 層級變化，能改變基因序列造成遺傳變異的新種類。天擇（natural）則是作用在個體上針對表型進行的汰選機制，會影響族群中各種遺傳變異的比例。

基因流動（gene flow）與遺傳漂變（genetic drift），也是造成遺傳多樣性的原因與動力。基因流動是指基因在族群間相互傳遞。個體由族群中遷入或遷出，可能會使具有某特徵的個體數量，發生明顯的變動。遷入可能會為族群加入新的遺傳特徵，遷出則將遺傳特徵移出。

遺傳漂變則是因為隨機取樣偏差，使得個體的生存及繁殖產生差異，造成族群中遺傳特徵的變動。可以想像一部公車出車禍，車上乘客是否倖存完全是看運氣。如果他們在結婚生子前就死了，那麼他們的死亡就導致他們的遺傳特徵不會在下一代出現，因而改變這些特徵的頻度。換句話說，即使所有個體的適應力都一樣，單單只因為有些人在錯誤的時間待在錯誤的地方，使得有的倖存，有的蒙主寵召，就足以造成族群中遺傳特徵的變動，並成為演化的動力。

校方釋疑：

All of the above factors can contribute to genetic variation in a population, making option E the correct answer. (D 負面的影響也是影響)。

72. Which of the following statements about the evolution of seed plants is true?
(A) Seed plants evolved from ferns.
(B) Seed plants first appeared in the Devonian period.
(C) Seeds allowed plants to reproduce without water.
(D) Gymnosperms produce flowers and fruits.
(E) Angiosperms first appeared in the Carboniferous period.

詳解: C

種子植物與蕨類(ferns)有共同祖先,種子植物的先驅裸子植物(gymnosperms)針葉樹群首先出現在石炭紀的化石中。種子的出現使植物受精不再需要水為媒介,現今最常見能開花結果的被子植物(angiosperms)於中生代末期的白堊紀(Cretaceous Period))出現,演化至今。

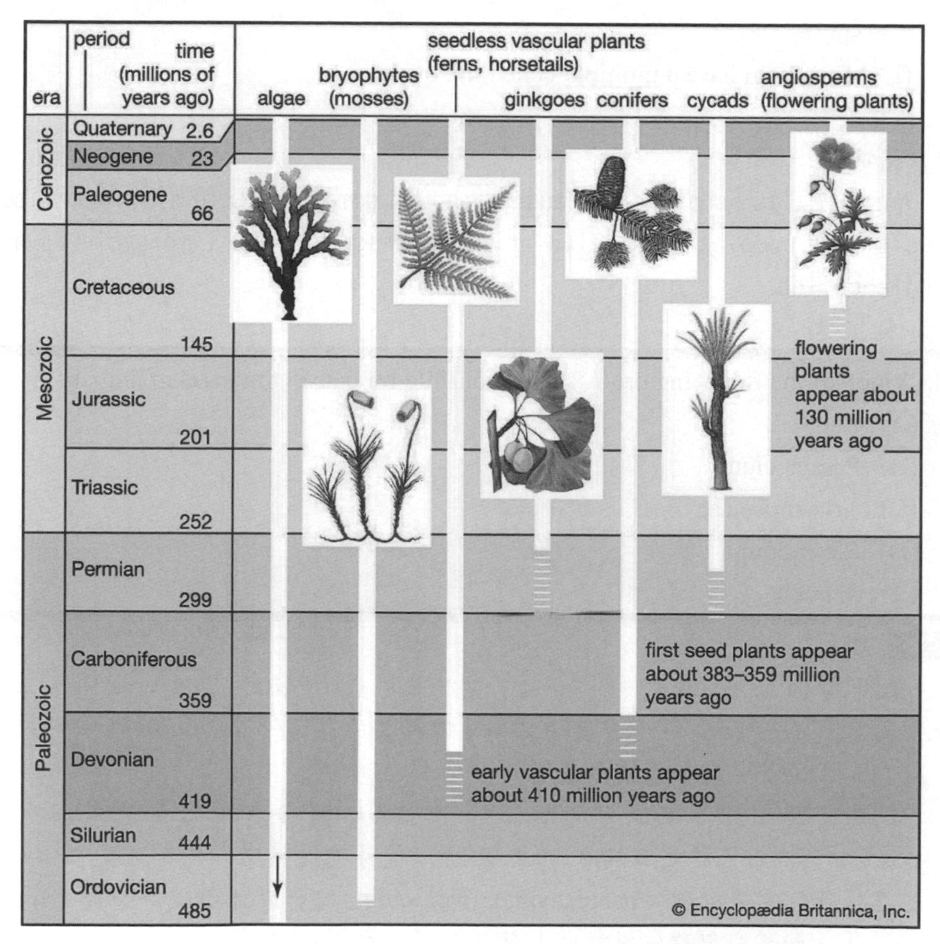

校方釋疑:

Option A is incorrect because seed plants did not evolve from ferns. Instead, both groups evolved from a common ancestor but diverged into distinct lineages.

73. Which of the following statements accurately describes the life cycle of fungi?

(A) Fungi reproduce asexually through fragmentation.

(B) Fungi have a diploid dominant life cycle.

(C) Fungi produce spores that are dispersed by wind or water.

(D) Fungi produce seeds that are enclosed in a fruiting body.

(E) Fungi have a single-celled life cycle.

詳解: C

(A) Fungi reproduce asexually through producing spore.

(B) Fungi have a haploid dominant life cycle.

(C) Fungi produce spores that are dispersed by wind or water.

(D) fruiting body of fungi can not produce seeds, instead they produce sexual spores.

(E) Most fungi have a multiple-celled life cycle.

校方釋疑：

Answer: E is incorrect because although some fungi are single-celled, others have complex multicellular structures. But Its life cycle is not single-celled.

74. Which of the following protists is responsible for causing malaria in humans?

(A) Euglena

(B) Paramecium

(C) Trypanosoma

(D) Plasmodium

(E) Amoeba

詳解: D

瘧原蟲（Plasmodium），可分為：間日瘧原蟲（*Plasmodium vivax*）、三日瘧原蟲（*P. malariae*）、惡性瘧（又稱熱帶瘧）原蟲（*P. falciparum*）、卵形瘧原蟲（*P. ovale*），混合感染亦常見。

當被感染且具傳染能力的瘧蚊叮咬人時，將唾液中之芽孢或稱孢子（sporozoite）注入人體之血液內，約經 30 分鐘後芽孢從循環系統之血液中消失，而出現於肝臟實質細胞（parenchymal liver cell）內發育成組織分裂體（tissue schizont），組織分裂體破裂放出 1 萬至 3 萬個分裂小體（merozoite），這個時期的瘧原蟲繁殖是無性的，不在紅血球內進行，此一時期之繁殖稱為第一期紅血球前期繁殖（pre-erythrocytic schizogony），或稱紅血球外繁殖（exo-erythrocytic schizogony），由此過程產生的分裂小體進入末梢血液紅血球。

進入紅血球內的分裂小體發育為幼稚活動體（immature trophozoite），最初形態成小環，又稱為指環體（ring form），指環體繼續發育，蟲體逐漸長大為成熟活動體（mature trophozoite），其核染質（chromatin）與細胞質（cytoplasm）開始分裂為分裂體（schizont），每一成熟分裂體，含有固定數目的分裂小體，分裂體破裂（ruptured schizont）後之分裂小體被釋出於血液中，如此在紅血球內的分裂繁殖稱紅血球內分裂繁殖（erythrocytic schizogony），然後分裂小體又進入新紅血球內發育，反覆其分裂繁殖至人體產生的免疫或被抗瘧藥物抑制為止。

紅血球外與紅球血內繁殖皆為無性繁殖，但有些活動體發育長大後，其核染質與細胞質不分裂，而衍生為有性的特色，形成有性別的配子體（gametocyte），其形成機轉過程至今尚不清楚。雄配子體稱為小配子體（microgametocyte），雌性者較大稱為大配子體（macrogametocyte），雌雄兩性配子體如未被瘧蚊吸入胃內，可在血液裡生存 3～14 天，然後被吞噬細胞消滅，成熟配子體只能在人體外受精，即在蚊子胃內受精發育。

當瘧蚊吮吸患者血液時，血液內之各種形態瘧原蟲均會進入蚊胃，僅配子體會在蚊體內進行有性繁殖，在蚊胃內雄配子體脫出紅血球發育伸出大約 8 根鞭毛狀體，稱為鞭毛形成現象（exflagellation），成為雄配子或稱鞭毛體（microgamete or flagella），雌配子體脫出紅血球發育為雌配子（macrogamete）。

雄配子的一根鞭毛由雌配子突起部位進入形成受精（fertilization），成為合子（zygote），並繼續發育形成細長蟲體，稱為動子（ookinete），動子穿過胃黏膜在胃外壁上皮細胞下，發育成圓形之卵囊體（oocyst），卵囊體逐漸長大，其核染質反覆分裂為數百微小的核染質點（chromatin dot），細胞質也同樣分裂至卵囊體內形成數百芽孢（sporozoite）為止，芽孢是由鐮刀狀細胞質與核染質而成，卵囊體破裂後，芽孢進入蚊子體腔，大部分進入唾液腺，於瘧蚊叮咬人時注入人體血液中造成瘧疾之感染，如此反覆循環，以進行疾病傳播。此外，傳播亦可經由輸血或消毒不良的注射器所引起，先天性感染則罕見。

75. Which of the following diseases is caused by archaea?
(A) Tuberculosis
(B) Cholera
(C) Influenza
(D) Lyme disease
(E) None of the above

詳解: E

古菌（Archaea）又稱古細菌、太古菌或太古生物，是原核生物中的一大類。它們既與細菌（真細菌）有很多相似之處，同時另一些特徵相似於真核生物。

很多古菌是生存在極端環境中的。一些生存在極高的溫度（經常 100°C以上）下，比如間歇泉或者海底黑煙囪中。還有的生存在很冷的環境或者高鹽、強酸或強鹼性的水中。然而也有些古菌是嗜中性的，能夠在沼澤、廢水和土壤中被發現。

很多產甲烷的古菌生存在動物的消化道中，如反芻動物、白蟻或者人類。古菌通常對其它生物無害，且未知有致病古菌。

76. If a population of beetles initially consists of 50 individuals, and 10 of them have a gene that confers resistance to pesticides, what is the frequency of this gene in the population?
(A) 0.1
(B) 0.2
(C) 0.4
(D) 0.6
(E) 0.8

詳解: B→更正答案為 A、B

若此抗藥性來自顯性基因且遺傳方式是完全顯隱性，那麼同型顯性與異型合子都會有此抗藥能力。因此，依照題目裡的條件，該族群具有此顯性等位基因的頻率/機率，介於 0.1～0.2 之間。

校方釋疑：

Answer: B. 0.2

Explanation: The frequency of the resistance gene in the population can be calculated as the number of individuals with the gene divided by the total number of individuals in the population. In this case, there are 10 individuals with the gene, and a total of 50 individuals in the population. Therefore, the frequency of the gene is: Frequency = Number of individuals with gene / Total number of individuals Frequency = 10 / 50 Frequency = 0.2

Therefore, the frequency of the gene in the population is 0.2, or 20%.
未明確說明是「同型合子」或「異型合子」，故 A、B 兩個答案都給分。

77. Which of the following is NOT a characteristic of plant meristems?
(A) They are regions of active cell division.
(B) They contain undifferentiated cells that give rise to all plant tissues.
(C) They are found only in the tips of stems and roots.
(D) They allow plants to continue growing throughout their lives.
(E) They are the sites of hormone synthesis in plants.

詳解: E→更正答案為 C、E

植物的分生組織(meristem)按來源來分類，可劃分為原分生組織(urmeristem)、初生分生組織（primary meristem）和次生分生組織（secondary meristem）。按位置劃分則有頂端分生組織（apical meristem）、居間分生組織（intercalary meristem）、側生分生組織（lateral meristem）和擬分生組織（meristemoid）。

頂端分生組織（apical meristem）：位於根莖的頂端，而側根和側枝也有自己的分生組織。胚胎時期的頂端分生組織是原分生組織，後來位於根莖頂端的則是屬於初生分生組織。

居間分生組織（intercalary meristem）：位於植物體永久組織間，保持分裂能力。屬於居間分生組織的有莖的節間和葉的基部具有潛在分生能力的細胞、維管束形成層，還有根的中柱鞘（Pericycle）。

側生分生組織（lateral meristem）：指的是植物體軸側面周圍的一些細胞，本來在最終分化後已停止分裂活動，後來到一定時期（如次級生長）或某種情況（植物體受到損傷）。側生分生組織包括維管束間分生組織（interfascikular cambium）、木栓形成層（cork cambium/phellogen），植物受傷後分生能力被重新激活的分生組織（wundcambium），推動某些植物非正常的次級生長和單子葉植物次級生長的分生組織。

擬分生組織（meristemoid）：只具有分生能力的個別細胞，常見於皮質間。葉子的氣孔、根表皮上的根毛（由表皮的根毛細胞形成）就是擬分生組織活動的結果。

校方釋疑：

C: It’s not only at the tips of stems and roots

78. What is the carrying capacity of a population that grows according to the logistic growth model if the intrinsic growth rate is 0.2 and the population size is currently 800 individuals?
(A) 1,000
(B) 2,000
(C) 4,000
(D) 8,000
(E) 16,000

詳解: D→本題送分

此題條件不足以求得負載量，需另附上。

校方釋疑：

本題因考題資訊不足，本題送分。

79. Plant species A has a diploid chromosome number of 12. Plant species B has a diploid number of 16. A new species, C, arises as an allopolyploid from A and B. The diploid number for species C would probably be

(A) 14.
(B) 16.
(C) 28.
(D) 56.
(E) 102.

詳解: C

根據題目裡提供的條件，物種 C 的二倍體染色體數為：12+16＝28。

校方釋疑：

題目已經明確告知 A, B 兩物種的染色體數目而且已告知為單選，故認為仍維持原答案。

80. Community have four different species (A to D) as follows: A: 20%、B: 20%、C: 30%、D: 30%. What is the Shannon diversity index (H) of community?

(A) 0.986.
(B) 1.624.
(C) 0.828.
(D) 1.366
(E) 2.569

詳解: D

物種多樣性同時考量物種豐豐度與物種均勻度，是目前最常用的多樣性指數，包括：Hill 指數、Shannon-Weaver 指數、Simpson 指數與 McIntosh 指數等，其中最常用的為辛普森指數(Simpson's index)及夏農指數(Shannon-Weiner index)。

根據夏農指數公式，題目中的群落數值應為：

$-[(0.2\ln 0.2) + (0.2\ln 0.2) + (0.3\ln 0.3) + (0.3\ln 0.3)]$

$= -[(-0.322) + (-0.322) + (-0.361) + (-0.361)]$

$= -[-1.366]$

$=1.366$

高元師資

張文忠

補教英文天王

教學特色

授課講解清晰，無論字義之差異、句型之應用、文法之精細、文意之呈現，都可以奠下您文谷的基礎。

連中四榜

張恩冕 /台大藥學

高醫.清大.中興.中山/後西醫

單字是根本，我推薦張文忠老師的解析單字。英文要把能扣的選擇題分數留給閱讀測驗，所以單字題、文法題能多拿分數就盡量多拿分。然後作文的部分，平常建議多看多寫，維持住手感，考試時至少要留30分鐘給作文，畢竟作文從構思到下筆也是需要不少時間，而且要想清楚再下筆，不可能寫到一半才發現寫偏題或甚至寫錯然後重寫。

荊裕傑 /嘉藥藥學

高醫.中興.中山/後西醫

重點就是背單字!!文忠老師上課提到的不會的單字，就把他們都輸入進quizlet, 然後按照艾賓浩斯記憶曲線的原則，所以一直到考高醫時我大概背了15次，共8000左右的單字，今年的20題單字題最後只錯了一題。高醫的文法題並不會太刁鑽，所以基本就是跟著文忠老師上課而已，沒有特別複習。

李承哲 /長庚生科

高醫/後西醫

文忠老師常說「背單字就能當醫生」我認為十分中肯，以高醫考型「單字」是決勝負關鍵，文忠老師的解析單字和字根辭典便足以應付高醫的GRE單字和托福單字。文法只要跟緊老師的課程進度並且紮實地練習文法精華和解析文法的題目就很足夠。作文的部分，高醫出題方向歷年來都和醫療相關，個人建議可以把醫療時事的議題或是基本倫理議題準備好，若遇到類似題型便可靈活運用。

莊忠勳 /高醫藥學

高醫.中山/後西醫

英文的部分，我覺得文忠老師很有趣，然後他上的格林法則對背單字跟判斷題目真的很有幫助，像高醫的單字比較難，會有托福或是GRE的單字，所以對同學來說平常就要養成天天背單字的習慣，然後寫考古題練文法跟閱讀的手感。

林於憫 /嘉大園藝

中山/後西醫

上過老師的課才知道背單字的重要性，所以聽老師的建議，以及上課中時不時提到的背單字的技巧，讓我的單字量直線上升，文法只要跟著老師的課程，練習講義上的題目就能掌握，老師也會幫同學改作文，對於英文整體的訓練很有效。

張峻瑋 /高醫藥學

中興/後西醫

文忠老師常說「背單字就能當醫生」我認為十分中肯，以高醫考型「單字」是決勝負關鍵，文忠老師的解析單字和字根辭典便足以應付高醫的GRE單字和托福單字。文法只要跟緊老師的課程進度並且紮實地練習文法精華和解析文法的題目就很足夠。

幽默風趣的教學
挑戰化學極限

李鉌
李庠權

教學特色

1. 理論根基時力強，講解完全切入核心。
2. 講義教材、編輯按照考情趨勢編寫。
3. 教學由淺入深，非本科生容易理解，本科生更增進實力！

黃O傑 /成大職治
中興/後西醫

課前如果有「預習」和「嘗試寫例題」，可以在上課時更快進入狀況，並搭配李鉌老師的精華筆記書、課本精選例題、百分百3.0(年度考古題彙整)、小考考卷(涵括各大考試題目)，該單元的題型考生就足以掌握。課後請安排反覆複習與練習進度並計時，不熟悉的題型或觀念，一定要釐清並熟悉。

連中三榜

陳玟暢 /台師大化學
清大.中山.中興/後西醫

化學是我本科，在化學系四年已經為普化這科打下不錯的基礎。我的目標是清大，老師講解非常清楚，所以即便已經學過了，我還是會跟著聽完。上課前我一樣會先自己寫過所有例題再聽老師的講解，隨堂測驗和題庫也利用聽課的空檔寫完，課後練習則作為自己每週的小考來寫。

連中雙榜

陳維婕 /長庚醫放
高醫.中興/後西醫

我很喜歡李鉌的講義，因為裡面的題目都是經典的觀念題型，而且很多也都是歷屆，我覺得看到歷屆題目就會有種，更相信老師說的話了的感覺，因為歷屆真的就是這樣考，所以就會更謹慎的告訴自己這觀念這題型一定要會。化學的話我就是反覆寫老師的講義和寫歷屆，很推薦題庫班，最後衝刺的時間，模擬和高醫一樣的時間和題數，可以加強訓練時間掌控的能力，畢竟物化這科時間分配非常重要，所以我覺得考前寫題庫班這十幾回題目的練習非常重要。

李承哲 /長庚生科
高醫/後西醫

李鉌老師的最大特色就是很清楚考試的出題方向，可以讓我清楚了解每章節的重要考點和過去考過的題目它的延伸考點可能會是什麼，老師的直覺和猜題都蠻準的，所以相信老師跟著老師的進度按部就班地走基本上就沒什麼問題。強烈建議考生提早30分鐘來寫老師的課前小考，十分推薦老師的題庫班，老師會按照章節整理一本的高醫歷屆和內轉的試題，另外一本則是老師整理的18回模擬考卷。

侯鴻安 /中國醫藥學
高醫/後西醫

李鉌老師一開始會教你怎麼有效的使用這份教材，預習複習雖然是老生常談，但相信老師並照著老師說的，可以少走冤枉路。尤其是小考考卷一定要做熟，掌握老師說的蛋黃區。筆記書是精華，考前一定要多看幾次。

許智堯 /成大機械
高醫.中山/後西醫

1. 去年看到上榜生推薦去報名，經一年的課程洗禮，真心覺得不錯。
2. 有A.B本。A本有課文加考古題，複習的好工具；B本有18回，每回45題，用心寫，量多，難易分布平均，熟練後實力進步很多。
3. 老師會線上統計大家想問的問題，上課前先寫過題目後再問問題，對於盲點解決很有幫助。

國立中山大學 112 學年度學士後醫學系招生考試試題暨詳解

科目：普通生物學 **黃彪 老師解析**

I.「單選題」每題 1 分，共計 15 分。答錯 1 題倒扣 0.25 分，倒扣至本大題零分為止，未作答，不給分亦不扣分。

1. _____ refer to the aggregates of rough endoplasmic reticulum (rER) and polysomes that confer the cytological hallmark of neurons revealed by the conventional staining.
   (A) Wallerian stumps
   (B) Cajal masses
   (C) Nissl bodies
   (D) Leeuwenhoek processes
   (E) Schwann recesses

詳解: C

尼斯小體（Nissl body）是神經元內的一種大型顆粒，這些顆粒為帶有核糖體的粗糙型內質網，是蛋白質合成的地方。此種顆粒以德國神經科學家Franz Nissl之名命名。

2. Collections of neuronal cell bodies in the central nervous system are called:
   (A) Ganglia
   (B) Neuroglia
   (C) Nodes
   (D) Nuclei
   (E) White matter

詳解: D

中樞神經系統中的神經元本體集合稱為「核（nuclei）」，例如：視交叉上核。

3. _____ connect the intermediate filament system of two adjacent epithelial cells.
   (A) Adherent junctions
   (B) Desmosomes
   (C) Occluding junctions
   (D) Gap junction
   (E) Focal contacts

詳解: B

連結兩個相鄰的表皮細胞，並於細胞內與中間絲結合的構造是胞橋小體（desmosomes=maculla adherens）。胞橋小體包含細胞內蛋白質圓盤（attachment protein)(附著板包含 12 種蛋白，主要的蛋白質是 desmoplakins 和 plakoglobins，它們能與中間絲相連）、細胞內細胞骨架（intermediate filament）—中間絲（intermediate filament）、穿越細胞膜之細胞沾黏分子（cadherin）（胞外連結蛋白是 desmocollins 和 desmogleins，它們是依賴鈣離子附著蛋白質，所以在鈣離子存在時，desmocollins 和 desmogleins 的胞外部分會以逆向平行方向與鄰近細胞的相同蛋白分子接合，形成鈣橋蛋白拉鍊（cadherin zipper））。

4. What will happen when you trigger an action potential at each end of a very long axon?
   (A) Both action potentials will continue their transmissions to their respective distal ends.
   (B) The action potential starts close to the soma will transmit to the other end.
   (C) The action potential starts far away from the soma will transmit to the other end.
   (D) Two action potentials will merge into one action potential that subsequently transmits to the axon te1minal in a larger amplitude.
   (E) Two action potentials will cancel each other around the middle of this axon.

詳解: E

於軸突兩端同時激發兩個動作電位，這兩個動作電位將於接觸後因鄰近兩端都處於不反應期而無法再激起新的動作電位。

5. Diapedesis occurs at:
   (A) vasa vasorum
   (B) arteries
   (C) capillaries
   (D) postcapillary venules
   (E) inferior vena cava

詳解: D

血球滲出（diapedesis）即白血球移行穿過血管壁，是發炎反應中因血管通透性增加所造成的現象。微血管後靜脈（postcapillary venules）是微血管末端會合的一個構造類似微血管的小靜脈，管壁也是內皮細胞加上結締組織，其內皮細胞間少有連結複合體（junctional complex），所以很容易通過各種物質；而血球滲出也常在此處發生。

6. Oxygen crosses a plasma membrane by
(A) osmosis.
(B) active transport.
(C) pinocytosis.
(D) passive transport
(E) receptor mediated endocytosis.

詳解: D

氣體穿過細胞膜都是以簡單擴散（simple diffusion）完成之。

7. _______ helps the maintenance of membrane fluidly of animal cells in cold environments.
(A) PIP_2
(B) Glycerol
(C) Cholesterol
(D) Phospholipid
(E) Fibronectin

詳解: C

膽固醇能降低因溫度等因素產生的細胞膜流動性變化量，故有維持細胞膜流動性的作用。

8. Which of the following is not the derivatives of mesoderm in vertebrates?
(A) Skeletal systems
(B) Circulation and lymphatic systems
(C) Dermis of skin
(D) Adrenal cortex
(E) Thymus

詳解: E

腎上腺皮質（adrenal cortex）發育時，源自於中胚層（mesoderm）。

9. The destination of ubiquitinated proteins in cytosol is_____________.
(A) lysosome
(B) autophagosome
(C) proteosome
(D) spliceosome
(E) peroxisome

詳解: C

被泛素化的細胞內待降解蛋白質，最後會被送到蛋白酶體（proteosome）分解。

校方釋疑：

細胞質內的可溶性蛋白經泛素化後、最終會被送往 proteasome 降解。胞膜或胞器膜上的非可溶性蛋白或稱 membrane associated protein 會被標上單一泛素後經內膜傳輸系統送進 lysosome 或經由自噬作用經由 autophagosome 與 lysosome 融合後被降解。本題中細胞質內的泛素化蛋白乃指前者，故維持原答案(C)。

10. Which of the following genotypes due to nondisjunction of sex chromosomes is lethal?
(A) XXX
(B) OY
(C) XXY
(D) XO
(E) None of the above

詳解: B

OY 是致死性的，因此並沒有這種胎兒誕生被發現。

11. What do hagfishes and lampreys have in common with the extinct conodonts?
(A) Lungs
(B) The jawless condition
(C) Bony vertebrae
(D) Their mode of feeding
(E) Swim bladders

詳解: B

盲鰻（hagfishes）與八目鰻（lampreys）與已經滅絕的牙型動物（conodonts）所共有的特徵是它們都沒有下頜（jawless）。

12. A polymerase chain reaction must have:

I. DNA template　II. DNA primers　III. RNA polymerase
IV. dNTPs　V. DNA polymerase　VI. RNA primers

(A) I, II, III, IV
(B) I, II, IV, V
(C) I, III, IV, VI
(D) I, II, V
(E) I, IV, V, VI

詳解： B

聚合酶連鎖反應的材料有：DNA 模版、DNA 引子對、dNTP 以及 Taq DNA 聚合酶。PCR 的原理是：提高溫度讓雙股 DNA 解開成兩條單股；再降低溫度讓可辨識目標 DNA 的小片段引子（primer）黏合到單股的 DNA 上；DNA 聚合酶從引子處依循鹼基互補原理，合成目標 DNA 的另一股。反覆升溫、降溫的循環，目標 DNA 就從兩個變四個、四個變八個……指數擴增，可達原樣本數十億倍。搭配螢光探針（probe），若樣本中存在目標 DNA，螢光會隨 PCR 循環增強，計算達到光學偵測門檻的循環次數（循環閾值，Ct 值），便能反推原樣本目標 DNA 的含量。Ct 值大，原樣本目標 DNA 的含量低；Ct 值小，原樣本目標 DNA 的含量高。如果要檢測遺傳組成是 RNA 的新冠病毒，得用反轉錄把 RNA 反轉錄成 DNA，再進行 PCR，稱為 RT-PCR。

13. The major inhibitory neurotransmitter of the human brain is _________.
(A) acetylcholine
(B) epinephrine
(C) endorphin
(D) nitric oxide
(E) GABA

詳解： E

人類中樞神經系統中主要的抑制性神經傳導物質是 GABA 和 Glycine。Gama-aminobutyric acid，簡稱 GABA，主要存在人體的腦部，為中樞神經系統之抑制性神經傳遞物質，一種天然的鎮靜劑。如果能增加腦中 GABA 濃度，就能促使 GABA 開啟在許多神經元突觸後細胞膜上之氯或鉀離子管道，增加神經膜對氯或鉀離子的通透性，因之降低神經的興奮性。

14. What do fungi and arthropods have in common?
(A) Both groups are commonly coenocytic.
(B) The haploid state is dominant in both groups.
(C) Both groups are predominantly heterotrophs that ingest their food.
(D) The protective coats of both groups are made of chitin.
(E) Both groups have cell walls.

詳解： D

幾丁質又名「甲殼素」、「幾丁聚醣」、「幾丁寡醣」、「甲殼質」或「殼多醣」，是一種含氮的多醣類物質，為蝦、蟹、昆蟲等甲殼的重要成分。幾丁質是自然界的一種半透明而堅固的材料，常見於真菌的細胞壁和節肢動物（如蝦、蟹）或昆蟲的外骨骼。幾丁質與屬多醣的纖維素類似，都會構成奈米纖維或細毛狀的晶體結構。在實際功能上，則近於構成皮膚的角蛋白，因為具有這些特性，幾丁質在醫學和工業上具有實用價值。

15. Short-term memory information processing usually causes changes in the
  (A) brainstem.
  (B) medulla.
  (C) hypothalamus.
  (D) hippocampus.
  (E) cranial nerves.

詳解：D

記憶分為記住剛發生不久的事物的「短期記憶」，以及保有過去事物印象的「長期記憶」。人一旦有了某種經驗，其內容或情景會暫存在腦內的「海馬體（hippocampus）」。海馬體暫時保管的記憶，最終會移往大腦皮質成為長期記憶。因為海馬體有短期記憶的重要功能，如果出現障礙，就會忘記剛發生過的事，這也視為一種 失智症的症狀。

II.「單選題」每題 2 分，共計 60 分。答錯 1 題倒扣 0.5 分，倒扣至本大題零分為止，未作答，不給分亦不扣分。

31. Where are the aged red blood cells captured and recycled in healthy adults?
  (A) Periarteriolar lymphoid sheath (PALS)
  (B) Splenic sinusoids
  (C) Bone marrow
  (D) Kidney
  (E) Splenic white pulp

詳解：B

紅血球經 120 天壽命後，老化的紅血球細胞膜構造會變得脆弱缺乏彈性，在經過脾臟紅髓的靜脈竇（sinusoid）微小孔隙時無法順利通過而破裂；但有 9～20%的紅血球是在血管內溶血，釋出之血紅素與結合球蛋白（haptoglobin）結合後攜帶到肝臟分解。而破壞後的紅血球被巨噬細胞吞噬，分解為血基質（heme）及血球蛋白（globin）。主要是由脾臟負責沒錯，僅有一小部分由肝臟及骨髓中的巨噬細胞吞噬分解，肝臟中經特化的巨噬細胞稱為庫弗氏細胞(Kupffer cells)。其實脾臟紅髓除了物理性破壞還是有巨噬細胞負責吞噬。在巨噬細胞中血基質（heme)還會再分解成鐵及紫質(porphyrins)。鐵進入血中由運鐵蛋白(transferrin)運送到組織以鐵蛋白（ferritin）型式貯存。而紫質（porphyrins）則另轉為膽綠素（biliverdin）、膽紅素（bilirubin），有部分會在肝臟轉為膽汁。

32. The ______ provides the luminal lining of large-diameter conducting airway.
(A) ciliated stratified cuboidal epithelium
(B) simple columnar epithelium
(C) stratified squamous epithelium
(D) ciliated pseudostratified columnar epithelium
(E) transitional epithelium

詳解: D

大型傳導性氣道（上呼吸道）的內襯是由偽多層纖毛柱狀上皮（ciliated pseudostratified columnar epithelium）組成。偽複層柱狀上皮（Pseudostratified Ciliated Columnar Epithelium）此種上皮由單層之長形細胞所組成，其細胞核呈橢圓形且位於不同水平面上。但其細胞底面（basal surface）尖細，且都和基底膜（basement membrane）相接。故自側面觀察時，如同由多層細胞相疊而成，因此命名為偽複層柱狀上皮。以呼吸道及副睪分佈最多。

33. Which of the following is absent from the wall of small-diameter (~ 1 mm) bronchioles?
(A) Epithelium
(B) Cartilage
(C) Smooth muscle
(D) Blood vessels
(E) Elastic fiber

詳解: B

氣管與支氣管被稱為下呼吸道，兩者由軟骨包裹，讓空氣可以順暢的通過。喉頭下方連接氣管，氣管粗約 2 公分，長約 10 公分，從第 6 節頸椎的高度從胸部中央往下走，在第 6 節胸椎的高度，分枝為左右支氣管。分枝為左右支氣管後，進入肺部，直到連接至肺泡為止都屬於支氣管。偏左邊的支氣管因為要繞開心臟，所以左右兩邊的支氣管，不管是長度或粗細都有差別。支氣管會分枝 20 次以上，直至前端連接肺泡為止。

氣管與支氣管被氣管軟骨包裹住，外觀有如伸縮管。隨著支氣管變細，氣管軟骨成不規則形，支氣管分枝到約 1 公厘細時，就沒有氣管軟骨包裹了。

氣管軟骨的作用是為了不讓呼吸道塌陷，形狀呈 U 字狀，沒有軟骨的部分與食道相接（以 U 字來看，相接處就是 U 字開口的部分），相接的部分有平滑肌，而支氣管壁同樣也有平滑肌層。這些平滑肌由交感神經放鬆、由副交感神經收縮，藉此改變呼吸道的作用力。

34. What is the general sequential steps of human urine production?

(A) Filtration → secretion → reabsorption → excretion
(B) Secretion → filtration → reabsorption → excretion
(C) Secretion → reabsorption → filtration → excretion
(D) Filtration → reabsorption → secretion → excretion
(E) Filtration → excretion → secretion → reabsorption

詳解： D

人類尿液形成的一般流程是過濾、再吸收、分泌以及排泄。在腎臟皮質的腎元中，經過過濾作用、再吸收作用及分泌作用等過程，由於有用物質和大量水分被再吸收，在腎小管的遠曲小管末端的濾液，僅含有尿素、尿酸及過多的鹽類和水分，此時的濾液稱為尿液，尿液最後經集尿管，再進入腎盂。血液中過多的鹽類和水分等物質，需隨尿液排出，以維持體內環境的恆定狀態。

校方釋疑：

請詳見 Biology, A global approach, 12 Ed. Campbell, Urry, Cain, Wasserman, Minorsky, Orr. Chapt 44, pp 1036-1043.

Figure 44.8 Key steps of excretory system function:an overview

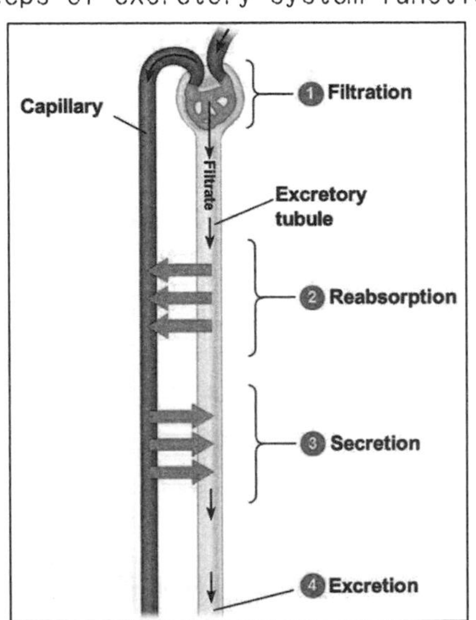

維持原公布答案(D)

35. The sudden surge of ______ a few hours before ovulation changes the enzymatic activities of theca externa cells and alters the tunica albuginea on the Graaffian follicle, leading to the eventual ovulation.

(A) FSH
(B) inhibin

(C) estradiol

(D) LH

(E) testosterone

詳解: D

卵巢內會存放許多濾泡，每一個濾泡內都會有一顆卵母細胞，月經週期開始時，濾泡刺激素（FSH）會促使濾泡中的卵母細胞開始成長，大概到第 10～14 天的時候，卵子就會逐漸成熟，準備排卵。這時候體內的黃體成長激素（Luteinizing hormone，簡稱 LH）會逐漸升高，通常會在排卵的時候達到最高點。排卵前高濃度的 LH 激放（LH surge）是造成葛氏濾泡（Graafian follicle）釋出次級卵母細胞的主要原因。

36. Forward left heart failure will cause which of the following?

(A) Reduced cardiac output

(B) Pulmonary edema

(C) Reduced urine output

(D) Edema at lower limbs

(E) All of the above

詳解: E

心臟衰竭的定義是心臟機能受損，從心臟打出去的血液不夠身體代謝的需要，或者雖然夠，但心臟填充壓不正常的上升，且有呼吸困難、疲倦及腳踝水腫等徵候時稱之。各類心臟疾病，包含缺血性心臟病、心肌病變、瓣膜性疾病、高血壓、老年性或先天性心臟病，心包膜異常以及心律不整等，都是病因。

左心衰竭會造成心輸出量下降、尿量減少，並因為肺靜脈回血減少以及下肢動脈血壓下降而導致肺部以及下肢水腫。

患者發生心臟衰竭時，會出現慢性漸進性心衰竭症狀或急性肺水腫的徵候。慢性左心室衰竭最明顯的症狀是運動時呼吸困難，甚而夜間陣喘及必須端坐才能呼吸，常感疲倦。理學所見常有易出冷汗、心跳快、呼吸快、可聽到第 3 心音、肺部囉音或喘息音等現象。若是右心衰竭，則會產生或合併周邊水腫、肝腫大及頸靜脈鼓張。

37. When you accidentally drip-infused an additional 250 mL of normal saline to a healthy individual, his body removed the additional fluid via the activation of:

(A) Atrial natriuretic peptide system

(B) Renin-angiotensin-aldosterone system

(C) Antidiuretic hormone system

(D) Sympathetic system

(E) None of the above

詳解： A

心房利鈉肽（atrial natriuretic peptide, ANP），由心房心肌細胞產生的 28 個胺基酸，屬於胜肽類荷爾蒙，具利尿鈉、利尿、血管舒張、抑制腎素—醛固酮系統和交感神經活動。當因輸液導致總血量增加時，心房利鈉肽分泌會增加以利排除多餘的體液。

38. After stabilizing this patient via the emergency trauma surgeries, which of the following in this patient could be expected in the next 24-48 hours?
(A) Increase in basophil percentage beyond 5%
(B) Increase in eosinophil percentage beyond 10%
(C) Increase in reticulocytes percentage beyond 3.5%
(D) Megakaryocytes would be detected in the peripheral blood
(E) Macrophages could be detected in the peripheral blood

詳解： C

在經歷緊急創傷手術後，患者體內紅血球新生會增加，因此血液中的網狀球（reticulocytes）/尚未成熟的紅血球數量會暫時性增加。

網狀紅血球是比較年輕的紅血球。一般紅血球在骨髓製造成熟後，會把細胞核排出，然進入血液循環，最早形成的便是網狀紅血球。計算這種紅血球數目可以估測骨髓製造紅血球的功能好壞與否。

網狀紅血球在紅血求所占的比例，成人約為百分之零點五至一點五，新生兒較高占百分之四到六，大約出生一週後比例便和成人類似。

網狀紅血球的比例偏高，表示骨髓功能正常，但可能發生溶血或失血現象，比例偏低表示可能再生不良性貧血、鐵、葉酸或 B12 缺乏導致貧血另外，白血病或癌細胞轉到骨髓，也會使比例降低。

39. After the emergency surgeries, the plasma potassium level of this patient appeared slightly higher than the normal level of 5.5 mEq/L. What might this patient experience most noticeably?
(A) Muscle weakness
(B) Tachycardia
(C) Bradycardia
(D) Diarrhea
(E) GERD

詳解： B→更正答案為 A、B、C

血鉀濃度最好在 3.5～5.0 meq/L，若抽血測得血鉀濃度大於 5.1 meq/L 則為高血鉀症。高血鉀症是尿毒症病人的急症，會引起嚴重的心臟傳導異常。血鉀過高的常見症狀有：手指麻痺、嘴唇麻木、疲倦、肌肉無力及麻痺、感覺異常、肌腱無反射、心搏過緩、換氣過度、心律不整，嚴重時會有心室纖維顫動、心跳停止、猝死的危險。

校方釋疑：

高血鉀引發心律不整(Cardiac arrhythmias)過快或緩慢及肌肉無力。因為題目設定狀況未明，故(A)、(B)、(C)都有可能。因此答案為(A)、(B)、(C)。更正原公布答案一本題正確答案為(A)、(B)、(C)，選(A)或(B)或(C)均給分

40. A man fell from a 1.5 m high platform and bumped the right side of his head directly against the concrete floor. Shortly after the incident, he appeared confused, unsure of his location, time of the day, and the events leading to his fall. He also complained about headaches on his right side. The horizontal CT scan of his head showed a lens-shaped radiopaque inside the right temporal cranium. This patient likely suffered from:
(A) skin abrasion
(B) subcutaneous bruises
(C) epidural hematoma
(D) subdural hematoma
(E) subarachnoid hemorrhage

詳解： C

顱內出血可分成硬腦膜上出血(epidural hematoma)、硬腦膜下出血(subdural hematoma)、蜘蛛網膜下出血(subarachnoid hemorrhage)、腦實質出血(intracerebral hemorrhage)。而不同種類的出血可以是不同原因引發的，在影像表現上不同，處理方式不同。硬腦膜是腦膜最外層，與頭骨相連，所以硬腦膜上出血等於是出血在腦膜以外，界於腦膜與顱骨之間的空間。硬腦膜上出血常同時伴隨著頭骨裂開與內側腦膜血管的撕裂傷，其出血會於腦膜和頭骨間撐出一個空間，導致紡錘形(梭形)的出血，會呈現這樣的形狀是因為硬腦膜與頭骨間被撐出的空間是有限的，腦膜與頭骨連結比較緊的位置就撐不開了，因此患者被送去做腦部電腦斷層檢查(未打顯影劑)時會看到一塊白色亮亮的，像凸面鏡這樣的影像。硬腦膜下出血代表靜脈滲出的血液聚積到硬腦膜與蜘蛛網膜之間的空間。這是外傷後最容易發生的顱內出血類型，患者頭部受到撞擊後，腦部在顱內這有限空間裡加速又減速，扯斷了腦膜的血管。硬腦膜下出血會聚積在腦的旁邊，在電腦斷層檢查時呈現半月形的樣貌。蜘蛛網膜下出血其滲出的血液在蜘蛛網膜與軟腦膜之間，創傷性的蜘蛛網膜下出血很常見，另外一類著名的蜘蛛網膜下出血是由腦血管動脈瘤破裂，或是動靜脈畸形破裂造成的，這種就是自主性的蜘蛛網膜下出血，患者會抱怨突然間的劇烈頭痛頭疼，這輩子頭沒這麼痛過！在腦部組織裡面的出血型態，可能是起源於未控制的高血壓或腦血管病變，導致血管裂開血液滲出，我們稱為出血性腦中風，這些血會刺激腦細胞，造成腦水腫，腦壓上升，能抵達腦

部的血流量則減少。創傷後同樣也可能造成腦內出血。患者會表現突發性的局部神經學症狀，到院後醫師會先維持患者的生命徵象，電腦斷層檢查後，再依據患者腦出血的位置、出血量、和意識、身體狀況來決定是否用手術介入，並盡量控制患者的顱內壓和預防癲癇發作。

41. Which of the following statements about MHC I proteins is true?
(A) They are found primarily on immune system cells.
(B) They protect a developing fetus from the immune system of mother.
(C) They are found on the surface of most mammalian cells.
(D) They are antibodies.
(E) All of the above are true.

詳解: C

體內有細胞核的細胞上，都可以找到 MHCI 膜蛋白分子。

42. Which of the following is the visual evidence of genetic recombination during meiosis?
(A) Centromeres
(B) Synaptonemal complexes
(C) Chiasmata
(D) Secondary constrictions
(E) Mitotic spindle

詳解: C

減數分裂 I 開始之前，DNA 先行複製。在前期 I，同源染色體配對、聯會，這是減數分裂獨特的步驟。成對的染色體稱為兩價（bivalent），而基因重組所引起交叉（chiasmata）的形成變為明顯。染色體濃縮讓這些現象可以在顯微鏡底下觀察到。要注意的是，兩價具有兩個染色體和四個染色單體，兩個染色體分別來自親代其中之一。

聯會發生時，同源染色體之非姊妹染色分體間出現交叉（chiasmata），代表互換（cross over）/遺傳重組（genetic recombination）正在進行。

43. Mammals are homeostatic for all of the following EXCEPT
(A) Body temperature
(B) Blood glucose concentration
(C) Blood pH
(D) Metabolic rate
(E) Blood calcium concentration

詳解: D

生物最重要的平衡是化學物、水份、溫度等。代謝率會隨著生理需求而不斷變化，並不會刻意保持恆定。

44. Which of the following is true for the phenomenon of "epistasis" in genetics?
(A) It is a type of gene interaction in which the phenotype expression of one gene alters that of another independently inherited gene.
(B) It is the inheritance of traits transmitted by mechanisms that do not involve the nucleotide sequence.
(C) It only occurs in mammals.
(D) It is the mechanism for the inheritance of organelles.
(E) It controls the early development of *Drosophila*.

詳解: A

上位效應（epistasis）的概念是某一基因座上的基因表現型（phenotype）受另一個或多個基因座上的基因影響，也就是兩個獨立的遺傳基因對同一性狀發生作用。

一對等位基因受到另一對等位基因的制約，並隨著後者不同前者的表型有所差異，後者即為上位基因（epistatic gene）。這一現象稱為上位效應（epistasis）。起遮蓋作用的基因如果是顯性基因，稱為上位顯性基因。這種基因互作稱為顯性上位作用（dominant epistasis）。例如，影響狗毛色的顯性白皮基因（I）對顯性黑皮基因（B）有上位顯性作用。在兩對互作基因中，其中一對的隱性基因對另一對基因起上位作用。稱為隱性上位作用（epistatic recessiveness）。例如，玉米（Zea mays）胚乳蛋白質層顏色的遺傳。

45. The nontemplate strand of a portion of a gene reads: 5'-TTCACTGGTTCA. What is the sequence of the resulting transcript (RNA) for this portion?
(A) 5'-AAGUGACCAAGU
(B) 5'-UGAACCAGUGAA
(C) 5'-UUCACUGGUUCA
(D) 5'-ACUUGGUCACUU
(E) 5'-TGAACCAGTGAA

詳解: C

非模版股/編碼股的序列與轉錄後修飾前的 RNA 相同，只是 T 需以 U 取代。

46. During protein synthesis, which of the following proteins interacts via its N-terminal sequence with the signal recognition particle (SRP)?
(A) Nuclear matrix protein
(B) Lysosomal protein

(C) Ribosomal protein
(D) Mitochondrial protein
(E) Chloroplast protein

詳解： B

以附著型核醣體進行轉譯的胜肽，也就是最終值勤地點在 ER、高基氏體、溶小體、細胞膜以及分泌型蛋白質，在生成過程中才會與 SRP 有交互作用。

47. The main function of the atrioventricular (A-V) node is to
(A) initiate the heartbeat.
(B) set the rhythm of the heartbeat.
(C) relay the signal for the heart to contract from the left ventricle to the left atrium.
(D) relay a signal for the ventricles to contract.
(E) detect the vibration of heart.

詳解： D

房室結（Atrioventricular node，AV node）是正常情況下興奮（神經電訊）由心房傳至心室的唯一途徑。它位於右心房科赫三角（triangle of Koch）的心內膜深面，其前端發出房室束。其主要功能是將竇房結（Sinoatrial node，SA node）傳來的興奮發生短暫延擱再傳向心室，保證心房收縮後再開始心室收縮，提升心臟唧血的效率。

48. Which of the following statements about fungi is true?
I. They are eukaryotic.
II. They all have rigid cell walls.
III. Most are filamentous.
IV. Some are photosynthetic.
V. They are capable of only asexual reproduction.
(A) I. II. V
(B) I. II. III
(C) I. II. IV
(D) I. II. IV. V
(E) I. II. III. IV

詳解： B

真菌（fungi）是真核生物，具有含基丁質的細胞壁，大多有菌絲的結構，能以有性與無性生殖繁衍，但與動物相同均為絕對異營生物。

校方釋疑：

黴菌主要以異營方式獲取養分維生，該考生列舉之黴菌維生方式是屬於輻射自營性(radiotrophic)，非能行光合作用(photosynthetic)，兩作用為類似(analogus)作用，但定義不同。維持原公布答案(B)

49. Which of the following is present in double-stranded cDNA but absent in the corresponding genomic DNA of eukaryotic cells?
(A) Promoter sequences
(B) A homopolymeric sequence of A:T base pairs
(C) Intron sequences
(D) 5’ and 3’UTRs
(E) Exon sequences

詳解: B

出現在以 mRNA 為模版反轉錄生成的 cDNA 上，但卻不在基因編碼序列中，那麼這些序列應該是轉錄後修飾時，額外加上去的。

50. Which of the followings are the RNA-protein complex:
I. Ribosome　II. Nucleosome　III. Lysosome
IV. Spliceosome　V. Telomerase
(A) I, II, IV
(B) I, II, III, IV
(C) I, III, IV, V
(D) I, IV, V
(E) I, II, III, IV, V

詳解: D

核醣體、剪接體與端粒酶各是由 rRNA、snRNA、模版 RNA 和各式蛋白質組成的 RNA 蛋白質複合體。

51. Which of the following is incorrect for the function of glia in the CNS of adult vertebrates?
(A) Ependymal cells help form the blood-brain barrier.
(B) Astrocytes can act as stem cells.
(C) Oligodendrocytes myelinate axons in the CNS.
(D) Microglia are immune cells in the CNS.
(E) Astrocytes promote blood flow to neurons.

詳解: A

室管膜細胞（ependymal cells）為四種中樞神經系統的神經膠質細胞之一，室膜細胞於腦室與中央管壁上，為單層立方至柱狀上皮，具有纖毛，可協助管腔內之腦脊髓液的分泌、流動與運送，並參與神經再生（neuroregeneration）。

52. Which plant hormone is incorrectly paired with its function?
(A) Auxin - promotes stem growth through cell elongation
(B) Cytokinins - initiate programmed cell death
(C) Gibberellins - stimulate seed germination
(D) Abscisic acid - promotes seed dormancy
(E) Ethylene - inhibits cell elongation

詳解: B

能誘導細胞凋亡的植物激素主要是乙烯（ethylene）。例如淹水缺氧會產生乙烯來造成根部皮層細胞凋亡，細胞遭受到酵素摧毀產生通氣管來呼吸

53. Which of the following vitamins is correctly associated with its use?
(A) Vitamin C - curing rickets
(B) Vitamin A - incorporated into the visual pigment of the eye
(C) Vitamin D - calcium removal from bone
(D) Vitamin E - protection of skin from cancer
(E) Vitamin K - production of white blood cells

詳解: B

眼睛視網膜的視黃醛都需要維他命 A 來組成，它結合了視蛋白（opsin）形成視紫質（rhodopsin），它對低光（適應暗光的視力）和彩色視覺所需的吸光分子都是必要的。

然而，維生素A對於眼睛的關係可不僅止於此，維生素A它還有幫助眼睛製造淚液的功能，若長期缺乏維他命A，會令眼睛乾涸，眼角膜容易磨損以致感染及潰爛，之後視力會受損甚至失明，這就是我們常見的乾眼症或是角膜軟化症。

54. The MHC (Major Histocompatibility Complex) is important in a T cell's ability to ___________.
(A) distinguish self from nonself
(B) recognize specific parasitic pathogens
(C) identify specific bacterial pathogens
(D) identify specific viruses
(E) recognize differences among types of cancer

詳解: A

體內細胞膜上的 MHC 分子，是 Tc 細胞與 NK 細胞辨認自我或非自我細胞的重要依據。

主要組織相容性複合體（major histocompatibility complex，MHC）是免疫系統的重要組成部分，負責抗原遞呈，在自我識別的機體系統中使特異性 T 淋巴細胞檢測到外來抗原。MHC 基因及其基本功能，如遺傳位點控制免疫應答，由 George D.Snell、Jean Dausset 和 Baruj Bernacerraf 三人於 1940～1970 年通過器官移植實驗發現。1975 年，Doherty 和 Zinkernagel 在研究小鼠病毒免疫反應時證明瞭 MHC 限制性（MHC restriction），即病毒肽只有在與特定的 MHC 分子結合的情況下才能被 T 細胞識別，首次強調了"MHC 限制性"的現象。免疫系統已經逐步形成識別"自我"和"非我"兩類不同抗原分子的平行識別能力。

55. Which combination of hormones helps a mother to produce milk and nurse her baby?
(A) Prolactin and calcitonin
(B) Oxytocin and prolactin
(C) Follicle-stimulating hormone and luteinizing hormone
(D) Luteinizing hormone and oxytocin
(E) Oxytocin, prolactin, and Luteinizing hormone

詳解: B

泌乳素（prolactin）能促進乳汁生成而催產素（oxytocin）能促進乳汁進入乳腺管並泌出體外，兩者對於母親以母乳哺育子代都是非常重要的激素。

56. Dog breeders maintain the purity of breeds by keeping dogs of different breeds apart when they are fertile. This kind of isolation is most similar to which of the following reproductive isolating mechanisms?
(A) Reduced hybrid fertility
(B) Hybrid breakdown
(C) Mechanical isolation
(D) Habitat isolation
(E) Gametic isolation

詳解: D

藉由隔離飼養而斷絕交配的機會，是一種類似棲地隔離（habitat isolation）的生殖隔離機制。

57. Photosynthesis ceases when leaves wilt, mainly because _________.

(A) the chlorophyll of wilting leaves breaks down

(B) flaccid mesophyll cells are incapable of photosynthesis

(C) stomata close, preventing CO_2 from entering the leaf

(D) photolysis, the water-splitting step of photosynthesis, cannot occur when there is a water deficiency

(E) accumulation of CO_2 in the leaf inhibits enzymes

詳解: C

當葉子缺水而枯萎時，因為氣孔也沒有足夠的膨壓而關閉，所以會造成光合作用的連帶停止。

58. Which of the following pathways is most likely taken by newly synthesized histones?

(A) Rough endoplasmic reticulum→ Golgi complex→ secretory vesicle

(B) Rough endoplasmic reticulum→ Golgi complex→ nucleus

(C) Rough endoplasmic reticulum→ smooth endoplasmic reticulum→ nucleus

(D) Cytoplasm→ nucleus

(E) Cytoplasm→ rough endoplasmic reticulum→ Golgi complex→ nucleus

詳解: D

組蛋白（histones）的值勤地點在細胞核，因此其合成是以游離型核醣體於細胞質中完成轉譯後，再經核孔進入核內的。此稱為 post-translational sorting。

59. In the communication link between a motor neuron and a skeletal muscle, which of the following descriptions is right?

(A) The motor neuron is considered the presynaptic cell and the skeletal muscle is the postsynaptic cell.

(B) The motor neuron is considered the postsynaptic cell and the skeletal muscle is the presynaptic cell.

(C) Action potentials are possible on the motor neuron but not the skeletal muscle.

(D) Action potentials are possible on the skeletal muscle but not the motor neuron.

(E) The motor neuron fires action potentials but the skeletal muscle is not electrochemically excitable.

詳解: A

體神經（somatic neuron）軸突終端與骨骼肌細胞膜形成突觸/神經肌肉接合（neuromuscular junction），經由乙醯膽鹼為神經傳導物質而能造成肌肉收縮。

在每條肌肉纖維中具有單一個神經肌肉接合（neuromuscular junction），動作神經元藉此控制肌肉的收縮。運動神經元（motor neurons）是每條骨骼肌細胞和分支神經細胞之相連，其皆從脊髓神經延伸出來。運動神經元和所有受神經支配的肌肉纖維稱運動單位（motor unit）。神經肌接合處上肌纖維膜形成一個小袋子稱運動終板（motor end plate）。在生理上，運動神經元末端並不直接和肌纖維連結，而是被一種稱之為神經肌裂隙（neuromuscular cleft）所分開。當神經衝動到達運動神經末端，神經傳導物質乙醯膽鹼（acetylcholine, Ach）被釋放，並且擴散進入突觸裂隙與運動終板上的受器結合。這造成肌纖維膜上鈣離子滲透壓的增加，此稱終板電位（end-plate potential, EPP）。一般而言終板電位會大過閾值，此時訊號促成肌肉開始收縮。

60. In nerves, vesicles can move the length of an axon at a rate that far exceeds that which would be predicted for simple diffusion. Which of the following models best explains vesicular movement in these cells?
    (A) Depolymerization of actin microfilaments attached to vesicles pulls the vesicles toward the site of depolymerization.
    (B) Vesicles are propelled by fluid movement generated by changes in osmotic potential within the cells.
    (C) Vesicles are moved by alternate contraction and relaxation of actin-myosin "muscle" complexes.
    (D) Vesicles, by virtue of their net negative charge, are attracted to positively charged regions of the cell.
    (E) Vesicles are attached to the protein kinesin, which slides along microtubules by an ATP dependent process.

詳解: E

囊泡運輸系統廣泛參與諸如胰島素產生和釋放、免疫因子分泌、神經傳導物質在細胞間傳遞等多種至關重要的生理過程。水溶性化學訊號，如神經傳導物質於軸突中，可利用囊泡包裹並藉由驅動蛋白（kinesin）消耗 ATP 沿著微管，往突觸終端的方向運輸。

高雄醫學大學 111 學年度學士後西醫招生考試試題暨詳解

科目：普通生物學 **黃彪 老師解析**

I. 【單選題】每題 1 分，答錯 1 題倒扣 0.25 分，倒扣至本大題零分為止，未作答，不給分亦不扣分。

1. A root is not uniform but has distinct zones. Starting from the tip, which of the following orders of the zones is **CORRECT**?
   (A) Apical meristem→root cap→zone of elongation→zone of maturation/root hairs
   (B) Root cap→zone of elongation→apical meristem→zone of maturation/root hairs
   (C) Root cap→apical meristem→zone of elongation→zone of maturation/root hairs
   (D) Root cap→apical meristem→zone of maturation/root hairs→zone of elongation
   (E) Root cap→zone of elongation→zone of maturation/root hairs→apical meristem

詳解: C

根通常是植物體的地下部分，細長、有些可長出支根，但不具節，且沒有葉著升其上。根可固定和支持植物體，並從土壤中吸收水和無機鹽，就由維管束運輸到其他部位。此外，根中的細胞還具有儲存水和養分的功能。

大多數植物的植物根部由根尖向上依序為：根冠、分生/分裂區（含根尖分生組織）、延長區以及成熟/分化區。

根帽覆蓋於根的最頂端，又稱根冠，可保護根尖分生組織，避免於穿透土壤時受損。根尖處以根尖分生組織的細胞分裂最頻繁，可使根持續生長，一部分形成延長部的細胞，另一部分補充脫落的根帽細胞。延長部的細胞迅速長大而伸長，並逐漸分化，成熟部的細胞則不再延長，且以分化成不同的構造，例如：有些表皮細胞形成根毛，有些中央部分的細胞分化成維管束。

成熟根的構造由外而內分為表皮、皮層和中柱三部分。表皮位於根的最外層，具有保護及吸收的功能。再根尖成熟部，表皮細胞會向外凸出而形成根毛，可增加吸收的表面積，是植物水和無機鹽的主要區域。而遠離根尖、較粗的成熟根中，其表皮則以保護功能為主。皮層的細胞排列較為疏鬆，具有儲存的功能，皮層最內側常有一層排列緊密的細胞，稱為內皮，具管制水和無機鹽進入中柱的功能。內皮以內的部分統稱為中柱，包括周鞘和維管束。周鞘位於中柱的外層，其細胞仍具有分裂的能力，支根即由此處產生。周鞘內側有木質部和韌皮部，兩者常呈放射狀交錯排列，分別具有輸送水分和養分的功能。雙子葉植物與單子葉植物根的組成大致相似，但單子葉植物根在中柱的中央還具有髓。

2. Regarding gravitropism when a plant root is put horizontally, which of the following is **TRUE**?
(A) Statolith is composed of lipid.
(B) Statolith triggers the redistribution of calcium in root cells.
(C) High concentration of auxin in the lower side of root cell increases the cell elongation.
(D) Blue light signal is involved in gravitropism.
(E) Fertilizer induces the gravitropism.

詳解: B

將植物的根部水平放置時，由於重力影響平衡石的分布並藉由鈣離子傳訊導致生長素（auxin）於向地側積累導致該處細胞延長減緩，而呈現正向地性的現象。

根和莖對於地心引力地單向作用，發生向地或背地地生長，叫做"向地性"。如果把一株植物水平放置不動，經過若干天，植物地根會向下彎曲（正向地性）生長，莖向上彎曲（負向地性）生長。如果將水平放置地植株，經常地繞縱軸緩慢旋轉，使周邊各部位都受到等效地引力作用，把引力地單向性刺激消除，你會看到植株兩端都沿水平方向生長，並不發生彎曲。

根和莖地向地性彎曲是一側生長較快，另一側生長較慢地結果一向生長較慢地一側彎曲；兩側生長快慢不同與生長素（auxin）的濃度不同有關；而兩側生長素濃度地不同是地心引力單向作用引起的。

植物接近根尖的根冠部分稱為小柱，此處細胞中富含澱粉體，它是一種儲藏澱粉顆粒的胞器。澱粉體因重力關係總是位於細胞內的最低處。如果將根組織橫置，根尖會彎轉向下生長。這是因為，澱粉體轉移到新的"最低部位"，刺激該處的內質網釋放出鈣。區域性的鈣與細胞質內的鈣調蛋白結合後啟用這"最低部位"處細胞膜上的鈣泵和植物生長素泵，將細胞內這兩種物質外排。依同樣方式，鈣和生長激素順次穿過其下的細胞而集中於根組織的最低部位。

3. Red tides are dangerous because of _____.
(A) the dinoflagellates that cause them produce a strong neurotoxin
(B) the euglenoids that cause them produce a toxin that causes severe flulike symptoms
(C) the green algae that cause them produce a severe allergic reaction in most people
(D) the diatoms that cause them produce severe gastric distress
(E) the red algae that cause them can disrupt shipping by clogging propellers

詳解: A

真正造成赤潮的主角是屬於甲藻門（Pyrrophyta）的藻類。甲藻又稱為渦鞭毛藻（Dinoflagellates or Dinophyta），由於它的葉綠體可能來自隱藻類（Cryptomonad）、金藻類（Chrysophyta）或綠藻類（Chlorophyta）故其水華呈現的顏色十分豐富，紅、橙、黃、綠、藍、棕均有。因此，赤潮不一定是紅色的，但是赤潮通常就是指由渦鞭毛藻所造成的水華。事實上只有少數渦鞭毛藻有毒（僅約有 20 種有毒），通常赤潮所造成的魚貝類的死亡均是由於赤潮在崩潰時因腐敗作用（細菌分解作用吸收了大量氧氣），造成海中生物大量窒息死亡。

4. A torpor for animals to survive long period of high temperature and water scarcity can be called as _____.
   (A) hibernation
   (B) estivation
   (C) thermoregulation
   (D) acclimatization
   (E) adaptation

詳解: B

鳥類或哺乳類將體溫降低以渡過短暫的低溫或食物不足期。蟄伏與冬眠的狀態類似，但體溫不會降得太低，通常維持在 12～15℃以上。蟄伏維持的時間較短，可由一夜至數日。冬眠的時間較長，可持續整個冬季。

夏蟄（estivation）是蟄伏/休眠的一種。部分動物對炎熱和乾旱季節的一種適應，主要表現為心跳緩慢，體溫下降和進入昏睡狀態。例如蛇類、沙蜥、草原龜及黃鼠等。也作「夏眠」。

5. Which stage of human cell mitotic division begins the separation of sister chromatids?
   (A) Interphase
   (B) Prophase
   (C) Prometaphase
   (D) Metaphase
   (E) Anaphase

詳解: E

有絲分裂過程具有高度的複雜性和規律性。中間的事件被分為幾個互相前後聯繫的時期。這些階段分別為間期（interphase）、前期（prophase）、前中期（prometaphase）、中期（metaphase）、後期（anaphase）、末期（telophase）。在有絲分裂期間，染色質形成染色體對，並被一種叫做紡錘絲的微管牽引，將姊妹染色單體拖至細胞兩極。之後細胞進入細胞質分裂，產生兩個基因組成相同的細胞。

當每個著絲點都附著在微管上且染色體在赤道板上排列時，細胞進入了後期（anaphase）。後期有兩個階段：早後期或後期 A 中連接姊妹染色單體（sister chromatids）的蛋白質裂開使姐妹染色單體分離。姐妹染色單體已明顯分離為姊妹染色體。縮短的著絲點微管使姊妹染色體分開並向其所連接的中心體移動。晚後期或後期 B 中極微管變長，並使細胞兩極間距變長。將兩中心體以及附著的染色體分別拖至細胞兩極。目前使中心體移動的拉力尚不可知，但目前有理論認為微管的反覆組裝和解體產生了此類運動。

6. In a cell, the function of which organelle is corrected with "Breakdown"?
(A) Rough endoplasmic reticulum
(B) Smooth endoplasmic reticulum
(C) Peroxisomes
(D) Mitochondria
(E) Extracellular matrix

詳解: C

過氧化酶體（peroxisome）是一種被稱為酶體（Microbody）的細胞器，幾乎存在於所有真核細胞中。它們參與非常長鏈脂肪酸（Very long chain fatty acid，VLCFA）、支鏈脂肪酸（Branched chain fatty acids）、D-胺基酸和多胺的異化作用、活性氧類的還原一尤其是過氧化氫，以及縮醛磷脂（Plasmalogen）的生物合成，即醚磷脂（Ether lipid），對於哺乳動物大腦和肺的正常功能至關重要。其他已知的過氧化物酶體功能包括發芽種子中的乙醛酸循環體（glyoxysomes）以及錐蟲中的糖酵解酶體（糖酵解酶體（glycosome）。

過氧化酶體的功能：

1. 使毒性物質失活：這種作用是過氧化氫酶利用過氧化氫氧化各種受質，如酚、甲酸、甲醛和乙醇等，氧化的結果使這些有毒性的物質變成無毒性的物質，同時也使 H_2O_2 進一步轉變成無毒的 H_2O。這種解毒作用對於肝、腎特別重要，例如人們飲入的乙醇幾乎有一半是以這種方式被氧化成乙醛的，從而解除了乙醇對細胞的毒性作用。
2. 對氧濃度的調節作用：過氧化酶體與粒線體對氧的敏感性是不一樣的，粒線體氧化所需的最佳氧濃度為 2 %左右，增加氧濃度，並不提高粒線體的氧化能力。過氧化酶體的氧化率是隨氧張力增強而成正比地提高。因此，在低濃度氧的條件下，粒線體利用氧的能力比過氧化物酶體強，但在高濃度氧的情況下，過氧化物酶體的氧化反應佔主導地位，這種特性使過氧化物酶體具有使細胞免受高濃度氧的毒性作用。
3. 脂肪酸的氧化：動物組織中大約有 25～50%的脂肪酸是在過氧化物酶體中氧化的，其他則是在粒線體中氧化的。另外，由於過氧化物酶體中有與磷脂合成相關的酶，所以過氧化物酶體也參與脂的合成。

4. 含氮物質的代謝：在大多數動物細胞中，尿酸氧化酶（urate oxidase）對於尿酸的氧化是必需的。尿酸是核苷酸和某些蛋白質降解代謝的產物，尿酸氧化酶可將這種代謝廢物進一步氧化去除。另外，過氧化酶體還參與其他的氮代謝，如：轉氨酶（aminotransferase）催化氨基的轉移。

校方釋疑：

細胞中有各種氧化還原反應，而peroxisome相當明顯就是最大的分解反應場所。維持原答案

7. Two species of lizards live in close proximity and feed on insects and arthropods. They prefer distinctly different niches. This phenomenon is _____.
(A) resource partitioning
(B) competitive exclusion
(C) allopatric competition
(D) sympatric competition
(E) sympatric competition and allopatric competition

詳解： A

競爭排斥（competitive exclusion）是生態學中的一個原則，即兩個物種爭奪相同的有限資源（相同的資源）不能共存。換句話說，如果兩個物種佔據著完全相同的生態棲位，它們就不可能共存。如果兩個物種爭奪相同的有限資源，這將對兩個物種產生負面影響，因為具有相同生態位的物種也有相同的需求。棲息地的資源往往有限。因此，優勢種將長期佔優勢並佔優勢。最終，這些弱小的物種可能會面臨滅絕或向不同生態位的行為轉變。

資源劃分（resource partitioning）是指在一個生態位中，為避免物種之間的競爭，將有限的資源按物種進行劃分。在資源分配中，物種劃分生態位以避免資源競爭。為了避免物種間的競爭或競爭性排斥，兩個競爭相同資源的物種可能會在很長一段時間內進化，以使用不同的資源或佔據棲息地的不同區域（例如，使用森林的不同部分或湖泊的不同深度），或在一天中的不同時間進食。因此，它們可能使用大量不重疊的資源，因此也有不同的利基。

居住地與食物相似但具有明顯不同的生態棲位，展現出資源劃分（resource partitioning）的情形，可能是競爭後的結果。

8. _____ is also as club fungus.
(A) Ascomycetes
(B) Basidiomycetes
(C) Mucoromycetes
(D) Chytrids
(E) Zoopagomycetes

詳解: B

真菌是數量僅次於昆蟲的一群生物，世界上估計有一百五十萬種，但所知只有不到十分之一。

擔子菌（basidiomycetes）又稱為 club fungus，有性細胞如拳頭狀，稱擔子（basidium）。擔子可完整無分隔（holobasidium）或有分隔（異擔子，heterobasidium），而分隔可橫或直的。如子囊菌一樣，整個個體為一性細胞，菌絲體上有性細胞，又或製造多細胞子實體名擔子果。如子囊菌一樣，多細胞子實體都出現多樣化的結構。

典型的無隔擔子源於一雙核菌絲的頂端細胞，這細胞膨大和進行核融合和減數分裂（meiosis），在減數分裂的後期，擔子頂端長出 4 個擔孢子梗，擔孢子梗支撐膨大生長的擔孢子，（擔子菌生產外生孢子，子囊菌則生產內生孢子），擔子內的子核經擔孢子梗進入擔孢子，而且，或會在擔孢子彈射前進行一次有絲分裂。

9. The scientific name of a species consists of _____.
(A) a minimum of three descriptive adjectives
(B) the capitalized family name and genus name
(C) the capitalized phylum name and a specific epithet
(D) the capitalized genus name and a specific epithet
(E) the capitalized species name and subspecies name

詳解: D

所有經過研究的生物，都要給予科學的名稱，即學名（scientific name）。目前生物學界標準的物種命名採用林奈的「雙名命名法（Binomial nomenclature、binominal nomenclature、binary nomenclature）」，又稱二名法，依照生物學上對生物種類的命名規則，所給定的學名之形式，自林奈《植物種志》（1753 年，Species Plantarum）後，成為種的學名形式。

“雙名命名法”：拉丁文的屬名＋種加詞＋（命名人姓氏縮寫）。習慣上，在科學文獻的印刷出版時，學名之引用常以斜體表示，或是於正排體學名下加底線表示。例如：*Homo sapiens*（即智人）。簡示如後：*Homo sapiens*（種的學名）＝ *Homo*（屬名，genus name）＋sapiens（種加詞，種小名，specific epithet）。

10. In the human renal system, _____ ion (or molecule) concentration in the blood is regulated by secretion into the distal tubule.
(A) Na^+
(B) K^+
(C) Cl^-
(D) HCO_3^-
(E) H_2O

詳解： B

於人類的腎臟中，鉀離子可於遠曲小管以及皮質集尿管經由排泄作用來維持血鉀穩定。鉀離子能自由通透腎絲球微血管；在正常情況下，腎小管幾乎將所有過濾出來的鉀全部重吸收，只有很少數出現在尿液中。然而皮質集尿管可分泌鉀離子，因此尿液中鉀排泄量的多寡，主要是由皮質集尿管的鉀分泌量決定。

11. Based on the Human Genome Project (HGP), which category of regions exists the smallest amount of our total DNA?
(A) Repetitive DNA that includes transposable elements and related sequences
(B) Repetitive DNA unrelated to transposable elements
(C) Unique noncoding DNA
(D) Exons that include regions of genes coding for proteins
(E) Introns and regulatory sequences

詳解： D

美國官方主導的國際「人類基因體計劃」與美國民間「賽雷拉公司」，在 90 年 1 月全球五大城市共同發布他們解讀人類基因體的最新成果，而兩者含括人類基因體定序初稿與其解析的研究報告也將分別刊載於最新一期的「自然」與「科學」雜誌。這兩份研究報告雖然運用的方法不同，但結論大致相近，其中有幾項發現最受矚目：人類基因的數目遠少於以往科學界的預估（十萬個），大約只有三萬到四萬個(目前以減至約 2 萬個)，僅僅是果蠅、線蟲等低等生物的兩倍多。而且與老鼠比較，人類只有三百餘個基因是老鼠身上找不到的。「人類基因體計劃」的領導人柯林斯說：「這對我們人類的自尊是個打擊，不過這也顯示了人類的複雜性來自其他源頭，我們必須開始搜尋。」

科學家推測，人類之所以能夠憑藉這麼少的基因就演化成這麼複雜的生物體，原因在於人類基因主導蛋白質合成的功能遠比其他生物高強，因此能夠以少勝多。科學家還發現，在人類的 DNA 中，只有 1%到 1.5%有主導人體合成蛋白質的指令；佔人類基因體大部份的「重複性 DNA」，以往被科學界認定是毫無作用，但是新研究卻認為這些「垃圾」成份可能足以影響人類的演化，有必要深入研究。這些神秘的「重複性 DNA」片段行徑有如寄生蟲，不時會改換它們在基因體中的位置，而且其中一種會連帶移動許多其他的 DNA 片段，因此可能有助於基因的重組與變異。

同時基因在 DNA 上的分佈也極不均勻，有些地方密集如城市，有些地方卻稀疏如荒漠，科學家對這種現象尚無法提出解釋。基因是了解人類演化過程的鎖鑰，「人類基因體計劃」的科學家發現，有二百廿餘個人類基因是演化中的不速之客，可能是在數百萬年前由某種細菌傳給人類的遠祖，這種說法如果進一步證實，將是演化學上一大突破。而且這些基因中至少有一個與憂鬱症相關，更引起科學家興趣。有意思的是，男性身體產生可遺傳性基因突變的比例是女性的兩倍，這結果略低於醫學界先前的估計，但仍顯示男性對演化影響應高於女性，對於因遺傳突變而引發的病症，男性恐怕也要多負一些責任。

12. The primary reason that polar regions are cooler than the equator is that _____.

(A) the polar atmosphere is thinner and contains less greenhouse gases than the rest of the atmosphere

(B) the poles are always pointing away from the sun

(C) solar radiation strikes the poles at a lower angle and travels through more atmosphere

(D) the poles are farther from the sun than is the equator

(E) all of the above

詳解: C

有很多因素影響地球上不同地區所接受到的陽光。最主要的因素是在赤道上太陽位於正上方，而在兩極太陽則從一個傾斜的角度照射。這效果可以用手電筒代替太陽來說明。請參看圖一，關鍵是有多少照射量落在特定的面積上。在赤道上的區域 A 與較高緯度的區域 B 均受到同等的照射量。從圖一可以清楚看到區域 B 比區域 A 大，所以區域 B 每單位面積（例如平方米）所受到的照射量會比區域 A 少。換言之，在同樣的一平方米面積，A 會比 B 接收到更多陽光。

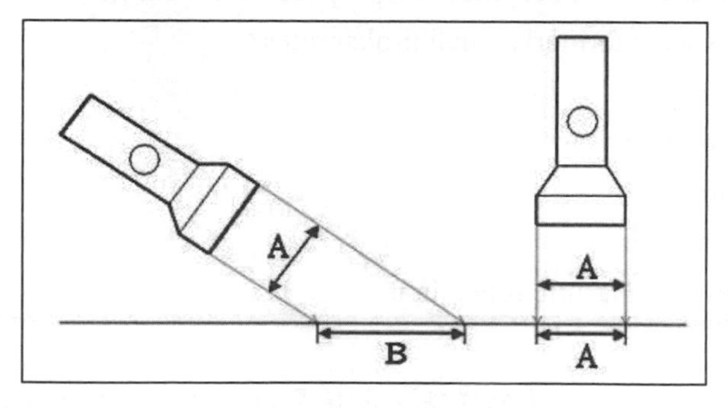

其他較次要的原因包括：

1. 太陽光穿過大氣時的吸收和散射作用。陽光被吸收或散射的程度取決於大氣中空氣分子和微粒的性質和濃度。相同情況下，陽光到達較高緯度地區的路徑會較長，自然會遇到較多空氣分子和微粒，導致陽光被吸收和散射的程度較大。所以較少太陽能量到達這些地區。
2. 地球表面的反射作用。當陽光到達地面時，部分能量會被反射而不會將該地區加熱。有多少能量被反射取決於該地面的物質。雪是一種反射能力非常好的物質，會反射大約百分之七十五至九十五的陽光，對雪地的嚴寒天氣加熱甚少。但是近年來由於氣候的轉變，兩極被冰雪所覆蓋的面積減少，愈來愈多的太陽能被吸收。結果十分可能是天氣更加溫暖和冰雪覆蓋面繼續減少，進一步破壞自然環境的平衡。

13. Which one of the following statements is **FALSE** about temperate phage?

(A) Bacteriophages can undergo lytic pathway in their life cycle.

(B) Phage DNA is incorporated into the bacterial chromosomes.

(C) Certain prophage gene expression causes host bacteria pathogenic.

(D) λ phage is a temperate phage.

(E) Temperate phage never destroys host cells.

詳解：E

溫和型噬菌體可有潛溶週期與溶裂週期兩種生活階段。溫和噬菌體在吸附和侵入宿主細胞後，將噬菌體基因組整合在宿主細胞 DNA 上（或以質粒形式儲存在細胞內），隨宿主 DNA 複製而同步複製，隨宿主細胞分裂而傳遞到兩個子細胞中，宿主細胞可正常繁殖，以上過程稱為「潛溶週期」。但在一定條件下，噬菌體基因組可進行複製，產生並釋放子代噬菌體，即「溶裂週期」。因此溫和噬菌體既能進行潛溶循環，還能進行溶裂循環。

14. The hypothesis of endosymbiosis proposes that which kind of organelles in human cells were formerly small prokaryotes?

(A) Nucleus

(B) Mitochondria

(C) Lysosome

(D) Golgi apparatus

(E) Rough endoplasmic reticulum

詳解：B

真核細胞內有類似細菌的構造，也就是粒線體和葉綠體（chloroplast），於是真核細胞起源於原核生物「內共生」的想法陸陸續續被提出。美國生物學家一馬格麗絲（Lynn Margulis）則是將內共生假說發揚光大的功臣。

粒線體和葉綠體起源於古代細菌內共生的證據如下：

1. 粒線體和葉綠體都含有 DNA，這些 DNA 與細胞核中的很不同，卻類似細菌的 DNA（環狀及其大小）。
2. 粒線體具有和真核宿主細胞不同的遺傳密碼，這些密碼與細菌和古菌中的很類似。
3. 它們被雙層膜所包被，其中最裡面一層的成分與細胞中其它膜的都不同，更接近於原核生物的細胞膜。
4. 新的粒線體和葉綠體只能通過類似二分分裂的過程形成。
5. 葉綠體的很多內部結構和生物化學特徵，如類囊體的存在和某些葉綠素和藍細菌很接近。對細菌、葉綠體和真核生物基因組構件的系統發生樹同樣支持了葉綠體與藍細菌更接近。

6. DNA 序列分析和系統發生學表明了核 DNA 包含了一些可能來源於葉綠體的基因。
7. 一些核中編碼的蛋白被轉運到細胞器中，而粒線體和葉綠體的基因組相對於其它生物來說都小得多。這和內共生物形成後越來越依賴真核生物宿主相一致。
8. 葉綠體存在於很多完全不同的原生生物中，這些生物普遍和不包含葉綠體的原生生物更接近。這表明了，如果葉綠體起源於細胞的一個部分，很難解釋他們多次起源而互相又非常接近。
9. 大小與細菌相當。
10. 核醣體和細菌相似。

15. In the human digestive system, which tissue (or organ) does **NOT** exist in exocrine glands?
(A) Salivary glands
(B) Stomach
(C) Gallbladder
(D) Liver
(E) Small intestine

詳解: C

人體含有兩類腺體：
1. 外分泌腺（exocrine gland）為有管腺，可藉導管將分泌物送入體腔器官的空腔或身體表面。
2. 內分泌腺（endocrine gland）為無管腺，可將產物（激素）分泌到腺體細胞周圍的細胞間隙，之後入 微血管血液中而送往標的器官。

膽囊僅為儲存膽汁的器官沒有製造分泌的功能，不能歸為外分泌腺。

II.【單選題】每題 2 分，答錯 1 題倒扣 0.25 分，倒扣至本大題零分為止，未作答，不給分亦不扣分。

31. Based on the biological species concept, reproductive isolation is a key factor of speciation. Which of the following is **NOT** a “prezygotic reproductive barrier”?
(A) Habitat isolation
(B) Mechanical isolation
(C) Hybrid breakdown
(D) Behavioral isolation
(E) Temporal isolation

詳解： C

受精前與受精後的屏障，均可形成生殖隔離。受精前的屏障，包括：棲地隔離、行為隔離、時間隔離、機械隔離、配子隔離。

2. 棲地隔離：生活於不同棲地，沒有機會交配。
3. 時間隔離：生活於臺灣北部的翡翠樹蛙與臺北樹蛙，雖然外形相似，棲地有所重疊，但翡翠樹蛙的生殖期集中在秋季，臺北樹蛙的生殖期則集中在冬季，故兩者生殖屏障呈現明顯的時間隔離。
4. 行為隔離：不同種的蟋蟀透過不同頻率的鳴叫聲求偶，雌蟲僅對同物種的雄蟲所發出的鳴叫頻率有所回應，屬於行為隔離。
5. 機械隔離：構造隔離屬於生殖隔離、受精前的屏障，例如：傳粉者與植物無法相配合，動物間生殖器官無法吻合。
6. 配子隔離：雌、雄配子無法融合成受精卵，配子隔離屬於生殖隔離、受精前的屏障。

受精後的屏障，包括：雜種存活率降低、雜種不孕性、雜種衰敗。

1. 雜種存活率降低：胚胎發育不良、子代不健康存活率低，使雜種存活率降低。
2. 雜種不孕性：染色體不成對，無法產生配子造成不孕，造成雜種不孕性。
3. 雜種衰敗：第二子代衰弱或不孕，造成雜交族群萎縮，稱為雜種衰敗。

32. The virus causes COVID-19 disease. This virus is _____.

(A) double-strand DNA virus
(B) single-strand RNA virus
(C) single-strand DNA virus
(D) similar to λ phage
(E) naked RNA virus

詳解： B

2019 年底新型冠狀病毒出現在全球人類的生活，新型冠狀病毒全名為 Severe Acute Respiratory Syndrome Coronavirus 2（SARS-CoV-2），其所引起的疾病稱為 Coronavirus Disease-2019，英文簡稱為 COVID-19，臺灣法定傳染病則將其命名為嚴重特殊傳染性肺炎。新型冠狀病毒屬冠狀病毒科（Coronavirinae）之 beta 亞科（betacoronavirus），為有外套膜之單股正鏈 RNA 病毒。

33. Which of the following creatures will be the best outgroup if you are reconstructing a phylogenetic tree of cats using cladistics?

(A) domestic cats
(B) leopards
(C) lions

(D) tigers

(E) wolves

詳解: E

外群，或稱外類群，是一個分支系統學概念，指與所有近緣單系群（兩個及以上）關係都較遠的類群（group），這意味著該群在演化過程中從母群分支出去的時間要早於其他群。選項中大多為貓科動物，作為貓科動物分類外群者，以選項 E 狼（犬科）為適當。

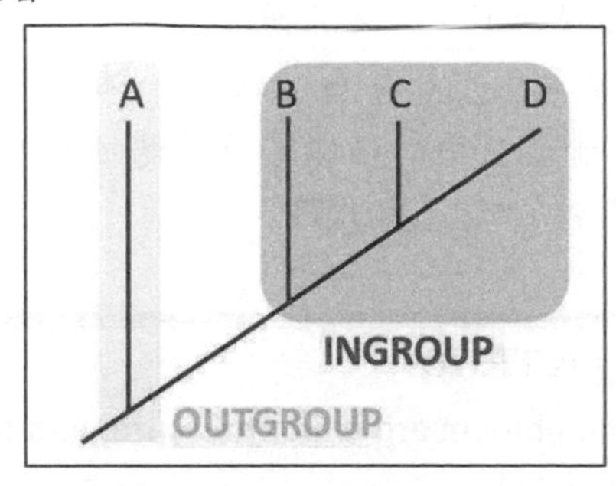

34. Which of the following is the best description about CRISPR?

(A) CRISPR is directed to its target gene by a guide DNA molecule.

(B) CRISPR contains nuclease to destroy target RNA.

(C) CRISPR is not acquired but is preexisted in bacteria.

(D) CRISPR can be applied to knockout target gene.

(E) All of the above are correct.

詳解: D

CRISPR（clustered regularly interspaced short palindromic repeat）是一種細菌對抗外來質體(plasmid)或噬菌體(phage)的後天免疫系統(adaptive immunity)，細菌會對曾侵入的 DNA 產生記憶，當序列相同的 DNA 再次進入細菌時，會產生免疫反應以分解此外來的 DNA。外來的 DNA 首次進入細菌後並未完全被分解，經加工後可嵌入細菌基因體中，稱為 CRISPR 陣列（array），此特殊區段能夠轉錄合成 mRNA（messenger RNA），而菌體中具切割 DNA 活性的蛋白質則會利用 mRNA 片段去辨認互補性的 DNA 片段，並切除符合序列的標的物。

35. Which of the following does **NOT** match with its function?

(A) Chlorophyll a: Component of P700 reaction center

(B) ATP synthase: Chemiosmotic phosphorylation

(C) Cyclic electron transport: Electron flow from water to NADPH

(D) RuBP: Conjugates carbon dioxide

(E) Carotenoids: Absorption of excess light

詳解: C

光合作用中電子傳遞鏈分為兩種，即循環電子傳遞鏈（cyclic electron transfer system）和非循環電子傳遞鏈（noncyclic electron transfer system）。

非循環電子傳遞鏈過程大致如下：從光系統 2 出發：光系統 2→初級電子接受者(Primary acceptor)→質體醌(Pq)→細胞色素複合體(Cytochrome Complex)→質體藍素（含銅蛋白質，Pc）→光系統 1→初級電子接受者→鐵氧化還原蛋白（Fd）→NADP+還原酶（NADP+ reductase）。電子傳遞鏈從光系統 2 出發後，會光解水，釋放氧氣，產生 ATP 與 NADPH。

循環電子傳遞鏈的過程如下：從光系統 1 出發：光系統 1→初級電子接受者（Primary acceptor）→鐵氧化還原蛋白（Fd）→細胞色素複合體（Cytochrome Complex）→質體藍素（含銅蛋白的循環電子傳遞鏈不會產生氧氣，因為電子來源並非是水的光解），最後會生產出 ATP。

36. Which of the following is **TRUE**?
(A) The contents of the phloem are under pressure, and the contents of the xylem are under tension.
(B) Sieve tube members are dead cells.
(C) Vessel element protoplasm is unique because the vacuolar membrane disintegrates, allowing vacuolar water to mix with the cytosol.
(D) Phloem sap movement is driven by the atmospheric water potential.
(E) Phloem sap moves only short distances, whereas xylem sap moves long distances.

詳解: A

植物的葉可行光合作用，是製造並提供葡萄糖的場所。光合作用所產生的養分可以經由韌皮部向下運輸至莖或根部以供利用或儲存，也可以向上運輸至莖頂的新芽提供生長所需。養分運輸的原則，是由提供的地方，送至需求的地方，因此韌皮部運輸的方向可以由上至下，也可以由下至上。

韌皮部運輸的主要物質為葉肉細胞行光合作用所產生的蔗糖，可藉質外體運輸及共質體運輸路徑到篩管細胞，導致篩管細胞的滲透度升高，葉篩管細胞中的膨壓往往大於根篩管細胞中的膨壓，此種壓力差所形成的壓力流，壓力流是韌皮部運輸物質的主要動力。

植物體內所需要的水分與礦物質，主要由根部吸收，經由木質部單向的由下至上、往莖與葉的方向運輸。而根的部分表皮細胞會向外突起形成根毛，根毛可增加吸收水分和礦物質的表面積。

水及礦物質由根毛及表皮細胞進入根後，便由木質部向上運輸至葉，少部分的水提供細胞利用，大部分的水會變成水蒸氣，由氣孔散失至空氣中。水蒸氣由氣孔散失的現象，稱為蒸散作用。由於植物的木質部由根、莖到葉連成一條充滿水的細管，因此當水從氣孔蒸散時，會產生一股拉力，把莖內 的水往上拉，根部的水也隨著上升。因此， 蒸散作用是植物體內水分向上運輸的主要動力。

韌皮部運輸機制為壓力流，而木質部運輸機制為蒸散作用力一附著力一張力。

校方釋疑：

韌皮部主動運送後本就是存在高濃度壓力而擴散到sink，木質部則是水分張力。維持原答案

37. If a normal body cell of a plant contains 5 picograms (pg) of DNA, then that cell at the end of prophase of mitosis contains _____.

(A) 2.5 picograms
(B) 5 picograms
(C) 10 picograms
(D) 15 picograms
(E) 20 picograms

詳解： C

有絲分裂前期末，細胞中 DNA 含量為開始複製前的兩倍，也就是 10 pg。

38. In a smooth blood vessel, what is the relationship between blood pressure and the velocity of blood flow?

(A) When blood pressure is low, velocity is high.
(B) When blood pressure is low, velocity is low.
(C) When blood pressure is high, velocity is low.
(D) Velocity is always constant while blood pressure varies.
(E) Blood pressure is always constant while velocity varies.

詳解： B

根據波蘇拉定律，壓力與流速成正比。單位時間內流過血管某一截面的血量稱為血流量，也稱容積速度，其單位通常以 ml/min 或 L/min 來表示。血液中的一個質點在血管內移動的線速度，稱為血流速度。血液在血管流動時，其血流速度與血流量成正比，與血管的截面成反比。

波蘇拉（Poiseuilli）定律指出單位時間內液體的流量（Q）與管道兩端的壓力差 P1─P2 以及管道半徑 r 的 4 次成正比，與管道的長度 L 成反比。這些關係可用下式表示：$Q=K(r^4/L)(P1-P2)$

這一等式中的 K 為常數。後來的研究證明它與液體的粘滯度 η 有關。因此泊肅葉定律又可寫為：$Q=\pi(P1-P2)r^4/8\eta L$

校方釋疑：

平滑血管中壓力大，流速就快。維持原答案

39. Which of the following statements is **FALSE** about the comparisons of Gram-positive and Gram- negative bacteria?
(A) Gram-positive bacteria have thicker peptidoglycan in their cell wall.
(B) Gram-positive bacteria show less resistant to antibiotics.
(C) Gram-negative bacteria contain endotoxin whereas Gram-positive bacteria not.
(D) Gram-positive bacteria consist of abundant lipopolysaccharides within cell wall.
(E) All of the above

詳解: D

革蘭氏染色是用來鑒別細菌的一種方法，細菌細胞壁上的主要成份不同，利用這種染色法，可將細菌分成兩大類，即革蘭氏陽性菌與革蘭氏陰性菌。這種染色法是由一位丹麥醫生漢斯·克里斯蒂安·革蘭（Hans Christian Gram，1853 年－1938 年）於 1884 年所發明，最初是用來鑑別肺炎球菌與克雷白氏肺炎菌之間的關係。

革蘭氏染色的對象是細菌的細胞壁。染色後的細菌可在顯微鏡下更好的觀察，以便於區分。不同的細菌在該染色法的作用底下反應不同，藉以區分成為兩類：革蘭氏陽性細菌，胞壁染色後呈藍紫色；革蘭氏陰性細菌，染色後呈紅色。這是辨別細菌種類的一個重要特性，對由細菌感染引起的疾病的臨床診斷及治療很有幫助。

革蘭氏陽性菌（英文：Gram Positive）是能夠用革蘭氏染色染成深藍或紫色的細菌，而革蘭氏陰性菌不能被染色。它們細胞壁中含有較大量的肽聚糖，但經常缺乏革蘭氏陰性菌所擁有的第二層膜和脂多糖層。革蘭氏陰性菌細胞壁中肽聚糖含量低，而脂類含量高。當用乙醇處理時，脂類物質溶解，細胞壁通透性增強，使結晶紫極易被乙醇抽出而脫色；再度染上復染液番紅的時候，便呈現紅色了。

40. The inner mitochondrial membranes in liver cells have roughly five times the surface area of the outer mitochondrial membranes, allowing for faster rates of which process below?
(A) glycolysis
(B) citric acid cycle
(C) substrate-based phosphorylation
(D) oxidative phosphorylation
(E) β-oxidation

詳解: D

粒線體內膜（inner mitochondrial membrane）是位於粒線體外膜內側，包裹著粒線體基質的一層單位膜。粒線體內膜比外膜稍薄，厚約 5～6 nm。粒線體內膜中蛋白質與磷脂的質量比較高（約為 0.7：0.3）。粒線體內膜的某些部分會向粒線體基質摺疊形成嵴，嵴的形成可大大增加該膜的表面積。粒線體內膜的標誌酶是細胞色素氧化酶。

粒線體內膜的脂質組成與細菌細胞膜的相似，這一現象可利用內共生假說解釋。該假說認為粒線體是由被真核細胞胞吞後內化的原核細胞衍變而來的。

41. What is/are the functions of 5’ cap in the eukaryotic mRNA?
 (A) facilitate the export of mRNA from nucleus
 (B) prevent from hydrolytic enzyme digestion
 (C) mediate the ribosome attachment to Mrna
 (D) B+C
 (E) A+B+C

詳解: E

真核 5’cap 有四個主要功能：

a. 調控細胞核的輸出。細胞核輸出是由帽結合複合物（CBC）來調控，它只會與加帽的 RNA 結合。CBC 接著會由核孔複合物所辨認及排出。
b. 阻止因核酸外切酶造成的降解。mRNA 因核酸外切酶造成的降解會被功能上類似 3’端的 5’端帽所阻止。mRNA 的半衰期會因而上升，方便真核生物輸出所需的長時間。
c. 促進轉譯。5’端帽亦是用作與核糖體及轉譯起始因子結合。CBC 亦會涉及此過程，負責招聚起始因子。
d. 促進除去 5’近端內含子。這個過程的機制並不清楚，但 5’端帽似乎會繞圈及與剪接體在剪接過程中互相作用，從而促進除去內含子。

校方釋疑：

5’ cap 可以協助 RNA 送出核以及防止切解在 campbell 書中已有明確指出。維持原答案

42. Which step of a basidiomycete’s life cycle would be interrupted if an enzyme that blocked hyphae fusion was introduced?
 (A) germination
 (B) fertilization
 (C) plasmogamy
 (D) karyogamy
 (E) meiosis

詳解: C

如果真菌菌絲不能融合，那麼胞質融合（plasmogamy）就不能達成。

43. Which statement describing the blood flow through the circulation of healthy human cardiovascular system is **TRUE**?
(A) Left ventricle → Left atrium → Pulmonary vein → Capillaries of lungs
(B) Right atrium → Right ventricle → Left ventricle → Left atrium
(C) Capillaries of abdominal regions and legs → Aorta → Left atrium → Left ventricle
(D) Capillaries of head and arms → Superior vena cava → Right atrium → Right ventricle
(E) Inferior vena cava → Right ventricle → Right atrium → Pulmonary artery

詳解: D

在人體內，血液會進行雙循環如下：

1. 體循環：左心室→主動脈→動脈→小動脈→微血管→小靜脈→靜脈→ 上下腔靜脈→右心房→肺循環
2. 肺循環：右心室→肺動脈→肺→肺靜脈→左心房→體循環

正常人類血液流動方向以選項 D 為正確。

44. Which kind of neurotransmitters does **NOT** belong to biogenic amines?
(A) Acetylcholine
(B) Dopamine
(C) Epinephrine
(D) Norepinephrine
(E) Serotonin

詳解: A

生物胺（biogenic amine）是普遍存在於生物體的胺基酸衍生物，生物胺在經由中樞神經系統的調控作用下，能夠釋放具有傳遞訊息的神經傳導物質（neurotransmitter），藉此調控神經內分泌系統合成以及釋放神經激素來調節生理機能。生物胺的種類有多巴胺（dopamine, DA）、血清素（5-hydroxytryptamine, 5HT）、兒茶酚胺（catecholamines）、腎上腺素（epinephrine , E）、正腎上腺素（norepinephrine, NE）以及組織胺（histamine），乙醯膽鹼不屬於此類物質。

45. Which of following does **NOT** belong to "Innate immunity"?
(A) Mucus membranes
(B) Skin
(C) Nostril hairs
(D) Natural killer cells
(E) Lymphocytes

詳解: E

免疫反應可以分為先天性免疫（innate immunity）及後天性免疫（acquired immunity）；而後天性免疫又可分為主動免疫（active immunity）及被動免疫（passive immunity）。

先天性免疫是指不須接觸過抗原、致病原或微生物，而與生俱來便有的抵抗力，屬於非專一性（non-specificity）的保護機制，包括宿主的生理屏障、白血球的吞噬作用、發炎反應以及可溶性蛋白質的分泌等。後天性免疫反應須在與抗原接觸後，再經由抗體及淋巴細胞以具有專一性的主動方式，刺激免疫反應的產生。淋巴球為後天免疫的主要參與成員。

免疫反應的種類	參與的分子或細胞	功　能
先天性免疫	生理屏障 白血球 補體 可溶性蛋白質	阻隔外界微生物（生理性） 吞噬作用（吞噬性） 發炎反應（發炎性） 溶解微生物或調理作用（解剖性）
後天性免疫	B 細胞 T 細胞	產生抗體參與體液性免疫反應 含 T_H 與 T_C 細胞執行細胞媒介免疫反應

種類	先天性免疫	後天性免疫
產生的方式	1. 與生俱來即可抵抗某種微生物的侵犯 2. 包括皮膚與黏膜和各種非專一性的防禦分子 3. 防禦的能力隨年齡、內分泌、代謝與體質而異	需要第一次接觸並對抗原辨識後才能產生具專一性的抵抗能力
參與細胞	顆粒性白血球、單核球、巨噬細胞、自然殺手細胞等	淋巴球（T 細胞與 B 細胞）
循環性分子	溶菌性，補體，急性期蛋白，干擾素 α、β 等	抗體或免疫球蛋白
反覆接觸的影響	不因反覆接觸而增加其濃度及反應	會因反覆接觸而增加其濃度及反應
補體的活化	替代路徑	古典路徑
專一性	－	＋
記憶性	－	＋
接受器	1. 型態辨識接受器 (Pattern-recognition receptors, PRRs) 2. 甘露醣接受器 (Mannose receptor) 3. 類鐸接受器 (Toll-like receptors, TLRs)	1. B 細胞接受器 (B cell receptor, BCR) 2. T 細胞接受器 (T cell receptor, TCR)

46. Which kind of hormone (or neurotransmitter) is involved in regulation of circadian rhythm in human?
(A) Melanin
(B) Oxytocin
(C) Melatonin
(D) Acetylcholine
(E) Dopamine

詳解： C

當光線從瞳孔進入眼球，投射在視網膜上，視網膜發出的一對視神經交叉的正上方有一對神經核，稱為視叉上核，坐落於大腦的下視丘，負責協調脊椎動物的代謝及掌管生理時鐘，並告知松果體何時應分泌褪黑激素，以調整晝夜節律。

褪黑激素在白天光線進來時會被壓制，這時身體的內分泌系統就感應到褪黑激素的濃度降低，進而分泌白天需要的荷爾蒙，以維持白天的精神與專注力。天黑後照進來的光變少，褪黑激素開始分泌，身體就會告訴我們現在是晚上。

47. What is the plant hormone which is produced in roots and promotes the attraction of mycorrhizal fungi to the roots?
   (A) brassinosteroids
   (B) jasmonates
   (C) strigolactones
   (D) abscisic acid
   (E) gibberellins

詳解： C

Strigolactones是類胡蘿蔔素的代謝衍生物，萜烯類化合物，為植物信號分子，內源作為植物荷爾蒙和外源在根際是根際信號分子。Strigolactones 影響包括：根生長、側根形成、根毛延長、不定根生長；腋芽發生、莖伸長、莖次生生長；葉老化，其中最明顯是側芽分枝的調控。植物根部可以釋放獨腳金酮(strigolactones)作為吸引真菌來與其形成菌根的化學訊息。

植物根系合成 Strigolactones 分泌到土壤中時，可刺激共生菌（如：叢枝菌，Arbuscular mycorrhizae，簡稱 AM）孢子萌芽，引導菌絲（hyphae）到達根際，增加根和共生真菌之間的接觸，並誘導菌絲進入根細胞，增加生理活性。陸生植物有 80%以上與叢枝菌真菌共生，植物根與真菌共生形成菌根（mycorrhiza），植物根部表皮因菌絲感染而形成穿入點，接著菌絲穿入皮層而分叉形成叢枝體（arbuscule）。叢枝體是作物與真菌養分交換的主要場所，而菌根外的菌絲可分解土壤中的有機物，並透過內皮進入導管向上運輸，因此可讓成熟根也有像根毛的吸收功能，對一些容易被土壤固定不易吸收的營養物質，特別是磷肥的吸收最為顯著。

48. Which of the following hormones does **NOT** match the response it elicits?
   (A) Salicylic acid: Resistance of plants to some pathogens
   (B) Ethylene: Fruit abscission
   (C) Auxin: Apical dominance
   (D) Brassinosteroids: Leaf morphogenesis
   (E) Abscisic acid: Release of seeds from dormancy

詳解: E

離層酸(脫落酸，abscisic acid，ABA)是植物的賀爾蒙，也是動物的賀爾蒙。在植物中，離層酸與抗壓力有關，在植物缺水時不僅會分泌離層酸、它的合成也會加速，造成氣孔（stomata）的關閉。另外離層酸也會抑制種子萌發、延遲開花等等。高等動物，包括人類，都會合成離層酸；但是人類合成離層酸的主要用途，卻不是用來處理壓力反應。離層酸在人體內，由與免疫相關的細胞負責合成：包括顆粒性白血球(granulocytes)、單核球(monocyte)以及巨噬細胞(macrophage)，都會合成離層酸。更有意思的是，胰腺的 β 細胞（pancreatic β-cell）也會合成離層酸喔！而且 β 細胞要在受到葡萄糖刺激後，才會分泌離層酸呢！

校方釋疑：

ABA 是造成種子休眠的主要原因。維持原答案

49. Which phylum is characterized by animals that have a segmented body?
(A) Platyhelminthes
(B) Arthropoda
(C) Mollusca
(D) Cnidaria
(E) Porifera

詳解: B

節肢動物(arthropoda)屬於身體有分節的動物之一，分節現象也是環節動物、脊索動物的重要特徵。

50. Some evolutionary changes can occur when the conditions for Hardy-Weinberg equilibrium are not met. Which of the following matches is **FALSE**?
(A) Adaptive evolution: No natural selection
(B) Genetic drift: No gene flow
(C) Founder effect: Extremely large population size
(D) Stabilizing selection: No natural selection
(E) Sexual dimorphism: Random mating

詳解: B

遺傳漂變（genetic drift）與基因流（gene flow）並沒有相對或因果關係。

校方釋疑：

題義為：個別演化現象違反的哈溫定律假設，何者有誤。Genetic drift 違反 extremely large population size，故答案為 B。其中 Campbell Biology 12ed p.555: “Sexual selection can result in sexual dimorphism, a difference in secondary sexual characteristics between males and females of the same species。故E選項的 sexual dimorphism違反 random mating. 維持原答案

51. Which description about speciation is **FALSE**?
(A) Speciation can occur rapidly.
(B) Speciation can not be driven by few genes.
(C) A species may originate from polyploidy.
(D) Species can take place without geographic separation.
(E) Divergence of allopatric population can lead to reproductive isolation.

詳解: B

多倍體的形成、少數基因的變化，尤其是影響生殖相關的基因，都可能在短時間內造成新生物種的形成。

52. Flower color in sweet peas is controlled by two genes, *C/c* and *E/e*. *C* is dominant to *c* and *E* is dominant to *e*. A plant produces purple flowers only if it contains at least one dominant allele for each gene; otherwise it produces white flowers. If two plants heterozygous for both genes are crossed, what will be the phenotypic ratio for purple: white flowers?
(A) 3:1
(B) 4:1
(C) 9:7
(D) 5:3
(E) 15:1

詳解: C

依照題目條件，要 E_C_才是紫色其餘皆為白色，那麼 CcEe 自交後，子代紫色：白色＝9：7。

校方釋疑：

紫花與白花比列為 9：7。維持原答案

53. A person with an extra copy of what number of chromosome has a condition called “Down syndrome”
(A) Chromosome 9
(B) Chromosome 13
(C) Chromosome 18
(D) Chromosome 21
(E) Chromosome X

詳解: D

唐氏症的成因包括染色體無分離(nondisjunction)、染色體轉位(translocation)及異常細胞鑲嵌(mosaicism)。絕大部份的唐寶寶屬於三染色體症(trisomy 21),約佔 95%,父母的生殖細胞在形成的過程中,第 21 對染色體偶然出現無分離現象,有些精子或卵子因而多帶或少帶了一條的第 21 對染色體,多帶一條的生殖細胞和正常生殖細胞結合,胚胎的第 21 對染色體就會有整整三個條,導致唐氏症。少數患者為轉位型唐氏症,他們的染色體套數和一般人相同,約佔所有唐氏症患者的 4%,其中 1/4 是因父親或母親為平衡轉位的帶因者,第 21 對染色體曾發生斷裂再誤接到其他染色體上,雖然父母的染色體沒有遺傳物質的增減不會導致唐氏症,但下一代有 1/3 機會遺傳到不平衡轉位的染色體核型,第 21 對染色體上的某段遺傳物質會多出一套,而成為唐寶寶;若小孩確診為轉位型唐氏症,父母需接受染色體核型分析(karyotype)來釐清遺傳性,父親或母親為染色體平衡轉位帶因者時,唐氏症的再發率分別為 3%及 10～15%。極少數個案為鑲嵌型,約佔 1%,患者只有某些細胞的染色體套數出現異常,其他細胞則和一般人相同,疾病特徵及臨床症狀通常較輕微,智力商數可達 60,罹患先天性心臟病的比例也較低。

54. Regarding damage to the AV node of heart, what type of wave can cause an Electrocardiography (ECG)?
(A) The absence of the T wave
(B) The absence of the P wave
(C) Multiple Q waves
(D) Multiple T waves
(E) Multiple P waves

詳解: E

心電圖是一項測量心臟電活動的測試,快速、安全且無痛的,可用作檢測和記錄心電活動。每當心臟肌肉收縮時,都會產生微量的電流訊號。醫護人員可透過精密電子儀器監測這些訊號,從而瞭解心臟的健康情況。除了用以評估心臟的節奏和頻率外,同時也可檢測各種心臟病和心臟肥大等症狀。

心電圖主要由一系列波段組成,依次為 P 波、QRS 波群及 T 波:

1. P 波:新房去極化過程中產生的電活動,又稱心房去極波。
2. QRS 波群:反映了左右心室的快速去極化過程。
3. T 波:又稱最終波,代表心室的電活動恢復或回到靜止狀態。

若 AV node 受損,根據其功能:將來自 SA node 的電訊號傳遞至心室(希氏束),會造成 EKG 中只有心房去極化訊號,也就是 P 波。

校方釋疑:

AV node 的損傷,會造成明顯的 Multiple P waves。維持原答案

55. If the mitochondria were removed from a cell, which of the following would **NOT** immediately stop?

(A) Glycolysis

(B) The citric acid cycle

(C) Thermogenic respiration

(D) Oxidative phosphorylation in the electron transport chain of respiration

(E) Malate-aspartate shuttle

詳解: A

糖解作用在細胞質中進行，無需氧氣的參與，所以有氧、無氧的狀態下均可進行。分解 1 分子葡萄糖，產生 2 分子丙酮酸、2 分子 ATP 及 2 分子 NADH。與粒線體有無沒有關係。

56. About phytochrome, which statement is **FALSE**?

(A) Red light can lead to the production of Pfr for activating the subsequent flower gene in long-day plant.

(B) Pfr and Pr are the proteins with the same amino acid sequence.

(C) The Pr can be abundantly found in leaves.

(D) In theory, phytochrome contains only one gene that can express one protein.

(E) The flowering response induced by a short flash of light can be also converted by a short darkness in a black box.

詳解: E →答案更改為 D、E

目前研究得知：植物感應黑暗期的物質是光敏素，也是感應光中斷的主要物質。光敏素以兩種型式存在，一種可吸收紅光，稱為紅光光敏素(簡稱 Pr 或 P660)；另一種可吸收遠紅光，稱為遠紅光光敏素（簡稱 Pfr 或 P730）。此兩種型式可互相轉換，亦即：紅光光敏素吸收紅光後轉變成遠紅光光敏素；反之，遠紅光光敏素吸收遠紅光後轉變成紅光光敏素，而且此反應是可逆的。在結構上，光敏素是由一個多肽（polypeptide）及一個色素基（chromophore）所組成的蛋白質，其中色素基是可吸收光線的色素分子，且可在吸收紅光後，由順式型（cis-form）轉成反式型（trans-form）；或在吸收遠紅光後，有逆向轉換的改變。此外，學者發現吸收紅光後的光敏素（遠紅光光敏素；Pfr 型）與植物的生理反應有產量上的關連性；換言之，Pfr 型產生愈多，生理反應愈明顯。然而卻與 Pr 型減少的量無關；再者，由於生理反應也並非直接與 Pfr 型的絕對產量有關，故學者認為：生理反應的表現決定於 Pfr、Pr 兩型的相對比例，或是取決於 Pfr 占光敏素總量的百分比。

Pr 及 Pfr 比例上的變化，對光週期性植物開花有不同影響，當植物處於黑暗時，體內的 Pfr 較容易轉成 Pr，使 Pr 的相對比例高於 Pfr，若持續黑暗，則 Pfr

量降至足以誘導短日照（長夜）植物開花，或抑制長日照植物開花。倘若以紅光中斷黑暗，Pr 又轉成 Pfr，故 Pfr 累積至足以誘導短日照植物開花，或反而誘導長日照植物開花。同理推論下去，反覆以紅光、遠紅光進行光中斷處理，則以最後處理的光照類型會改變 Pfr、Pr 兩型的相對比例，而決定植物的開花率。

植物對光反應中，因為短期閃光造成的影響，並無法以後續短期黑暗來逆轉。

校方釋疑：

選項 D 同意給分。

57. In the bundle sheath cells of C4 plants, CO_2 can be fixed by _____ and produce _____ during the dark reaction of photosynthesis.
(A) oxaloacetatic acid (OAA), malate
(B) OAA, phosphoenolpyruvate (PEP)
(C) pyruvate, malate
(D) PEP, malate
(E) RuBP, 3-Phosphoglycerate

詳解： E

許多生長在亞熱帶或熱帶地區的植物為減少蒸散作用，除葉肉細胞排列緊密外，維管束外圍尚有一層排列緊密的束鞘細胞圍繞。首先將 CO_2 固定成四個碳的草醋酸，草醋酸再被分解，釋放出 CO_2 再參與卡爾文循環。卡氏循環在束鞘細胞中進行。如甘蔗、玉米與一些生長於熱帶地區的雜草均屬此類。一般認為光合作用的效率較高。C4 植物生長於高溫、光照強烈或水分不足的地區，因此氣孔開放的時間有限。C4 植物是先在葉肉細胞於氣孔有限開放的時間內將 CO_2 轉換成有機酸，累積在植物體內，再轉換到維管束鞘細胞進行卡氏循環。

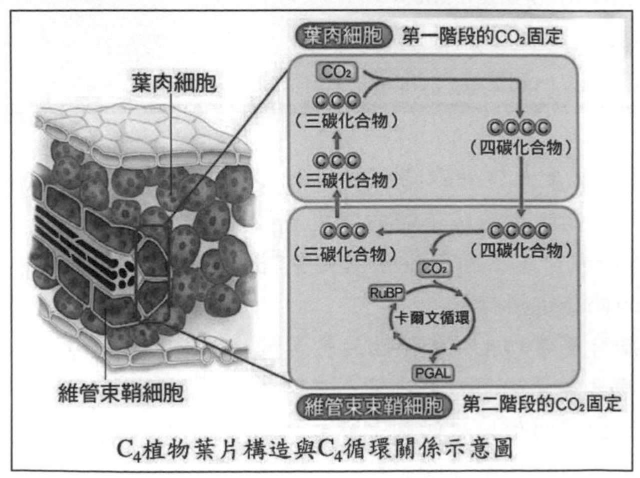

C_4植物葉片構造與C_4循環關係示意圖

校方釋疑：

CO_2會被固定在哪種化合物並合成哪種化合物。維持原答案

58. The best description or link about the concept of plant "hypersensitive response" defense system could be that _____.
(A) the infected cell will produce restriction enzymes to digest virus
(B) the infected cell will produce antibody to restrict virus
(C) plants can induce a broad area of cell death surrounding the infected cell
(D) plants can produce volatile attractant to recruit the parasitoid predator
(E) plants can increase vascular system to remove pathogen more quickly

詳解: C

當病原體入侵時，植物會啟動一連串的變化，立即造成附近寄主植物細胞死亡，使得病原菌失去營養而死亡，是一種「計畫性細胞死亡」的機制，也可稱為過敏性反應（Hypersensitive Response）。過敏性反應初期，許多病原性相關蛋白基因（PR genes）會活化，其產物稱為病原性相關蛋白（PR proteins），可能是一些病原體分泌酵素的抑制物，如蛋白酶抑制物；分解病原體細胞壁的酵素，如β-1,3 glucanase 和 chitinase 等。而且入侵的病原體會產生一些醣類、糖蛋白或蛋白質分子的誘導原（elicitor），誘導植物體內產生相關酵素，合成一群類黃酮的化合物，稱為抗菌素（phytoalexins），以限制病原菌的生長。隨後植物細胞合成木質素（lignin）、木栓質（suberin）和胝質（callose），以修補細胞壁的損傷，減緩病原菌的入侵。最後，啟動計畫性死亡，造成入侵部位壞死，以限制病原體的擴散。

59. In additional to the potential of many cancer cells to grow uncontrollably, which of the following scenarios is most likely to result in a tumor?
(A) Lack of appropriate cell death
(B) The order of cell cycle stages can be changed
(C) Inability to form spindles
(D) Failure of cells to enter the S shape
(E) Most cancer cells are senescent

詳解: A

癌細胞因為缺乏正常細胞凋亡機制加上細胞週期調控機制失控，所以可以持續不斷分裂而不凋亡，造成身體的嚴重負擔。

以下是 5 項科學家累積數十年研究發現的癌細胞主要特性，說明它們為何能在病患體內如此霸道橫行。

1. 癌細胞會異常增生：自發性的異常增生是癌細胞最廣為人知的特性。正常的細胞只有當接受外來訊號（賀爾蒙、生長因子）刺激時才會細胞分裂，而癌細胞不須依賴這些刺激就能持續生長。這主要由細胞內抑制細胞生長的機制損壞以及癌細胞脫離了細胞自殺機制的控制這兩個因素所致。

2. 癌細胞能抑制、逃避免疫系統的攻擊：癌細胞能形成腫瘤，通常已發展出對付人體免疫系統攻擊的能力了，它們大致有避免被免疫系統發現、抑制免疫系統的活性、使免疫系統的攻擊無效以及毒殺免疫細胞等 4 種策略。
3. 癌細胞會刺激血管新生：缺氧的環境會促使癌細胞內的「缺氧誘發因子」（Hypoxia-Inducible Factors，HIFs）表現量大增，HIFs 是轉錄因子（transcription factor），它的表現增加後會活化「血管內皮細胞生長因子」（Vascular Endothelial Growth Factor，VEGF）基因表現，癌細胞內新生成的 VEGF 會進一步分泌到腫瘤組織並刺激微血管新生，如此可解除腫瘤內部缺氧的危機，也提供腫瘤持續增長的條件。
4. 癌細胞會侵犯周圍組織並轉移至其他器官：腫瘤轉移是癌細胞一連串漸進過程的結果，它是造成癌症病患死亡的主因。起初，原發的癌細胞會局部侵犯周邊組織，進一步癌細胞會穿透正常組織，進入鄰近的微血管或淋巴管，侵入循環系統後癌細胞得以向其他器官散佈。然而進入血液循環的癌細胞就有如游入大海的小海龜，必須面臨重重的危險，多數無法存活下來，僅有極少數能通過微血管壁進入另一個器官，稱為「微轉移」（micrometastasis）。
5. 癌細胞的染色體遺傳不穩定：癌細胞的染色體通常是異常的，且隨著癌症惡化，染色體的變異會愈嚴重。因為當癌細胞進行細胞分裂時，染色體常會不平均地分配至兩個子細胞而造成染色體遺傳不穩定現象，例如缺失或多獲得一整條染色體、染色體易位（產生融合基因）、染色體部分區域擴增等。若缺失的染色體上有重要的抑癌基因，代表該細胞將失去抑癌基因；擴增區域若恰好為原致癌基因的區域，則將表現大量的致癌基因；融合基因也可能表現出會促進癌細胞惡化的融合蛋白。此外，當癌細胞內修復 DNA 的機制（蛋白）受損時，修補紫外線、致癌物造成 DNA 傷害的能力也將大幅喪失，這會加速癌細胞累積基因突變，使其更容易演變為具抗藥性、更惡性的癌細胞。

60. In human bodies, which functional area is mainly located in the occipital lobe of the brain?
(A) Hearing
(B) Reading
(C) Smell
(D) Speech
(E) Vision

詳解： E

左右半球的腦部都可分成四個區塊，分別是額葉（frontal lobe）、頂葉（parietal lobe）、枕葉（occipital lobe）、顳葉（temporal lobe）。

額葉是四分區中最大的，負責認知功能和動作控制。接近額葉最後端中央溝之處，是腦部控制運動的區域。額葉能抑制一些我們認為社會不同意的行為，讓我們根據現階段狀況去判斷和預測過來發生的事情，並解決問題。額葉也能幫助形成和情緒有關的記憶。整體來說，額葉可以接收各處的資訊，決定身體動作，我們的智力、專心程度、人格、行為、情緒，都與額葉有很大的關係。若是受損，我們就無法從臉部表情或聲音傳達自己的情緒，即使很高興也是板著一張臉毫無表情。有些人額葉受傷後會容易憂鬱，失去生活動機。失去原本執行、策畫、判斷方面的能力，或改變社交行為，無法抑制自己做出社會不容許的事情。

頂葉是負責整合眾多感覺資訊的區域。頂葉與額葉以中央溝為分界，中央溝的後方就是頂葉的感覺區。我們皮膚會接觸到的溫度感覺、觸覺、味覺、痛感，都會經由丘腦抵達頂葉的感覺區。另外，頂葉還與我們的空間感、本體感覺、空間與視覺處理有關。如果右側頂葉受傷了，患者就失去了左側的空間感，完全忽視掉左側，即使畫畫也畫不出左側。

顳葉和耳朵位置在同個高度，有聽覺區，處理我們聽到的聲音和語言。顳葉能處理記憶，並和其他感覺整合，保留視覺記憶、語言理解、和情感關聯，將這些感覺輸入處理成有衍生意義的資訊。顳葉也和了解語言有很大的關係，我們下面再一起解釋。海馬迴也在顳葉這個區塊，與記憶的形成很有關係，受到破壞的話會影響記憶和語言技能。

枕葉在腦部的後側，就是我們睡覺時與枕頭相接處。枕葉主要就是負責視覺，能處理顏色、光線等視覺刺激。眼睛的視網膜接受視覺刺激後，傳送訊息到枕葉，枕葉解析我們視覺接受到的刺激和資訊。若枕葉受傷，可能認不出物體、文字、難以分辨顏色。

高元師資

後西醫 生化 至尊

于傳

葉傳山

教學特色

1. 台灣大學生化博士
2. 15年的教學經驗，上課內容清楚完整，表達能力佳極具親和力；不論同學科系背景，皆能在課堂中得到最大收穫，並達到事半功倍之效。

馮士昕 */彰師大生物*

連中三榜

高醫.中興.中山/後西醫

生化看于傳老師的筆記就夠了~我強迫自己一定要把生化題庫寫完且一直抓著老師問問題，一開始我抓不到生化怎麼唸，但寫完題庫和歷屆後，大概題目都抓得住，真的要乖乖寫完題庫且確實檢討完畢。另外也很推老師寫的超詳解，老師寫的非常詳細，省去很多查資料和寫筆記的時間。

荊裕傑 */嘉藥藥學*

連中三榜

一年考取

高醫.中興.中山/後西醫

于傳老師的生化真的更不用我多說了吧，推到不行，于傳老師的教學加上生化內容本身想對少，簡直就是把生化這科的CP值推向高峰，老師上課的脈絡和筆記環環相扣，老師能把每個重點和觀念用很簡單的話講出來，再加上老師講話的口吻很有故事性，有些內容都不用特別背，老師的聲音就會自然在腦中，來上于傳老師的課絕對不會後悔。

李承哲 */長庚生科*

高醫/後西醫

高醫的生化的題型越考越刁難，但我認為于傳老師的講義和課程筆記足以涵蓋九成以上的考題，老師觀念講解十分清晰，課程筆記整理也是言簡意賅，複雜的代謝流程可以用有邏輯的起承轉合，讓我清楚抓到重點而不是死背。此外課前小考真的感受到老師用心出題，整理了歷屆學長姐常問的題庫問題，在課堂講解上一併解決，真的很暢快！

許智堯 */成大機械*

高醫.中山/後西醫

章節開始前老師會勾勒出大脈絡，之後一路延伸至細節，上課跟著老師步調走，複習時配著筆記和課文重點(有顏色)，很有效率。每章後面都有精選題目，大多是考古題，經由考古題的練習複習非常重要。上課氛圍輕鬆有趣、內容豐富紮實(圖片多幫助記憶)，專心上課會有相當大的收穫。題庫班老師會帶基本題，精選的難題也相當有記憶點。

林於憫 */嘉大園藝*

中山/後西醫

雖然老師的講義大多是從原文書上來的，但是真正有價值的是老師上課的筆記，常常2面的講義就能引出填滿一頁A4的筆記量，而且都是歷年考古題以及題庫的考點內容，所以上老師的課要很認真的上，甚至可以看錄影多看幾次複習，老師也很樂意解決同學們的問題，在學習生化這門課過程中老師真的幫了我不少忙。

陳維婕 */長庚醫放*

中興/後西醫

于傳老師的上課方式很簡潔明瞭，我很喜歡老師整理的表格而且老師都會把他講解完的小觀念寫在黑板上方便我們加深記憶和理解。生化這科我有寫自己的筆記，我覺得跟著上課跟著抄，可以幫助記憶，而且也會逼自己要認真聽課以免抄錯。
筆記做完了之後，其實講義也差不多讀過了好幾遍，再搭配題庫反覆練習和歷屆題目，基本上就能掌握大部分的分數了。

高元後西醫物理雙雄

高元師資

金戰
林煒富

教學特色
1. 國立大學物理博士
2. 大學講師，理論與實務兼具，口語表達最優質，掌握考題脈動
3. 講義採用條列式編寫，同學課後複習更能掌握重點

吳笛
吳志忠

教學特色
1. 台大電機所畢業，多年補教經驗
2. 口語表達，論述清晰
3. 注重觀念及公式運用
4. 由淺入深，建立解題秒殺

莊忠勳 /高醫藥學
連中雙榜

高醫.中山/後西醫

物理的部分，我第一年選擇的是金戰老師，第二年選吳笛老師，我認為兩位老師各有各的優點，同學們可以去試聽看看自己比較喜歡哪位老師的教課方式，在準備物理這科上面我認為最重要的是把老師上課教的公式都記熟而且知道該如何使用，因為像中山高醫的題目很多，同學常常遇到的問題就是寫不完，那我的作法是放掉難題，所以學會跳題也是很重要的。

羅紹緯 /成大護理
連中雙榜

高醫.中興/後西醫

金戰老師是教學非常嚴謹的一位老師，能把難題剖析後變得有條有理，不會像某些老師強調速解，而是實實在在的帶著學生釐清觀念才一步步往下做。因普通物理的內容頗多，金戰老師會把某個章節所有相關的公式整理囊括列在每個小節的最後，這對我在準備考試上有很大的幫助，因為高醫物理出題廣但不深難，因此快速的理解或複習一個概念反而變得比較重要。

林於憐 /嘉大園藝

中山/後西醫

老師的講義簡潔清楚，各章節要理解的觀念與常用的公式，透過整理歷屆試題與題庫，可以很快地了解各章節的內容，在複習上只要熟記公式，就可以快速的增加解題的熟練度，老師有時候也會提供一些解題技巧，但還是比較著重於觀念的理解與公式的使用，基礎打好就能應付大多數的題目。

陳玟暢 /台師大化學

清大.中山.中興/後西醫

金戰老師的物理課觀念清楚，老師會提供好幾種解題思路，也會連結相關題型的解題觀念。因此，物理科我主要是跟著金戰老師帥氣的聲音前進，上課時我會先自己將例題寫過一遍再聽老師的講解，如此一來便能強迫自己思考，也能對自己不會的題型更有印象。另外，上課時我也會將物理題本放在一旁，趁著空檔也能自己多練習幾題。
解題速度方面，老師會在解題時順帶一些速算法，建議一定要學起來並多加練習。。

侯鴻安 /中國醫藥學

高醫/後西醫

金戰老師對原理講的十分清楚，上課的題目如果不熟悉，下次上課前要弄清楚。

馮士昕 /彰師大生物

連中三榜

高醫.中興.中山/後西醫

物理部分，方向真的很重要。物理要搞懂不同題型之間的關聯，也要「看得懂」很多變化題其實是同一種題目，可以套用相似觀念或是快速解。公費學校的物理大部分不會到很難解，所以物理一旦把握到答對率8~9成基本上就很有機會上榜了。另外，題庫一定要練習，但是偏離歷屆方向太遠的題庫可以適時放掉，跟歷屆相似或是可以從歷屆延伸的題目一定要抓住，同時也要習慣英文敘述方式，這樣物理大概就沒問題了！

清華大學111學年度學士後醫學系單獨招生試題暨詳解

科目：普通生物學 **黃彪 老師解析**

【單選題】每題2.5分，答錯1題倒扣0.625分，未作答，不給分亦不扣分。

1. Which of the following descriptions about brown algae is **NOT** correct?
   (A) They are the smallest and least complex algae.
   (B) They are mnulticellular and mostly marine.
   (C) They contain chlorophylls and carotenoids in their plastids for photosynthesis
   (D) Some species, such as Japanese "kombu" are eaten as human food.
   (E) Their cell walls contain gel-forming polysaccharides called algin.

詳解: A

海洋之大型藻類，可分為綠藻(Green Algae)，紅藻(Red Algae)及褐藻(Brown Algae）等三種，常生長於潮間帶或亞潮間帶，是藻類中，最具有經濟價值之海洋植物。

除少數幾種外，褐藻皆為溫帶或是寒帶的海洋植物，著生於海岸邊的石塊上。褐藻為多細胞的葉狀體，型態大小變化大，小者為絲狀，用顯微鏡始能見到，大者可長達數十尺，如大昆布或大海藻等。褐藻色素體中所含藻褐素(Fucoxanthin)之量，較其他色素如葉綠素a、c、類胡蘿蔔素（Carotenoids）等為多，故常呈黃褐色。光合作用之主要產物為藻醣（昆布醣–Laminarin）及油類（Oils）等。褐藻細胞具明顯的核及纖維素的壁，壁外常覆一層膠質物—藻素（algin），故摸起來黏黏滑滑的，細胞質內具一或多個葉綠體。

2. Which of the following descriptions about fungi is **NOT** correct?
   (A) They are a group of eukaryotic organisms that includes yeasts, molds, and mushrooms.
   (B) They are incapable of photosynthesis.
   (C) Fungal membranes contain a unique steroid called ergosterol, which is a drug target of athlete's foot treatment.
   (D) Mycorrhizal fungi form symbiotic relationships only with legumes.
   (E) Fungal cell walls are made of chitin.

詳解: D

真菌（fungi）在地球上泛存於空氣、水、土壤以及各類生物的體表或體內。真菌在分類上的歧異度很大，種類也很多。就體型而言，可小如肉眼看不到僅數微米大小的酵母菌，到可有數公尺直徑的大型多孔菌。真菌的類別雖多，體型亦各異，而共有的一些特徵可歸納如下：

1. 為真核性生物，但對於其他真核性的動、植物而言，其細胞核相對極小。真菌基因組中核苷酸含量頗低，如洋菇類約為大腸桿菌（細菌，為原核生物）的八倍，但僅及人類的百分之一。
2. 真菌以腐生、寄生或共生的型式進行異營性生活。與動物不同的是動物直接攝取食物進入體內消化，而真菌則釋放消化酵素於鄰近的環境，以分解食物成較小的水溶性分子進入細胞內消化。
3. 真菌細胞被覆細胞壁，此細胞壁成份主要為幾丁質。
4. 多數真菌由菌絲形成菌絲體構成其體型（酵母菌類以單獨細胞或細胞連結成串生活為例外），並可於菌絲產生孢子以完成有性或無性繁殖。

黴菌的細胞膜上有一種特殊的成份叫作麥角固醇（Ergosterol），麥角固醇是組成黴菌細胞膜不可或缺的成分，目前所使用來治療香港腳的抗黴菌藥物就是利用阻斷麥角固醇的合成過程來干擾黴菌細胞膜的生長，一旦細胞沒辦法把細胞膜順利合成出來，黴菌就無法正常的生長和繁殖，最後黴菌細胞就會漸漸凋亡，而治療香港腳所使用的抗黴菌藥物就是利用這種干擾黴菌細胞合成細胞膜的方法把身體上的黴菌殺死。

菌根菌（Mycorrhizal Fungi）是自然界中一種普遍的植物共生現象，它是土壤中的菌根真菌菌絲與高等植物營養根系形成的一種聯合體。共生真菌從植物體內獲取必要的碳水化合物及其他營養物質，而植物也從真菌那裡得到所需的營養及水分等，從而達到一種互利互助、互通有無的高度統一。它既具有一般植物根系的特徵，又具有專性真菌的特性。

麥角固醇（ergosterol）是從真菌類酵母與麥角菌中發現的一種植物固醇。在紫外線照射下可被轉化為維生素 D2。它是酵母和真菌細胞膜的組成部分，功能與動物細胞膜中的膽固醇相同。

3. Which of the following descriptions about methicillin-resistant *Staphylococcus aureus* (MRSA) is **NOT** correct?
(A) *Staphylococcus aureus* is a type of bacteria found on healthy people's skin
(B) *Staphylococcus aureus* causes lung infection and other infection
(C) People with MRSA skin infections often can get swelling, warmth, redness, and pain in infected skin.
(D) MRSA strains are resistant to all aminoglycosides including kanamycin and gentamicin.
(E) The resistance of MRSA strains is caused by the acquisition of the *mecA* gene implicated in the biosynthesis of bacterial cell wall.

詳解: D

近年來全球抗藥性問題日趨嚴重。抗藥性菌所衍生的問題已成為公共衛生重要議題。於所有細菌感染中，又以金黃色葡萄球菌（*Staphylococcus aureus*）感染最為重要。其中抗甲氧苯青黴素金黃色葡萄球菌（Methicillin resistant *S. aureus*,

以下簡稱 MRSA，有時也稱為“超級病菌”）因對許多抗生素皆有抗藥性，而導致臨床用藥選擇有限，亦可將其抗藥基因轉移至其他金黃色葡萄球菌，而使其產生抗藥性。

金黃色葡萄球菌是一種常見的細菌。約三分之一的人在皮膚表面或鼻腔內攜帶 這種細菌而不會發生感染。但若金黃色葡萄球菌細菌通過皮膚破損進入有機體，則會導致感染。症狀取決於所引起的感染類型。大多數金黃色葡萄球菌感染為皮膚感染，包括癤（boils）、膿腫（abscesses）、蜂窩織炎（cellulitis）及膿皰病（impetigo）。若金黃色葡萄球菌進入血流，則會影響機體的幾乎任何部分，並導致嚴重感染，包括敗血症（septicaemia，血液中毒）、骨髓感染（骨髓炎，osteomyelitis）、肺部感染（肺炎，pneumonia）以及心臟內膜感染（心內膜炎，endocarditis）。

S. aureus 菌株可區分為會對抗生素 oxacillin 和 methicillin 產生抗藥性的具抗藥性金黃色葡萄球菌（methicillin-resistant *S. aureus*, MRSA）與非抗藥性金黃色葡萄球菌（methicillin-sensitive *S. aureus*, MSSA）。MSSA 會製造五種 penicillin-binding proteins（PBPs），分別為 PBP1、PBP2、PBP2B、PBP3、PBP4。MRSA 的分離菌株除以上五種 PBPs，尚具有可轉錄製造 PBP2’(又稱做 PBP2a）的 mecA 基因，而 mecA 基因位在可移動的基因片段 Staphylococcal chromosome cassette mec（SCCmec）上，而此段基因會插入金黃色葡萄球菌 open reading frame（orfX）染色體的 3’端。獲得 mecA 基因片段的金黃色葡萄球菌會產生 PBP2a，使其對於 β-lactam 類抗生素親和力降低。β-lactam 不易和 PBP2a 結合，也就無法抑制細菌細胞壁的合成，使其成為具有抗藥性的 MRSA。

治療嚴重 MRSA 感染的主要選擇為萬古黴素（vancomycin）；然而，近來 MRSA 對萬古黴素的敏感性在降低，其中以 hVISA（heterogeneous vancomycin intermediate *S. aureus*）最難偵測出。hVISA 具有不同程度的抗藥性次族群細胞，而表現出對萬古黴素混合的抗敏性，導致患者萬古黴素治療的失敗。近年來因萬古黴素治療失敗個案的增加，達托黴素（daptomycin）的使用也逐漸增加。達托黴素雖為較新抗 MRSA 藥物，然而達托黴素治療失敗的個案也已發生，雖然達托黴素與萬古黴素作用機制有顯著差異，但對達托黴素具抗藥性的菌大多對萬古黴素亦具低程度混合抗敏性，而 hVISA 亦有對達托黴素感受性降低的趨勢。相反的，此類 MRSA 常見到對乙內醯胺抗生素感受性增加，此現象稱之為翹翹板效應（seesaw effect），但導致此現象的基因基礎尚未清楚。

萬古黴素與乙內醯胺抗生素的作用目標皆為細胞壁，但作用機制不同；萬古黴素是與合成細菌細胞壁的前驅物質 D-alanyl-D-alanine 結合，進而抑制醣肽聚合，造成細菌細胞壁無法合成。而各種乙內醯胺類抗生素的作用機制則均相似，都能抑制細胞壁肽聚醣合成酶，即青黴素結合蛋白（penicillin binding proteins, PBPs），從而阻礙細胞壁肽聚醣合成。達托黴素其作用為改變細菌細胞膜導致去極化（depolarization）而造成細菌死亡。找出這三類不同抗生素的共通機制，也許可延長現有抗生素使用壽命及找出新抑制標的。金黃色葡萄球菌對這三類抗生素產生抗藥性分別是增厚細胞壁以抗萬古黴素、增加細胞膜外正電荷以抗達托黴素、獲得 mecA 基因編碼出青黴素結合蛋白(Penicillin-binding protein 2a, PBP2a)成為 MRSA，為金黃色葡萄球菌得到抗甲氧苯青黴素的能力，此蛋白可合成細胞壁且與乙內醯胺類抗生素的親合性低，故對這類型的抗生素有抗藥性。

4. Which of the following descriptions about Crassulaccan acid metabolism (CAM) is **NOT** correct?
   (A) The benefit of CAM to the plant is the ability to leave most leaf stomata closed during the day.
   (B) During the night, CAM plants allow CO_2 to enter and be fixed as organic acids.
   (C) During the day, the stomata of CAM plants close to conserve water, and the organic acids stored in the vacuoles of bundle sheath cells are released.
   (D) Pineapple is the economically valuable crop possessing CAM.
   (E) Cactus utilize the CAM as an adaptation for arid conditions.

詳解: C

C4 植物，如甘蔗，為了適應亞熱帶及熱帶溫度較高而又比較缺水的地區，此區植物的葉包含有兩種構造，即葉肉細胞（mesophyll cell）及圍繞維管束鞘外圍的束鞘細胞（bundle sheath cell）。因此 CO_2 的固定也分為二階段進行，第一階 段在葉肉細胞中，即 CO_2 與三碳化合物（如 PEP）作用形成四碳化合物（如 OAA），故稱為 C4 循環，而第二階段在束鞘細胞中進行。沙漠植物，如仙人掌、鳳梨等 CAM（Crassulacean acid metabolism，景天酸代謝，簡稱 CAM）植物，為了適應極端乾旱的環境，氣孔於夜間溫度低時開啟，而在白天光照強，氣溫高時關閉，所以植物就利用夜間氣孔開啟時間，將 CO_2 固定下來成為 4 碳化合物貯存於葉肉細胞的液泡中，等到白天氣孔關閉時，4C 化合物再把 CO_2 釋放出來，以進行 C3 循環產生澱粉等碳水化合物。

5. Which of the following plant pigments mostly absorb red and far-red light to regulate plant responses, including seed germination and shade avoidance?
   (A) Phytochrome
   (B) Phototropin
   (C) Cryptochrome
   (D) ZEITLUPE
   (E) UVR8

詳解: A

光敏素（phytochrome）是植物體內的一種色素，成分為蛋白質，分為鈍化型（proteinred, Pr）和活化型（proteinfar-red, Pfr）兩種型態，分別吸收紅光和遠紅光而互相轉換。植物主要透過光敏素接收外界光的信號來調節本身的生長、發育和開花。

向光素（phototropin）對於氣孔的打開和葉綠體的運動也可能是重要的。在整個綠色植物譜系中都可以看到這些藍光受體。

隱花色素（cryptochrome）是在對藍光敏感的植物和動物中發現的一類黃素蛋白。它們涉及許多物種的晝夜節律和磁場感應。

光周期誘導植物開花需要適當的晝夜節律，人們從擬南芥中找到的影響晝夜節律的基因 CIRCADIAN CLOCK ASSOCIATED1（CCA1）和 LATE ELONGATED HYPOCOTYL（LHY），它們的 mRNA 的水平會隨著晝夜節律的變化而改變，而且過量表達 CCA1 或 LHY 不但會導致下胚軸變長和晚花，還會改變它們本身和其他一些基因的節律性表達；EARLY FLOWERING3（ELF3）、TIMING OF CABEXPRESSION1（TOC1）、FLAVIN BINDING KELCH-REPEATF-BOX1（FKF1）、ZEITLUPE（ZTL）、LUXARRHYTHMO（LUX）和 LOVKELCH PROTEIN2（LKP2）都屬於晝夜節律類基因。這類基因位於光周期途徑的上游，它們感受晝夜變化而引起自身表達量的變化,最終在葉中激活 CONSTANS（CO）的表達。

2011 年，科學家已知植物細胞中的 UVR8 蛋白質能偵測到波長較短的 UVB 紫外光，這種紫外光是造成曬傷的主因。UVR8 蛋白質讓細胞開始製造阻止紫外光傷害及修復 DNA 損傷的物質，2014 年美國普渡大學確定其中有種芥子酰基蘋果酸（sinapoyl malate）能藉助量子力學效應來吸收 UVB。陸地上所有植物和藻類似乎都具有製造這種天然防曬物質的能力，代表它是相當古老的適應作用。

6. During the development, the ectoderm eventually gives rise to?
(A) Nervous system
(B) Muscle
(C) Lungs
(D) Connective tissue
(E) Digestive tube

詳解：A

兩側對稱動物的受精卵，經過初步的卵裂、囊胚期之後，在原腸化以及其後的神經胚過程中，胚胎細胞會逐漸分層。依照相對位置，科學家將其定義為外胚層、中胚層、以及內胚層。內胚層細胞主要會分化為消化道；部分中胚層會分化出肌肉以及內臟；外胚層則主要分化成表皮以及神經細胞。胚胎裡所有的細胞命運，在分層到不同位置之前就已經大致上被決定下來。藉由不同的分子調控機制，胚層與胚層的命運被分離。而後相同胚層來源的細胞群又經過不同的調控機制，分化出不同區塊。區塊內的細胞再分化為不同功能的小單位。如此層層調控，最終發育成熟為複雜的動物成體。

7. Which of the following is not a feature of insects?
(A) Book lung
(B) Malpighian tubules
(C) Open circulatory system
(D) Tracheal system
(E) Exoskeleton

詳解: A

書肺是一種常見於蛛形綱生物腹部內的呼吸器官。雖然有「肺」之稱，但其實與脊椎動物的肺並無聯繫，只是因為形狀相似而得名。「書」一名則來自書肺中的氣袋和血淋巴形成的組織。大多數蜘蛛只有一對書肺，而蠍子一般有四對，也有沒有書肺的蛛形綱生物。

在生物的分類階層下，昆蟲的分類地位是屬於動物界、節肢動物門裡面的昆蟲綱。節肢動物門是動物界中最大的一門，而昆蟲綱則是節肢動物門裡唯一有翅而具有飛行能力的成員。在節肢動物門下面，一共有五個綱：昆蟲綱、甲殼綱、蛛形綱、唇足綱、倍足綱。通常被誤認為昆蟲的動物，大都屬於節肢動物門底下的其他四個綱。蜘蛛有八隻腳，身體分頭胸部和軀幹部，都與昆蟲的特徵不同，當然不是昆蟲囉！不過，蜘蛛也是屬於節肢動物門，只不過是屬於蜘形綱，也算是昆蟲的親戚了。

8. This is a genealogy that has a common genetic trait. Given that one gene pair is involved, what is the inheritance pattern?

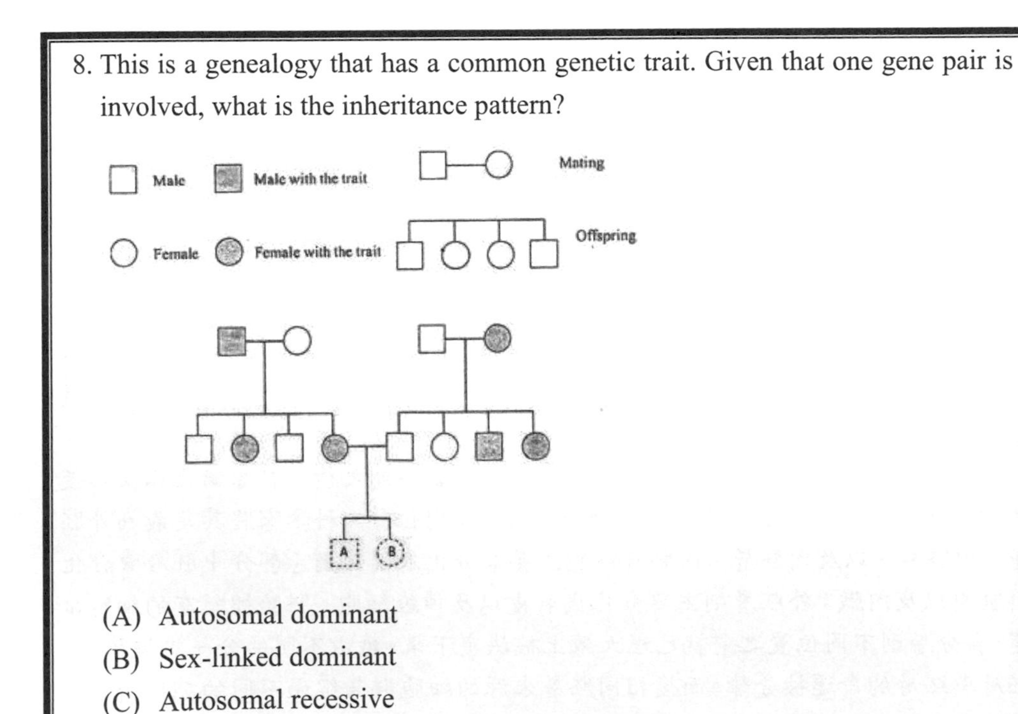

(A) Autosomal dominant
(B) Sex-linked dominant
(C) Autosomal recessive
(D) Sex-linked recessive
(E) The probability that individual A has the trait is 25%

詳解： B → 更改答案為 A, B, C 均可

以最直觀的特徵：代代有患者，父親為患者女兒都罹病，可直接判斷為 X 性聯顯性疾病。

校方釋疑：

考量性別與表徵，(B) Sex-linked dominant 為最符合的解答。以(A) Autosomal dominant 及(C) Autosomal recessive 在較低的機率下，也可得出該譜系圖。釋疑結果：(A)、(B)、(C)均可。

9. The coat color phenotype of Labrador Retriever mainly has three main colors: black, chocolate and yellow, which are affected by the genes of the unlinked B (black) and E (pigment distribution) loci. What kinds of offspring would you expect from the cross of a black female (BbEe) and a yellow male (Bbee)?
(A) Black, BBEe: 1/8
(B) Yellow, BBee: 1/4
(C) Chocolate, bbEe: 1/16
(D) Yellow, Bbee: 1/8
(E) Black, BbEe: 1/8

詳解： A

依照題意，要先有色素才能決定分布方式，可判斷應該是有隱性上位效應的遺傳模式。

BbEe × Bbee→B_E_（Black）：B_ee（Chocolate）：bbE_（Yellow）：bbee（Yellow）＝3/4×1/2：3/4×1/2：1/4×1/2：1/4×1/2＝3/8：3/8：1/8：1/8＝3：3：1：1。

10. Which of the following should be consistent among identical twins?
(A) The set of T cell antigen receptors produced.
(B) The set of major histocompatibility (MHC) molecules produced.
(C) The susceptibility to a particular virus.
(D) The set of antibodies produced.
(E) Epigenetic modifications.

詳解： B

人類白血球抗原（human leukocyte antigen，HLA），是編碼人類的主要組織相容性複合體（MHC）的基因。其位於 6 號染色體的短臂上（6p21.31），包括一系列緊密連鎖的基因座，與人類的免疫系統功能密切相關。其中部分基因編碼細胞表面抗原，成為每個人的細胞不可混淆的「特徵」，是免疫系統區分自身和異體物質的基礎。HLA 基因高度多態化，存在許多不同的等位基因，從而細緻調控後天免疫系統。

人和其他動物也各含有其主要組織相容複體，以決定細胞膜上的組織相容抗原，1958 年，Jean Dausset 經由觀察那些患有自體免疫性疾病（auto-immuno diseases）患者的血液，首先發現，人類的白血球上具有組織相容抗原，稱其為 human leukocyte antigen（HLA）。人類的主要組織相容複體位於第六對染色體上，主要由四個不同的基因調控，分別為 A、C、B、D，其中每一基因都有許多變異型，因此二個無血緣關係的人，其 HLA antigens 組成相同的機率是十分小的，但同卵雙胞胎就擁有相同的 HLA。

11. About Down syndrome, which of the following statements is **NOT** correct?
   (A) Down syndrome is usually the result of an extra chromosome 21, which means that each body cell has 47 chromosomes.
   (B) The frequency of Down syndrome increases with the mother's age.
   (C) This is mainly caused by nondisjunction during meiosis I, but not meiosis II.
   (D) Chromosomal mutation can be easily studied by analysis of Karyotypes.
   (E) Recent data suggest that by age 35, nearly 100% of people with Down syndrome develop Alzheimer syndrome.

詳解: C → 更改答案為 C、E 均可

唐氏症是最常見的染色體異常症，其發生率大約 1/800，亦即每 800 名新生兒就有一位唐氏症兒，約 80%是由於母親卵子的第 21 號染色體發生不分離現象所造成的。

如果不分離發生在減數分裂 I，產生的配子，一種有一對同源染色體，一種沒有該染色體，後者不能存活。如果不分離發生在減數分裂 II，形成的配子中有一個會有兩條完全相同的染色體，另一個則沒有該條染色體。當然，同時還會產生兩個正常的配子。

減數分裂時的不分離多發生在減數分裂 I，所形成的配子受精後，亞二倍體個體多不能存活，所以一般只能出生三體型後代。他們的父母均為正常的二倍體。這種不分離叫初級不分離。當母親年齡大於 35 歲時，產生染色體不分離的可能性增加，出生三體患兒的風險也增高，此即母親年齡效應。

不分離也可連續見於減數分裂 I 及 II，從而在一個配子中將有四條同源染色體。如果 X 染色體連續發生減數分裂 I 及 II 的不分離，將出生 4X 個體，例如 49，XXXXY 男性或 49，XXXXX 女性。

1974 年 Nievuhr 發現，不需要多一個整條的 21 號染色體，只要多一個 21 號染色體長臂的某一個部位，即 q22 的部位，就會造成唐氏症。從基因圖譜的研究發現特定基因之位置上的變異則可影響唐氏症之個別徵候，例如 21 號染色體上面的某個部分會造成嚴重的智障、某個部位會造成輕度的智障、某個部位會造成唐氏症的小頭症、某個部位會引起唐氏症的白血病、某個部位會造成唐氏症的先

天性心臟病、某些部位會造成唐氏症的上背贅皮、某些部位造成唐氏症會吐舌頭等。

校方釋疑：

大多數神經病理學研究報告說，幾乎 100%的 35 歲以上 DS 患者患有 AD 的神經病理學，臨床研究發現並非所有人 DS 會隨著年齡的增長而出現癡呆的臨床症狀"Journal of Neurology volume 264, pages 804 - 813 (2017)"有病理學證據不代表有 AD 的臨床症狀，故(E)選項敘述略微不精確。釋疑結果：(C)、(E)均可。

12. Which of following is not a mechanism altering allele frequencies over time to cause evolutionary change?
   (A) Random mating
   (B) Genetic drift.
   (C) Natural selection.
   (D) Gene flow.
   (E) All above cause evolutionary change.

詳解：A

目前，科學家認為改變族群中基因池中等為基因改變的因素一共有五種，分別是：天擇（Natural selection）、突變（Mutation）、非隨機交配（non-Random mating）、基因流動（Gene flow）以及遺傳漂變（Genetic drift）。

13. Xeroderma pigmentosum (XP) is a rare clinical disease associated with sun sensitivity and a high risk for skin malignancy in sun-exposed areas. Which of the following defective DNA repair systems may be involved?
   (A) Nucleotide excision repair, NER
   (B) Mismatch excision repair, MMR
   (C) Base excision repair, BER
   (D) Non-homologous end joining, NHEJ
   (E) Double-strand breaks repair, DSBR

詳解：A

著色性乾皮症（xeroderma pigmentosum，XP）是一種遺傳性疾病，因為與 DNA 修復相關的基因缺損導致。這些基因負責處理因為陽光中的紫外光所產生的 DNA 損傷。當紫外光照射到 DNA 時，如果相鄰的兩個鹼基是嘧啶(pyrimidine)時，便會產生所謂的嘧啶雙體（pyrimidine dimers）。嘧啶雙體會干擾 DNA 的複製以及基因的表現，此時便有賴細胞內的核苷酸切除修復機制（Nucleotide Excision Repair，NER）來除去嘧啶雙體。

當這些核苷酸切除修復機制的基因成員們產生缺損時，嘧啶雙體便無法移除。日積月累之下，細胞便會因 DNA 的損傷而死亡。由於主要產生嘧啶雙體的原因來自於日曬，因此著色性乾皮症的病患的病徵主要出現於皮膚。病患也會因為累積的 DNA 損傷無法修復，特別容易產生皮膚癌。

一些常見的著色性乾皮症病徵包括：短時間暴露於陽光下即嚴重曬傷並持續幾個星期難以痊癒。幼兒時期會出現雀斑、皮膚出現許多黑色斑點並有過度乾燥的現象（所以稱為 xeroderma，xer(o)-是乾燥的意思，-derma 則是皮膚的意思）。除此之外，XP 病患的眼睛對陽光敏感，容易受刺激、充血。約有 15%～20%患者會出現神經系統損害，通常患者平均壽命不到 20 歲。XP 無藥可治，唯一的辦法就是避免接觸陽光，因此患者常被稱為「夜晚的子民」（Children of the Night）。

14. Half of the Nobel Prize in Physiology or Medicine 2021 was awarded to the discovery of *piezol and 2*, which are responsible for the
(A) Olfaction
(B) Vision
(C) Hearing
(D) Touch
(E) Taste

詳解: D

2021 年諾貝爾獎得獎者對 TRPV1、TRPM8 和 Piezo 通道的突破性發現，讓我們能夠了解溫度（冷、熱）和機械力如何刺激神經產生衝動，使得我們可以感知和適應周圍的世界。TRP 通道的發現是我們感知溫度的重要發現，也是對於受體研究很重要的基石。Piezo2 通道則是賦予我們觸覺和感知身體各種部位的位置和運動的能力。

15. At neuromuscular junction, the receptor on the muscle to receive the signal from the presynaptic neuron is a
(A) Voltage-gated channel
(B) ligand-gated channel for acetylcholine
(C) ligand-gated channel for epinephrine
(D) metabotropic receptors for acetylcholine
(E) metabotropic receptors for epinephrine

詳解: B

神經肌肉接合（neuromuscular junctions）：運動神經元和肌細胞相結合的現象。在每條肌肉纖維中具有單一個神經肌肉接合，動作神經元藉此控制肌肉的收縮。運動神經元（motor neurons）是每條骨骼肌細胞和分支神經細胞之相連，其皆從脊髓神經延伸出來。運動神經元和所有受神經支配的肌肉纖維稱運動單位

（motor unit）。神經肌肉接合處上肌纖維膜形成一個小袋子稱運動終板（motor end plate）。在生理上，運動神經元末端並不直接和肌纖維連結，而是被一種稱之為神經肌裂隙（neuromuscular cleft）所分開。當神經衝動到達運動神經末端，神經傳導物質乙醯膽鹼（acetylcholine, Ach）被釋放，並且擴散進入突觸裂隙與運動終板上的受器結合。這造成肌纖維膜上鈣離子流入細胞內的增加，此稱終板電位（end-plate potential, EPP）。一般而言終板電位會大過閾值，此時訊號促成肌肉開始收縮。

16. Which of the following one about oligodendrocytes is true?
   (A) One type of glia cell in the periphery nervous system
   (B) Wrapping dendrites to form myelin sheaths
   (C) Decrease the speed of electronic conduction
   (D) Only in mammalian system
   (E) None of above

詳解: E

寡突膠質細胞的主要功能是在中樞神經系統（CNS）中，為神經元的軸突提供保護和支持。寡突膠質細胞的細胞質突起部會與軸突（axons）結合，並將之包裹，同時可分泌髓磷脂，形成保護軸突的髓鞘（myelin sheath）結構，其功能與周邊神經系統的許旺細胞相似，可加速動作電位的傳導速度。根據統計，一個寡突膠質細胞大約可以和 50 個軸突結合。從發育上說，寡突膠質細胞分化自寡突膠質細胞祖細胞（Oligodendrocyte progenitor cell），在人胚胎發育中是中樞神經細胞中最晚出現的一種細胞。

17. Parkinson's disease is characterized by a range of motor symptoms and mainly caused by
   (A) the loss of dopamine-producing nerve cells.
   (B) the degeneration of the upper motor and lower motor neurons.
   (C) rapid and uncoordinated electrical firing in the brain.
   (D) autoimmune disease producing antibodies to the acetylcholine receptors on skeletal muscle fibers.
   (E) imbalances of autonomic nervous system

詳解: A

帕金森氏症（Parkinson's disease）跟老年痴呆症一樣好發於老年人，但不同於老年痴呆的記憶喪失，運動障礙是帕金森症的主要症狀，由於病人腦部基底核（basal ganglia）中的黑質多巴胺神經元退化，使得多巴胺濃度下降，影響運動功能。大多數病人一開始的症狀是顫抖，像出現搓藥丸式的動作、把手放在膝蓋上會不自主的抖動等，休息時更明顯，還會因為情緒緊張、興奮而加劇，此外，全身肌肉變得僵硬，病人會抱怨脖子硬、手腕關節也硬，臉部表情死板，沒有喜怒哀樂等表情，看起來很不高興，跟戴了面具一樣；四肢力量雖正常，可是面對刺激時反應變慢，突然老了一、二十歲，走路往前傾、小碎步，常因為無法控制力道而摔倒，隨著疾病惡化，情況變得更嚴重，甚至無法動作。

18. Circadian rhythms are coordinated by suprachiasmatic nucleus in the
   (A) Hippocampus
   (B) Hypothalamus
   (C) Amygdala
   (D) Cerebellum
   (E) Cerebral cortex

詳解: B

位於大腦左右半球之間，視丘上方的松果腺（pineal gland），被認為是影響生理時鐘最主要的構造。

松果腺分泌的褪黑激素（melatonin），告訴身體黑夜的降臨，降低體溫，啟動睡眠；當褪黑激素分泌較少時，身體就處於比較活躍的狀態，有助於我們維持白天的正常活動。1959 年耶魯大學教授 Aaran Lerner 分離出青蛙松果腺分泌的一種激素，成分類似已知的血清素（serotonin，5-HT），可調節黑色素（melanin），使青蛙皮膚顏色變淡，故命名為褪黑激素，不過人類的褪黑激素對黑色素細胞並無顯著作用，而是與人類活動的日週期性有關。

褪黑激素分泌的多寡由誰決定？人類松果腺與眼睛之間有神經相連，可以接受來自眼睛的光照或黑暗的訊息，傳導途徑是由視神經傳入下視丘的上視交叉核（suprachiasmatic nuclei，SCN），再傳到脊髓交感神經鏈的上頸神經節（superior cervical ganglion），經節後神經纖維到達松果腺。

夜晚時，節後神經纖維分泌正腎上腺素，作用於 β 受體，增加 cAMP，促使血清素轉為褪黑激素，之後在肝臟分解，由腎臟排出。白天的褪黑激素只有 7 pg/ml，夜晚時褪黑激素的濃度，1～3 歲約有 250 pg/ml，8～15 歲時是 120 pg/ml，50～70 歲時會降至 20 pg/ml，也就是說，松果腺在青春期之前即開始逐漸退化，褪黑激素的分泌量逐漸減少，所以年紀大的人，較容易有睡眠障礙。

19. Which of the following hormone increases during the luteal phase of the ovarian cycle?
   (A) Androgens
   (B) Follicle-stimulating hormone
   (C) Luteinizing hormone
   (D) Estrogens
   (E) Progesterone

詳解: E

黃體期（luteal phase）是人以及其他動物月經週期中的後半段，以及其他真獸下綱動物（胎盤動物）動情週期的前半段。黃體期開始於卵巢排卵，留下卵子外圍的黃體，其結束是懷孕或是黃體萎縮（luteolysis）。這個階段主要的激素是由黃體所分泌的黃體素（助孕酮，progesterone），而黃體素在黃體期的濃度也明顯比其他階段要高。

20. Which body response is correct under dehydration?
(A) The hypothalamus produces atrial natriuretic peptide to induce aquaporin
(B) Juxtaglomerular apparatus releases the enzyme renin to degrade angiotensin II
(C) Aldosterone increase reabsorbtion of K and water in the distal tubules and collecting tube
(D) Low blood pressure stimulates parasympathetic system to decrease heart rate and cardiac contraction
(E) None of above

詳解: E

當血液滲透壓過高時，下視丘分泌抗利尿激素（Antidiuretic Hormone, ADH，又稱精胺酸血管加壓素 Arginine Vasopressin, AVP），經由腦下垂體釋放到血液中，使得集尿管對水的通透性增加，也就是減少排尿量，經由增加水分的吸收來降低血液滲透壓。

21. Which of the following is a strategy for bony fish in sea water to regulate osmolarity?
(A) Drinking sea water
(B) High concentrations of urea and trimethylamine oxide (TMAO) in body fluids
(C) Uptake ions by gill
(D) Excretion of large amounts of water in urine
(E) All of above

詳解: A

以板鰓亞綱，如鯊魚和魟魚這類軟骨魚類來說，他們血液比起海水是等張或者微高張溶液，但是體內的無機離子卻比海水低很多，這種離子濃度的差異能藉著有機化合物來平衡，如尿素或三甲銨（這就是魟魚或鯊魚肉有些微臭味的原因），牠們利用腎小管把尿素主動再吸收，以維持體液微高張，排出尿的同時也順便把不需要的氯化鈉排出體外，牠們的消化道末端有種直腸腺體專門負責食鹽的排出。軟骨魚類經由再吸收作用，不需要喝水就可以維持體內與海水的鹽類平衡了。

但海水中的硬骨魚類的情況就完全不同了，對海水中的硬骨魚類而言體液比起海水是低張溶液，所以硬骨魚在海水游泳時，體內水分會由鰓部流失，如果沒有機制來反抗的話，水分會流失，細胞內的新陳代謝會失常，進而停擺而死亡。為了對抗這種情況，海水中的硬骨魚會一直喝水，經由腸胃道的吸收將海水連同水中的鹽類吸收進血液中，而體內過多的鹽類則必須利用主動運輸經由鰓部或腎小管排出。

22. The primary function of the descending limb of the loop of Henle is
   (A) Filtration of ions
   (B) Reabsorption of water
   (C) Secretion of ions
   (D) Excretion of water
   (E) Excretion of ions

詳解: B

亨利氏環（Henle's loop，loop of Henle）的功能是將尿液中大部分的水分和可用的鹽類回收。可分為兩段，下降枝：對水的通透性好，但不通透溶質，內襯為扁平上皮細胞；上升枝：對溶質的通透性好，但不通透水，內襯為立方上皮細胞。下降枝約吸收 25%的水分而上升枝會主動吸收溶質，造成濃度梯度，使下降枝可以藉擴散作用吸收水分。

23. Which of the following structures is stored primarily in the cells of the liver and skeletal muscle?

(A) [structure: repeating unit with OH, HO, NH, O=C–CH₃ groups]ₙ

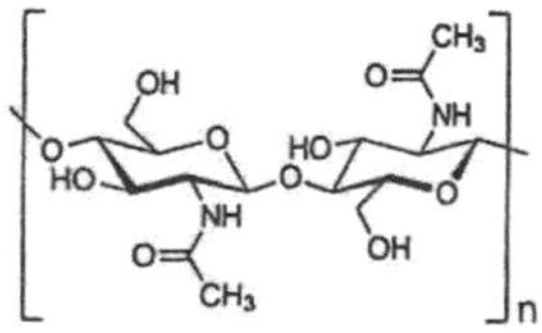

(B) [structure: repeating unit with OH, HO groups]ₙ

(C) [branched structure with OH, HO groups]

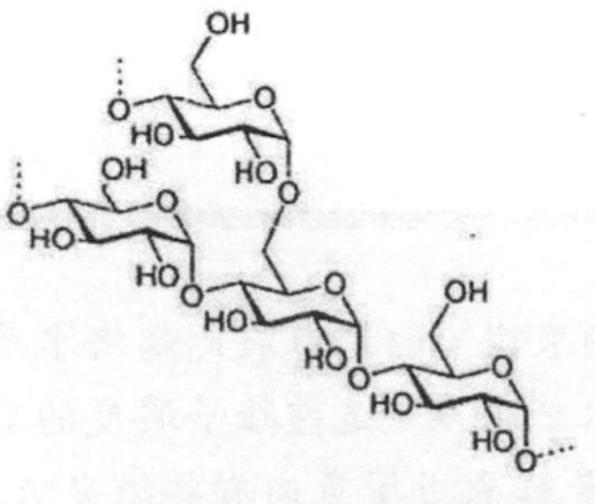

(D) [disaccharide structure with OH, HO groups]

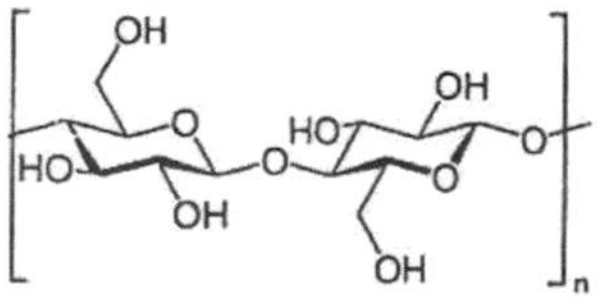

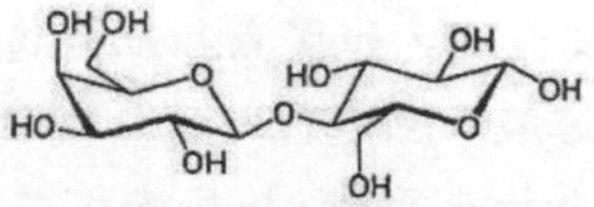

(E)

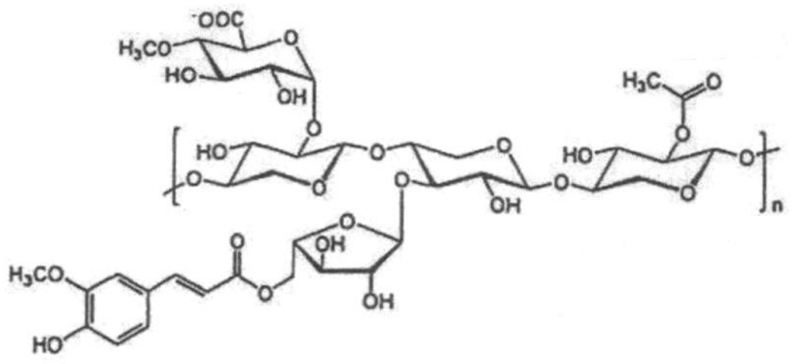

詳解: C

肝醣是一種身體儲存能量的形式。肝醣和葡萄糖結構不同，葡萄糖是肝醣的前驅物，人體吸收葡萄糖後轉化為肝醣儲存，而肝醣又在身體需要時，分解成葡萄糖，而被人體所利用。

澱粉是由 α-D-葡萄糖所組成的多醣，葡萄糖以 1, 4’-醣苷鍵聚合而成，但是空間上以 α-glucosidic 連結。不過澱粉偶爾會出現 1,6’-α-醣苷鍵；而這些 1,6’-α-醣苷鍵便可稱之為澱粉的支鏈。具有支鏈的澱粉便稱作支鏈澱粉(amylopectin)；和直鏈澱粉（amylose）區別開來。

直鏈澱粉的結構呈現較規則的螺旋狀，是麥芽糖結構的延伸；它可以佔有較少的體積，而且由於接觸水的表面積較大，它也比較容易溶於水。然而澱粉的水解反應必須發生在末端，才能夠取得單醣以代謝；因此末端僅有頭尾的直鏈澱粉，能夠被利用的速度就比較慢。一般而言植物的澱粉當中約有 20～25%是直鏈澱粉，其餘為支鏈澱粉。直鏈澱粉的螺旋狀結構，中間剛好可以塞下一個碘分子離子（I^{3-}），可以使得溶液呈現藍黑色。

而肝糖主要存在於動物體內，其結構也與澱粉類似，為動物主要儲存能量方式。然而肝糖的分枝相較於支鏈澱粉而言更頻繁，這樣讓身體可以更快消耗葡萄糖，達到更高的效率。

24. At a later stage of this immune response, the change in B cell production from one antibody class to another antibody class that responds to the same antigen is due to______.

(A) the rearrangement of V region genes in that clone of responsive B cells.
(B) a switch in the kind of antigen-presenting cell involved in the immune response.
(C) allows responsive B cells to repeat somatic recombination of light chain gene segments.
(D) a patient’s reaction to the first kind of antibody made by the plasma cells.
(E) the rearrangement of immunoglobulin heavy-chain C region DNA.

詳解: E

免疫球蛋白類型轉換（又稱為種型轉換，種型交換，或者類型轉換重組）是一種可以使得 B 細胞所生產的抗體從一種類型轉變成另一種類型（例如從 IgM 轉換成 IgG）的生物學機制。在這一過程中，抗體重鏈中的恆定區會被改變，但重鏈的可變區則保持不變。所謂可變區與恆定區，是指針對不同抗原表位特異的抗體之間的變化與不變的部分。由於可變區不便，類型轉換並不會影響抗體的抗原特異性。與此相反，抗體對相同的抗原保持親和力，卻得以和不同的效應器分子互相作用。

25. Adenosine deaminase (ADA) deficiency is an inherited disorder that damages the immune system and causes severe combined immunodeficiency (SCID). All of the following steps were performed for gene therapy when a patient with defective ADA was treated. **Except**?
(A) Human leukocyte antigen (HLA) testing should be performed before gene therapy.
(B) Haematopoietic stem cells were collected from the patient's bone marrow.
(C) CD34 positive cells were transduced with a viral vector expressing functional ADA.
(D) The transfected cells were grown in culture to ensure ADA gene is active.
(E) The transfected cells are reinfused into the same patient.

詳解: A

基因療法顧名思義就是引入健康基因或功能性基因到因缺陷基因引起的疾病患者中，達到治療的效果。時下常提到的基因療法，往往是細胞療法與基因療法的統稱。這源自 2 種技術的領域有部分重疊，也因為多個著名的癌症免疫療法譬如 CAR-T、TCR-T 皆會用到這 2 種技術製作，但這二者卻截然不同。

活體外基因療法會把從患者體內取出的細胞，在實驗室中重新編輯，最後再輸回患者體內。而活體內基因療法則是可直接將遺傳物質送入活體內，或者透過病毒載體其他裸露 DNA、質體（plasmid）、奈米微脂體（lipid nanoparticle）等非病毒傳遞系統，將基因療法進入體內增強或抑制缺陷基因，最著名的例子就是 CRISPR/Cas9。

其中，病毒載體是基因療法常用的傳遞方式之一，舉凡反轉錄病毒（retroviruses）、腺病毒（adenovirus）、單純疱疹病毒（herpes simplex virus）、慢病毒（lentiviruses）、腺相關病毒(adeno-associated virus）等。

1990 年，基因療法出現一大突破。美國國家癌症研究所（NCI）的 French Anderson、Michael Blaese 等研究員執行了世界第 1 個核准基因療法。受試者是一位有著嚴重複合型免疫缺乏症（severe combined immunodeficiency, SCID），又稱腺苷去胺酶（adenosine deaminase, ADA）缺乏的 4 歲孩童 Ashanti DeSilva。透過反轉錄病毒傳遞健康 ADA 基因，DeSilva 成為世上第 1 個成功被基因療法治癒的人類。

CD34 蛋白主要表達於造血幹細胞和造血祖細胞中，同時，血管內皮細胞、一部分間充質幹細胞（MSC）也表達 CD34。CD34 在臍帶和骨髓中表達強度相對較高。

26. Which of the following core technical principles is **NOT** involved in RNA vaccine technology?
    (A) N1-Methylpseudouridine
    (B) Aluminum-containing adjuvants
    (C) Lipid Nanoparticle (LNP) platform
    (D) In vitro transcription
    (E) Target DNA sequence design

詳解: B

mRNA 疫苗是一種利用信使 RNA（mRNA）的分子副本來產生免疫反應的疫苗。此類疫苗將編碼抗原的 mRNA 分子送入免疫細胞，免疫細胞使用設計好的 mRNA 作為模板來構建通常由病原體(如病毒)或癌細胞產生的外來蛋白質。這些蛋白質分子刺激適應性免疫反應，教導身體識別並摧毀相應的病原體或癌細胞。mRNA 是由封裝在脂質納米顆粒中的 RNA 共同組成，保護 RNA 鏈並幫助其吸收進入細胞。

以下是 mRNA 疫苗注射後，發揮作用的步驟：

1. 注射 mRNA 疫苗於肌肉，局部組織出現發炎反應
2. mRNA 疫苗的成分進到身體後，會依不同的細胞有不同反應：
   甲、肌肉、纖維細胞吸收內含 mRNA 的脂質奈米顆粒（LNPs, lipid nanoparticles）。
   乙、單核球（monocytes，巨噬細胞大姐姐活化之前）、樹突細胞趕赴現場，吸收脂質奈米顆粒。
   丙、部分脂質奈米顆粒循環至淋巴結，被其中的細胞捕獲、吸收。
3. 脂質奈米顆粒被細胞吞噬後，內含的 mRNA 逃脫並進入細胞質。
4. 細胞將外來 mRNA 誤認為自己人，轉譯出棘蛋白。這些棘蛋白浮現於細胞膜表面且分泌到體液中。
5. T 細胞等淋巴球被棘蛋白活化，進而啟動整個免疫系統。

上世紀末，科學家就發現細胞會辨認外來的 mRNA、快速地分解它，進而導致任何 mRNA 療法都無法持久，因此研究了許多方法試圖克服。最常見的策略有以下兩種：

策略 1—替換某些 RNA 鹼基：德魯・魏斯曼和卡林柯（Katalin Karikó）的策略偏重在「欺騙」。他們模仿細胞內原生的 RNA（如 tRNA）特徵，於 2005 年，研發出替換 RNA 鹼基的技術。將尿嘧啶，換成偽尿嘧啶（m1Ψ, N1-methylpseudouridine），有機會欺騙細胞、讓它誤以為此 mRNA 是自己體內的成分，以減少人體排斥 mRNA 疫苗。動物實驗也證實，將 mRNA 的 U 換成

m1Ψ，能大幅地減緩 mRNA 的分解速率，提高疫苗的成功率。此技術被輝瑞、Moderna 採用，很可能也是其疫苗成功的關鍵。

策略 2—各種方法優化 mRNA 鹼基序列：尋找各式各樣可延長 mRNA 壽命、提高轉錄效率的手段，如：「優化非翻譯區」和「優化鹼基序列」。「優化非翻譯區」是指在 mRNA 中「不會被轉譯成蛋白質的區塊」（如：5' UTR），引入能增強轉譯效益的序列。而「優化鹼基序列」是指在「不改變轉譯後胺基酸」序列的前題下，調整 AGUC 鹼基的比例（如：減少 U 比例、增加 GC 比例）。

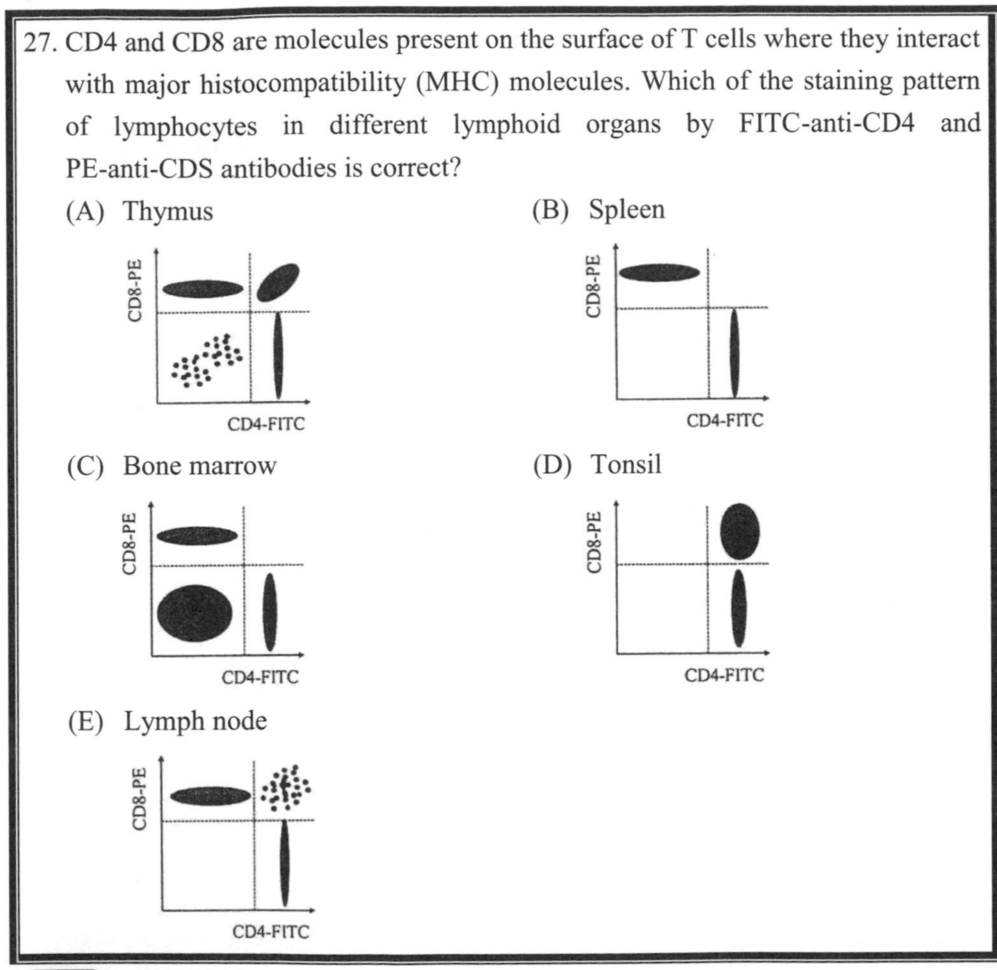

27. CD4 and CD8 are molecules present on the surface of T cells where they interact with major histocompatibility (MHC) molecules. Which of the staining pattern of lymphocytes in different lymphoid organs by FITC-anti-CD4 and PE-anti-CDS antibodies is correct?

(A) Thymus
(B) Spleen
(C) Bone marrow
(D) Tonsil
(E) Lymph node

詳解: A

流式細胞分析儀（Flow cytometry；亦稱流式細胞儀）技術自 1970 年代發展至今，其可快速分析單一細胞上的多重特性（如表面抗原表現、細胞內蛋白表現、DNA 含量、胞內膜電位變化等）以及能累積大量細胞族群分布特性之獨特效能，而在免疫學、癌症生物學等細胞分析領域占有不可或缺的技術地位。FITC（fluorescein isothiocyanate，螢光異硫氰酸鹽）、PE（phycoerythrin，藻紅蛋白）都是傳統常用的染劑。

Cluster of differentiation marker（CD marker）為免疫細胞膜上的蛋白質，有的可作為 receptor 或 ligand，有的具有黏附功能、或進行細胞訊息傳遞。除此之外，我們也可以透過細胞表面的 CD marker 去分辨他的特性、功能，如大部分白血球細胞，會表現 CD45 這個 CD marker，T 細胞會表現 CD3 指標、B 細胞則會表現 CD19 指標。

以 T 細胞做更進一步的細分，輔助型 T 細胞通常會表現 CD4；胞殺型 T 細胞通常會表現 CD8，這兩群 T 細胞占了全部 T 細胞的大宗。在以往的認知中，表現 CD4 的輔助型 T 細胞，通常不會表現 CD8 的指標，而表現 CD8 的胞殺型 T 細胞，則不會表達 CD4 的指標。然而同時表現 CD8、CD4 的 T 細胞是否存在呢？答案是肯定的，CD4+/CD8+ double-positive（DP T cell）在早期，被認為是在 T 細胞發育過程中的一個過渡時期，當未成熟還未表現 TCR 的 T 細胞從 bone marrow 離開，進入到胸腺中，T 細胞會在胸腺中決定未來的命運，是要成為表現 CD4 的輔助型 T 細胞或是表現 CD8 的胞殺型 T 細胞。其中調控 T 細胞命運的分子機制會牽涉到 ThPOK 以及 Runx3 兩個轉錄因子，ThPOK 能夠抑制 Runx3、perforin 以及 granzyme B 等與 CD8 T cell 發育相關的蛋白質表現，並主導 T 細胞往 CD4 的發育方向行進，Runx3 則相反，主導 T 細胞往表現 CD8。然而在 Mucida et al., 2013 的研究中也發現，表現 CD4 的輔助型 T 細胞在成熟後，仍具有可塑性。在許多的研究中也指出，癌症患者中，DP T cell 的比例會較一般正常人要來得多，如在 Bohner 等人於 2019 年的研究中發現，在泌尿道相關的癌症中，DP T cell 的比例要較一般正常人來得多，且這些 DP T cell 所分泌的 cytokine 以及特性，接近於 Th2 的細胞群。

實驗證明，小鼠 T 細胞在胸腺內的分化發育可分為三個階段：即早期 T 發育為雙陰性細胞階段，其主要表型為 $CD4^-$和 $CD8^-$，故稱為雙陰性細胞（DN）。第二階段為不成熟胸腺細胞，即由 DN 細胞經單陽性細胞（$CD4^-$、$CD8^+$、）進而分化為雙陽性（$CD4^+$、$CD8^+$、）細胞（doublepositive, DP）。第三階段為由 DP 細胞經正、負選擇過程，分化發育為具有免疫功能的成熟 T 細胞，只表達 $CD4^+$ 或 $CD8^+$，故稱為單陽性細胞（single positive, SP），然後遷出胸腺，移居於周圍淋巴器官。

28. Alpha-D-glucose undergoes conversion to beta-D-glucose in solution. If at 300K there is 70% conversion, what is the $\triangle G$ (J/mole) for the reaction?

ln1	= 0.00
ln2	= 0.69
ln3	= 1.10
ln4	= 1.39
ln5	= 1.61
ln6	= 1.79
ln7	= 1.95
ln8	= 2.08
ln9	= 2.20

(A) 2120
(B) 2369
(C) 2743
(D) 4864
(E) 5487

詳解: A

$\triangle G = \triangle G^o + RTlnKp$，因為平衡，$\triangle G = 0$，所以$\triangle G^o = -RTlnK$。

$\triangle G^o = -8.31451 \times 300 \times \ln(3/7) = 2120.20$。

29. Which of the following statements about peptidoglycan is incorrect?
(A) It is the main component of bacterial cell wall, which helps bacteria maintain a certain shape and resist hypotonic environments.
(B) The polysaccharide chain of peptidoglycan is a ß(1-4) linked copolymer of N-acetylglucosamine and N-acetylmuramic acid.
(C) The polysaccharide chains of peptidoglycan are cross-linked together through tetrapeptides.
(D) One end of the tetrapeptide chain links to a N-acetylglucosamine in the polysaccharide chain at the C-2 position.
(E) In many Gram negative bacteria, two adjacent tetrapeptide chains are joined directly between the ε-amino group of lysine in one chain and the carboxyl group of D-alanine in the other.

詳解: D

細菌的表面包有一層細胞壁，細胞壁的主要功能在於維持細菌形狀，並具有保護細菌的功能。此外，細菌的細胞壁也提供一個通透性障壁供特定分子的進出，同時也扮演著細胞與細胞間辨識及吸附的角色。細菌細胞壁所含的主要成分是 peptidogylcan，gram positive bacteria 和 gram negative bacteria 細胞壁的組成在結構上有所不同，可依組成結構的不同來分辨兩者。

Peptidogylcan 是一種多醣的聚合物，其單體主要由 N-acetylmuramic acid（NAM）和 N-acetylglucosamine（NAG）兩個單醣所組成，兩者以 β1→4（O-link）的方式鍵結，可和其他單體利用相同方式交替相接成精密的長鏈，並再以短鏈的 peptide 互相串連形成三度空間的立體結構。這些連接用的短鏈 peptide group 通常是由 4 個 amino acid 所組成，與兩個單醣中的 NAM 相接，4 個 amino acid 依序分別是 L-Alanine, D-Glutamate, L-Lysine（或 Diaminopimelic acid, DAP）和 D-Alanine。然而 gram positive bacteria 和 gram negative bacteria 在 peptide 上的組成有所差異，gram positive bacteria 短鏈 peptide group 中所含的第三個 amiono acid 是 DAP，然而 gram negative bacteria 通常使用 L-Lysine。

Tetrapeptide 間的連結主要靠著 Mur synthetase，peptide group 間的連結是靠著一串 glycine 相連，一端與第三個 amino aicd—L-lys 相接，另一端則接在另一個 tetrapeptide 上第四個 amino acid—D-Ala 上。

30. For the same mass of glycogen, amylose, amylopectin, and cellulose, rank the initial rate of hydrolysis of these polysaccharides by alpha-1,4-glucosidase.
    (A) cellulose > amylopectin > glycogen > amylose
    (B) glycogen > amylose > cellulose > amylopectin
    (C) amylose > cellulose > amylopectin> glycogen
    (D) amylopectin > glycogen > amylose > cellulose
    (E) glycogen > amylopectin > amylose > cellulose

詳解: E

glycogen、amylopectin、amylose 的葡萄糖單體間的糖苷鍵可以被 alpha-1,4-glucosidase 水解，而分子的分枝越多，溶解度越高，被水解速度越快。cellulose 的葡萄糖單體間的糖苷鍵不能被 alpha-1,4-glucosidase 水解。

中興大學 111 學年度學士後西醫招生考試試題暨詳解

科目：普通生物學　　　　　　　　　　　　　**黃彪 老師解析**

【單選題】請從 ABCDE 選項中選出一個最正確的答案，答錯不倒扣。每題 3 分。

46. What types of cells carry out ATP synthesis by chemiosmosis?
(A) all cells, exclusively using oxygen as the electron acceptor
(B) only eukaryotic cells, exclusively using oxygen as the electron acceptor
(C) only eukaryotic cells, using either oxygen or other electron acceptors such as elemental sulfur
(D) all respiring cells, using either oxygen or other electron acceptors such as elemental sulfur

詳解: D

化學滲透（Chemiosmosis，或稱化學滲透偶聯）是離子經過半透膜擴散的現象，這種現象與滲透類似。化學滲透是離子的運動，離子穿過選擇性滲透膜，沿電化學梯度移動。更具體地的說，在細胞的呼吸或光合作用過程中，通過氫離子穿過細胞膜的移動產生了 ATP。氫離子（質子）將從高的質子濃度的區域擴散到低質子濃度的區域，以產生 ATP。化學滲透通常發生在細胞的呼吸作用中的 ATP 合酶（ATP syhthase）裡，細胞利用該特性來製造 ATP（三磷酸腺苷）。所有生物細胞利用電子傳遞鏈耦合 ATP 生成酶製造 ATP 的機制均為化學滲透磷酸化。

47. In which cellular structure are the enzymes of the Calvin cycle localized?
(A) chloroplast stroma
(B) thylakoid space
(C) mitochondrial intermembrane space
(D) mitochondrial matrix

詳解: A

固碳反應卡爾文循環發生在葉綠體的基質(Stroma)或藍綠細菌的細胞膜上，主要是利用卡文循環（Calvin cycle）進行二氧化碳的固定，3 莫耳的二氧化碳可以產生 6 莫耳的 3-phosphoglyceric acid，其中的 5 莫耳再循環轉變成 CO_2，另一莫耳則合成多醣類，儲存在細胞中，在卡文循環中 1 莫耳二氧化碳的固定要消耗 3 莫耳的 ATP 及 2 莫耳的 NADPH，這些能源由光反應來提供。

48. Assuming independent assortment at all loci, what is the probability that a cross between the following parents, AABbCc × AaBbCc, will produce an AaBbCC offspring?
(A) 1/2
(B) 1/8
(C) 1/16
(D) 3/4

詳解: C

AA×Aa 得 Aa 的機率為 1/2；Bb×Bb 得 Bb 的機率為 1/2；Cc×Cc 得 CC 的機率為 1/4。所以 AABbCc×AaBbCc 產生 AaBbCC 的機率為：1/2×1/2×1/4＝1/16。

49. Why are males more often affected by X-linked traits than females?
(A) Genomic imprinting
(B) X-chromosome inactivation
(C) Aneuploidy of sex chromosome
(D) Hemizygosity of the X chromosome

詳解: D

因為正常男性是只有一個 X 染色體的個體（hemizygote），所以只要這唯一的一個 X 染色體有缺陷就一定會發生異常表型。所以相對於具有 XX 染色體的正常女性比較容易罹患 X 性聯基因異常導致的疾病。

50. Which of the following statements correctly describes the difference between the leading strand and the lagging strand in DNA replication?
(A) Both of the leading strand and lagging strand require an DNA primer.
(B) The leading strand is synthesized continuously in the 5'→3' direction, while the lagging strand is synthesized discontinuously in the 5'→3' direction.
(C) The leading strand is synthesized in the 3'→5' direction in a discontinuous fashion, while the lagging strand is synthesized in the 5'→3' direction in a continuous fashion.
(D) There are different DNA polymerases involved in elongation of the leading strand and strand.

詳解: B

因為 DNA 雙股反平行排列且複製叉由複製起始點漸次開啟，加上 DNA 聚合只能循 5'→3'方向，因此造成新股有連續股與不連續股的差別。

DNA 雙螺旋結構的特徵之一是兩條鏈的反向平行，一條鏈為 5'至 3'方向，其互補鏈是 3'至 5'方向。DNA 聚合酶只能催化 DNA 鏈從 5'至 3'方向的合成，故子鏈沿著模板複製時，只能從 5'至 3'方向延伸。在同一個複製叉上，解鏈方向只有一個，此時一條子鏈的合成方向與解鏈方向相同，可以邊解鏈，邊合成新鏈。然而，另一條鏈的複製方向則與解鏈方向相反，只能等待 DNA 全部解鏈，方可開始合成，這樣的等待在細胞內顯然是不現實的。

1968 年，岡崎（Okazaki）用電子顯微鏡結合放射自顯影技術觀察到，複製過程中會出現一些較短的新 DNA 片段，後人證實這些片段只出現於同一複製叉的一股鏈上。由此提出，子代 DNA 合成是以半不連續的方式完成的，從而克服 DNA 空間結構對 DNA 新鏈合成的制約。

目前認為，在 DNA 複製過程中，沿著解鏈方向生成的子鏈 DNA 的合成是連續進行的，這股鏈稱為領先股（leading strand）；另一股鏈因為複製方向與解鏈方向相反，不能連續延長，只能隨著模板鏈的解開，逐段地從 5'→3'生成引子並複製子鏈。模板被打開一段，起始合成一段子鏈；再打開一段，再起始合成另一段子鏈，這一不連續複製的鏈稱為延滯股（lagging strand）。領先股連續複製而不連續股不連續複製的方式稱為半不連續複製。

51. Gene expression is often assayed by measuring the level of mRNA produced from a gene. Which of the following levels of the control of gene expression can by analyzed by this type of assay?
(A) DNA replication control
(B) transcriptional control
(C) translational control
(D) post-translational control

詳解: B

轉錄，又稱為 RNA 合成，是製造一段與 DNA 序列相對應的 RNA 副本。轉錄是導致基因表現的第一步。轉錄成 RNA 分子的那段 DNA 稱為「轉錄單位」，並編碼為一個或一個以上的基因。如果是為蛋白質進行基因轉錄，轉錄的產物為傳訊者 RNA（mRNA），接著，經由轉譯，使用傳訊者 RNA 製造蛋白質。要不然，轉錄後的基因，可編譯為核糖體 RNA（rRNA）或轉送 RNA（tRNA）、蛋白質組裝反應的其他成分或其他核糖核酸酵素（ribozyme）。

轉錄調控（Transcriptional regulation）是指通過改變轉錄速率從而改變基因表現的水準。想要測量某基因表現量，監測轉錄是最直接的方式。

52. Which of the following enzymes is required to make complementary DNA (cDNA) from RNA?
(A) RNA replicase
(B) RNA-dependent RNA polymerase
(C) Reverse transcriptase
(D) RNA ligase

詳解：C

cDNA 是由 RNA 為模版經一種稱為逆轉錄酶（reverse transcriptase）的 DNA 聚合酶催化產生的，這種逆錄酶是 Temin 等在 70 年代初研究致癌 RNA 病毒時發現的。該酶以 RNA 為模板，根據鹼基配對原則，按照 RNA 的核苷酸順序合成 DNA（其中 U 與 A 配對）。這一途徑與一般遺傳信息流的方向相反，故稱反向轉錄或逆轉錄。攜帶逆轉錄酶的病毒侵入宿主細胞後，病毒 RNA 在逆轉錄酶的催化下轉化成雙鏈 cDNA，並進而整合人宿主細胞染色體 DNA 分子，隨宿主細胞 DNA 複製同時複製。這種整合的病毒基因組稱為原病毒。

53. What is believed to be the most significant result of the evolution of the amniotic egg?
(A) Tetrapods are no longer tied to the water for reproduction.
(B) Tetrapods can now function with just lungs.
(C) Newborns are much less dependent on their parents.
(D) Embryos are protected from predators.

詳解：A

魚和兩棲動物的卵、兩棲動物的幼體（包括蝌蚪）的生長都離不開水，這是因為在爬行動物出現之前，脊椎動物的受精卵都必須在水環境中才能發育成幼體。爬行動物之所以能成功登陸，是因為爬行動物產羊膜卵。羊膜卵的出現使它們擺脫了對水的依賴，這是脊椎動物進化史上的一個里程碑。

羊膜卵是早期爬行類適應陸地乾燥環境的一個必要條件，它們不再被產於水中，但不會乾掉，而且利用空氣中的氧氣供應胚胎發育。羊膜卵外包以一層保護性的卵殼，或柔韌如皮革、或為堅硬的石灰質殼，以防止卵內水分蒸發，避免機械的或細菌的傷害。卵殼表面有許多小孔，通氣性能良好，保證胚胎發育期間的氣體代謝。

羊膜卵內有大的卵黃囊（yolk sac），儲存卵黃以保證胚胎發育的營養需求。在胚胎發育至原腸期後，胚胎周圍產生向上突起的環狀褶皺，環繞胚胎生長，最終將胚胎包在一個具有二層膜的囊中，外層為絨毛膜（chorion），內層為羊膜（amnion）。羊膜腔（amniotic cavity）是一個充滿羊水的密閉的腔，胚胎浸於其中，這為胚胎提供了一個發育所需要的水環境。羊膜卵的出現，讓動物得以遠離水完成繁殖過程。

54. In humans, the follicular cells that remain behind in the ovary following ovulation become _____.
(A) the ovarian endometrium that is shed at the time of the menses
(B) a steroid-hormone synthesizing structure called the corpus luteum
(C) the thickened portion of the uterine wall
(D) the placenta, which secretes cervical mucus

詳解: B

排卵後到下次月經來的時間為黃體期，此期間腦下垂體分泌的濾泡刺激素（FSH）及黃體生成激素（LH），會使其餘的濾泡轉變為黃體（corpus luteum）並分泌黃體素（Progesterone），它會使子宮內膜增厚，以利於受精卵的著床。

55. The outer-to-inner sequence of tissue layers in a post-gastrulation vertebrate embryo is _____.

(A) endoderm → ectoderm → mesoderm

(B) mesoderm → endoderm → ectoderm

(C) ectoderm → mesoderm → endoderm

(D) ectoderm → endoderm → mesoderm

詳解: C

原腸胚是由囊胚細胞遷移、轉變形成的，它由三層細胞層構成，由外至內分別為：外胚層（ectoderm）、中胚層（mesoderm）、內胚層（endoderm）。在囊胚不斷向內凹陷的過程中，形成外、中、內三個胚層，內胚層中間的空間是原腸腔。外胚層和內胚層最終形成組織的鞘，即上皮（epithelia），覆蓋在器官的外表面和內表面。外胚層形成上皮覆蓋在外表面（皮膚和腺體），以及中性組織；內胚層分化成的上皮覆蓋在組織的內表面（胃腸和相關的腺體）；中胚層最終發育成擴散的海綿網狀間充質細胞（mesenchyme cell），這些細胞形成支持細胞，如肌肉、軟骨、骨、血和結締組織。在原腸胚中形成的新的細胞關係，激發了細胞；細胞相互作用、代謝的變化、細胞的移動，最終形成組織和器官。

56. A common feature of action potentials is that they

(A) cause the membrane to hyperpolarize and then depolarize.

(B) can undergo temporal and spatial summation.

(C) are triggered by a depolarization that reaches threshold.

(D) move at the same speed along all axons.

詳解: C

一般動作電位是經由去極化超過閾值來引發，不能加成，且遵循全有全無及可自我再生機制。

神經細胞透過電訊號溝通，主要是藉由觸發細胞膜上離子通道一連串的打開、關閉，讓細胞內外的鉀離子、鈉離子依照濃度梯度移動，由離子濃度高的地方，往低的地方運輸，造成膜電位的改變，產生「動作電位」。

神經細胞動作電位的產生可分為四個階段—極化、去極化、再極化、過極化：

1. 極化：神經細胞在休息狀態下的膜電位處於約 -70 毫伏特（mV），稱為「靜止膜電位」，細胞膜內帶負電、膜外環境帶正電，這種兩極化的電荷環境，稱為「極化」。

2. 去極化：當神經細胞樹突上的受體，接收來自突觸前細胞的神經傳導因子，如：麩胺酸、多巴胺等，對應到的受體會接收到因子並活化打開，讓帶正電的鈉、鈣等離子進入細胞膜而提升膜電位。當電位通過軸突前端的「軸丘」時，若電位高於鈉離子通道的閾值，則會開啟「電位依賴性鈉離子通道」使大量的鈉離子往細胞內流動，產生「去極化」的現象，讓膜電位變成帶正電（約+40 mV）。有趣的是，一顆神經細胞接收來自於成千上萬個不同型態的突觸，有興奮性也有抑制性訊號，而是否會產生動作電位，端看最終膜電位是否達到閾值囉。
3. 再極化：當膜電位達到高峰時，鈉離子通道會關閉，同時開啟鉀離子通道，讓細胞內的鉀離子流出細胞，以平衡膜內過多的正電荷，讓膜電位再回到帶負電的狀態，便稱為「再極化」。
4. 過極化：當膜電位回復到-70 mV 時，鉀離子通道才準備關閉，鉀離子還在持續流出細胞時，造成電位低於靜止膜電位的「過極化」現象。而在此時鈉鉀離子幫浦也會出動，消耗能量幫忙把鈉離子打出細胞、把鉀離子打進細胞，讓內外膜電位以及鈉鉀離子濃度恢復成最初的極化狀態。

57. The following description about plants emitting volatile signals is incorrect.
(A) Volatile signals may have evolved for intra-plant communication
(B) Having defensive neighbors can enhance the emitter's fitness
(C) Some volatiles are also inhibitory allelochemicals that reduce competition
(D) volatile hormones (ethylene) and possibly derivatives (jasmonate and salicylate) contribute to the systemic response

詳解: D

植物的防禦反應可分成局部性（短距離）與系統性（長距離）訊息傳導兩種主要機制來探討，許多可移動的小分子例如小蛋白質、多肽、RNA、代謝產物、次級傳訊者（例如前面所提的鈣離子）等都參與了這些複雜的訊息傳導機制。當植物體受到局部傷害時，這些訊息分子就像軍隊中的傳令兵，從最前線跑到植物體其他部位通知其他細胞有危險來了！局部性的訊息傳遞依靠植物特有的原生質絲（plasmodesmata，貫穿細胞壁與壁間的孔道）連結各細胞，長距離的系統性訊息則仰賴維管束組織。原生質絲就好比鄉間小路般緊密連結相鄰部位的細胞，而維管束則似高速公路般可快速連接植物體各個主要部位，訊息分子就是透過這些「道路」傳遞訊號，通知全植物體的細胞做出適當反應，啟動防禦相關基因，乙烯（ethylene，ET）、離層酸（abscisic acid，ABA）、茉莉酸（jasmonic acid，JA）或水楊酸（salicylic acid，SA）等與植物抗逆境與防禦反應密切相關的植物荷爾蒙生合成量也會上升。不僅如此，由於茉莉酸與水楊酸這類的荷爾蒙具揮發性，而乙烯本身就是氣體，這類的信號還可以進一步通知附近不同的植物體，讓它們知道有危險接近。植物體所受的傷害越多，範圍越大，這些反應就越強烈，就像動物的感覺有強弱之分，植物也會根據所受的傷害輕重而有不同程度的反應。

例如，我們常在剛修整後的草地上聞到一股濃濃的「草味」，這種味道其實是植物散發出的揮發性代謝產物，統稱為綠葉揮發物（Green leaf volatiles，GLVs）。釋放特定綠葉揮發物可以提醒鄰近植物做出反應，受害範圍越大氣味越濃（這策略用來阻止害蟲還算有效，但對於來自割草機的攻擊一點用都沒有）。

植物可能從一開始的局部感染反應，慢慢發展出全面性的免疫能力，進而抵抗其後所感染的多種病原菌，稱為系統性後天抗性(systemic acquired resistance)。SAR最早是在有關於草嵌紋病毒的研究中所發現，其中水楊酸(salicylic acid, SA)被認為扮演重要的訊息傳遞角色。當第一次病原體感染植物，刺激鄰近區域產生過敏性反應並合成水楊酸（SA），水楊酸（SA）經由韌皮部運輸至其他部位，誘導植物產生抗病性，避免其他病原體的再次感染。

58. Most of the ATP supplies for a skeletal muscle undergoing one hour of sustained exercise come from _____.
(A) creatine phosphate
(B) glycolysis
(C) substrate phosphorylation
(D) oxidative phosphorylation

詳解: D

肌肉收縮的能量主要透過分解一種名為「ATP」（全稱 adenosine triphosphate, 三磷酸腺苷）的化學物質去釋放。然而，人體內的 ATP 存量非常有限，僅能維持約兩至三秒的最大強度運動。故此，身體需要透過「能量系統」來不停重新組成 ATP，肌肉才能持續收縮發力。

人體的能量系統主要可分為三種：磷酸原系統/Phosphagen System（又稱 ATP-CP System）、乳酸系統/Lactate System（又稱醣解作用/Glycolysis）以及有氧系統/Oxidative System。（磷酸原系統和乳酸系統同屬"無氧系統/Anaerobic System"），可在沒有氧氣的情況下重新合成 ATP）。

三大系統供應能量的比例首要取決於運動強度（intensity），其次為持續時間（duration）。當中，磷酸原系統的能量供應速度最高，例子如衝刺爆發性的 100 米短跑、投擲和舉重等。乳酸系統則供應持續短至中等時間（約 10 秒至 2 分鐘）的項目，例如 400 米短跑和 100 米游泳等。過程中身體的糖分會被消耗，並產生代謝副產品「乳酸/乳酸鹽」（lactate）和相關引致疲勞的物質（如酸性氫離子/H^+），令運動者出現筋疲力竭的感覺。至於有氧系統則負責供應長時間連續距離的運動，舉例如馬拉松、公路單車和三項鐵人等。其能量供應的速度雖然較慢、但卻最持久，來源可為碳水化合物、脂肪以及蛋白質（當前兩者供應缺乏時）。

59. What is the biological significance of genetic diversity between populations?
(A) Genes for traits conferring an advantage to local conditions are unlikely.
(B) The population that is most fit would survive by competitive exclusion.
(C) Genetic diversity reduces the probability of extinction.
(D) Diseases and parasites are not spread between separated populations.

詳解: C

基因多樣性高的族群或物種，基因組成較多樣，較能適應變遷的環境，使族群或物種 的生存機會較大。而基因多樣性低的族群，遇到特殊環境變化時，會有滅種的危機。基因保存於生物體內，藉由生殖而將基因遺傳給未來的世代，所以當族群中個體數量過少時，遺傳多樣性也將隨之下降。

60. What, approximately, is the fraction of genetic variation in the nuclear genome is that is expected to have a harmful effect on gene function?
(A) 50%.
(B) 25%.
(C) 10%.
(D) 1%.

詳解: D

核基因組之遺傳多樣性越低，基因越少，越不利於面對有害的壓力。

61. Mutations are important because they bring about _____.
(A) death of the organism in which they develop
(B) genetic variation needed for a population to evolve
(C) benefits for the individual, not for the population
(D) Hardey-Weinberg equilibrium within a population

詳解: B

基因突變對生物演化極具重要性。基因發生突變的機會很少，對個體生存有利的突變更是少見；但就生物的族群來說，在歷經幾萬代漫長的演化過程中，仍可能會累積到相當多的有利突變的機會。突變對於個體是為有利或有害，往往須視生活環境而定。例如原屬於有害的突變，在生活環境發生變化後，此突變卻反而能適應於新環境，而成為適於生存之有利的突變。突變若發生於製造配子之細胞內，就有可能傳遞給下一代，造成基因頻率之改變。

遺傳變異即基因變異，是演化之基礎，而天擇則可決定演化的方向。遺傳變異是演化的首要條件。族群中必須先有變異存在，然後天擇才能發揮作用。經過天擇作用後之族群，其親代與子代的基因頻率會發生變化。如果無突變、遷移及天擇情況下，則族群之基因頻率不會改變，亦即此族群沒有發生演化。當親代與子代的基因頻率發生變化，即可推測此族群發生演化。

62. When organisms with disadvantageous traits die out early before much, if any reproduction, this is called?
(A) speciation
(B) macroevolution
(C) gene flow
(D) natural selection

詳解: D

天擇(natural selection)指生物的遺傳特徵在生存競爭中，由於具有某種優勢或某種劣勢，因而在生存能力上產生差異，並進而導致繁殖能力的差異，使得這些特徵被保存或是淘汰。天擇則是演化的主要機制，經過自然選擇而能夠成功生存，稱為「適應」。天擇是唯一可以解釋生物適應環境的機制。

63. Which fundamental tissue types are included in all three basic vascular plant organs?
(A) Dermal, vascular, and ground
(B) Mesophyll, chlorophyll, and microphylls
(C) Sclerenchyma, collenchyma, and parenchyma
(D) Xylem, Xylene, and phloem

詳解: A

維管束植物的組織可概分為:分生組織(meristem)、表皮組織(Dermal tissue)、基本組織(ground tissue)、維管束組織(vascular tissue)，而後三種組織在整個植株都存在。

64. The group of molluscs, which possess eyes similar to vertebrates
(A) cephalopoda
(B) gastropoda
(C) bivalvia
(D) pelecypoda

詳解: A

在多細胞動物演化的初期，所謂的"眼"只是一群對光刺激有感覺的細胞罷了。然而到了我們脊椎動物，眼已經成了一個複雜精巧的結構:外界一切物體反射或發出的光線，經過眼球前方晶狀體的折射以後，映在眼球後方的視網膜上，形成一個完整的倒立的像。

然而這麼精巧複雜的結構，無脊椎動物裡的頭足類—也就是章魚、烏賊等等，也像模像樣有這麼一套，成像原理完全一樣。大部分動物是沒有這麼複雜的眼結構的，就連頭足類的親戚—其他的軟體動物也沒有。科學家推測是脊椎動物和頭足類各自獨立演化出了這樣所謂的"透鏡眼"，這是一個趨同演化事件。

65. Plant cell with a Ψs of -0.5 MPa maintains a constant volume when bathed in a solution that has a Ψs of -0.3 MPa and is in an open container. The cell has a:

(A) Ψ_p of +0.5 MPa
(B) Ψ_p of +0.2 MPa
(C) Ψ_p of 0 MPa
(D) Ψ of -0.5 MPa

詳解: A →更改答案為 B

成熟的植物細胞中央有大的液泡，其內充滿著具有一定滲透勢的溶液，所以滲透勢肯定是細胞水勢的組成之一，它是由於液泡中溶質的存在而使細胞水勢的降低值。因此又稱為溶質勢，用 Ψs 表示。由於純水的滲透勢最大，並規定為 0，所以任何溶液的滲透勢都比純水要小，全為負值。當細胞處在高水勢溶液中時，細胞吸水，體積擴大，由於細胞原生質體和細胞壁的伸縮性不同，前者大於後者，所以細胞的吸水肯定會使細胞的原生質體對細胞壁產生一種向外的推力，即膨壓。反過來細胞壁也會對細胞原生質體、對細胞液產生一種壓力，這種壓力是促使細胞內的水分向外流的力量，這就等於增加了細胞的水勢。這個由於壓力的存在而使細胞水勢的增加值就稱為壓力勢，用 Ψ_p 表示。其方向與滲透勢相反，一般情況下為正值。此外，細胞質為親水膠體，能束縛一定量的水分，這就等於降低了細胞的水勢。這種由於細胞的膠體物質（襯質）的親水性而引起的水勢降低值就稱為細胞的襯質勢，以 Ψm 表示。所以說，植物細胞的吸水不僅決定於細胞的滲透勢 Ψs，壓力勢 Ψp，而且也決定於細胞的襯質勢 Ψm。一個典型的植物細胞的水勢應由三部分組成，即 $\Psi w = \Psi s + \Psi_p + \Psi m$。

-0.5 + X = -0.3 + 0 → X = +0.2。此題應爭取答案更改為 B。

校方釋疑：

Ψp + Ψs = -0. 3 MPa
-0.5 MPa (Ψs) + (Ψp) = -0.3 MPa
Ψp = +0.2 MPa
調整答案為(B)

66. What would be the most effective method of reducing the incidence of blood flukes in a human population?

(A) Reduce the mosquito population.
(B) Reduce the freshwater snail population.
(C) Purify all drinking water.
(D) Avoid contact with rodent droppings.

詳解: C →更改答案為 B

有六種血吸蟲可以寄生人體，其中主要三種，分別流行於中東、亞洲和南美洲，分布範圍較廣；另外三種則侷限於北非、馬來半島、湄公河流域，是對人的影響較小多為動物株（zoophilic strain）。血吸蟲成長的過程都必須經過在淡水螺類（蝸牛）體內的寄生階段，才有能力感染哺乳動物宿主。人們主要是因農耕勞動、生活用水、游泳戲水等各種方式與含有尾蚴的水接觸後，尾蚴便很快趁機鑽進人體皮膚轉變成童蟲，經過一定時間的生長發育，最終在肝、腸附近的血管內定居寄生，所引起的症狀表現各有不同，皆統稱為「血吸蟲病」，被世界衛生組織公佈在六大熱帶醫學疾病之一。

因為大多數血吸蟲的中間宿主都有淡水蝸牛，因此應爭取答案更改為B。

校方釋疑：

減少中間宿主 Freshwater snail 的數量，可有效降低 blood flukes 的感染率。調整答案為(B)

67. Which animal has a complete digestive system?

(A) jellyfish

(B) roundworm

(C) sponge

(D) coral

詳解: B

線蟲的消化管分為前腸、中腸和後腸 3 段。前腸包括口、口腔、咽（食道），是外胚層由原口的部分內陷而成；中腸緊接前腸的下端，是消化和吸收的主要場所，由內胚層組成；後腸包括直腸和肛門，由身體後端外胚層向內陷而成。線蟲的消化管有口有肛門，為完全消化系統，食物經口、咽、腸、直腸，再由肛門排出，使消化和吸收後的食物不再與新進入的食物相混合，這比不完全消化系統更完善、更高度分化，在進化上有很大的意義。

68. Which of the following shows the correct direction of blood flow through the chambers of the heart?

(A) left atrium → left ventricle → right ventricle → right atrium

(B) left atrium → right atrium → left ventricle → right ventricle

(C) right atrium → right ventricle → left atrium → left ventricle

(D) right atrium → left atrium → left ventricle → right ventricle

詳解: C

正常血流流向應為（C）。大靜脈→右心房→右心室→肺動脈→肺→肺靜脈→左心房→左心室→主動脈。

69. Put the step of the life cycle of a mushroom-forming basidiomycete in the order.

1. Karyogamy in each basidium produces a diploid nucleus
2. Two haploid mycelia of different mating types undergo plasmogamy
3. Environmental cues induce the dikaryotic mycelium to form basidiocarps
4. The basidiospores germinate and grow into short-lived haploid mycelia
5. When mature, the basidiospores are ejected and dispersed

(A) 4,2,3,5,1
(B) 1,2,3,4,5
(C) 2,3,1,5,4
(D) 2,3,4,1,5

詳解: C

擔子菌由菌絲結合而形成子實體的正確時序流程為（C）。

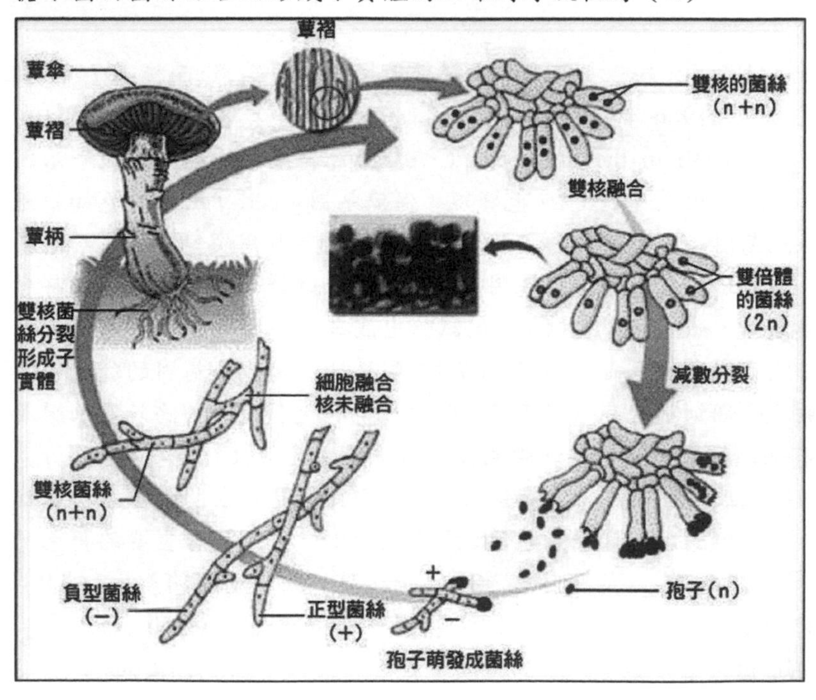

70. The following description about the apoptosis in the *Caenorhabditis elegansplants* is incorrect.

(A) Three proteins, Ced-3, Ced-4, and Ced-9, are critical to apoptosis and its regulation in the nematode.

(B) As long as Ced-9, located in the outer mitochondrial membrane.

(C) When a cell receives a death signal, Ced-9 is activated, relieving its inhibition of Ced-4.

(D) Active Ced-4 activates Ced-3, a protease, which triggers a cascade of reactions leading to the activation of nucleases and other proteases.

詳解: C

線蟲粒線體外膜上的 Ced-9 是其細胞凋亡機制的主控基因，當接收到凋亡訊號後，Ced-9 會去活化，進而導致原本被抑制的 Ced-3、Ced-4 展現活性，導致細胞凋亡。

1968 年 Robert Horvitz 自麻省理工學院數學和經濟學系畢業，而後 1974 年取得哈佛大學博士學位。1986 年（39 歲）在知名期刊《Cell》發表〈Genetic control of programmed cell death in the nematode *C. elegans.*〉找到細胞的「殺手基因（cell-death genes）」ced-3 及 ced-4。也發現「保鑣基因」ced-9 用來避免細胞死亡。他先假定保鑣基因發生突變會造成過多的細胞屍體；利用突變劑，在某些基因上面動手腳，假若這些基因是保鑣基因，那就沒辦法保護細胞免於一死，將會造成過多的細胞屍體。如此反覆嘗試下，他試驗出倘若某基因突變將會產生大量的細胞屍體，宛若保鑣一般，而這就是 ced-9。同樣地，當殺手基因的發生突變時，線蟲身上的 130 個細胞就存活了下來。所以他的研究就發現，倘若要細胞活下來，不能沒有保鑣基因；如果要細胞死掉，殺手基因的活性就要被開啟。

殺手基因和保鑣基因抗衡，決定細胞的生死。因此，這相互間的調控機制就顯得格外重要。並發現「粒線體」在計劃性細胞死亡中就扮演相當重要的角色。粒線體又稱為「能量工廠」，它是個雙層胞器，在我們細胞中能夠產生 ATP；而它的內膜與外膜當中，存放有很多的蛋白質，「細胞色素 C（cytochrome C）」平常就被存放在這裡。當細胞要死亡的時候，就會扣板機，細胞色素 C 就會從細胞中的粒線體中的內外膜當中釋放出來，而一但它被釋放出來，就會引爆細胞內的「自劊蛋白酶（caspase）」，然後，細胞死亡，就會被隔壁負責收屍的「吞噬細胞（phagocyte）」所吞噬。

中山大學 111 學年度學士後醫學系招生考試試題暨詳解

科目：普通生物學 **黃彪 老師解析**

I.【單選題】每題 1 分，每題答錯倒扣四分之一。

1. Where does the Krebs cycle take place?
   (A) Mitochondrial matrix
   (B) Inner membrane of the mitochondrion
   (C) Outer membrane of the mitochondrion
   (D) Intermembrane space of the mitochondrion
   (E) Cytoplasm (outside the mitochondria)

詳解：A

真核生物的粒線體基質和原核生物的細胞質是檸檬酸循環發生的場所。檸檬酸循環的兩個主要目的是增加細胞中提供能量的腺苷三磷酸（ATP）以及提供細胞合成醣類、脂類、胺基酸等物質的前驅物。

2. Nitrogen fixation can occur in which of the following organisms?
   (A) prokaryotes
   (B) plants
   (C) animals
   (D) prokaryotes and plants
   (E) prokaryotes, plants and animals

詳解：A

氮的固定有不同的途徑，但皆是指將氣態的氮（N_2）還原成氨氮（NH_3）的過程。固氮作用只在某些原核生物身上發生，例如：非異型性藍綠細菌 *Gloeocapsa sp.*、*Plectonema sp.*及 *Trichodesmium sp.*；異型性藍綠細菌 *Anabaena sp.*、*Calothrix sp.*、*Nostoc sp.*、*Stigonema sp.*及 *Tolypothrix sp.*和某些細菌 *Bacillus macerans*、*Clostridium pasteurianum*…等。在所有固氮生物內，固氮的機制皆相同。此一反應需要有一固氮酵素（nitrogenase）、ATP 及強還原能才能進行，在這一個反應中已被證實會有三個電子對被轉移到 N2 上，每一對電子的轉移需要消耗 4～5 莫耳的 ATP，電子的供給者為鐵還原氧化素（ferredoxin）及黃氧化還原素（flavodoxin），而這二種電子供給者的電子來源則可能為甲醛（formate）、氫（H_2）、NADH 或 NADPH。在某些細菌中（如：*C. pasteurianum*)，還原能及 ATP 是由丙酮酸氧化而來的。

校方釋疑：

固氮作用為部分原核生物將環境中的氮氣經生化過程轉化為含氮化合物之過程。植物雖可經由與此些原核生物共生之方式，由原核生物代謝產物取得植物所需之含氮化合物，但植物本身並無此固氮能力。相關資料多見于各相關教科書中，以下僅附二例以為參考。因此，本題之答案確為(A)。

See “Nitrogen Fixation

Nitrogen fixation is the process by which nitrogen is taken from its molecular form (N2) in the atmosphere and converted into nitrogen compounds useful for other biochemical processes. Fixation can occur through atmospheric (lightning), industrial, or biological processes. Biological nitrogen fixation can be represented by the following reaction, in which the enzyme-catalyzed reduction of N2 to NH3, NH4+, or organic nitrogen occurs:

$N_2+16ATP+8e^-+8H^+ \rightarrow 2NH^{3+}16ADP+16Pi+H_2$

This process is performed by a variety of prokaryotes, both symbiotic and free living, using an enzyme complex termed nitrogenase that is composed of two separate protein components (dinitrogenase reductase and dinitrogenase). Dinitrogenase reductase donates two high potential electrons at a time to dinitrogenase and contains an Fe - S center that holds the electrons before donation. Dinitrogenase then catalyzes the reduction of N2. Once nitrogen has been fixed, it can be oxidized to NO2-/NO3- or assimilated by organisms.”

Extracted from: G. Hanrahan, G. Chan, Encyclopedia of Analytical Science (Second Edition), NITROGEN, Editor(s): Paul Worsfold, Alan Townshend, Colin Poole, Elsevier, 2005, Pages 191-196, ISBN 9780123693976, https://doi.org/10.1016/B0-12-369397-7/00401-5.

See “Nitrogen fixation takes place in a wide variety of bacteria, the best known of which is rhizobium which is found in nodules on the roots of leguminous plants such as peas, beans, soya and clover.”

Extracted from: Chemistry of the Elements (Second Edition), Chapter 23 - Chromium, Molybdenum and Tungsten, Editor(s): N.N. GREENWOOD, A. EARNSHAW, Butterworth-Heinemann, 1997, Pages 1002-1039, ISBN 9780750633659, https://doi.org/10.1016/B978-0-7506-3365-9.50029-8.

3. The use of mRNA and reverse transcriptase is part of a strategy to solve the problem of

(A) epigenetic regulation.

(B) post-translational processing.

(C) nucleic acid hybridization.
(D) restriction fragment ligation.
(E) post-transcriptional processing.

詳解: E

基因的基本結構包含編碼蛋白質或 RNA 的編碼序列（coding sequence）及相關的非編碼序列，後者包括單個編碼序列間的間隔序列以及轉錄起始點後的基因5'-端非翻譯區、3'-端非翻譯區。與原核生物相比較，真核基因結構最突出的特點是其不連續性，被稱為斷裂基因（split gene）或割裂基因（interrupted gene）。

如果將成熟的 mRNA 分子序列與其基因序列（即 DNA 序列）比較，可以發現並不是全部的基因序列都保留在成熟的 mRNA 分子中，有一些區段經過剪接（splicing）被去除。在基因序列中，出現在成熟 mRNA 分子上的序列稱為外顯子（exon）；位於外顯子之間、與 mRNA 剪接過程中被刪除部分相對應的間隔序列則稱為內含子（intron）。每個基因的內含子數目比外顯子要少 1 個。內含子和外顯子同時出現在最初合成的 mRNA 前體中，在合成後被剪接加工為成熟mRNA。

原核細胞的基因基本沒有內含子。高等真核生物絕大部分編碼蛋白質的基因都有內含子，但組蛋白編碼基因例外。 此外，編碼 rRNA 和一些 tRNA 的基因也都有內含子。內含子的數量和大小在很大程度上決定了高等真核生物基因的大小。低等真核生物的內含子分布差別很大，有的酵母的結構基因較少有內含子，有的則較常見。在不同種屬中，外顯子序列通常比較保守，而內含子序列則變異較大。外顯子與內含子接頭處有一段高度保守的序列，即內含子 5'-末端大多數以 GT 開始，3'-末端大多數以 AG 結束，這一共有序列（consensus sequence）是真核基因中 RNA 剪接的識別信號。

科學家可以從細胞中萃取出 DNA、mRNA 等進行基因相關研究，例如可將mRNA 經反轉錄酶(reverse transcriptase)催化而以人為方式再次產生原本的 DNA 序列，只是經由 mRNA 而合成的 DNA 僅保留了外顯子序列而不具有內含子序列，該人為合成的 DNA 即為互補 DNA（complementary DNA, cDNA）。可以解決原核細胞無法將真核基因轉錄產物進行轉錄後修飾的問題。

4. What is the most common transported sugar in the plant?
(A) Glyceraldehyde 3-phosphate
(B) Fructose
(C) Mannose
(D) Starch
(E) Sucrose

詳解: E

從收集到的韌皮部汁液進行分析，發現在韌皮部中被運移的糖都是非還原態的糖。還原態的糖例如葡萄糖、果糖等，含有醛基或酮基，可在溶液中將 Cu^{2+} 還原成 Cu^{+}。非還原態的糖例如蔗糖，其醛基或酮基已被還原成醇或是和另一個糖上相似的官能基結合。

蔗糖是最普遍的轉運糖，其他許多可移動性的糖是蔗糖和不同分子的半乳糖結合而成。例如棉子糖（Raffinose）是由 1 分子的蔗糖和 1 分子的半孔糖、野芝麻糖（Stachyose）是由 1 分子的蔗糖和 2 分子的半乳糖、毛蕊花糖（Verbascose）是由 1 分子的蔗糖和 3 分子的半乳糖。轉運的酵素包括甘露醇（mannitol）和山梨醇（sorbitol）。

5. The best time to measure an animal's basal metabolic rate is when the animal
(A) is resting and has not eaten its first meal of the day.
(B) is resting and has just completed its first meal of the day.
(C) has recently eaten a sugar-free meal.
(D) has not consumed any water for at least 48 hours.
(E) has just completed 30 minutes of vigorous exercise.

詳解：A

基本代謝率是指一個人在靜態的情況下，維持生命所需的最低熱量消耗卡數，主要用於呼吸、心跳、氧氣運送、腺體分泌，腎臟過濾排泄作用，肌肉緊張度，細胞的功能等所需的熱量。簡單來說，若你的基本代謝率是 1200 卡路里，而你整天都在睡覺，沒有任何其他活動的話，這天便會消耗 1200 卡路里。

BMR 可以代表人體細胞的代謝能力。細胞的生理功能不同，其代謝能力也不同，一般而言，脂肪組織和骨骼組織的代謝作用較少，因此 BMR 與瘦肉組織（Lean Body Mass）成正比關係。基礎代謝量會因年齡、性別、身體組成、荷爾蒙的狀態而有所不同。

基礎代謝率是維持人體重要器官運作所需的最低熱量，短期內很少改變，幾乎在基因裡就已經決定一個人基礎代謝率的高低，但是它會隨著年齡的增長而有逐漸下降的趨勢，一般來說，人在嬰兒時期的基礎代謝率相當高，到了孩童時期會快速下降，等到成人其後會逐漸趨於穩定。

根據基礎代謝量的定義，測量時需要模擬人體最基本的生命狀態，所用的標準條件：環境舒適，室溫合宜，不過冷過熱，靜臥，清醒狀態，且離飯後 12 小時以上。

要測量基礎代謝率最主要有兩個方法，第一是採用公式計算法，只要將身高、體重、性別及年齡輸入公式，就可以得到基礎代謝率，利用公式的好處是簡單方便，但是缺點是目前至少有五種的公式，每一種算出來的結果都不太一樣，而且這些公式大部分針對西方人所設計，東方人較不適用，並且公式過於老舊，此外當身高、體重、性別及年齡都相同的兩個人，經由公式計算之後，理論上基礎代謝率應該相同，但是每個人彼此都有差異，不可能相同。

第二種方法是直接或間接熱量測量法，這是利用受測者所吸入的氧氣與呼出的二氧化碳，經由氣體分析及特殊換算來推算基礎代謝率，優點是可個別計算出每一個人較為實際的基礎代謝率數值，但是缺點是機器相當龐大且操作耗時，檢查起來頗費工夫；目前在美國已經發展出一種較為簡單操作的基礎代謝率測量儀，國內正在進行信度及效度的研究，相信將來可以提供醫師及病人較為簡便且正確的基礎代謝率檢測。粗略的估計以每公斤體重每一小時耗能 1 大卡；精細的估計考慮性別與年齡的影響。睡眠時間 BMR 較清醒時低 10%。

6. When human beings choose a mate, they usually prefer people with the same skin color, same culture, same language, and similar living habits. Which of the following is related to this phenomenon?
(A) panmixia
(B) heterosis
(C) outcrossing
(D) backcrossing
(E) assortative mating

詳解: E

選型交配（Assortative mating）是交配行為模式的一種，即為選擇和自己相近的配偶行進行繁殖，近親交配是其中一種特殊情況。選型交配可以根據體型大小、顏色、年齡等。產生選型交配的機制包括性印痕學習（sexual imprinting）、棲地選擇、遺傳的擇偶偏好等等。選型交配可能造成性擇。選型交配和其演化是物種形成的重要機制之一。

7. Cytoskeleton of a eukaryotic cell is made up of (a)microtubule, (b)microfilament and (c)intermediated filaments. Which of them exhibits polarity?
(A) a
(B) b
(C) c
(D) a and b
(E) b and c

詳解: D

受精卵經不斷分化建構各種細胞，並配合不同機能需要，形成特定的形狀或構造。例如纖維母細胞（fibroblast）的不固定形狀、上皮細胞則是扁平、方形或柱狀。在細胞形狀或構造的形成，微管（microtubule）、肌動蛋白纖維（actin filament）等細胞骨架（cytoskeleton），扮演重要的角色。

微管是具有正端（plus-ends）及負端（minus-ends）極性（polarity）的纖維狀構造。在細胞分裂，進行紡錘體形成、染色體分配時，微管扮演重要角色；在靜止期（stationary period），微管作為物質運輸的橋梁，因此需配置在細胞內適當的位置及方向。纖維母細胞等大多數細胞，微管減去端連結於中心體（centrosome），加入端則放射狀分佈、朝向細胞外側。

微絲（microfilaments）是由肌動蛋白分子螺旋狀聚合成的纖絲，又稱肌動蛋白絲（actin filament），與微管和中間纖維共同組成細胞骨架，是一種所有真核細胞中均存在的分子量大約 42 kDa 的蛋白質，也是一種高度保守的蛋白質，因物種差異（例如藻類與人類）的不同不會超過 20%。微絲對細胞貼附、鋪展、運動、內吞、細胞分裂等許多細胞功能具有重要作用。

微絲是雙股肌動蛋白絲以螺旋的形式組成的纖維，直徑為 7 奈米，螺距為 36 奈米，兩股肌動蛋白絲是同方向的。肌動蛋白纖維也是一種極性分子，具有兩個不同的末端，一個是正端，另一個是負端。

微絲與它的結合蛋白（binding protein）以及肌球蛋白（myosin）三者構成化學機械系統，利用化學能產生機械運動。由微絲形成的微絲束稱為應力纖維，常橫貫於細胞長軸。脊椎動物肌動蛋白分為 α、β 和 γ 三種類型，α 型分布於心肌和橫紋肌細胞中，α 及 γ 型分布于平滑肌細胞中，β 及 γ 型分布於非肌細胞中。

肌動蛋白單體（又被稱為 G-Actin，全稱為球狀肌動蛋白，Globular Actin，下文簡稱 G 肌動蛋白）為球形，其表面上有一 ATP 結合位點。肌動蛋白單體一個接一個連成一串肌動蛋白鏈，兩串這樣的肌動蛋白鏈互相纏繞扭曲成一股微絲。這種肌動蛋白多聚體又被稱為纖維形肌動蛋白（F-Actin，Fibrous Actin）。

微絲能被組裝和去組裝。當單體上結合的是 ATP 時，就會有較高的相互親和力，單體趨向於聚合成多聚體，就是組裝。而當 ATP 水解成 ADP 後，單體親和力就會下降，多聚體趨向解聚，即是去組裝。高 ATP 濃度有利於微絲的組裝。

微絲的組裝分為三個階段：即成核期（nuleation phase）、生長期（growth phase）或延長期，平衡期（eauilibrium）。成核期是微絲組裝的限速過程，需要一定的時間，故又稱延遲期，此時肌球蛋白開始聚合，其二聚體不穩定，易水解，只有形成三聚體才穩定，即核心形成。一旦核心形成，球狀肌球蛋白便迅速在核心兩端聚合，進入生長期。微絲兩端的組裝速度有差異，正端的組裝速度明顯快於負端，約為負端的 10 倍以上。微絲延長到一定時期，肌動蛋白摻入微絲的速度與其從微絲負端解離的速度達到平衡，此時進入平衡期，微絲長度基本不變，正端延長長度等於負端縮短的長度，並仍進行著聚合與解離活動。

中間絲（Intermediate filaments，IF）直徑 10 奈米（nm）左右，介於 7 nm 的肌動蛋白微絲和 25 nm 的微管之間。與後兩者不同的是中間絲是最穩定的細胞骨架成分，它主要起支撐作用。中間絲在細胞中圍繞著細胞核分布，成束成網，並擴展到細胞質膜，與質膜相連結。中間絲沒有極性。它們是一個相關的蛋白質家族，分享共同的結構和序列特徵。大多數類型的中間絲存在於細胞質，但有一種類型的中間絲—核纖層蛋白存在於細胞核。

8. Mitochondria are thought to be the descendants of certain alpha proteobacteria They are, however, no longer able to lead independent lives because most genes originally present on their chromosomes have moved to the nuclear genome. Which phenomenon accounts for the movement of these genes?
(A) homologous recombination
(B) plasmolysis
(C) horizontal gene transfer
(D) conjugation
(E) translation

詳解: C

基因平行轉移（horizontal gene transfer，簡稱 HGT）首次被提出是在 1951 年，美國西雅圖的學者在一刊物中指出，若在不具毒性的白喉桿菌（*Corynebacterium diphtheriae*）中轉移一段病毒基因會促使此桿菌具有毒性（同時解決了白喉之謎，即有些病患在感染後並未立即出現症狀，之後才突然地發病或一直維持帶原不發病）。此一現象在細胞內寄生蟲沃爾巴克氏體（Wolbachia）與其昆蟲宿主間，以及細菌的幾個基因與特定細胞，如癌症細胞，間，都是有被觀察到的。甚至我們經常吃的蕃薯中，也發現了農桿菌的基因序列。

基因平行轉移時至今日仍在進行著。雖然在人類與其他靈長類的基因體中，外來基因似乎只在他們最後的共同祖先中出現轉移，不過在某些果蠅和線蟲中，也可發現近代轉移的證據。

9. What controls sex determination in American alligator?
(A) Temperature
(B) Behavioral interactions
(C) Y Chromosome
(D) Ratio of X chromosomes to autosomes
(E) SRY gene

詳解: A

由染色體組成決定性別的機制，統稱為遺傳性系統（genotypic sex determination，GSD），像是哺乳類、鳥類、部分爬蟲類、昆蟲等等，都屬於 GSD 型生物。而 GSD 型的生物又可以再細分為幾類：1. XY 型—帶有同型性染色體（XX）者為雌性，帶有異型性染色體（XY）者為雄性，例如人類；2. ZW 型—帶有同型性染色體（ZZ）者為雄性，帶有異型性染色體（ZW）者為雌性，例如鳥類和部分昆蟲；3. X0 系統—雄性只有一條 X 染色體(X0)，雌性有兩條(XX)，例如某些昆蟲；或是 X0 為雄性，XX 的為雌雄同體；4. 雙套／單套型—帶有雙套染色體的是雌性，帶有單套染色體的則是雄性，很多社會性昆蟲，或是常採行孤雌生殖的昆蟲，都屬於這一型生物。

至於爬蟲類的性別決定機制，則分屬於遺傳性系統（GSD）及溫度決定系統（temperature-dependent sex determination, TSD）兩大類。其中，屬於 GSD 系統的類群，又可再分為 XY 系統（例如數種蜥蜴和數種龜）和 ZW 系統（例如蛇）兩類。而鱷、很多種龜和蜥蜴都屬於 TSD 系統，所以從涼爽的巢中孵化的龜，都是雄性；從溫暖的巢中孵化的龜，則為雌性。目前為止，鱷類群中被研究最透徹的多半是美洲短吻鱷，牠們的性別與溫度之間的關係屬於「雌—雄—雌」(FMF）的型式，也就是高溫和低溫都會孵化出雌性，中間溫度才會孵化出雄性，而最適合鱷孵化的溫度則為 30±4℃。最近發表的研究報告指出，同屬短吻鱷屬的中國特有種揚子鱷（*Alligator sinensis*）的性別也屬於 FMF 的型式。

10. Why are action potentials usually conducted in only one direction along an axon?
    (A) The nodes of Ranvier can conduct potentials in only one direction.
    (B) The brief refractory period prevents reopening of voltage-gated Na^+ channels.
    (C) The axon hillock has a higher membrane potential than the terminals of the axon.
    (D) Ions can flow along the axon in only one direction.
    (E) Voltage-gated channels for both Na^+ and K^+ open in only one direction.

詳解: B

從電位控制的 Na^+通道被開啟後，一直到 Na^+通道去活化、將通道塞起來的那顆球，掉下來之前，都稱作絕對不反應期。這個時期 Na^+通道對任何再強的動作電位，都是沒有反應的，原因是 Na^+通道處於不活化階段，Na^+通道只有回到關閉樣子才能被再次開啟。而當電位控制的 Na^+通道關閉後，一直到電位控制的 K^+離子通道關閉之前，都稱作相對不反應期，這個時期雖然 Na^+通道可以被去極化開啟，但因為此時正處於再極化的階段，K^+離子通道是開啟的，K^+這個正電荷一直往外跑，所以必須要更多的正電荷，才能讓細胞超過閾值，刺激電位控制的 Na^+通道開啟。因此，當處於相對不反應期時，是有可能再次啟動動作電位的，但是並不容易。(絕對不反應期：球與鏈塞住 Na+通道，還未恢復到 靜止狀態。相對不反應期：Na+通道恢復，K+通道仍打開，此時需要另一個非常強大的去極化，才有可能再產生下一個動作電位。)

不反應期的存在確保了單向傳導：胞內離子在傳導時，會向兩側流動，使兩側膜內達閾電位，使大量鈉離子流入，繼續向兩側流動，但原先去極化的方向線處於不反應期，因此動作電位不會往回傳。

11. Which statement about biological homology is correct?

(A) Paralogs: Insect wings and bat wings are both used for flight.

(B) Orthologs: Humans use different MHC gene copies to identify different pathogens.

(C) Analogs: The human eye is structurally similar to the octopus's eye.

(D) Homologs: The needles of cacti (仙人掌) and hedgehogs (刺蝟) are used for physical defense.

(E) Paralogs: Differentiation of the functions of the forelimb and hindlimb in humans.

詳解: C

在同源的觀念中，常常見到這三個專有名詞"homologous、paralogous、orthologous"其差異為：Homologous(同源)＝Paralogus(旁系同源)＋ Orthologous（直系同源）。Orthologous：不同物種間，源自共同祖先的序列或構造相似性，Paralogus：同一物種內，源自共同祖先的序列或構造相似性。

例如：同源序列（homologous sequence）可分為兩種：直系同源序列（orthologous sequence）和旁系同源序列（paralogous sequence）。直系同源的序列因物種形成（speciation）而產生：若一個基因原先存在於某個物種，而該物種分化為了兩個物種，那麼新物種中的基因是直系同源的；旁系同源的序列因基因複製（gene duplication）而產生：若生物體中的某個基因被複製了，那麼兩個副本序列就是旁系同源物。直系同源的一對序列稱為直系同源體（orthologs），旁系同源的一對序列稱為旁系同源體（paralogs）。

直系同源體通常有相同或相似的功能，但對旁系同源體則不一定：由於缺乏原始的自然選擇的力量，繁殖出的基因副本可以自由的變異並獲得新的功能。

12. Which of the following statements regarding photoperiodism is **false**?

(A) Photoperiodism is the physiological reaction of organisms to the length of a dark period. It occurs in both plants and animals.

(B) Many flowering plants (angiosperms) use photoreceptors such as phytochrome and cryptochrome to sense photoperiod.

(C) Long-day plants flower when the night length falls below their critical photoperiod.

(D) The shoot apical meristem that senses the photoperiod leading to its transition from a vegetative (leaf) bud to a reproductive (flower) bud.

(E) Day-neutral plants such as maize do not initiate flowering based on photoperiodism.

詳解: D

植物、昆蟲和鳥類的光周期現象比較明顯，對它們的研究也比較多。這包括植物的開花、落葉，種子和芽孢的休眠及塊莖、塊根的形成等；昆蟲的滯育、遷徙和型變等；鳥類的遷飛、生殖腺發育、體脂積累和換羽等。生物必需有感光機制才能對光周期作出反應：在植物中有光敏素；在動物，視神經以及松果體或其他腦部結構是反應的第一站。在反應的傳出環節上，植物可能是通過激素；動物則包含神經和激素兩者。

在一些植物葉部存在的光敏素（phytochrome）與隱色素（cryptochrome）等，可能是有關的感光物質。在實驗中，一個植株接受適宜光照，與之嫁接的另一未受光照的植株也發生開花反應，這說明是經激素傳導，現今已經分離出有關激素—開花素。

13. All female mammals have one active X chromosome per cell instead of two. What causes this to happen?
(A) attachment of methyl (-CH_3) groups to the X chromosome that will remain active
(B) only the X chromosome from mother will remain active
(C) inactivation of the *XIST* gene on the X chromosome derived from the male parent
(D) activation of the *BARR* gene on one X chromosome, which then becomes inactive
(E) activation of the *XIST* gene on the X chromosome that will become the Barr body

詳解: E

X 染色體去活化，又稱 X 染色體失活或里昂化，是指雌性哺乳類細胞中兩條 X 染色體的其中一條失去活性的現象。X 染色體會被包裝成異染色質，進而因功能受抑制而沉默化。

正常的雌性擁有兩條 X 染色體，且在任何細胞中都會有一條保有活性，標記作 Xa；另一條則失活，標記作 Xi。研究顯示即使是多於兩條 X 染色體的細胞中，也只有一條染色體是 Xa，其他將一律失去活性。此現象顯示去活化才是預設狀態，且只有一個 X 染色體會被選出成為具活性者。

X 染色體上存在一種稱為 X 去活化中心（X inactivation center，XIC）的序列，可調控 X 染色體的沉默化，是阻礙因子可能的結合位置。這些 XIC 序列是造成 X 染色體去活化的充要條件。當 X 染色體上含有 XIC 的部位與體染色體發生染色體易位時，將造成體染色體的去活化，同時失去 XIC 的 X 染色體將保留活性。XIC 序列上含有兩個非轉譯 RNA 基因，分別是 Xist 與 Tsix，此兩者參與了去活化作用。此外，XIC 上含有一些結合位置，分別可供一些已知和未知調控蛋白（regulatory protein）結合。

Xist 基因會轉錄出 RNA 分子，且此 RNA 將不會轉譯成蛋白質，Xist 是 X 去活化的主要影響因子，失活的 X 染色體外圍會被 XistRNA 包覆，而 Xa 則沒有這種現象。Xist 是唯一會由 Xi 表現的基因，缺乏 Xist 基因的 X 染色體將無法去活化。而若以人工方式將 Xist 基因表現於其他染色體，將導致此染色體的沉默化。

在去活化作用發生以前，每條 X 染色體上的 Xist 基因都會有微弱表現。而在去活化過程中，Xa 將會中止 Xist 的表現，同時 Xi 則會增強，使 RNA 產物增加。XistRNA 會從 XIC 位置開始，逐漸將 Xi 包覆起來，而且這些 XistRNA 並不會作用到 Xa 上。Xi 被 RNA 包覆過後不久就會發生基因沉默現象。

Tsix 基因同樣也會轉錄出一條無蛋白質產物的 RNA 分子。Tsix 基因是 Xist 基因的反義序列，也就是說，兩者實際上是來自同一段 DNA 上互補的兩股，而他們的產物 RNA 也因此具有互補性。這使 Tsix 成為 Xist 的負向調節因子，使沒有表現 Tsix 的 X 染色體比較容易被去活化。Tsix 在去活化作用發生以前，同樣會在每條染色體上微弱表現。當 X 去活化啟動之後，Xi 將會中止表現 TsixRNA；相較之下，Xa 上的 Tsix 將會繼續表現大約幾天的時間。

14. A genetic map shows the map distance The units of genetic distance are called **map units** (mu) or **centiMorgans** (cM). Which of the following indicates the map distance of 23.6 mu between two genes?
(A) The distance between two genes is 23.6 millimeters.
(B) There are 23.6 other genes between the two genes of interest.
(C) The co-mutation rate of two genes is 23.6%.
(D) The survival rate of the offspring is 23.6%.
(E) 23.6% of the offspring exhibit recombination between the two genes.

詳解: E

分摩根（centimorgan，cM），或稱為圖距單位（map unit），是遺傳連鎖中的距離單位，以現代遺傳學之父托馬斯·亨特·摩爾根的名字命名。1 分摩根的定義為兩個位點間平均 100 次減數分裂發生 1 次遺傳重組。連鎖位點之間的距離不超過 50 分摩根，兩個位點間距 50 分摩根即意味著兩者完全不連鎖。對於人類來說，1 分摩根平均相當於 100 萬個鹼基對。

發生互換的配子在全部配子中所佔的百分比，稱為互換率（或稱為重組率）。可利用各種不同性狀的異型合子作試交，再根據後代表現型比例算出基因的互換率。例如：將異型合子的長翅灰身果蠅作試交（與殘翅黑身交配），後代有四種表型：長翅灰身、長翅黑身、殘翅灰身、殘翅黑身，比例爲 4：4：1：1，長翅黑身和殘翅灰身是由染色體互換的配子經受精而產生，基因 V 和 B 的互換率爲 20%。

互換率的多少，和染色體上基因間距離的遠近有關。兩個基因在染色體上的距離越遠，發生互換的機會越多，因此互換率可代表這兩個基因在染色體上的距離。

互換率可代表兩個基因在染色體上的距離；基因間相對距離所用之單位，稱為互換單位（或稱為分莫根）。若基因 V 和 B 的互換率為 20%，則這兩個基因在染色體上的距離稱為 20 互換單位，或稱為 20 分莫根。

15. A researcher is analyzing the immune response of a patient following the patient's exposure to an unknown agent while out of the country. The patient's blood is found to have a high proportion of lymphocytes with CD8 surface proteins. What is the likely cause?
(A) The patient encountered a bacterial infection which elicited CD8 marked T cells.
(B) The disease must have been caused by a multicellular parasite, such as can be encountered in polluted water sources.
(C) The CD8 proteins would be discharged from these lymphocytes to lyse the infected cells.
(D) The CD8 proteins marked the surfaces of cytotoxic T cells to attack virus-infected host cells.
(E) CD8 marks the surface of cells that accumulate after the infection is over and signal patient recovery.

詳解: D

細胞毒性 T 細胞又稱殺手 T 細胞、T_C 細胞、胞殺 T 細胞、或 $CD8^+$ T 細胞，屬於 T 細胞的一種，可以殺死癌細胞、受病毒感染的細胞，以及其他受損細胞。胞毒 T 細胞屬於後天免疫系統的成員，當其殺傷活性開始表現時，屬於先天免疫系統的 NK 細胞活性就會逐步降低。

大部份的胞毒 T 細胞會辨識特定的抗原，而辨識的受體則稱為 T 細胞受體。這些抗原常常是由癌細胞和病毒製造的。胞內抗原會與第一型 MHC 分子結合，並被帶到細胞表面，以利於 T 細胞辨識。一旦被 TCR 辨識出特定的抗原，T 細胞便會摧毀該細胞。

有些 T 細胞受體中含有一種稱為 CD8 的醣蛋白，可與 MHCI 分子結合，故這些細胞又名 $CD8^+$ T 細胞。

和第一型 MHC 分子結合的 CD8 T 細胞會發育為細胞毒性 T 細胞，而 CD8 分子則會持續牢牢地抓著第一型 MHC 分子，不讓目標細胞離開，以進行細胞毒殺。

II.【單選題】每題 2 分，每題答錯倒扣四分之一。

31. Which description of fungi is correct?
(A) Ascomycota: Multinucleate hyphae lack septa
(B) Glomeromycota: Form arbuscular mycorrhizae
(C) Ascomycota: In sexual reproduction, four ascospores arc formed inside a sac called an ascus
(D) Basidiomycota: In sexual reproduction, eight basidiospores are borne on a club-shaped basidia
(E) Zygomycota: the heterokaryotic (dikaryotic) stage can be found in the life cycle

詳解: B

組成子囊菌的菌絲體通常有隔板（Septa），與卵菌和結合菌不同。除酵母菌外，大部分的子囊菌皆為腐生。由於其在行有性生殖時，有子囊（Ascus）的形成，因此得名。通常每一子囊經減數分裂後，可行成 8 個囊孢子（Ascospores），囊孢子則可萌發形成新的菌絲體。子囊菌也可在適當環境 下於菌絲末端形成分生孢子（Conidia）來進行無性生殖。

擔子菌包括一群能夠產生一種有性孢子－擔孢子（Basidiospore）的真菌類。組成菌體的菌絲有明顯的隔板，一般常見的香菇、草菇等即為此類，部分擔子菌為可食真菌中最重要者。但也有一些蕈類，含有劇毒，不可食用。擔孢子為於擔子內形成之孢子，一般有四個裸露在擔子外面的有性孢子。係擔子菌綱有性生殖的一種有性孢子。

校方釋疑：

依循 Campbell Biology 12th Edition 第 712 頁清楚說明 dikaryotic 的定義，" As a dikaryotic mycelium grows, the two nuclei in each cell divide in tandem without fusing. Because these cell retain two separate haploid nuclei, they differ from diploid cells, which have pairs of homologous chromosomes with in a single nucleus."，即雙核期是一個細胞中具有二個單倍體的細胞核，隨著此雙核菌絲體的生長，每個細胞中的兩個細胞核在沒有融合的情況下進行分裂。因為這些細胞保留了兩個獨立的單倍體細胞核，它們與二倍體細胞不同，與二倍體細胞在單個細胞核中具有成對的同源染色體是不同的，此 dikaryotic stage 是 Basidiomycetes 生活史中的特徵，Zygomycetes 的 young zygosporangium 是多核而非雙核，因此 E 選項不正確，本題維持原始答案為 B。

32. Developmentally, which type of human tooth is most similar to ivory (象牙)?
(A) incisor
(B) canine
(C) premolar
(D) molar
(E) third molar (wisdom tooth)

詳解: A

大家比較熟悉的象牙，其實是大象的門齒。大象一族在門齒型態上的演化，例如原始象的門齒只有些微變大，到古乳齒象的門齒持續變長，到目前為止，大象都還有四顆門齒，包括之後的的乳齒象、嵌齒象、剷齒象。但有一個支系的大象，卻演化出只剩下了兩顆下門齒的型態，我們稱為恐象。但大部分繼續演化的大象，則是留下了兩顆上門齒，像是劍齒象、猛瑪象，還有存活到今天的亞洲象及非洲象。

大象的門齒在靠近身體的一端是空心的，中間有牙髓存在。象牙會隨著大象的年齡而增長，並留下象牙生長的紋路。象牙的橫切面大多呈現圓形或近似圓形，橫切面具有特殊的紋理，是由兩組水波狀條紋以不同角度相交，稱為薛氏線（Schreger band）。不同種類的大象，薛氏線的角度也有所不同。例如現今還存活的大象，薛氏線會以約 120 度角相交，呈現十字交叉狀紋理組成的菱形圖案。而已經滅絕的猛瑪象，其象牙內薛氏線的交角則接近九十度。

大象換牙不管在次數上還是形式上都與人類的體驗很不同。除了暴露在體外的兩根尖象牙（門齒）只在乳牙恆牙交替時更換一次外，大象口腔裡的槽牙（臼齒）一生會換五次，也就是說前前後後一共要換六副牙。每副牙齒各有四顆，在口腔上下兩側的四個方位各一顆。換牙時，新牙從後方推擠舊牙，直到把舊牙向前推出口腔，完成更替。

33. How many photons are required to generate one O_2 molecule during photosynthesis light reaction?
(A) 2
(B) 4
(C) 8
(D) 12
(E) 16

詳解: C

葉綠素分子由低能量的基態（chl.）吸光後會成為高能量的激發態（chl.*），即 chl.+hν→chl.*，吸收藍光後的 chl.*含有的能量比吸收紅光者高。chl.*要回到 chl.除了放熱外，可將能量以螢光的方式釋出。在光合作用中則是利用能量趨動一連串的化學反應，並使葉綠素分子返回基態。

激發態的分子經由光化學反應回到基態（衰變，decay）時所產生的能量變化可以量子效率（quantum yield, QY, Φ）來加以定量表示，Φphotochemistry＝yield of photochemical products/total number of quanta absorbed。若整個反應沒有牽涉到分子的衰變則Φ為0，若反應常有衰變則Φ為1，某分子衰變的所有可能發生途徑的Φ總合必定為1.0。光合作用中Φ的計算主要是經由氧氣產生的測定做為反應進行的指標。氧氣產生的最大Φ值約為0.1，也就是說每吸收10個光子就會放出一個氧分子。

校方釋疑：

依循 Campbell Biology 12th Edition 第269至270頁資料，在光合作用之光反應中，來自太陽的能量以光子的形式轉化為化學能，以 ATP 和 NADPH 的形式儲存起來。光合作用過程中，依賴光的反應經過光系統 II 和光系統 I 將由 Photon 激發的電子經由電子傳遞鏈轉移，因此植物是以 Photon 的形式接收來自太陽的光。而光系統 II 和光系統 I 各獲得4個 Photon 時，可產生一分子的氧氣。本題維持原始答案為 C。

34. What is the effect of a nonsense mutation in a gene?
(A) It introduces a premature stop codon into the mRNA.
(B) It changes an amino acid in the encoded protein.
(C) It has no effect on the amino acid sequence of the encoded protein.
(D) It alters the reading frame of the mRNA.
(E) It prevents introns from being excised.

詳解： A

無義突變是基因序列中造成終止密碼子提早出現的點突變，會使轉譯提前終止，產生大小較小、不具功能的蛋白質產物，無義突變發生的位點距正常的終止密碼子越近，對蛋白質造成的影響一般越大。

35. Within a cell, the amount of protein made using a given mRNA molecule depends partly on
(A) the rate at which the mRNA is degraded.
(B) the number of introns present in the mRNA.
(C) the types of ribosomes present in the cytoplasm.
(D) the degree of histone acetylation.
(E) the degree of DNA methylation.

詳解： A

特定一條 mRNA 的壽命長短，影響了該條 mRNA 能夠製造的蛋白質產量。

36. Phylogenetic trees constructed from evidence from molecular systematics are based on similarities in _____.
(A) phenotypes
(B) morphology
(C) mutations to homologous genes
(D) the pattern of embryological development
(E) biochemical pathways

詳解: C

祖先能將部分性狀透過遺傳保存下一代，其中基因突變或是有性生殖造成遺傳性狀改變、增多或是分歧，能提供子代適應環境的更多方式，其遺傳下來的演化證據可以來自分析生物化石的形態變化，或是比較現有生物種的形態、胚胎發育、同源器官和殘跡器官等異同，或是被視為分子時鐘（molecule clock）的物種之蛋白質或核酸以探討系統發生（phylogelly）。

近年來，分子系統學（molecular systematics）應用了生物資訊學方法分析基因組 DNA，正在大幅改動很多原有的分類。我們可取各物種核醣體中 rRNA 或是粒線體中的細胞色素等作親緣分析，因基因序列具有較高的突變率（mutation rates）造成不同種屬之間有差異，利用親緣關係樹（phylogenetic tree）或稱演化樹（evolutionary tree）表示物種間演化的親疏關係，同時也可提供不同物種最小共同祖先的預測方向。

37. Imprinting has a great impact on normal mammalian development, fetal growth, metabolism and adult behavior. The current molecular explanation for imprinting in mammals involves differential ______ of various DNA regions.
(A) Mutations
(B) Phosphorylation
(C) Dephosphorylation
(D) Methylation
(E) Transcription

詳解: D

DNA 甲基化是一種將甲基團附加在腺嘌呤或胞嘧啶上的生化反應。DNA 甲基化會穩定的改變細胞中的基因表現，在細胞分裂或是要從胚胎幹細胞分化成特定組織時，其結果大多是永久而且不可逆的，也可防止細胞轉回成幹細胞或是轉換成其他種類的細胞。

DNA 甲基化通常在形成合子時被移除並且重新建立於發育時的細胞分裂，然而最近的研究指出通常是甲基團發生羥基化而非將甲基團完全從合子移除。某些影響基因表現的甲基化修飾是會遺傳的，並且產生基因銘印（genomic imprinting）。

科學家發現除了在某些機制下一整套染色體因構造改變而失去作用以外，另外在正常的染色上體有少於 1%的基因中，只有來自特定親代的基因會進行生物功能，而另一份則失去作用；此種現象稱為基因銘印（genetic imprinting）。例如一種類胰島素生長因子（insulin-like growth factor 2, IGF2/Igf2）表現出母源銘印（maternal imprinting），意指只有來自父親的基因會決定 IGF2 的基因表現。

38. CRISPR-Cas9 is adapted from a naturally occurring genome editing system that bacteria use as an immune defense. Which of the following characteristics makes the CRISPR-Cas9 system an efficient way to generate knockout cell lines?
(A) It precisely cuts DNA.
(B) It removes random DNA bases.
(C) It forms a complex with proteins.
(D) It applies to both in prokaryotes and eukaryotes.
(E) Its function is regulated by complementary guide RNAs.

詳解: E

CRISPR/Cas9 的全名為「常間回文重複序列叢集關聯蛋白」（Clustered Regularly Interspaced Short Palindromic Repeat/ CRISPR associated protein 9），CRISPR 是 1987 年日本科學家在大腸桿菌中發現一整段有如三明治般的特殊序列，一段段重複出現的回文序列（palindromic）像是麵包，夾著不一樣的基因片段(spacers)就像餡料，當時的科學家並沒有發現這樣的特殊序列所代表的意義。

1990 年 Francisco Mojica 在古細菌身上也發現相似的特殊序列，並推斷在兩種擁有截然不同遺傳基因的細菌身上，被高度保留的遺傳密碼 CRISPR 一定具有重要的功能。果不其然，科學家發現三明治中的不同餡料，與病毒的基因片段相同，細菌在抵抗病毒的過程中，會將病毒的基因片段留在體內的檔案夾中形成死亡筆記本，麵包是一個個分隔用的書籤，餡料則是被記在基因裡的病毒序列，下次有相同 DNA 的病毒入侵時，就會啟動防禦機制，由 Cas 蛋白攻擊入侵者 DNA。

直到 2013 年，累積許多科學家的研究發現，終於在實驗室建構 CRISPR/Cas9 基因編輯系統，快速、簡單、高效率的在哺乳動物細胞中進行基因編輯。CRISPR/Cas 9 技術的原理，就是學習細菌把這筆帳記在基因裡形成死亡筆記本的方式，以特殊序列引導 Cas9 蛋白攻擊目標基因，藉由細胞體內的雙股 DNA 斷裂、修復，達成基因編輯的目標。

校方釋疑：

此題為 CRISPR-Cas9 技術的相關內容，CRISPR-Cas9 技術是由細菌用作免疫防禦的自然發生的基因組編輯系統所發展而來的生物技術。依循 Campbell Biology 12th Edition 第 410 頁說明 Cas9 為一種核酸切割酶，可以切割任何的雙股 DNA 作用機制為以 Cas9 蛋白以及嚮導 RNA（gRNA）為核心的組成，而此技術則是使用互補嚮導 RNA（gRNA）進行引導，因此此題 E 選項為最佳答案，故 維持原答案 E。

39. Which of the following would you expect to be a problem for someone with nonfunctional chloride channeling?
    (A) inadequate secretion of mucus
    (B) buildup of excessive secretions in organs such as lungs
    (C) buildup of excessive secretions in glands such as the pancreas
    (D) sweat that includes no NaCl
    (E) mental retardation due to low salt levels in brain tissue

詳解: B

囊狀纖維化症是一種體染色體隱性遺傳疾病，由於患者的第七對染色體長臂上的 CFTR 基因缺陷所造成。此病的發生率與種族有關，其中以白人的發生率最高；約為 1/3,200 個活產兒，亞洲及非洲人最少見，小於 1/15,000。

由於 CFTR 的缺陷，使得患者外分泌腺的上皮細胞無法正常傳送氯離子，產生異常黏液（分泌物變黏且乾），阻塞在身體多個器官的分泌管道，而影響呼吸系統、消化系統及生殖系統的功能。

此病症狀多變且難以診斷，約 15~20%的病患在剛出生時會因腸阻塞而解不出胎便。此外，病患汗液濃縮的程度是一般人的 5 倍，所以患童皮膚的味道會很鹹。隨著年齡的增加，受到感染的風險增加，其他症狀亦會開始陸續出現；在肺部方面，異常的黏液會阻塞呼吸道而妨礙呼吸，且可能會有哮喘的情形。患者亦容易感染肺部疾病，例如：支氣管炎、肺炎。而肺部疾病即為造成此症病患死亡的主因。再者，約有 65%的病患會因胰管的阻塞而妨礙消化酵素分泌到腸道，使得無法正常吸收養分，或併發慢性腹瀉，以致發育不良。且由於胰臟功能的異常，也可能因此而誘發糖尿病。此外，約有 5%的病患會因膽管的阻塞而妨礙消化，患童也常因此胃口不好、體重下降，同時損傷肝功能。生殖系統部份，可能造成輸送管道（例如輸精管、輸卵管）的發育異常或阻塞而導致不孕。

CFTR 蛋白屬於 ATP binding cassette (ABC) transporter superfamily，是一種氯離子通道，可以維持鹽和水的平衡。而功能失調的 CFTR 蛋白會導致脫水和產生濃稠的黏液阻塞在肺和胰臟中，導致患者生活品質（ QoL ）和預期壽命 (LE) 顯著降低。在經過對基因機轉理解的進步和多方面研發的努力，目前已有許多藥物，可改善患者生活品質和預期壽命。此外，治療 CF 的基因療法目前尚處於臨床前研究階段。

校方釋疑：

題幹為針對氯離子通道功能性缺失，此主要為針對 cystic fibrosis 的遺傳性疾病所導致的現象，依循 Campbell Biology 12th Edition 第 336 頁資料，此為位於人類第 7 對染色體上的 cystic fibrosis transmembrane conductance regulator（CFTR）基因缺陷導致失去功能，此通道存在於外分泌上皮細胞的頂端質膜上，功能障礙會降低細胞分泌活性，從而導致導管系統阻塞並最終導致整個腺體纖維化。因此 C 選項是因為此現象 造成胰管的堵塞，阻止胰液排出而非增加胰液分泌量。在肺臟則是增加肺泡和氣管分泌物。 本題維持原始答案為 B。

40. Plants often use changes in day length (photoperiod) to trigger events such as dormancy and flowering. It is logical that plants have evolved this mechanism because photoperiod changes
(A) are more predictable than air temperature changes.
(B) alter the amount of energy available to the plant.
(C) are modified by soil temperature changes.
(D) can reset the biological clock.
(E) are correlated with moisture availability.

詳解: A

因為地球長期光週期變化較溫度等其他因素小且規律，所以生物時鐘大多以光週期變化作為刺激。

41. Which description of the lateral line system is **false**?
(A) The lateral line system is found in amphibian larvae and fishes.
(B) The lateral line system in fish can reflect pressure waves and low-frequency vibrations.
(C) The lateral line system consists of hair cells within a longitudinal canal in the fish's skin.
(D) The hair cells in the lateral line system are innervated by motor neurons that transmit impulses to the brain.
(E) The hair cells' surface processes project into a gelatinous membrane called a cupula.

詳解: D

體側線（lateral line；lateral line system (LLS)；lateral line organ (LLO)；側線管系；側線系；側線系統）是壓力感受器官，又稱側線或感覺溝，俗稱魚腥線。幾乎所有的魚、在水中生活的兩棲動物如蠑螈或是爪蟾，還有很多水生的爬行動物，如鱷魚等，都有體側線。這種細小的感受器官成百上千的排列在身體側邊。在魚類身體側面大於正中，人們可以看見一條清晰的點狀線，故名。體側線感受水流和壓力波。

體側線的組成有兩種，一是勞倫氏壺腹（Ampullae of Lorenzini），二是神經瘤（Neuromasts）。後者是眾多的感受細胞，它們的感覺毛在膠質狀的壺腹帽（Cupula）中。水流造成壺腹帽的偏移，產生神經衝動。

校方釋疑：

釋疑提出答案(C)亦為 false。然而，答案(C)所描述之結構與內容正確，故非答案，本題維持原答案 D。

See “Figure 4. Longitudinal section of a lateral line canal. Each fluid-filled canal is open to the outside via a pore (P). A canal neuromast (SE) with its overlying cupula (C) sits on the floor of the canal, with one neuromast between each pore. The canal neuromasts are innervated by a cranial nerve. From Grassé PP (1958) L’ oreille et ses annexes. In: Grassé PP (ed.) Traité de Zoologie, vol. 13, pp. 1063 - 1098. Paris: Masson.”

Extracted from: Fish: Hearing, Lateral Lines (Mechanisms, Role in Behavior, Adaptations to Life Underwater) Editor(s): John H. Steele, Authors: A.N. Popper, D.M. Higgs, Encyclopedia of Ocean Sciences (Second Edition), Academic Press, 2009, Pages 476-482, ISBN 9780123744739, https://doi.org/10.1016/B978-012374473-9.00680-9.

42. Which of the following statement about the structure of sarcomeres in relaxed and contracted muscles is **false**?
(A) The I bands form the borders of each sarcomere.
(B) The A bands represent thick filaments.
(C) The thin filaments are within the I bands and extend into the A bands.
(D) In the contracted muscle, the I bands and H bands become shorter.
(E) In the contracted muscle, the Z lines have moved closer together.

詳解： A

橫紋肌的收縮結構，以肌小節（sarcomere）為單元，每個肌小節由肌凝蛋白（myosin，又稱粗肌絲）與肌動蛋白（actin，又稱細肌絲）構成，以 Z 線為分界，在顯微鏡下可以觀察到暗帶（A band）、明帶（I band）與 H 區（H zone）等結構。橫紋肌收縮時，細胞會先釋放儲存的鈣離子，使得肌動蛋白構形改變，同時肌凝蛋白會結合 ATP 改變構形，使得肌動蛋白與肌動蛋白結合，在該 ATP 分解後，肌凝蛋白構形再度改變，拉動肌動蛋白，使肌小節長度縮短，造成我們看到的收縮現象。

43. Plant cells and animal cells both evolve specialized conduits that directly connect the cytoplasm of two cells. What are they?
(A) plasmodesmata in plant cells, desmotubules in animal cells
(B) desmotubules in plant cells, plasmodesmata in animal cells
(C) gap junctions in plants cells, plasmodesmata in animal cells

(D) plasmodesmata in plant cells, gap junctions in animal cells
(E) gap junctions in plant cells, desmotubule in animal cells

詳解: D

原生質絲（Plasmodesmata）為植物細胞和部分藻類細胞壁間貫穿細胞壁的特有孔道，可以讓相鄰細胞的細胞質相互流通。有微小孔道，為細胞間物質運輸與資訊傳遞的重要通道，通道中有一連接兩細胞內質網的連絲微管，細胞質可經由原生質絲交流及運輸，此過程稱為原生質體內運輸。

動物也有類似的構造，允許動物細胞間的物質交流，包含間隙連接（gap junctions）和膜奈米管（membrane nanotubes）。

44. In plants, the climacteric is a stage of fruit ripening associated with increased production of which plant hormone?
(A) auxin
(B) abscisic acid
(C) cytokinin
(D) ethylene
(E) Gibberellin

詳解: D

我們先根據水果採收後會不會有劇烈的變化來分成兩大類：

1. 非更年性果實（non climacteric fruit）：採收後不會有劇烈的生理變化，如石榴、草莓、葡萄、黑莓、櫻桃、覆盆子、橘子、檸檬、葡萄柚、鳳梨、荔枝與腰果等。
2. 更年性果實（climacteric fruit）：採收後具有劇烈的生理變化，如蘋果、香蕉、芒果、木瓜、梨、杏桃、李子、車前草、番石榴、百香果、藍莓、哈密瓜、柿、無花果、番茄、奇異果、酪梨、釋迦與榴槤等。

更年性果實在劇烈的生理變化中，會產生「後熟」的現象，後熟是指水果在採收後產生的現象。例如果實呼吸率上升、品質改變，如糖分上升、香味的釋放、顏色轉變等。使果實後熟的角色就是「乙烯（C_2H_4）」。乙烯是果實後熟過程中，本身就會散發出的植物荷爾蒙。另外乙烯的天然來源包括天然氣和石油，它也是植物中的天然激素，可抑制生長並促進葉子的脫落。

雖然水果本身就有乙烯可使其慢慢熟成，但每種水果本身散發的乙烯濃度會隨著自身成熟度與儲存環境不同而會有很大的變異，這也會導致採後分級不易，因此會倚靠外加的乙烯來精準控制整體水果的熟成比例。

另外我們時常聽到的「催熟劑」指的是可以產生乙烯或類似氣體的化合物。常見的方式像是將益收生長素（Ethephon）噴灑至甘蔗、梨、番茄、葡萄及鳳梨等，使其分解產生出乙烯，或是木瓜及香蕉會於裝箱時置入少量的電土，藉以吸收水氣產生乙炔（乙烯類似物）來進行催熟。

45. In humans, ABO blood types refer to glycoproteins in the membranes of red blood cells. There are three alleles for this autosomal gene: *IA*, *IB*, and *i*. The *IA* allele codes for the A glycoprotein, The *IB* allele codes for the B glycoprotein, and the *i* allele doesn't code for any membrane glycoprotein. *IA* and *IB* are codominant, and *i* is recessive to both *IA* and *IB*. People with type A blood have the genotypes *IAIA* or *IAi*, people with type B blood are *IBIB* or *IBi*, people with type AB blood arc *IAIB*, and people with type O blood are *ii*. If a woman with type B blood marries a man with type A blood, which of the following blood types could their children possibly have?
(A) A and B
(B) AB and O
(C) A, B, and AB
(D) A, B, and O
(E) A, B, AB, and O

詳解: E

B 型血的基因型可能是：IBIB 或 IBi，A 型血的基因型可能是：IAIA 或 IAi。他們二者的子代血型基因型可能是：IAIB、IAi、IBi 或 ii，所以表型可能是 AB、A、B 或 O 型。

46. How does the enzyme telomerase meet the challenge of replicating the ends of linear chromosomes?
(A) It adds numerous GC pairs, which resist hydrolysis and maintain chromosome integrity.
(B) It catalyzes the shortening of telomeres, compensating for the elongation that could occur during replication without telomerase activity.
(C) It adds a single 5' cap structure that resists degradation by nucleases.
(D) It is a reverse transcriptase that carries its own RNA molecule that works as a template to lengthen telomeres.
(E) It causes specific double-strand DNA breaks that result in blunt ends on both strands.

詳解: D

端粒酶（Telomerase）是一種由 RNA 和蛋白質組成的核糖核蛋白複合體，屬於反轉錄酶，與端粒的調控機理密切相關。人類的端粒酶亞單位基因已被複製出來，分別是端粒酶 RNA（hTR）、端粒酶結合蛋白（hTP1）、端粒酶活性催化單位（hTERT）。它以自身的 RNA 作為端粒 DNA 複製的模板，合成出富含脫氧單磷酸鳥苷（Deoxyguanosine Monophosphate，dGMP）的 DNA 序列後添加到染色體的末端並與端粒蛋白質結合，從而穩定了染色體的結構。但是，在正常人體細胞中，端粒酶的活性受到相當嚴密的調控，只有在造血細胞、幹細胞和生殖細胞，這些必須不斷分裂複製的細胞之中，才可以偵測到具有活性的端粒酶。當細胞分化成熟後，必須負責身體中各種不同組織的需求，各司其職，於是，端粒酶的活性就會漸漸的消失。對細胞來說，本身是否能持續分裂複製下去並不重要，而是分化成熟的細胞將背負更重大的使命，就是讓組織器官運作，使生命延續。端粒酶在保持端粒穩定、基因組完整、細胞長期的活性和潛在的繼續增殖能力等方面有重要作用。端粒酶的存在，就是把 DNA 複製機制的缺陷填補起來，即由把端粒修復延長，可以讓端粒不會因細胞分裂而有所損耗，使得細胞分裂複製的次數增加。

47. Which of the following enzymes is the most abundant protein in the chloroplast and incorporates CO_2 molecules to ribulose diphosphate?
(A) Aldolase
(B) Rubisco
(C) Phosphoglycerate kinase
(D) Triose phosphate isomerase
(E) Glyceraldehyde 3-phosphate dehydrogenase

詳解: B

1,5-二磷酸核酮糖羧化酶／加氧酶（Ribulose-1,5-bisphosphate carboxylase/oxygenase，RuBisCO）是一種酶（EC 4.1.1.39），它在光合作用中卡爾文循環裡催化第一個主要的碳固定反應，將大氣中游離的二氧化碳轉化為生物體內儲能分子，比如蔗糖分子。RuBisCO 可以催化 1,5-二磷酸核酮糖（RuBP）與二氧化碳的羧化反應或與氧氣的氧化反應。同時 RuBisCO 也能使 RuBP 進入光呼吸途徑。

RuBisCO 在生物學上有重要的意義，因為它所催化的反應是無機態的碳進入生物圈的主要途徑。RuBisCO 是植物葉片中含量最豐富的蛋白質，也可能是地球上含量最多的蛋白質。

48. Several adaptations that facilitate survival and reproduction on dry land emerged after plants diverged from algal. Which of the following traits is found in plants but not in charophyte algae?
(A) Alteration of generations.
(B) Chloroplasts with chlorophylls *a* and *b*.
(C) Circular rings of cellulose-synthesizing proteins.
(D) Flagellated sperm.
(E) Sporopollenin in zygotes.

詳解: A

輪藻屬沒有無性生殖，有性生殖為卵配生殖。雌雄生殖器官結構複雜，為多細胞，二者皆生於短枝的節上。生殖器官的結構和生活史比較特殊。藏卵器外面有 5 個左旋的螺旋細胞包被著，頂端還具有由 5 個或 10 個冠細胞構成的冠。藏精器的外面是有由 8 個盾細胞鑲嵌而成的外壁，裡面是由許多精子囊組成的精子囊絲體和一些不育的頭細胞組成的。精子囊呈球形，位於假葉的下方，外圍由 8 個三角形的盾細胞組成，成熟時鮮紅色，中央有盾柄細胞、頭細胞、次級頭細胞及數條單列細胞的精囊絲，精囊絲的每個細胞內產生 1 個精子。實際上這種藏精器是由許多雄性生殖器官和不育細胞構成的聚合體，所以也把它叫做精囊球，它的藏卵器又叫做卵囊球。卵囊長卵形，位於假葉的上方，內有 1 個卵細胞。

輪藻的營養體和生殖器官雖然結構很複雜，但在生活史中無世代交替，植物體都是單倍體，而且在受精卵萌發後，經過原絲體階段才能發育為成體。輪藻的營養繁殖以藻體斷裂為主。輪藻的枝狀體基部也可長出珠芽，由珠芽長出植物體。

49. When DNA is compacted by histones into 10 nm and 30 nm fibers, the DNA is unable to interact with proteins required for gene expression. Therefore, to allow for these proteins to act, the chromatin must constantly alter its structure. Which processes contribute to this dynamic activity?
(A) DNA supercoiling at or around H1
(B) methylation and phosphorylation of histone tails
(C) hydrolysis of DNA molecules where they are wrapped around the nucleosome core
(D) accessibility of heterochromatin to phosphorylating enzymes
(E) nucleotide excision and reconstruction

詳解: B

生物體透過層層關卡來確保基因在對的地點與對的時間被適切地表達，其中的關鍵之一就在於基因能否被正確的活化或者抑制。基因由抑制的狀態轉變成活化的狀態（相反亦成立）有賴於染色質的「重塑」。所謂染色質的重塑是染色質重塑複合體（Chromatin remodeling complexes，CRC） 透過水解 ATP 後的能量來鬆動原先核小體（Nucleosome）與 DNA 的交互作用，以利各種調節蛋白（如：轉錄因子）進入啟動子（Promoter）來影響整個轉錄的過程。

組蛋白經過不同形式的轉譯後修飾（PTM），致使其與 DNA 的相互作用受到影響。一些修飾破壞了組蛋白─DNA 交互作用，導致核小體解旋。在這種開放的染色質構象（稱為常染色質）中，DNA 可以與轉錄複合物結合，隨後基因活化。相反，加強組蛋白─DNA 交互作用的修飾會產生一種緊密排列的染色質結構，稱為異染色質。在這種緊湊的形式中，轉錄複合物無法接近 DNA，導致基因沈默。因此，染色質重塑複合體對組蛋白的修飾改變了染色質結構和基因活化。

已發現的不同類型的組蛋白修飾至少有9種。乙醯化、甲基化、磷酸化和泛素化是大家最瞭解的，而N-乙醯葡萄糖胺糖基化、瓜胺酸化、巴豆醯化和異構化最近才發現，還有待深入研究。每種修飾都是 通過一組特定的酶將修飾基團添加到組蛋白胺基酸殘基上或從組蛋白胺基酸殘基上去除的。

50. Some viruses can undergo latency, the ability to remain inactive for some period of time. Which of the following is an example?
(A) influenza, a particular strain of which returns every 10-20 years
(B) herpes simplex viruses (oral or genital) whose reproduction is triggered by physiological or emotional stress in the host
(C) Kaposi's sarcoma, which causes a skin cancer in people with AIDS, but rarely in those not infected by HIV
(D) the virus that causes a form of the common cold, which recurs in patients many times in their lives
(E) myasthenia gravis, an autoimmune disease that blocks muscle contraction from time to time

詳解: B

單純皰疹病毒（herpes simplex viruses, HSV）的基因組為雙股線型DNA（dsDNA），有套膜（envelope），屬皰疹病毒科（Herpesviridae）。當HSV感染活細胞後，利用人體DNA聚合酶及蛋白質為原料進行複製，組裝成新的病毒個體。原發感染後，HSV-1 潛伏在三叉神經節、HSV-2 潛伏在薦骶神經節內，處於「睡眠狀態」，因發熱性疾病、勞累、情緒壓力、月經、過度曝曬陽光、免疫功能降低等情況下，發生潛伏再發感染。

當病毒進入人體數週內，可誘發人體產生該病毒的抗體，存在於血液中，進行自然免疫防禦，此抗體有助於復發症狀比初發時更輕微。

51. Which of the following regarding the human viral disease is **false**?

	Disease	Pathogen	Genome	Epidemiology
A.	Hepatitis B (viral)	Hepadnavirus	Double-stranded DNA	Infected via body fluids; Vaccine available; No cure; Can be fatal.
B.	Herpes	HSV	Double-stranded DNA	Blisters; Skin-to-Skin Contact; No cure; Exhibits latency for several years
C.	AIDS	HIV	Single-stranded DNA	Acute viral infection of the CNS that can lead to paralysis; Vaccine available; Can be fatal.
D.	Influenza	Influenza viruses	(–) Single-stranded RNA	Extremely contagious; Vaccine available; Usually contracted in childhood; More dangerous to adults
E.	SARS	Coronavirus	(–) Single-stranded RNA	Acute respiratory infection; Can be fatal; Domestic animals can be infected.

詳解: C→更改答案為C、E

HIV 病毒的外套膜係源自寄主細胞膜，由雙層磷脂質分子組成。在病毒外套膜上鑲嵌著許多由病毒基因主導產生，且經由寄主細胞高基氏體修飾製造的醣蛋白（glycoprotein）。這些複雜蛋白質包括兩個部份，柄部為鑲嵌於外套膜上的跨膜蛋白 gp41（意即分子量為 41 kD 的醣蛋白），柄部頂端連接暴露於套膜外面的 gp120 蛋白，兩者與 HIV 的感染過程關係密切。病毒核心是由殼粒蛋白包覆著二條相同的單股正義 RNA（sense RNA）和三種酶，其中 RNA 負責傳遞遺傳訊息，酶則為病毒進行複製所需的工具，包括反轉錄酶（reverse transcriptase）、整合酶（integrase）和蛋白酶（protease）。

HIV 是一個反應慢的反錄病毒，在初次感染後會維持好多年的潛伏期。此病毒感染 CD4 T 細胞、巨噬細胞及樹狀細胞，這些細胞都有 CD4 分子，此分子為病毒感染細胞時的受體。CD4 T 細胞在正常情況下，因刺激活化而不斷分裂，增生與分化；此特性反而幫助 HIV 可以長期感染，但感染的人可以維持健康多年。HIV 的主要作用是逐漸顯著的破壞 CD4 T 細胞最後造成顯著的 T 細胞缺乏，影響到對外來抗原的免疫反應，感染的人對其他感染（例如：真菌、寄生蟲、細菌及病毒）變得異常敏感；HIV 感染後期，AIDS 病人對感染的易受攻擊性如同 SCID 小孩一樣。

冠狀病毒（coronavirus），是一類可感染哺乳動物與鳥類的病毒，屬於網巢病毒目冠狀病毒科，為具有封套的正單股 RNA 病毒。最早發現的冠狀病毒為 1920 年代感染雞隻的傳染性支氣管炎病毒（IBV），1960 年代始發現造成人類普通感冒的冠狀病毒，而冠狀病毒之名則是在 1968 年發表，得名自其表面的棒狀突起。

冠狀病毒依基因組成序列分為甲型、乙型、丙型與丁型等四個屬，其中甲型與乙型冠狀病毒為感染哺乳動物，其共祖可能是蝙蝠病毒，丙型與丁型冠狀病毒則以感染鳥類為主，其共祖應是鳥類病毒。其中的鼠肝炎病毒為冠狀病毒研究的模式病毒，冠狀病毒的許多分子機制皆是通過研究此病毒而被闡明。

校方釋疑：

釋疑提出答案(E)亦為 false。多篇研究顯示（如下面二例 coronavirus 應為 positive-sense single-stranded RNA viruses）。因此，本題答案應為(C)(E)。

See “Severe acute respiratory syndrome coronavirus-2 (SARS-CoV-2) was first detected in late December 2019 and has spread worldwide. Coronaviruses are enveloped, positive sense, single-stranded RNA viruses and employ a complicated pattern of virus genome length RNA replication as well as transcription of genome length and leader containing subgenomic RNAs. Although not fully understood, both replication and transcription are thought to take place in so-called double-membrane vesicles in the cytoplasm of infected cells. Here we show detection of SARS-CoV-2 subgenomic RNAs in diagnostic samples up to 17 days after initial detection of infection and provide evidence for their nuclease resistance and protection by cellular membranes suggesting that detection of subgenomic RNAs in such samples may not be a suitable indicator of active coronavirus replication/infection."

Extracted from: Alexandersen, S., Chamings, A. and Bhatta, T.R., 2020. SARS-CoV-2 genomic and subgenomic RNAs in diagnostic samples are not an indicator of active replication. Nature communications, 11(1), pp.1-13.

See "Coronaviruses (CoVs) are a highly diverse family of enveloped positive-sense single-stranded RNA viruses. They infect humans, other mammals and avian species, including livestock and companion animals, and are therefore not only a challenge for public health but also a veterinary and economic concern. Within the order of Nidovirales and the suborder of Coronavirineae lies the family Coronaviridae. The latter is further specified into the subfamily of Orthocoronavirinae, which consists of four genera: alphacoronavirus, betacoronavirus, gammacoronavirus and deltacoronavirus. Whereas alphacoronaviruses and betacoronaviruses exclusively infect mammalian species, gammacoronaviruses and deltacoronaviruses have a wider host range that includes avian species. Human and animal coronavirus infections mainly result in respiratory and enteric diseases1,2."

Extracted from: V' kovski, P., Kratzel, A., Steiner, S., Stalder, H. and Thiel, V., 2021. Coronavirus biology and replication: implications for SARS-CoV-2. Nature Reviews Microbiology, 19(3), pp.155-170.

52. What period of the malaria parasite (*Plasmodium malariae*) is not inside the human body?
(A) schize
(B) trophozoite
(C) oocyst
(D) merozoite
(E) sporozoite

詳解: C

瘧原蟲，可分為：間日瘧原蟲(*Plasmodium vivax*)、三日瘧原蟲(*P. malariae*)、惡性瘧（又稱熱帶瘧）原蟲（*P. falciparum*）、卵形瘧原蟲（*P. ovale*），混合感染亦常見。

當被感染且具傳染能力的瘧蚊叮咬人時，將唾液中之芽孢或稱孢子(sporozoite)注入人體之血液內，約經30分鐘後芽孢從循環系統之血液中消失，而出現於肝臟實質細胞（parenchymal liver cell）內發育成組織分裂體（tissue schizont），組織分裂體破裂放出 1 萬至 3 萬個分裂小體（merozoite），這個時期的瘧原蟲繁殖是無性的，不在紅血球內進行，此一時期之繁殖稱為第一期紅血球前期繁殖（pre-erythrocytic schizogony），或稱紅血球外繁殖（exo-erythrocytic schizogony），由此過程產生的分裂小體進入末梢血液紅血球。

經過上述時期後，惡性瘧 (又稱熱帶瘧) 及三日瘧原蟲感染者不再有紅血球外繁殖的原蟲，但間日瘧及卵型瘧原蟲感染者尚有少數原蟲可在肝臟停留數月至數年，稱為隱伏體（hypnozoite），伺機發育為組織分裂體（tissue schizont），釋入血液內而引起瘧疾的復發（relapse）。

進入紅血球內的分裂小體發育為幼稚活動體（immature trophozoite），最初形態成小環，又稱為指環體（ring form），指環體繼續發育，蟲體逐漸長大為成熟活動體（mature trophozoite），其核染質（chromatin）與細胞質（cytoplasm）開始分裂為分裂體（schizont），每一成熟分裂體，含有固定數目的分裂小體，分裂體破裂 (ruptured schizont) 後之分裂小體被釋出於血液中，如此在紅血球內的分裂繁殖稱紅血球內分裂繁殖（erythrocytic schizogony），然後分裂小體又進入新紅血球內發育，反覆其分裂繁殖至人體產生的免疫或被抗瘧藥物抑制為止。

紅血球外與紅球血內繁殖皆為無性繁殖，但有些活動體發育長大後，其核染質與細胞質不分裂，而衍生為有性的特色，形成有性別的配子體（gametocyte），其形成機轉過程至今尚不清楚。雄配子體稱為小配子體（microgametocyte），雌性者較大稱為大配子體（macrogametocyte），雌雄兩性配子體如未被瘧蚊吸入胃內，可在血液裡生存 3～14 天，然後被吞噬細胞消滅，成熟配子體只能在人體外受精，即在蚊子胃內受精發育。

當瘧蚊吮吸患者血液時，血液內之各種形態瘧原蟲均會進入蚊胃，僅配子體會在蚊體內進行有性繁殖，在蚊胃內雄配子體脫出紅血球發育伸出大約 8 根鞭毛狀體，稱為鞭毛形成現象（exflagellation），成為雄配子或稱鞭毛體（microgamete or flagella），雌配子體脫出紅血球發育為雌配子（macrogamete）。

雄配子的一根鞭毛由雌配子突起部位進入形成受精（fertilization），成為合子（zygote），並繼續發育形成細長蟲體，稱為動子（ookinete），動子穿過胃黏膜在胃外壁上皮細胞下，發育成圓形之卵囊體（oocyst），卵囊體逐漸長大，其核染質反覆分裂為數百微小的核染質點（chromatin dot），細胞質也同樣分裂至卵囊體內形成數百芽孢（sporozoite）為止，芽孢是由鐮刀狀細胞質與核染質而成，卵囊體破裂後，芽孢進入蚊子體腔，大部分進入唾液腺，於瘧蚊叮咬人時注入人體血液中造成瘧疾之感染，如此反覆循環，以進行疾病傳播。此外，傳播亦可經由輸血或消毒不良的注射器所引起，先天性感染則罕見。

53. Which of the following statements regarding abscisic acid (ABA) is **false**?
(A) ABA is a plant-specific hormone and does not found in human body.
(B) It is a 15-carbon weak acid terpenoid hormone.
(C) It is found in high concentrations in newly abscissed leaves.

(D) ABA accumulates within seeds during fruit maturation thus preventing premature seed germination.

(E) It is synthesized from carotenoids in a series of reactions in plastids and cytoplasm.

詳解: A

離層酸被發現跟動物有關，是 2001 年在海綿的研究。研究團隊發現，當海水溫度上昇（或機械壓力）時，海綿的陽離子通道會開啟，造成離層酸分泌上昇，接著便活化蛋白質激酶 A（PKA），啟動一連串的信息傳導，最後鈣離子上昇。

這個發現，使得科學家們對這個植物賀爾蒙非常感興趣。離層酸在植物裡也主導了一部份的壓力反應（缺水、缺養分、紫外光照射），那麼高等動物是否也會分泌離層酸呢？

答案是肯定的。高等動物，包括人類，都會合成離層酸；但是人類合成離層酸的主要用途，卻不是用來處理壓力反應。離層酸在人體內，由與免疫相關的細胞負責合成：包括顆粒性白血球（granulocytes）、單核球（monocyte）以及巨噬細胞（macrophage），都會合成離層酸。更有意思的是，胰腺的 β 細胞（pancreatic β-cell）也會合成離層酸喔！而且 β 細胞要在受到葡萄糖刺激後，才會分泌離層酸呢！

研究發現，只要口服每公斤體重 0.5-1 微克（μg）的離層酸，就可以有效降低血糖和胰島素的分泌。而且吃得多的效果好，顯示了離層酸的確有降血糖的效果。離層酸可能是經由刺激肌肉細胞加速吸收血糖，來達成降血糖的目的。由於血糖上昇的幅度小了，當然胰島素也不用分泌那麼多，於是胰島素的量也減少了。胰島素分泌量減少，還有「防肥」的效果唷！

究竟離層酸在高等動物與植物之間，是否真的完全沒有扮演相同的角色呢？其實有的，人的角質細胞（keratinocyte）與阿拉伯芥（Arabidopsis thaliana）在受到 UV 照射時，都會先釋放離層酸，然後離層酸再引發一氧化氮（NO）的產生呢！

54. A pilus (plural: pili) is a hair like structure found on the surface of many bacteria. Which of the following statements regarding pilus is **false**?

(A) It is made of pilin.

(B) It participates in the process of bacterial conjugation.

(C) Pili are responsible for virulence in many pathogenic strains of bacteria.

(D) Pili can protect bacterial cells against bacteriophage.

(E) Pili are antigenic.

詳解: D

線毛（pili）為一種突出於細胞表面的纖維狀附屬物，只在某些革蘭氏陰性細菌身上才會發現（例如：腸內菌 Enterobacteriaceae 及假單胞菌 Pseudomonas）。

線毛可分為兩大類，一為一般線毛（common pili; fimbriae），另一種為生殖線毛（sexpili），這兩種線毛可能同時出現在一個細胞上，並可與鞭毛共存。線毛為一串或二串螺旋交錯的蛋白質單元(pilin)形成的條狀結構，直徑範圍在 3～25 nm 之間，長度則隨形態而異，一般生殖線毛較一般線毛為短，且二者皆比鞭毛短，與部分細菌之致病性有關。一般而言，pili 用來指生殖線毛，而 fimbriae 則表示一般線毛。生殖線毛並非一直存在的，而是在細菌行接合生殖時才會出現，它的出現則由生殖因子（sex factor）上的基因來控制，而其功能則是保持細菌的接觸並當作 DNA 傳輸工具的胞器使用。生殖線毛的數目通常較一般線毛少，一個生殖因子只產生一條生殖線毛，由 F-factor 產生的稱為 F-pili，而由 colicin Factor I 產生的稱為 I-pili。生殖線毛和一般線毛有下列的不同：(1)病毒會附著於生殖線毛上而不會附著於一般線毛上。(2)二種線毛分別具有不同抗原。(3)生殖線毛尾端有似瘤狀的膨脹。

55. The Dunkers are a religious group that moved from Germany to Pennsylvania in the mid-1700s. They do not marry with members outside their own immediate community. Today, the Dunkers are genetically unique and differ in gene frequencies, at many loci, from all other populations including those in their original homeland. Which of the following mechanisms likely explains the genetic uniqueness of this population?
(A) mutation and natural selection
(B) founder effect and genetic drift
(C) disassortative mating and divergent selection
(D) population bottleneck and Hardy-Weinberg equilibrium
(E) heterozygote advantage and stabilizing selection

詳解: B

拓荒者效應（founder effect，又譯為「奠基者效應」）是一種造成族群遺傳結構發生變化的機制：當一小群個體脫離母族群、建立新族群時，新建立的族群的遺傳多樣性通常會遠低於母族群的遺傳多樣性。以下是拓荒者效應的原理。

一小群個體離開母族群的過程有時就像是隨機抽樣，是那些個體會離開母族群與這些個體的遺傳組成無關。我們知道統計學中，隨機抽樣的樣本數越小，越有可能產生偏差。同理，當離開母族群的小族群，個體數量很少時，極有可能產生遺傳組成的取樣偏差。亦即，如果我們檢視這個小族群的遺傳組成，將有很高的機率會發現，小族群的遺傳組成無法反映母族群的遺傳組成。即使這個小族群繁衍成和母族群一樣大的新族群時，新族群也不會擁有像母族群那麼高的遺傳多樣性。由於新族群喪失了一些遺傳多樣性，因此也算是發生了遺傳漂變 (genetic drift)。

拓荒者效應和瓶頸效應（bottleneck effect）一樣，都造成遺傳漂變（genetic drift），因此是物種演化、甚至是種化（speciation）產生新物種的機制之一。如果拓荒者效應使新族群和母族群的遺傳組成差異太大，再加上長時間地理隔離，天擇（natural selection）、性擇（sexual selection）、近親繁殖（inbreeding）等因素使雙方的遺傳組成差距持續擴大，新族群和母族群最終有可能產生生殖隔離，形成新物種。因此，拓荒者效應在物種演化上扮演的角色，是一再被探討的問題。除此之外，拓荒者效應的概念也被廣泛應用在其他領域的研究。例如在醫學上，拓荒者效應可以解釋為何遺傳疾病在某些封閉的人類社群特別普及；又如在保育上，拓荒者效應可以解釋為何以圈養繁殖（captive breeding）復育瀕危物種時，遺傳多樣性下降是可能碰到的問題。

56. Transcriptome analysis is a tool used in genetic research to determine the mRNAs being produced in a particular tissue, and their relative level of expression. Known genes can therefore be assayed for their expression in different situations. One use of the technology is in cancer diagnosis and treatment. If a known gene functions as a tumor suppressor, predict which of the following pieces of evidence would be most useful in diagnosis of a cancer due to a mutation in this tumor-suppressor gene.
(A) The tissue sample shows a high level of gene expression relative to a control (noncancerous) sample.
(B) The tissue sample responds to treatment with a mitosis-promoting compound.
(C) The tissue sample shows similar expression level of housekeeping genes with a control sample.
(D) The mRNAs for cyclins and kinases show unusually high levels of expression.
(E) The mRNAs for the targeted tumor suppressor sequence are not expressed.

詳解: E

抑癌基因（tumor-suppressor gene）是一群在正常情況下負責抑制細胞分裂、修復受損 DNA、或是告知細胞該執行計畫性死亡（細胞凋亡）的基因群，正常情況下抑癌基因隨時都在監控細胞的狀態是否正常。然而，當抑癌基因不能正常運作或失去功能的情況下，細胞的生長將會不受控制癌化，最後導致癌症的發生。

抑癌基因的產物也就是蛋白質，即抑癌蛋白，有些抑癌蛋白在調控上對於細胞週期有著減緩或抑制的功能，而有些抑癌蛋白對於細胞凋亡有促進的功能，另外更有些是對於細胞週期的調控與細胞凋亡的促進，這兩種功能兼具的抑癌蛋白。以目前科學研究對抑癌蛋白的功能了解，大致可區分為下列五種類群：

1. 抑制細胞週期持續進行的基因，若這些基因在細胞週期中沒有表達，則細胞週期就會中斷無法持續下去。有些抑癌蛋白就是抑制這類基因的表達，從而有效地抑制細胞的分裂。

2. 和細胞中受損的 DNA 結合，有些抑癌蛋白能與細胞週期中受損的 DNA 結合，使細胞停止分裂。若在細胞週期中有受損的DNA 存在，則這個細胞不該進行細胞分裂，若 DNA 受到的損傷能修復，則細胞週期就能持續進行下去。
3. 促進細胞凋亡，當細胞週期中受損的 DNA 無法被修復的情況存在下，有些抑癌蛋白就會促進這個細胞開始細胞凋亡（計畫性細胞死亡），藉由少部分的細胞凋亡，進而來消除可能對生物體造成的更大危害的威脅，也就是防微杜漸。
4. 有些抑癌蛋白會參與細胞黏著，來防止腫瘤細胞的擴散，阻斷腫瘤細胞之接觸抑制的功能（正常細胞在生長擴散時有接觸抑制的功能），並抑制腫瘤轉移，這些蛋白也就是抑制轉移蛋白。
5. DNA 修復蛋白，若此類蛋白的基因突變，則產生癌症的風險會增加。例如：HNPCC 基因的突變會導致罹患大腸癌的機率增加，MEN1 基因的突變會使罹患多發性內分泌腫瘤的機率增加，BRCA 基因的突變會造成罹患乳癌的機率增加。此外，若是降低DNA 的修復率，則會增加突變率並造成突變在細胞中累積，最後將導致抑癌基因的失活，或是致癌基因的活化，進而造成癌症的發生。

57. An unusual example of natural variation in the ploidy occurs in some species. Which of the following statements describes the endopolyploidy most correct?
(A) The endopolyploidy is due to a cell division defect, and it occurs only in lower animals.
(B) Endopolyploidy is the occurrence in somatic tissues; the most common is in human nerve and epidermal cells.
(C) An example of endopolyploidy is in the salivary gland cells of *Drosophila*, the pairs of chromosomes double approximately 9 times.
(D) The chromosomes undergo repeated rounds of chromosome replication without cellular division, the backup copies of chromosomes kept in vacuoles that segregated away from the functional copies.
(E) The entire organism has extra copies of certain chromosomes, for producing additional gene products.

詳解: C

核內倍數性（endopolyploidy）指在一個個體內所出現的內多倍性由於核內有絲分裂使核內染色體數成倍增加的現象。這種現象是由於反覆發生 DNA 的合成和染色體的縱裂，但不發生染色體的分配而產生的。這種現象在一個個體內的特定細胞或組織中可以看到。如果是在 DNA 的合成到染色體縱裂的中途，這一段過程反覆發生時，就會形成由多個染色單體的一部分（多數在著絲粒的附近）黏在一起的複染色體（multichromosome）；如果只反覆發生 DNA 合成，就會形成多絲染色體，果蠅幼蟲唾腺染色體就是其中的一例。

昆蟲具有多絲染色體的組織大多為分泌器官，在簡化細胞週期、不進行細胞分裂的前提下快速複製 DNA，可較有效率地發育形成具分泌功能的組織，多絲染色體可能是細胞對於昆蟲幼蟲大量進食、快速生長並為變態儲備能量的成長型態之適應。

58. *Drosophila* is a model animal that is often used in genetic research. Which of the following is the best method for distinguishing the sex of *Drosophila*?
(A) The Y chromosome plays a pivotal role in determining the male sex. *Drosophila* with Y chromosome is male, the rest is female.
(B) Sex combs are located only on the forelegs of male, but not female *Drosophila*.
(C) Male *Drosophila* is brighter and larger than female.
(D) Male *Drosophila* has red eyes, and female *Drosophila* has white eyes.
(E) Male *Drosophila* has curled wings, and female *Drosophila* has flat wings.

詳解: B

形態上判斷果蠅性別最準確是看性梳（sex combs）。性梳是雄果蠅的第二性徵，雄果蠅的第一對前足的第一個跗節上，因形狀與梳頭的梳子非常相似，又與性別有關而得名。雌果蠅沒有這個結構。但是性梳這一性狀最好需要藉助放大鏡觀察。具體如下：

1、雄果蠅，個體較小，腹部條紋 3（腹片 4 片），腹部末端圓鈍，顏色深。有交尾器。腹部末端黑色，腹背 3 條條紋，最後一條極寬，並延伸到腹面，呈一明顯黑斑；
2、雌果蠅，個體較大，腹部條紋 5（腹片 6 片），腹部末端尖，顏色淺。有產卵管。腹部末端色淺，腹部背面呈 5 條黑色條紋。

59. How do ADH and RAAS work together in maintaining osmoregulatory homeostasis?
(A) ADH monitors osmolarity of the blood and RAAS regulates blood volume.
(B) ADH monitors appropriate osmolarity by reabsorption of water, and RAAS maintains osmolarity by stimulating Na^+ reabsorption.
(C) ADH an RAAS work antagonistically; ADH stimulates water reabsorption during dehydration and RAAS removal of water when it is in excess in body fluids.
(D) Both stimulate the adrenal gland to secrete aldosterone which increases both blood volume and pressure.

(E) Only when they are together in the receptor sites of proximal tubule cells, will reabsorption of essential nutrients back into the blood take place.

詳解: B

當血液滲透壓過高時，下視丘分泌抗利尿激素（Antidiuretic Hormone, ADH，又稱精胺酸血管加壓素 Arginine Vasopressin, AVP），經由腦下垂體釋放到血液中，使得集尿管對水的通透性增加，也就是減少排尿量，經由增加水分的吸收來降低血液滲透壓。血漿中鈉離子濃度影響體內滲透壓以及水份的恆定性，進而促使體內 RAAS System（renin-angiotensin-aldosterone system）的調控。

60. Which of the following statements about the adrenal gland is correct?

(A) During stress, TSH stimulates the adrenal cortex and medulla to secrete acetylcholine.

(B) During stress, the alpha cells of islets secrete insulin and simultaneously the beta cells of the islets secrete glucagon.

(C) At all times, the adrenal gland monitors calcium levels in the blood and regulates calcium by secreting the two antagonistic hormones, epinephrine and norepinephrine.

(D) At all times, the anterior portion secretes ACTH, while the posterior portion secretes oxytocin.

(E) During stress, ACTH stimulates the adrenal cortex, and neurons of the sympathetic nervous system stimulate the adrenal medulla.

詳解: E

腎上腺是位於腎臟上方的內分泌腺。腎上腺的外部構造稱為皮質，腎上腺的內部構造稱為髓質。腎上腺皮質和髓質所分泌的激素，均與身體對壓力的反應有關。

腎上腺皮質分泌多種激素，常受到腦下腺分泌的 ACTH 之調控，可以歸納為兩大類：葡萄糖皮質素、礦物性皮質素。腎上腺皮質亦可分泌少量雄性激素，因分泌量很少，對性徵表現的影響很小；除非因腎上腺皮質發生腫瘤，以致雄性激素分泌增多，才會使女性有長出鬍鬚和體毛增多等男性特徵。

腎上腺髓質分泌的激素，有腎上腺素和正腎上腺素兩種。腎上腺素和正腎上腺素平時皆儲於腎上腺髓質中，當有適當的神經衝動由交感神經傳導至腎上腺髓質，腎上腺髓質才會將激素釋出至血液中。通常在發怒或恐懼時，腎上腺髓質的分泌量會增多，有助於人體提高應付緊急事件的能力。在胚胎發生的過程中，腎上腺髓質與自律神經節源自相同的細胞，因此腎上腺髓質和交感神經均可分泌正腎上腺素。

高雄醫學大學 110 學年度學士後西醫招生考試試題暨詳解

科目：普通生物學 **黃彪 老師解析**

I.【單選題】每題 1 分，答錯 1 題倒扣 0.25 分，倒扣至本大題零分為止，未作答，不給分亦不扣分。

1. The formation of new species occurred in populations that are geographically isolated from one another is ______.
   (A) peripatric speciation
   (B) sympatric speciation
   (C) allopatric speciation
   (D) parapatric speciation
   (E) artificial speciation

詳解: C

allopatric speciation: The formation of new species in populations that are geographically isolated from one another.（Campbell 12th）

異域種化（allopartic speciaton）：是物種形成的一種機制，發生的條件為一個物種的種群因為地理環境改變（例如造山運動）或社群本身發生改變（例如種群的遷出）而被隔離。隔離的種群會在基因型及／或表型上發生趨異，原因為：隔離的種群與原本的種群面臨不同的選擇壓力，或各自發生遺傳漂變，又或各自的基因池發生突變。

同域種化（sympatric speciation）：是指某個小族群沒有和相關族群有地理上的隔離，但也形成一新種，其基因流動的中斷，可能是因為染色體改變或非隨機交配所造成。植物可透過自體授粉產生多倍體或異種雜交的方式，來造成同域種化的現象。

鄰域種化（paraparic speciation）：兩個種化中的族群雖然分開，但是相鄰；從一極端到另一極端之間的各族群都有些許不同，但彼此相鄰的兩族群之間仍能互相雜交；不過，在兩邊最極端的族群已經差異太大而形成不同的種類。

邊域種化（peripatric speciation）：種化過程中，一個小族群由於某種原因和原來的大族群隔離；隔離時，小族群的基因經歷劇烈變化；當小族群再跟大族群相遇時，已經形成不同物種。

2. If a species contains 23% adenine in its genome, what is the percentage of guanine it would contain?
   (A) 23%
   (B) 46%

(C) 25%
(D) 44%
(E) 27%

詳解: E

[100%−(23%+23%)]÷2=27%。

3. Several butterfly species that are edible to birds have very similar color patterns to the generally inedible Monarch butterfly. This is best described as an example of ______.
(A) Batesian mimicry
(B) Müllerian mimicry
(C) crypsis
(D) aposematic coloration
(E) subterfuge

詳解: A

自然界中，有些生物的外表和其他物種或環境十分相似，以爭取更佳的生存機會，這種情形稱為「擬態」，可分為以下幾種情況。

（一）具隱蔽效果的擬態：讓自身的顏色與斑紋和週遭環境十分相似，使其他生物無法發現。

1、隱蔽型擬態（Mimesis）：這是自然界最常見的擬態，使自己融入生態背景，降低被天敵發現的機會。在昆蟲世界中十分常見，如枯葉蝶、枯葉蛾等；看起來像樹葉的螽蟴、葉竹節蟲等；或者長的樹枝的竹節蟲、尺蠖蛾幼蟲等。

2、攻擊性擬態（Aggressive mimicry）：捕食者可藉由擬態的方式增加捕獲獵物的機會，例如有些魚類長得很像珊瑚或岩石，躲藏在珊瑚礁中，等待獵物上門。蘭花螳螂(Hymenopus coronatus)、葉脩（Phyllium bioculatum）等，模仿花器及葉片，引誘食蜜或食葉昆蟲誤認而接近。此類擬態很有名的例子就是一種土螢(Photuris sp.)的雌蟲模仿另一種土螢(Photunus sp.)的雌蟲發光方式，藉此吸引並捕食後者的雄蟲。

3、韋斯曼氏擬態（Wasmannian mimicry）：韋斯曼氏擬態是指擬態者模仿寄主的體型或動作的情形，進而達到與寄主共同生活的目的。此種擬態常發生在社會性昆蟲的群聚中，例如分布在歐洲的黑隱翅蟲（Atemeles pubicollis），其幼蟲有擬似螞蟻幼蟲的肢體動作，並且會分泌出類似的化學分泌物，使螞蟻接納並照顧牠們。寄育性的杜鵑鳥，會將卵產在柳鶯等多種鳥的巢中，由於杜鵑鳥的卵和寄主的卵顏色很相似，且小杜鵑鳥孵出後也擬似寄主的雛鳥，使寄主無法分辨，進而撫養這些冒牌的幼鳥。

（二）具昭顯效果的擬態：有些昆蟲本身有毒或味道不好，常具有鮮豔的體色，讓捕食者容易記住。其他種類再模仿其形態和色彩，便可逃避捕食天敵的攻擊。

1、貝氏擬態（Batesian mimicry）：有些生物無毒無害，但是外表卻長得像是一些有毒的生物，以嚇阻捕食者。例如有些虻的外觀也具有黃黑色的條紋，乍看之下常讓人誤以為是胡蜂。有些無毒蛇類也會模仿有毒蛇的花紋和色彩，例如擬龜殼花和白梅花蛇，外觀就非常類似劇毒的龜殼花和雨傘節。而鳳蝶科的青斑鳳蝶在外觀上也非常類似有毒的青斑蝶類。

2、穆氏擬態（Mullerian mimicry）：一些具有毒性或是難吃的生物會具有相似的警戒色，如此一旦捕食者捕食了其中一種而導致不愉快的經驗後，以後就會避免捕食這群具有相似警戒色的生物。例如台灣產的幾種青斑蝶在外觀上非常類似，由於青斑蝶帶有毒性，捕食者只要吃過其中一種且產生不適感之後，便不敢再捕食其他幾種外表相似的青斑蝶。人類飼養的義大利蜂、中國蜂、非洲蜂和大蜜蜂等由於具有類似的警戒特徵，可加強捕食者的印象，因此也減少了被捕食的危機。

Batesian mimicry: A type of mimicry in which a harmless species resembles an unpalatable or harmful species to which it is not closely related.（Campbell 12th）

Müllerian mimicry: Reciprocal mimicry by two unpalatable species.（Campbell 12th）

4. Which description about the status of action potential of voltage-gated Na^+ and K^+ channels is **FALSE**?

(A) resting state: both Na^+ and K^+ channels close

(B) depolarization: some Na^+ channels open and K^+ channels close

(C) rising phase of action potential: both Na^+ and K^+ channels open

(D) falling phase of action potential: Na^+ channels close and K^+ channels open

(E) None of the above

詳解: C

神經細胞透過電訊號溝通，主要是藉由觸發細胞膜上離子通道一連串的打開、關閉，讓細胞內外的鉀離子、鈉離子依照濃度梯度移動，由離子濃度高的地方，往低的地方運輸，造成膜電位的改變，產生「動作電位」。

神經細胞動作電位的產生可分為四個階段－極化、去極化、再極化、過極化：

極化/靜止期：神經細胞在休息狀態下的膜電位處於約 -70 毫伏特(mV)，稱為「靜止膜電位」，細胞膜內帶負電、膜外環境帶正電，這種兩極化的電荷環境，稱為「極化」。

去極化/上升期：當神經細胞樹突上的受體，接收來自突觸前細胞的神經傳導因子，如：麩胺酸、多巴胺等，對應到的受體會接收到因子並活化打開，讓帶正電的鈉、鈣等離子進入細胞膜而提升膜電位。當電位通過軸突前端的「軸丘」時，若電位高於鈉離子通道的閾值，則會開啟「電位依賴性鈉離子通道」使大量的鈉離子往細胞內流動，產生「去極化」的現象，讓膜電位變成帶正電（約+40 mV）。有趣的是，一顆神經細胞接收來自於成千上萬個不同型態的突觸，有興奮性也有抑制性訊號，而是否會產生動作電位，端看最終膜電位是否達到閾值囉。

再極化/下降期：當膜電位達到高峰時，鈉離子通道會關閉，同時開啟鉀離子通道，讓細胞內的鉀離子流出細胞，以平衡膜內過多的正電荷，讓膜電位再回到帶負電的狀態，便稱為「再極化」。

過極化：當膜電位回復到-70 mV 時，鉀離子通道才準備關閉，鉀離子還在持續流出細胞時，造成電位低於靜止膜電位的「過極化」現象。而在此時鈉鉀離子幫浦也會出動，消耗能量幫忙把鈉離子打出細胞、把鉀離子打進細胞，讓內外膜電位以及鈉鉀離子濃度恢復成最初的極化狀態。

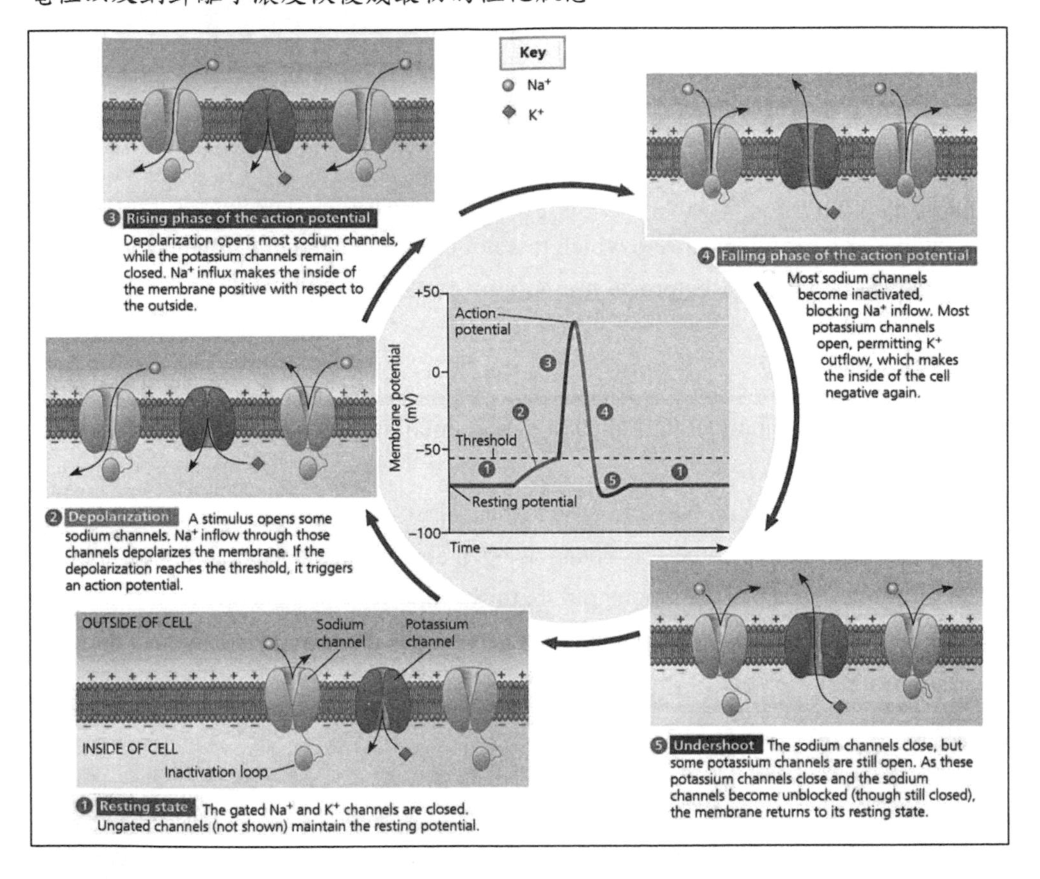

校方釋疑：

根據 Campbell Biology 12th edition/ p.1132，當 action potential 處於 falling phase 時，Na^+ channel 呈現 inactivated 狀態。另一本教科書 Biology 3rd (Brooker 等作者)/ p840 提出 Na^+ channel 會先由 inactivated 狀態變為 conformation close 狀態。不調整答案(C)。

5. In vertebrates with four-chambered hearts, the ______ receives oxygenated blood directly from the ______.
   (A) right ventricle, lungs
   (B) right ventricle, right atrium
   (C) left atrium, left ventricle
   (D) left ventricle, left atrium
   (E) left ventricle, lungs

詳解: D

血液在右心室收縮時，被送到肺動脈，再在肺泡微血管處進行氣體交換，最後將充氧血匯合到肺靜脈，回到左心房，亦稱為肺循環。充氧血由肺靜脈送回左心房再進入左心室。血液由左心室的主動脈出發，輸送充氧血至組織周圍的微血管，再將廢物經靜脈流入右心房，又稱體循環。

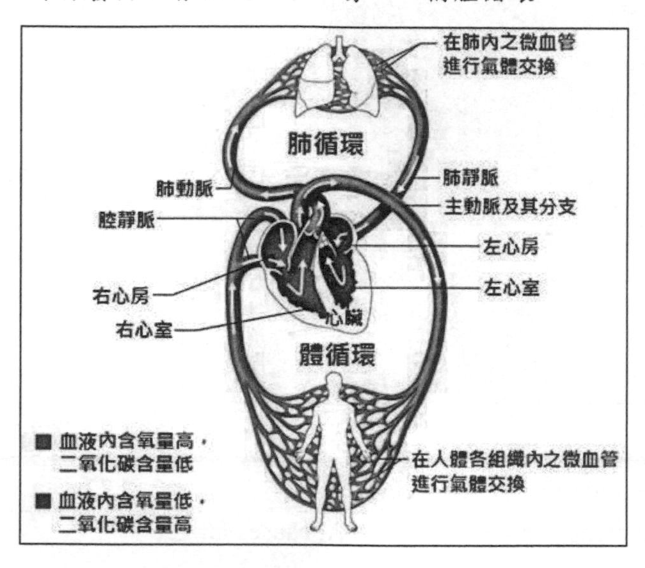

6. Which description about the endocrine system is **FALSE**?
   (A) Epinephrine synthesized from tyrosine is secreted from adrenal medulla.
   (B) Posterior pituitary synthesizes and secrets antidiuretic hormone (ADH) and oxytocin.
   (C) Parathyroid hormone (PTH) raises blood Ca^{2+} level by stimulating kidneys and bones.
   (D) Glucocorticoids increase blood glucose and suppress immune system in long-term stress response.
   (E) None of the above

詳解: B

腦下腺後葉主要由腦下腺細胞（pituicytes）的類膠質細胞（glial-like）組成，本身並不具有分泌激素的功能，主要包含下視丘視上核（supraopitc nuclei）及視旁核（paraventricular nuclei）的神經末稍，當神經衝動由視上核與室旁核延神經纖維下傳時，激素立刻由神經末梢釋出而進入附近的微血管。負責儲存下視丘（hypothalamus）分泌的催產素（Oxytocin）、抗利尿激素（Antidiuretic Hormone, ADH）。

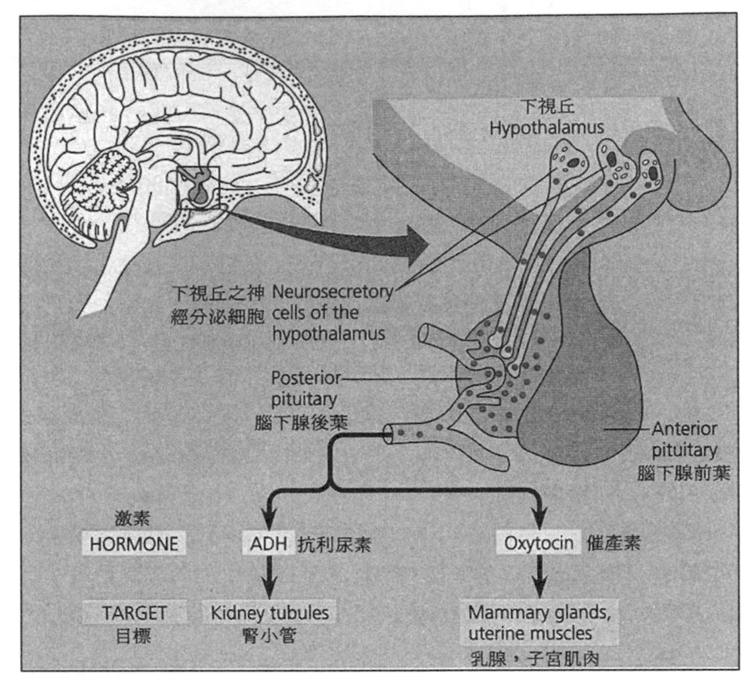

7. Which description about digestive system is **FALSE**?
   (A) Pantothenic acid, a component of coenzyme A, causes fatigue in deficiency.
   (B) Magnesium, an enzyme cofactor, causes nervous system disturbance in deficiency.
   (C) Cholecystokinin (CCK) stimulates the release of enzyme from pancreas.
   (D) Leptin, produced by adipose tissue, stimulates appetite.
   (E) None of the above

詳解: D

瘦體素(leptin)是一種含有 167 個胺基酸的蛋白質，主要由脂肪組織所分泌。脂肪組織的作用之一是貯存能量，因此瘦體素的濃度高低主要反應生物體內的能量貯存狀況。一般人血中瘦體素濃度和體脂肪多寡成正比，愈胖的人血中瘦體素濃度愈高，反之則低。當瘦體素濃度降低時，會刺激中樞神經系統增加食慾，減少能量消耗，當瘦體素濃度增加時，會減少食慾。

8. Which description about cyclic AMP (cAMP) is **FALSE**?

(A) It is formed from ATP by phosphodiesterase.

(B) It activates protein kinase A.

(C) It regulates the activity of synaptic ion channels.

(D) It regulates the expression of *LacZ (ß*-galactosidase*)* in *E. coli.*

(E) None of the above

詳解: A

cAMP 係 ATP 經由腺苷酸環化酶（adenylyl cyclase）催化反應而產生。

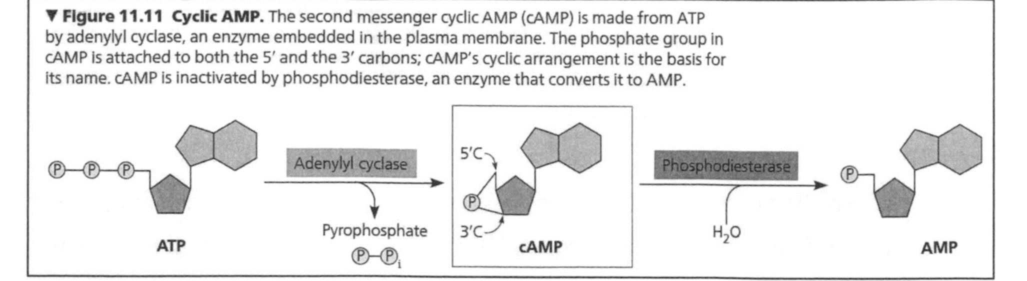

▼ Figure 11.11 Cyclic AMP. The second messenger cyclic AMP (cAMP) is made from ATP by adenylyl cyclase, an enzyme embedded in the plasma membrane. The phosphate group in cAMP is attached to both the 5′ and the 3′ carbons; cAMP's cyclic arrangement is the basis for its name. cAMP is inactivated by phosphodiesterase, an enzyme that converts it to AMP.

9. Which ion in plants is **NOT** matched with its function?

(A) Zn^{2+} -- water balance

(B) K^{+} -- stomata operation

(C) Fe^{3+} -- chlorophyll synthesis

(D) Mg^{2+} -- component of the chlorophyll

(E) None of the above

詳解: A

Table 37.1 Essential Elements in Plants

Element (Form Primarily Absorbed by Plants)	% Mass in Dry Tissue	Major Function(s)	Early Visual Symptom(s) of Nutrient Deficiencies
Macronutrients			
Carbon (CO_2)	45%	Major component of organic compounds	Poor growth
Oxygen (CO_2)	45%	Major component of organic compounds	Poor growth
Hydrogen (H_2O)	6%	Major component of organic compounds	Wilting, poor growth
Nitrogen (NO_3^-, NH_4^+)	1.5%	Component of nucleic acids, proteins, and chlorophyll	Chlorosis at tips of older leaves (common in heavily cultivated soils or soils low in organic material)
Potassium (K^+)	1.0%	Enzyme cofactor; major solute functioning in water balance; operation of stomata	Mottling of older leaves, drying of leaf edges; weak stems; roots poorly developed (common in acidic or sandy soils)
Calcium (Ca^{2+})	0.5%	Important component of middle lamella and cell walls; maintains membrane function; signal transduction	Crinkling of young leaves; death of terminal buds (common in acidic or sandy soils)
Magnesium (Mg^{2+})	0.2%	Component of chlorophyll; cofactor of many enzymes	Chlorosis between veins, found in older leaves (common in acidic or sandy soils)
Phosphorus ($H_2PO_4^-$, HPO_4^{2-})	0.2%	Component of nucleic acids, phospholipids, ATP	Healthy appearance but very slow development; thin stems; purpling of veins; poor flowering and fruiting (common in acidic, wet, or cold soils)
Sulfur (SO_4^{2-})	0.1%	Component of proteins	General chlorosis in young leaves (common in sandy or very wet soils)

Micronutrients			
Chlorine (Cl^-)	0.01%	Photosynthesis (water-splitting); functions in water balance	Wilting; stubby roots; leaf mottling (uncommon)
Iron (Fe^{3+}, Fe^{2+})	0.01%	Respiration; photosynthesis: chlorophyll synthesis; N_2 fixation	Chlorosis between veins, found in young leaves (common in basic soils)
Manganese (Mn^{2+})	0.005%	Active in formation of amino acids; activates some enzymes; required for water-splitting step of photosynthesis	Chlorosis between veins, found in young leaves (common in basic soils rich in humus)
Boron ($H_2BO_3^-$)	0.002%	Cofactor in chlorophyll synthesis; role in cell wall function; pollen tube growth	Death of meristems; thick, leathery, and discolored leaves (occurs in any soil; most common micronutrient deficiency)
Zinc (Zn^{2+})	0.002%	Active in formation of chlorophyll; cofactor of some enzymes; needed for DNA transcription	Reduced internode length; crinkled leaves (common in some geographic regions)
Copper (Cu^+, Cu^{2+})	0.001%	Component of many redox and lignin-biosynthetic enzymes	Light green color throughout young leaves, with drying of leaf tips; roots stunted and excessively branched (common in some geographic regions)
Nickel (Ni^{2+})	0.001%	Nitrogen metabolism	General chlorosis in all leaves; death of leaf tips (common in acidic or sandy soils)
Molybdenum (MoO_4^{2-})	0.0001%	Nitrogen metabolism	Death of root and shoot tips; chlorosis in older leaves (common in acidic soils in some geographic areas)

校方釋疑：

(C)中，Fe^{2+}與 chlorophyll biosynthesis 有關。Pushnik, james C., Gene W. Miller, and John H. Manwaring. "The role of iron in higher plant cholorphyll biosynthesis, meaitenace and chloroplast biogenesis. "*Journal of Plant Nutrition* 7.1-5 (1984): 733-758.不調整答案(A)。

10. Which one is **NOT** a common model organism in developmental genetics?
 (A) *Mus musculus*
 (B) *Caenorhabditis elegans*
 (C) *Cinnamomum camphora*
 (D) *Arabidopsis thaliana*
 (E) None of the above

詳解： C

樟樹（*Cinnamomum camphora*）是樟科常綠大喬木，別名香樟、本樟、烏樟、栳樟、樟仔，以往為製造樟腦的經濟樹種，因天然熬樟已沒落而改用化工合成樟油，目前只作景觀園林或防風樹種。

11. During the local inflammatory response, what chemical is released by mast cells that increase capillary permeability?
 (A) proteases
 (B) heparin
 (C) histamine
 (D) IgE
 (E) complement

詳解： C

當抗原在被細菌感染或受傷處出現時，組織中的肥大細胞會被刺激而釋放組織胺（histamine）和前列腺素，促進微血管的擴張，使大量血液流入，感染區域出現發紅以及發熱的現象。隨著擴張進行，血管壁可透性增加，使血漿透過管壁滲入組織，血液內細胞數增加，造成腫脹。瘀血的現象減少了血液流動造成的剪力，使血液中的免疫細胞可透過邊界作用（margination）滲出血管，進入組織以執行任務。嗜中性白血球最先到達並執行「自殺任務」，接著的單核球則轉變成巨噬細胞以胞吞方式消滅感染源，最後的死亡細胞與細菌會隨著膿液排出。過程中釋放的部分化學物質會增加神經系統對痛覺的敏感度(如擴張血管的bradykinin)，導致發炎部位疼痛，但這種情形只發生於感染部位存在有適當的神經末梢時。整個發炎反應中，訊息的產生和反應是循環的：增量的血流帶來了更多免疫蛋白；活化的補體蛋白可促進更多組織胺的釋放、吸引更多吞噬細胞和覆蓋於細菌表面使吞噬細胞好附著。這樣的過程反覆發生，直到引起發炎的細菌被清除殆盡為止。

12. If the smooth endoplasmic reticulum was removed from the cell, which of the following processes would be mostly affected?
(A) protein synthesis
(B) packaging proteins
(C) secreting proteins
(D) lipid synthesis
(E) transporting proteins

詳解: D

平滑內質網的表面無核糖體附著，呈平滑狀，與合成蛋白質無關。平滑內質網內含有多種酵素，參與細胞內的各種代謝，例如：脂質合成、醣類代謝、毒物或藥物的解毒作用等。

13. Blockage of the common bile duct would affect ______.
(A) starch digestion
(B) cellulose digestion
(C) lipid digestion
(D) protein digestion
(E) nucleotide digestion

詳解: C

人體的膽汁由肝分泌，然後再膽囊暫時儲存，並經膽管流入十二指腸。膽汁含有膽鹽，能把脂質乳化成小油滴，從而增加脂質與脂肪酶接觸的表面積，促進脂質的消化。因此，當膽管阻塞時，脂質的分解會受到影響。

14. Which bone belongs to the appendicular skeleton?

(A) skull

(B) vertebral column

(C) rib cage

(D) femur

(E) sternum

詳解: D

骨骼系統包括中軸骨骼（axial skeleton）和附肢骨骼（appendicular skeleton 亦作四肢骨骼）。中軸骨骼是指顱骨（skull）、脊柱（vertebral column）和肋骨籃（rib cage）包含胸骨（sternum）、肋骨（ribs）；附肢骨骼是指四肢骨和四肢骨附帶著的骨。股骨（femur）屬於附肢骨。

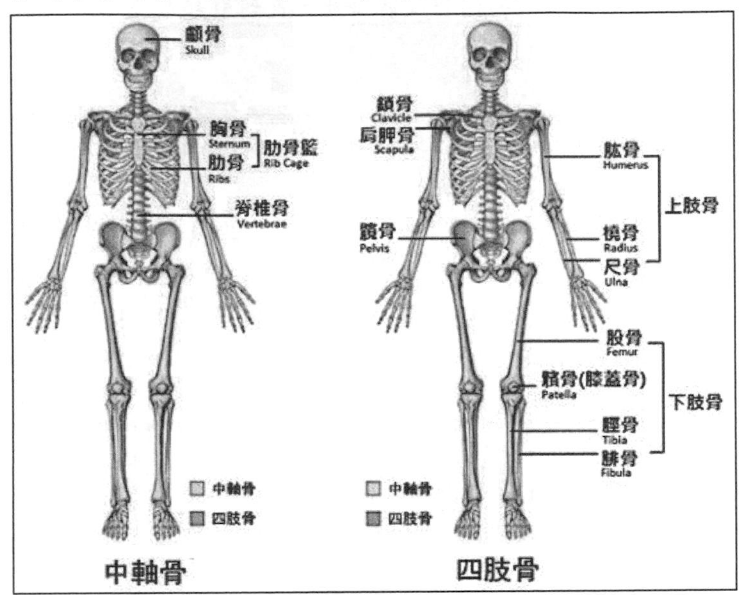

15. A patient has a blood pressure of 120/75, a pulse rate of 50 beats/min, a stroke volume of 60 mL/beat, and a respiratory rate of 25 breaths/min. This person's cardiac output per minute will be ______.

(A) 1,000 mL

(B) 1,500 mL

(C) 3,000 mL

(D) 4,500 mL

(E) 7,200 mL

詳解: C

心輸出量（CO）＝心搏量（SV）×心跳頻率（HR），所以該患者之心輸出量＝60 mL/beat×50 beats/min＝3,000 mL/min。

II.【單選題】每題 2 分，答錯 1 題倒扣 0.5 分，倒扣至本大題零分為止，未作答，不給分亦不扣分。

31. Which description about the hormones regulation in human reproduction is **FALSE**?
(A) Inhibin inhibits anterior pituitary to secret follicle-stimulating hormone (FSH) in male.
(B) Testosterone inhibits hypothalamus to secret gonadotropin-releasing hormone (GnRH) in male.
(C) Low levels of estradiol inhibits anterior pituitary to secret FSH in female.
(D) High levels of estradiol stimulates hypothalamus to secret GnRH in female.
(E) None of the above

詳解: E

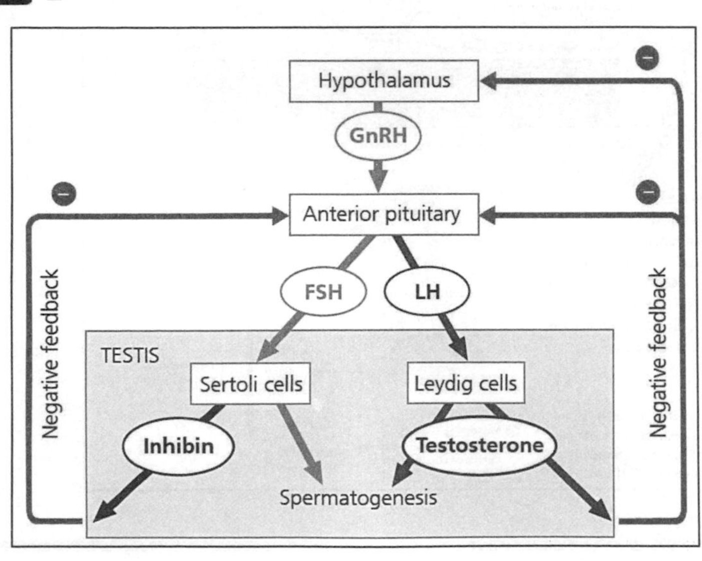

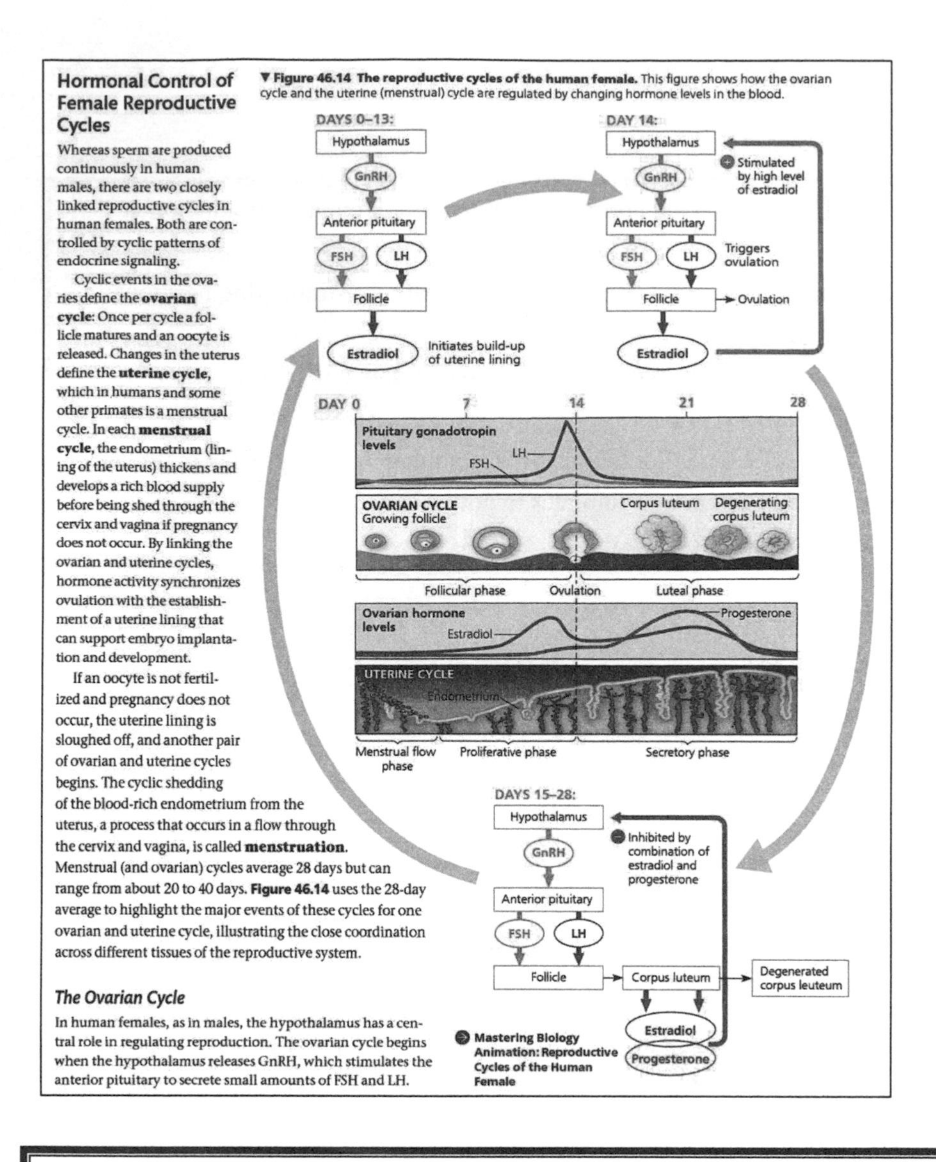

Hormonal Control of Female Reproductive Cycles

Whereas sperm are produced continuously in human males, there are two closely linked reproductive cycles in human females. Both are controlled by cyclic patterns of endocrine signaling.

Cyclic events in the ovaries define the **ovarian cycle:** Once per cycle a follicle matures and an oocyte is released. Changes in the uterus define the **uterine cycle,** which in humans and some other primates is a menstrual cycle. In each **menstrual cycle,** the endometrium (lining of the uterus) thickens and develops a rich blood supply before being shed through the cervix and vagina if pregnancy does not occur. By linking the ovarian and uterine cycles, hormone activity synchronizes ovulation with the establishment of a uterine lining that can support embryo implantation and development.

If an oocyte is not fertilized and pregnancy does not occur, the uterine lining is sloughed off, and another pair of ovarian and uterine cycles begins. The cyclic shedding of the blood-rich endometrium from the uterus, a process that occurs in a flow through the cervix and vagina, is called **menstruation.** Menstrual (and ovarian) cycles average 28 days but can range from about 20 to 40 days. **Figure 46.14** uses the 28-day average to highlight the major events of these cycles for one ovarian and uterine cycle, illustrating the close coordination across different tissues of the reproductive system.

The Ovarian Cycle

In human females, as in males, the hypothalamus has a central role in regulating reproduction. The ovarian cycle begins when the hypothalamus releases GnRH, which stimulates the anterior pituitary to secrete small amounts of FSH and LH.

▼ **Figure 46.14 The reproductive cycles of the human female.** This figure shows how the ovarian cycle and the uterine (menstrual) cycle are regulated by changing hormone levels in the blood.

32. Regarding to the mitochondria, which statement is **FALSE**?
   (A) According to the concept of endosymbiotic theory, the mitochondria extracted from monkey can be transferred into human cells.
   (B) The genome size of plant mitochondria is much larger than animal's.
   (C) A cell can contain more than one mitochondria.
   (D) Mitochondria can produce ATP more quickly than glycolysis.
   (E) Mitochondria can do transcription and translation.

詳解: D

糖解作用以受質層次磷酸化生成 ATP，步驟較粒線體以氧化磷酸化機制簡單。而且要利用粒線體產生 ATP 之前，必須先進行在細胞質中的糖解作用。因此，粒線體產生 ATP 的速度並不會比糖解快。不過，粒線體產生的 ATP 數量遠較糖解作用生成的多。

校方釋疑：

(A)根據 Campbell Biology 11st edition/ p.179, endosymbiotic theory 的重點在於強調細胞可以藉由獲取外來的胞器而存活下來。許多研究(Transplant Proc. 2014 May;46(4):1233-6.)也發現真核細胞之間可以藉由 mitochondria 的轉移獲得新的基因，或是應用在細胞的治療。(D)根據 Biochemistry, Anaerobic Glycolysis (Erica A. Melkonian; Mark P. Schury)，glycolysis 是細胞從葡萄糖產生 ATP 的唯一過程，尤其在收縮的骨骼肌中，glycolysis 是一種快速得到 ATP 的方法。不調整答案(D)。

33. What do synaptic signaling and paracrine signaling have in common?
(A) Cells bind a membrane bound signal on a neighboring cell.
(B) Cells release a signal that affects cells at long distances.
(C) Cells release a signal that affects itself and neighboring cells.
(D) Cells release a signal that affects neighboring cells.
(E) Cells release a signal through gap junctions to affect neighboring cells.

詳解: D

(A) Contact-dependent signaling: Membrane-bound signals bind to receptors on adjacent cells.
(B) Endocrine signaling: Cells release signals that travel long distances to affect target cells.
(C) Autocrine signaling: Cells release signals that affect themselves and nearby target cells.
(D) Paracrine signaling: Cells release signals that affect nearby target cells. A specialized form of paracrine signaling occurs in the nervous systems of animals. Neurotransmitters—molecules made in neurons that transmit a signal to an adjacent cell—are released at the end of a neuron and traverse a narrow space called the synapse.
(E) Direct intercellular signaling: Signals pass through a cell junction from the cytosol of one cell to adjacent cells.

34. Which of the following descriptions about cell division is **FALSE**?
(A) Animal cells form centrioles during cell division.
(B) Animal cells form a cleavage furrow to form new daughter cells.
(C) There is phragmoplast alignment of Golgi-derived vesicles in plant cell division.
(D) The cell plate is the final partitioning of plant cells.
(E) Plant cells resort to binary fission.

詳解: E→更改答案為A、E

二分裂（binary fission）是原核生物的主要分裂方式，細胞在生長過程中分裂成兩個相等的子細胞。細菌沒有核膜，只有一個大型的環狀 DNA 分子，細菌細胞分裂時，DNA 分子附著在細胞膜上並複製為二，然後隨著細胞膜的延長，複製而成的兩個 DNA 分子彼此分開；同時，細胞中部的細胞膜和細胞壁向內生長，形成隔膜，將細胞質分成兩半，形成兩個子細胞，這個過程就被稱為細菌的二分裂。

校方釋疑：

其中(A)選項描述有誤，應為“G2 phase”。答案為(A)或(E)均可。

35. Which is a common feature of gymnosperms and angiosperms?
(A) pollen tubes
(B) flagellated sperms
(C) sperms carried by windborne pollen
(D) fruits
(E) flowers

詳解: A

裸子植物與被子植物都是種子植物，具有下表中的特徵：

Five Derived Traits of Seed Plants		
Reduced gametophytes	Microscopic male and female gametophytes (n) are nourished and protected by the sporophyte ($2n$)	Male gametophyte; Female gametophyte
Heterospory	Microspore (gives rise to a male gametophyte) Megaspore (gives rise to a female gametophyte)	
Ovules	Ovule (gymnosperm)	Integument ($2n$); Megaspore (n); Megasporangium ($2n$)
Pollen	Pollen grains make water unnecessary for fertilization	
Seeds	Seeds: survive better than unprotected spores, can be transported long distances	Seed coat; Food supply; Embryo

校方釋疑：

花的出現吸引授粉者是被子植物的衍徵，風媒花只出現在少數類群。選項(A) pollen tube 是所有種子植物（含裸子植物和被子植物）的共衍徵，沒有例外。不調整答案(A)。

36. Which description about the immune system is **FALSE**?
(A) Helper T cells bind antigen-presenting cells (APCs) need Class II major histocompatibility complex (MHC) and accessory protein (CD8).
(B) APCs secret cytokines such as interleukin-1 (IL-1) and tumor necrosis factor (TNF) for T cell activation.
(C) Cytotoxic T cell releases perforin and granzymes to kill infected cells.
(D) Pathogens can be disposed by antibodies through neutralization, opsonization, or complement system activation
(E) None of the above

詳解：A

T_H細胞為$CD4^+$細胞，可藉由 CD4 來接受 APC 以 MHCII 呈現的抗原。

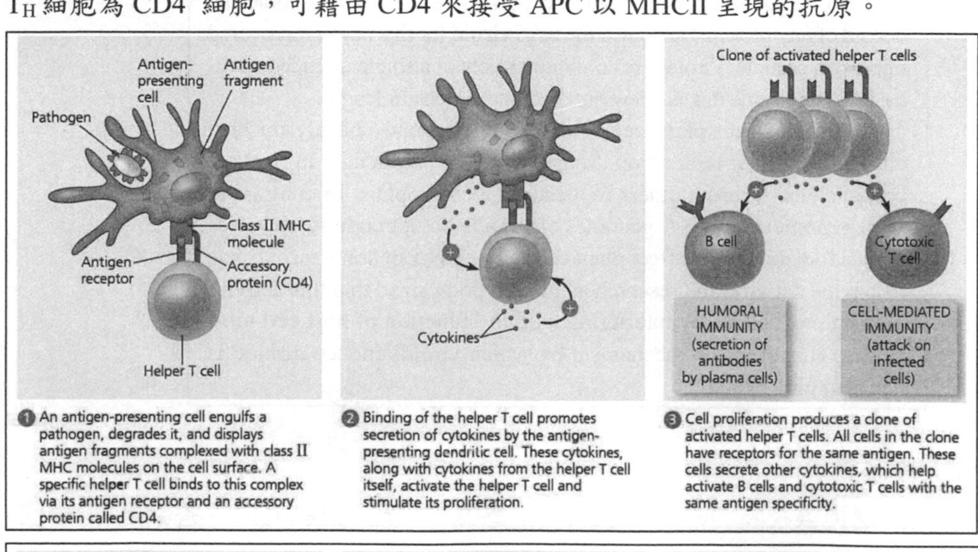

❶ An antigen-presenting cell engulfs a pathogen, degrades it, and displays antigen fragments complexed with class II MHC molecules on the cell surface. A specific helper T cell binds to this complex via its antigen receptor and an accessory protein called CD4.

❷ Binding of the helper T cell promotes secretion of cytokines by the antigen-presenting dendritic cell. These cytokines, along with cytokines from the helper T cell itself, activate the helper T cell and stimulate its proliferation.

❸ Cell proliferation produces a clone of activated helper T cells. All cells in the clone have receptors for the same antigen. These cells secrete other cytokines, which help activate B cells and cytotoxic T cells with the same antigen specificity.

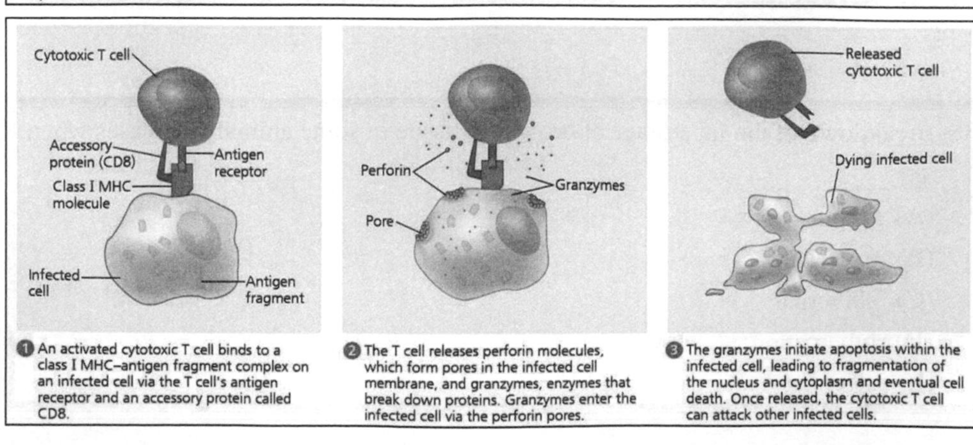

❶ An activated cytotoxic T cell binds to a class I MHC–antigen fragment complex on an infected cell via the T cell's antigen receptor and an accessory protein called CD8.

❷ The T cell releases perforin molecules, which form pores in the infected cell membrane, and granzymes, enzymes that break down proteins. Granzymes enter the infected cell via the perforin pores.

❸ The granzymes initiate apoptosis within the infected cell, leading to fragmentation of the nucleus and cytoplasm and eventual cell death. Once released, the cytotoxic T cell can attack other infected cells.

37. Which description about virus is **FALSE**?

(A) Provirus is the viral DNA incorporated into host cell's DNA.

(B) The envelope of RNA virus contains the cell membrane of host and glycoproteins of virus.

(C) Adenovirus, papillomavirus, herpesvirus, and poxvirus are DNA viruses.

(D) Virods are DNA molecules that infect plant cells.

(E) None of the above

詳解: E→更改答案為D、E

類病毒（viroids）是一種具有傳染性的單鏈RNA病原體。它比病毒要小，且沒有典型病毒所有的蛋白質外殼。類病毒為嚴格寄生物，專一性很強，通常感染高等植物，並整合到植物的細胞核內進行複製。類病毒通常透過種子或花粉傳播。

選項字還拼錯！

Viroids Are RNA Molecules That Infect Plant Cells

In 1971, Swiss-born American plant pathologist Theodor Diener discovered that the agent of potato spindle tuber disease is a small RNA molecule devoid of any protein. He coined the term **viroid** for this newly discovered infectious particle. Viroids are composed solely of a single-stranded circular RNA molecule that is a few hundred nucleotides in length.

Viroids infect plant cells, where they depend entirely on host enzymes for their replication. Some viroids are replicated in the host cell nucleus, whereas others replicate in a chloroplast. In contrast to viral genomes, the RNA genomes of viroids do not code for any proteins. How do viroids affect plant cells? The RNA of some viroids has ribozyme activity, and researchers have hypothesized that this activity may damage plants by interfering with the function of host cell molecules. However, the mechanism by which viroids induce disease is not well understood.

校方釋疑：

其中(D)選項誤植為“Virod與DNA”，應為“Viroid與RNA”。答案為(D)或(E)均可。

38. Breakdown of the fat storage at brown fat tissue in some animals increases when ______.

(A) torpor

(B) exercising

(C) shivering

(D) hibernation

(E) sleeping

詳解：D

根據 Campbell 12th 課文，有冬眠（hibernation）行為的動物成體具有棕色脂肪以度過冬眠。又冬眠為蟄伏的一種特殊型式，所以爭取 A 亦為答案。

> *ering thermogenesis*, takes place throughout the body. Some mammals also have a tissue called *brown fat* in their neck and between their shoulders that is specialized for rapid heat production. (The presence of extra mitochondria is what gives brown fat its characteristic color.) Brown fat is found in the infants of many mammals, representing about 5% of total body weight in human infants. Long known to be present in adult mammals that hibernate, brown fat has also recently been detected in human adults **(Figure 40.15)**. There, the amount has been found to vary, with individuals exposed to a cool environment for a month having increased amounts of brown fat.

> **Hibernation** is long-term torpor that is an adaptation to winter cold and food scarcity. When a mam-

39. In nature, population size could be controlled by a density-independent factor. Which of the followings would be a possible case?
    (A) forest fires
    (B) competition
    (C) parasites
    (D) predation
    (E) infection disease

詳解：A

環境阻力的因子依其性質可分為兩大類：「密度依賴因子」與「密度非依賴因子」，兩者會交互影響著族群的成長。

密度依賴因子（Density-dependent factors）（亦稱「生物性的限制因子」）：當族群密度增加時，此因子的效應增加，最後使族群平穩接近負荷量，可造成族群成長率下降。例如：食物、生長空間、掠食者、競爭者、寄生者、其他生物的活動、病害、毒素、代謝廢物等等。

密度非依賴因子（Density-independent factors）（亦稱「非生物性的限制因子」）：此因子與族群密度無關。又可再細分成自然因子與人為因子。自然因子中較典型的是氣候因子，如：溫度、雨量；以及地震、火山爆發、海嘯、颱風等等其他非生物因子。人為因素則例如，殺蟲劑、伐林等等。

40. In plants, the red light can be absorbed by ______.
    (A) Pr type phytochrome
    (B) Plastoquinone (PQ) of photosystem II (PSII)
    (C) carotenoids
    (D) ribulose biphosphate (RuBP)
    (E) ATP synthase

詳解: A

光受體是植物感受外界環境變化的關鍵，在植物光反應中，最主要的光受體就是吸收紅光/遠紅光的光敏色素（phytochrome）。光敏色素是一類對紅光和遠紅光吸收有逆轉效應、參與光形態發生、調節植物發育的色素蛋白，它對紅光（red light，R）和遠紅光（far red light，FR）極其敏感，在植物從萌發到成熟的整個生長發育過程中都起到重要的調節作用。

植物體內的光敏色素以兩種較穩定的狀態存在：紅光吸收型（Pr，lmax=660 nm）和遠紅光吸收型（Pfr，lmax=730 nm）。兩種光吸收型在紅光和遠紅光照射下可以相互逆轉。

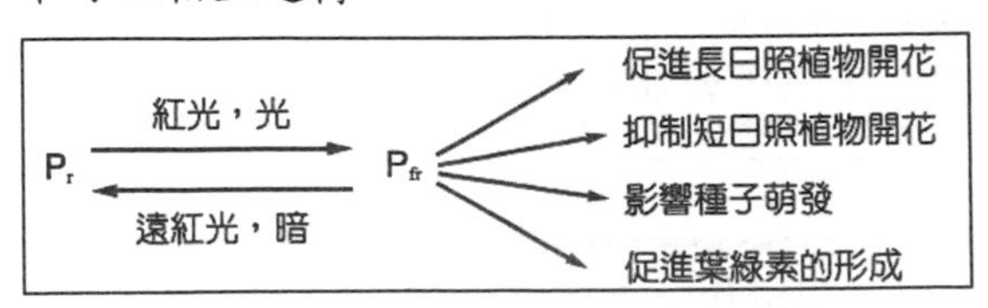

光敏色素相關的研究表明，光敏素（Pr，Pfr）對植物形態的作用包括種子萌發、去黃化作用、莖的伸長、葉的擴展、避蔭作用以及開花誘導等。

41. Which event for muscle contraction is **FALSE**?
    (A) Binding of acetylcholine to receptors stimulates Ca^{2+} pumping into sarcoplasmic reticulum.
    (B) Binding of tropomyosin to actin covers myosin-binding site.
    (C) Binding of Ca^{2+} to troponin exposes myosin-binding site of actin.
    (D) Binding of ATP releases myosin from actin.
    (E) None of the above

詳解: A

乙醯膽鹼與運動終板的菸鹼型受器結合後，會產生終板電位。動作電位會使 T 小管上的 DHP receptor 去極化產生結構變化，讓 ryanodine receptor 變形打開，使 Ca^{2+}從肌漿質網終池釋放至細胞質裡，牽動肌絲循環引發肌肉收縮。

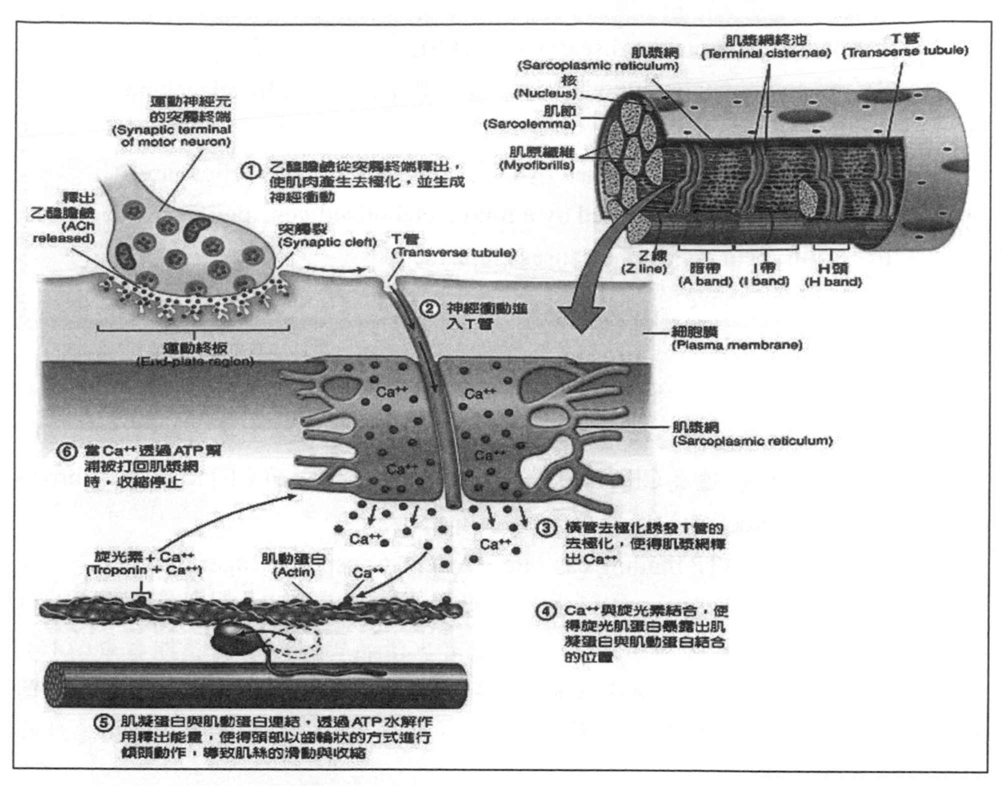

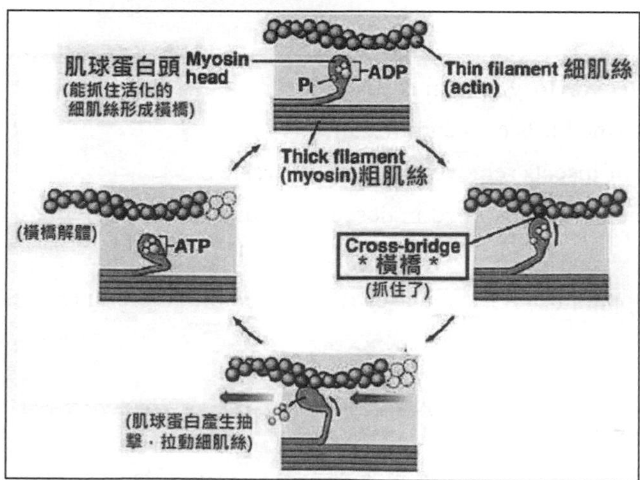

校方釋疑：

根據 Campbell Biology 11st edition/ p. 1184，Ca^{2+}與肌鈣蛋白複合物(troponin complex)結合，的確導致肌動蛋白(actin)上的肌球蛋白結合位點(myosin-binding sites)暴露。不調整答案(A)。

42. Which description about the diseases is **FALSE**?

(A) Severe combined immunodeficiency (SCID) is caused by adenosine deaminase deficiency.

(B) Cystic fibrosis (CF) is caused by a Na^+ transporter gene deficiency.

(C) Tay-Sachs disease is caused by a lipid metabolized gene deficiency.

(D) α_1- Antitrypsin deficiency causes emphysema.

(E) None of the above

詳解: B

囊腫性纖維化（Cystic Fibrosis, CF）是一種基因遺傳疾病，在西方高加索人種中也是常見的體染色體隱性遺傳疾病，病徵為呼吸道和消化道系統等外分泌腺體器官功能逐漸衰退。造成CF的原因為位在7號染色體上的CFTR(cystic fibrosis transmembrane conductance regulator）基因有缺陷。

CFTR蛋白屬於ATP binding cassette（ABC）transporter superfamily，是一種氯離子通道，可以維持鹽和水的平衡。而功能失調的 CFTR 蛋白會導致脫水和產生濃稠的黏液阻塞在肺和胰臟中，導致患者生活品質(QoL)和預期壽命(LE)顯著降低。在經過對基因機轉理解的進步和多方面研發的努力，目前已有許多藥物，可改善患者生活品質和預期壽命。此外，治療CF的基因療法目前尚處於臨床前研究階段。

43. Which description about the excretory system is **FALSE**?

(A) The nasal glands of marine birds concentrate salt.

(B) The Malpighian tubes of insects remove nitrogenous wastes.

(C) Glucose and amino acids are reabsorbed in descending limb of the loop of Henle.

(D) The juxtaglomerular apparatus (JGA) releases renin when blood pressure drops.

(E) None of the above

詳解: C

亨利氏環（loop of Henle）的功能是將尿液中大部分的水分和可用的鹽類回收。不同管段因結構不同而有通透性差異，下降枝：對水的通透性好，但不通透溶質，內襯為扁平上皮細胞；上升枝：對溶質的通透性好，但不通透水，內襯為立方上皮細胞。下降枝約吸收25%的水分，上升枝會主動吸收溶質，造成濃度梯度，使下降枝可以藉擴散作用吸收水分。

腎小管的再吸收作用，主要是藉由近曲小管主動運輸葡萄糖、胺基酸、鈉、鉀、重碳酸鹽離子等回到血液中，同時水分、氯離子和部分尿素也因濃度差再吸收入血液。在遠曲小管與集尿管中，鉀離子的分泌可交換腎小管腔內的鈉離子，而腎上腺皮質分泌的礦物質皮質素（mineral corticosteroid, or Aldosterone）作用於遠曲小管細胞，可以促進鈉離子再吸收，鉀離子及氫離子的排出。腎小管藉主動運輸，將鉀離子、尿酸、藥物、無機鹽等物質排出至濾液中。

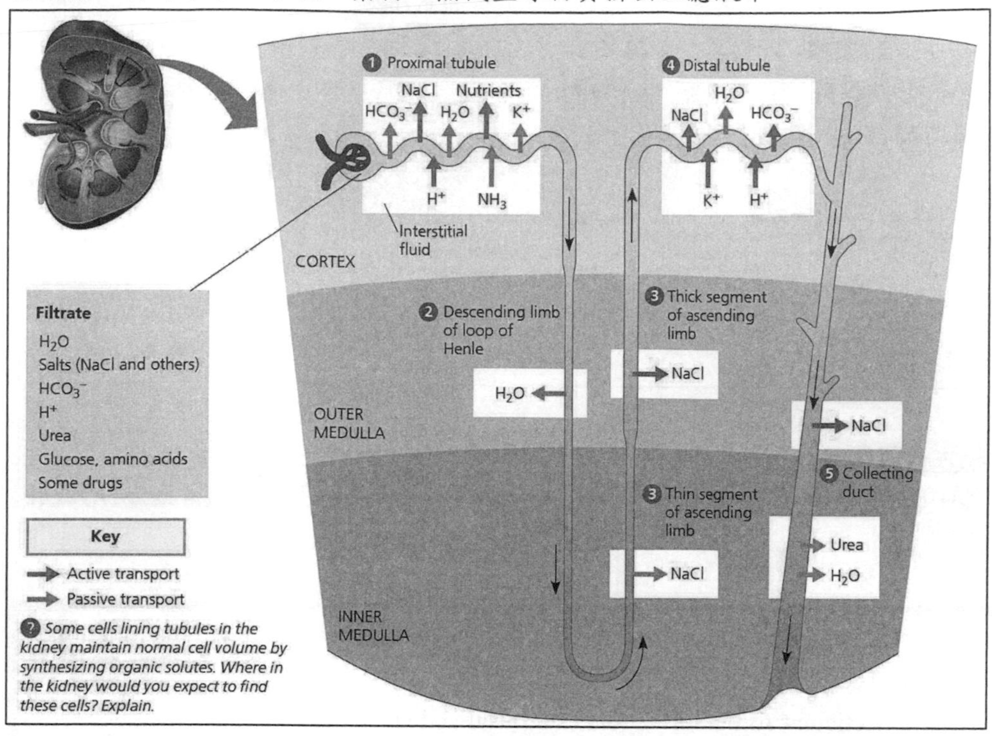

44. Which description about the circulatory and respiratory systems is **FALSE**?
(A) The spike (QRS complex) of electrocardiogram (ECG) represents the signal passing from atrioventricular (AV) node to heart apex.
(B) Individuals with a high ratio of LDL/HDL have risk for atherosclerosis.
(C) The diaphragm contracts during inhalation in human.
(D) Medulla can detect the decreased blood pH.
(E) None of the above

詳解：A→更改答案為 A、D

QRS 波群反映左、右兩心室的去極化過程。典型的 QRS 波群包括三個緊密相連的電位波動，第一個向下的波稱為 Q 波，第一個向上的波稱為 R 波，緊接 R 波之後向下的波形為 S 波。在不同導聯的記錄中，這三個波不一定都出現。正常的 QRS 波群歷時 0.06～0.10 秒，代表興奮在心室內傳播所需的時間。QRS 波是心室肌快速同步興奮的結果。正常的傳導途徑是經過左右束支、浦金斯纖維再到心室肌，這是最快速和有效的動作電位傳遞路徑。因此，任何其他的路徑時程均要延長而導致異常的 QRS 時程。

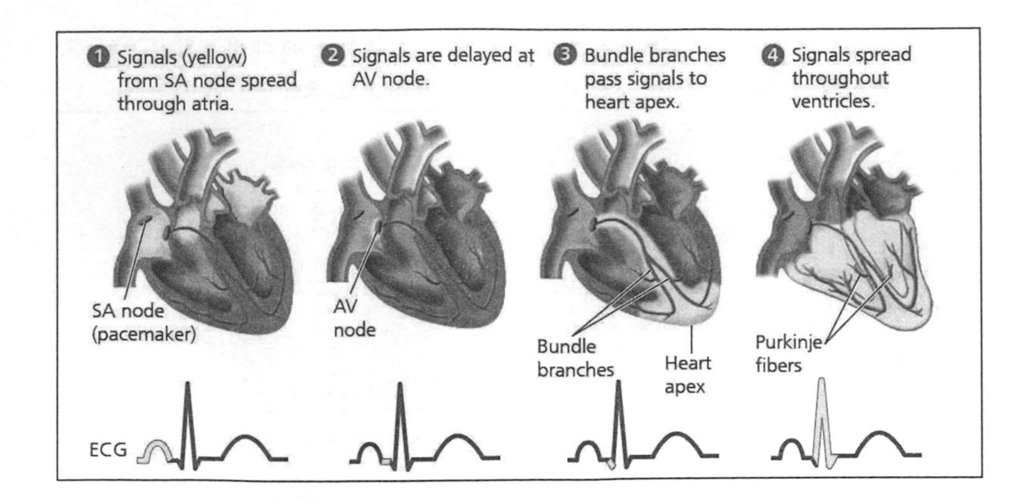
1 Signals (yellow) from SA node spread through atria.
2 Signals are delayed at AV node.
3 Bundle branches pass signals to heart apex.
4 Signals spread throughout ventricles.
SA node (pacemaker)
AV node
Bundle branches
Heart apex
Purkinje fibers
ECG

校方釋疑：

其中(D)選項誤植為“blood”，應為“cerebrospinal fluid”。答案為(A)或(D)均可。

45. Which description about the nervous system is **NOT** matched with its function?
(A) Acetylcholine stimulates heart muscle.
(B) Reticular formation regulates arousal and sleep.
(C) Parasympathetic nerves stimulate stomach activity.
(D) Amygdala controls emotional memory.
(E) None of the above

詳解： A

自律神經系統中的副交感神經，藉由迷走神經系統釋放乙醯膽鹼(acetylcholine)，使心率變慢；而交感神經釋放腎上腺素及正腎上腺素而使心率變快。

46. Which assumption is **NOT** the basis for Hardy-Weinberg equilibrium?
(A) random mating
(B) natural selection
(C) large population with genetic drift
(D) no gene migration of alleles into or out of the population
(E) no mutation

詳解： B→更改答案為B、C

哈溫定律是這樣說的：「若一個族群的基因座（locus）滿足下列五個假設，也就是（1）沒有淨突變、（2）不受天擇、（3）族群數量夠大，即隨機變化可以忽略不計，就是避免遺傳漂變（genetic drift）的影響、（4）族群內兩性隨機交配、（5）沒有任意遷入或遷出的個體，則此基因座上等位基因頻率不變。而基因型（genotype）頻率遵循以下關係：同型合子（homozygote）的頻率為其等位基因頻率的平方，異型合子（heterozygote）的頻率為二個等位基因頻率相乘再乘以二，此即『哈溫平衡』（Hardy-Weinberg Equlibrium，簡稱 HWE）。」

選項(B)必定是答案之一，但選項(C)中「with genetic drift」的敘述很容易造成誤會，可以爭取釋疑。

Table 23.1 Conditions for Hardy-Weinberg Equilibrium

Condition	Consequence if Condition Does Not Hold
1. No mutations	The gene pool is modified if mutations occur or if entire genes are deleted or duplicated.
2. Random mating	If individuals mate within a subset of the population, such as near neighbors or close relatives (inbreeding), random mixing of gametes does not occur and genotype frequencies change.
3. No natural selection	Allele frequencies change when individuals with different genotypes show consistent differences in their survival or reproductive success.
4. Extremely large population size	In small populations, allele frequencies fluctuate by chance over time (genetic drift).
5. No gene flow	By moving alleles into or out of populations, gene flow can alter allele frequencies.

校方釋疑：

其中(B)選項誤植為“with genetic drift”，應為“without genetic drift”。答案為(B)或(C)均可。

47. What is the primary original source of genetic variation in a population?
    (A) mutation
    (B) genetic drift
    (C) inbreeding
    (D) cloning
    (E) None of above

詳解： A

遺傳變異是演化的先決條件，主要的產生方式包括：基因突變、基因重組和染色體變異等。基因突變是指生物細胞中組成基因的DNA核苷酸序列發生取代、刪除或插入等改變，進而影響基因產物—蛋白質的胺基酸序列。

Sources of Genetic Variation

Genetic variation originates when mutation, gene duplication, or other processes produce new alleles and new genes. Genetic variants can be produced rapidly in organisms with short generation times. Sexual reproduction can also result in genetic variation as existing genes are arranged in new ways.

Formation of New Alleles

New alleles can arise by *mutation*, a change in the nucleotide sequence of an organism's DNA. Mutations can be caused

校方釋疑：

選項中能增加genetic variation的只有mutation。Genetic drift會減少genetic variation。不調整答案(A)

48. Which protist is **NOT** matched with its disease?
   (A) *Plasmodium* – malaria
   (B) *Trichomonas* - sexual transmitted disease
   (C) *Leishmania* - skin disease
   (D) *Trypanosoma* - intestinal infection
   (E) None of the above

詳解: D

(A) 瘧原蟲（*Plasmodium*）是造成瘧疾（malaria）的原因。

(B) 滴蟲（*Trichomonas*）會造成滴蟲病，是一種常見的性傳染病。

(C) 利什曼原蟲（*Leishmania*）會造成利什曼病。利什曼病有三種主要形式：內臟利什曼病（又名黑熱病，是最嚴重的利什曼病）、皮膚利什曼病（最常見）和皮膚黏膜利什曼病。

(D) 錐蟲（Trypanosoma）是一種帶鞭毛的原生動物（鞭毛蟲），它可寄生在多種溫血動物和冷血動物中。布氏羅得西亞錐蟲（*Trypanosoma brucei rhodesiense*）和布氏甘比亞錐蟲（*Trypanosoma brucei gambiense*）是非洲昏睡症的病原體。

49. Which description about fungi is **FALSE**?
   (A) Athlete's foot and ringworm are caused by fungi.
   (B) *Candida albicans* is a fungi to infect vagina.
   (C) Forming buds instead of spores are more effectively in sticking to lung cells.
   (D) Coccidioidomycosis is treated with antibiotics.
   (E) None of the above

詳解：D

球黴菌症（Coccidioidomycosis）的病因為粗球黴菌（Coccidioides immitis），是一種雙型性黴菌。有效藥物包括 Amphotericin B，Ketoconazole，Fluconazole，Itraconazole。

50. Which description about the reproductive system is **FALSE**?
(A) Spermatheca is used to store sperms in female fruit fly.
(B) Epididymis is used to store sperms in men.
(C) Oogenesis begins at embryonic development of women.
(D) Hypothalamus is stimulated by combinations of high levels estradiol and progesterone.
(E) None of the above

詳解：D

下視丘分泌 GnRH 刺激腦垂線前葉分泌 FSH 和 LH，FSH 和 LH 刺激卵巢分泌動情素和黃體素而動情素和黃體素卻會回過頭來抑制腦垂線前葉和下視丘。

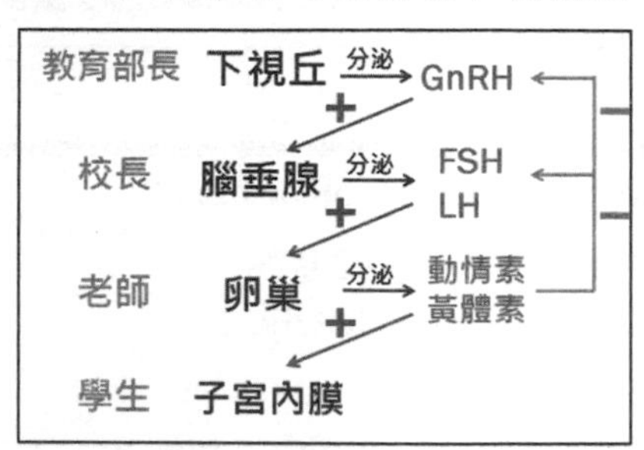

當動情素濃度高到某一個程度（閾值）並且維持至少兩天以上，對於腦垂腺前葉和下視丘反而是一種刺激作用。

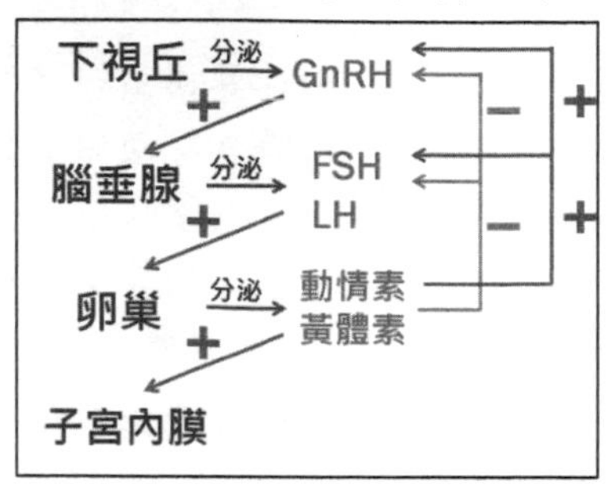

51. Which of the following animals has the largest basic metabolic rate (BMR) per body mass?
(A) 500 kg horse
(B) 60 kg human
(C) 60 kg alligator

(D) 0.5 kg lizard

(E) 0.5 kg rat

詳解: E

內溫且體型較小（表面積體積比較大）的動物具有較高的 mass specific BMR。

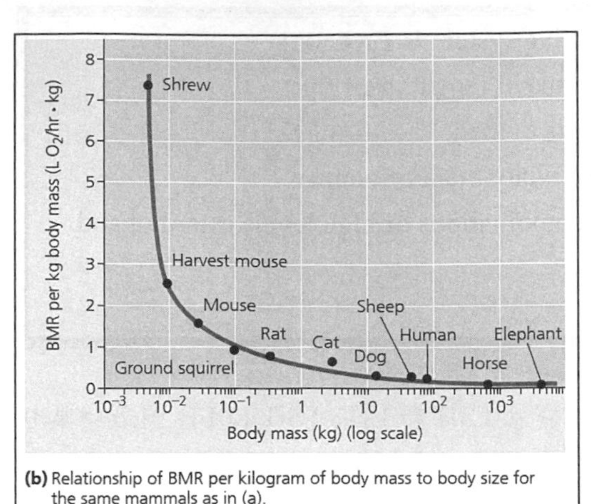

(b) Relationship of BMR per kilogram of body mass to body size for the same mammals as in (a).

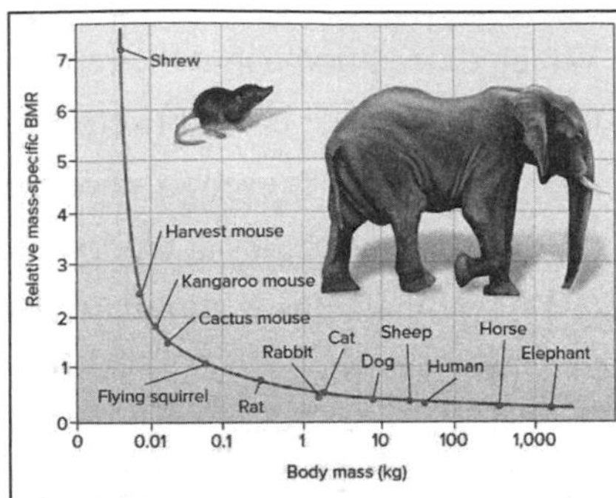

Figure 47.6 Metabolic rates of animals that differ in size. Metabolism can be scaled to body mass by measuring oxygen consumption and normalizing it to the animal's body mass (mass-specific BMR). Note that when expressed in this way, the mass-specific BMR of a shrew is greater than that of an elephant, even though the total oxygen consumption and heat output of the elephant are much greater. The values on the vertical axis are relative units of metabolism.

52. Which is the **WRONG** description about sexual reproduction of fungi?

(A) Fungi release pheromones to find the correction mating type.

(B) After plasmogamy, nuclei of two mycelia fuse immediately.

(C) A zygote is formatted after karyogamy.

(D) A heterokaryon contains two coexisting, genetically different nuclei.

(E) A heterokaryon can be extended hours, days, or even years.

詳解: B

胞質融合（Plasmogamy）是真菌有性生殖的一個過程，兩株真菌菌絲體菌絲的細胞質發生融合，但細胞核尚未融合，使融合後的細胞中同時具有兩個單套的細胞核。胞質融合的下一步驟為核融合（karyogamy），即兩細胞核融合為一個兩倍體的細胞核，並進行減數分裂產生孢子。在子囊菌門與擔子菌門等高等真菌中，胞質融合與核融合中間間隔的時間很長，期間真菌細胞維持異質雙核的狀態，稱為雙核體（dikaryon），在低等真菌中，胞質融合後核融合則通常會立刻發生。

校方釋疑：

Campbell Biology 12th / Page 712. Mycelia signaling molecules 為 Pheromones。不調整答案(B)。

53. In a large population of a plant species, which of the following situations is the least likely to change allele frequencies within the population?
(A) A forest fire destroys most of individuals in the population
(B) Radioactive fallout from an accident at a nuclear power plant
(C) Microhabitats within the range of the population where certain phenotypes have a better chance of surviving
(D) The preference of a pollinator for a certain flower color
(E) Wind pollination of the flowers

詳解: E

藉由風媒授粉接近隨機事件，較不容易造成族群中等為基因頻率的改變。其餘選項都有天擇作用的痕跡，容易導致族群中等為基因頻率的改變。

54. Which of the following is **NOT** related to the parasympathetic nervous system?
(A) Lacrimal glands that produce tears
(B) Fight or flight responses
(C) Nerves in the stomach and trunk
(D) Nerves that go to the bladder
(E) Nerves and blood vessels responsible for the male erection

詳解: B

人類身體為了處理緊急威脅，身體會自動採取一些生理變化來自保。例如交感神經瞬間啟動，各種加強身體反應能力的化學物質（腎上腺素，昇糖素...）快速分泌進入血流中，主要就強化知覺、加快心跳和呼吸、快速作出判定「戰或逃」（fight or flight），因為求生，是緊急當下的重點。

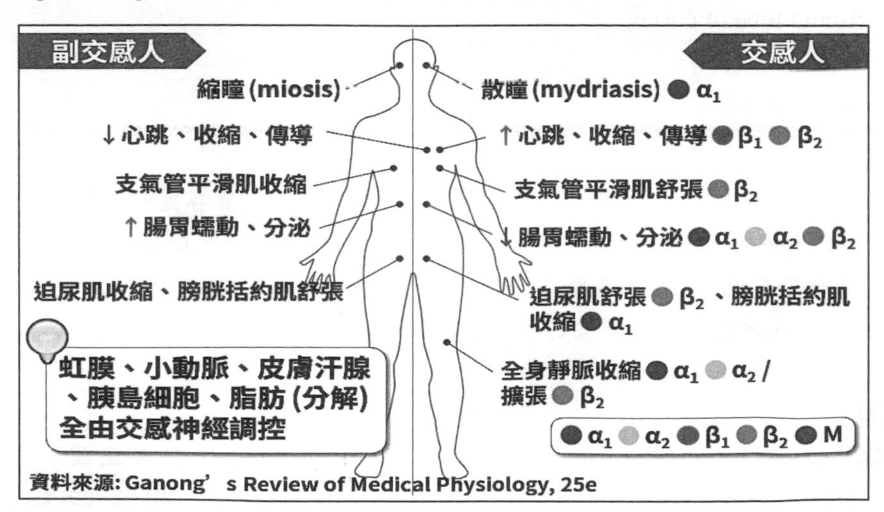

校方釋疑：

根據Anatomy, Head and Neck, Eye Lacrimal Gland (Ryan Machiele; Michael J. Lopez; Craig N. Czyz.)，the secretion of aqueous by the lacrimal gland is a response to parasympathetic and sympathetic stimulation.不調整答案(B)。

55. Which of the followings is **NOT** a steroid hormone?

(A) progesterone

(B) testosterone

(C) mineralocorticoid

(D) estradiol

(E) follicle-stimulating hormone

詳解: E

內分泌腺體含有許多分泌細胞，沒有管腺經由微血管分泌至血液循環中調節生理機能，會依照不同賀爾蒙分類成多胜肽、醣蛋白、類固醇及胺類，大部分都是多胜肽類，醣蛋白類包含促濾泡激素（follicle-stimulating hormone, FSH）、促黃體激素（LH）、人體絨毛膜性腺激素（HCG）等，類固醇包含性腺及腎上腺皮質類等，胺類的有甲狀腺及腎上腺髓質類。

56. A patient **CANNOT** form new long-term memories after a serious brain damage of ______.

(A) somatosensory cortex

(B) motor cortex

(C) frontal lobe of cortex

(D) thalamus

(E) hippocampus

詳解: E

人每天接收到許多訊息、產生許多新的經驗，進入大腦皮質各區初步整理後，再集中到海馬迴（hippocampus），形成短期記憶，再經整理、取捨，送回大腦皮質，變成長期記憶。至於海馬迴怎麼取捨記憶，為什麼有些訊息會長期「存檔」在記憶中，讓人念念不忘，有些卻被刪除，很快就忘了，目前還不清楚。

校方釋疑：

根據Campbell Biology 12th edition/ p.1158, hippocampus是主要consolidating short- into long-term memory的地方。Prefrontal cortex為儲存working memory與 short-term memory的地方。不調整答案(E)。

57. Which is **NOT** a function of the pigment epithelium in retina?
(A) absorption of scattered light
(B) phagocytizing shed outer discs
(C) isomerize the all-trans retinal to the 11-cis form
(D) delivery of nutrients to the photoreceptors
(E) creating the dark current of the photoreceptors

詳解： E

視網膜色素上皮細胞（pigment epithelium in retina, RPE）有多種功能，例如，吸收光線，上皮性轉運，空間離子緩衝，視覺環路，光感受器外段（photoreceptor outer segment，POS）膜的細胞吞噬作用，分泌及免疫調節。

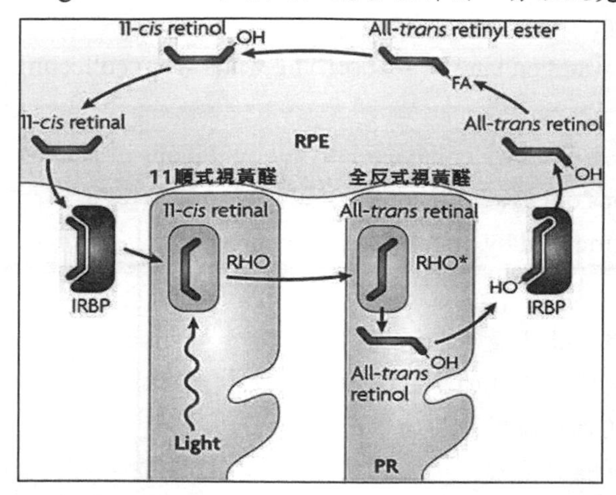

光受器的暗電流（dark current）是因為感光細胞膜上有配體閘式鈉離子通道所造成的。

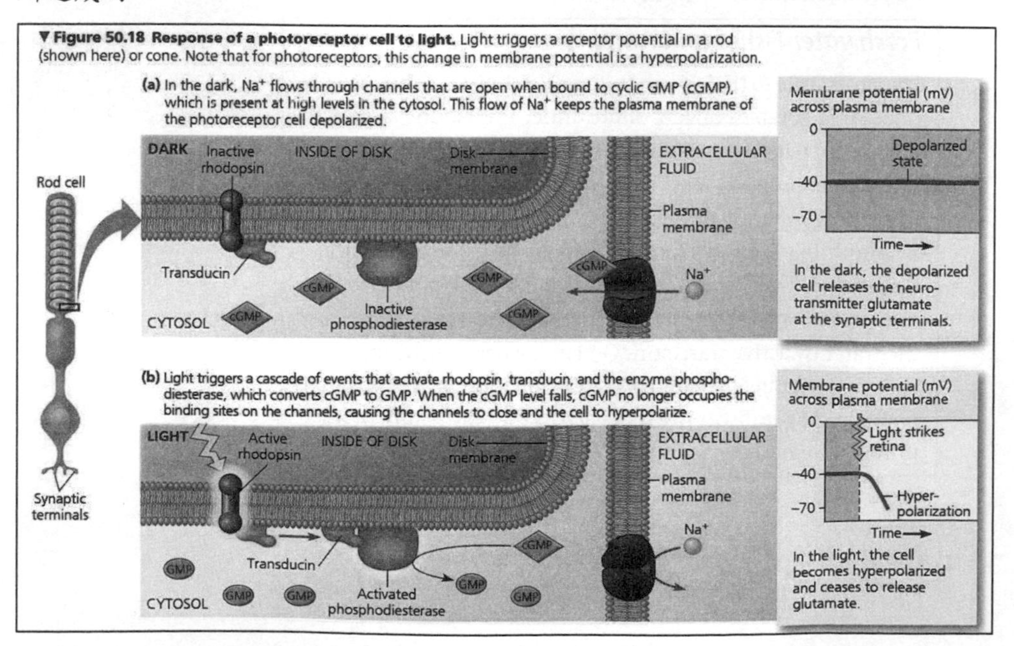

校方釋疑：

根據教科書" INTRODUCTION TO NUTRITION AND METABOLISM 3rd/p336 1 (1.2.3.1 Vitamin A in vision)與文獻 (Nutrients 5(7):2646-66)指出→In the pigment epithelium of the retina, all-trans-retinol is isomerized to 11-cisretinol and oxidized to 11-cis-retinaldehyde.不調整答案(E)。

58. The form and function of nephrons in vertebrate kidney have a different adaptation to meet their requirements for osmoregulation. Which one is **CORRECT**?
(A) Freshwater fishes conserve salt in their proximal tubules and excrete large volumes of dilute urine.
(B) Amphibians conserve water on land by reabsorbing water from collecting duct.
(C) Mammals that inhabit in fresh water have relatively long loops of Henle.
(D) Birds have shorter loops of Hendle.
(E) Most reptiles excrete uric acid by juxtamedullary nephron.

詳解: D → 送分

(A) 淡水魚利用遠曲小管以及排出大量稀尿來保留體內鹽分。
(B) 兩生類在陸地時可藉由再吸收膀胱的水分來保水。
(C) 住在缺水環境的哺乳動物具有相對較長的亨氏環。
(D) 鳥類亨氏環叫哺乳類短，但較魚類、兩生類甚至其他爬蟲類長。
(E) 大多數爬蟲類並沒有近髓質腎元（juxtamedullary nephron），是以皮質腎元（cortical nephron）排出尿酸。

Freshwater Fishes and Amphibians

Hyperosmotic to their surroundings, freshwater fishes produce large volumes of very dilute urine. Their kidneys, which are packed with cortical nephrons, produce filtrate at a high rate. Salt conservation relies on the reabsorption of ions from the filtrate in the distal tubules.

Amphibian kidneys function much like those of freshwater fishes. When frogs are in fresh water, their kidneys excrete dilute urine while their skin accumulates certain salts from the water by active transport. On land, where dehydration is the most pressing problem of osmoregulation, frogs conserve body fluid by reabsorbing water across the epithelium of the urinary bladder.

Birds and Other Reptiles

Most birds, including the albatross (see Figure 44.1) and the ostrich **(Figure 44.16)**, live in environments that are dehydrating. Like mammals but no other species, birds have kidneys with juxtamedullary nephrons. However, the nephrons of birds have loops of Henle that extend less far into the medulla than those of mammals. Thus, bird kidneys cannot concentrate urine to the high osmolarities achieved by mammalian kidneys. Although birds can produce hyperosmotic urine, their main water conservation adaptation is having uric acid as the nitrogenous waste molecule.

The kidneys of other reptiles have only cortical nephrons, and they produce urine that is isoosmotic or hypoosmotic to body fluids. However, the epithelium of the cloaca from which urine and feces leave the body conserves fluid by reabsorbing water from these wastes. Like birds, most other reptiles excrete their nitrogenous wastes as uric acid.

校方釋疑：

(D)選項中的“Hendle”係為“Henle”之誤植。可能造成誤解。無正確答案送分。

59. Which organ or tissue is differentiated from mesoderm?

(A) epidermis of skin

(B) nervous system

(C) adrenal medulla

(D) dermis of skin

(E) thymus

詳解: D

(A) 皮膚表皮源自外胚層。

(B) 神經系統源自外胚層。

(C) 腎上腺髓質源自外胚層。

(D) 皮膚真皮源自中胚層。

(E) 胸腺源自內胚層。

ECTODERM (outer layer)	MESODERM (middle layer)	ENDODERM (inner layer)
• Epidermis of skin and its derivatives (including sweat glands, hair follicles) • Nervous and sensory systems • Pituitary gland, adrenal medulla • Jaws and teeth	• Skeletal and muscular systems • Circulatory and lymphatic systems • Excretory and reproductive systems (except germ cells) • Dermis of skin • Adrenal cortex	• Epithelial lining of digestive tract and associated organs • Epithelial lining of respiratory, excretory, and reproductive tracts and ducts • Thymus, thyroid, and parathyroid glands

60. ______ are **NOT** derived from myeloid stem cell.

(A) Basophils

(B) Erythrocytes

(C) Lymphocytes

(D) Monocytes

(E) Platelets

詳解： C

骨髓製造取得的造血幹細胞（hematopoietic stem cells，HSCs）具有多能分化性，可分化出骨髓幹細胞（myeloid stem cell，myeloid progenitor）和淋巴幹細胞（lymphoid stem cell，lymphoid progenitor），共可分化出至少十一種的血液細胞。

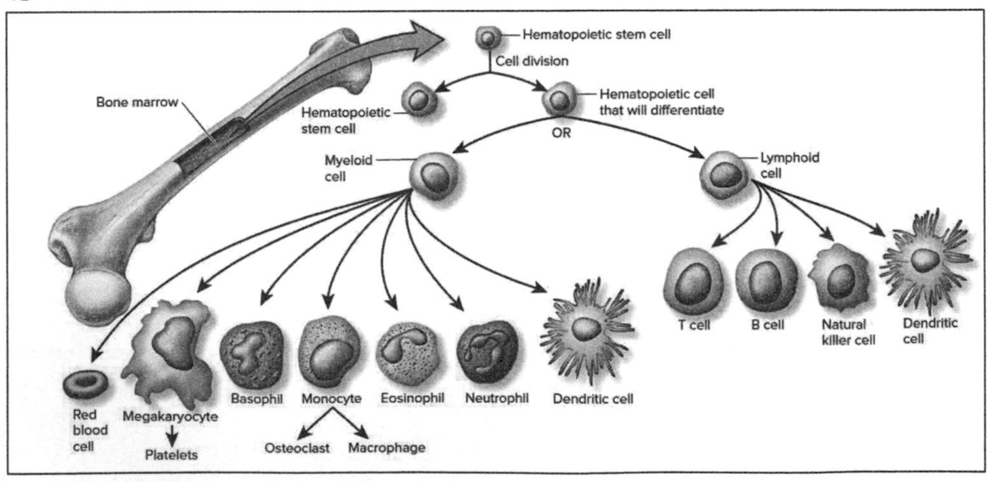

校方釋疑：

Platelets 還是源自於 myeloid stem cell，根據作答只能選一項，引此只有(C)選項適合。不調整答案(C)。

高雄醫學大學 109 學年度學士後西醫招生考試試題暨詳解

科目：普通生物學 **黃彪 老師解析**

I.【單選題】每題 1 分，共計 30 分。答錯 1 題倒扣 0.25 分，倒扣至本大題零分為止，未作答，不給分亦不扣分。1~15 題為普通生物學。

1. In evolution, which academic term is defined as changes in allele frequency that can be observed within a population?
   (A) Microevolution
   (B) Speciation
   (C) Genetic evolution
   (D) Phenotypic evolution
   (E) Hybridization

詳解： A

微演化（Microevolution）是指一個族群經過少許幾個世代之後，產生的小尺度等位基因頻率改變，其變異程度為物種或物種以下，可能會經過下列過程：突變、天擇、基因交流、基因漂變及非隨機交配等。

2. What kind of neurotransmitter is used in the vertebrate neuromuscular junction?
   (A) Glutamate
   (B) Dopamine
   (C) Acetylcholine
   (D) Serotonin
   (E) GABA

詳解： C

神經衝動（訊息）沿運動神經傳送至神經肌肉鍵結（neuromuscular junction）/運動終板（motor end-plate）時，軸突的末梢就會釋放一種名叫乙醯膽鹼（acetylcholine，Ach）的化學物質，當 Ach 通過突觸間隙，就會刺激肌肉纖維產生電流，並在肌肉上傳遞而造成肌肉收縮活動。

3. Which one of the following hypothesis explains why multiple codon can code for a single amino acid?
   (A) Crick
   (B) Franklin
   (C) Mendelian
   (D) Watson

(E) Wobble

詳解: E

部分 tRNA 分子會讀取一個以上的密碼子，因為每個 tRNA 只攜帶一個胺基酸，所以至少需要 20 個不同的 tRNA，tRNA 分子會讀取一個以上的密碼子，而這些必需都編碼相同的胺基酸。

由於 codon 與 anti-codon 不會形成標準的雙螺旋，與鹼基配對的規則略有不同。tRNA 反密碼子的最後兩個鹼基是根據一般的規則與 mRNA 字碼子的前兩個鹼基配對。但是，第一個 tRNA 反密碼子的鹼基（與 mRNA 字碼子的第三個鹼基配對）不會像螺旋結構內被其他之間鹼基的擠壓，所以可以略為四處擺動。這個密碼子與反密碼子的鹼基配對規則稱為擺動法則（Wobble rules）。

校方釋疑：

Wobble 是該效應 effect 專有名詞。維持原答案

4. What is the major difference between Gram-positive and Gram-negative bacteria?
(A) Genome size
(B) Lipid composition of membrane
(C) Cell wall structure
(D) Protein composition
(E) Cell shape

詳解: C

革蘭氏染色法是 1884 年由丹麥病理學家 C.Gram 所創立的。革蘭氏染色法可將所有的細菌區分為革蘭氏陽性菌（G+）和革蘭氏陰性菌（G-）兩大類，是細菌學上最常用的鑒別染色法。該染色法所以能將細菌分為 G+菌和 G-菌，是由這兩類菌的細胞壁結構和成分的不同所決定的。G-菌的細胞壁中含有較多易被乙醇溶解的類脂質，而且肽聚糖層較薄、交聯度低，故用乙醇或丙酮脫色時溶解了類脂質，增加了細胞壁的通透性，使初染的結晶紫和碘的複合物易於滲出，結果細菌就被脫色，再經蕃紅複染後就成紅色。G+菌細胞壁中肽聚糖層厚且交聯度高，類脂質含量少，經脫色劑處理後反而使肽聚糖層的孔徑縮小，通透性降低，因此細菌仍保留初染時的顏色。

校方釋疑：

答案選項中，已有相當明確的細胞壁選項。維持原答案

5. Which one of the following structure is not observed in eukaryotic cells?
   (A) Ribosome
   (B) Plasma membrane
   (C) Nuclear envelope
   (D) Chromosome
   (E) Plasmid

詳解: E

細菌與藍綠菌（藍綠藻）為原核細胞，主要特徵是不含細胞核等胞器。細胞核的功能由一條 DNA 構成的染色體執行，原核生物的 DNA 仍和多種 DNA 接合蛋白（DNA binding protein）結合形成染色體，但結構較真核細胞的染色體鬆散。染色體以游離狀態集中於細胞內的特定區域，稱為核區（nuclear region）或擬核區（nucleoid region）。原核細胞的細胞質常有染色體外的小環狀 DNA 分子，稱為質體（plasmid），通常帶有對抗生素或重金屬產生抗性的基因，可自我複製及在不同的細菌細胞間傳遞。

表 7.1 微生物的基因體之特性

	細菌	古細菌	真核生物
染色體數	一條或兩條	一條	一條以上
質體存在嗎？	在某些細胞；每一細胞常有一個	在某些細胞中	只有在某些真菌
核酸的種類	環狀或線狀 dsDNA	環狀 dsDNA	於細胞核中線狀 dsDNA；於粒線體、葉綠體、與質體中的環狀 dsDNA
DNA 的位置	在擬核區及細胞質中的質體	在細胞質的擬核區或質體	在細胞核、粒線體、葉綠體與細胞質的質體
組蛋白存在嗎？	無，雖然染色體與小量的非組蛋白有關	是	是

6. ______ are gene copies resulted from gene duplication events in the same species.
   (A) Twin
   (B) Analogs
   (C) Orthologs
   (D) Paralogs
   (E) Dialogs

詳解: D

簡單來說，homolog 是一般我們說的同源基因，也就是基因間有「血源關係」的意思。而 ortholog 呢？它是指『不同物種』間的基因，有源於共同祖源基因的關係，通常基因功能一樣，但又因為演化的緣故，使得在比較兩個 ortholog genes 間的功能時，會發現其中一個有 lost of function 或是 gain of function 的現象。最後一個單字，paralog 則是指基因間是由於 gene duplication 而來的，是『一個物種』內 genome 的複製產物，最後也有可能會演化出不太一樣的功能，但有時候其中一份會是 pseudogene。

7. Which one of the following human cell in the reproductive system is not diploid?
(A) Oogonium
(B) Primary oocyte
(C) Spermatogonium
(D) Polar body
(E) Zygote

詳解: D

(A) 卵原細胞（oogonium）：卵巢具有卵原細胞（2n/2c），卵原細胞進行染色體複製而形成初級卵母細胞（2n/4c）。

(B) 初級卵母細胞（primary oocyte）：卵原細胞進行染色體複製而形成初級卵母細胞（2n/4c），初級卵母細胞進行第一減數分裂而形成一個次級卵母細胞（1n/2c）和一個極體（1n/2c）。

(C) 精原細胞（spermatogonium，spermatogonia）：睪丸的細精管管壁具有精原細胞（2n/2c），精原細胞進行染色體複製而形成初級精母細胞（2n/4c）。

(D) 極體（polar body）：因細胞質不均等分裂，使卵細胞內含有大量細胞質，極體僅含極微量的細胞質，極體無受精能力。第一極體為 1n/2c，第二極體為 1n/1c。

(E) 合子（zygote）：也就是受精卵，精卵結合後的細胞（2n/2c）。

8. Which one of the following mechanism is not required for the control of eukaryotic gene expression?
(A) Histone modification
(B) RNA splicing
(C) Operon regulation
(D) Protein processing
(E) DNA methylation

詳解: C

由於原核生物（prokaryotic cell）大都為單細胞生物，缺乏核膜，因此極易受外界環境的影響，需要不斷地調控基因的表達，以適應外界環境的營養條件和克服不利因素，提高生物的應變與適應能力以完成生長發育與繁殖的過程。這種調控大多以操縱子為單位進行。

操縱子調控模型是 1961 年由 Jacob（賈柯）和 Monod（莫諾）提案並確立，即編碼某特定區域的基因與只在 DNA 分子上發揮作用的區域是各不相同的。基因的表達調控主要發生在轉錄水準上。原核生物一個轉錄區段可視為一個轉錄單位，稱為操縱子（operon），包括若干個結構基因及其上游（upstream）的調控序列。

9. Which one of the following nutrient cycle is important for photosynthetic organisms?
(A) Water cycle
(B) Nitrogen cycle
(C) Carbon cycle
(D) Phosphorus cycle
(E) Sulfur cycle

詳解: C

生物地質化學循環（biogeochemical cycle）為各個元素在大氣層（氣圈）、海洋（水圈）、地殼（岩石圈）以及生物體（生物圈）這四個「庫」（pool）之間的循環。依照貯存後參與循環的程度可將「庫」區分成「貯藏庫」（reservoir）和「交換庫」（exchangeable pool）。保留在貯藏庫的物質，通常以不能被生物直接利用的型式存在，而須藉由某些化學作用才能進入交換庫被生物利用，例如碳以碳酸鈣形式貯存在海底泥層或岩層中，岩石圈是碳的貯藏庫。碳酸鈣被溶解後轉成二氧化碳才能被生物利用，所以水圈和大氣圈才是碳的交換庫。

地球上的碳（carbon）會以不同型式存在於生物和環境中，這不同的型式便是不同的化合物。大氣中的二氧化碳從無機物的形式經過植物或藻類的光合作用，合成有機化合物（簡稱「有機物」），有機物大多為碳水化合物，是生命產生的物質基礎，因此植物或藻類稱為生產者。牛、羊等草食性動物從植物獲取養分（例如澱粉、蔗糖、果糖...等等），稱為消費者。而獅子、老虎等肉食動物若以捕食草食動物攝取養分，則稱為次級消費者。

碳經過植物固定後進入食物鏈，不論是生產者或消費者都會經由呼吸作用產生二氧化碳，於是碳又回歸大氣中。另外，生物死亡後遺體經由微生物分解也會放出二氧化碳，部分沉積至土壤中成為炭或石油。碳從大氣到生物體再回歸大氣的這些路線，便稱之為碳循環（carbon cycle）。

校方釋疑：

題意針對光合作用，因此最佳答案為碳循環。維持原答案

10. Which one of the following DNA technology could be used to edit genes in living cells?
(A) Next generation sequencing
(B) CRISPR-Cas9 system
(C) DNA microarray
(D) *In situ* hybridization
(E) Reverse transcriptase PCR

詳解: B

叢集有規律間隔的短迴文重複序列（clustered regularly interspaced short palindromic repeats, CRISPR）成為科學界的熱門話題之一，其原為存於細菌的後天免疫系統（adaptive immunity），現已發展為一種成功的基因編輯技術。

11. The site of the thickest musculature in the heart is ______.
(A) left atrium
(B) aorta
(C) left ventricle
(D) right ventricle
(E) right atrium

詳解: C

心臟各部位的厚度不同，正常人心臟左心室壁最厚，右心室壁次之，心房壁最薄。

12. Which one of the following is caused by excessive nutrient runoff into lakes?
(A) Biomanipulation
(B) Biological magnification
(C) Global warming
(D) Top-down control
(E) Eutrophication

詳解: E

自古以來，河川取水容易，供應人們生活上的便利，因此，人類文明的起源多在大河畔。磷和氮是肥料、清潔劑的主要成分，人們在河岸旁耕種、施肥、清洗物品，釋放的廢棄物往往直接排入河川，造成嚴重的污染。水中高濃度的氮和磷通常會造成優養化，使藻類大量增生覆蓋水面，有時將陽光全部遮蔽，使得底下的植物、魚、蝦死亡；而且動、植物屍體分解時會消耗水中的氧，形成不斷缺氧的惡性循環。

13. The cells in the human body are in contact with an internal environment consisting of ______.
(A) blood
(B) connective tissue
(C) matrix
(D) interstitial fluid
(E) mucous membranes

詳解: D

組織液（tissue fluid，又被稱作間質液、細胞間隙液、interstitial fluid）是多細胞生物體內細胞生活的內在環境（internal environmant），組織液存在於間隙組織（Interstitium）間。它是細胞外液的主要成分，是血液與組織細胞間進行物質交換的媒介。

14. Which one of the following is not a part of the vertebrate innate defense system?
(A) Natural killer cell
(B) Interferon
(C) Antibody
(D) Complement system
(E) Inflammation

詳解：C

先天免疫的白血球及自然殺手細胞將病原體吞噬，並將侵入物訊息（抗原，antigen）直接或間接透過抗原呈現細胞，如樹突細胞（Dendritic cells），提供給後天免疫系統，以活化具專一性的 T 和 B 淋巴細胞。它們會根據有吞噬能力的白血球所提供的情報，了解病原體的特質，再針對病原體本身發展出更厲害的攻擊武器。

B 淋巴細胞會分泌專門對付這個病原體的抗體，進行中和、調理病原體等作用，使病原體更容易被免疫系統滅除。T 細胞分為兩型，輔助型 T 細胞會協助 B 淋巴細胞產生辨認微生物表面各種抗原的抗體，殺手型 T 細胞則藉著辨認病毒的抗原來殺死已被病毒感染的細胞。後天免疫具有專一性和記憶性，當下次相同病原體侵入身體時，就會直接由後天免疫執行防衛，迅速展開專一性攻擊。

15. Which one of the following signal molecule is specific to animals?
(A) Pheromone
(B) Cytokinin
(C) Ethylene
(D) Strigolactone
(E) Nitric oxide

詳解：A

動物為了覓食、禦敵、生殖等不同的目的，需要分泌各種費洛蒙傳遞不同的需求。如社會性昆蟲分泌警戒費洛蒙（Alarm pheromone）告訴大家，以便防禦或逃避；分泌招募費洛蒙（Recruiting pheromone）增加搜索的效率；分泌聚集費洛蒙（Aggregating pheromone）使它們成群的生活在一起。現在我們知道一般生物個體，從黴菌到哺乳類動物，都能分泌性費洛蒙（Sex pheromone）來吸引異性。

校方釋疑：

比較各答案選項，pheromone 是動物界裡面最特有的。維持原答案

Ⅱ.【單選題】每題 2 分，共計 120 分。答錯 1 題倒扣 0.5 分，倒扣至本大題零分為止，未作答，不給分亦不扣分。31~60 題為普通生物學。

31. Which one of the following is one kind of interspecific interaction along a food chain?
(A) Competition
(B) Predation
(C) Parasitism
(D) Mutualism
(E) Positive interaction

詳解: B

食物鏈（food chain）是表示物種之間的食物組成關係，在生態學中能代表物質和能量在物種之間轉移流動的情況。食物鏈這個詞是英國動物學家查爾斯·艾爾頓於 1927 年首次提出的。食物鏈包括幾種類型：捕食性、寄生性、腐生性、碎食性等，不同營養層的物種組成一個鏈條。例如：浮游生物→軟體動物→魚類→烏賊→海豹→虎鯨→人類。

32. Which sequence of structures through which water passes into a root is correct?
(A) Guard cell, endodermis, cortex, xylem
(B) Epidermis, cortex, endodermis, xylem
(C) Root hair, cortex, xylem, endodermis
(D) Root hair, xylem, endodermis, phloem
(E) Root hair, endodermis, cortex, xylem

詳解: B

成熟根的構造由外而內分為表皮、皮層和中柱三部分。表皮位於根的最外層，具有保護及吸收的功能。再根尖成熟部，表皮細胞會向外凸出而形成根毛，可增加吸收的表面積，是植物水和無機鹽的主要區域。而遠離根尖、較粗的成熟根中，其表皮則以保護功能為主。皮層的細胞排列較為疏鬆，具有儲存的功能，皮層最內側常有一層排列緊密的細胞，稱為內皮，具管制水和無機鹽進入中柱的功能。內皮以內的部分統稱為中柱，包括周鞘和維管束。周鞘位於中柱的外層，其細胞仍具有分裂的能力，支根即由此處產生。周鞘內側有木質部和韌皮部，兩者常呈放射狀交錯排列，分別具有輸送水分和養分的功能。雙子葉植物與單子葉植物根的組成大致相似，但單子葉植物根在中柱的中央還具有髓。

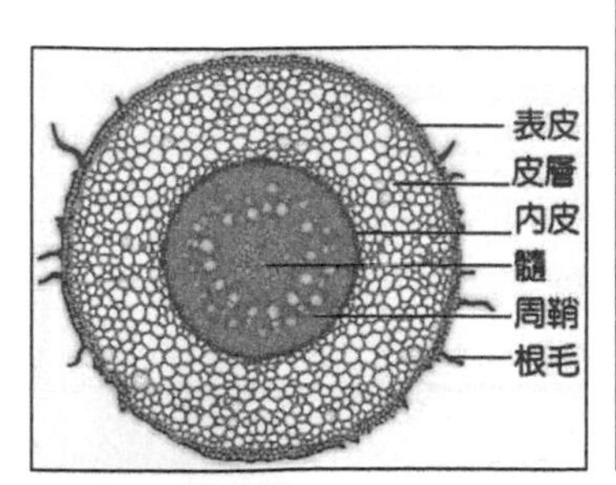

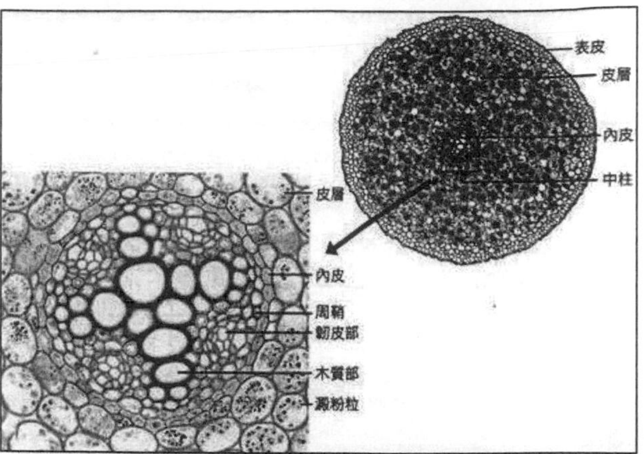

33. Which one of the following is most likely to produce an Taiwanese butterfly species in the wild whose members have one of two strikingly different color patterns?
    (A) Artificial selection
    (B) Directional selection
    (C) Stabilizing selection
    (D) Disruptive selection
    (E) Sexual selection

詳解: D

歧化選汰（disruptive selection）能增加一族群中個體間的遺傳差異，故可作為促進新種形成的動力。

校方釋疑：

Sexual selection 可能也是其中的一種機制，但不是唯一解，所以非最佳答案。選 direction selection 是會錯意之故，以為是演化出其中一種顏色型態。此為單選故較適合答案為 Disruptive selection。維持原答案

34. The plant growth response to touch is known as ______.
    (A) gravitropism
    (B) geotropism
    (C) thigmotropism
    (D) phototropism
    (E) circadian rhythm

詳解: C

向觸性（thigmotropism）是向性的一種，指生物的生長接觸到物體時而影響發育型態的性質，常見於植物之中。

35. Which one of the following is mismatched with its function?
(A) Most B vitamins *vs* coenzymes
(B) Vitamin E *vs* antioxidant
(C) Vitamin K *vs* blood clotting
(D) Phosphorus *vs* bone formation, nucleotide synthesis
(E) Iron vs component of thyroid hormones

詳解: E

甲狀腺激素，是一種含碘的蛋白質，可分成四碘甲狀腺素（T4）和三碘甲狀腺素（T3），它們是生命不可或缺的要素，掌管體內新陳代謝，生長及發育諸多功能。

36. If blood was supplied to all of the body's capillaries at the same time, ______.
(A) resistance to blood flow would increase
(B) blood pressure would fall dramatically
(C) blood would move too rapidly through the capillaries
(D) the amount of blood returning to the heart would increase
(E) the increased gas exchange in the lungs and in the supply of O_2 to muscles would allow for strenuous exercise

詳解: B

正常情況下，人體大多數微血管內都是沒有血液供應的。若在總血量不變的前提下突然要將所有微血管內都充血，勢必造成血壓急遽的降低以致於休克的發生。

校方釋疑：

該題意明確以身體系統為主，並無手術等其他方式的介入。維持原答案

37. Which one of the following will control the activity of the others mentioned below?
(A) Thyroid gland
(B) Pituitary gland
(C) Adrenal cortex
(D) Ovary
(E) Hypothalamus

詳解: E

下視丘(hypothalamus)能控制腦下腺(pituitary gland)藉由釋放 TRH、CRH、GnRH 影響甲狀腺、腎上腺皮質以及卵巢的生理行為。

38. Some human males have three sex chromosomes (XXY) and suffer from a genetic disease known as Klinefelter's syndrome. The symptoms include a failure to develop sexually and an impairment of intelligence. This is an example of a disease of ______.
(A) point mutation
(B) karyotype
(C) homeostasis
(D) bacterial origin
(E) old age

詳解: B

染色體結構與數目異常的疾病，例如 Klinefelter's syndrome，都能以核型分析（karyotype analysis）加以診斷，故又稱核型異常疾病。

39. Which one of the following could provide the best data for determining the phylogeny of very closely related species?
(A) The fossil record
(B) A comparison of embryological development
(C) An analysis of their morphological differences and similarities
(D) A comparison of their ribosomal DNA sequences
(E) A comparison of nucleotide sequences in homologous genes and mitochondrial DNA

詳解: E

體染色組於複製時會有聯會動作而有基因互換及重組等現象，但是粒線體 DNA 則無此種現象，只有單純的模版雙股複製，因而容易發生核苷酸誤植或缺失。同時，粒線體基因體相對較小(以人類而言，為 1.6×10^4 比 3×10^9 鹼基對)，所以，一般而言，粒線體 DNA 之核苷酸變異速度比體染色組 DNA 快。另一個特性是不同的基因片段之變異速度，在不同分類階層的生物也會不同。此外，粒線體基因體的基因組成和排列方向隨不同物種而異，分類階層愈接近者相似度愈大。

粒線體 DNA 中的 CoxI、II、III、Cyt b、16SrRNA、12SrRNA 及 tRNA 基因序列常被作為研究對象，根據其核苷酸序列的相似程度，透過數量化的遺傳距離分析方法，已普遍應用於生物分類階層的『科』及『目』之親緣關係研究上。此法有利於追溯物種演化的分岐點。在取材方面，高保守性之蛋白質基因適用於『科』及『屬』之親緣關係分析，變異性較高之蛋白質基因則適用於生物分類階層的『屬』

及『種』之親緣關係分析。基因體的控制區（有變異區及非變異區）具有遺傳多型性，可據以分析母系的親子關係及族群基因結構。

40. Which one of the following plant could be more likely to adapt hot and arid environments?
 1. Arabidopsis
 2. Rice
 3. Sugarcane
 4. Pineapple
 5. Cactus
 (A) 1,2
 (B) 1,2,3
 (C) 1,2,5
 (D) 3,4,5
 (E) 1,2,3,4,5

詳解: D

甘蔗為 C4 植物，鳳梨與仙人掌為 CAM 植物，都是較擬南芥或水稻等 C3 植物來得更適應乾與熱的環境。

41. Which one of the following statement is correct between glycogen and cellulose?
 (A) Basic subunits are both glucose.
 (B) Location in the cellular level is the same.
 (C) The linkage between each subunits is the same.
 (D) Function in organisms are both for storage.
 (E) Both are structurally branched.

詳解: A

(A) 組成肝糖與纖維素的單體都是葡萄糖。
(B) 肝糖儲存於細胞質而纖維素屬於胞外基質。
(C) 肝糖與纖維素的單體間鍵結分別為α與β型式。
(D) 纖維素屬於結構性醣類。
(E) 纖維素為直線不分支結構。

42. Which one of the following is not related to paternity test?
 (A) Short tandem repeats (STRs) of DNA
 (B) Reverse transcription
 (C) Primer

(D) DNA polymerase
(E) PCR

詳解: B

親子鑑定的標準檢測方法為 STR—PCR，起始材料為 DNA，故並不需要經過反轉錄的過程。

43. Which one of the following organelle is not included in the endomembrane system?
(A) Golgi apparatus
(B) Endoplasmic reticulum
(C) Proteasome
(D) Lysosome
(E) Nuclear envelope

詳解: C

內膜系統包括：核膜(nuclear envelope)、內質網(endoplasmic reticulum, ER)、高基氏體（Golgi apparatus）、溶體（lysosome）、各種液泡（vacuole）和細胞膜（plasma membrane）。這些膜都是由磷脂雙層（phospholipid bilayer），加上各式各樣附著或包埋膜中的蛋白質組成。蛋白酶體（proteasome）是沒有膜的蛋白質複合體，並不屬於內膜系統的一部份。

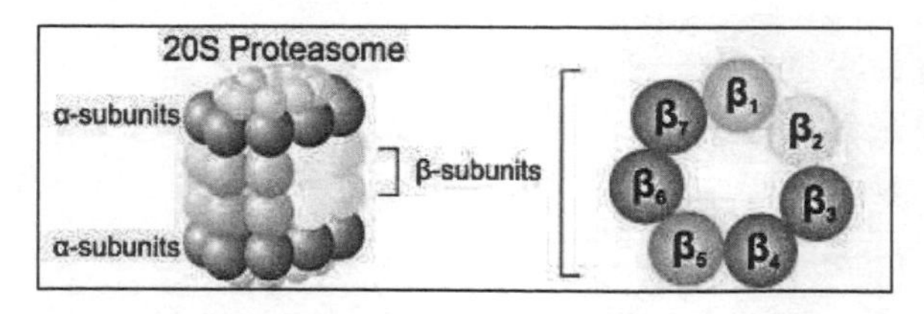

44. Which are the three people awarded for Nobel Prize to the discovery of how the cells sense and adapt to oxygen availability?
(A) James E. Rothman, Randy W. Schekman, and Thomas C. Südhof
(B) John O'Keefe, May-Britt Moser, and Edvard I. Moser
(C) William C. Campbell, Satoshi Ōmura, and Youyou Tu
(D) William G. Kaelin Jr, Sir Peter J. Ratcliffe, and Gregg L. Semenza
(E) Jeffrey C. Hall, Michael Rosbash, and Michael W. Young

詳解: D

(A) The Nobel Prize in Physiology or Medicine 2013 was awarded jointly to James E. Rothman, Randy W. Schekman and Thomas C. Südhof "for their discoveries of machinery regulating vesicle traffic, a major transport system in our cells."

(B) The Nobel Prize in Physiology or Medicine 2014 was divided, one half awarded to John O'Keefe, the other half jointly to May-Britt Moser and Edvard I. Moser "for their discoveries of cells that constitute a positioning system in the brain."

(C) The Nobel Prize in Physiology or Medicine 2015 was divided, one half jointly to William C. Campbell and Satoshi Ōmura "for their discoveries concerning a novel therapy against infections caused by roundworm parasites" and the other half to Tu Youyou "for her discoveries concerning a novel therapy against Malaria."

(D) The Nobel Prize in Physiology or Medicine 2019 was awarded jointly to William G. Kaelin Jr, Sir Peter J. Ratcliffe and Gregg L. Semenza "for their discoveries of how cells sense and adapt to oxygen availability."

(E) The Nobel Prize in Physiology or Medicine 2017 was awarded jointly to Jeffrey C. Hall, Michael Rosbash and Michael W. Young "for their discoveries of molecular mechanisms controlling the circadian rhythm."

45. In temperate regions, which pigment is responsible for the red-yellow coloration seen in leaves during the color change in autumn?
    (A) Chlorophyll *a*
    (B) Chlorophyll *b*
    (C) Carotenoids
    (D) Porphyrin
    (E) Anthocyanin

詳解: C

葉片變黃主要是因為植株進入休眠期，不再需要進行光合作用，而葉綠素又十分不穩定，在低溫下就會逐漸降解，此時相對穩定的胡蘿蔔素和葉黃素得以「重見天日」，樹葉呈現紅至黃色，如銀杏、無患子、黃金樹、苦楝等。葉片變紫和紅則是合成了花青素的緣故。因為在低溫下，葉綠素分解、消失的時候，過多的陽光會對葉綠體造成傷害，為保護葉綠體，葉子裡面的糖分會大量地轉變成紅色的花青素，來抵擋一部分光照。這也是為什麼低溫後的陽光下，樹葉顯得更外紅的原因，如紅楓、黃櫨、雞爪槭等。

46. If we use $^{14}CO_2$ as a radioactive tracer to track the carbon transition, which one of the following molecule could be incorporated in the last reaction of Calvin cycle?
    (A) Glyceraldehyde-3-phosphate (G3P)
    (B) Ribulose biphosphate (RuBP)
    (C) 1,3-biphosphoglycerate (1,3-BPG)
    (D) 3-phosphoglycerate (3PG)
    (E) Glucose

詳解: B

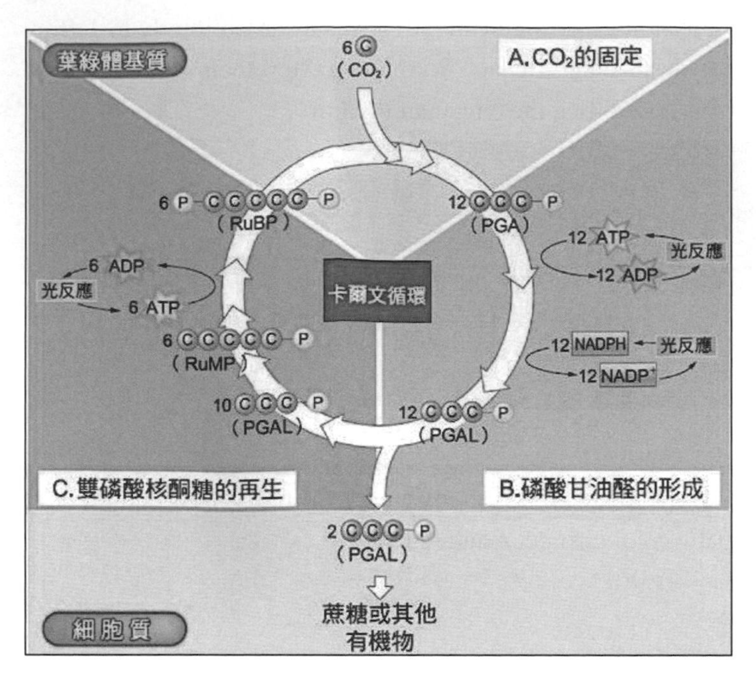

校方釋疑：

RuBP 的再生(regeneration)是卡文循環最後一步驟。維持原答案

47. Compare to the function of plasmodesmata in plant cells, which structure serve the same function in animal cells?
    (A) Gap junctions
    (B) Middle lamella
    (C) Hemidesmosomes
    (D) Tight junctions
    (E) Basal lamina

詳解: A

原生質絲（plasmodesmata）與孔隙連結（gap junction）分別存在於植物與動物細胞之間，能使細胞質成分直接經由此管道而進行交換。

48. If the genus *Oryza* is monophyletic, which one of the following is correct?
    (A) *Oryza* all have nearly identical appearance.
    (B) *Oryza* cannot be classified in a single family or order.
    (C) All species of *Oryza* are descended from a common ancestor.
    (D) All species of plant are classified as being in a single order.
    (E) All species of *Oryza* grow in similar habitats.

詳解: C

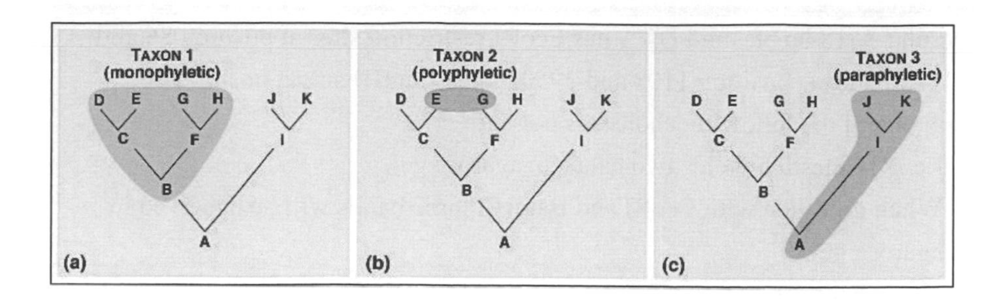

49. Nitrogen fixation is observed in some plant species. Which one of the following statement is correct about nitrogen fixation?
(A) N_2 will be converted to NO_3^-.
(B) Nitrifying bacteria are able to fix nitrogen gas.
(C) This occurs in aerobic environment.
(D) This may produce hydrogen gas.
(E) This is catalyzed by nitrate reductase.

詳解: D

原核微生物因此在地球的氮循環扮演至關重要的角色。氮循環包含固氮作用（nitrogen fixation）、氨化作用（ammonification）、硝化作用（nitrification）、脫硝作用（denitrification）、厭氧銨氧化作用（anaerobic ammonium oxidation，簡稱 anammox）以及生物同化作用（assimilation）。

地球上的所有真核生物及大部分原核生物僅能利用較活潑的氮，主要是氨及硝酸。大氣中的氮氣（N_2，價數 0）含量很高，絕大部分生物卻無法加以吸收利用，只能望氮興嘆。這是因為兩個氮原子間的三鍵鍵能很高，必須非常費力才能破壞這三個化學鍵，將氮氣加以活化（需要酵素及能量）及還原（需要電子）。有那麼一些幸運的細菌（bacteria）及古菌（archaea），演化出能夠固定氮氣成為氨（NH_3）的關鍵酵素—固氮酶（nitrogenase）。這些微生物因此能生存於氨及硝酸這些含氮養份短缺的環境之中。固氮作用的反應式如下：

$$N_2 + 8\ H^+ + 8\ e^- + 16\ ATP \rightarrow 2\ NH_3 + H_2 + 16\ ADP + 16\ Pi$$

如同上式所示，將氮氣（價數 0）還原成氨（價數-3），需要 6 個電子。額外的 2 個電子以氫氣形式喪失。另外，固定一分子的氮氣，需要消耗 16 個 ATP，顯示固氮作用需要耗費大量的能量。

校方釋疑：

N_2轉成硝酸鹽(NO_3^-)已是相當多酵素的反應後的產物。維持原答案

50. A circular 3518 bp plasmid DNA has EcoRI restriction sites at position 86 and 1435; PstI sites at position 1108 and 2950; and a BamHI site at position 2623. Which one of the following choices is not correct?
(A) EcoRI digestion yields two bands in agarose gel.
(B) When digestion with EcoRI and BamHI, three bands will be observed in agarose gel.
(C) After digestion with EcoRI, PstI and and BamHI, five bands will be observed in agarose gel.
(D) When digestion with EcoRV and PstI, only two bands will be observed in agarose gel.
(E) BamHI digestion yields only one band in agarose gel.

詳解: C

(A) 應能切出 2169 bp 以及 1349 bp 兩種不同長度的樣式。
(B) 應能切出 981 bp、1349 bp 以及 1188 bp 三種不同長度的樣式。
(C) 應能切出 654 bp、1022 bp、327 bp 以及 1188 bp 四種不同長度的樣式。
(D) 應能切出 1676 bp 以及 1842 bp 兩種不同長度的樣式。
(E) 應能切出 3518 bp 一種樣式。

校方釋疑：
限制酶具有專一核酸切位，需考慮片段長度 EcoRV 並不會切，此題為計算題。維持原答案

51. Endosymbiotic events had occurred multiple times during evolution. Which one of the following organism contain endosymbiont organelles?
1. Green algae
2. Red algae
3. Chlorarachniophytes
4. Euglenids
5. Arabidopsis
6. Rice
7. Mouse
8. Human
(A) 1,2
(B) 3,4
(C) 1,2,3,4
(D) 1,2,3,4,5,6
(E) 1,2,3,4,5,6,7,8

詳解: E

真核生物的細胞都含有內共生的胞器。

52. Which one of the following statement about the immune system is correct?
(A) The innate immunity is found in all animals and plants.
(B) The adaptive immune response is activated before the innate response and develops quickly.
(C) The helper T cells recognize peptide antigens in major histocompatibility complex MHC class I molecules on dendritic cells.
(D) Perforin triggers blood vessels to dilate and become more permeable.
(E) The complement system provides innate defense by interfering with viruses and helping activate macrophages.

詳解: A

(A) 正確。
(B) 先天免疫啟動應早於後天免疫。
(C) 樹突細胞應以 MHCII 呈獻抗原給輔助型 T 細胞。
(D) 使血管擴張及通透性增加的化學物質應為組織胺或肝素。
(E) 干擾病毒複製的先天免疫成分應為干擾素。

校方釋疑：

並非所有補體在先天免疫中都干擾病毒，此為單選題故需選擇最合適答案。維持原答案

53. In Australia, marsupials fill the niches that placental mammals fill in other parts of the world because ______.
(A) after Pangaea broke up, they diversified in physical isolation from placental mammals
(B) they originated in Australia
(C) they evolved from monotremes that migrated to Australia about 50 million years ago
(D) human-caused environmental changes have favored the success of marsupials
(E) they are better adapted and have outcompeted placental mammals (eutherians)

詳解: A

其實有袋類們是一種比較原始的哺乳動物，當恐龍於 6500 萬年前突然滅絕之後，哺乳動物開始興起，其中一支就是有袋類動物，它們在如今大洋洲、非洲、

南極洲和南美洲的一些地方繁衍進化，不過那個時候的大洋洲和南美洲以及南極洲和非洲等還連在一起，只是在距今約 5000 萬年前時這幾個大洲開始分開，中間漸漸出現了遼闊的海洋，導致有袋類動物踏上了隔離演化的道路。

古生物學家認為有袋類動物可能曾經遍布於世界各地，在白堊紀晚期及第三紀早期的時候曾經數量很多，不過隨著更高等級的真獸類哺乳動物的崛起，有袋類動物開始在生存競爭上處於劣勢，它們中缺少大型食肉猛獸，因此大部分都成為真獸類食肉哺乳動物的捕食對象，而且發育不完全的幼獸相比真獸類哺乳動物則不容易養活，同時幼獸哺乳期很長，光靠吮奶也成長較慢，這樣就逐漸導致有袋類動物在亞洲、歐洲和非洲等大陸上絕跡了。而由於生存有最多有袋類動物的大洋洲在這之前就已經與其他大陸分離開來了，真獸類哺乳動物沒有能夠踏上澳洲大陸和主要島嶼，就導致了大洋洲成為有袋類哺乳動物的「世外桃源」，這一事件使得有袋類動物終於幸運地生存至今。

澳洲是唯一獨立存在於海洋中的大洲，孤立的生態環境也導致有袋類哺乳動物發展進化出類似於世界其它地域的哺乳動物的各種生態類群，如袋狼、袋鼬、袋貓等食肉類動物的生活方式類似於狼、鼬、貓等，袋鼠生活方式類似於鹿、羊和羚羊等食草類動物，袋熊、袋貂和袋兔類似於樹獺、松鼠、野兔等嚙齒類動物，所以澳洲有袋哺乳動物雖然是迥異於世界其他地區的哺乳動物，然而在生物生活形態上來看卻是大致趨同的。

校方釋疑：

此題是地理隔離造成，非關競爭。維持原答案

54. What is the function of cilia in the trachea and bronchi?
(A) To sweep mucus with trapped particles up and out of the respiratory tract.
(B) To increase the surface area for gas exchange.
(C) To vibrate when air is exhaled to produce sounds.
(D) To dislodge food that may have slipped past the epiglottis.
(E) To sweep air into and out of the lungs.

詳解： A

氣管及支氣管內壁上皮的黏膜具有纖毛，纖毛不停的向喉部擺動，把沾有灰塵和病菌的黏液慢慢向喉部推，最後由咳嗽而排出體外，這就是一般所稱的痰。

55. Which one of the following statement is correct description about the COVID-19 virus?
(A) During COVID-19 virus reproduction, spike glycoproteins are assembled into the virus along with reverse transcriptase.
(B) Successful entry of a virus into a cell depends on the inactivation of

envelope glycoproteins by host cell proteases.

(C) COVID-19 virus replication entails ribosome frameshifting during genome translation, and the synthesis of both genomic and multiple subgenomic RNA species.

(D) COVID-19 virus are enveloped DNA viruses that are spherical in shape and characterized by crown-like spikes on the surface.

(E) Persons often die of opportunistic diseases because COVID-19 virus destroys T cells.

詳解: C

(A) COVID-19 屬於 RNA 病毒而非反轉錄病毒，不需要反轉錄酶協助複製。

(B) 病毒能夠進入宿主細胞是因為其表面醣蛋白能與宿主細胞膜上受體專一性結合所致。台灣大學副校長暨中央流行疫情指揮中心張上淳表示，ACE2 是細胞膜表面受體，病毒要穿透受體才能到細胞內部，SARS 冠狀病毒與武漢肺炎冠狀病毒，都必須結合 ACE2 受體，才能到細胞內部。

針對 ACE2 受體，長庚大學新興病毒感染研究中心主任施信如也解釋，不是每種一般病毒或冠狀病毒都對 ACE2 有反應，有些動物也不一定有 ACE2 受體，因此不同病毒在不同動物上，也會有截然不同的情況，個別病毒在人類身上造成激烈反應，但在其他動物上就不一定會出現。

ACE2 其實是細胞接收體內激素的通道，能夠幫助身體調節血壓等機能，但日前網路有傳言，不同人種 ACE2 的數量不同，用基因分析可區分武漢病毒感染機率，施信如對此表示，目前沒有看過相關報告與研究。

(C) 正確，病毒的轉譯必需仰賴宿主細胞內的核糖體協助。

(D) COVID-19 遺傳物質為 RNA，屬於 RNA 病毒。

(E) COVID-19 病毒主要攻擊呼吸系統，目前並沒有其會針對 T 細胞攻擊的趨勢被發現。

56. Which one of the following statement about nervous system is correct?

(A) Parasympathetic nervous system is activated when the person feels nervous.

(B) The hallmark of Parkinson's disease is the neurofibrillary tangles surrounding amyloid plaques.

(C) The occipital lobe plays the role in biological clock regulation.

(D) The parietal lobe of the cerebral cortex play the role in comprehending language.

(E) The cerebellum helps coordinate motor, perceptual, and cognitive functions.

詳解: E

(A) 交感神經系統才是在緊張時會被活化的系統。

(B) 此為阿茲海默症的標誌性症狀。
(C) 目前生物時鐘被認為存於間腦內下視丘的視交叉上核而非枕葉。
(D) 顳葉的魏尼凱氏區被認為在理解語言上扮演重要的角色。
(E) 此對小腦的功能敘述正確。

校方釋疑：

兩者雖然都參與語言處理，但整體語言理解（comprehending language）主要是 Temporal lobe 中的 Wernicke’s area 負責，此為單選題故選最適合之答案。
維持原答案

57. In flowering plant, which one of the following is reflected to be an important plant hormone that helps plants adapt with environmental stresses?
(A) Auxin
(B) Cytokinin
(C) Ethylene
(D) Abscisic acid
(E) Prostaglandin

詳解: D

離素（ABA）能抑制種子萌發，因此又稱為休眠素。離素在成熟或老化的葉內含量較多，所以老葉容易脫落。離素對生長素或吉貝素都有拮抗作用，如果在生長素溶液中加入離素，則生長素促進莖生長的作用就消失。至於吉貝素促進大麥種子產生酵素以分解養分的作用，也會因離素的存在而失效。植物遇到乾旱逆境時，葉肉細胞產生離層素，促使氣孔關閉、葉片捲曲、加速老葉的老化與掉落、減緩枝條生長。

校方釋疑：

ABA 在各種環境逆境中，扮演最重要且早期的植物生理反應。維持原答案

58. In gene therapy, ______ can be used as a vector to deliver normal genes directly into the cells of the body.
(A) transposons
(B) mutagens
(C) amniocentesis
(D) bacteria
(E) viruses

詳解: E

基因治療所面臨的最大困難是如何有效將基因轉殖入患者的標靶細胞？利用基因轉殖的工具—載體（vector）將基因片段植入病人細胞內並能維持其基因表現。常見的基因治療載體有病毒載體與非病毒載體。

病毒載體是種高效能的基因傳送機制，當病毒感染細胞後會將其基因送入宿主細胞核，造成宿主細胞表現病毒的基因。因此設計病毒載體時，往往先將病毒的致病基因剔除，再由轉殖入治療基因取而代之。常見的有如下所列：反轉錄病毒載體（Retroviral Vector）、腺病毒載體（Adenovirus Vector）、腺相關病毒載體（Adeno-associated viral Vector）、外套膜蛋白假性病毒載體（Envelope protein pseudotyping of viral vectors）、慢病毒載體（Lentiviral vector）。

校方釋疑：

病毒是目前最被廣泛使用的 vector。維持原答案

59. Female Pheasant-tailed Jacanas (水雉) aggressively court males and, after mating, leave the clutch of young for the male to incubate. This sequence may be repeated several times with different males until no available males remain. Which one of the following term will best describe this behavior?
(A) Monogamy
(B) Polygyny
(C) Polyandry
(D) Promiscuity
(E) Paternity

詳解: C

根據題目條件雌性水雉於交配期時會陸續與多隻雄性求偶並交配，所以應該屬於一妻多夫（polyandry）的配偶制度。

水雉家庭都是單親爸爸加上幾個孩子，所以當你看到一隻正在孵蛋或是帶孩子的，那一定是雄水雉！水雉擁有一雙長而奇特的腳趾，適合在蓮葉或浮水植物上行走，行動輕巧靈活，也善於游泳和潛水。由於吃、住都在水上，當然也在水面上築巢！牠們奉行一妻多夫，生殖季節中，雄鳥各據一方，妻子則自由地到處巡邏領域內的丈夫，並一一「臨幸」，然後在每位丈夫的巢內下蛋。水雉的浮水巢非常淺薄，有時候甚至淹沒到水面下，還好，牠們的蛋是防水的，即使浸泡幾次水也無礙孵育。

60. What is the effective population size (Ne) for a population of Black Bears with 500 males and 300 females?
(A) 300
(B) 400

(C) 500

(D) 750

(E) 800

詳解: D

$Ne = (4 \times 500 \times 300)/(500+300) = 750$。

109~112年 生物學歷屆試題真詳解3.0

著　　作：黃彪老師

總 企 劃：陳如美

電腦排版：黃彪老師、劉晏瑜

封面設計：薛淳澤

出版者：高元進階智庫有限公司

地　址：台南市中西區公正里民族路二段67號3樓

郵政劃撥：31600721

劃撥戶名：高元進階智庫有限公司

網　　址：http://www.gole.com.tw

電子信箱：gole.group@msa.hinet.net

電　　話：06-2225399

傳　　真：06-2226871

統一編號：53032678

法律顧問：錢政銘律師事務所

出版日期：2024年05月　　ISBN 978-6-26970-967-0

定價：600 元(平裝)